住房城乡建设部土建类学科专业"十三五"规划教材
高等学校建筑环境与能源应用工程专业推荐教材

供 热 工 程

（第五版）

贺平　孙刚　吴华新　谷德林　王晋达　王飞　吕松海　编著
吴星　主审

中国建筑工业出版社

图书在版编目（CIP）数据

供热工程/贺平等编著. —5 版. —北京：中国
建筑工业出版社，2020.12（2024.6重印）
住房城乡建设部土建类学科专业"十三五"规划教材
高等学校建筑环境与能源应用工程专业推荐教材
ISBN 978-7-112-25545-0

Ⅰ. ①供…　Ⅱ. ①贺…　Ⅲ. ①供热工程-高等学校-
教材　Ⅳ.①TU833

中国版本图书馆 CIP 数据核字（2020）第 185888 号

本教材保留了《供热工程》（第四版）的结构框架与精华，并将11 年来供热
发展的新技术、新工艺、新设备、新材料编入其中，使得经典供热工程理论和现
代工程实践相结合、传统供热技术与学科前沿相结合。全书共两篇、17 章内容，
第一篇为供暖工程，第二篇为集中供热工程。

本教材知识体系完整，内容丰富，不仅可满足高校建筑环境与能源应用工程
专业本科生及研究生的教学使用要求，也可为供热工程技术人员提供参考。

责任编辑：齐庆梅
责任校对：芦欣甜

住房城乡建设部土建类学科专业"十三五"规划教材
高等学校建筑环境与能源应用工程专业推荐教材

供热工程（第五版）

贺平　孙刚　吴华新　谷德林　王晋达　王飞　吕松海　编著
吴星　主审

＊

中国建筑工业出版社出版、发行（北京海淀三里河路9号）
各地新华书店、建筑书店经销
霸州市顺浩图文科技发展有限公司制版
北京同文印刷有限责任公司印刷

＊

开本：787 毫米×1092 毫米　1/16　印张：29½　字数：732 千字
2021 年2 月第五版　　2024 年6 月第五十八次印刷
定价：**59.00** 元（赠教师课件）
ISBN 978-7-112-25545-0
（36467）

第五版前言

本书继承了原供热通风与空调工程专业课程设置的高等院校"供热工程"课程的经典内容，但是其中的集中供热篇是按照当前建筑环境与能源应用工程专业教学大纲"供热工程"课程内容进行编写的。

本书保留了《供热工程》（第四版）结构框架与精华，并将11年来供热发展的新技术、新工艺、新设备、新材料编入其中，经典供热工程理论和现代工程实践相结合，传统供热技术与学科前沿相结合。本教材不仅可以满足建筑环境与能源应用工程专业本科生、研究生的基础教学需要，而且照顾到国内集中供热工程技术人员在工程实践的基础上提升专业技能之要求。

本书注重独立、完整的供热工程知识体系和完善的附表附图，以便于查阅。

全书按照现行相关规范进行了修订，第一篇供暖工程，重点修订了门、窗、围护结构等传热系数，供暖负荷附加耗热量计算，低温辐射供暖负荷计算，发热电缆长度计算，末端散热器及其面积计算；更新了室内供暖系统特别是高层建筑室内供暖系统。

第二篇集中供热工程，重点修订内容为：增加了大型燃气—蒸汽联合循环发电机组冷热电联产供热系统、电极锅炉、大型隔压站、吸收式热泵换热站、综合管廊断面布置图、长输供热多级中继泵站管线及水压示意图，修订了供热管道用钢管管材及其物理特性数据、焊接钢管许用应力修正系数、架空和地沟管道的强度计算、集中供热系统自动化以及建筑材料的热物性参数、建筑供暖热指标、国产供热机组的主要技术参数等。

需要说明的是，此次修订参考了《城市热力网设计标准》（CJJ 34）报批稿，若本书相关内容与即将正式发布的版本有不吻合之处，请以正式版本为准。

本书前言、绪论、第十四章、附录由太原理工大学王飞编写；第一章至第三章、第十章至第十三章由哈尔滨工程大学谷德林编写；第四章、第六章至第九章由河北工业大学王晋达编写；第五章、第十五章、第十六章由同方节能工程技术有限公司吴华新编写；第十七章由黑龙江省中能控制工程股份有限公司吕松海、哈尔滨工程大学孙刚编写；全书由孙刚、王飞统稿，由北京市热力公司吴星主审。

此次修订过程中得到了教育部高等学校建筑环境与能源应用工程专业教学指导分委员会委员、兄弟院校的老师以及热力部门工程技术人员的大力支持和帮助。

由于编者水平所限，书中难免存在缺点错误，恳请读者给予批评指正。

第四版前言

本书是在原《供热工程》(第三版)的基础上,保留原书的结构框架与精华,并将近15年供热发展的新技术与新设备编入其中,形成了较完整的供热工程理论体系。同时,照顾了集中供热工程实践之需要。第四版不仅可满足建筑环境与能源应用工程专业本科生、研究生的教学使用要求,而且也是供热工程技术人员深化专业技能的参考书籍。

本书是在原哈尔滨建筑工程学院 贺平 主编的第三版基础之上修订而成,与原教材相比内容有了较大的更新。本书绪论、第二章、第五章、第六章和第十七章由哈尔滨工程大学孙刚编写;第一章、第三章、第四章和第七章由哈尔滨工程大学吴华新编写;第八章~第十六章由太原理工大学王飞编写。全书由孙刚、王飞统稿,由北京市热力公司吴星主审。

此次修订过程中得到高校建筑环境与设备工程专业指导委员会成员、兄弟院校有关老师以及热力部门工程技术人员的大力支持和帮助。在"集中供热系统自动化"章节中还得到了潘广军高级工程师的技术指导,为此均深表感谢。

为方便任课教师制作电子课件,我们制作了包括本书中公式、图表等内容的素材库,可发送邮件至 jiangongshe@163.com 免费索取。

由于编者水平所限,对于书中的缺点错误,恳请读者给予批评指正。

编者
2009 年 5 月

第三版前言

本书为高等院校供热通风与空调工程专业"供热工程"课程的教材。

根据课程基本要求，本书详细阐述以热水和蒸汽作为热媒的集中供暖系统和城市集中供热系统的工作原理和设计方法，并介绍了有关运行管理的基本知识。

在由哈尔滨建筑工程学院、天津大学、西安冶金建筑学院、太原工业大学编写，贺平和 李英才 主编的供热通风与空调工程专业试用教材《供热工程》（1980 年修订第二版）中，室内供暖和集中供热技术上一些共同的问题是合并在一起阐述的。这样的编写方法和内容，对当时国内集中供热事业规模并不很大的情况下是适宜的，也满足教学的基本要求。

目前，考虑到我国近年来及今后集中供热事业迅速发展的状况，并为了便于系统地介绍集中供热技术，本书编写作了重大的变动，即分别按两大篇编写——第一篇：供暖工程；第二篇：集中供热。同时，适当增加了集中供热的教学内容。对近年来在供暖和供热方面的新技术、新设备和新的研究成果，给予较充分的介绍。

本书由哈尔滨建筑工程学院贺平、孙刚撰写，其中第十二章、十三章和第十五章由孙刚编写。全书由贺平统稿，上海城建学院盛昌源主审。

编者

1993 年 5 月

第二版编写说明

本书是 1980 年出版的全国高等工科院校"供热通风与空气调节"专业试用教材《供热工程》的修订第二版。由哈尔滨建筑工程学院、天津大学主编,西安冶金建筑学院、太原工业大学参加编写。

本书保留原书将室内供暖与集中供热系统合并编写的特点,适当增加了集中供热方面的内容,并全部改用国际单位制。

绪论、第十一、十二、十五章由天津大学 李英才 、李苏兰、郑长印、王万达编写;第一、二章由太原工业大学罗自强、王宪恭编写;第三、四、五、六、七、十、十四章由哈尔滨建筑工程学院王义贞、贺平编写;第八、九、十三章由西安冶金建筑学院王亦昭编写。本书由贺平和 李英才 主编。

编者

1985 年

第一版编写说明

本书是全国高等工科院校"供热通风"专业的试用教材。由哈尔滨建筑工程学院、天津大学、西安冶金建筑学院、太原工学院合编。

全书共分六篇，十七章。其中绪论、第十一、十二、十四、十五章由天津大学李英才、王荣光、李苏兰同志编写；第一、二章由太原工学院李明、刘树铨同志编写；第三、四、五、六、七、十三、十七章由哈尔滨建筑工程学院郭骏、贺平、王义贞同志编写；第八、九、十、十六章由西安冶金建筑学院王亦昭同志编写。

本书由李英才和贺平同志主编，并由清华大学王兆霖和蔡启林同志主审。在编写过程中承蒙不少的单位和个人对教材初稿提出了许多宝贵意见，谨此致谢。

编者

1980 年

目 录

第二篇　集中供热工程

11

绪　　论

一、建筑环境与能源应用工程专业"供热工程"课程的研究对象和主要内容

人们在日常生活和社会生产中都需要使用大量的热能。将自然界的能源直接或间接地转化为热能，以满足人们需要的科学技术，称为热能工程。生产、输配和应用中低品位热能的工程技术，称为供热工程。在本专业的范畴内，热媒（载能体）主要是采用水或蒸汽。应用中低品位热能的热用户，主要是：保证建筑物卫生和舒适条件的用热系统（如供暖、通风、空调和热水供应），消耗中低品位热能（温度低于 $300\sim350℃$）的生产工艺用热系统。

在能源消耗总量中，用以保证建筑物卫生和舒适条件的供暖、空调等能源消耗量占有较大的比例。据统计，在美国和日本约占 $1/4\sim1/3$ 左右，在我国目前也达到 $1/5\sim1/4$；而生产工艺用热消耗的能源所占比例就更大。因此，随着现代技术和经济的发展，以及节约能源的迫切要求，供热工程已成为热能工程中的一个重要组成部分，日益受到重视和得到发展。

供热工程的研究对象和主要内容，是以热水和蒸汽作为热媒的建筑物供暖（采暖）系统和集中供热系统。本教材分两篇：第一篇——供暖工程，第二篇——集中供热工程。

众所周知，供暖就是用人工方法向室内供给热量，保持一定的室内温度，以创造适宜的生活条件或工作条件的技术。所有供暖系统都由热媒制备（热源）、热媒输送（供热管网）和热媒利用（散热设备）三个主要部分组成。根据三个主要组成部分的相互位置关系来分，供暖系统可分为局部供暖系统和集中式供暖系统。

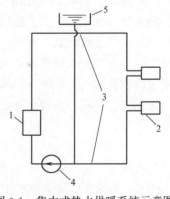

图 0-1　集中式热水供暖系统示意图
1—热水锅炉；2—散热器；3—热水管道；
4—循环水泵；5—膨胀水箱

将热媒制备、热媒输送和热媒利用三个主要组成部分都建造在一起的供暖系统，称为局部供暖系统，如烟气供暖（火炉、火墙和火炕等），电暖器和户用燃气供暖等。虽然燃气和电能通常由远处输送到室内来，但热量的转化和利用都是在这间供暖房间内实现的。

热源和散热设备分别设置，用热媒管道相连接，由热源向各个房间或各个建筑物供给热量的供暖系统，称为集中式供暖系统。

图 0-1 是集中式热水供暖系统的示意图。热水锅炉 1 与散热器 2 分别设置，通过热水管道（供水管和回水管）3 相连接。循环水泵 4 使热水在锅炉内加热，在散热器冷却后返回锅炉重新加热。图 0-1 中的膨胀水箱 5 用于容纳供暖系统升温时的膨胀水量，并使系统保持一定的压力。图中的热水锅炉，可以向单幢建筑物供暖，也可以向多幢建筑物供暖。对一个或几个小区多幢建筑物的集中式供暖方式，在国内也惯称区域供热（暖）。

根据供暖系统散热给室内的方式不同，主要可分为对流供暖和辐射供暖。

以对流换热为主要方式的供暖，称为对流供暖。系统中的散热设备是散热器，因而这种系统也称为散热器供暖系统。利用热空气作为热媒，向室内供给热量的供暖系统，称为热风供暖系统。它也是以对流方式向室内供暖。辐射供暖是以辐射传热为主的一种供暖方式。辐射供暖系统的散热设备，主要采用塑料盘管、金属辐射板或以建筑物部分顶棚、地板或墙壁作为辐射散热面。

第一篇供暖工程，主要讲授以热水和蒸汽作为热媒的集中式散热器、地板辐射、毛细管辐射等供暖系统的工作原理和设计、运行的基本知识。对热风供暖仅对其散热设备作简要的介绍。热风供暖技术，将在通风和空气调节课程中详细阐述。

第二篇集中供热工程，随着经济的发展、人们生活水平的提高和科学技术的不断进步，在 19 世纪末期，在集中供暖技术的基础上，开始出现以热水或蒸汽作为热媒，由热源集中向一个城镇或较大区域供应热能的方式——集中供热。目前，集中供热已成为现代化城镇的重要基础设施之一，是城镇公共事业的重要组成部分。

集中供热系统由三大部分组成：热源、热网和热用户。

（1）热源　在热能工程中，热源是泛指能从中吸取热量的任何物质、装置或天然能源。供热系统的热源，是指供热热媒的来源。目前最广泛应用的是：区域锅炉房和热电厂。在此热源内，燃料燃烧产生的热能，将热水或蒸汽加热。此外也可以利用核能、电能、工业余热、可再生能源等作为集中供热系统的热源。

（2）热网（也称热力网）由热源向热用户输送和分配供热介质的管道系统，称为热网。

（3）热用户　集中供热系统利用热能的用户，称为热用户，如室内供暖、通风、空调、热水供应以及生产工艺用热系统等。热用户是指热量被消耗掉的场所，室内供暖中的热用户为消耗能的建筑。室内的供暖系统应包括建筑的入口或单元入口的检查井后的所有设施与设备。这一点对在采取分户采暖之前的供暖系统是毫无疑问的，需要明确的是：分户采暖后建筑物内的管网（即检查井之后至居民住宅采暖入口之前的管网）也应属于热用户，而不属于热网。在检查井之前的管网与设备（包括检查井与井内的设备）才应归属于热网。

以区域锅炉房（内装置热水锅炉或蒸汽锅炉）为热源的供热系统，称为区域锅炉房集中供热系统。

图 0-2 所示为区域蒸汽锅炉房集中供热系统的示意图。

由蒸汽锅炉 1 产生的蒸汽，通过蒸汽干管 2 输送到各热用户，如供暖、通风、热水供应和生产工艺系统等。各室内用热系统的凝结水，经过疏水器 3 和凝结水干管 4 返回锅炉房的凝结水箱 5，再由锅炉给水泵 6 将给水送进锅炉重新加热。

以热电厂作为热源的供热系统，称为热电联产集中供热系统。由热电厂同时供应电能和热能的能源综合供应方式，称为热电联产（也称为"热化"）。

热电厂内的主要设备之一是供热汽轮机。它驱动发电机产生电能，同时利用做过功的抽（排）汽供热。供热汽轮机的种类很多，下面以在热电厂内安装有两个可调节抽汽口的供热汽轮机为例，简要介绍热电厂供热系统的工作原理。

图 0-3 中蒸汽锅炉 1 产生的过热蒸汽，进入供热汽轮机 2 膨胀做功，驱动发电机 3 产

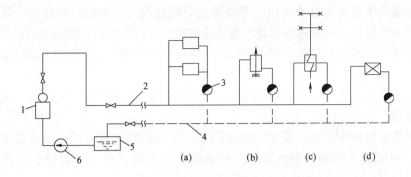

图 0-2　区域蒸汽锅炉房集中供热系统示意图

(a)、(b)、(c) 和 (d) 室内供暖、通风、热水供应和生产工艺用热系统

1—蒸汽锅炉；2—蒸汽干管；3—疏水器；4—凝水干管；5—凝结水箱；6—锅炉给水泵

生电能，投入电网向城镇供电。

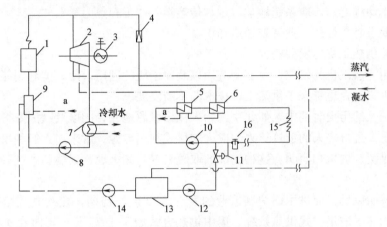

图 0-3　热电厂集中供热系统原则性示意图

1—蒸汽锅炉；2—供热汽轮机；3—发电机；4—减压减温装置；5—基本加热器；6—尖峰加热器；

7—冷凝器；8—凝结水泵；9—回热装置；10—热网循环水泵；11—补给水压力调节器；

12—补给水泵；13—水处理装置；14—给水泵；15—热用户；16—除污器

在汽轮机中当蒸汽膨胀到高压可调抽汽口的压力时（压力可保持在 $0.8 \sim 1.3 \mathrm{MPa}$ 以内不变），可抽出部分蒸汽向外供热，通常向生产工艺热用户供热。当蒸汽在汽轮机中继续膨胀到低压可调抽汽口压力时（压力保持在 $0.12 \sim 0.25 \mathrm{MPa}$ 以内不变），再抽出部分蒸汽，送入热水供热系统的热网水加热器 5 中（通常称为基本加热器，在整个供暖季节都投入运行），将热水网路的回水加热。在室外温度较低，需要加热到更高的供水温度，而基本加热器不能满足要求时，可通过尖（高）峰加热器 6 再将热网水进一步加热。尖峰加热器所需的蒸汽，可由高压抽汽口或从蒸汽锅炉通过减压减温装置 4 获得。高低压可调节抽汽口的抽汽量将根据热用户热负荷的变化而变化，同时调节装置将相应改变进入冷凝器（凝汽器）7 的蒸汽量，以保持所需的发电量不变。蒸汽在冷凝器中被冷却水冷却为凝结水，用凝结水泵 8 送入回热装置 9 （由几个换热器和除氧器组成）逐级加热后，再进入蒸汽锅炉重新加热。

　　由于抽凝式供热汽轮机是利用一部分做过功的蒸汽向外供热,与凝汽式发电方式相比,乏汽量大大减少,因而减少了凝汽器的冷源损失,因而热电厂的热能利用效率远高于凝汽式发电厂。凝汽式发电厂的热效率约为 25％～40％,而热电厂的热效率可达 70％～85％。

　　蒸汽在热用户放热后,凝水返回热电厂水处理装置 13,再通过给水泵 14 送进电厂的回热装置加热。

　　热水网路的循环水泵 10,驱动网路水不断循环而被加热和冷却。通过热水网路的补给水泵 12,补充热水网路的漏水量。利用补给水压力调节器 11,控制热水供热系统的压力。

　　在本教材第二篇"集中供热工程"中,热源部分有关区域锅炉房的内容,在本专业设置的"锅炉及锅炉房设备"课程中将详细阐述。热电厂部分,主要阐述与供热系统热媒制备部分有关的基本知识和热电厂的某些基本概念。本课程的主要内容是阐述整个集中供热系统的工作原理和设计、运行的基本知识,并以热网和热用户为主。

　　在学习本课程之前,应系统地学习过"传热学"、"工程热力学"、"流体力学"等专业基础课程,要求有较好的专业基础理论知识。

二、国外供热工程的发展概况

　　火的使用、蒸汽机的发明、电能的应用以及原子能的利用,使人类利用能源的历史经历了四次重大突破,也带来了供热工程技术的不断发展。

　　在人类很长的历史时期中,如北京原始人化石发源地龙骨山以及欧洲安得塔尔人化石发源地,都曾发现过烧火的遗迹。人们以火的形式利用能源。后来,人们利用原始的炉灶获得热能来供暖、炊事和照明。这种局部的取暖装置,如火炉、火墙和火坑等,至今还应用甚广。

　　蒸汽机发明以后,促进了锅炉制造业的发展。19 世纪初期,在欧洲开始出现了以蒸汽或热水作为热媒的集中式供热系统。集中供热方式始于 1877 年,当时在美国纽约建成了第一个区域锅炉房向附近 14 家用户供热。

　　20 世纪初期,一些工业发达的国家,开始利用发电厂内汽轮机的排汽,供给生产和生活用热,其后逐渐成为现代化的热电厂。在 20 世纪,特别是第二次世界大战以后,城镇集中供热事业得到较迅速发展。其主要原因是集中供热(特别是热电联产)明显地具有节约能源、改善环境和提高人民生活水平以及保证生产用热要求的主要优点。

　　集中供热技术的发展,各国因具体情况不同而各具特点。

　　苏联和东欧国家的集中供热事业,长期以来是以积极发展热电厂供热作为主要技术发展政策。苏联集中供热规模,居世界首位。1980 年苏联的热电厂总装机容量为 9600 万 kW。全国工业与民用的年总供热量中,70％由集中供热方式——热电厂和区域锅炉房供热。全国热电厂的总年供热量约为 55 亿 GJ。由于热电联产,单就苏联能源电力部所属的热电厂(占全国热电厂的总装机容量的 86％),就节约了 6800 万吨标煤(tce)。

　　莫斯科的集中供热系统是世界上规模最大的供热系统。据 1980 年资料,市区有 14 座热电厂,供热机组 78 台,总容量为 585 万 kW,供热能力达 45200GJ/h。在室外温度较低时,投入运行的高峰热水锅炉共有 71 台,供热能力为 41100GJ/h。热网干线长达 3000 多千米,向 500 多个工业企业和四万多座建筑供热。热水网路设计供、回水温度为 150℃/

70℃，热水网路与供暖热用户的连接大多采用直接连接方式。热电厂供热系统供热量占全市用热量的 60%，其余由区域锅炉房供热。城市的集中供热普及率接近 100%。目前俄罗斯超过 10 万人口的城市大多有集中供热系统。2011 年，俄罗斯供热管线长度超过 25 万km，居住建筑的集中供热率在 81% 以上。在能源结构上，俄罗斯 72% 的供热由热电厂与区域锅炉房生产，18% 由核能与局部热源生产，4.5% 由工业余热供给，可再生能源比例较小。

地处寒冷气候的北欧国家，如瑞典、丹麦、芬兰等国家，在第二次世界大战以后，集中供热事业发展迅速。城市的集中供热普及率都较高。据 1982 年资料，如瑞典首都斯德哥尔摩市，集中供热普及率为 35%。丹麦的集中供热系统，遍及全国城镇，向全国 1/3以上的居民供暖和热水供应。这些国家的热水网路的设计供水温度大多为 120℃ 左右，网路与供暖热用户的连接方式多采用间接连接方式。

德国在第二次世界大战后的废墟重建工作，为发展集中供热提供了有利的条件。目前除柏林、汉堡、慕尼黑等已有规模较大的集中供热系统外，在鲁尔地区和莱茵河下游，还建立了连接几个城市的城际供热系统。

北欧国家和德国等，集中供热技术较为先进，如管道大多采用直埋敷设方式、装配式热力站、优化的热网运行管理和良好的热网自控设施等，在世界上处于领先地位。

在一些工业发展较早的国家中，如美、英、法等国家，由于早期多以区域锅炉房供热来发展集中供热事业，因此目前区域锅炉房供热仍占较大的比例，如法国首都巴黎的一个供热公司，采用蒸汽管网向部分城市的约 4000 幢大楼供热。据 1985 年资料，集中供热系统的热源由八座区域性蒸汽锅炉房、三座大型焚烧垃圾的锅炉房和一座热电厂所组成。热源的供汽压力为 5~20bar。热源的总供汽能力为 3560t/h。由于 20 世纪 70 年代的石油危机，也促使这些国家更重视发展热电联产，如美国在 1978 年通过的国家能源法，就制定了促进热电联产的技术和经济方面的倾斜政策。

利用地热能源供热已有 70 多年的历史。世界上最早利用地热供暖的有意大利和新西兰等国家。冰岛首都雷克雅维克市的地热供热系统规模很大，据 1980 年资料，全市约98.5%（约 10 万人）已使用地热供暖和热水供应。地热水一般温度为 80~120℃。此外，在匈牙利、日本、美国、苏联等许多国家都有地热水供热系统。

原子核的裂变和聚变可以释放出巨大的能量。原子能利用于热电联产上，始于 1965年。目前世界上已建成的原子能电站超过 300 座。例如，瑞典首都斯德哥尔摩市附近的沃加斯塔原子能热电厂，用背压汽轮机组排出的蒸汽加热高温水，供给距厂约 4.5km 远的发鲁斯塔地区 15000 户，4 万人口的住宅区供暖。利用低温核反应堆只供应热能的集中供热，近年来许多国家如苏联、瑞典、加拿大等国家都在积极开发。苏联的高尔基城已建成两座 500MW 的低温核反应堆。

此外，大型的工业企业，如钢铁、化工联合工业企业等，最大限度地利用生产工艺用热设备的余热装置，已成为生产工艺流程中不可缺少的组成部分。工业余热利用是节约能源的一个重要途径。

供暖技术的发展，离不开工业水平的提高和集中供热事业的发展。随各国具体情况不同，各国供暖技术的发展也有不同的特点。如苏联和东欧等国家，由于城市多采用大型热水网路系统，因而在散热器热水供暖系统和工业厂房采用集中热风供暖方面，无论在系统的设计原理和方法、运行中系统水力工况和热力工况的分析以及与热网的连接方式等问题，都进行了大量的研究工作和有丰富的实践经验。在欧、美等国家中，由于市场经济和适应用户的多种要求，在多种形式供暖系统（如辐射供暖、与空调相结合的供暖方式等）、供暖设备和附件的多样化以及供暖系统的自控技术等方面，不断进行研究和开发，促进了供暖技术的现代化。

三、我国供热事业的发展

我国在远古时期，就有钻木取火的传说，西安半坡村挖掘出土的新石器时代仰韶时期的房屋中，就发现有长方形灶炕，屋顶有小孔用以排烟，还有双连灶形的火炕。在《今古图书集成》中记载，夏、商、周时期就有供暖火炉。从出土的古墓中表明，汉代就有带炉箅的炉灶和带烟道的局部供暖设备。火地是我国宫殿中常用的供暖方式，至今在北京故宫和颐和园中还完整地保存着。这些利用烟气供暖的方式，如火炉、火墙和火炕等，在我国北方农村还被广泛地使用着。

在旧中国，只有在大城市为数很少的建筑中，装设了集中式供热系统，被视为高贵的建筑设备。在工厂中，对生产工艺用热，大多只装设简陋的锅炉设备和供热管道。供热事业的基础非常薄弱。

中华人民共和国成立后，供热技术才得到真正发展。

在 20 世纪 50 年代，主要学习苏联供暖技术。我国的集中供热事业，可以说是在几乎空白的基础上从第一个五年计划开始发展的，伴随着当时的大规模工业建设，新建了区域性热电厂，如在北京、太原、保定、石家庄、郑州、洛阳、西安、兰州、包头、吉林、哈尔滨、富拉尔基等地，为我国发展热电联产事业奠定了基础。与此同时，建立暖通设备的制造厂。

20 世纪 60—70 年代，我国经济建设走的是"独立自主，自力更生"的发展道路，从而促进了供热事业的发展，形成鲜明的时代特征。热水供暖技术发展迅速，逐步的替代了蒸汽供暖系统，先后开发了我国自己设计制造的系列产品，比如蒸汽、热水锅；各类型号的散热器；暖通产品，如暖风机、空气加热器、水泵、仪表等。

20 世纪 80—90 年代，是我国供热技术发展最快的时期。我国的经济转轨，经济发展迅速，人民生活水平日益提高，供热节能工作逐渐受到重视。在此期间我国集中供热事业，在供热规模和供热技术方面，都有很大的发展。在 1975 年颁布的设计规范基础上，总结国内供暖通风技术经验，于 1987 年颁布了适合我国国情的国家标准《采暖通风与空气调节设计规范》GBJ 19—87。规范对供暖室外计算温度和供暖热负荷的确定以及计算原则和方法，进行了大量的研究和编制工作，其成果与世界先进国家的规范相比，毫不逊色。1989 年建设部颁布了《城市供热管网工程施工及验收规范》CJJ 28—89；1990 年，颁布《城市热力网设计规范》CJJ 34—90；1998 年，颁布《城镇直埋供热管道工程技术规程》CJJ/T 81—1998；一些省会城市的单项热电厂的集中供热面积已经达到 1000 万平方米以上。

进入 21 世纪，供热面积 1000 万平方米以上的热电联产集中供热工程在三北地区的各大城市迅速展开，一些省会城市的热电联产集中供热面积达到 1 亿平方米以上。2010 年以后集中供热工程迅速扩展到地级市乃至县级城镇。热电厂由城市周边向远郊发展甚至承担跨区域长输集中供热工程。为了满足集中供热需要，住房城乡建设部以及全国城镇供热标准化技术委员会相继编制出版了许多标准规范，如《城市热力网设计规范》CJJ 34—

2002；国家标准《采暖通风与空气调节设计规范》GBJ 50019—2003；《城市供热管网工程施工及验收规范》CJJ 28—2004；《供热计量供热规程》JGJ 173—2009；《城镇供热管网设计规范》CJJ 34—2010 和《夏热冬冷地区居住建筑节能设计标准》JGJ 134—2010；《民用建筑供暖通风与空气调节设计规范》GB 50736—2012；《供热系统节能改造技术规程》GB/T 50893—2013；《城镇直埋供热管道工程技术规程》CJJ/T 81—2013；《城镇供热服务》；《城镇供热系统运行维护技术规程》CJJ 88—2014；《供热计量系统运行技术规程》CJJ/T 223—2014；国家标准《工业建筑供暖通风与空气调节设计规范》GB 50019—2015；《公共建筑节能设计标准》GB 50189—2015；《民用建筑热工设计规范》GB 50176—2016；《民用建筑能耗标准》GB/T 51161—2016；《既有采暖居住建筑节能改造技术规程》JGJ 129—2016；《严寒和寒冷地区居住建筑节能设计标准》JGJ 129—2018；2020 年颁布了行业标准《城镇供热管网设计标准》CJJ 34。

20 世纪 80 年代后，我国集中供热技术的进展，主要方面有：

1. 高参数、大容量供热机组的热电厂和大型区域锅炉房的兴建，为大、中型城市集中供热，开辟了广阔的前景。早期我国供热机组容量较小，多为 12MW、25MW、50MW 的供热机组。近年来，主要应用的是 200MW 和 300MW 抽汽冷凝两用供热机组。目前，600MW 和 1000MW 纯凝机组通过改造也参与到集中供热中来。

2. 改造凝汽式发电厂为热电厂，采用汽轮机汽缸开孔抽汽或在导汽管开孔抽汽，或利用凝汽器低真空运行加热热网循环水的方式，改造中、小型老旧凝汽机组，使发电耗煤大大降低，并为城市集中供热提供热源。20 世纪 80 年代末期，单在东北地区电网所属范围的凝汽式发电厂，已有 14 个电厂采用低真空运行的方式供热，为小城镇供热开辟了快而省的途径。

3. 改变了多年来城市集中热水供热系统单一的系统模式，初步形成集中供热系统形式多样化的局面。我国城市民用的集中热水供热系统，绝大多数是由单一热源，按质调节方式（即随室外温度变化，相应改变供水温度，但网路循环水量不改变的调节方式）供热，热水网路与供暖用户系统采用直接连接的方式。近年来，多热源联合供热系统、热水网路与供暖用户系统采用间接连接、环形热水网路和利用变速循环水泵和分布式水泵供热系统等的应用，促进了供热技术的发展。

4. 预制保温管直埋敷设的广泛应用，改变了以前主要采用地沟敷设的形式，节约管网投资和便于施工。此外，管道保温材料的品种和规格也多种多样。

5. 一些新型的供热管道的附件和设备得到推广应用，如波纹管补偿器、球形补偿器、旋转式补偿器、蝶阀、手动调节阀、自立式调节阀等，对保证供热系统安全运行起着重要的作用。

6. 集中供热系统优化设计方面，进行了大量研究工作。供热系统的自控技术，如采用微机监控系统、采用机械式调节器控制等技术，已在国内一些集中供热系统中应用。

虽然建国七十多年来，我国供热工程取得了显著的成就，截至 2016 年度，我国北方地区集中供热总面积已经达到 130 亿 m^2，但与一些工业发达的国家相比，在整个供热系统的热能利用效率、供热（暖）产品设备品种和质量、供热系统的运行管理和自控水平等方面，仍有不少差距，亟待提高。

供热工程发展面临的主要问题仍然是：

1. 节能减排，创建和谐社会。即不但研究开发供热领域的新技术与新设备，同时要加强新建建筑的保温，也要对 20 世纪 80 年代以后建设的建筑实施节能改造，以达到增加供暖面积不增能耗的目的。

2. 采用绿色能源。如太阳能、风能、地热能、余热综合利用等。在这方面已取得初步成效：如地源热泵、城市污水水源热泵、秸秆利用等，但还需加大力度推进才能保证社会可持续发展。

3. 加强供热系统的科学化、精细化管理。应有一批高素质，技术过硬的一线工作者，同时采用先进的自控手段，在满足供热要求下，减少燃料、电、水的耗量，实现节能减排。

第一篇

供暖工程

第一章　室内供暖系统的设计热负荷

供暖系统设计热负荷是供暖设计中最基本的数据。它直接影响供暖系统方案的选择、供暖管道管径和散热器等设备的确定，关系到供暖系统的使用和经济效果。

第一节　供暖系统设计热负荷

人们为了生产和生活，要求室内保证一定的温度。一个建筑物或房间可有各种得热和散失热量的途径。当建筑物或房间的失热量大于得热量时，为了保持室内在要求温度下的热平衡，需要由供暖通风系统补进热量，以保证室内要求的温度。供暖系统通常利用散热器向房间散热，通风系统送入高于室内要求温度的空气，一方面向房间不断地补充新鲜空气；另一方面也为房间提供供热量。

供暖系统的设计热负荷是指在某一室外温度 t_w 下，为了达到要求的室内温度 t_n，供暖系统在单位时间内向建筑物供给的热量。它随着建筑物得失热量的变化而变化。

供暖系统的设计热负荷，是指在设计室外温度 t'_w 下，为达到要求的室内温度 t_n，供暖系统在单位时间内向建筑物供给的热量 Q'。它是设计供暖系统的最基本依据。

冬季供暖通风系统的热负荷，应根据建筑物或房间的得、失热量确定：

失热量有：

1. 围护结构传热耗热量 Q_1；
2. 加热由门、窗缝隙渗入室内的冷空气的耗热量 Q_2，称冷风渗透耗热量；
3. 加热由门、孔洞及相邻房间侵入的冷空气的耗热量 Q_3，称冷风侵入耗热量；
4. 水分蒸发的耗热量 Q_4；
5. 加热由外部运入的冷物料和运输工具的耗热量 Q_5；
6. 通风耗热量。通风系统将空气从室内排到室外所带走的热量 Q_6；

得热量有：

7. 生产车间最小负荷班的工艺设备散热量 Q_7；
8. 非供暖通风系统的其他管道和热表面的散热量 Q_8；
9. 热物料的散热量 Q_9；
10. 太阳辐射进入室内的热量 Q_{10}。

此外，还会有通过其他途径散失或获得的热量 Q_{11}。

对于没有由于生产工艺所带来得失热量而需设置通风系统的建筑物或房间（如一般的民用住宅建筑、办公楼等），建筑物房间的热平衡就简单多了。失热量 Q_{sh} 只考虑上述的前三项耗热量，而对于分户供暖系统的某个房间，还要考虑向不采暖邻室的散热量；得热量 Q_d 只考虑太阳辐射进入室内的热量；至于住宅中其他途径的得热量，如人体散热量、炊事和照明散热量（统称为自由热），一般散热量不大，且不稳定，通常可不予计入。

因此，对没有装置机械通风系统的建筑物，供暖系统的设计热负荷可用下式表示：

$$Q' = Q'_{sh} - Q'_d = Q'_1 + Q'_2 + Q'_3 - Q'_{10} \tag{1-1}$$

上式带"′"的上标符号均表示在设计工况下的各种参数（全书均以此表示）。

围护结构的传热耗热量是指当室内温度高于室外温度时，通过围护结构向外传递的热量。在工程设计中，计算供暖系统的设计热负荷时，常把它分成围护结构传热的基本耗热量和附加（修正）耗热量两部分进行计算。基本耗热量是指在设计条件下，通过房间各部分围护结构（门、窗、墙、地板、屋顶等）从室内传到室外的稳定传热量的总和。附加（修正）耗热量是指围护结构的热环境发生变化而对基本耗热量进行修正的耗热量。附加（修正）耗热量包括风力附加、高度附加和朝向修正等耗热量。朝向修正是考虑围护结构的朝向不同，太阳辐射得热量不同而对基本耗热量进行的修正。

因此，在工程设计中，供暖系统的设计热负荷，一般可分几部分进行计算。

$$Q' = Q'_{1 \cdot j} + Q'_{1 \cdot x} + Q'_2 + Q'_3 \tag{1-2}$$

式中　$Q'_{1 \cdot j}$——围护结构的基本耗热量；

　　　$Q'_{1 \cdot x}$——围护结构的附加（修正）耗热量。

计算围护结构附加（修正）耗热量时，太阳辐射得热量可用减去一部分基本耗热量的方法列入，而风力和高度影响用增加一部分基本耗热量的方法进行附加。式中前两项表示通过围护结构的计算耗热量，后两项表示室内通风换气所耗的热量。

本章主要阐述供暖系统设计热负荷的计算原则和方法。对具有供暖及通风系统的建筑（如工业厂房和公共建筑等），供暖及通风系统的设计热负荷，需要根据生产工艺设备使用或建筑物的使用情况，通过得失热量的热平衡和通风的空气量平衡综合考虑才能确定。这部分内容将在"通风工程"课程中详细阐述。

第二节　围护结构的基本耗热量

在工程设计中，围护结构的基本耗热量是按一维稳定传热过程进行计算的，即假设在计算时间内，室内外空气温度和其他传热过程参数都不随时间变化。实际上，室内散热设备散热不稳定，室外空气温度随季节和昼夜变化不断波动，这是一个不稳定传热过程。但不稳定传热计算复杂，所以对室内温度容许有一定波动幅度的一般建筑物来说，采用稳定传热计算可以简化计算方法并能基本满足要求。但对于室内温度要求严格，温度波动幅度要求很小的建筑物或房间，就需采用不稳定传热原理进行围护结构耗热量计算，详见"空气调节"工程的书籍。

围护结构基本耗热量，可按下式计算：

$$q' = KF(t_n - t'_w)\alpha \quad W \tag{1-3}$$

式中　K——围护结构的传热系数，$W/(m^2 \cdot ℃)$；

　　　F——围护结构的面积，m^2；

　　　t_n——冬季室内计算温度，$℃$；

　　　t'_w——供暖室外计算温度，$℃$；

　　　α——围护结构的温差修正系数。

整个建筑物或房间的基本耗热量 $Q'_{1 \cdot j}$ 等于它的围护结构各部分（门、窗、墙、地板、屋顶等）基本耗热量 q' 的总和。

$$Q'_{1 \cdot j} = \sum q' = \sum KF(t_n - t'_w)\alpha \quad W \tag{1-4}$$

下面对上式中各项分别进行讨论。

一、室内计算温度 t_n

室内计算温度是指距地面 2m 以内人们活动地区的平均空气温度，对于一般民用建筑可以用其房间无冷热源影响的几何中心处的温度来代表。室内空气温度的选定，应满足人们生活和生产工艺的要求。生产要求的室温，一般由工艺设计人员提出。生活用房间的温度，主要决定于人体的生理热平衡。它和许多因素有关，如与房间的用途、室内的潮湿状况和散热强度、劳动强度以及生活习惯、生活水平等有关。

根据现行国家标准《民用建筑供暖通风与空气调节设计规范》GB 50736—2012（以下简称《民规》）3.0.1 供暖室内设计温度应符合下列规定：

1. 严寒和寒冷地区主要房间应采用 18～24℃；
2. 夏热冬冷地区主要房间宜采用 16～22℃；
3. 设置值班供暖房间不应低于 5℃。

考虑到不同地区居民生活习惯不同，分别对严寒和寒冷地区、夏热冬冷地区主要房间的供暖室内设计温度进行规定。

根据国内外有关研究结果，当人体衣着适宜、保暖量充分且处于安静状态时，室内温度 20℃ 比较舒适，18℃ 无冷感，15℃ 是产生明显冷感的温度界限。冬季的热舒适（$-1 \leq$ PMV $\leq +1$）对应的温度范围为：18～28.4℃。基于节能的原则，本着提高生活质量、满足室温可调的要求，在满足舒适的条件下尽量考虑节能，因此选择偏冷（$-1 \leq$ PMV ≤ 0）的环境，将冬季供暖设计温度范围定在 18～24℃。从实际调查结果来看，大部分建筑供暖设计温度为 18～20℃。

冬季空气集中加湿耗能较大，延续我国供暖系统设计习惯，供暖建筑不做湿度要求。从实际调查来看，我国供暖建筑中人员常采用各种手段实现局部加湿，供暖季房间相对湿度在 15%～55% 范围波动，这样基本满足舒适要求，同时又节约能耗。

考虑到夏热冬冷地区实际情况和当地居民生活习惯，其室内设计温度略低于寒冷和严寒地区。夏热冬冷地区并非所有建筑物都供暖，人们衣着习惯还需要满足非供暖房间的保暖要求，服装热阻计算值略高。因此，综合考虑本地区的实际情况以及居民生活习惯，基于 PMV 舒适度计算，确定夏热冬冷地区主要房间供暖室内设计温度宜采用 16～22℃。

对于工业建筑，根据现行国家标准《工业建筑供暖通风与空气调节设计规范》GB 50019—2015（以下简称《工规》）4.1.1 冬季室内设计温度应根据建筑物的用途采用，并符合下列规定：

1. 生产厂房、仓库、公用辅助建筑的工作地点应按劳动强度确定设计温度，并符合下列规定：

（1）轻度劳动应为 18～21℃，中度劳动应为 16～18℃，重度劳动应为 14～16℃，极重度劳动应为 12～14℃；

（2）当每名工人占用面积大于 50m²，工作地点设计温度轻度劳动时可降低至 10℃，中度劳动时可降低至 7℃，重度劳动时可降低至 5℃。

2. 生活、行政辅助建筑物及生产厂房、仓库、公用辅助建筑的辅助用室的室内温度应符合下列规定：

(1) 浴室、更衣室不应低于 25℃；

(2) 办公室、休息室、食堂不应低于 18℃；

(3) 盥洗室、厕所不应低于 14℃。

3. 生产工艺对厂房有温、湿度有要求时，应按工艺要求确定室内设计温度。

劳动强度的分级根据现行国家标准《工作场所有害因素职业接触限值 第 2 部分：物理因素》GBZ 2.2 执行。为了保证工作人员的工作效率及舒适性，并考虑工作强度不同时人体产生热量的不同，来确定工业建筑工作地点室内的温度范围。

对于高度较高的生产厂房，由于对流作用，上部空气温度必然高于工作地区温度，通过上部围护结构的传热量增加。因此，当层高超过 4 m 的建筑物或房间，冬季室内计算温度 t_n，应按下列规定采用：

(1) 计算地面的耗热量时，应采用工作地点的温度 t_g（℃）；

(2) 计算屋顶和天窗耗热量时，应采用屋顶下的温度 t_d（℃）；

(3) 计算门、窗和墙的耗热量时，应采用室内平均温度 t_{pj}，$t_{pj}=(t_g+t_d)/2$（℃）。

屋顶下的空气温度 t_d 受诸多因素影响，难以用理论方法确定。最好是按已有的类似厂房进行实测确定；或按经验数值，用温度梯度法确定。即

$$t_d=t_g+(H-2)\Delta t \quad ℃ \tag{1-5}$$

式中　H——屋顶距地面的高度，m；

　　　Δt——温度梯度，℃/m。

对于散热量小于 23W/m^2 的生产厂房，当其温度梯度值不能确定时，可用工作地点温度计算围护结构耗热量，但应按后面讲述的高度附加的方法进行修正，增大计算耗热量。

二、供暖室外计算温度 t'_w

供暖室外计算温度 t'_w 如何确定，对供暖系统设计有很关键性的影响。若按稳态传热计算围护结构的基本耗热量（式 1-3），t'_w 需为固定值，但通过研究我国冬季的气象资料可以发现，并不是每一年的室外最低温度都是一致的。如采用过低的 t'_w 值，使供暖系统的造价增加；如采用值过高，则不能保证供暖效果。

目前国内外选定供暖室外计算温度的方法，可以归纳为两种：一种是根据围护结构的热惰性原理，另一种是根据不保证天数的原则来确定。

围护结构的热惰性原理是苏联建筑法规规定各个城市的供暖室外计算温度的方法。它规定供暖室外计算温度要按 50 年中最冷的八个冬季里最冷的连续 5 天的日平均温度的平均值确定。通过围护结构热惰性原理分析得出：在采用 2½砖实心墙情况下，即使昼夜间室外温度波幅为±18℃，外墙内表面的温度波幅也不会超过±1℃，对人的舒适感没有影响。根据热惰性原理确定供暖室外计算温度，规定值是比较低的。

不保证天数方法的原则是：认为允许有几天时间可以低于规定的供暖室外计算温度值，亦即容许这几天室内温度可能稍低于室内计算温度 t_n 值。不保证天数根据各国规定而有所不同，有规定 1 天、3 天、5 天等。

我国现行的《民规》《工规》和《民用建筑热工设计规范》均采用了不保证天数方法

确定供暖室外计算温度值。其中：

《民规》"4.1.2 供暖室外计算温度应采用历年平均不保证 5d 的日平均温度。"

《工规》"4.2.1 供暖室外计算温度应采用累年平均每年不保证 5d 的日平均温度。"

《民用建筑热工设计规范》"3.2.1 1 采暖室外计算温度 t_w 应为累年年平均不保证 5d 的日平均温度。"

虽然各个规范中对供暖室外计算温度的表述略有不同，但是确定方法是一样的，即在用于统计的年份（n 年）中，将所有年份的日平均温度由小到大进行排序，选择第 $5n+1$ 个数值作为供暖室外计算温度。当统计年份为 30 年时，取 30 年累计日平均温度由小到大排序的第 151 个数值作为最终计算参数。例如在 1951—1980 年间，北京市室外日平均温度低于和等于－9.1℃共有 134 天，日平均温度低于和等于－8.1℃共有 233 天。取整数值后，确定北京市的供暖室外计算温度 t_w' 为－9℃。以前参照苏联采用的热惰性原理进行计算，曾规定过北京市的供暖室外计算温度为－12℃。通过对许多城市的气象资料统计分析，采用不保证 5 天的方法确定 t_w' 值，使我国大部分城市的 t_w' 值普遍提高了 1～4℃（与采用热惰性原理对比），从而降低了供暖系统的设计热负荷并节约了费用，而对人们居住条件则无甚影响。

近年来受全球气候变化的影响，各个城市的供暖室外计算温度有上升趋势。目前现行的《民规》《工规》中的供暖室外计算温度依据 1971—2000 年的气象观测数据为基础进行计算得出，《民用建筑热工设计规范》中的供暖室外计算温度是依据 1995—2004 年气象数据计算得出，本书中所涉及的供暖室外计算温度采用《民用建筑热工设计规范》GB 50176—2016 附录 A 中的数据。部分城市的供暖室外计算温度，见附录 1-1 或其他手册资料。并且我们研究的供暖室外计算温度 t_w' 应是针对连续采暖或间歇采暖时间较短的采暖系统的热负荷计算而言的，对于间歇时间较长的采暖系统，不保证的时间可能会相对多一些。供暖室外计算温度 t_w' 是影响采暖设计的重要因素，但不是决定采暖效果的唯一因素，做好系统的平衡，使采暖系统按照设计工况运行才是供暖的根本保证。盲目的降低室外计算温度 t_w' 或增加某些变相的附加，助长不合理的运行方式，必将造成设备与投资的浪费。

三、温差修正系数 α 值

对供暖房间围护结构外侧不是与室外空气直接接触，而中间隔着不供暖房间或空间的场合（图 1-1），通过该围护结构的传热量应为 $q'=KF(t_n-t_h)$，式中 t_h 是传热达到热平衡时，非供暖房间或空间的温度。

计算与大气不直接接触的外围护结构基本耗热量时，为了统一计算公式，采用了系数 α——围护结构的温差修正系数，见下式。

$$q'=\alpha KF(t_n-t_w')=KF(t_n-t_h) \quad W \quad (1-6)$$

$$\alpha=\frac{t_n-t_h}{t_n-t_w'} \quad (1-7)$$

式中　F——供暖房间所计算的围护结构表面积，m^2；

　　　K——供暖房间所计算的围护结构的传热系数，$W/(m^2 \cdot ℃)$；

　　　t_h——不供暖房间或空间的空气温度；

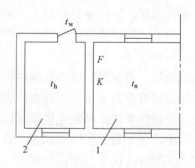

图 1-1　计算温差修正系数的示意图
1—供暖房间；2—非供暖房间

α——围护结构温差修正系数。

围护结构温差修正系数 α 值的大小，取决于非供暖房间或空间的保温性能和透气状况。对于保温性能差和易于室外空气流通的情况，不供暖房间或空间的空气温度 t_h 更接近于室外空气温度，则 α 值更接近于 1。各种不同情况的温度修正系数可见附录 1-2。

此外，与相邻房间的温差大于或等于 5℃，或通过隔墙和楼板等的传热量大于该房间热负荷的 10% 时，应计算通过隔墙或楼板等的传热量。

四、围护结构的传热系数 K 值

1. 匀质多层材料（平壁）的传热系数 K 值。一般建筑物的外墙和屋顶都属于匀质多层材料的平壁结构，其传热过程如图 1-2 所示。传热系数 K 值可用下式计算：

$$K=\frac{1}{R_0}=\frac{1}{\dfrac{1}{\alpha_n}+\sum\dfrac{\delta_i}{\alpha_\lambda\cdot\lambda_i}+\dfrac{1}{\alpha_w}}=\frac{1}{R_n+R_j+R_w}\quad \text{W/(m}^2\cdot\text{℃)}\qquad(1\text{-}8)$$

式中　R_0——围护结构的传热阻，$\text{m}^2\cdot\text{℃/W}$；

α_n、α_w——围护结构内表面、外表面的换热系数，$\text{W/(m}^2\cdot\text{℃)}$；

R_n、R_w——围护结构内表面、外表面的传热阻，$\text{m}^2\cdot\text{℃/W}$；

δ_i——围护结构各层的厚度，m；

λ_i——围护结构各层材料的导热系数，$\text{W/(m}\cdot\text{℃)}$；

α_λ——材料导热系数修正系数，按表 1-3 选用；

R_j——由单层或多层材料组成的围护结构各材料层的热阻，$\text{m}^2\cdot\text{℃/W}$。

一些常用建筑材料的导热系数 λ 值，可见附录 1-3。

围护结构表面换热过程是对流和辐射的综合过程。围护结构内表面换热是壁面与邻近空气和其他壁面由于温差引起的自然对流和辐射换热作用，而在围护结构外表面主要是由于风力作用产生的强迫对流换热，辐射换热占的比例较小。工程计算中采用的换热系数和换热阻值分别列于表 1-1 和表 1-2。

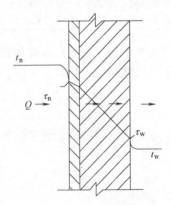

图 1-2　通过围护结构的传热过程

常用围护结构的传热系数 K 值可直接从有关手册中查得。附录 1-4 给出部分门、窗户的传热系数 K 值。附录 1-5 给出一些常用围护结构的传热系数。

2. 由两种以上材料组成的、两向非匀质围护结构的传热系数 K 值。传统的实心砖墙的传热系数 K 值较高，

内表面换热系数 α_n 与热阻 R_n　　　　　　　　表 1-1

围护结构内表面特征	α_n	R_n
	$\text{W/(m}^2\cdot\text{℃)}$	$\text{m}^2\cdot\text{℃/W}$
墙、地面、表面平整或有肋状突出物的顶棚，当 $h/s\leq0.3$ 时	8.7	0.115
有肋、井状突出物的顶棚，当 $0.2<h/s\leq0.3$ 时	8.1	0.123
有肋状突出物的顶棚，当 $h/s>0.3$ 时	7.6	0.132
有井状突出物的顶棚，当 $h/s>0.3$ 时	7.0	0.143

注：表中 h—肋高（m）；s—肋间净距（m）。

围护结构外表面特征	α_w	R_w
	W/(m²·℃)	m²·℃/W
外墙与屋顶	23	0.04
与室外空气相通的非采暖地下室上面的楼板	17	0.06
闷顶和外墙上有窗的非采暖地下室上面的楼板	12	0.08
外墙上无窗的非采暖地下室上面的楼板	6	0.17

外表面换热系数 α_w 与热阻 R_w　　　　表 1-2

材料导热系数修正系数 α_λ　　　　表 1-3

围护结构内表面特征	α_λ
作为夹心层浇筑在混凝土墙体及屋面构件中的块状多孔保温材料(如加气混凝土、泡沫混凝土及水泥膨胀珍珠岩),因干燥缓慢及灰缝影响	1.60
铺设在密闭屋面中的多孔保温材料(如加气混凝土、泡沫混凝土、水泥膨胀珍珠岩、石灰炉渣等)因干燥缓慢	1.50
铺设在密闭屋面中及作为夹心层浇筑在混凝土构件中的半硬质矿棉、岩棉、玻璃面板等,因压缩吸湿	1.20
作为夹心层浇筑在混凝土构件中的泡沫塑料等,因压缩	1.20
开孔型保温材料(如水泥刨花板、木丝板、稻草板等),表面抹灰或混凝土浇筑在一起,因灰浆渗入	1.30
加气混凝土、泡沫混凝土砌块墙体及加气混凝土条板墙体、屋面,因灰缝影响	1.25
充实在空心墙体及屋面构件中的松散保温材料(如稻壳、木、矿棉、岩棉等),因下沉	1.20
矿渣混凝土、炉渣混凝土、浮石混凝土、粉煤灰陶粒混凝土、加气混凝土等实心墙体及屋面构件,在严寒地区,且在室内平均相对湿度超过65%的供暖房间内使用,因干燥缓慢	1.15

从节能角度出发,采用各种形式的空心砌块,或填充保温材料的墙体等日益增多。这种墙体属于由两种以上材料组成的、非匀质围护结构,属于二维传热过程。计算它的传热系数 K 值时,通常采用近似计算方法或实验数据。下面介绍中国建筑科学研究院建筑物理所推荐的一种方法。

首先求出围护结构的平均传热阻

$$R_{pj} = \left[\left(\frac{A}{\sum\limits_{i=1}^{n}\frac{A_i}{R_{0i}}}\right) - (R_n + R_w)\right] \cdot \varphi \tag{1-9}$$

式中　R_{pj}——平均传热阻,m²·℃/W;

　　　A——与热流方向垂直的总传热面积,m²(图 1-3);

　　　A_i——按平行热流方向划分的各个传热面积,m²(图 1-3);

　　　R_{0i}——对应于传热面积 A_i 上的总热阻,m²·℃/W;

　　　R_n、R_w——内表面、外表面换热阻,m²·℃/W;

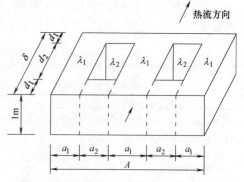

图 1-3　非匀质围护结构传热系数计算图示

φ——平均传热阻修正系数，按表 1-4 取值。

修正系数 φ 值　　　　　　　　　　　　　　　　　　　　　表 1-4

序号	λ_2/λ_1 或 $(\lambda_2+\lambda_3)/2\lambda_1$	φ
1	0.09～0.19	0.86
2	0.20～0.39	0.93
3	0.40～0.69	0.96
4	0.70～0.99	0.98

注：1. 当围护结构由两种材料组成，λ_2 应取较小值，λ_1 为较大值，φ 由比值 λ_2/λ_1 确定。
　　2. 当围护结构由三种材料组成，φ 值应由比值 $(\lambda_2+\lambda_3)/2\lambda_1$ 确定。
　　3. 当围护结构中存在圆孔时，应先将圆孔折算成同面积的方孔，然后再进行计算。

两向非匀质围护结构传热系数 K 值，用下式确定：

$$K=\frac{1}{R_0}=\frac{1}{R_n+R_{pj}+R_w} \quad W/(m^2 \cdot ℃) \tag{1-10}$$

3. 空气间层传热系数 K 值。在严寒地区和一些高级民用建筑，围护结构内常用空气间层以减小传热量，如双层玻璃、空气屋面板、复合墙体的空气间层等。间层中的空气导热系数比组成围护结构的其他材料的导热系数小，增加了围护结构传热阻。空气间层传热同样是辐射与对流换热的综合过程。在间层壁面涂覆辐射系数小的反射材料，如铝箔等，可以有效地增大空气间层的换热阻。对流换热强度，与间层的厚度、间层设置的方向和形状，以及密封性等因素有关。当厚度相同时，热流朝下的空气间层热阻最大，竖壁次之，而热流朝上的空气间层热阻最小。同时，在达到一定厚度后，反而易于对流换热，热阻的大小几乎不随厚度增加而变化了。

空气间层的热阻难以用理论公式确定，在工程设计中，可按表 1-5 的数值计算，围护结构传热热阻变为 $R_n+R_j+R_k+R_w$。

空气间层热阻 R_k $[(m^2 \cdot ℃)/W]$　　　　　　　　　　　　表 1-5

位置、热流状况		间层厚度（mm）						
		5	10	20	30	40	50	60
一般空气间层	热流向下（水平、倾斜）	0.10	0.14	0.17	0.18	0.19	0.20	0.20
	热流向上（水平、倾斜）	0.10	0.14	0.15	0.16	0.17	0.17	0.17
	垂直空气间层	0.10	0.14	0.16	0.17	0.18	0.18	0.18
单面铝箔空气间层	热流向下（水平、倾斜）	0.16	0.28	0.43	0.51	0.57	0.60	0.64
	热流向上（水平、倾斜）	0.16	0.26	0.35	0.40	0.42	0.42	0.43
	垂直空气间层	0.16	0.26	0.39	0.44	0.47	0.49	0.50

4. 有顶棚的坡屋面传热系数。对于有顶棚的坡屋面，当用顶棚面积计算其传热量时，屋面和顶棚的综合传热系数，可按下式计算：

$$K=\frac{K_1 \cdot K_2}{K_1 \cdot \cos\alpha+K_2} \tag{1-11}$$

式中　K——屋面的顶棚的综合传热系数，$W/(m^2 \cdot ℃)$；

　　K_1——顶棚的传热系数，$W/(m^2 \cdot ℃)$；

　　K_2——屋面的传热系数，$W/(m^2 \cdot ℃)$；

α——屋面和顶棚的夹角。

5. 地面的传热系数。在冬季，室内热量通过靠近外墙地面传到室外的路程较短，热阻较小；而通过远离外墙地面传到室外的路程较长，热阻增大。因此，室内地面的传热系数（热阻）随着离外墙的远近而有变化，但在离外墙约 8m 以上的地面，传热量基本不变。基于上述情况，在工程上一般采用近似方法计算，把地面沿外墙平行的方向分成四个计算地带，如图 1-4 所示。

（1）贴土非保温地面［组成地面的各层材料导热系数 λ 都大于 1.16W/(m·℃)］的传热系数及热阻值见表 1-6。第一地带靠近墙角的地面面积（图 1-4 的阴影部分）需要计算两次。

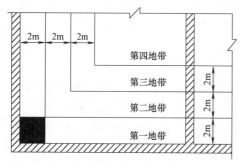

图 1-4 地面传热地带的划分

非保温地面的传热系数和热阻

表 1-6

地带	R_0 (m²·℃/W)	K_0 [W/(m²·℃)]
第一地带	2.15	0.47
第二地带	4.30	0.23
第三地带	8.60	0.12
第四地带	14.2	0.07

工程计算中，也有采用对整个建筑物或房间地面取平均传热系数进行计算的简易方法，可详见有关供暖通风设计手册。

（2）贴土保温地面［组成地面的各层材料中，有导热系数 λ 小于 1.16W/(m·℃) 的保温层］各地带的热阻值，可按下式计算：

$$R'_0 = R_0 + \sum_{i=1}^{n} \frac{\delta_i}{\lambda_i} \tag{1-12}$$

式中　R'_0——贴土保温地面的热阻，m²·℃/W；

　　　R_0——非保温地面的热阻，m²·℃/W（表 1-5）；

　　　δ_i——保温层的厚度，m；

　　　λ_i——保温材料的导热系数，W/(m·℃)。

（3）铺设在地垄墙上的保温地面各地带的换热阻 R''_0 值，可按下式计算：

$$R''_0 = 1.18R'_0 \quad \text{m}^2 \cdot ℃/\text{W} \tag{1-13}$$

五、围护结构传热面积的丈量

不同围护结构传热面积的丈量方法按图 1-5 的规定计算。

外墙面积的丈量，高度从本层地面算到上层的地面（底层除外，如图 1-5 所示）。对平屋顶的建筑物，最顶层的丈量是从最顶层的地面到平屋顶的外表面的高度；而对有闷顶的斜屋面，算到闷顶内的保温层表面。外墙的平面尺寸，应按建筑物外廓尺寸计算。两相邻房间以内墙中线为分界线。

门、窗的面积按外墙外面上的净空尺寸计算。

闷顶和地面的面积，应按建筑物外墙以内的内廓尺寸计算。对平屋顶，顶棚面积按建筑物外廓尺寸计算。

地下室面积的丈量，位于室外地面以下的外墙，其耗热量计算方法与地面的计算相同，但传热地带的划分，应从与室外地面相平的墙面算起，亦即把地下室外墙在室外地面以下的部分看作是地下室地面的延伸，如图1-6所示。

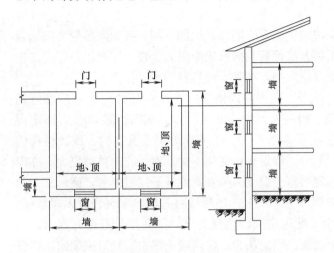

图1-5　围护结构传热面积的尺寸丈量规则
（对平屋顶，顶棚面积按建筑物外廓尺寸计算）

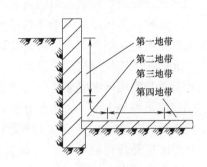

图1-6　地下室面积的丈量

第三节　围护结构的附加（修正）耗热量

围护结构的基本耗热量，是在稳定条件下，按公式（1-4）计算得出的。实际耗热量会受到气象条件以及建筑物情况等各种因素影响而有所增减。由于这些因素影响，需要对房间围护结构基本耗热量进行修正。这些修正耗热量称为围护结构附加（修正）耗热量。通常按基本耗热量的百分率进行修正。附加（修正）耗热量有朝向修正、风力附加和高度附加耗热量等。

一、朝向修正耗热量

朝向修正耗热量是考虑建筑物受太阳照射影响而对围护结构基本耗热量的修正。当太阳照射建筑物时，阳光直接透过玻璃窗，使室内得到热量。同时由于阳面的围护结构较干燥，外表面和附近气温升高，围护结构向外传递的热量减少。采用的修正方法是按围护结构的不同朝向，采用不同的修正率。需要修正的耗热量等于垂直的外围护结构（门、窗、外墙及屋顶的垂直部分）的基本耗热量乘以相应的朝向修正率。

《民规》规定：宜按下列规定的数值，选用不同朝向的修正率。

北、东北、西北　　　　0～10%；东南、西南−10%～−15%；

东、西　　　　　　　−5%；南　　　　　　−15%～−30%。

选用上面朝向修正率时，应考虑当地冬季日照率、建筑物使用和被遮挡等情况。对于冬季日照率小于35%的地区，东南、西南和南向修正率，宜采用−10%～0，东、西向可不修正。

　　《民规》对围护结构耗热量的朝向修正率的确定，是总结国内近十多年来一些科研、大专院校和设计单位对此问题做的大量理论分析和实测工作而统一给出的一个范围值。在实际工程设计中，目前还有下面的几种观点和方法。

　　（1）认为朝向修正率与该城市的日照时间和太阳辐射强度密切相关，不同城市的朝向修正率有较大的差别。

　　（2）认为即使在同一城市，外围护结构的窗、墙面积比例不同，各朝向接受太阳辐射热也不一样，因而认为采用朝向修正值方法代替朝向修正率更为合理。即根据各朝向围护结构在该城市所接受太阳辐射热的绝对值大小，在基本耗热量中予以扣除。

　　（3）认为应以采暖季平均温度为基准，而不是以供暖室外计算温度 t'_w 为基准确定朝向修正率，调整各朝向热负荷的比例。如一建筑物按北向为零，南向附减 20%，即南向与北向相同围护结构的传热量比，在 t'_w 下为 0.8:1。但当室外温度升高时，围护结构的传热量与室内外温度差按正比减少，但太阳辐射热量变化不大，南、北向差值更大，亦即朝向修正率增大了。为便于分析，假定当室外温度为采暖季室外平均温度时，南、北向的耗热量比为 0.7:1，亦即此时朝向修正率为 −30%。如现按南向附减 20% 设计供暖系统，在供暖室外计算温度 t'_w 下，如能使南、北向房间都达到要求，则在室外温度升高时，就会出现不是南向过热，就是北向过冷现象。因此认为，朝向修正率主要是解决朝向耗热量比例问题，出发点应保证在采暖季的大部分时间内，都能满足不同朝向房间的室温要求。为此应以采暖季室外平均温度时的南、北向围护结构耗热量比例作为朝向修正率。如在本例分析中，为保证南向房间在室外计算温度 t'_w 下，如仍按附减 20% 修正，则北向应附加，附加率为 +14%（亦即 0.8:1.14＝0.7:1）。这种方法可称为南向附减、北向附加的修正方法。这种修正方法稍增加了供暖系统的设计热负荷，但能使采暖季大部分时间内，南、北向房间室温都能满足要求，缓解目前经常出现北向房间过冷，南向房间过热的现象。

　　上述内容可详见《供暖通风设计手册》。

二、风力附加耗热量

　　风力附加率，是指在供暖耗热量计算中，基于较大的室外风速会引起围护结构外表面换热系数增大，即大于 23W/(m²·℃) 而设的附加系数。由于我国大部分地区冬季平均风速不大，一般为 2～3m/s，仅个别地区大于 5m/s，影响不大，为简化计算起见，一般建筑物不必考虑风力附加。仅对修建在不避风的高地、河边、海岸、旷野上的建筑物，以及城镇中明显高出周围其他建筑的建筑物，其垂直外围护结构宜附加 5%～10%，"明显高出"通常指较大区域范围内，某栋建筑特别突出的情况。

三、高度附加耗热量

　　高度附加率，是基于房间高度大于 4m 时，由于竖向温度梯度的影响导致上部空间及围护结构的耗热量增大的附加系数。由于围护结构耗热作用等影响，房间竖向温度的分布并不总是逐步升高的，因此对高度附加率的上限值做了限制。

　　《民规》规定：建筑（除楼梯间外）的围护结构耗热量高度附加率，散热器供暖房间高度大于 4m 时，每高出 1m 应附加 2%，但总附加率不应大于 15%；地面辐射供暖的房间高度大于 4m 时，每高出 1m 宜附加 1%，但总附加率不宜大于 8%。高度附加率应附加于围护结构的基本耗热量和其他附加耗热量之和的基础上。

四、间歇附加耗热量

当建筑物采用间歇供暖时，建筑物经历的是一个非常复杂的动态热工变化过程，其影响因素很多，包括围护结构的热工性能、室外气象参数、供暖方式和间歇时间等。目前在工程设计中，对于间歇供暖热负荷的计算方法，没有明确的规定。

《民规》规定：对于只要求在使用时间保持室内温度，而其他时间可以自然降温的供暖间歇使用建筑物，可按间歇供暖系统设计。其供暖热负荷应对围护结构耗热量进行间歇附加，附加率应根据保证室温的时间和预热时间等因素通过计算确定。间歇附加率可按下列数值选取：

1. 仅白天使用的建筑物，间歇附加率可取 20%；

2. 对不经常使用的建筑物，间歇附加率可取 30%。

对于夜间基本不使用的办公楼和教学楼等建筑，在夜间时允许室内温度自然降低一些，这时可按间歇供暖系统设计，这类建筑物的供暖热负荷应对围护结构耗热量进行间歇附加，间歇附加率可取 20%；对于不经常使用的体育馆和展览馆等建筑，围护结构耗热量的间歇附加率可取 30%。如建筑物预热时间长，如两小时，其间歇附加率可以适当减少。间歇附加率和高度附加率一样应附加于围护结构的基本耗热量和其他附加耗热量之和的基础上。

五、其他附加耗热量

其他附加耗热量主要包括：户间传热附加耗热量、多面外墙附加耗热量和窗墙比附加耗热量。根据实际情况，可选择性地在围护结构基本耗热量上附加计算。

户间传热附加耗热量。对于某些冬季供暖期短，室外平均气温较高，近些年才开始使用集中供热的居住建筑，采用分户热计量供暖系统，整栋楼的开栓率普遍不高。如果不计算户间传热附加耗热量，就会导致开栓供热的住户室内温度达不到设计温度。在确定分户热计量供暖系统的户内供暖设备容量和户内管道时，应考虑户间传热对供暖负荷的附加，但附加量不应超过 50%，且不应统计在供暖系统的总热负荷内。

户间传热对供暖负荷的附加量的大小不影响外网、热源的初投资，在实施室温可调和供热计量收费后也对运行能耗的影响较小，只影响到室内系统的初投资。附加量过大，初投资增加较多。依据模拟分析和运行经验，户间传热对供暖负荷的附加量不宜超过计算负荷的 50%。对于严寒和寒冷地区的绝大部分城市，即使采用分户热计量供暖系统，供热条例中规定停止用热的用户，应当向供热单位交纳供热设施运行基础费。停止用热的用户不会完全关闭室内供暖设施，户间传热量较小。在计算通过围护结构的总耗热量时，可不考虑此项附加。

多面外墙附加耗热量。对公共建筑，当房间有两面及两面以上外墙时，可考虑将外墙、门、窗的基本耗热量附加 5%。

窗墙比附加耗热量。当建筑物的窗墙面积比大于 1:1 时，仅对窗的基本耗热量附加 10%，外墙的基本耗热量不附加。

综合上述，建筑物或房间在室外供暖计算温度下，通过围护结构的总耗热量 Q'_1，可用下式综合表示

$$Q'_1 = Q'_{1 \cdot j} + Q'_{1 \cdot x} = (1+x_{jx})(1+x_g)\sum aKF(t_n - t'_w)(1+x_{ch}+x_f) \quad \text{W} \quad (1\text{-}14)$$

21

式中　x_{ch}——朝向修正率，%；

　　　x_f——风力附加率，%；

　　　x_g——高度附加率，%；

　　　x_{jx}——间歇附加率，%；

其他符号同式（1-2）和式（1-4）。

第四节　冷风渗透耗热量

在风力和热压造成的室内外压差作用下，室外的冷空气通过门、窗等缝隙渗入室内，被加热后逸出。把这部分冷空气从室外温度加热到室内温度所消耗的热量，称为冷风渗透耗热量 Q_2。冷风渗透耗热量，在设计热负荷中占有不小的份额。

影响冷风渗透耗热量的因素很多，如门窗构造、门窗朝向、室外风向和风速、室内外空气温差、建筑物高低以及建筑物内部通道状况等。总的来说，对于多层的建筑物，由于房屋高度不高，在工程设计中，冷风渗透耗热量主要考虑风压的作用，可忽略热压的影响。对于高层建筑，则应考虑风压与热压的综合作用（见本章第九节）。

计算冷风渗透耗热量的常用方法有缝隙法、换气次数法和百分数法。

一、按缝隙法计算多层建筑的冷风渗透耗热量

对多层建筑，可通过计算不同朝向的门、窗缝隙长度以及从每米长缝隙渗入的冷空气量，确定其冷风渗透耗热量。这种方法称为缝隙法。

对不同类型的门、窗，在不同风速下每米长缝隙渗入的空气量 L，可采用表 1-7 的实验数据。

每米门、窗缝隙渗入的空气量 L $[m^3/(m \cdot h)]$　　　　　　　　表 1-7

门窗类型	冬季室外平均风速(m/s)					
	1	2	3	4	5	6
单层木窗	1.0	2.0	3.1	4.3	5.5	6.7
双层木窗	0.7	1.4	2.2	3.0	3.9	4.7
单层钢窗	0.6	1.5	2.6	3.9	5.2	6.7
双层钢窗	0.4	1.1	1.8	2.7	3.6	4.7
推拉铝窗	0.2	0.5	1.0	1.6	2.3	2.9
平开铝窗	0.0	0.1	0.3	0.4	0.6	0.8

注：1. 每米外门缝隙渗入的空气量，为表中同类型外窗的两倍。

　　2. 当有密封条时，表中数据可乘以 0.5～0.6 的系数。

用缝隙法计算冷风渗透耗热量时，以前方法是只计算朝冬季主导风向的门窗缝隙长度，朝主导风向背风面的门窗缝隙不必计入。实际上，冬季中的风向是变化的，不位于主导风向的门窗，在某一时间也会处于迎风面，必然会渗入冷空气。因此，《民规》明确规定：建筑物门窗缝隙的长度分别按各朝向所有可开启的外门、窗缝隙丈量，在计算不同朝向的冷风渗透空气量时，引进一个渗透空气量的朝向修正系数 n。即

$$V = Lln \quad m^3/h \tag{1-15}$$

式中　L——每米门、窗缝隙渗入室内的空气量，按当地冬季室外平均风速，采用表 1-7

的数据，$m^3/(m \cdot h)$；

　　l——门、窗缝隙的计算长度，m；

　　n——渗透空气量的朝向修正系数。

门、窗缝隙的计算长度，建议可按下述方法计算：当房间仅有一面或相邻两面外墙时，全部计入其门、窗可开启部分的缝隙长度；当房间有相对两面外墙时，仅计入风量较大一面的缝隙；当房间有三面外墙时，仅计入风量较大的两面的缝隙。

《民规》给出了我国 104 个城市的 n 值。部分摘录见附录 1-6。

确定门、窗缝隙渗入空气量 V 后，冷风渗透耗热量 Q_2'，可按下式计算：

$$Q_2' = 0.278 V \rho_w c_p (t_n - t_w') \quad \text{W} \tag{1-16}$$

式中　V——经门、窗缝隙渗入室内的总空气量，m^3/h；

　　ρ_w——供暖室外计算温度下的空气密度，kg/m^3；

　　c_p——冷空气的定压比热，$c_p = 1 kJ/(kg \cdot ℃)$；

　0.278——单位换算系数，$1 kJ/h = 0.278 W$。

二、用换气次数法计算冷风渗透耗热量——用于民用建筑的概算法

在工程设计中，也有按房间换气次数来估算该房间的冷风渗透耗热量。计算公式为

$$Q_2' = 0.278 n_k V_n c_p \rho_w (t_n - t_w') \quad \text{W} \tag{1-17}$$

式中　V_n——房间的内部体积，m^3；

　　n_k——房间的换气次数，次/h，可按表 1-8 选用。

其他符号同前。

概算换气次数　　　　　　　　　　　　　　　　表 1-8

房间外墙暴露情况	n_k
一面有外窗或外门	1/4～2/3
二面有外窗或外门	1/2～1
三面有外窗或外门	1～1.5
门厅	2

注：制表条件为窗墙面积比约 20%，单层钢窗。当双层钢窗时，上值乘 0.7。

三、用百分数法计算冷风渗透耗热量——用于工业建筑的概算法

由于工业建筑房屋较高，室内外温差产生的热压较大，冷风渗透量可根据建筑物的高度及玻璃窗的层数，按表 1-9 列出的百分数进行估算。

渗透耗热量占围护结构总耗热量的百分数　　　　　　　　表 1-9

玻璃窗层数	建筑物高度(m)		
	<4.5	4.5～10.0	>10.0
	百分率(%)		
单层	25	35	40
单、双层均有	20	30	35
双层	15	25	30

第五节　冷风侵入耗热量

在冬季受风压和热压作用下，冷空气由开启的外门侵入室内。把这部分冷空气加热到室内温度所消耗的热量称为冷风侵入耗热量。

冷风侵入耗热量，同样可按下式计算：

$$Q'_3 = 0.278 V_w c_p \rho_w (t_n - t'_w) \quad \text{W} \tag{1-18}$$

式中　V_w——流入的冷空气量，m^3/h；

其他符号同前。

由于流入的冷空气量 V_w 不易确定，根据经验总结，冷风侵入耗热量可采用外门基本耗热量乘以表 1-10 的百分数的简便方法进行计算。亦即

$$Q'_3 = N Q'_{1 \cdot j \cdot m} \quad \text{W} \tag{1-19}$$

式中　$Q'_{1 \cdot j \cdot m}$——外门的基本耗热量，W；

N——考虑冷风侵入的外门附加率，按表 1-10 采用。

外门附加率 N 值　　　　　　　　　　　　　　　　　表 1-10

外门布置状况	附加率
一道门	$65n\%$
两道门(有门斗)	$80n\%$
三道门(有两个门斗)	$60n\%$
公共建筑和生产厂房的主要出入口	500%

注：n—建筑物的楼层数。

表 1-10 的外门附加率，只适用于短时间开启的、无热风幕的外门。对于开启时间长的外门，冷风侵入量 V_w 可根据《工业通风》等原理进行计算，或根据经验公式或图表确定，并按公式（1-16）计算冷风侵入耗热量。此外，对建筑物的阳台门不必考虑冷风侵入耗热量。一道门的附加值比两道门的小，是因为一道外门的基本负荷大。

第六节　供暖设计热负荷计算例题

【例题 1-1】　图 1-7 所示为北京市一民用办公建筑的平面图和剖面图，办公建筑采用间歇供暖仅白天使用，室内设计温度 20℃，不考虑多面外墙附加，计算其中会议室（101号房间）的供暖设计热负荷。

已知围护结构条件：

外墙：保温外墙，水泥砂浆、240 砖墙、水泥膨胀珍珠岩厚度 110、水泥砂浆，$K = 0.96 \text{W}/(\text{m}^2 \cdot ℃)$，$D = 5.23$。

外窗：单框中空塑钢窗，空气层厚度 16mm，$K = 2.8 \text{W}/(\text{m}^2 \cdot ℃)$。尺寸（宽×高）为 1.5m×2.0m，窗型为带上亮（高 0.5m）三扇两开窗。可开启部分的缝隙总长为 13.0m，有密封条。

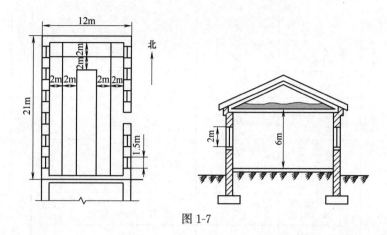

图 1-7

外门：单框 Low-E 中空断热桥铝制外门，空气层厚度 12mm，$K=2.6\text{W}/(\text{m}^2\cdot\text{℃})$。尺寸（宽×高）为 $1.5\text{m}\times2.0\text{m}$。门型为无上亮的双扇门。可开启部分的缝隙总长为 9.0m。

顶棚：防水层、30mm 水泥砂浆找平、ESP 板 50mm、30mm 水泥砂浆找平、100mm 水泥炉渣找坡、120mm 钢筋混凝土、25mm 水泥砂浆，$K=0.76\text{W}/(\text{m}^2\cdot\text{℃})$，$D=3.61$。

地面：不保温地面。K 值按划分地带计算。

北京市室外气象资料：

供暖室外计算温度 $t'_\text{w}=-7.0\text{℃}$，空气密度按 $1.33\text{kg}/\text{m}^3$；

冬季室外平均风速 $v_\text{pj}=2.6\text{m/s}$。

【解】101 房间供暖设计热负荷计算步骤：

1. 围护结构传热耗热量 Q'_1 的计算

全部计算列于表 1-11 中。围护结构总传热耗热量 $Q'_1=20037\text{W}$。

2. 冷风渗透耗热量 Q'_2 的计算

根据附录 1-6，北京市的冷风朝向修正系数：东向 $n=0.15$，西向 $n=0.40$。对有相对两面外墙的房间，按最不利的一面外墙（西向）计算冷风渗透量。

按表 1-7，在冬季室外平均风速 $v_\text{pj}=2.6\text{m/s}$ 下，参照单层钢窗有密封条每米缝隙的冷风渗透量 $L=0.5\times[1.5+0.6\times(2.6-1.5)]=1.08\text{m}^3/(\text{m}\cdot\text{h})$。西向六个窗的缝隙总长度为 $6\times13=78\text{m}$。总的冷风渗透量 V 等于

$$V=Lln=1.08\times78\times0.4=33.7\text{m}^3/\text{h}$$

冷风渗透耗热量 Q'_2 等于

$$Q'_2=0.278V\rho_\text{w}c_\text{p}(t_\text{n}-t'_\text{w})$$
$$=0.278\times33.7\times1.33\times1\times[20-(-7.0)]=336\text{W}$$

3. 外门冷风侵入耗热量 Q'_3 的计算

可按开启时间不长的一道门考虑。外门冷风侵入耗热量为外门基本耗热量乘 65n%（见表 1-10）。

$$Q'_3=NQ'_{1\cdot j\cdot m}=0.65\times1\times211=137\text{W}$$

4. 101 房间供暖设计热负荷总为

$$Q'=Q'_1+Q'_2+Q'_3=20037+336+137=20510\text{W}$$

房间耗热量计算表

表 1-11

房间编号	房间名称	围护结构 名称及方向	围护结构 面积计算	面积 m²	传热系数 K W/(m²·℃)	室内计算温度 t_n ℃	供暖室外计算温度 t'_w ℃	室内外计算温度差 $t_n-t'_w$ ℃	温差修正系数 α	基本耗热量 $Q'_{1·j}$ W	朝向 x_{ch} %	风向 x_f %	$1+x_{ch}+x_f$ %	修正后耗热量 Q W	高度修正 x_g %	间歇修正 x_{jx} %	围护结构耗热量 Q'_1 W	冷风渗透耗热量 Q'_2 W	冷风侵入耗热量 Q'_3 W	房间总耗热量 Q' W
1	2	3	4	5	6	7	8	9	10	11	12	13	14	15	16	17	18	19	20	21
101	会议室	北外墙	12×6	72	0.96	20	−7	27	1	1866	0	0	100	1866	4	20	16055× 1.04× 1.20	336	137	20510
		西外墙	21×6−6×1.5×2	108	0.96				1	2799	−5		95	2659						
		西外窗	6×1.5×2	18	2.8				1	1361	−5		95	1293						
		东外墙	21×6−6×1.5×2	108	0.96				1	2799	−5		95	2659						
		东外门	1.5×2	3	2.6				1	211	−5		95	200						
		东外窗	5×1.5×2	15	2.8				1	1134	−5		95	1077						
		顶棚	20.63×11.26	232.3	0.76				0.9	4290	0		100	4290						
		地面I	2×2×20.63+2×11.26	105	0.47				1	1332	0		100	1332						
		地面II	2×2×18.63+2×3.26	81	0.23				1	503	0		100	503						
		地面III	3.26×16.63	54.2	0.12				1	176	0		100	176						
													小计:	16055			20037	336	137	20510

第七节　辐射供暖系统热负荷计算

供暖所用的铸铁散热器的散热方式是自然对流与热辐射，其中自然对流散热量占整个散热量的75%，剩余热量以辐射的方式传播。热辐射是处于一定温度下的物体所发射的能量，辐射传热的机理与导热、对流存在温度梯度的传热机理不同，其传播不需要介质，在真空中的辐射传热效率最高。由于组成物体的原子与分子中的电子排列发生变化引起内能变化，一部分内能以光子、量子或是电磁波的形式传播出去，当它们到达另一个物体表面时，这一部分能量又转化为内能，使物体的温度升高。对于两个温度不同的物体，高低温物体都在不停地放出和吸收能量，根据斯蒂芬—波尔兹曼定律，高温物体放出的能量多、得到的少，低温物体放出的少、得到的多，宏观的结果表现为高温物体向低温物体传递能量。

根据辐射散热设备（板）的表面温度不同，辐射供暖可分为：低温辐射供暖（≤60℃），热媒一般为低温热水，散热设备多为塑料加热盘管，亦可采用电热膜（顶棚式）与发热电缆（地板式）的形式，现已广泛应用于住宅、办公建筑采暖；中温辐射供暖（80~200℃），热媒为高压蒸汽（≥200kPa）或高温热水（≥110℃），以钢制辐射板作为辐射表面，应用于厂房与车间；高温辐射供暖（≥200℃），采用电力或燃油、燃气，红外线采暖，应用于厂房与野外作业。

根据辐射设备的构造不同，可分为单体式辐射板（带状或块状辐射板、红外辐射器等）和与建筑构造相结合的辐射板（顶棚式、墙壁式、地板式等）。

与对流供暖相比较，地板辐射供暖有如下好处：

(1) 舒适度高，节能。没有因为人离散热器较近时因热空气上升而引起的窒息感，室内温度场均匀，温度梯度合理，减少了人体的辐射热量，使人比较舒适，室内温度的设计标准可适当降低。设计水温低，可采用电厂余热等低品位热源供暖。

(2) 节约建筑面积，无散热器片与外露的管道。

下面介绍《民规》中提到的几种常见的辐射供暖热负荷计算方法。

一、低温辐射采暖负荷的计算

低温辐射采暖的热负荷应计算确定。热负荷分为全面辐射采暖的热负荷与局部辐射采暖的热负荷两类。

根据国内外资料和国内一些工程的实测，辐射供暖用于全面供暖时，在相同热舒适条件下的室内温度可比对流供暖时的室内温度低2~3℃。故规定辐射供暖的耗热量计算可按《民规》的有关规定进行，但室内设计温度取值可降低2℃。需注意的是采用地面辐射供暖，房间高度大于4m时，建筑（除楼梯间外）的围护结构耗热量高度附加率，每高出1m宜附加1%，但总附加率不宜大于8%。以前有关地面辐射供暖的规定认为可不计算房间热负荷的高度附加，但实际工程中的高大空间，尤其是间歇供暖时，常存在房间升温时间过长甚至是供热量不足等问题。分析原因主要是：①同样面积时，高大空间外墙等外围护结构比一般房间多，"蓄冷量"较大，供暖初期升温相对需热量较多；②地面供暖向房间散热有将近一半仍依靠对流形式，房间高度方向也存在一些温度梯度。因此建议地面供暖时，也要考虑高度附加，其附加值约按一般散热器供暖计算值50%取值。

当辐射供暖用于局部供暖时，热负荷计算还要乘以表1-12所规定的计算系数。当局部供暖的面积与房间总面积的面积比大于75%时，按全面供暖耗热量计算。

局部辐射供暖热负荷计算系数　　　　　　　　　　　　　　　　　表 1-12

采暖区域面积与房间总面积比值	≥0.75	0.55	0.40	0.25	≤0.20
附加系数	1.00	0.72	0.54	0.38	0.30

热水地面辐射供暖系统供水温度宜采用35~45℃，不应大于60℃；供回水温差不宜大于10℃，且不宜小于5℃；毛细管网辐射系统供水温度，设置在顶棚和墙面宜满足25~35℃，设置在地面宜满足30~40℃，供回水温差宜采用3~6℃。辐射体的表面平均温度宜符合表1-13的规定。

辐射体表面平均温度（单位：℃）　　　　　　　　　　　　　　表 1-13

设置位置	宜采用温度	温度上限值
人员经常停留的地面	25~27	29
人员短期停留的地面	28~30	32
无人停留的地面	35~40	42
房间高度2.5~3.0m的顶棚	28~30	
房间高度3.1~4.0m的顶棚	33~36	
距地面1m以下的墙面	35	
距地面1m以上3.5m以下的墙面	45	

根据国内外技术资料从人体舒适和安全角度考虑，表1-13对辐射供暖的辐射体表面平均温度作了具体规定。对于人员经常停留的地面温度上限值规定，美国相关标准根据热舒适理论研究得出地面温度在21~24℃时，不满意度低于8%；欧洲相关设计标准规定地面温度上限为29℃，日本相关研究表明，地面温度上限为31℃时，从人体健康、舒适考虑，是可以接受。考虑到生活习惯，《民规》中将人员经常停留地面的温度上限值规定为29℃。确定地面散热量时，应校核地面表面平均温度，确保其不高于表1-13的温度上限值，否则应改善建筑热工性能或设置其他辅助供暖设备，减少地面辐射供暖系统负担的热负荷。

采用低温加热电缆地板辐射供暖负荷的计算同上。但低温加热电缆地板辐射供暖是直接电采暖的方式，电是二次能源，直接用于供暖，必须经技术经济比较合理时方可采用。

二、燃气红外线辐射供暖负荷的计算

燃气红外线辐射供暖，可用于建筑物室内供暖或室外工作地点的供暖。供暖的燃料，可采用天然气、人工煤气、液化石油气等。燃气红外线辐射供暖通常有炽热的表面，因此采用燃气红外线辐射供暖时，必须采取相应的防火和通风换气等安全措施。燃烧器工作时，需对其供应一定比例的空气量，并放散二氧化碳和水蒸气等燃烧产物，当燃烧不完全时，还会生成一氧化碳。为保证燃烧所需的足够空气，避免水蒸气在围护结构内表面上凝结，必须具有一定的通风换气量。采用燃气红外线辐射供暖应符合国家现行有关燃气、防火规范的要求，以保证安全。

　　燃气红外线辐射器的表面温度较高，如其安装高度过低，人体所感受到的辐射照度将会超过人体舒适的要求。舒适度与很多因素有关，如供暖方式、环境温度及风速、空气含尘浓度及相对湿度、作业种类和辐射器的布置及安装方式等。当用于全面供暖时，既要保持一定的室温，又要求辐射照度均匀，保证人体的舒适度，为此，辐射器应安装得高一些；当用于局部区域供暖时，由于空气的对流，供暖区域的空气温度比全面供暖时要低，所要求的辐射照度比全面供暖大，为此辐射器应安装得低一些。由于影响舒适度的因素很多，安装高度仅是其中一个方面，因此只对燃气红外线辐射器的安装高度作了不应低于3m的限制。

　　燃气红外线供暖器用于全面供暖时，建筑围护结构的耗热量应按照第二节至第五节的方法进行计算，可不计算高度附加，并在此基础上再乘以0.8～0.9的修正系数。辐射器安装过高时，应对总耗热量进行必要的高度修正。同时考虑到人体舒适度的问题，要使整个房间的温度比较均匀。通常建筑四周外墙和外门的耗热量，一般不少于总热负荷的60%，适当增加该处辐射器的数量，对保持室温均匀有较好的效果。

　　局部供暖时，其负荷系数可按照表1-12的规定计算。

第八节　围护结构的最小传热阻与经济传热阻

　　前几节（第二、三节）主要阐述围护结构耗热量的计算原理和方法。围护结构需要选用多大的传热阻，才能使其在供暖期间，满足使用要求、卫生要求和经济要求，这就需要利用"围护结构最小传热阻"或"经济传热阻"的概念。

　　确定围护结构传热阻时，围护结构内表面温度 τ_n 是一个最主要的约束条件。除浴室等相对湿度很高的房间外，τ_n 值应满足内表面不结露的要求。内表面结露可导致耗热量增大和使围护结构易于损坏。

　　室内空气温度 t_n 与围护结构内表面温度 τ_n 的温度差还要满足卫生要求。当内表面温度过低，人体向外辐射热过多，会产生不舒适感。根据上述要求而确定的外围护结构传热阻，称为最小传热阻。

　　在稳定传热条件下，围护结构传热阻，室内外空气温度，围护结构内表面温度之间的关系式为

$$\frac{t_n - \tau_n}{R_n} = \alpha \frac{t_n - t_w}{R_0}$$

$$R_0 = \alpha R_n \frac{t_n - t_w}{t_n - \tau_n} \quad m^2 \cdot ℃/W \tag{1-20}$$

式中符号同前。

　　工程设计中，规定了在不同类型建筑物内，冬季室内计算温度与外围护结构内表面温度的允许温差值。围护结构的最小传热阻应按下式确定：

$$R_{0.\min} = \frac{\alpha(t_n - t_e)}{\Delta t_y} R_n \tag{1-21}$$

式中　$R_{0.\min}$——围护结构的最小传热阻，$m \cdot ℃/W$；

Δt_y——供暖室内计算温度 t_n 与围护结构内表面温度 τ_n 的允许温差，℃；按附录 1-7 选用；

t_e——冬季室外热工计算温度，℃。

公式（1-20）是稳定传热公式。实际上随着室外温度波动，围护结构内表面温度也随之波动。热惰性不同的围护结构，在相同的室外温度波动下，围护结构的热惰性越大，其内表面温度波动越小。

因此，冬季室外热工计算温度 t_e 按围护结构热惰性指标 D 值分成四个等级来确定（表 1-14）。当采用 $D \geqslant 6$ 的围护结构（所谓重质墙）时，采用供暖室外计算温度 t_w' 作为检验围护结构最小传热阻的冬季室外热工计算温度。当采用 $D < 6$ 的中型和轻型围护结构时，为了能保证与重质墙围护结构相当的内表面温度波动幅度，就得采用比供暖室外计算温度 t_w' 更低的温度，作为检验轻型或中型围护结构最小传热阻的冬季室外热工计算温度，亦即要求更大一些的围护结构最小传热阻值。

冬季室外热工计算温度　　　　　　　　　　表 1-14

围护结构的类型	热惰性指标 D 值	t_e 的取值（℃）
Ⅰ	$6.0 \leqslant D$	$t_e = t_w'$
Ⅱ	$4.1 \leqslant D < 6.0$	$t_e = 0.6 t_w' + 0.4 t_{e.min}$
Ⅲ	$1.6 \leqslant D < 4.1$	$t_e = 0.3 t_w' + 0.7 t_{e.min}$
Ⅳ	$D < 1.6$	$t_e = t_{e.min}$

注：1. 表中 t_w'、$t_{e.min}$ 分别为供暖室外计算温度和累年最低日平均温度，℃；
　　2. 本表摘自《民用建筑热工设计规范》GB 50176—2016。

匀质多层材料组成的平壁围护结构的 D 值，可按下式计算

$$D = \sum_{i=1}^{n} D_i = \sum_{i=1}^{n} R_i s_i \tag{1-22}$$

式中　R_i——各层材料的传热阻，$m^2 \cdot ℃/W$；

　　　s_i——各层材料的蓄热系数，$W/(m^2 \cdot ℃)$。

材料的蓄热系数 s 值，可由下式求出。

$$s = \sqrt{\frac{2\pi c \rho \lambda}{Z}} \quad W/(m^2 \cdot ℃) \tag{1-23}$$

式中　c——材料的比热，$J/(kg \cdot ℃)$；

　　　ρ——材料的密度，kg/m^3；

　　　λ——材料的导热系数，$W/(m \cdot ℃)$；

　　　Z——温度波动周期，s（一般取 $24h = 86400s$ 计算）。

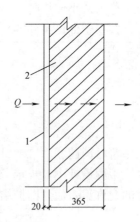

图 1-8　例题 1-2 图
1—内抹灰层；2—砖墙

【例题 1-2】　哈尔滨市一住宅建筑，$t_n = 18℃$，外墙为 1 砖半墙（轻砂浆黏土砖），内抹灰（水泥砂浆 20mm），见图 1-8。试计算其传热系数值，并与应采用的最小传热阻相对比。（材料导热系数修正系数 $\alpha_\lambda = 1$）

【解】　1. 由附录 1-1 查出，哈尔滨市供暖室外计算温度 $t_w' = -22.4℃$，$t_{e,min} = -30.9℃$。由附录 1-3 查出，轻砂浆黏土砖的密度 $\rho = 1700 kg/m^3$，导热系数 $\lambda = 0.76 W/(m \cdot ℃)$，比热

$c=1050$ J/(kg・℃);内表面抹灰砂浆的密度 $\rho=1800$kg/m^3,导热系数 $\lambda=0.93$W/(m・℃),比热 $c=1050$ J/(kg・℃)。

根据公式(1-8)、表 1-1 和表 1-2,得

$$R_0=\frac{1}{\alpha_n}+\sum\frac{\delta_i}{\alpha_\lambda\lambda_i}+\frac{1}{\alpha_w}=\frac{1}{8.7}+\frac{0.365}{0.76}+\frac{0.02}{0.93}+\frac{1}{23.0}=0.66 \text{m}^2\cdot℃/\text{W}$$

$$K=1/R_0=1/0.66=1.52 \text{W}/(\text{m}^2\cdot℃)$$

2. 确定围护结构的最小传热阻

首先确定围护结构的热惰性指标 D 值。根据公式(1-21)

$$D=\sum_{i=1}^{n}D_i=\sum_{i=1}^{n}R_is_i=\sum_{i=1}^{n}\frac{\delta_i}{\lambda_i}\sqrt{\frac{2\pi c_i\rho_i\lambda_i}{Z}}$$

$$=\frac{0.365}{0.76}\sqrt{\frac{2\pi\times1050\times1700\times0.76}{86400}}+\frac{0.02}{0.93}\sqrt{\frac{2\pi\times1050\times1800\times0.93}{86400}}$$

$$=4.77+0.24=5.01$$

根据表 1-14 规定,该围护结构属重型结构(类型Ⅱ)。围护结构的冬季室外热工计算温度 $t_e=0.6t'_w+0.4t_{e,min}=0.6\times(-22.4)+0.4\times(-30.9)=-25.8℃$。

根据公式(1-21),并查附录 1-7,$\Delta t_y=6℃$

$$R_{0\cdot min}=\frac{a(t_n-t_e)}{\Delta t_y}R_n=\frac{1\times(18-(-25.8))}{6}\times0.115=0.84 \text{m}^2\cdot℃/\text{W}$$

通过计算可见,该外墙围护结构的实际传热阻及 R_0 小于最小传热阻 $R_{0\cdot min}$ 值。不满足规范要求,故外墙应采用保温墙体结构形式。

建筑物围护结构采用的传热阻值,应大于最小传热阻。但选用多大的传热阻才算经济合理?在目前能源紧缺,价格上涨和围护结构逐步推广采用轻质保温材料情况下,人们开始关注利用"经济传热阻"的概念来研究围护结构传热阻问题。

在一个规定年限内,使建筑物的建造费用和经营费用之和最小的围护结构传热阻,称为围护结构的经济传热阻。建造费用包括围护结构和供暖系统的建造费用。经营费用包括围护结构和供暖系统的折旧费、维修费及系统的运行费(水、电费,工资,燃料费等)。

国内外许多资料分析表明,按经济传热阻原则确定的围护结构传热阻值,要比目前采用的传热阻值大得多。利用传统的砖墙结构,增加其厚度将使土建基础负荷增大、使用面积减少。因而建筑围护结构采用复合材料的保温墙体,将是今后建筑节能的一个重要措施。

由于按经济传热阻确定围护结构,需要增加许多基建投资。为了节约能源和逐步加强围护结构保温措施,住房城乡建设部于 2016 年发布了《民用建筑热工设计规范》。规范中规定了不同气候区供暖居住建筑围护结构平均传热系数的最大值和一些具体要求,从总体控制供暖的能耗。

建筑围护结构平均传热系数,可按下式计算:

$$K_m=\sum K_iF_i/F_o \tag{1-24}$$

式中 K_i——参与传热的各围护结构的传热系数,W/(m^2・℃);

F_i——相应的围护结构面积,m^2;

F_o——参与传热的各围护结构面积的总和，m^2；

K_m——建筑物围护结构的平均传热系数，$W/(m^2 \cdot ℃)$。

【例题 1-3】 　如图 1-7 所示，试校核其外围结构的最小传热阻，条件同例题 1-1。

计算步骤：

（1）校核围护结构传热阻是否满足最小传热阻的要求

该外墙属于 Ⅱ 型围护结构（表 1-14），查附录 1-1 累年最低日平均温度 $t_{e.min}=-11.8℃$，围护结构冬季室外热工计算温度 t_e 等于

$$t_e=0.6t'_w+0.4t_{e.min}=0.6×(-7.0)+0.4×(-11.8)=-8.92℃$$

按公式（1-21），最小传热阻

$$R_{0.min}=\frac{\alpha(t_n-t_e)}{\Delta t_y}R_n \quad m^2 \cdot ℃/W$$

根据已知条件及查得数据，以 $t_n=20℃$，$t_e=-8.92℃$，$\alpha=1$，$\Delta t_y=6.0℃$，$R_n=0.115m^2 \cdot ℃/W$ 代入，得

$$R_{0.min}=\frac{1×[20-(-8.92)]}{6}×0.115=0.55m^2 \cdot ℃/W$$

外墙实际传热阻为 　　$R_0=1/K=1/0.96=1.04m^2 \cdot ℃/W$

$R_0>R_{0.min}$，满足要求。

（2）校核顶棚最小传热阻

该围护结构属于 Ⅲ 型（表 1-14），围护结构冬季室外热工计算温度 t_e 等于

$$t_e=0.3t'_w+0.7t_{e.min}=0.3×(-7.0)+0.7×(-11.8)=-10.36℃$$

按公式（1-21），最小传热阻

$$R_{0.min}=\frac{\alpha(t_n-t_e)}{\Delta t_y}R_n \quad m^2 \cdot ℃/W$$

根据已知条件及查得数值，以 $t_n=20℃$，$t_e=-10.36℃$，$\alpha=0.9$，$\Delta t_y=4.5℃$，$R_n=0.115m^2 \cdot ℃/W$ 代入，得

$$R_{0.min}=\frac{0.9×[20-(-10.36)]}{4.5}×0.115=0.70m^2 \cdot ℃/W$$

顶棚实际传热阻为

$$R_0=1/K=1/0.76=1.32m^2 \cdot ℃/W$$

$R_0>R_{0.min}$，满足要求。

第九节　高层建筑供暖设计热负荷计算方法简介

本章第四节已阐述多层建筑物冷风渗透量的计算方法。该方法只考虑风压，而不考虑热压的作用。高层建筑由于建筑物高度增加，热压作用不容忽视。冷风渗透量受到风压和热压的综合作用。国内外对高层建筑冷风渗透量问题，进行了大量理论分析和实测工作，提出了许多的计算方法。下面仅就我国《民规》推荐的计算方法，阐明高层建筑冷风渗透量在综合作用下的工作原理和计算方法。

一、热压作用

冬季建筑物的内、外温度不同，由于空气的密度差，室外空气从底层一些楼层的门窗缝隙进入，通过建筑物内部楼梯间等竖直贯通通道上升，然后在顶层一些楼层的门窗缝隙排出。这种引起空气流动的压力称为热压。

假设沿建筑物各层完全畅通，热压主要由室外空气与楼梯间等竖直贯通通道空气之间的密度差造成。建筑物内、外空气密度差和高度差形成的理论热压，可按下式计算

$$P_r = (h_z - h)(\rho_w - \rho'_n)g \qquad (1\text{-}25)$$

式中　P_r——理论热压，Pa；

ρ_w——供暖室外计算温度下的空气密度，kg/m^3；

ρ'_n——形成热压的室内空气柱密度，kg/m^3；

h——计算高度，m；

h_z——中和面标高，m；指室内外压差为零的界面；通常在纯热压作用下，可近似取建筑物高度的一半；

g——重力加速度，$g = 9.81 m/s^2$。

式（1-25）规定，热压差为正值时，室外压力高于室内压力，冷风由室外渗入室内。图 1-9 直线 1 表示建筑物楼梯间及竖直贯通通道的理论热压分布线。

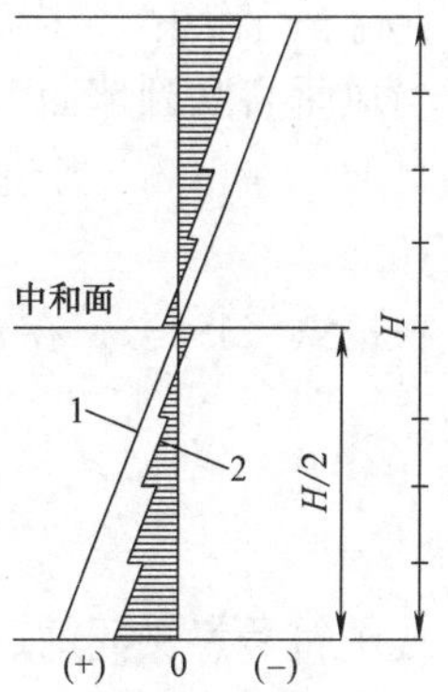

实际上，建筑物外门、窗等缝隙两侧的热压差仅是理论热压 P_r 的一部分，其大小还与建筑物内部贯通通道的布置，通气状况以及门窗缝隙的密封性有关，即与空气由渗入到渗出的压力分布有关。为了确定外门、窗两侧的有效作用热压差，引入热压差有效作用系数（简称热压差系数）c_r。它表示有效热压差 ΔP_r 与相应高度上的理论热压差 P_r 的比值。

有效热压差可按下式计算：

$$\Delta P_r = c_r P_r = c_r(h_z - h)(\rho_w - \rho'_n)g \quad Pa \qquad (1\text{-}26)$$

热压系数值 c_r 与建筑物内部隔断及上下通风等状况有关，即与空气从底层部分渗入而从顶层部分渗出的流通路程的阻力状况有关。国内一些研究资料认为，热压差系数的大致范围为 $c_r = 0.2 \sim 0.5$。

图 1-9 的折线 2 为各层外窗的热压分布线示意图。

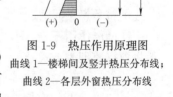

图 1-9　热压作用原理图
曲线 1—楼梯间及竖井热压分布线；
曲线 2—各层外窗热压分布线

二、风压作用

高层建筑遇到的特殊问题之一，是需要考虑风速随高度的变化。风速随高度增加的变化规律，可用下式表示：

$$V_h = V_0\left(\frac{h}{h_0}\right)^\alpha \qquad (1\text{-}27)$$

式中　V_h——高度 h 处的风速，m/s；

V_0——高度 h_0 处的风速，m/s；

α——幂指数，与地面的粗糙度有关，可取 $\alpha = 0.2$。

按照我国气象部门规定，风观测的基准高度为 10m。因此，目前规范给出各城市的冬季平均风速 V_0 是对应基准高度 $h_0 = 10m$ 的数值。对于不同高度 h 处的室外风速 V_h，

可改写为下式：

$$V_h = \left(\frac{h}{10}\right)^{0.2} V_0 = 0.631h^{0.2}V_0 \tag{1-28}$$

当风吹过建筑物时，空气会经过迎风面方向的门窗缝隙渗入，而从背风向的缝隙渗出。冷风渗透量取决于门窗两侧的风压差。门窗两侧的风压差 ΔP_f 与空气穿过该楼层整个流动途径的阻力状况和风速本身所具有的能量 P_f 有关。即可用下式表示：

$$P_f = \frac{\rho}{2}V^2 \tag{1-29}$$

$$\Delta P_f = c_f P_f = c_f \frac{\rho}{2}V^2 \tag{1-30}$$

式中　V——风速，m/s；

　　　ρ——空气密度，kg/m³；

　　　P_f——理论风压，指恒定风速 V 的气流所具有的动压，Pa；

　　　ΔP_f——由于风力作用，促使门窗缝隙产生空气渗透的有效作用压差，简称风压差，Pa；

　　　c_f——作用于门窗上的风压差相对于理论风压的百分数，简称风压差系数。

当风垂直吹到墙面上，且建筑物内部气流流通阻力很小的情况下，风压差系数的最大值，可取 $c_f = 0.7$。当建筑物内部气流阻力很大时，风压差系数 c_f 值降低，可达 $c_f = 0.3\sim0.5$。

根据式（1-30），在建筑物 h 高度上，由风速 V_h 作用形成的计算风压差 ΔP_f 可改写为

$$\Delta P_f = c_f \frac{\rho_w}{2}V_h^2 \tag{1-31}$$

式中符号意义同前。

门窗两侧作用压差 ΔP 与单位缝隙长渗透空气量 L 之间的关系，通常通过实验确定，一般将数据整理为下式

$$L = a\Delta P^b \quad m^3/(h \cdot m) \tag{1-32}$$

式中　a、b——与门窗构造有关的特性常数。

a 可查《供暖通风设计手册》表 6-11。

b 可采用：对木窗，$b=0.56$；对钢窗，$b=0.67$；对铝窗，$b=0.78$。

在计算过程中，通常是以冬季平均风速 V_0（气象台所给的数据，相应 $h_0 = 10m$ 的风速）作为计算基准。为便于分析计算，将式（1-28）和式（1-31）的数值代入式（1-32），通过数据整理，可得出计算门窗中心线标高为 h 时，由于风力单独作用产生的单位缝长渗透空气量 $L_h[m^3/(h \cdot m)]$

$$L_h = a\Delta P_f^b = a\left(c_f\frac{\rho_w}{2}V_h^2\right)^b = a\left[c_f\frac{\rho_w}{2}(0.631h^{0.2}V_0)^2\right]^b$$

$$= a\left(c_f\frac{\rho_w}{2}V_0^2\right)^b(0.4h^{0.4})^b \quad m^3/(h \cdot m) \tag{1-33}$$

设　　　　　$$L = a\left(c_f\frac{\rho_w}{2}V_0^2\right)^b \quad m^3/(h \cdot m) \tag{1-34}$$

$$c_h = (0.4h^{0.4})^b \qquad (1\text{-}35)$$

则式（1-33）可改写为

$$L_h = c_h L \qquad (1\text{-}36)$$

式中 L_h——计算门窗中心线为 h 高度时，由于风力的单独作用产生的单位缝长渗透空气量，$m^3/(h \cdot m)$；

      L——基准风速 V_0 作用下的单位缝长空气渗透量，$m^3/(h \cdot m)$。当有实测数据 a、b 值时，可直接按式（1-34）计算，也可按本章表 1-7 的数据采用；

      c_h——计算门窗中心线标高为 h 时的渗透空气量对于基准渗透量的高度修正系数（当 $h<10m$ 时，按基准高度 $h=10m$ 计算）。

三、风压与热压共同作用

实际作用的冷风渗透现象，都是风压与热压共同作用的结果。理论推导在风压与热压共同作用下，建筑物各层各朝向的门窗冷风渗透量时，考虑了下列几个假设条件。

1. 建筑物各层门窗两侧的有效作用热压差 ΔP_r，仅与该层所在的高度位置、建筑物内部竖井空气温度和室外温度所形成的密度差以及热压差系数 c_r 值大小有关，而与门窗所处的朝向无关。

2. 建筑物各层不同朝向的门窗，由于风压作用所产生的计算冷风渗透量是不相等的，需要考虑渗透空气量的朝向修正系数（见附录 1-6 的 n 值）。

如式（1-36）的 L_h 值是表示在主导风向（$n=1$）下，门窗中心线标高为 h 时的单位缝长的渗透空气量，则同一标高其他朝向（$n<1$）门窗单位缝长渗透空气量 $L_{h(n<1)}$ 为

$$L_{h(n<1)} = nL_h \quad m^3/(h \cdot m) \qquad (1\text{-}37)$$

在最不利朝向（$n=1$）下，风压作用下的渗透量为 L_h，总渗透风量 L'_0 与 L_h 的差值，亦即由于热压的存在而产生的附加风量 ΔL_r：

$$\Delta L_r = L'_0 - L_h \quad m^3/(h \cdot m) \qquad (1\text{-}38)$$

对其他朝向（$n<1$）的门窗，如前所述，风压所产生的风量应进行朝向修正（式 1-37），但热压产生的风量 ΔL_r，在各朝向均相等，不必进行朝向修正。因此，任意朝向门窗由于风压与热压共同作用产生的渗透风量 L_0，可用下式表示：

$$L_0 = nL_h + \Delta L_r = nL_h + L'_0 - L_h = L_h\left(n - 1 + \frac{L'_0}{L_h}\right) \quad m^3/(h \cdot m) \qquad (1\text{-}39)$$

根据式（1-32）

$$\frac{L'_0}{L_h} = \frac{a(\Delta P_f + \Delta P_r)^b}{a\Delta P_f^b} = \left(1 + \frac{\Delta P_r}{\Delta P_f}\right)^b \qquad (1\text{-}40)$$

设

$$C = \frac{\Delta P_r}{\Delta P_f} \qquad (1\text{-}41)$$

式中 C——作用在计算门窗上的有效热压差与有效风压差之比，简称压差比。

根据式（1-36）和式（1-40），代入式（1-39），可改写成

$$L_0 = Lc_h[n + (1+C)^b - 1] \qquad (1\text{-}42)$$

设

$$m = c_h[n + (1+C)^b - 1] \qquad (1\text{-}43)$$

则 $\qquad\qquad\qquad\qquad\qquad L_0 = mL \qquad\qquad\qquad\qquad\qquad$ (1-44)

式中　L_0——位于高度 h 和任一朝向的门窗，在风压和热压共同作用下产生的单位缝长渗透风量，$m^3/(h \cdot m)$；

　　　L——基准风速 V_0 作用下的单位缝长空气渗透量，$m^3/(h \cdot m)$，可按表 1-7 数据计算；

　　　m——考虑计算门窗所处的高度、朝向和热压差的存在而引入的风量综合修正系数，按式（1-43）确定。

由门窗缝隙渗入室内的冷空气的耗热量 Q_2'，如同式（1-16），可用下式计算

$$Q_2' = 0.278 c_p Ll (t_n - t_w') \rho_w m \quad W \qquad\qquad (1\text{-}45)$$

式中符号代表意义同式（1-16）和本节所示。

计算高层建筑冷空气渗透耗热量 Q_2'，首先要计算门窗的综合修正系数 m 值。按式（1-43）计算 m 值时，需要先确定压差比 C 值。

下面阐述压差比 C 值的理论计算方法。

根据压差比 C 值的定义

$$C = \frac{\Delta P_r}{\Delta P_f} = \frac{c_r (h_z - h)(\rho_w - \rho_n')g}{c_f \rho_w V_h^2 / 2} \qquad\qquad (1\text{-}46)$$

在定压条件下，空气密度与空气的绝对温度成反比关系，即

$$\rho_t = \frac{273}{273 + t} \rho_0 \qquad\qquad (1\text{-}47)$$

式中　ρ_t——在空气温度 t 时的空气密度，kg/m^3；

　　　ρ_0——空气温度为零度时的空气密度，kg/m^3。

根据式（1-47）、式（1-46）中的 $(\rho_w - \rho_n')/\rho_w$ 项，可改写为

$$\frac{\rho_w - \rho_n'}{\rho_w} = 1 - \frac{\rho_n'}{\rho_w} = \frac{t_n' - t_w'}{273 + t_n'} \qquad\qquad (1\text{-}48)$$

式中　t_n'——建筑物内形成热压的空气柱温度，简称竖井温度，℃；

　　　t_w'——供暖室外计算温度，℃。

又根据式（1-28），$V_h = 0.631 h^{0.2} V_0$ 和式（1-48），式（1-46）的压差比 C 值，最后可用下式表示

$$C = 50 \frac{c_r (h_z - h)}{c_f h^{0.4} V_0^2} \cdot \frac{t_n' - t_w'}{273 + t_n'} \qquad\qquad (1\text{-}49)$$

式中　h——计算门窗的中心线标高，m。（注意：由于分母表示风压差，故当 $h < 10m$ 时，仍按基准高度 $h = 10m$ 时计算）。

计算 m 值和 C 值时，应注意：

1. 如计算得出 $C \leqslant -1$ 时，即 $(1+C) \leqslant 0$，则表示在计算层处，即使处于主导风向朝向（$n=1$）的门窗也无冷风渗入，或已有室内空气渗出。此时，同一楼层所有朝向门窗冷风渗透量，均取零值。

2. 如计算得出 $C>-1$，即 $(1+C)>0$ 的条件下，根据式（1-43）计算出 $m\leqslant 0$ 时，则表示所计算的给定朝向的门窗已无冷空气侵入，或已有室内空气渗出，此时，处于该朝向的门窗冷风渗透量，取为零值。

3. 如计算得出 $m>0$ 时，该朝向的门窗冷风渗透耗热量，可按式（1-45）计算确定。

四、计算例题

【例题 1-4】 已知：北京地区一幢 12 层办公楼，层高 3.2m。室内温度 $t_n=18℃$，供暖室外计算温度 $t_w'=-7℃$（$\rho_w=1.33kg/m^3$）。楼内楼梯间不采暖，走道平均温度 $t_n'=5℃$。每间办公室都有一樘单层钢窗，取 $b=0.67$。缝隙总长度 $l=16m$。北京市冬季室外平均风速 $V_0=2.6m/s$，相应单位缝长基准渗透量 $L=2.4m^3/(m\cdot h)$。由于房门频繁开启，取 $c_f=0.7$，$c_r=0.5$。

试算北向底层、第八层楼东南朝向、第十层东北朝向和北向顶层的窗户渗透空气耗热量。

【解】 1. 计算北向底层窗户渗透空气耗热量。

设中和面标高在整个建筑物高度的一半位置上，$h_z=3.2\times 12/2=19.2m$。设窗中心线在层高一半处，对最底层，当考虑热压时，$h=1.6m$；当考虑风压时，$h=10m$ 计算。

（1）求压差比 C 值，根据式（1-49）

$$C=50\frac{c_r(h_z-h)}{c_f h^{0.4}V_0^2}\cdot\frac{t_n'-t_w'}{273+t_n'}=50\times\frac{0.5\times(19.2-1.6)}{0.7\times 10^{0.4}\times 2.6^2}\times\frac{5-(-7)}{273+5}=1.60$$

（2）求 c_h 值，根据式（1-35）

$$c_h=(0.4h^{0.4})^b=(0.4\times 10^{0.4})^{0.67}=1.003$$

（3）求 m 值，北京北向的朝向修正系数 $n=1.0$（主导风向，见附录 1-6）。根据式（1-43）

$$m=c_h[n+(1+C)^b-1]=1.003\times[1+(1+1.60)^{0.67}-1]=1.90>0$$

（4）求窗户的冷风渗透耗热量 Q_2'。根据式（1-45）
$$Q_2'=0.278c_p Ll(t_n-t_w')\rho_w m=0.278\times 1\times 2.4\times 16\times[18-(-7)]\times 1.33\times 1.90=675W$$

2. 计算第八层楼东南朝向的窗门冷风渗透耗热量。

第八层楼的窗户中心线标高 $h=7\times 3.2+1.6=24m$。北京市东南朝向的朝向修正系数，$n=0.10$（见附录 1-6）。

（1）求压差比 C 值，根据式（1-49）
$$C=50\frac{c_r(h_z-h)}{c_f h^{0.4}V_0^2}\cdot\frac{t_n'-t_w'}{273+t_n'}=50\times\frac{0.5\times(19.2-24)}{0.7\times 24^{0.4}\times 2.6^2}\times\frac{5-(-7)}{273+5}=-0.307>-1$$

（2）求 c_h 值，根据式（1-35）

$$c_h=(0.4h^{0.4})^b=(0.4\times 24^{0.4})^{0.67}=1.268$$

（3）求 m 值，根据式（1-43）

$$m=c_h[n+(1+C)^b-1]=1.268\times[0.1+(1-0.307)^{0.67}-1]=-0.15<0$$

（4）因 $m=-0.15<0$，故窗户的冷风渗透耗热量 $Q_2'=0$。

3. 根据同样计算方法，第十层东北朝向和北向顶层窗户的冷风渗透耗热量计算结果列于表 1-15 内。

例题 1-4 计算汇总表　　　　　　　　　　　　表 1-15

楼层序号	窗户朝向	朝向修正系数 n	压差比 C	高度修正系数 c_h	风量综合修正系数 m	冷风渗透耗热量 Q_2'(W)
一	北	1.0	1.60	1.003	1.90	675
八	东南	0.10	−0.307	1.268	−0.15	0
十	东北	0.50	−0.652	1.351	−0.01	0
十二	北	1.0	−0.950	1.422	0.19	69

第十节　建筑节能及措施

我国是能源生产和消费大国，根据国家统计局数据，2018 年全年能源消费总量 46.4 亿 tce，比上年增长 3.3%。煤炭消费量占能源消费总量的 59.0%。原油对外依存度 71.0%，天然气对外依存度 43.9%。化石能源仍是我国能源消费的主体，原油及天然气对外依存度不断加大，给我国的能源安全带来隐患。我国政府向世界承诺到 2030 年碳排放达到峰值。如何在国际气候协议制约及国内环保压力下，既保障能源供给安全，又满足能源结构变革与产业结构转型的要求，促进能源、经济、社会、环境协调发展，推动我国经济高质量发展，是我国能源领域面临的重大挑战。

根据数据显示，2018 年我国建筑领域用能约占全社会总能耗的 37%（其中建筑建造用能占 14%，建筑运行用能占 23%），与全球比例（35%）接近。2018 年北方城镇供暖能耗为 2.12 亿 tce，占全国建筑总能耗的 21%。从 2001 年到 2018 年，北方城镇建筑供暖面积从 50 亿 m^2 增长到 147 亿 m^2，而能耗总量增加了不到一倍，平均单位面积供暖能耗从 2001 年的 23kgce/m^2，降低到 2018 年的 14.4kgce/m^2，节能工作取得了显著成绩。但是这一指标仍为发达国家的 1.5～2 倍，仍然有很大的节能潜力可以挖掘。

建筑物节能是供暖系统节能的前提与基础。近二十年来我国逐步重视建筑节能工作，住房城乡建设部、行业协会与各省市的建筑节能主管部门相继出台了一系列的法律、法规、条例及规范。对实践具有指导意义的《建筑节能"九五"计划和 2010 年规划》，规划对既有建筑与新建建筑的节能均提出了明确的时间要求，规划的目标是：

新建供暖居住建筑 1996 年以前，在 1980—1981 年当地通用设计采暖能耗水平基础上普遍降低 30%，为第一阶段；1996 年起在达到第一阶段要求的基础上节能 30%，为第二阶段；2005 年起在达到第二阶段要求的基础上节能 30%，为第三阶段。

新建供暖公共建筑 2000 年前做到节能 50%，为第一阶段，2010 年在第一阶段基础上再节能 30%，为第二阶段。

目前我国住宅和公共建筑普遍执行的是第三阶段节能 65% 的标准。北京、天津、新疆等地区在居住建筑方面已经开始执行节能 75% 的标准。

2012 年 5 月住房和城乡建设部发布了《"十二五"建筑节能专项规划》，提出了到 2015 年，北方严寒及寒冷地区、夏热冬冷地区全面执行新颁布的节能设计标准，执行比例达到 95％以上，城镇新建建筑能源利用效率与"十一五"期末相比，提高 30％以上。北京、天津等特大城市执行更高水平的节能标准，新建建筑节能水平达到或接近同等气候条件发达国家水平；进一步扩大既有居住建筑节能改造规模；建立健全大型公共建筑节能监管体系；大力推进新型墙体材料革新，开发推广新型节能墙体和屋面体系。

2017 年 3 月住房和城乡建设部发布了《建筑节能与绿色建筑发展"十三五"规划》。规划提出了"十三五"时期的发展目标：到 2020 年，城镇新建建筑能效水平比 2015 年提升 20％，部分地区及建筑门窗等关键部位建筑节能标准达到或接近国际现阶段先进水平。城镇新建建筑中绿色建筑面积比重超过 50％，绿色建材应用比重超过 40％。完成既有居住建筑节能改造面积 5 亿 m^2 以上，公共建筑节能改造 1 亿 m^2，全国城镇既有居住建筑中节能建筑所占比例超过 60％。城镇可再生能源替代民用建筑常规能源消耗比重超过 6％。经济发达地区及重点发展区域农村建筑节能取得突破，采用节能措施比例超过 10％。

为贯彻国家有关节约能源、保护环境的法律、法规和政策，改善民用建筑的室内热环境，提高能源利用效率，适应国家清洁供暖的要求，促进可再生能源的建筑应用，进一步降低建筑能耗。住房和城乡建设部和其他相关部门制定并颁布了相关标准：《既有采暖居住建筑节能改造技术规程》JGJ 129—2016，对建筑节能改造的判定原则及方法、墙体保温、提高门窗的气密性、屋面和地面的保温及采暖供热系统的改造等提出了相应的要求。《严寒和寒冷地区居住建筑节能设计标准》JGJ 26—2018、《夏热冬冷地区居住建筑节能设计标准》JGJ 134—2010 和《公共建筑节能设计标准》GB 50189—2015，对不同气候区新建建筑的体形系数窗墙比、围护结构的热工性能限值和新建居住建筑设计供暖年累计热负荷和能耗值做出了相应的规定。《民用建筑能耗标准》GB/T 51161—2016，首次对北方供暖、公共建筑用能（不包括北方供暖用能）和城镇住宅（不包括北方供暖用能）等三方面给出了相应的能耗指标，并对建筑用能领域强度的约束性指标和引导性指标进行了规定。还有其他一些标准、法规，书中不一一列举。

一、节能建筑的相关节能指标

采暖能耗指在采暖期内用于建筑物采暖所消耗的能量，包括锅炉、锅炉附属设备及热媒输送过程中所消耗的热能与电能。在民用建筑节能设计标准中判定建筑是否节能，主要是以建筑的耗热指标与采暖的耗煤指标作为判据的。不同地区采暖住宅建筑耗热量指标和采暖耗煤量指标不应超过节能标准规定的数值。

1. 建筑的耗热指标与采暖设计热负荷

建筑物耗热量指标指在采暖期室外平均温度条件下，为保持室内计算温度，单位建筑面积在单位时间内消耗的、需由室内采暖设备供给的热量，其单位是 W/m^2。它是用来评价建筑物能耗水平的一个重要指标，节能标准给出了不同地区采暖住宅建筑耗热量指标。

采暖设计热负荷指标（工程中常常称为采暖设计热指标）指在采暖室外计算温度条件下，为保持室内计算温度，在单位时间内需由锅炉或其他供热设施供给单位建筑面积的热量，其单位是 W/m^2。它是用来确定供热设备容量、供热管网计算的一个重要指标，采暖设计热负荷在数值上大于建筑物耗热量指标。

《城镇供热管网设计标准》CJJ 34（以下简称《管网标准》）规定，对于未采取节能措施的居住区供暖热指标推荐值为 58～64 W/m^2。根据节能标准，采取第二步节能措施的供暖热指标推荐值为 40～45 W/m^2，采取第三步节能措施的供暖热指标推荐值为 30～

$40W/m^2$。

2. 建筑供暖能耗指标

建筑供暖能耗指标即在一个完整的供暖期内，供暖系统所消耗的一次能源量除以该系统所负担的建筑总面积而得到的能耗指标，它包括建筑供暖热源和输配系统所消耗的能源，单位为 $kgce/(m^2 \cdot a)$ 或 Nm^3 天然气/$(m^2 \cdot a)$。它是用来评价建筑物和采暖系统组成的综合体的能耗水平的一个重要指标，严寒和寒冷地区建筑供暖能耗的约束值和引导值也已在《民用建筑能耗标准》GB/T 51161—2016 给出。

二、建筑节能的方法及设计步骤

（一）建筑节能的方法

为实施建筑节能，在我国《民用建筑热工设计规范》GB 50176—2016 中对建筑围护结构的保温、隔热及防潮等均作出了明确的规定。由供暖系统的设计热负荷的计算公式（1-1）可知减小供暖热负荷的方法一方面是，最大限度地减少失热；另一方面，最大限度地争取得热。本书主要研究的是前者，方法是改进墙体、门窗、屋面等围护结构，降低其基本耗热量，同时减少冷风渗透耗热量。

1. 墙体降耗

建筑物耗热主要通过围护结构的传热耗热量构成，墙体的耗热量在其中占有很大比例，改善墙体的传热耗热将明显提高建筑的节能效果。为确保实现节能65％的目标，新节能标准不仅提高了对围护结构的保温要求，而且考虑了抗震性，圈梁等周边热桥部位对外传热的影响，并要求外墙的平均传热系数符合标准的规定。发展高效保温节能的墙体是墙体节能的根本途径。外墙按其保温层所在的位置分类，目前主要有：单一保温外墙、外保温外墙、内保温外墙和夹心保温外墙四种类型。

2. 门窗降耗

在建筑外围护结构中，门窗的保温隔热能力较差，门窗缝隙是冷风渗透的主要通道。改善门窗的保温隔热性能是节能及提高热舒适性的一个重点。

（1）采用适当的窗墙面积比

窗墙面积比反映房间开窗面积大小。增大窗户的面积可增加朝阳房间白天的得热量，但窗户的传热系数大于同朝向的外墙传热系数，因此，采暖热耗量随窗墙面积比的增加而增加。在采光允许的条件下，控制窗墙面积比以及夜间设置保温窗帘、窗板是降低负荷的一个重要措施。

（2）改善窗户的保温性能

增加窗玻璃的层数，使用双层或三层窗，利用玻璃之间的密闭空气间层，增大热绝缘系数，降低窗户的传热系数。双层玻璃比单层玻璃的传热系数可降低一半，三层的比双层的传热系数又可降低1/3。窗上加贴透明聚（酯）膜也很有效。采用节能玻璃窗效果尤为明显。采用塑钢复合窗和塑料窗较钢窗在保温性能上均可有较大改善。节能玻璃包括中空玻璃、吸热和热反射玻璃、泡沫玻璃及太阳能玻璃等。

（3）提高门窗的气密性，减少冷风渗透

我国原有的多数门窗，特别是钢窗气密性较差，冬季室外冷空气通过门窗缝进入室内，使供暖能耗增加。改进门窗设计，提高制作安装质量，采用自粘性密封条，是提高门窗气密性的重要措施。

（4）户门、阳台门的保温性能

发展保温门，采用夹层内填充保温材料的户门，在门芯板上加贴保温材料的阳台门；增加窗帘、窗板或百叶，这些都是提高户门、阳台门等保温性能的有效措施。

3. 屋顶和地面降耗

（1）平屋面

为加强屋顶保温，采用厚度为50～100mm的加气混凝土块或架空设置的加气混凝土块；采用散铺浮石砂作保温层；在架空层填充袋装膨胀珍珠岩、岩棉或矿棉等效果更好；还可采用防水层在下、聚苯板在上的倒铺法，保暖效果尤佳。

（2）坡屋面

坡屋面可顺坡顶内铺设玻璃棉毡或岩棉毡，也可在顶棚上铺设玻璃棉毡或岩棉毡；还可喷、铺玻璃棉、岩棉、膨胀珍珠岩等松散材料。坡屋面便于铺设保温层，其保温隔热和防水效果好，发展较快。

（3）地面

房间下部土壤温度变化不大，但与室内空气相邻的边缘地下温度变化却相当大。冬季将有较多热量由此散失，夏季高温、高湿的空气与低温的地面接触易产生结露。故应沿首层地面外墙周围边缘设置一定宽度的炉渣带，有利于保温隔热。

（二）建筑节能设计的内容主要是校核建筑物体形系数、窗墙面积比和围护结构热工性能是否符合节能标准要求。

1. 体形系数是指建筑物与室外大气接触的外表面积与其所包围的体积的比值。外表面积中，不包括地面和不供暖楼梯间等公共空间内墙及户门的面积。严寒和寒冷地区建筑体形的变化直接影响建筑供暖能耗的大小。建筑体形系数越大，单位建筑面积对应的外表面面积越大，热损失越大。《严寒和寒冷地区居住建筑节能设计标准》JGJ 26—2018中规定，居住建筑的窗墙面积比不应大于表1-16规定的限值。一般情况下对体形系数的要求是必须满足的。一旦所设计的建筑超过规定的体形系数时，则要求提高建筑围护结构的保温性能，并按照标准的规定进行围护结构热工性能的权衡判断，审查建筑物的供暖能耗是否能够符合要求。

居住建筑体形系数限值　　　　　　　　　　　　　　　表 1-16

气候区	建筑层数	
	≤3 层	≥4 层
严寒地区（1 区）	0.55	0.30
寒冷地区（2 区）	0.57	0.33

注：严寒地区和寒冷地区城镇的气候区属应符合现行国家标准《民用建筑热工设计规范》GB 50176—2016 的规定，严寒地区分为 3 个二级区（1A、1B、1C 区），寒冷地区分为两个二级区（2A、2B 区）。

对于公共建筑，《公共建筑节能设计标准》GB 50189—2015 中规定，公共建筑的窗墙面积比应符合表1-17 的要求。

严寒地区和寒冷地区公共建筑体形系数　　　　　　　　表 1-17

单栋建筑面积 A（m²）	建筑体形系数	单栋建筑面积 A（m²）	建筑体形系数
300<A≤800	≤0.50	A>800	≤0.40

2. 窗墙面积比是指窗户洞口面积与房间立面单元面积（即建筑层高与开间定位线围成的面积）之比。窗墙面积比的确定要综合考虑多方面的因素，其中最主要的是不同地区冬、夏季日照情况（日照时间长短、太阳总辐射强度、阳光入射角大小）、季风影响、室外空气温度、室内采光设计标准以及外窗开窗面积与建筑能耗等因素。一般普通窗户（包括阳台门的透光部分）的保温隔热性能比外墙差很多，窗墙面积比越大，供暖和空调能耗也越大。因此，从降低建筑能耗的角度出发，必须限制窗墙面积比，严寒地区及寒冷地区的居住建筑窗墙面积比限值见表1-18。

严寒地区及寒冷地区居住建筑窗墙面积比限值　　　　　　表 1-18

朝　　向	窗墙面积比	
	严寒地区（1 区）	寒冷地区（2 区）
北	0.25	0.30
东、西	0.30	0.35
南	0.45	0.50

注：1. 敞开式阳台的阳台门上部透光部分应计入窗户面积，下部不透光部分不应计入窗户面积。
　　2. 表中的窗墙面积比应按开间计算。表中的"北"代表从北偏东小于 60°至北偏西小于 60°的范围；"东、西"代表从东或西偏北小于等于 30°至偏南小于 60°的范围；"南"代表从南偏东小于等于 30°至偏西小于等于 30°的范围。

我国幅员辽阔，南北方、东西部地区气候差异很大。窗、透光幕墙对建筑能耗高低的影响主要有两个方面，一是窗和透光幕墙的热工性能影响到冬季供暖、夏季空调室内外温差传热；二是窗和幕墙的透光材料（如玻璃）受太阳辐射影响而造成的建筑室内的得热。冬季通过窗口和透光幕墙进入室内的太阳辐射有利于建筑的节能，因此，减小窗和透光幕墙的传热系数抑制温差传热是降低窗口和透光幕墙热损失的主要途径之一。

近年来公共建筑的窗墙面积比有越来越大的趋势，这是由于人们希望公共建筑更加通透明亮，建筑立面更加美观，建筑形态更为丰富。但为防止建筑的窗墙面积比过大，《公共建筑节能设计标准》GB 50189—2015 中规定，严寒地区各单一立面窗墙面积比均不宜超过 0.60，其他地区的各单一立面窗墙面积比均不宜超过 0.70。与非透光的外墙相比，在可接受的造价范围内，透光幕墙的热工性能要差很多。因此，不宜提倡在建筑立面上大面积应用玻璃（或其他透光材料）幕墙。如果希望建筑的立面有玻璃的质感，可使用非透光的玻璃幕墙，即玻璃的后面仍然是保温隔热材料和普通墙体。

3. 围护结构热工性能

建筑围护结构热工性能直接影响建筑物设计负荷与运行能耗，必须予以严格控制。我国各地气候差异很大，为了使建筑物适应各地不同的气候条件，满足节能要求，《严寒和寒冷地区居住建筑节能设计标准》JGJ 26—2018 按照不同的气候区，分别提出了建筑外围护结构的热工性能限值。严寒地区和寒冷地区冬季室内外温差大，供暖期长，提高围护结构的保温性能对降低供暖能耗作用明显。确定建筑围护结构传热系数的限值时不仅应考虑节能率，而且也从工程实际的角度考虑了可行性、合理性。围护结构传热系数限值是通过对气候子区的能耗分析和考虑现阶段技术成熟程度而确定的。根据各个气候区节能的难易程度，确定了不同的传热系数限值。

　　《公共建筑节能设计标准》GB 50189—2015 将公共建筑分为甲类和乙类，并根据建筑热工设计的气候分区，对公共建筑的围护结构热工性能分别做出了规定。

　　无论居住建筑还是公共建筑，当不能满足围护结构热工性能限值的规定时，必须要进行权衡判断。居住建筑和公共建筑的围护结构热工性能限值，可查阅相关规范，本书中不一一列举。

第二章　室内供暖系统的末端装置

室内供暖系统的末端散热装置是供暖系统完成供暖任务的重要组成部分。它向房间散热以补充房间的热损失，从而保持室内要求的温度。本章介绍的室内供暖系统的末端装置向房间散热的方式主要有下列四种情况：

1. 供暖系统的热媒（蒸汽或热水），通过散热设备的壁面，主要以自然对流传热方式（对流传热量大于辐射传热量）向房间传热。这种散热设备通称为散热器。

2. 供暖系统以低温热水（≤60℃）为加热热媒，以塑料盘管作为加热管，预埋在地面混凝土层中并将其加热，向外辐射热量的采暖方式称为低温热水地面辐射采暖。此时，建筑物部分围护结构与散热设备合二为一。

3. 供暖系统的热媒（蒸汽、热水、热空气、燃气、电热膜或加热电缆），通过散热设备或与之相连结构的壁面，主要以辐射方式向房间传热。散热设备可采用在建筑物的顶棚、墙面或地板内埋设管道、风道与加热电缆的方式；也可采用在建筑物内悬挂金属辐射板的方式。以上 2 与 3 均是以辐射传热为主的供暖系统，称为辐射供暖系统。

4. 通过散热设备向房间输送比室内温度高的空气，以强制对流传热方式直接向房间供热。利用热空气向房间供热的系统，称为热风供暖系统。热风供暖系统既可以采用集中送风的方式，也可以利用暖风机加热室内再循环空气的方式以及风机盘管的方式向房间供热。

室内供暖系统的末端散热装置可根据热用户的需求，在实际工程中采用合适的形式加以满足。

第一节　散　热　器

散热器是最常见的室内供暖系统末端散热装置，其功能是将供暖系统的热媒（蒸汽或热水）所携带的热量，通过散热器壁面传给房间。随着经济的发展以及物质技术条件的改善，市场上的散热器种类很多。对于选择散热器的基本要求，主要按以下几点进行考虑：

1. 热工性能方面的要求

散热器的传热系数 K 值越高，说明其散热性能越好。提高散热器的散热量，增大散热器传热系数的方法，可以采用增大外壁散热面积（在外壁上加肋片）、提高散热器周围空气流动速度和增加散热器向外辐射强度等途径。

2. 经济方面的要求

散热器传给房间的单位热量所需金属耗量越少，成本越低，其经济性越好。

散热器的金属热强度是衡量散热器经济性的一个标志。金属热强度是指散热器内热媒平均温度与室内空气温度差为 1℃ 时，每千克质量散热器单位时间所散出的热量，即式（2-1）：

$$q = K/G \qquad (2\text{-}1)$$

式中 q——散热器的金属热强度，$W/(kg \cdot ℃)$；

　　K——散热器的传热系数，$W/(m^2 \cdot ℃)$；

　　G——散热器每 $1m^2$ 散热面积的质量，kg/m^2。

q 值越大，说明散出同样的热量所耗的金属量越小。这个指标可作为衡量同一材质散热器经济性的一个指标。对各种不同材质的散热器，其经济评价标准宜以散热器单位散热量的成本（元/W）来衡量。

3. 安装、使用和生产工艺方面的要求

散热器应具有一定的机械强度和承压能力；散热器的结构形式应便于组合成所需要的散热面积，结构尺寸要小，少占房间面积和空间；散热器的生产工艺应满足大批量生产的要求。

4. 卫生和美观方面的要求

散热器外表光滑，不积灰和易于清扫，散热器的装设不应影响房间观感。

5. 使用寿命的要求

散热器应不易于被腐蚀和破损，使用年限长。

目前，国内外生产的散热器种类繁多，样式新颖。按其制造材质，主要有铸铁、钢制散热器两大类。按其构造形式，主要分为柱形、翼形、管形、平板形等。

一、铸铁散热器（图 2-1）

铸铁散热器长期以来得到广泛应用。它具有结构简单，防腐性好，使用寿命长以及热稳定性好的优点；但其金属耗量大、金属热强度低于钢制散热器。我国目前应用较多的铸铁散热器有：

（一）柱形散热器

柱形散热器是呈柱状的单片散热器。外表面光滑，每片各有几个中空的立柱相互连通。根据散热面积的需要，可把各个单片组装在一起形成一组散热器。

我国目前常用的柱形散热器主要有二柱、四柱两种类型散热器。根据国内标准，散热器每片长度 L 为 60、80mm 两种；宽度 B 有 132、143、164mm 三种，散热器同侧进出口中心距 H_1 有 300、500、600、900mm 四种标准规格尺寸。常见的有二柱 M132（图 2-1a），宽度为 132mm，两边为柱状 $H_1 = 500mm$，$H = 584mm$，$L = 80mm$，中间为波浪形的纵向肋片；四柱 813（图 2-1b），宽度为 164mm，两边为柱状 $H_1 = 642mm$，$H = 813mm$，$L = 57mm$。最高工作压力：对普通灰铸铁，热水温度低于 130℃ 时，$P_b = 0.5MPa$（当以稀土灰铸铁为材质时，$P_b = 0.8MPa$）；当以蒸汽为热媒时，$P_b = 0.2MPa$。

国内散热器标准规定：柱形散热器有五种规格，相应型号标准记为 TZ2-5-5（8），TZ4-3-5（8），TZ4-5-5（8），TZ4-6-5（8）和 TZ4-9-5（8），型号命名原则见图 2-2。如标记 TZ4-6-5，TZ4 表示灰铸铁四柱形，6 表示同侧进出口中心距为 600mm，5 表示最高工作压力 0.5MPa。

柱形散热器有带脚和不带脚的两种片型，便于落地或挂墙安装。

（二）辐射对流型散热器

辐射对流型散热器有很多种，下面介绍两种常见的，分别为柱翼形散热器（图 2-1c）和板形导流散热器（图 2-1d）。

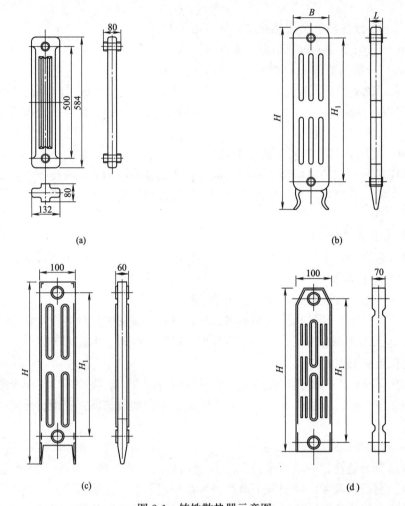

图 2-1　铸铁散热器示意图

（a）M-132 二柱形散热器；（b）四柱形散热器；（c）柱翼形散热器；（d）板形导流散热器

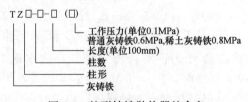

图 2-2　柱形铸铁散热器的命名

1. 柱翼形散热器是在柱形散热器的基础上浇筑出肋片，增大换热面积。最高工作压力：热媒为热水，$P_b = 0.8\text{MPa}$；热媒为蒸汽，$P_b = 0.2\text{MPa}$。柱翼形型号命名原则见图 2-3。

2. 板形导流散热器的外表面具有板形竖向肋片，两片散热器之间形成导流板，诱导空气进行自然对流。最高工作压力：热媒为热水，$P_b = 0.8\text{MPa}$；热媒为蒸汽，$P_b = 0.2\text{MPa}$。板形导流铸铁散热器型号命名原则见图 2-4。

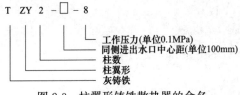

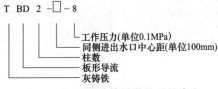

图 2-3 柱翼形铸铁散热器的命名　　　　图 2-4 板形导流铸铁散热器的命名

以上柱形和翼形铸铁散热器有带脚和不带脚的两种片型，便于落地或挂墙安装。
我国常用的几种铸铁散热器的规格见附录 2-1。

二、钢制散热器

目前我国生产的钢制散热器主要有以下几种形式。

（一）闭式钢串片对流散热器

由钢管、钢片、联箱及管接头组成（图 2-5）。钢管上的串片采用 0.5mm 的薄钢片，串片两端折边 90°形成封闭形。许多封闭垂直空气通道，增强了对流放热能力，同时也使串片不易损坏。型号命名原则见图 2-6，如标记 GCB2.4-10，其长度可按设计要求制作。

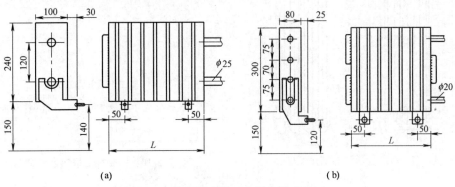

(a)　　　　　　　　　　　　　(b)

图 2-5　闭式钢串片对流散热器示意图

(a) 240×100 型；(b) 300×80 型

（二）板形散热器（图 2-7）

钢制板形散热器由壁厚为 1.0～1.25mm 的优质冷轧低碳钢板为水道板，壁厚为 0.4～0.5mm 的对流翅片板，经自动化生产线对钢板基材进行连续冲压，轧制、折叠合片和自动焊接成型。型号命名原则见图 2-8。

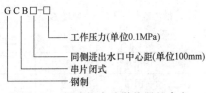

图 2-6　闭式钢串片散热器的命名

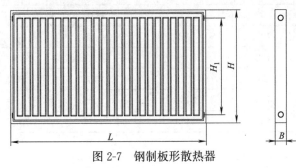

图 2-7　钢制板形散热器

图 2-8　钢制板形散热器的命名

（三）钢制柱形散热器

其构造与铸铁柱形散热器相似，每片也有几个中空立柱（图 2-9）。这种散热器是采用 1.25～1.5mm 厚冷轧钢板冲压延伸形成片状半柱形。将两片片状半柱形经压力滚焊复合成单片，单片之间经气体弧焊连接成散热器，型号命名原则见图 2-10。

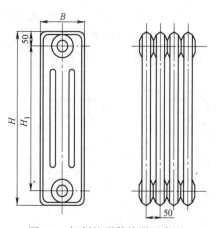

图 2-9　钢制柱形散热器示意图

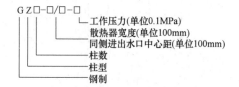

图 2-10　钢制柱形散热器的命名

《北京华北标供暖工程 19BS1》中某钢制板形散热器尺寸及散热量见表 2-1。

钢制板形散热器尺寸及散热量　　　　　　　　　　　　　　　　　　表 2-1

散热器型号	厚度 B (mm)	散热量(W/m) 95℃/70℃/18℃ ΔT=64.5℃	散热量(W/m) 75℃/50℃/18℃ ΔT=44.5℃	水容量 (L)	重量 (kg)
CV11-300-1000	62	778	488	1.6	9.1
CV11-600-1000	62	1456	914	3.2	18.7
CV11-900-1000	62	2018	1274	4.5	28.3
CV22-300-1000	102	1347	836	3.4	16.3
CV22-600-1000	102	2489	1555	6.6	33.4
CV22-900-1000	102	3304	2042	9	50.7
CV33-300-1000	152	1912	1165	5.1	24.5
CV33-600-1000	152	3438	2085	9.8	50.2
CV33-900-1000	152	4500	2822	10.6	60.6

国内散热器标准给出的规格尺寸见表 2-2。

钢制柱形散热器尺寸表　　　　表 2-2

项　目	单位	参　数　值										
高度（H）	mm	400			600			700			1000		
同侧进出口中心距（H_1）	mm	300			500			600			900		
宽度（B）	mm	120	140	160	120	140	160	120	140	160	120	140	160

（四）扁管形散热器

它是采用 52mm×11mm×1.5mm（宽×高×厚）的水通路扁管叠加焊接在一起，它两端加上断面 35mm×40mm 的联箱制成（图 2-11）。扁管形散热器外形尺寸是以 52mm 为基数，形成三种高度规格：416mm（8 根），520mm（10根）和 624mm（12 根）。长度由 600mm 开始，以 200mm 进位至 2000mm 共八种规格，型号命名原则见图 2-12。

扁管散热器的板形有单板、双板，单板带对流片和双板带对流片四种结构形式。单双板扁管散热器两面均为光板，板面温度较高，有较多的辐射热。带对流片的单、双板扁管散热器，每片散热量比同规格的不带对流片的大，热量主要是以对流方式传递。

钢制散热器与铸铁散热器相比，具有如下一些特点：

1. 金属耗量少。钢制散热器大多数是由薄钢板压制焊接而成。金属热强度可达 0.8～1.0W/(kg·℃)，而铸铁散热器的金属热强度一般仅为 0.3W/(kg·℃) 左右。

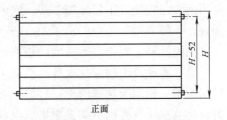
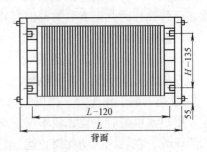
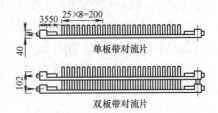

图 2-11　钢制扁管形散热器示意图

2. 耐压强度高。铸铁散热器的承压能力一般 P_b＝0.4～0.5MPa。钢制板形及柱形散热器的最高工作压力可达 0.8MPa；钢串片的承压能力更高，可达 1.0MPa，因此，从承压角度来看，钢制散热器适用于高层建筑供暖和高温水供暖系统。

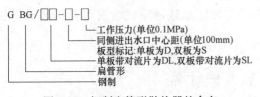

图 2-12　钢制扁管形散热器的命名

3. 外形美观整洁，占地小，便于布置。如板形和扁管形散热器还可以在外表面喷刷各种颜色和图案，与建筑和室内装饰相协调。钢制散热器高度较低，扁管和板形散热器厚度薄，占地小，便于布置。

4. 除钢制柱形散热器外，钢制散热器的水容量较少，热稳定性差些。在供水温度偏低而又采用间歇供暖时，散热效果明显降低。

5. 钢制散热器的最主要缺点是容易被腐蚀，使用寿命比铸铁散热器短。实践经验表明：热水供暖系统的补水含氧量多或系统水中的氯离子含量多的情况下，钢制散热器很易产生内部腐蚀。此外，在蒸汽供暖系统中不应采用钢制散热器。对具有腐蚀性气体的生产厂房或相对湿度较大的房间，不宜设置钢制散热器。

由于钢制散热器存在上述缺点，它的应用范围受到一些限制。因此，铸铁柱形散热器仍是目前国内应用最广的散热器。

除上述几种钢管散热器外，还有一种最简易的散热器——光面管（排管）散热器，它是用钢管在现场或工厂焊接制成。它的主要缺点是耗钢量大、占地面积大、造价高、也不美观，一般只用于工业厂房。

我国几种主要钢制散热器的规格见附录 2-2。

除了铸铁及钢制散热器外，也有采用其他材质制造的散热器。如铝及铝合金散热器也得到应用。铝制散热器的重量轻、外表美观；铝的辐射系数比铸铁和钢的小，为补偿其辐射放热的减小，外形上应采取措施以提高其对流散热量。同时，铝的导热系数大，适合于二次表面传热，因此铝制散热器的翼片较其他形式的散热器多，并且大而长。

三、散热器的选用

如前所述，选用散热器类型时，应注意在热工、经济、卫生和美观等方面的基本要求。但要根据具体情况，有所侧重。设计选择散热器时，应符合下列原则性的规定：

1. 散热器的工作压力，当以热水为热媒时，不得超过制造厂规定的压力值。对高层建筑使用热水供暖时，首先要求保证承压能力，这对系统安全运行，至关重要。当采用蒸汽为热媒时，在系统启动和停止运行时，散热器的温度变化剧烈，易使接口等处渗漏，因此，铸铁柱形和长翼形散热器的工作压力，不应高于 0.2MPa(2kgf/cm²)；铸铁圆翼形散热器，不应高于 0.4MPa(4kgf/cm²)。

2. 在民用建筑中，宜采用外形美观，易于清扫的散热器。

3. 在放散粉尘或防尘要求较高的生产厂房，应采用易于清扫的散热器。

4. 在具有腐蚀性气体的生产厂房或相对湿度较大的房间，宜采用耐腐蚀的散热器。

5. 采用钢制散热器时，应采用闭式系统，并满足产品对水质的要求，在非采暖季节采暖系统应充水保养；蒸汽采暖系统不得采用钢制柱形、板形和扁管等散热器。

6. 采用铝制散热器时，应选用内防腐型铝制散热器，并满足产品对水质的要求。

7. 安装热量表和恒温阀的热水采暖系统不宜采用水流通道内含有黏砂的铸铁等散热器。

第二节　散热器的计算

散热器计算是确定供暖房间所需散热器的面积和片数。

一、散热面积的计算

散热器散热面积 F 按下式计算：

$$F=\frac{Q}{K(t_{pj}-t_n)}\beta_1\beta_2\beta_3\beta_4 \quad m^2 \tag{2-2}$$

式中　Q——散热器的散热量，W；

t_{pj}——散热器内热媒平均温度，℃；

t_n——供暖室内计算温度，℃；

K——散热器的传热系数，$W/(m^2 \cdot ℃)$；

β_1——散热器组装片数修正系数；

β_2——散热器连接形式修正系数（散热器支管连接方式修正系数）；

β_3——散热器安装形式修正系数；

β_4——散热器流量修正系数。

二、散热器内热媒平均温度 t_{pj}

散热器内热媒平均温度 t_{pj} 随供暖热媒（蒸汽或热水）参数和供暖系统形式而定。

1. 在热水供暖系统中，t_{pj} 为散热器进出口水温的算术平均值。

$$t_{pj} = (t_{sg} + t_{sh})/2 \quad ℃ \tag{2-3}$$

式中　t_{sg}——散热器进水温度，℃；

t_{sh}——散热器出水温度，℃。

对双管热水供暖系统，散热器的进、出口温度分别按系统的设计供、回水温度计算。

对单管热水供暖系统，由于每组散热器的进、出口水温沿流动方向下降，所以每组散热器的进、出口水温必须逐一分别计算（见第三章）。

2. 在蒸汽供暖系统中，当蒸汽表压力≤0.03MPa 时，t_{pj} 取等于100℃；当蒸汽表压力大于 0.03MPa 时，t_{pj} 取与散热器进口蒸汽压力相应的饱和温度。

三、散热器传热系数 K 及其修正系数值

散热器传热系数 K 的物理概念，是表示当散热器内热媒平均温度 t_{pj} 与室内气温 t_n 相差1℃时，每 $1m^2$ 散热器面积所放出的热量，单位为 $W/(m^2 \cdot ℃)$。它是散热器散热能力强弱的主要标志。

影响散热器传热系数的因素很多：散热器的制造情况（如采用的材料、几何尺寸、结构形式、表面喷涂等因素）和散热器的使用条件（如使用的热媒、温度、流量、室内空气温度及流速、安装方式及组合片数等因素），都综合地影响散热器的散热性能，因而难以用理论的数学模型表征出各种因素对散热器传热系数 K 值的影响。只有通过实验方法确定。

国际标准化组织（ISO）规定：散热器传热系数 K 值的实验，应在一个长×宽×高为(4±0.2m)×(4±0.2m)×(2.8±0.2m)的封闭小室内，保持室温恒定下进行。散热器应无遮挡，敞开设置。试验结果整理成 $K = f(\Delta t)$ 或 $Q = f(\Delta t)$ 的关系式。

$$K = a(\Delta t)^b = a(t_{pj} - t_n)^b \tag{2-4}$$

或

$$Q = A(\Delta t)^B = A(t_{pj} - t_n)^B \tag{2-5}$$

式中　　K——在实验条件下，散热器的传热系数，$W/(m^2 \cdot ℃)$；

A、B、a、b——由实验确定的系数；

Δt——散热器热媒的平均温度与供暖室内计算温度的温差，℃，（$\Delta t = t_{pj} - t_n$）；

Q——在散热面积 F 条件下的散热量，W。

采用影响传热系数和散热量的最主要因素——散热器热媒与空气平均温差 Δt，来反

映 K 值和 Q 值随其变化的规律，是符合散热器的传热机理的。因为散热器向室内散热，主要取决于散热器外表面的换热阻；而在自然对流传热下，外表面换热阻的大小主要取决于温差 Δt。Δt 越大，则传热系数 K 值及散热量 Q 值越高。

原哈尔滨建筑工程学院等单位，利用 ISO 标准实验台对我国常用的散热器进行大量试验，其实验数据见附录 2-1 和附录 2-2。

如前所述，散热器的传热系数 K 值和散热量 Q 值是在一定条件下，通过实验测定的。若实际情况与实验条件不同，则应对所测值进行修正。式（2-2）中的 β_1、β_2 和 β_3 都是考虑散热器的实际使用条件与测定实验条件不同，而对 K 或 Q 值，亦即对散热器面积 F 引入的修正系数。

1. 散热器组装片数修正系数 β_1 值

柱形散热器是以 10 片作为实验组合标准，整理出 $K = f(\Delta t)$ 和 $Q = f(\Delta t)$ 关系式。在传热过程中，柱形散热器中间各相邻片之间相互吸收辐射热，减少了向房间的辐射热量，只有两端散热器的外侧表面才能把绝大部分辐射热量传给室内。随着柱形散热器片数的增加，其外侧表面占总散热面积的比例减小，散热器单位散热面积的平均散热量也就减少，因而实际传热系数 K 值减小，在热负荷一定的情况下所需散热面积增大。

散热器组装片数的修正系数 β_1 值，可按附录 2-3 选用。

2. 散热器连接形式修正系数 β_2 值

所有散热器传热系数 $K = f(\Delta t)$ 和 $Q = f(\Delta t)$ 关系式，都是在散热器支管与散热器同侧连接，上进下出的实验状况下整理得出。当散热器支管与散热器的连接方式不同时，由于散热器外表面温度场变化的影响，使散热器的传热系数发生变化。如在散热器支管同侧连接，下进上出情况下，实验表明，外表面的平均温度接近于出口水温 t_{sh}，远比实验整理公式所采用的 t_{pj} 低，因此，按上进下出实验公式计算其传热系数 K 值时，应予以修正，亦即需增加散热面积，以 $\beta(2>1)$ 值进行修正。

不同连接方式的散热器修正系数 β_2 值，可按附录 2-4 取用。

3. 散热器安装形式修正系数 β_3 值

安装在房间内的散热器，可有种种方式。如敞开装置、在壁龛内，或加装遮挡罩板等。实验公式 $K = f(\Delta t)$ 或 $Q = f(\Delta t)$，都是在散热器敞开装置情况下整理的。当安装方式不同时，就改变了散热器对流放热和辐射放热的条件，因而要对 K 值或 Q 值进行修正。

散热器安装形式修正系数 β_3 值，可按附录 2-5 取用。

4. 进入散热器流量修正系数 β_4 值

一些实验表明，在一定的连接方式和安装形式下，通过散热器的水流量对某些形式的散热器 K 值和 Q 值也有一定影响。如在钢制扁管形散热器中，当流量增加时，散热器内热媒平均温度 t_{pj} 升高，传热系数 K 值和散热量 Q 值升高。对柱形、柱翼形、多翼形散热器，水流量对传热系数 K 值和散热量 Q 值影响更大，必须加以修正。

进入散热器流量修正系数 β_4 值，可按附录 2-6 取用。

散热器表面采用涂料不同，对 K 值和 Q 值也有影响。银料（铝粉）的辐射系数低于调合漆，散热器表面涂调合漆时，传热系数比涂银粉漆时约高 10% 左右。

在蒸汽供暖系统中，蒸汽在散热器内表面凝结放热，散热器表面温度较均匀，在相同的计算热媒平均温度 t_{pj} 下（如热水散热器的进、出口水温度为 $130/70℃$ 与蒸汽表压力低于 $0.03MPa$ 的情况相对比），蒸汽散热器的传热系数 K 值要高于热水散热器的 K 值。不同蒸汽压力下散热器的传热系数 K 值，可见附录 2-1。

近年来，我国一些单位建成了 ISO 散热器试验台，对我国散热器的 K 值和 Q 值进行了大量的测定工作，成绩显著。目前，不少设计单位反映，由于实验台处于封闭条件下，与实际房间条件不同，提供的实验数据偏低。最近的一些实验分析表明：散热器在一般室内的 K 值和 Q 值，在相同测试参数下，要比在封闭房间下的测定值高，约高出 10％。

四、散热器片数或长度的确定

按式（2-2）确定所需散热器面积后（由于每组片数或总长度未定，先按 $\beta_1=1$ 计算），可按下式计算所需散热器的总片数或总长度。

$$n=F/f \quad （片或 m） \tag{2-6}$$

式中　f——每片或每 1m 长的散热器散热面积，$m^2/$片或 m^2/m。

然后根据每组片数或长度乘以修正系数 β_1，最后确定散热器面积。

对于双管系统，散热器数量计算尾数散热量不超过所需散热量的 5％时可舍去，大于或等于 5％时应进位；单管系统上游（1/3）、中间（1/3）及下游（1/3）散热器数量计算尾数散热量分别不超过所需散热量的 7.5％、5％及 2.5％时可舍去，反之应进位。

五、考虑供暖管道散热量时，散热器散热面积的计算

供暖系统的管道敷设，有暗装和明装两种方式。管道明设时，非保温管道的散热量有提高室温的作用，可补偿一部分耗热量，其值应通过明装管道外表面与室内空气的传热计算确定。管道暗设于管井、吊顶等处时，均应保温，可不考虑管道中水的冷却温降；对于直接埋设于墙内的不保温立、支管，散入室内的热量、无效热损失、水的冷却温降等较难准确计算，设计人可根据暗设管道长度等因素，适当考虑对散热器数量的影响。

对于明于供暖房间内的管道，因考虑到全部或部分管道的散热量会进入室内，抵消了水冷却的影响，因而，计算散热面积时，通常可不考虑这个修正因素。

在需要精确计算散热器散热量的情况下，应考虑明装非保温管道散入供暖房间的散热量。可用下式计算：

$$Q_g=fK_g l\Delta t\eta \tag{2-7}$$

式中　Q_g——非保温管道散热量，W；

f——每米长管道的表面积，m^2/m；

l——明装供暖管道长度，m；

K_g——非保温管道的传热系数（表 2-3），$W/(m^2\cdot℃)$；

Δt——管道内热媒温度与室内温度差，℃；

η——管道安装位置的修正系数。

沿顶棚下面的水平管道　　$\eta=0.5$；

沿地面上的水平管道　　　$\eta=1.0$；

立管　　　　　　　　　　$\eta=0.75$；

连接散热器的支管　　　　$\eta=1.0$。

非保温管道的传热系数 K_g 值 [W/(m² · ℃)] 表 2-3

公称管径	管道内平均水温与室内空气温度差(℃)					蒸汽(MPa)	
	40～50	50～60	60～70	70～80	80 以上	0.07	0.2
≤DN32	12.8	13.4	14	14.5	14.5	15.1	17
DN40～100	11	11.6	12.2	12.8	13.4	14	15.6
DN125～150	11	11.6	12.2	12.2	12.2	13.4	15
>DN150	9.9	9.9	9.9	9.9	9.9	13.4	15

计算散热器散热面积时，应扣去供暖管道散入房间的热量。同时应注意，需要计算出热媒在管道中的温降，以求出进入散热器的实际水温 t_{sg}，并用此参数确定各散热器的传热系数 K 值或 Q 值，在扣除相应管道的散热量后，再确定散热器面积。

六、散热器的布置

布置散热器时，应注意下列的一些规定：

1. 散热器一般应安装在外墙的窗台下，这样，沿散热器上升的对流热气流能阻止和改善从玻璃窗下降的冷气流和玻璃冷辐射的影响，使流经室内的空气比较暖和舒适。

2. 为防止冻裂散热器，两道外门之间，不准设置散热器。在楼梯间或其他有冻结危险的场所，其散热器应由单独的立、支管供热，且不得装设调节阀。

3. 散热器一般应明装，布置简单。内部装修要求较高的民用建筑可采用暗装。托儿所和幼儿园应暗装或加防护罩，以防烫伤儿童。

4. 在垂直单管或双管热水供暖系统中，同一房间的两组散热器可以串联连接；贮藏室、盥洗室、厕所和厨房等辅助用室及走廊的散热器，可同邻室串联连接。两串联散热器之间的串联管直径应与散热器接口直径（一般为 $\phi 1\frac{1}{4}''$）相同，以便水流畅通。

5. 在楼梯间布置散热器时，考虑楼梯间热流上升的特点，应尽量布置在底层或按一定比例分布在下部各层。通常在多层建筑中楼梯间负荷可按一层 50%；二层 30%；三层 20% 分配。

6. 铸铁散热器的组装片数，不宜超过下列数值：

粗柱形（M132 型）——20 片；细柱形（四柱）——25 片。

七、散热器计算例题

【例题 2-1】 某房间设计热负荷为 1200W，室内安装 M-132 型散热器，散热器明装，上部有窗台板覆盖，散热器距窗台板下表面高度为 150mm。供暖系统为双管上供式。设计供、回水温度为：75℃/50℃，室内供暖管道明装，支管与散热器的连接方式为同侧连接，上进下出，计算散热器面积时，不考虑管道向室内散热的影响，进入散热器流量为标准流量。求散热器面积及片数。

【解】 已知：$Q=1200\text{W}$，$t_{pj}=(75+50)/2=62.5℃$，$t_n=18℃$，$\Delta t=t_{pj}-t_n=62.5-18=44.5℃$。

查附录 2-1，对 M-132 型散热器

$$K=2.426\Delta t^{0.286}=2.426\times(44.5)^{0.286}=7.18\text{W/(m}^2 \cdot ℃)$$

修正系数：

散热器组装片数修正系数，先假定 $\beta_1=1.0$；

散热器连接形式修正系数，查附录 2-4，$\beta_2=1.0$；

散热器安装形式修正系数，查附录 2-5，$\beta_3=1.02$；

散热器流量修正系数，查附录 2-6，$\beta_4=1.0$；

根据式（2-2）

$$F'=\frac{Q}{K\Delta t}\beta_1\beta_2\beta_3\beta_4=\frac{1200}{7.18\times44.5}\times1.0\times1.0\times1.02\times1.0=3.83\text{m}^2$$

M-132 型散热器每片散热面积为 0.24m^2（附录 2-1）计算片数 n' 为：

$$n'=F'/f=3.83/0.24=15.96\text{ 片}\approx16\text{ 片}$$

查附录 2-3，当散热器片数为 $11\sim20$ 片时，$\beta_1=1.05$，

因此，实际所需散热器面积为

$$F=F'\cdot\beta_1=3.83\times1.05=4.02\text{m}^2$$

实际采用片数 n 为

$$n=F/f=4.02/0.24=16.75\text{ 片}$$

根据取舍原则，散热器数量计算尾数散热量 $0.75\times1200/16.75=53.73$W 小于所需散热量 $1200\times5\%=60$W

应采用 M-132 型散热器 16 片。

第三节　低温辐射采暖的计算

散热器采暖以自然对流为主要换热方式，但也存在着一定比例的辐射换热。辐射供暖提高了辐射换热所占的比例，但也存在着一定比例的对流换热。二者的主要区别不是以哪一种换热方式占主要地位来加以定义的，而是以供暖房间的温度环境来表征的。比如采取辐射采暖方式的房间的围护结构内表面或供暖部件表面的平均温度 τ_n 高于室内的空气温度 t_n，即 $\tau_n>t_n$；而采用对流采暖 $\tau_n<t_n$。

如第一章所述辐射采暖可分为低温辐射供暖（$\leqslant60$℃）；中温辐射供暖（$80\sim200$℃）；高温辐射供暖（$\geqslant200$℃）。近些年随着人们生活水平与物质需求的改善，低温辐射采暖因其节能、舒适与不占用室内空间等优点得到了广泛的应用。一般将低温管线埋置于建筑的构件与围护结构内，埋设于顶棚、地面或墙壁中。常见的形式为地面式辐射供暖，下面对其进行介绍。

一、低温热水地板辐射采暖

（一）低温热水地板辐射采暖的地面构造

低温热水地板辐射采暖地面构造由与土壤相邻的地面或楼板、绝热层、铝箔反射层、现浇（填充）层、防水层、干硬性水泥砂浆找平层、地面装饰层组成。固定地热加热盘管采用塑料管卡或用扎带绑扎在铁丝网上的方式。低温热水地板辐射采暖的散热表面就是敷设了加热盘管的地面，低温热水地板辐射采暖地面构造如图 2-13 所示。

绝热层的设置要求：

绝热层采用的模塑聚苯乙烯泡沫塑料板属承受有限载荷型泡沫塑料，密度不宜小于 20kg/m^3，厚度不应小于表 2-4 的规定值，如若采用其他绝热材料替代，可采用热阻相当的原则确定厚度。

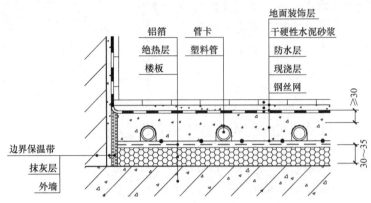

图 2-13 低温热水地板辐射采暖地面构造示意图

1. 与土壤相邻的地面，必须设置绝热层，且在绝热层下还应该设置防潮（水）层。直接与室外空气相邻的楼板，必须设置绝热层。

2. 当工程允许地面按双向散热设计时，各楼层间的楼板上部可不设绝热层。

3. 对卫生间、洗衣间、浴室和游泳池等潮湿房间，在现浇填充层上应设置防水层进行隔离。

铝箔反射层的设置主要是反射来自热源侧的辐射，增强隔热效果，若允许地面双向散热设计时，亦可不设置反射层。

模塑聚苯乙烯泡沫塑料板绝热层厚度 表 2-4

绝热层位置	厚度（mm）	绝热层位置	厚度（mm）
楼层之间楼板上的绝热层	20	与室外空气相邻的地板上的绝热层	40
与土壤或不采暖房间相邻的地板上的绝热层	30		

现浇（填充）层一般是地热盘管敷设、固定后，由土建专业人员协助填充浇筑完成。宜采用 C15 豆石混凝土，豆石粒径宜为 5～12mm，其厚度不宜小于 50mm。当地面载荷较大时，如车库，可在填充层内设置铁丝网以加强其承担的荷载能力，在实际应用时具有很好的效果。亦可与结构设计的相关人员协商，采取相应的措施与方法。当地面层采用带龙骨的架空木地板时，地热盘管可设置于木地板与龙骨间的绝热层上，可不设置豆石混凝土现浇填充层。

防水层一般设置于卫生间、厨房等较潮湿，需作防水、防潮处理的房间，其上翻的高度可按相关专业要求。居室、房厅可不设防水层。

找平层采用较细的 10～20mm 厚的干硬性水泥砂浆进行处理，目的是使地表面层坚固，避免室内扬尘，为地面装饰层的敷设做准备。

面层可采用地板、瓷砖、地毯以及塑料类砖装饰面材。

墙边需设置边界保温带；各房间门口、房间面积超过 40m² 或边长超过 8m 时，为防止混凝土开裂，宜设置伸缩缝，伸缩缝要有一定压缩量，并且伸缩缝上面采用密封膏密封。

由以上地面构造可以看出，低温热水地板辐射采暖需占用一定的层高，为保证建筑的净高，必须提高建筑的层高，从而增加结构载荷与土建费用。

（二）低温热水地板辐射采暖地面散热量的计算

低温热水地板辐射采暖设计热负荷的计算已在第一章进行了介绍。单位地面的散热量可按照式（2-8）计算：

$$q = q_{\mathrm{f}} + q_{\mathrm{d}} \tag{2-8}$$

$$q_{\mathrm{f}} = 5 \times 10^{-8} \left[(t_{\mathrm{pj}} + 273)^4 - (t_{\mathrm{fj}} + 273)^4 \right] \tag{2-9}$$

$$q_{\mathrm{d}} = 2.13 (t_{\mathrm{pj}} - t_{\mathrm{n}})^{1.31} \tag{2-10}$$

式中　q——单位地面面积的散热量，$\mathrm{W/m^2}$；

　　　q_{f}——单位地面面积辐射传热量，$\mathrm{W/m^2}$；

　　　q_{d}——单位地面面积对流传热量，$\mathrm{W/m^2}$；

　　　t_{pj}——地表面平均温度，℃；

　　　t_{fj}——室内非加热表面的面积加权平均温度，℃；

　　　t_{n}——室内计算温度，℃。

地板辐射传热过程是传热学中典型的多表面辐射传热问题。多表面根据实际问题可假设为加热面的地板表面与非加热表面。非加热表面的平均温度可按房间各个非加热面温度加权平均得到：

$$t_{\mathrm{fj}} = \frac{\sum F_{\mathrm{i}} t_{\mathrm{i}}}{\sum F_{\mathrm{i}}} \tag{2-11}$$

式中　F_{i}——为房间内非加热表面面积，$\mathrm{m^2}$；

　　　t_{i}——为房间内非加热表面温度，℃。

单位地面的散热量和向下传热量，均应通过计算确定。当加热管为 PE-X 管或 PB 管时，单位地面面积散热量与向下传热量可按《地面辐射供暖供冷技术规程》选取，附录 2-7 节选 PE-X 管单位地面面积散热量与向下传热量。热媒的供热量，应包括地面向上与向下层或土壤的散热量。地面散热量计算时应考虑家具与其他地面覆盖物的影响。

地板辐射采暖地面散热量计算的目的是确定地面敷设盘管的长度。计算时应扣除来自上层地板向下的传热量。单位地面的散热量应按式（2-12）进行计算：

$$q_{\mathrm{x}} = \frac{Q}{F} \tag{2-12}$$

式中　q_{x}——单位地面面积向上的散热量，$\mathrm{W/m^2}$；

　　　Q——房间所需的地面向上散热量，W；

　　　F——敷设加热盘管的地面面积，$\mathrm{m^2}$。

按式（2-12）计算的结果 q_{x} 值并根据附录 2-7 所列出的地面层条件及供回水平均温度选取合理的加热盘管的间距，表中加热盘管间距一般为 100～300mm 之间。但在实际应用中会出现两种特殊情况：

1. 耗热量较大（建筑的边、角等靠近山墙与屋顶）的房间加热盘管按最小间距 100mm 选取，仍满足不了所需设计散热量时，可仍按加热盘管最小间距 100mm 设计，在实际应用中供暖效果是有保证的，因为设计者往往在计算中留有较大余量。同时在附表中可以看到，加热盘管的单位面积散热量与加热盘管的长度不是呈正比例关系增长，在同一房间同一环路布置较多盘管，循环阻力过大，水力工况不好，反而影响正常的散热。若采暖房间温度设计要求较高，可采取增加循环环路与增加传热表面（墙壁面散热）来加以解决。

2. 耗热量小（开间与进深均较大或居住建筑中面积较大的房厅）的房间，按最大间距 300mm 选取，实际的散热量仍大于设计散热量时，可采用局部地面敷设加热盘管的方法，但此时的设计负荷按《地面辐射供暖供冷技术规程》的要求留有一定设计余量。

选取了加热盘管的管间距，可按照敷设的面积计算出地热盘管的敷设长度。并应校核地表面平均温度，确保其不超过第一章表 1-12 的最高限额。地表面的平均温度宜按式 (2-13) 计算：

$$t_{pj} = t_n + 9.82 \times \left(\frac{q_x}{100}\right)^{0.969} \tag{2-13}$$

式中　q_x——单位地面面积向上的散热量，W/m^2；

t_{pj}——地表面平均温度，℃；

t_n——室内计算温度，℃。

（三）低温热水地板辐射采暖加热盘管的敷设

根据实际工程的需要，低温热水地板辐射采暖加热盘管的敷设方式多种多样，但其敷设的原则有两个：一是尽可能使室内的温度场分布均匀；二是简单便于施工。最为常用的布置方式有两种：回折型（旋转型）与平行型（S 型），如图 2-14 所示。

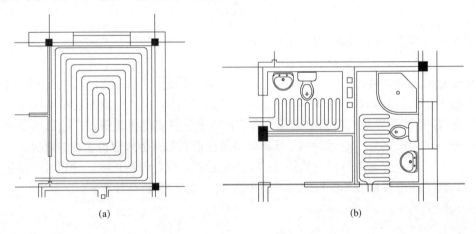

(a)　　　　　　　　　　　　　(b)

图 2-14　低温热水地板辐射采暖常用敷设方式
(a) 回折型敷设；(b) 平行型敷设

回折型敷设方式施工时较平行型复杂，施工时取整个盘管的中心位置，按设计从中心向外铺，盘管的高温管段与低温管段相互间隔，使房间内温度分布均匀，适合敷设于卧室、房厅等住宅中较宽敞的房间。平行型敷设方式简单，这种敷设方式的地面温度是随着水流动的方向逐步降低，温度分布显然不如回折型均匀，但在实际施工时由于盘管所采用的塑料管材一般较硬，不适合小曲率半径弯曲，平行型敷设比较适宜于房间内空间相对狭小的厨房、卫生间及阳台等处的敷设。在实际中，应根据房间的情况因地制宜采用各种适当的布置方式，并且各种方式可混合使用，如图 2-15 所示为某建筑一梯三户型住宅室内地热盘管敷设平面图。

加热盘管敷设时一般采用由远及近逐个环路分圈敷设，加热盘管若穿越膨胀缝处，需

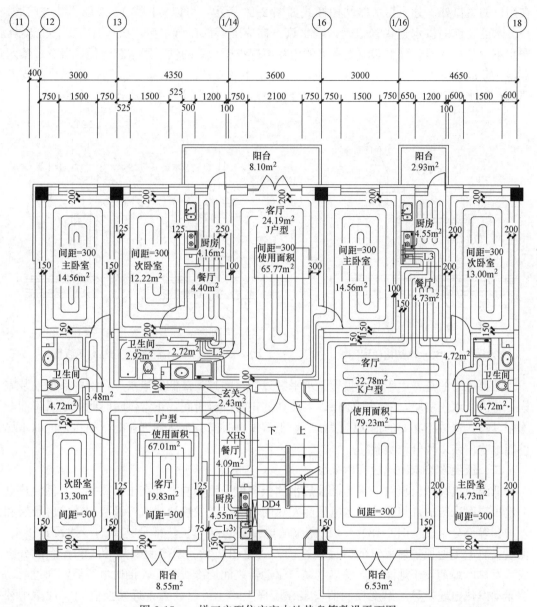

图 2-15 一梯三户型住宅室内地热盘管敷设平面图

用膨胀条将地面分隔开，并在此处加设伸缩节。在上述的敷设管路过程中，管路都是均匀敷设的，加热盘管的间距 100～300mm，加热盘管与墙面保持 150～200mm 的距离。但实际的情况是房间的热损失主要发生在与室外相邻的外墙、外窗、外门等处，在这些部位加热盘管的间距可适当减小（加密敷设），其他部位间距适当扩大。为保证室内温度分布的均匀，还应该使各个环路的长度尽可能地保证一致，其长度不宜超过 120m，对于盘管敷设较多的房间可以一个房间敷设几个环路；相反的，一个环路也可以合并盘管敷设较少的几个房间。但盘管内水流速度不宜小于 0.25m/s，目的是使水能将管内空气裹挟带走，便于排气。

各个环路加热盘管的进、出水口，应分别与分水器、集水器相连接，分、集水器设置在用户的入口处。分、集水器结构样式如图 2-16 所示，可以按图 2-17 采用明装与暗装。在分水器之前的供水连接管道上，顺水流方向应安装阀门（主要起关断作用）、过滤器，回水不安装过滤器。分水器与集水器的内径不应小于盘管的供、回水总内径，且分、集水器最大断面流速不宜大于 0.8m/s。每个分、集水分支环路不宜多于 8 路，且每个分支环路供、回水管上均应设置可关断阀门。分、集水器上均应设置手动或自动排气阀。

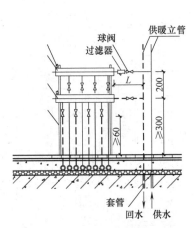

图 2-16　分、集水器结构样式图

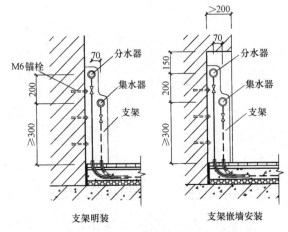

图 2-17　分、集水器的明装与暗装侧视图

需要注意的是：由于室内盘管是水平敷设的，并且无最低的泄水点，室内系统安装完毕，若进行水压实验，就必须要保证采暖期的正常供暖时间，正常供暖时间的延后可能会冻胀盘管，造成不必要的损失。假如工程正常供暖时间有延后的可能时，须将管内的水尽可能地吹出或采用气压实验。

二、低温发热电缆地板辐射采暖

低温热电缆地板辐射采暖与低温热水地板辐射采暖不同之处在于加热元件，低温热电缆地板辐射采暖的加热元件为通电后能发热的电缆。由发热导线、绝缘层、接地屏蔽层和外护套等部分组成（图 2-18），一根完整的电缆还包括与发热部分连接的冷线及其接头。低温发热电缆地板辐射采暖的原理及连接方式见图 2-18。系统由发热导线和控制部分组成。发热电缆铺设于地面上，发热电缆与驱动器之间用冷线相连，接通电源后，通过驱动器驱动发热电缆发热。温度控制器安装在墙面上，也可以放置于远端控制内实现集中控制，通过铺设于地面以下的温度传感器（感温探头）探测温度，控制驱动器的连通和断开，当温度达到设定值后，温度控制器控制驱动器动作，断开发热电缆的电源，发热电缆停止工作；当温度低于设定值时，发热电缆又开始工作。

低温发热电缆地板辐射采暖适合于住宅、宾馆、商场、医院、学校等居民及公共建筑采暖。对于电采暖，仅可应用于无集中供热、用电成本较低（水电、核电）、对电力有"移峰填谷"作用或对环保要求较高地区的建筑内使用。

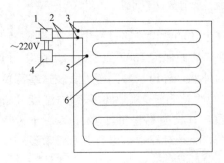

图 2-18　低温发热电缆地板辐射供暖原理图
1—驱动器；2—冷线；3—冷热线连接点；
4—温控器；5—温度传感器；6—发热电缆

（一）低温发热电缆地板辐射采暖的地面构造

发热电缆地板辐射采暖的地面构造如图 2-19 所示，结构类似于低温热水地板辐射采暖。现浇混凝土厚度一般 20～30mm，具有蓄热功能的混凝土厚度可达 100mm。

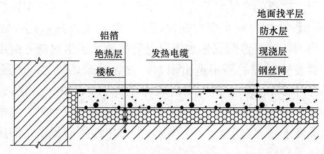

图 2-19　低温发热电缆地板辐射采暖地面构造示意图

（二）低温发热电缆辐射采暖布线间距的确定

常见的室内采暖用发热电缆从发热芯的数量上看，可分为单导线电缆与双导线电缆。从图 2-20 上可以看出，对于单导线的两端都需连接供电电源，敷设时应考虑电缆的首尾接线问题，这种情况同低温热水地板辐射采暖，有时受房间面积、形状等现场条件的限制，很难敷设，而双导线电缆很好地解决了这一问题，电缆本身制成回路，简化了施工。因此实际应用中较为常见。

发热电缆布线间距应根据线性功率和单位面积安装功率，按式（2-14）、式（2-15）确定：

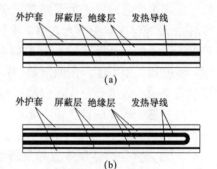

$$L \geqslant \frac{(1+\delta)\beta \cdot Q}{P_x} \qquad (2\text{-}14)$$

$$S \approx 1000\frac{F_r}{L} \qquad (2\text{-}15)$$

式中　L——按加热电缆产品规格选定的电缆总长度，m；

图 2-20　发热电缆剖面图
（a）单导线电缆；（b）双导线电缆

δ——向下传热量占加热电缆供热功率的比例（按表 2-5 选取）；

β——考虑家具等遮挡的安全系数；

Q——房间所需地面向上的散热量，W；

P_x——加热电缆额定电阻时的线功率，W/m；

S——加热电缆布线间距，mm；

F_r——敷设加热电缆的地面面积，m²。

加热电缆供热地面向下传热量占加热电缆供热功率的比例　　　　表 2-5

绝热层材料	面层类型			
	瓷砖	塑料面层	木地板	地毯
聚苯乙烯泡沫塑料板	0.16	0.21	0.23	0.27
发泡水泥	0.15	0.21	0.23	0.26

注：计算条件为：加热电缆外表面温度为 45℃、敷设间距为 200mm；采用聚苯乙烯泡沫塑料板时，绝热层厚度为 20mm，填充层厚度为 40mm；采用发泡水泥时，绝热层厚度为 40mm，填充层厚度为 35mm。

（三）低温发热电缆的布置与敷设

在居民采暖建筑中，采用的发热电缆的功率一般为 10W/m、18W/m、25W/m，通常采用 18W/m。敷设的电缆长度可根据所需敷设房间计算的热负荷与发热电缆单位长度的发热功率计算得到。敷设的方式同低温热水地板辐射采暖，常采用回折型（旋转型）与平行型（S型），可铺设在快速安装带或铁丝网上。但与低温热水地板辐射采暖不同的是发热电缆的发热量均匀，而不像低温热水辐射盘管那样水温沿水流方向不断降低。为保证地面温度的均匀性对发热电缆的间距做出限制，发热电缆热线之间的最大间距不宜超过 300mm，且不应该小于 50mm，距离外墙内表面不得小于 100mm。在靠近外窗、外墙等局部热负荷较大区域，发热电缆应较密铺设。当局部热负荷较大时，应增加单位面积的发热功率。若受地面温度限制、电缆间距等原因，发热电缆不能提供足够热量时，应考虑提供其他形式的辅助供暖设施。

发热电缆的布置应考虑地面家具的影响。在地面家具遮挡覆盖的情况下，地表面供暖系统的热量难以通过地表面充分散热，就会造成局部升温，对安全造成隐患。地面的固定设备和卫生洁具下面不应布置发热电缆。在固定的家具下亦不应布置发热电缆，同时应尽量选用有腿的家具，以减少局部热阻。每个房间宜独立安装一根发热电缆，不同温度要求的房间不宜共用一根发热电缆，每个房间宜通过发热电缆温控器单独控制温度。

（四）温控器

温控器是指具有室温设定与调节功能的房间恒温器，有电子式、机械式等多种形式。每个房间至少应设置一个温控器，安装在便于操作、测温准确的内墙上，安装高度 1.3～1.4m，温控器应避免阳光直射。温控器的主要功能就是温度开关，即当室内温度低于温控器所设置的最低温度时，温控器启动电源，电热膜通电发热，达到预先设置的室内温度，温控器关闭电源，周而复始，室温始终维持在室内温度设定的正常波动范围内。按照控制方法的不同主要分为室温型、地温型和双温型温控器。

温控器的选用应符合以下要求：

1. 高大空间、浴室、卫生间、游泳池等区域，应采用地温型温控器。

2. 对需要同时控制室温和限制地表温度的场合应采用双温型温控器。

发热电缆温控器应设置在附近无散热体、周围无遮挡物、不受风直吹、不受阳光直晒、通风干燥、能正确反映室内温度的位置，不宜设置在外墙上，设置高度宜距地面 1.4m。低温感温器不应被家具覆盖或遮挡，宜布置在人员经常停留的位置。

三、低温电热膜辐射采暖

低温电热膜辐射采暖是以电作为能源，将电热膜敷设于建筑的内表面（顶棚、墙面等）的一种采暖方式，在顶棚的安装如图 2-21 所示。由于工作时表面温度较低，辐射表面温度宜控制在 28～30℃，属于低温辐射采暖的范围。通常的电热膜是通电后能够发热的一种半透明聚酯薄膜，是载流条、可导电特制油墨或金属丝等材料与绝缘聚酯膜的复合体。应布置于卧室、起居室、餐厅、书房等房间内，厨房、卫生间、浴室不宜采用，应采取其他采暖方式。低温电热膜辐射采暖集中了电采暖与辐射采暖的优点。

（一）电热膜选择与数量计算

低温电热膜辐射采暖的基本热负荷的计算见第一章。选择电热膜时应控制每 $1m^2$ 布膜区域安装的电热膜折算额定功率即安装额定功率密度。可按表面温度 45℃，室温 16℃

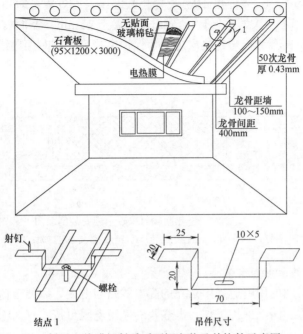

图 2-21 低温电热膜辐射采暖顶棚安装及其构件示意图

估算确定，安装额定功率密度宜小于 $175\mathrm{W/m^2}$。房间内安装电热膜片数按下式（2-16）计算：

$$N=(1+K)Q'/P_\mathrm{m} \tag{2-16}$$

式中 K——安全系数，$K=0.2$；

　Q'——房间电热膜计算热负荷，W；

　P_m——每片电热膜的额定功率，W；

　N——电热膜的片数，需四舍五入取整数。

（二）电热膜采暖的布置与敷设

低温辐射电热膜理论上可安装在房间的顶棚、墙面和地板上，但考虑到安装方便、保证电热膜的采暖效果与防止电热膜的损坏，常将其安装于顶棚，一方面是《规范》的要求，更重要的是从安全的角度考虑。如果布置在墙壁或地板内，家具遮挡时辐射表面与电热膜的温度就会升高。这点与低温热水地板辐射采暖不同，低温热水地板辐射采暖辐射表面的最高温度也就等于热水温度；与低温热电缆地板辐射采暖也不同，低温热电缆地板辐射采暖的金属网与金属固定件可在一定程度上降低表面温度。但电热膜只要产生的热量散不出去，温度就会继续升高，达到 $80\sim100^\circ\mathrm{C}$ 时电热膜就可能被破坏，如果温度再高，遮挡物又有可能燃烧引起火灾。

低温辐射电热膜采暖顶棚的构造依次为：楼板、龙骨、绝热层、电热膜和饰面层。敷设电热膜时（图 2-22），先用射钉将吊件固定在顶棚上，再用螺栓把龙骨固定于吊件上。在龙骨间铺设绝热层，绝热层热阻不应小于 $1.25\mathrm{m^2 \cdot K/W}$，可采用厚度为 50mm、导热系数不大于 $0.04\mathrm{W/(m \cdot K)}$ 的无贴面的离心玻璃丝棉毡，严禁使用含金属的绝热材料或金属防潮层。绝热层下面是电热膜，最外层是石膏板饰面材料，饰面层与表面涂层的总热阻不应小于 0.08 m² · K/W，也不应该大于 1.25 m² · K/W，即当石膏板的导热系数为 0.134W/(m·K) 时，厚度不小于 9.5mm，不大于 15mm。饰面材料用自攻钉固定在龙骨上，将电热膜夹在石膏板与绝热层之间，保护电热膜。同时用导线把连接成组的电热膜及温控器接入电源回路中。

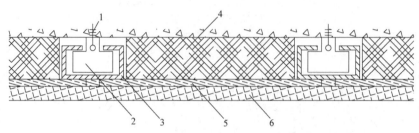

图 2-22　电热膜辐射采暖顶棚安装剖面图
1—射钉；2—吊件；3—轻钢龙骨；4—绝热层；5—电热膜；6—饰面层

（三）电热膜的配电与安装

电热膜供暖房间的用电应采用独立的配电线路与电表，以便于监测与计量系统的用热情况，并做好绝缘、漏电保护工作。电热膜的额定电阻可按式（2-17）计算。

$$R = V^2 / P \qquad (2-17)$$

式中　V——额定电压，V；
　　　P——额定功率，W；
　　　R——额定电阻，Ω。

房间电热膜的总电阻可按计算并联电路总电阻进行计算。对 220V/20W 电热膜的房间总电阻可按 2420Ω 除以式（2-17）计算的总片数确定，也可查附录 2-8 确定。

剪切电热膜时必须沿电热膜的裁剪线进行。电热膜的末端用热熔胶或中性硅胶粘贴耐温 90℃的塑料绝缘胶带。电热膜金属载流条与纵龙骨边缘的净距不允许小于 10mm。严禁在电热膜发热区内和载流条与纵龙骨间的 10mm 内刺破电热膜。电热膜铺设时应平整，严禁有褶皱、扭曲。每组电热膜应铺设在两纵龙骨之间，用拉铆钉或自攻钉沿膜两边将电热膜固定在纵向龙骨的底面槽内，钉距 300mm。电热膜接电端暂不固定，待专用接线卡与绝缘罩做好后再补丁。

（四）温控器

温控器的选用原则同低温发热电缆辐射采暖。

第四节　钢制辐射板

在辐射供暖系统中，有一种形式是采用钢制辐射板作为散热设备。它以辐射传热为主，使室内有足够的辐射强度，以达到供暖的目的。设置钢制辐射板的辐射供热系统，通常也称为中温辐射供暖系统（其板面平均温度为 80～200℃），这种系统主要应用于工业厂房，用在高大的工业厂房中的效果更好。在一些大空间的民用建筑，如商场、体育馆、展览厅、车站等也得到应用。钢制辐射板，也可用于公共建筑和生产厂房的局部区域或局部工作地点供暖。

一、钢制辐射板的形式

根据辐射板长度的不同，钢制辐射板有块状辐射板和带状辐射板两种形式。

图 2-23 是《全国通用建筑标准设计图集》90T₁9141 中介绍的钢制块状辐射板构造示意图。

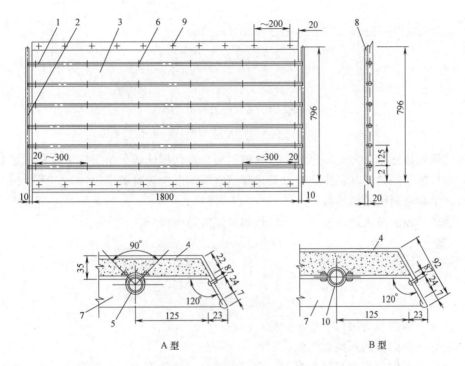

图 2-23　块状辐射板构造示意图

1—加热管；2—连接管；3—辐射板表面；4—辐射板背面；5—垫板；6—等长双头螺栓；7—侧板；8—隔热材料；9—铆钉；10—内外管卡

钢制辐射板的特点是采用薄钢板，小管径和小管距。薄钢板的厚度一般为 0.5～1.0mm，加热管通常为水煤气管，管径为 $DN15$、$DN20$、$DN25$；保温材料为蛭石、珍珠岩、岩棉等。

根据钢管与钢板连接方式不同，单块钢制辐射板分为 A 型和 B 型两类。

A 型　加热管外壁周长的 1/4 嵌入钢板槽内，并以 U 形螺栓固定。

B 型　加热管外壁周长的 1/2 嵌入钢板槽内，并以管卡固定。

辐射板的背面处理，有另加背板内填散状保温材料、有只带块状或毡状保温材料和背面不保温等几种方式。

辐射板背面加保温层，是为了减少背面方向的散热损失，让热量集中在板前辐射出去，这种辐射板称为单面辐射板。它向背面方向的散热量，约占板总散热量的 10%。

背面不保温的辐射板，称为双面辐射板。双面辐射板可以垂直安装在多跨车间的两跨之间，使其双向散热，其散热量比同样的单面辐射板增加 30% 左右。

钢制块状辐射板构造简单，加工方便，便于就地生产，在同样的放热情况下，它的耗金属量可比铸铁散热器供暖系统节省 50% 左右。

带状辐射板是将单块辐射板按长度方向串联而成。带状辐射板通常采用沿房屋的长度方向布置，长达数十米，水平吊挂在屋顶下或屋架下弦下部（图 2-24）。

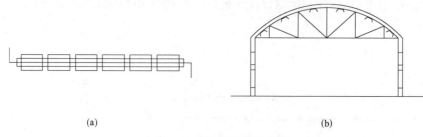

图 2-24 带状辐射板示意图

(a) 组成；(b) 布置

带状辐射板适用于大空间建筑。带状辐射板与块状板比较，由于排管较长，加工安装不便；而且排管的热膨胀、排空气以及排凝结水等问题也较难解决。

二、钢制辐射板的散热量

钢制辐射板的散热量，包括辐射散热和对流散热两部分。

$$Q = Q_f + Q_d \quad \text{W} \tag{2-18}$$

$$Q_f = \varepsilon C_0 \varphi F \left[\left(\frac{T_1}{100} \right)^4 - \left(\frac{T_2}{100} \right)^4 \right] \tag{2-19}$$

$$Q_d = \alpha F (t_1 - t_2) \tag{2-20}$$

式中 Q_f——辐射板的辐射放热量，W；

Q_d——辐射板的对流放热量，W；

ε——辐射板表面材料的黑度，它与油漆的光泽等有关，无光漆取 $0.91 \sim 0.92$；

C_0——绝对黑体的辐射系数，$C_0 = 5.67 \text{W}/(\text{m}^2 \cdot \text{K}^4)$；

φ——辐射角系数，对封闭房间 $\varphi \approx 1.0$；

F——辐射板的表面积，m^2；

T_1——辐射板的表面平均温度，K；

T_2——房间围护结构的内表面平均温度，K；

α——辐射板的对流换热系数，$\text{W}/(\text{m}^2 \cdot \text{℃})$；

t_1——辐射板的平均温度，℃；

t_2——辐射板前的空气温度，℃。

实际上，辐射板的散热量受许多因素影响：受辐射板的制造情况（如板厚、加热管的间距、加热管与钢板的接触情况、板面涂料、板背面保温程度等）和辐射板的使用条件（如使用热媒温度、辐射板附近空气流速、板的安装高度和角度等）的综合影响，因而理论计算困难也难以准确。通常都是通过实验方法，给出不同的构造的辐射板在不同条件下的散热量，提供工程设计选用。

《全国通用建筑标准设计图集》（CN501-1)中，给出块状辐射板和带状辐射板的型号、规格、构造图和各种板的散热量。

附录 2-9 摘录 CN501-1 给出的块状辐射板的散热量表。表中数据是根据 A 型保温板、表面涂无光漆、倾斜安装（于水平面呈 60°夹角）的条件编制的，表中的散热量，已经包括背面的散热量和两端连接管的散热量。

当采用的辐射板的制造和使用条件与附录2-9所规定的不符时，对其散热量可作如下修正。

1. 当采用同规格的B型保温板时，表中的数值应乘以0.9。

2. 当蒸汽辐射板的安装角度不是与水平面呈60°夹角时，辐射板的散热量应乘以表2-6中的修正系数。

辐射板安装角度不同时的修正系数 表2-6

与水平面的夹角(°)	0	20	30	45	60	90
修正系数	0.87	0.92	0.97	0.99	1.00	1.01

注：1. 不保温的辐射板垂直安装时，应乘以1.30。
2. 本表只适用于蒸汽，对于热水，因有重力压头影响，安装角度增大时，板面温度不均严重。

3. 辐射板表面刷不同油漆时，采用如表2-7的修正值，由表中可见，辐射板的表面宜刷无光油漆为好。

油漆对辐射板散热量的修正系数 表2-7

油漆种类	各色无光漆	各色有光漆	银粉漆
修正系数	1.00	0.95	0.60

应着重指出：辐射板的加工质量，对板的散热量影响很大，特别是板面与排管应接触紧密。如板面与排管接触不良，辐射板的表面平均温度降低很多，整个辐射板的散热量将会大幅度下降。

三、钢制辐射板的设计与安装

在设置钢制辐射板的中温辐射供暖系统中，辐射板的散热主要以辐射方式将热量传给房间，同时也伴随对流散热。实验表明：在适当的辐射强度影响下，即使室内空气温度比采用散热器对流供暖系统的室温低2~3℃，人们在房间内仍感到舒适，而无冷感；同时，在高大工业厂房内，采用辐射供暖时，车间的温度梯度比采用对流供暖系统小，也一定程度地降低了车间的供暖设计热负荷。

基于上述分析，在工程设计中，当采用辐射板供暖系统向整个建筑物或房间全面供暖时，建筑物或房间的供暖设计耗热量，可近似地按照下式计算：

$$Q'_f = \varphi Q' \tag{2-21}$$

式中 Q'——按本书第一章对流供暖系统耗热量计算方法得出的设计耗热量，W；
Q'_f——全面辐射供暖的设计耗热量，W；
φ——修正系数，$\varphi=0.8~0.9$。

确定全面辐射供暖设计耗热量后，即可确定所需的块状或带状辐射板的块数 n。

$$n = Q'_f/q \tag{2-22}$$

式中 q——单块辐射板的散热量，W。

辐射板的辐射放热量与板的表面平均温度 T_1 的四次方呈单调增加函数关系，即 T_1 越高，辐射放热量增大越多。因此，应尽可能提高辐射板供暖系统的热媒温度。一般宜以蒸汽作为热媒，蒸汽表压力宜高于或等于400kPa，不应低于200kPa；以热水作为热媒

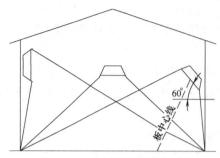

图 2-25　辐射板安装示意图

时，热水平均温度不宜低于 110℃。钢制辐射板的安装，可有下列三种形式，如图 2-25 所示。

1. 水平安装，热量向下辐射。
2. 倾斜安装，倾斜安装在墙上或柱间，热量倾斜向下方辐射。采用时应注意选择合适的倾斜角度，一般应使板中心的法线通过工作区。
3. 垂直安装，单面板可以垂直安装在墙上。双面板可以垂直安装在两个柱子之间，向两面散热。

辐射板的安装高度，变化范围较大，通常不宜安装得过高。尤其是沿外墙水平安装时，如装置过高，则有相当一部分辐射热被外墙吸收，从而增加了车间的耗热。在多尘车间里，辐射板散出的辐射热，有一部分会被尘粒吸收和反射，变为对流热，因而使辐射供暖的效果降低。但辐射板安装的高度过低，会使人有烧烤的不舒适感。因此，钢制辐射板的最低安装高度，应根据热媒平均温度和安装角度来确定，按附录 2-10 采用。

此外，在布置全面采暖的辐射板时，应尽量使生活地带或作业地带的辐射照度均匀，并应适当增多外墙和大门处的辐射板数量。

如前所述，钢制辐射板还通常作为大型车间内局部区域供暖的散热设备，在此情况下，考虑温度较低的非局部区域的影响，可按整个房间全面辐射供暖时计算得的耗热量，乘以该局部区域与所在房间面积的比值并乘以表 2-8 所规定的附加系数，确定局部区域辐射供暖的耗热量。

局部区域辐射供暖耗热量的附加系数　　　　　　　　　　　　　　　　表 2-8

供暖区面积与房间总面积比	0.5	0.40	0.25
附加系数	1.30	1.35	1.50

第五节　暖　风　机

前面几节所介绍的采暖末端装置的高温表面均是采用非强制的方式向房间供暖的，而暖风机以强制对流的方式，向房间输入比室内温度高的空气，借以维持室内温度。

暖风机是由通风机、电动机及空气加热器组合而成的联合机组。在风机的作用下，空气由吸风口进入机组，经空气加热器加热后，从送风口送至室内，以维持室内要求的温度。

暖风机分为轴流式与离心式两种，常称为小型暖风机和大型暖风机。根据其结构特点及适用的热媒不同，又可分为蒸汽暖风机、热水暖风机、蒸汽—热水两用暖风机以及冷热水两用暖风机等。目前国内常用的轴流式暖风机主要有蒸汽—热水两用的 NC 型和 NA 型暖风机（图 2-26）和冷热水两用的 S 型暖风机；离心式大型暖风机主要有蒸汽、热水两用的 NBL 型暖风机（图 2-27）。

轴流式暖风机体积小，结构简单，安装方便；但它送出的热风气流射程短，出口风速

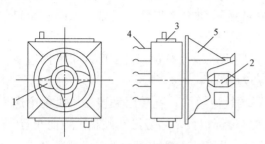

图 2-26　NC 型轴流式暖风机
1—轴流式风机；2—电动机；3—加热器；
4—百叶片；5—支架

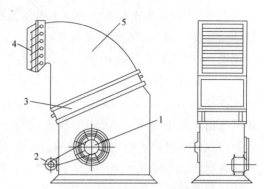

图 2-27　NBL 型离心式暖风机
1—离心式风机；2—电动机；3—加热器；
4—导流叶片；5—外壳

低。轴流式暖风机一般悬挂或支架在墙上或柱子上。热风经出风口处百叶调节板，直接吹向工作区。离心式暖风机是用于集中输送大量热风的供暖设备。由于它配用离心式通风机，有较大的作用压头和较高的出口速度，它比轴流式暖风机的气流射程长，送风量和产热量大，常用于集中送风供暖系统。

暖风机是热风供暖系统的备热和送热设备。热风供暖是比较经济的供暖方式之一，对流散热几乎占 100％，因而具有热惰性小、升温快的特点。轴流式小型暖风机主要用于加热室内再循环空气；离心式大型暖风机，除用于加热室内再循环空气外，也可用来加热一部分室外新鲜空气，同时用于房间通风和供暖上，但应注意：对于空气中含有燃烧危险的粉尘、产生易燃易爆气体和纤维未经处理的生产厂房，从安全角度考虑，不得采用循环空气。此外，由于空气的热惰性小，车间内设置暖风机热风供暖时，一般还应适当设置一些散热器，以便在非工作班时间，可关闭部分或全部暖风机，并由散热器散热维持生产车间工艺所需的最低室内温度（最低不得低于5℃），称值班采暖。

在生产厂房内布置暖风机时，应考虑车间的几何形状、工作区域、工艺设备位置以及暖风机气流作用范围等因素。

采用小型暖风机供暖，为使车间温度场均匀，保持一定的断面速度，布置时宜使暖风机的射流互相衔接，使供暖房间形成一个总的空气环流；同时，室内空气的循环次数，每小时不宜小于1.5次。

下面介绍三种常见的小型暖风机布置方案，见图 2-28。

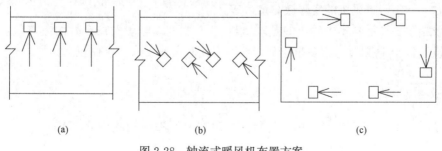

(a)　　　　　　　(b)　　　　　　　(c)

图 2-28　轴流式暖风机布置方案
(a) 直吹；(b) 斜吹；(c) 顺吹

图 2-28（a）为直吹布置，暖风机布置在内墙一侧，射出热风与房间短轴平行，吹向外墙或外窗方向，以减少冷空气渗透。

图 2-28（b）为斜吹布置，暖风机在房间中部沿纵轴方向布置，把热空气向外墙斜吹。此种布置用在沿房间纵轴方向可以布置暖风机的场合。

图 2-28（c）为顺吹布置，若暖风机无法在房间纵轴线上布置，可使暖风机沿四边墙串联吹射，避免气流互相干扰，使室内空气温度较均匀。

在高大厂房内，如内部隔墙和设备布置不影响气流组织，宜采用大型暖风机集中送风。在选用大型暖风机供暖时，由于出口速度和风量都很大，一般沿车间长度方向布置。气流射程不应小于车间供暖区的长度。在射程区域内不应有高大设备或遮挡，避免造成整个平面上的温度梯度达不到设计要求。

小型暖风机的安装高度（指其出风口离地面的高度），当出口风速小于或等于 5m/s 时，宜采用 3～3.5m，当出口风速大于 5m/s 时，宜采用 4～5.5m，这样可保证生产厂房的工作区的风速不大于 0.3m/s。暖风机的送风温度，宜采用 35～50℃。送风温度过高，热射流呈自然上升的趋势，会使房间下部加热不好；送风温度过低，易使人有吹冷风的不舒适感。

当采用大型暖风机集中送风供暖时，暖风机的安装高度应根据房间的高度和回流区的分布位置等因素确定，不宜低于 3.5m，但不得高于 7.0m，房间的生活地带或作业地带应处于集中送风的回流区；生活地带或作业地带的风速，一般不宜大于 0.3m/s，送风口的出口风速，一般可采用 5～15m/s。集中送风的送风温度，宜采用 30～50℃，不得高于 70℃，以免热气流上升而无法向房间工作地带供暖。当房间高度或集中送风温度较高时，送风口处宜设置向下倾斜的导流板。

在暖风机热风供暖设计中，主要是确定暖风机的型号、台数、平面布置及安装高度等。各种暖风机的性能，即热媒参数（压力、温度等）、散热量、送风量、出口风速和温度、射程等均可以从有关设计手册或产品样本中查出。

暖风机的台数 n 可按下式计算：

$$n=\frac{\beta Q}{Q_d} \tag{2-23}$$

式中　Q——暖风机热风供暖所要求的耗热量，W；

β——选用暖风机附加的富裕系数，宜采用 $\beta=1.2～1.3$；

Q_d——每台暖风机的实际散热量，W。

需要指出：产品样本中给出的是暖风机空气进口温度等于 15℃时的散热量，当空气进口温度不等于 15℃时，散热量也随之改变。此时可按下式进行修正：

$$Q_d=\frac{t_{pj}-t_n}{t_{pj}-15}Q_0 \tag{2-24}$$

式中　Q_0——产品样本中给出的当进口空气温度为 15℃时的散热量，W；

t_{pj}——热媒平均温度，℃；

t_n——设计条件下的进风温度，℃。

小型暖风机的射程，可按下式估算：

$$S = 11.3 v_0 D \qquad (2\text{-}25)$$

式中　S——气流射程，m；

v_0——暖风机出口风速，m/s；

D——暖风机出口的当量直径，m。

第三章　室内热水供暖系统

根据上一章的介绍，供给室内供暖系统末端装置使用的热媒主要有三类：热水、蒸汽与热风。以热水作为热媒的供暖系统，称为热水供暖系统，同理可定义其他两类供暖系统。从卫生条件和节能等因素考虑，民用建筑应采用热水作为热媒。热水供暖系统也用在生产厂房及辅助建筑中。

室内热水供暖系统是由供暖系统末端装置及其连接的管道系统组成，根据观察与思考问题的角度，可按下述方法分类：

1. 按热媒温度的不同，可分为低温水供暖系统和高温水供暖系统。在各个国家，对于高温水和低温水的界限，都有自己的规定，并不统一。某些国家的热水分类标准，可见表 3-1。在我国，习惯认为：水温低于或等于 100℃ 的热水，称为低温水；水温超过 100℃ 的热水，称为高温水。

某些国家的热水分类标准　　　　　　　　　　　　　　　　　　　表 3-1

国别	低温水	中温水	高温水
美国	＜120℃	120～176℃	＞176℃
日本	＜110℃	110～150℃	＞150℃
德国	≤110℃		＞110℃
俄罗斯	≤115℃		＞115℃

室内热水供暖系统，采用低温水做热媒。设计供、回水温度经历了 95℃/70℃、85℃/60℃、75℃/50℃ 的变化过程。目前低温热水辐射采暖供、回水温度为 45℃/35℃。

2. 按系统循环动力的不同，可分为重力（自然）循环系统和机械循环系统。靠水的密度差进行循环的系统，称为重力循环系统；靠机械（水泵）力进行循环的系统，称为机械循环系统。

3. 按系统管道敷设方式的不同，可分为垂直式和水平式。垂直式供暖系统是指不同楼层的各散热器用垂直立管连接的系统；水平式供暖系统是指同一楼层的散热器用水平管线连接的系统。

4. 按散热器供、回水方式的不同，可分为单管系统和双管系统。热水经立管或水平供水管顺序流过多组散热器，并顺序地在各散热器中冷却的系统，称为单管系统。热水经供水立管或水平供水管平行地分配给多组散热器，冷却后的回水自每个散热器直接沿回水立管或水平回水管流回热源的系统，称为双管系统。

近些年分户供暖系统越来越普及，新竣工的民用居住建筑基本采用分户供暖系统，户内末端装置采用散热器或低温热水辐射采暖，单元立管采用双管异程式，同时也对一些既有居住建筑的传统供暖系统进行分户改造。

第一节　传统室内热水供暖系统

传统室内热水供暖系统是相对于新出现的分户供暖系统而言的，就是我们经常说的"大采暖"系统，通常以整幢建筑作为对象来设计供暖系统，沿袭的是苏联上供下回的垂直单、双管顺流式系统。它的优点是构造简单；缺点是整幢建筑的供暖系统往往是统一的整体，缺乏独立调节能力，不利于节能与自主用热。但其结构简单，节约管材，仍可作为具有独立产权的民用建筑与公共建筑供暖系统使用。并根据循环动力不同，可分为重力（自然）循环热水供暖系统和机械循环热水供暖系统。

一、重力（自然）循环热水供暖系统

1. 重力循环热水供暖的工作原理及其作用压力

图 3-1 是重力循环热水供暖系统的工作原理图。在图中假设整个系统只有一个放热中心 1（散热器）和一个加热中心 2（锅炉），用供水管 3 和回水管 4 把锅炉和散热器相连接。在系统的最高处连接一个膨胀水箱 5，用它容纳水在受热后膨胀而增加的体积。

在系统工作之前，先将系统中充满冷水。当水在锅炉内加热后，密度减小，同时受着从散热器流回来密度较大的回水的驱动，使热水沿供水干管上升，流入散热器。在散热器内水被冷却，再沿回水干管流回锅炉。这样形成如图 3-1 箭头所示的方向循环流动。

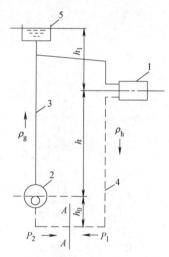

图 3-1　重力循环热水供暖系统工作原理图
1—散热器；2—热水锅炉；3—供水管路；
4—回水管路；5—膨胀水箱

由此可见，重力循环热水供暖系统的循环作用压力的大小，取决于水温（水的密度）在循环环路的变化状况。为了简化分析，先不考虑水在沿管路流动时因管壁散热而使水不断冷却的因素，认为在图 3-1 的循环环路内，水温只在锅炉（加热中心）和散热器（冷却中心）两处发生变化，以此来计算循环作用压力的大小。

如假设图 3-1 的循环环路最低点的断面 $A—A$ 处有一个假想阀门。若突然将阀门关闭，则在断面 $A—A$ 两侧受到不同的水柱压力。这两方所受到的水柱压力差就是驱使水在系统内进行循环流动的作用压力。

设 P_1 和 P_2 分别表示 $A—A$ 断面右侧和左侧的水柱压力，则

$$P_1 = g(h_0 \rho_h + h \rho_h + h_1 \rho_g)$$
$$P_2 = g(h_0 \rho_h + h \rho_g + h_1 \rho_g)$$

断面 $A—A$ 两侧之差值，即系统的循环作用压力为

$$\Delta P = P_1 - P_2 = gh(\rho_h - \rho_g) \tag{3-1}$$

式中　ΔP——重力循环系统的作用压力，Pa；

　　　　g——重力加速度，m/s^2，取 $9.81 m/s^2$；

h——冷却中心至加热中心的垂直距离，m；

ρ_h——回水密度，kg/m³；

ρ_g——供水密度，kg/m³。

不同水温下水的密度，见附录3-1。

由式（3-1）可见，起循环作用的只有散热器中心和锅炉中心之间这段高度内的水柱密度差。如供水温度为95℃，回水70℃，则每米高差可产生的作用压力为

$$gh(\rho_h-\rho_g)=9.81\times1\times(977.81-961.92)=156\text{Pa}$$

2. 重力循环热水供暖系统的主要形式

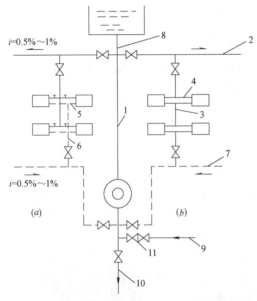

图 3-2　重力循环热水供暖系统

（a）双管上供下回式系统；（b）单管顺流式系统

1—总立管；2—供水干管；3—供水立管；4—散热器供水支管；5—散热器回水支管；6—回水立管；7—回水干管；8—膨胀水箱连接管；9—充水管（接上水管）；10—泄水管（接下水道）；11—止回阀

重力循环热水供暖系统主要分双管和单管两种形式。图 3-2（a）为双管上供下回式系统，右侧图 3-2（b）为单管上供下回顺流式系统。

上供下回式重力循环热水供暖系统管道布置的一个主要特点是：系统的供水干管必须有向膨胀水箱方向上升的流向。其反向的坡度为 0.5%～1.0%；散热器支管的坡度一般取 1%。这是为了使系统内的空气能顺利地排除，因系统中若积存空气，就会形成气塞，影响水的正常循环。在重力循环系统中，水的流速较低，水平干管中流速小于 0.2m/s；而在干管中空气气泡的浮升速度为 0.1～0.2m/s，而在立管中约为 0.25m/s。因此，在上供下回重力循环热水供暖系统充水和运行时，空气能逆着水流方向，经过供水干管聚集到系统的最高处，通过膨胀水箱排出。

为使系统顺利排除空气和在系统停止运行或检修时能通过回水干管顺利地排水，回水干管应有向锅炉方向的向下坡度。

3. 重力循环热水供暖双管系统作用压力的计算

在图 3-3 的双管系统中，由于供水同时在上、下两层散热器内冷却，形成了两个并联环路和两个冷却中心。它们的作用压力分别为

$$\Delta P_1=gh_1(\rho_h-\rho_g)\quad\text{Pa}\quad(3\text{-}2)$$
$$\Delta P_2=g(h_1+h_2)(\rho_h-\rho_g)=\Delta P_1+gh_2(\rho_h-\rho_g)\quad\text{Pa}$$
$$(3\text{-}3)$$

式中　ΔP_1——通过底层散热器 aS_1b 环路的作用压

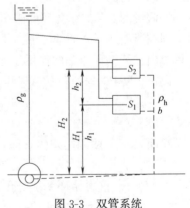

图 3-3　双管系统

74

力，Pa；

ΔP_2——通过上层散热器 aS_2b 环路的作用压力，Pa。

由式（3-3）可见，通过上层散热器环路的作用压力比通过底层散热器的大，其差值为 $gh_2(\rho_h-\rho_g)$，因而在计算上层环路时，必须考虑这个差值。

由此可见，在双管系统中，由于各层散热器与锅炉的高差不同，虽然进入和流出各层散热器的供、回水温度相同（不考虑管路沿途冷却的影响），也将形成上层作用压力大，下层压力小的现象。如选用不同管径仍不能使各层阻力损失达到平衡，由于流量分配不均，必然要出现上热下冷的现象。

在供暖建筑物内，同一竖向的各层房间的室温不符合设计要求的温度，而出现上、下层冷热不均的现象，通常称作系统垂直失调。由此可见，双管系统的垂直失调，是由于通过各层的循环作用压力不同而出现的；而且楼层数越多，上下层的作用压力差值越大，垂直失调就会越严重。

4. 重力循环热水供暖单管系统的作用压力的计算

如前所述，单管系统的特点是热水顺序流过多组散热器，并逐个冷却，冷却后回水返回热源。在图 3-4 所示的上供下回单管式系统中，散热器 S_2 和 S_1 串联。由图 3-4 分析可见，引起重力循环作用压力的高差是 $(h_1+h_2)\mathrm{m}$，冷却后水的密度分别为 ρ_2 和 ρ_h，其循环作用压力值为

$$\Delta P = gh_1(\rho_h-\rho_g)+gh_2(\rho_2-\rho_g) \tag{3-4}$$

式（3-4）也可改写为：

$$\Delta P = g(h_1+h_2)(\rho_2-\rho_g)+gh_1(\rho_h-\rho_2)$$
$$= gH_2(\rho_2-\rho_g)+gH_1(\rho_h-\rho_2)$$

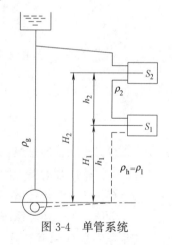

同理，如图 3-5 所示，若循环管路中有 N 组串联的冷却中心（散热器）时，其循环作用压力可用下面一个通式表示：

$$\Delta P = \sum_{i=1}^{N} gh_i(\rho_i-\rho_g) = \sum_{i=1}^{N} gH_i(\rho_i-\rho_{i+1}) \tag{3-5}$$

式中　N——在循环环路中，冷却中心的总数；

图 3-4　单管系统

　　　i——表示 N 个冷却中心的顺序数，令沿水流方向最后一组散热器为 $i=1$；

　　　g——重力加速度，$g=9.81\mathrm{m/s^2}$；

　　　ρ_g——供暖系统供水的密度，$\mathrm{kg/m^3}$；

　　　h_i——从计算的冷却中心 i 到冷却中心 $(i-1)$ 之间的垂直距离，m；当计算的冷却中心 $i=1$（沿水流方向最后一组散热器）时，h_i 表示与锅炉中心的垂直距离，m；

　　　ρ_i——流出所计算的冷却中心的水的密度，$\mathrm{kg/m^3}$；

　　　H_i——从计算的冷却中心到锅炉中心之间的垂直距离，m；

　　　ρ_{i+1}——进入所计算的冷却中心 i 的水的密度，$\mathrm{kg/m^3}$，（当 $i=N$ 时，$\rho_{i+1}=\rho_g$）。

从上面作用压力的计算公式可见，单管热水供暖系统的作用压力与水温变化、加热中

心与冷却中心的高度差以及冷却中心的个数等因素有关。每一根立管只有一个重力循环作用压力，而且即使最底层的散热器低于锅炉中心（h_1 为负值）也可能使水循环流动。

为了计算单管系统重力循环作用压力，需要求出各个冷却中心之间各个管路中心水的密度 ρ_i。为此，就首先要确定各散热器之间管路的水温 t_i。

现仍以图 3-5 为例，设供、回水温度分别为 t_g、t_h。建筑为八层（$N=8$），每层散热器的散热量分别为 Q_1，Q_2…Q_8，即立管的热负荷为：

$$\Sigma Q = Q_1 + Q_2 + \cdots + Q_8 \tag{3-6}$$

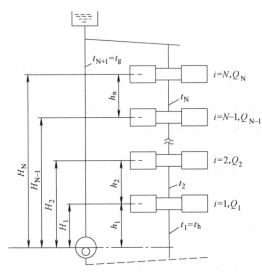

图 3-5　计算单管系统中层立管水管水温示意图

通过立管的流量，按其所负担的全部热负荷计算，可用下式确定：

$$G_L = \frac{\alpha \Sigma Q}{C(t_g - t_h)} = \frac{3.6 \Sigma Q}{4.187(t_g - t_h)} = 0.86 \frac{\Sigma Q}{t_g - t_h} \quad \text{kg/h} \tag{3-7}$$

式中　ΣQ——立管的总热负荷，W；

t_g、t_h——立管的供、回水温度，℃；

C——水的热容量，$C = 4.187 \text{kJ/(kg·℃)}$；

α——单位换算系统（$1W = 1J/s = 3600/1000 \text{ kJ/h} = 3.6 \text{ kJ/h}$）。

流出某一层（如第二层）散热器的水温 t_2，根据上述热平衡方程，同理，可按下式计算：

$$G_L = 0.86 \frac{Q_2 + Q_3 + \cdots + Q_8}{t_g - t_2} \quad \text{kg/h} \tag{3-8}$$

式（3-8）与式（3-7）相等，由此，可求出流出第二层散热器的水温 t_2 为

$$t_2 = t_g - \frac{Q_2 + Q_3 + \cdots + Q_8}{\Sigma Q}(t_g - t_h) \quad ℃ \tag{3-9}$$

根据上述计算方法，串联 N 组散热器的系统，流出第 i 组散热器的水温 t_i（令沿水流动方向最后一组散热器为 $i=1$），可按下式计算：

$$t_i = t_g - \frac{\sum\limits_i^N Q_i}{\sum Q}(t_g - t_h)$$

(3-10)

式中　t_i——流出第 i 组散热器的水温，℃；

$\sum\limits_i^N Q_i$——沿水流动方向，在第 i 组（包括第 i 组）散热器前的全部散热器的热量，W；

其他符号从前。

当管路中各管段的水温 t_i 确定后，相应可确定其 ρ_i 值。利用式（3-5），即可求出单管重力循环系统的作用压力值。

单管系统与双管系统相比，除了作用压力计算不同外，各层散热器的平均进出水温度也是不相同的。在双管系统中，各层散热器的平均进出水温度是相同的；而在单管系统中，各层散热器的进出口水温是不相等的。越在下层，进水温度越低，因而各层散热器的传热系数 K 值也不相等。由于这个影响，单管系统立管的散热器总面积一般比双管系统的稍大些。

在单管系统运行期间，由于立管的供水温度或流量不符合设计要求，也会出现垂直失调现象。但在单管系统中，影响垂直失调的原因，不是像双管系统那样，由于各层作用压力不同造成的，而是由于各层散热器的传热系数 K 随各层散热器平均计算温度差的变化程度不同而引起的。

在上述的计算里，并没有考虑水在管路中沿途冷却的因素，假设水温只在加热中心（锅炉）和冷却中心（散热器）发生变化。水的温度和密度沿循环环路不断变化，它不仅影响各层散热器的进、出口水温，同时也增大了循环作用压力。由于重力循环作用压力不大，因此，在确定实际循环作用压力大小时，必须将水在管路中冷却所产生的作用压力也考虑在内。

在工程计算中，首先按式（3-2）和式（3-6）的方法，确定只考虑水在散热器内冷却时所产生的作用压力；然后再根据不同情况，增加一个考虑——水在循环管路中冷却的附加作用压力。它的大小与系统供水管路布置情况、楼层高度、所计算的散热器与锅炉之间的水平距离等因素有关。其数值选用，可参见附录3-2。

总的重力循环作用压力，可用下式表示：

$$\Delta P_{zh} = \Delta P + \Delta P_f \quad Pa$$

(3-11)

式中　ΔP——重力循环系统中，水在散热器内冷却所产生的作用压力，Pa；

ΔP_f——水在循环环路中冷却的附加作用力，Pa。

【例题 3-1】　如图 3-6 所示，设 $h_1 = 3.2m$，$h_2 = h_3 = 3.0m$，散热器：$Q_1 = 700W$，$Q_2 = 600W$，$Q_3 = 800W$。供水温度 $t_g = 75℃$，回水温度 $t_h = 50℃$。

求：1. 双管系统的循环作用压力。

2. 单管系统各层之间立管的水温。

3. 单管系统的重力循环作用压力。

计算作用压力时，本题不考虑水在管路中冷却因素。

【解】　1. 求双管系统的重力循环作用压力

系统的供、回水温度，$t_g = 75℃$，$t_h = 50℃$。查附录 3-1 得 $\rho_g = 974.89kg/m^3$，$\rho_h =$

988.07kg/m³。

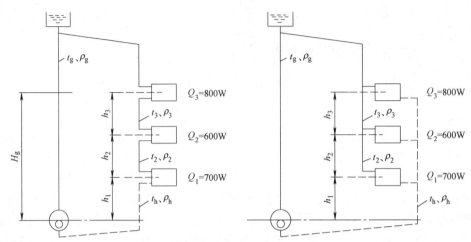

图 3-6　例题 3-1 附图

根据式（3-2）和式（3-3）的计算方法，通过各层散热器循环环路的作用压力，分别为

第一层：$\Delta P_1 = g h_1 (\rho_h - \rho_g) = 9.81 \times 3.2 \times (988.07 - 974.89) = 413.75 \text{Pa}$

第二层：$\Delta P_2 = g(h_1 + h_2)(\rho_h - \rho_g) = 9.81 \times (3.2 + 3.0) \times (988.07 - 974.89) = 801.63 \text{Pa}$

第三层：$\Delta P_3 = g(h_1 + h_2 + h_3)(\rho_h - \rho_g)$
$= 9.81 \times (3.2 + 3.0 + 3.0) \times (988.07 - 974.89) = 1189.52 \text{Pa}$

第三层与底层循环环路的作用压力差为：

$$\Delta P = \Delta P_3 - \Delta P_1 = 1189.52 - 413.75 = 775.77 \text{Pa}$$

由此可见，楼层数越多，底层与最顶层的作用循环压力差就越大。

2. 求单管系统各层立管的水温

根据式（3-10）

$$t_i = t_g - \frac{\sum\limits_i^N Q_i}{\sum Q}(t_g - t_h) \quad \text{℃}$$

由此可求出流出第三层散热器管路上的水温。

$$t_3 = t_g - \frac{Q_3}{\sum Q}(t_g - t_h) = 75 - \frac{800}{2100} \times (75 - 50) = 65.5 \text{℃}$$

相应水的密度，$\rho_3 = 980.32 \text{kg/m}^3$。

流出第二层散热器管路上的水温 t_2 为：

$$t_2 = t_g - \frac{Q_3 + Q_2}{\sum Q}(t_g - t_h) = 75 - \frac{(800 + 600)}{2100} \times (75 - 50) = 58.3 \text{℃}$$

相应水的密度：$\rho_2 = 984.1 \text{kg/m}^3$

3. 求单管系统的作用压力

根据式（3-5）得

$$\Delta P = \sum_{i=1}^{N} gh_i(\rho_i - \rho_g) = \sum_{i=1}^{N} gH_i(\rho_i - \rho_{i+1}) \quad \text{Pa}$$

则 $\Delta P = \sum_{i=1}^{N} gh_i(\rho_i - \rho_g) = g[h_1(\rho_h - \rho_g) + h_2(\rho_2 - \rho_g) + h_3(\rho_3 - \rho_g)]$

$\qquad = 9.81 \times [3.2 \times (988.07 - 974.89) + 3.0 \times (984.1 - 974.89) + 3.0 \times (980.32 - 974.89)]$

$\qquad = 844.6\text{Pa}$

或 $\Delta P = \sum_{i=1}^{N} gH_i(\rho_i - \rho_{i+1}) = g[H_1(\rho_h - \rho_2) + H_2(\rho_2 - \rho_3) + H_3(\rho_3 - \rho_g)]$

$\qquad = 9.81 \times [3.2 \times (988.07 - 984.1) + 6.2 \times (984.1 - 980.32) + 9.2 \times (980.32 - 974.89)]$

$\qquad = 844.6\text{Pa}$

重力循环热水供暖系统是最早采用的一种热水供暖系统，已有约200年的历史，至今仍在应用。它装置简单，运行时无噪声和不消耗电能。但由于其作用压力小、管径大，作用范围受到限制，重力循环热水供暖系统通常只能在单幢建筑内应用，其作用半径不宜超过50m。

二、机械循环热水供暖系统

机械循环热水供暖系统与重力循环系统的主要差别是在系统中设置了循环水泵，靠水泵的机械能，使水在系统中强制循环。在机械循环系统中，设置了循环水泵，增加了系统的经常运行电费和维修工作量；但由于水泵所产生的作用压力很大，因而供暖范围可以扩大。机械循环热水供暖系统不仅可用于单幢建筑物中，也可以用于多幢建筑，甚至发展为区域热水供暖系统。机械循环热水供暖系统成为应用最广泛的一种供暖系统。

现将机械循环热水供暖系统的主要形式分述如下：

（一）垂直式系统

垂直式系统，按供、回水干管布置位置不同，有下列几种形式：

1. 上供下回式双管和单管热水供暖系统；

2. 下供下回式双管热水供暖系统；

3. 中供式热水供暖系统；

4. 下供上回式（倒流式）热水供暖系统；

5. 混合式热水供暖系统。

机械循环上供下回式热水供暖系统（图3-7），在公共建筑中采用较多。

图3-7左侧为双管式系统，右侧为单管式系统。机械循环系统除膨胀水箱的连接位置与重力循环系统不同外，还增加了循环水泵和排气装置。

在机械循环系统中，水流速度往往超过自水中分离出来的空气气泡的浮升速度。为了使气泡不致被带入立管，供水干管应按水流方向设上升坡度，使气泡随水流方向流动汇集到系统的最高点，通过在

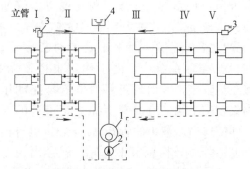

图3-7　机械循环上供下回式热水供暖系统

1—热水锅炉；2—循环水泵；3—集气装置；4—膨胀水箱

（图3-7~图3-12的系统示意图中，除散热器支管上的阀门外，其余阀门均未标出。）

最高点设置排气装置 3，将空气排出系统外。供水及回水干管的坡度，宜采用 0.003，不得小于 0.002。回水干管的坡向与重力循环系统的相同，应使系统水能顺利排出。

图 3-7 左侧的Ⅰ、Ⅱ双管式系统，在管路与散热器连接方式上与重力循环系统没有差别。

图 3-7 右侧立管Ⅲ是单管顺流式系统。单管顺流式系统的特点是立管中全部的水量顺次流过各层散热器。顺流式系统形式简单、施工方便、造价低，是实施分户供暖系统前一般建筑广泛应用的一种形式。它最严重的缺点是不能进行局部调节。

图 3-7 右侧立管Ⅳ是单管跨越式系统。立管的一部分水量流入散热器，另一部分立管水量通过跨越管与散热器流出的回水混合，再流入下层散热器。与顺流式相比，由于只有部分立管水量流入散热器，在相同散热量下，散热器的出水温度降低，散热器中热媒和室内空气的平均温差 Δt 减小，因而所需的散热器面积比顺流式系统大一些。除立管Ⅲ的二通阀跨越方式外，还有采用三通阀的跨越方式等。

单管跨越式由于散热器面积增加，同时在散热器支管上安装阀门，使系统造价增高，施工工序多，因此，目前在国内只用于房间温度要求较严格，需要进行局部调节散热器散热量的建筑上。

在高层建筑（通常超过 6 层）中，也有一种跨越式与顺流式相结合的系统形式——上部几层采用跨越式，下部采用顺流式（如图 3-7 右侧立管Ⅴ所示，当然也可以是上述二通阀、三通阀跨越方式）。通过调节设置在上层跨越管段上的阀门开启度，在系统试运转或运行时，调节进入上层散热器的流量，可适当地减轻供暖系统中经常会出现的上热下冷的现象。但这种折中形式，并不能从设计角度有效地解决垂直失调和散热器的可调节性能。

对一些要求室温波动很小的建筑（如高级旅馆等），可在双管或单管跨越式系统散热器支管上设置室温调节阀，以代替手动的阀门（图 3-29）。

图 3-7 所示的上供下回式机械循环热水供暖系统的几种形式，也可用于重力循环系统上。

上供下回式管道布置合理，是最常用的一种布置形式。

近年来，在公共建筑中，下供下回双管系统也得到了较多的应用，如图 3-8 所示。

需要说明，在图 3-7、图 3-8 中，供、回水干管走向布置方面具有如下特点：通过各个立管的循环环路的总长度并不相等。通过立管Ⅲ循环环路的总长度，就比通过立管Ⅴ的短。这种布置形式称为异程式系统。

异程式系统供、回水干管的总长度短，但在机械循环系统中，由于作用半径较大，连接立管较多，因而通过各个立管环路的压力损失较难平衡。有时靠近总立管最近的立管，即使选用了最小的管径 $\phi 15\text{mm}$，仍有很多的剩余压力。初调节不当时，就会出现近处立管流量超过要求，而远处立管流量不足。在远近立管处出现流量失调而引起在水平方向冷热不均的现象，称为系统的水平失调。

为了消除或减轻系统的水平失调，在供、回水干管走向布置方面，可采用同程式系

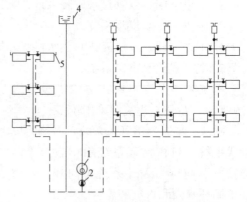

图 3-8　机械循环下供下回式双管系统
1—热水锅炉；2—循环水泵；3—自动排气阀；
4—膨胀水箱；5—手动跑风门

统。同程式系统的特点是通过各个立管的循环
环路的总长度都相等。如图 3-9 所示，通过最近
立管 I 的循环环路与通过最远处立管 IV 的循环环
路的总长度都相等，因而压力损失易于平衡。由
于同程式系统具有上述优点，在较大的建筑物
中，常采用同程式系统。但同程式系统管道的金
属消耗量，通常要多于异程式系统。

（二）水平式系统

水平式系统按供水管与散热器的连接方式
分，同样可分为顺流式（图 3-10a）和跨越式
（3-10b）两类。这些连接图示，在机械循环和重
力循环系统中都可应用。

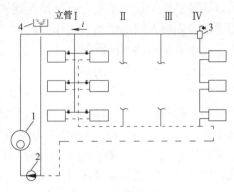

图 3-9 同程式系统
1—热水锅炉；2—循环水泵；
3—集气罐；4—膨胀水箱

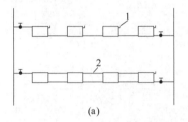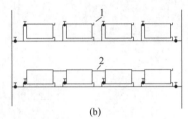

(a)   (b)

图 3-10 水平式系统
（a）单管水平顺流式；（b）单管水平跨越式
1—冷风阀；2—空气管

水平式系统的排气方式要比垂直式上供下回系统复杂些。它需要在散热器上设置冷风
阀分散排气，或在同一层散热器上部串联一根空气管集中排气。对较小的系统，可用分散
排气方式。对散热器较多的系统，宜用集中排气方式。

水平式系统与垂直式系统相比，具有如下优点：

1）系统的总造价一般要比垂直式系统低；

2）管路简单，无穿过各层楼板的立管，施工方便；

3）有可能利用最高层的辅助空间（如楼梯间、厕所等），架设膨胀水箱，不必在顶棚
上专设安装膨胀水箱的房间。这样不仅降低了建筑造价，还不影响建筑物外形美观。

因此，水平式系统也是在国内应用较多的一种形式。此外，对一些各层有不同使用功
能或不同温度要求的建筑物，采用水平式系统，更便于分层管理和调节。但单管水平式系
统串联散热器很多时，运行时易出现水平失调，即前端过热而末端过冷现象。下一节介绍
的分户供暖系统的用户室内部分就是典型的水平式系统。

三、室内热水供暖系统的管路布置

室内热水供暖系统管路布置合理与否，直接影响到系统造价和使用效果。应根据建筑
物的具体条件（如建筑的外形、结构尺寸等）、与外网连接的形式以及运行情况等因素来
选择合理的布置方案，力求系统管道走向布置合理、节省管材、便于调节和排除空气，而
且要求各并联环路的阻力损失易于平衡。

供暖系统的引入口宜设置在建筑物热负荷对称分配的位置，一般宜在建筑中部。这样

可以缩短系统的作用半径。在民用建筑和生产厂房辅助性建筑中，系统总立管在房间内的布置不应影响人们的生活和工作。

在布置供、回水干管时，首先应确定供、回水干管的走向。系统应合理地分成若干支路，而且尽量使各支路的阻力损失易于平衡。图 3-11 介绍两个常见的供、回水干管的走向布置方式。图 3-11（a）为有四个分支环路的异程式系统布置方式。它的特点是系统南北分环，容易调节；各环的供、回水干管管径较小，但如各环的作用半径过大，容易出现水平失调。图 3-11（b）为有两个分支环路的同程式系统布置形式。一般宜将供水干管的始端放置在朝北的一侧，而末段设在朝南向一侧。当然，还可以采用其他的管路布置方式，应视建筑物的具体情况灵活确定。在各分支环路上，应设置关闭和调节装置。

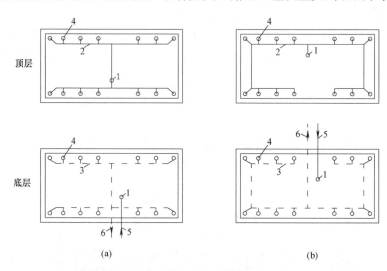

图 3-11　常见的供、回水干管走向布置方式
（a）四个分支环路的异程式系统；（b）两个分支环路的同程式系统
1—供水总立管；2—供水干管；3—回水干管；4—立管；5—供水进口管；6—回水出口管

室内热水供暖系统的管路应明装，有特殊要求时，方采用暗装。尽可能将立管布置在房间的角落，尤其在两外墙的交接处。在每根立管的上、下端应装阀门，以便检修放水。对于立管很少的系统，也可仅在分环供、回水干管上装阀门。

对于上供下回系统，供水干管多设在顶层顶棚下。顶棚的过梁底标高距窗户顶部的距离应满足供水干管的坡度和设置集气罐所需的高度。回水干管可敷设在地面上，地面上不容许设置（如过门时）或净空高度不够时，回水干管设置在半通行地沟或不通行地沟内。地沟上每隔一段距离应设活动盖板，过门地沟也应设活动盖板，以便于检修。

为了有效地排出系统内的空气，所有水平供水干管应具有不小于 0.002 的坡度（坡向根据重力循环或机械循环而定，如前所述）。如因条件限制，机械循环系统的热水管道可无坡度敷设，但管中的水流速度不得小于 0.25m/s。

第二节　分户采暖热水供暖系统

本节所介绍的分户采暖系统是对传统的顺流式采暖系统在形式上加以改变，以建筑中具有独立产权的用户为服务对象，使该用户的采暖系统具备分户调节、控制与关断的功能。

分户采暖的产生与我国社会经济发展紧密相连。20 世纪 90 年代以前，我国处于计划经济时期，供热一直作为职工的福利，采取"包烧制"，即冬季采暖费用由政府或职工所在单位承担。之后，我国从计划经济向市场经济转变，相应的住房分配制度也进行了改革。职工购买了本属单位的公有住房或住房分配实现了商品化。加之所有制变革、行业结构调整、企业重组与人员优化等改革措施，职工所属单位发生了巨大变化。原有经济结构下的福利用热制度已不能满足市场经济的要求，严重困扰城镇供热的正常运行与发展。因为在旧供热体制下，采暖能耗多少与热用户经济利益无关，用户一般不考虑供热节能，室温高开窗放，室温低就告状，能源浪费严重，采暖能耗居高不下。节能增效刻不容缓，分户采暖势在必行。

分户采暖是以经济手段促进节能。采暖系统节能的关键是改变热用户的现有"室温高，开窗放"的用热习惯，这就要求采暖系统在用户侧具有调节手段，先实现分户控制与调节，为下一步分户计量创造条件。

对于民用建筑的住宅用户，分户采暖就是改变传统的一幢建筑一个系统的"大采暖"系统的形式，实现分别向各个单元具有独立产权的热用户供暖并具有调节与控制功能的采暖系统形式。因此分户采暖工作必然包含两方面的工作内容：一是既有建筑采暖系统的分户改造；二是新建住宅的分户采暖设计。本书主要针对的是第二方面的内容。

分户采暖是实现分户热计量以及用热的商品化的一个必要条件，不管形式上如何变化，它的首要目的仍是满足热用户的用热需求，需在供暖形式上作分户的处理。分户采暖系统的形式是由我国城镇居民建筑具有公寓大型化的特点决定的——在一幢建筑的不同单元的不同楼层的不同居民住宅，产权不同。根据这一特点以及我国民用住宅的结构形式，楼梯间、楼道等公用部分应设置独立采暖系统，室内的分户采暖主要由以下三个系统组成：

1. 满足热用户用热需求的户内水平采暖系统，就是按户分环，每一户单独引出供回水管，一方面便于供暖控制管理，另一方面用户可实现分室控温。

2. 向各个用户输送热媒的单元立管采暖系统，即用户的公共立管，可设于楼梯间或专用的采暖管井内。

3. 向各个单元公共立管输送热媒的水平干管采暖系统。

同时还要辅之以必要的调节、关断及计量装置。但分户采暖系统相对于传统的大采暖系统没有本质的变化，仅仅是利用已有的采暖系统形式，采取新的组合方式，在形式上满足热用户一家一户供暖的要求，使其具有分别调节、控制、关断功能，便于管理与未来分户计量的开展，它的服务对象主要是民用住宅建筑。

一、户内水平采暖系统形式与特点

为满足在一幢建筑内向每一热用户单独供暖，应在每一热用户的入口具有单独的供回水管路，用户内形成单独环路。适合于分户采暖的户内系统进、出散热器的供、回水管为水平式安装，其位置可选用上进上出、上进下出、下进下出等组合方式。考虑到美观一般采用下进下出的方式。并根据实际情况，水平管道可明装，沿踢脚板敷设；或水平管道暗装，镶嵌在踢脚板内或暗敷在地面预留的沟槽内。管道连接形式常采用如下五种形式（图 3-12）：水平单管串联式、水平单管跨越式、水平双管同程式、水平双管异程式和水平网程（章鱼）式。

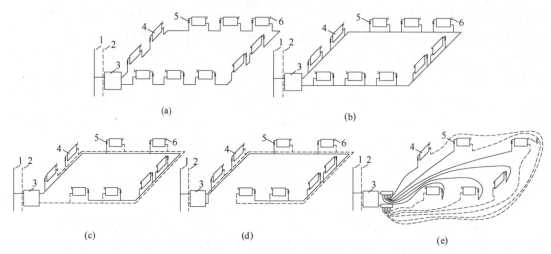

图 3-12 户内水平采暖系统

(a) 水平单管串联式；(b) 水平单管跨越式；(c) 水平双管同程式；(d) 水平双管异程式；(e) 水平网程式
1—供水立管；2—回水立管；3—户内系统热力入口；4—散热器；5—温控阀或关断阀门；6—冷风阀

比较这几种连接形式：(a) 中的热媒顺序地流经各个散热器，温度逐次降低。环路简单，阻力最大，各个散热器不具有独立调节能力，工作时相互影响，任何一个散热器出现故障其他均不能正常工作。并且散热器组数一般不宜过多，否则，末端散热器热媒温度较低，供暖效果不佳。(b) 较 (a) 每组散热器下多一根跨越管，热媒一部分进散热器散热，另一部分经跨越管与散热器出口热媒混合，各个散热器具有一定的调节能力。(c) 中的热媒经水平管道流入各个散热器，并联散热器的热媒进出口温度相等，水平管道为同程式，即进出散热器的管道长度相等。但比 (a) 多一根水平管道，给管道的布置带来了不便。但热负荷调节能力强，可根据需要对负荷任意调节，且不相互影响。(d) 为双管异程布置。(e) 中热媒由分、集水器提供，可集中调节各个散热器的散热量，此方式常应用于低温辐射地板采暖。以上5种分户采暖户内连接形式，由于户内供、回水采用的是水平下供下回的方式，系统的局部高点是散热器，必须安装冷风阀，以便于排出系统内的空气。户内的水平供、回水管道也可以采用上供下回、上供上回等多种形式。

二、单元立管采暖系统形式与特点

设置单元立管的目的在于向户内采暖系统提供热媒，是以住宅单元的用户为服务对象，一般放置于楼梯间内单独设置的采暖管井中。单元立管采暖系统应采用异程式立管 (图 3-13) 已形成共识。从其结构形式上看，同程式立管到各个用户的管道长度相等，压降也相等，似乎更有利于热量的分配，但在实际应用时由于同程式立管无法克服重力循环压力的影响，故应采用异程式立管。同时必须指出的是单元异程式立管的管径不应因设计的保守而加大；否则，其结果与同程式立管一样将造成垂向失调，上热下冷。自然重力压头的影响与水力工况分析见第四章。立管上还需设自动排气阀1、球阀2，便于系统顶端的空气及时排出。

三、水平干管采暖系统形式与特点

设置水平干管的目的在于向单元立管系统提供热媒，是以民用建筑的单元立管为服务对象，一般设置于建筑的采暖地沟中或地下室的顶棚下。向各个单元立管供应热媒的水平干

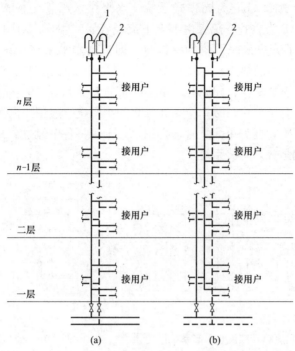

图 3-13　单元立管采暖系统

(a) 异程式；(b) 同程式（单元立管不应采用）

1—自动排气阀；2—球阀

管若环路较小可采用异程式，但一般多采用同程式的，如图 3-14 所示。由于在同一平面上，没有高差，无重力循环附加压力的影响，同程式水平干管保证了到各个单元供回水立管的管道长度相等，使阻力状况基本一致，热媒分配平均，可减少水平失调带来的不利影响。

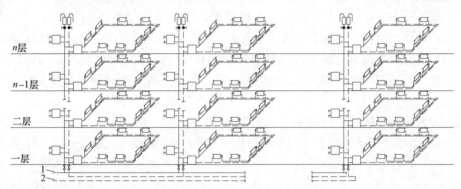

图 3-14　分户采暖管线系统示意图

1—水平供水干管；2—水平回水干管

整体来看室内分户采暖系统是由户内系统、单元立管系统和水平干管系统三个部分组成，较传统下供下回双管式系统室内系统管道的数量有所增加，总循环阻力增大。但二者没有本质的区别，进一步比较，可以更清楚地了解分户采暖系统的特点。如图 3-15 所示是上供下回垂直单管顺流式采暖系统简图，图 3-15（a）为异程式系统，供水干管为 MA，回水干管为 BN；图 3-15（b）为同程式系统，水平供水干管为 MA，水平回水干管为 NB；MN、KL……AB 为立管，热媒由上至下流经各层热用户。对图 3-15 所示采暖系统逆时针旋转 90°就成了分户采暖系统的一部分，即户内水平采暖系统与单元立管采暖系统。在图 3-16 中，AB 间的热用户 1 就是图 3-15 的立管 AB，供水立管 MA 就是以前的水平干管 MA……系统规模简化，即原有的整个建筑的上供下回式单管顺流式（大采暖）系统，缩小、旋转为适合于分户采暖单个单元采暖的小系统。热用户内散热器的连接形式由垂直变为水平，水平干管变为单元立管，再用水平干管将各个经过"缩小、旋转"的小系统水平连接起来，就是分户采暖系统。

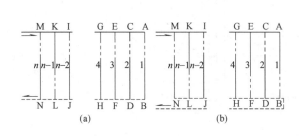

图 3-15　上供下回垂直单管顺流式采暖系统简图
（a）异程式；（b）同程式

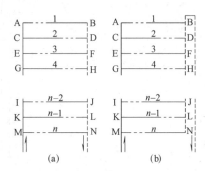

图 3-16　分户采暖系统户内与
单元采暖系统简图
（a）异程式；（b）同程式

　　分户采暖系统从各个单元来看，较原有的整个建筑的采暖系统规模缩小了、简化了，便于控制与调节，这是近些年分户采暖工作得以顺利开展，并取得成功的一个重要原因。但分户采暖的整个系统较原有的垂直单管顺流式系统，管道量增多、管路阻力增加。下面给出的是建筑入口预留压力的推荐值，仅供参考：对于 3 单元的小型住宅，推荐参考预留压力 30kPa（3mH$_2$O）；对于 5 单元的中型住宅，推荐参考预留压力 40kPa（4mH$_2$O）；对于 7 单元的较大型住宅，推荐参考预留压力 50kPa（5mH$_2$O），低温热水地板辐射采暖的压力预留应在此基础上分别提高 20kPa（2mH$_2$O）。因此在提高收费率及满足用户调节节能的情况下，还应该考虑如何对社会财富的有效节省，探索不同使用条件下的合理采暖系统形式。

四、分户采暖系统的入户装置

　　分户采暖的入户装置安装位置可分为户内采暖系统入户装置与建筑采暖入口热力装置。

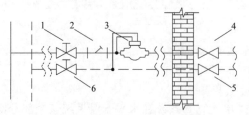

图 3-17　户内采暖系统入户装置
1、6—锁闭阀；2—Y 形过滤器；
3—热量表；4、5—户内关闭阀

（一）户内采暖系统入户装置

　　如前所述，分户采暖户内系统包括水平管道、散热装置及温控调节装置，还应该包括系统的入户装置。如图 3-17 所示。对于新建建筑户内采暖系统入户装置一般设于采暖管井内，改造工程应设置于楼梯间专用采暖表箱内，同时保证热表的安装、检查、维修的空间。供回水管道均应设置锁闭阀，供水热量表前设置 Y 形过滤器，滤网规格宜为 60

目。可采用机械式或超声波式热表，前者价格较低，但对水质的要求高；后者的价格较前者高，可根据工程实际情况自主选用。对于仅分户但不实行计量的热用户可考虑暂不安装热表，但对其安装位置应预留。

（二）建筑热力入口装置

建筑热力入口装置如图 3-18 所示。旁通阀 1 位于入口最外侧供、回水管道间，作用是当调试与维修需关闭入口的调节阀 2 与蝶阀 8 时，维持阀门前端管段热媒的循环防冻。供水安装手动调节阀，使流量可调，回水安装蝶阀（或可以可靠关闭的其他阀门）。工程上常有将调节阀安在回水管道上的情况，从改变截面形状，改变流量的调节原理上二者没有本质区别，但将调节阀放置在供水上经节流作用压力降低，采暖系统工作压力降低，运行上更加安全。压力表、温度计的安装有利于"监视"采暖系统，了解系统与相关设备的工作状态。Y 形过滤器的安装主要目的是为使水质得到过滤，为流量仪表 6 服务。但水质的提高不应仅仅通过简单的过滤加以解决。应根据各地的实际水质情况制定合理的水处理方案，同时管道与散热器的材质与生产工艺，施工后系统的冲洗等方面都应综合考虑。热量表由流量计 6、供回水温度测量仪表与积分计算仪 4 组成。对于非分户采暖计量系统，图 3-18 虚线内设备可去掉，但位置应保留，为下一步的计量做准备。

热力入口装置的位置：

1. 新建住宅建筑应设置于住宅内部。

（1）无地下室的住宅宜设在采暖管道竖井下部，首层楼梯间下部设热力小室或热力箱。

（2）有地下室的住宅建筑，热力入口宜设置在地下室专用的房间。

位于建筑底层位置时应注意防水与排水，以免设备遭受侵害，造成损失。

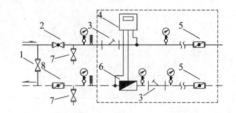

图 3-18 建筑热力入口装置
1—旁通阀；2—调节阀；3—Y 形过滤器；4—积分仪；
5、8—蝶阀；6—流量计；7—泄水阀

2. 对于既有建筑的新建与改造采暖工程，热力入口位置可参照新建住宅设置，若无位置，可设于单元雨篷上或建筑外，但要做好防雨、防冻与防盗等保护措施。

第三节 高层建筑热水供暖系统

随着城市发展，新建了许多高层建筑。相应对高层建筑供暖系统的设计，提出了一些新的问题。

首先是高层建筑供暖系统设计热负荷的计算问题。它的计算特点已在本书第一章第九节有所阐述。

其次是高层建筑供暖系统的形式和与室外热水网路的连接问题。由于高层建筑热水供暖系统的水静压力较大，因此，它与室外热网连接时，应根据散热器的承压能力，外网的压力状况等因素，确定系统的形式及其连接方式。此外，在确定系统形式时，还要考虑由于建筑层数多而加重系统垂直失调的问题。

目前国内高层建筑热水供暖系统，有如下几种形式。

一、分层式供暖系统

在高层建筑供暖系统中，垂直方向分两个或两个以上的独立系统称为分层式供暖系统。

下层系统通常与室外网路直接连接。它的高度主要取决于室外网路的压力工况和散热器的承压能力。上层建筑与外网采用隔绝式连接（图 3-19），利用水加热器使上层系统的压力与室外网路的压力隔绝。上层系统采用隔绝式连接，是目前常用的一种形式。

二、单、双管混合式系统（图 3-20）

若将散热器沿垂直方向分成若干组，在每组内采用双管形式，而组与组之间则用单管连接，这就组成了单、双管混合式系统。

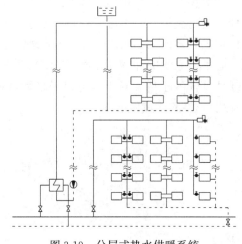

图 3-19　分层式热水供暖系统

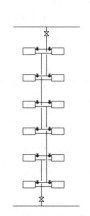

图 3-20　单、双管混合式系统

这种系统的特点是：既避免了双管系统在楼层数过多时出现的严重竖向失调现象，同时又能避免散热器支管管径过粗的缺点，而且散热器还能进行局部调节。

三、专用分区供暖

当高层建筑面积较大或是成片的高层小区，可考虑将高层建筑竖向按高度分区，在垂直方向上分为两个或多个采暖分区，分别由不同的采暖系统与设备供给，各区域供暖参数可保持一致。分区高度主要由散热器的承压能力、系统管材附件的材质性能以及系统的水力工况特性决定。分区后前两节介绍的常规采暖系统及分户采暖系统的各种结构形式均可采用。

四、高层建筑直连（静压隔断）式供暖系统

对于从事暖通工作的人员在处理供暖系统的工作时感到最为"棘手"的莫过于在多层建筑的小区内，"突然"出现一个高层建筑。若为其单独设置热源，可保持高、低区热媒供、回水参数一致，但投资相对较高，同时高区面积相对较小，运行与管理费用必然也要高。或设置热交换器与低区隔断，但通常低区的热媒设计参数不高（低于 100℃），换热后高区散热器的表面温度更低，导致散热器数量大，难于布置。实际上由于设计保守，安全余量过大，实际的运行参数还要低于设计参数，造成高区供暖质量难于保证。传统的双水箱方法可直接接入热网，但需在高层建筑上放置两个有高差的几立方或十几立方的保温大水箱，不仅需要占用不同楼层的两个独立房间，还要对建筑增加几吨或十几吨重的荷载。开式的水箱，一方面，浪费热量；另一方面，吸氧的机会大大增加，腐蚀管道，运行管理均很不方便。而采取减压阀、电磁阀、自动调节阀等配以必要自控手段的方法也不十分可靠，常造成散热器的爆裂，是因为采暖热媒的压力按其产生的机理不同可分为动压与静压，各种阀门通过截面积改变的方法可改变动压，而对静压无效。但相关技术人员一直没有放弃将高区直接连入低区，且高、低区均能够正常工作、简单可行的供暖系统研究。工程上应用较多，并且较有效的方法原理如图 3-21 所示。

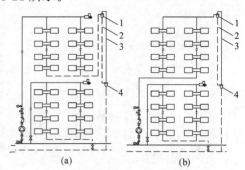

高层建筑直接连接供暖系统不管形式如何，热媒都必须经历低区管网供水经泵加压（并止回）送至高区，在散热器散热后，回水减压并回到低区回水管网的过程。关键在于如何将系统热媒静压力消耗到合理的范围，重点在减压。前提是高区与低区采暖系统必须分开，控制的过程为回水流回低区管网这一过程。图 3-21 中的上端静压隔断器 1 具有隔断、排气的作用，更重要的是热媒利用余压由隔断器的切向流入，隔断器直径较大，缓冲减压，使流体发生离心旋转，在下端静压隔断器 4 与上端静压隔断器 1 间的导流管 2 内流体流动状

图 3-21　高层采暖直连系统原理图

（a）同程顺流式；（b）同程倒流式

1—上端静压隔断器；2—导流管；

3—恒压管；4—下端静压隔断器

态为非满管流，完全依靠重力旋转流动，静压转化为动压，势能转化为动能，动能在快速的旋转流动中被消耗掉。下端静压隔断器 4 隔断了导流管 2 内的静压向下传递，恒压管 3 使上、下端静压隔断器上端的压力保持一致。此时被消化掉静压势能的热媒在下端静压隔断器 4 内对系统已没有"危害"了，依靠重力流入回水管道。这样，在供水上有泵后的止回阀，回水上有上、下隔断器保证系统无论是否运行直连高区均与低区相互隔绝。

此种系统对于分户采暖系统也是适用的，并且多栋高层建筑可以共用一套供水系统如图 3-22 所示。

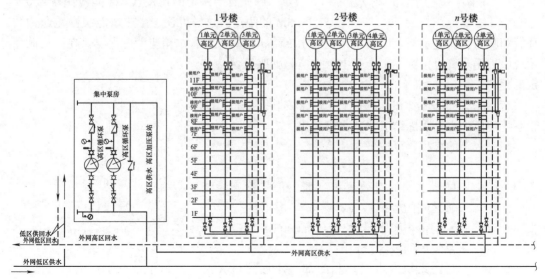

图 3-22　多栋高层建筑共用一套供水直连分户采暖系统原理图

第四节　室内热水供暖系统主要设备及附件

一、膨胀水箱

膨胀水箱的作用是用来贮存热水供暖系统加热的膨胀水量。在重力循环上供下回式系统中，它还起着排气作用。膨胀水箱的另一作用是恒定供暖系统的压力。

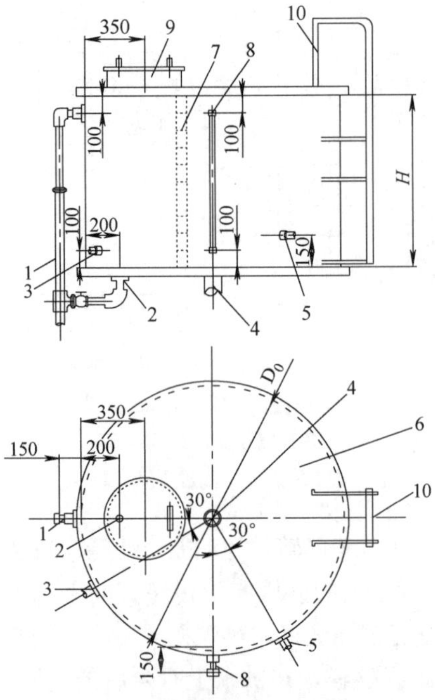

膨胀水箱一般用钢板制成，通常是圆形或矩形。图 3-23 为圆形膨胀水箱构造图。箱上连有膨胀管、溢流管、信号管、排水管及循环管等管路。

膨胀管与供暖系统管路的连接点，在重力循环系统中，应接在供水总立管的顶端；在机械系统中，一般接至循环水泵吸入口前。连接点处的压力，无论在系统不工作或运行时，都是恒定的，此点因而也称作定压点。当系统充水的水位超过溢水管口时，通过溢流管将水自动溢流排出。溢流管一般可接到附近下水道。

信号管用来检查膨胀水箱是否存水，一般应引到管理人员容易观察到的地方（如接回锅炉房或建筑物底层的卫生间等）。排水管用来清洗水箱时放空存水和污垢，它可与溢流管一起接至附近下水道。

在机械循环系统中，循环管应接到系统定压点前的水平回水管上（图 3-24）。该点与定压点（膨胀管与系统的连接点）之间应保持 $1.5\sim3m$ 的距离。这样可让少量热水能缓慢地通过循环管和膨胀管流过水箱，以防水箱里的水冻结；同时，膨胀水箱应考虑保温。在重力循环系统中，循环管也接到供水干管上，也应与膨胀管保持一定的距离。

在膨胀管、循环管和溢流管上，严禁安装阀门，以防止系统超压，水箱水冻结或水从水箱溢出。

膨胀水箱的容积，可按下式计算：

$$V_p = \alpha \Delta t_{max} \cdot V_c \qquad (3\text{-}12)$$

式中　V_p——膨胀水箱的有效容积（即由信号管到溢流管之间的容积），L；

　　　α——水的体积膨胀系数，$\alpha = 0.0006$，$1/℃$；

　　　V_c——系统内的水容量，L；

　　　Δt_{max}——考虑系统内水受热和冷却是水温的最大波动值，一般以 20℃ 水温算起。

图 3-23　圆形膨胀水箱图

1—溢流管；2—排水管；3—循环管；4—膨胀管；
5—信号管；6—箱体；7—内人梯；8—玻璃管
水位计；9—人孔；10—外人梯

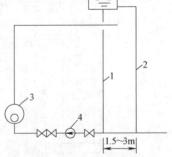

图 3-24　膨胀水箱与机械循环
系统的连接方式

1—膨胀管；2—循环管；3—热水锅炉；
4—循环水泵

如在 95/70℃ 低温水供暖系统中，$\Delta t_{max} = 95 - 20 = 75℃$，则式（3-12）可简化为：

$$V_p = 0.045 V_c \qquad (3-13)$$

为简化计算，V_c 值可按供给 1kW 热量所需设备的水容量计算，其值可按附录 3-3 选取。求出所需的膨胀水箱有效容积后，可按《全国通用建筑设计图集》（CN 501-1）选用所需型号。

二、热水供暖系统排除空气的设备

系统的水被加热时，会分离出空气。在大气压力下，1kg 水在 5℃ 时，水中的含气量超过 30mg，而加热到 95℃ 时，水中的含气量只有 3mg，此外，在系统停止运行时，通过不严密处会渗入空气，充水后，也会有些空气残留在系统内。如前所述，系统中如积存空气，就会形成气塞，影响水的正常循环。

热水供暖系统排除空气的设备，可以是手动的，也可以是自动的。国内目前常见的排气设备，主要有集气罐、自动排气阀和冷风阀等几种。

（一）集气罐

集气罐用直径 $\phi 100 \sim 250mm$ 的短管制成，它有立式和卧式两种（见图 3-25。图中尺寸取了国标图中最大型号的规格）。顶部连接直径 $\phi 15mm$ 的排气管。

在机械循环的上供下回系统中，集气罐应设在系统各分环环路的供水干管末端的最高处（图 3-26）。在系统运行时，定期手动打开阀门将热水中分离出来并聚集在集气罐内的空气排除。

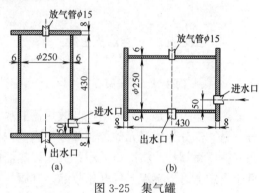

图 3-25　集气罐

（二）自动排气阀

目前国内生产的自动排气阀形式较多。它的工作原理，很多都是依靠水对浮体的浮力，通过杠杆机构传动，使排气孔自动启闭，实现自动阻水排气的功能。下面仅介绍一种形式：

图 3-27 所示为 $B_{11}X-4$ 型立式自动排气阀。当阀体 7 内无空气时，水将浮子 6 浮起，

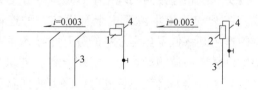

图 3-26　集气罐安装位置示意图

1—卧式集气罐；2—立式集气罐；3—末端
立管；4—DN15 放气管

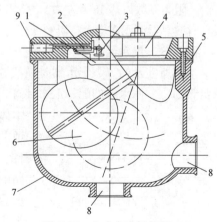

图 3-27　立式自动排气阀

1—杠杆机构；2—垫片；3—阀堵；4—阀盖；5—垫片；
6—浮子；7—阀体；8—接管；9—排气孔

91

通过杠杆机构 1 将排气孔 9 关闭；而当空气从管道进入，聚集在阀体内时，空气将水面压下，浮子的浮力减小，依靠自重下落，排气孔打开，使空气自动排出。空气排出后，水在将浮子浮起，排气孔重新关闭。

（三）冷风阀（图 3-28）

冷风阀多用于水平式和下供下回系统中，它旋紧在散热器上部专设的丝孔上，以手动方式排除空气。

三、散热器温控阀（图 3-29）

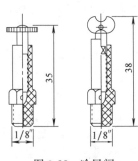

图 3-28 冷风阀

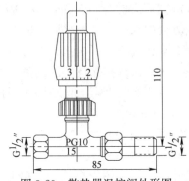

图 3-29 散热器温控阀外形图

散热器温控阀是一种自动控制散热器散热量的设备，它由两部分组成。一部分为阀体部分，另一部分为感温元件控制部分。当室内温度高于给定的温度之时，感温元件受热，其顶杆就压缩阀杆，将阀口关小；进入散热器的水流量减小，室温下降。当室内温度下降到低于设定值时，感温元件开始收缩，其阀杆靠弹簧的作用，将阀杆抬起，阀孔开大，水流量增大，散热器散热量增加，室内温度开始升高，从而保证室温处在设定的温度值上。温控阀控温范围在 13～28℃ 之间，控温误差为 ±1℃。

散热器温控阀具有恒定室温、节约热能的主要优点。在欧美国家得到广泛应用。主要用在双管热水供暖系统上。近年来，我国已有定型产品并已使用。至于用在单管跨越式系统上，从工作原理（感温元件作用）来看，是可行的。但散热器温控阀的阻力过大（阀门全开时，阻力系数 ξ 达 18.0 左右），使得通过跨越管的流量过大，而通过散热器的流量过小，设计时散热器面积需增大。研制低阻力散热器温控阀的工作，在国内仍有待进一步开展。

四、分、集水器

本节所涉及的分、集水器是在低温热水辐射采暖室内系统中使用的，用于连接各路加热盘管的供、回水管的配、汇水装置。是通过本体的螺纹与主干管道连接，各分支管道与本体上的各接头螺纹相连接而实现主干管道至各分支管道的分流或把各分支管道集流至主干管道的一种连接件。分水器的作用是将低温热水平稳的分开并导入每一路的地面辐射供暖所铺设的盘管内，实现分室供暖和调节温度的目的，集水器是将散热后的每一路内的低温水汇集到一起，一般的分、集水器由主体 1、接头 2、橡胶密封圈 3、丝堵 4、放气阀 5（可以是手动或自动）等构成，如图 3-30 所示。分、集水器接头 2 上应设置

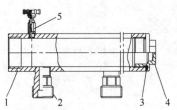

图 3-30 分、集水器的基本结构
1—主体；2—接头；3—密封圈；
4—丝堵；5—放气阀

可关断阀门。有的分、集水器上安装有带有刻度的温控阀，具有一定的调节功能。分、集水器的材质一般为铜，近年随着有色金属价格的上涨，出现了一些合成塑料材质的替代品。

五、锁闭阀

锁闭阀是随着既有建筑采暖系统分户改造工程与分户采暖工程的实施而出现的，前者常采用三通型，后者常采用两通型。主要作用是关闭功能，是必要时采取强制措施的手段。阀芯可采用闸阀、球阀、旋塞阀的阀芯，有单开型锁与互开型锁。有的锁闭阀不仅可关断，还具有调节功能。此类型的阀门可在系统试运行调节后，将阀门锁闭。既有利于系统的水力平衡，又可避免由于用户的"随意"调节而造成失调现象的发生。

六、平衡阀

平衡阀属于调节阀的范畴，其工作原理是通过改变阀芯与阀座的间隙（开度），来改变流经阀门的流动阻力，以达到调节流量的目的。从而能够将新的水量按照设计计算的比例平衡分配，各支路同时按比例增减。平衡阀可分为两种类型：静态平衡阀和动态平衡阀。

1. 静态平衡阀

静态平衡阀是一种具有数字锁定特殊功能的调节型阀门，采用直流型阀体结构，具有更好的等百分比流量特性，能够合理地分配流量，有效地解决供热系统中存在水力、热力失调问题。阀门设有开启度指示、开度锁定装置，只要在各支路及用户入口装上适当规格的平衡阀，进行调试后锁定，使各支路流量达到与设计一致。但是当系统中某支路的水力工况或压差发生变化时，不能随系统变化而改变阻力系数，需要进行手动调节。

2. 动态平衡阀

动态平衡阀可分为自力式流量控制阀和自力式压差控制阀。

（1）自力式流量控制阀最大的优点是不需要外界动力，依靠流体的流动特性，当阻力在一定范围内发生变化时，可以保持该管段的流量基本不变，此种阀门的控制属于恒流量控制。自力式流量控制阀有工作压差要求，小于或者大于其正常工作压差时都不能发挥稳定流量的功能。从其性能曲线上来说，自力式流量控制阀相当于手动调节阀与自力式压差控制阀的结合。自力式流量控制阀应安装在近端热用户支管上，在环路上不宜安装。对建在地势低处的建筑物应装在供水管上，消耗压头后保证户内散热设备不超压，建在地势高处的建筑物应装在回水管上，以保证户内不倒空。在供热半径很大、外网供回水压差很大时，应该在入户供水管安装自力式流量控制阀，在回水管上安装手动平衡阀。这里，自力式流量控制阀用来控制流量，手动平衡阀用来调整压力。自力式流量控制阀水流阻力较大，因此即使是针对定流量系统，应首先采用静态水力平衡阀通过初调节来实现水力平衡。

对于在单元立管底部安装了自力式流量控制阀的分户供暖系统，当用户室内恒温阀进行调节使户内流量增大或减小时，由于自力式流量控制阀具有稳定流量特性，与户内恒温阀的调节效果相互抵消。因此不应设置自力式流量控制阀，可采用自力式压差控制阀。

（2）自力式压差控制阀依靠被控介质自身压力变化进行自动调节，自动消除管网的剩余压头及压力波动引起的流量偏差，恒定用户进出口压差，有助于稳定系统运行，适用于分户计量供暖系统。自力式压差控制阀不适用于以热源为主动变流量调节系统，当系统进行以热源为主动变流量调节，减小系统流量时，管网的压差减小，近端用户由于压差的变小，自力式压差控制阀的阀芯就会开大，维持原来的压差恒定，导致近端用户流量不变，远端用户流量严重不足，出现水力失调。反之，当需要用户循环水量增加时，由于自力式压差控制阀的控制，使用户的流量增不上去。所以，自力式压差控制阀适合以用户为主动变流量运行的热网。

平衡阀规格应按热媒设计流量、工作压力及阀门允许压降等参数经计算确定，直接选择与所安装管道同等公称直径的方法是错误的。平衡阀的安装位置应保证阀门前后有足够的直管段，没有特别说明的情况下，阀门前直管段长度不应小于5倍管径，阀门后直管段长度不应小于2倍管径。

第四章　室内热水供暖系统的水力计算

第一节　热水供暖系统管路水力计算的基本原理

一、热水供暖系统管路水力计算的基本公式

设计热水供暖系统，为使系统中各管段的水流量符合设计要求，以保证流进各散热器的水流量符合需要，就要进行管路的水力计算。

当流体沿管道流动时，由于流体分子间及其与管壁间的摩擦，就要损失能量；而当流体流过管道的一些附件（如阀门、弯头、三通、散热器等）时，由于流动方向或速度的改变，产生局部旋涡和撞击，也要损失能量。前者称为沿程损失，后者称为局部损失。因此，热水供暖系统中计算管段的压力损失，可用下式表示：

$$\Delta P = \Delta P_y + \Delta P_j = Rl + \Delta P_j \tag{4-1}$$

式中　ΔP——计算管段的压力损失，Pa；

ΔP_y——计算管段的沿程损失，Pa；

ΔP_j——计算管段的局部损失，Pa；

R——每米管长的沿程损失，Pa/m；

l——管段长度，m。

在管路的水力计算中，通常把管路中水流量和管径都没有改变的一段管子称为一个计算管段。任何一个热水供热系统的管路都是由许多串联或并联的计算管段组成的。

每米管长的沿程损失（比摩阻），可用流体力学的达西·维斯巴赫公式进行计算

$$R = \frac{\lambda}{d} \cdot \frac{\rho v^2}{2} \quad \text{Pa/m} \tag{4-2}$$

式中　λ——管段的摩擦阻力系数；

d——管子内径，m；

v——热媒在管道内的流速，m/s；

ρ——热媒的密度，kg/m^3。

热媒在管内流动的摩擦阻力系数 λ 值取决于管内热媒的流动状态和管壁的粗糙程度，即

$$\lambda = f(Re, \varepsilon) \tag{4-3}$$

$$Re = \frac{vd}{\gamma}, \quad \varepsilon = K/d$$

式中　Re——雷诺数，判别流体流动状态的准则数（当 $Re < 2320$ 时，流动为层流流动；当 $Re > 2320$ 时，流动为紊流运动）；

v——热媒在管内的流速，m/s；

d——管子内径，m；

γ——热媒的运动黏滞系数，m^2/s；

K——管壁的当量绝对粗糙度，m；

ε——管壁的相对粗糙度。

摩擦阻力系数 λ 值是用实验方法确定的。根据实验数据整理的曲线，按照流体的不同流动状态，可整理出一些计算摩擦阻力系数 λ 值的公式。在热水供暖系统中推荐使用的一些计算摩擦阻力系数 λ 值的公式如下：

（一）层流流动

当 $Re < 2320$ 时，流动呈层流状态。在此区域内，摩擦阻力系数 λ 值仅取决于雷诺数 Re 值，可按下式计算：

$$\lambda = \frac{64}{Re} \tag{4-4}$$

在热水供暖系统中很少遇到层流状态，仅在自然循环热水供暖系统的个别水流量很小、管径很小的管段内，才会遇到层流的流动状态。

（二）紊流流动

当 $Re > 2320$ 时，流动呈紊流状态。在整个紊流区中，还可以分为三个区域：

1. 水力光滑管区

摩擦阻力系数 λ 值可用布拉修斯公式计算，即

$$\lambda = \frac{0.3164}{Re^{0.25}} \tag{4-5}$$

当雷诺数 Re 在 $4000 \sim 100000$ 范围内，布拉修斯公式能给出相当准确的数值。

2. 过渡区

流动状态从水力光滑管区过渡到粗糙区（阻力平方区）的一个区域称为过渡区。过渡区的摩擦阻力系数 λ 值，可用洛巴耶夫公式来计算，即

$$\lambda = \frac{1.42}{\left(\lg Re \cdot \dfrac{d}{K}\right)^2} \tag{4-6}$$

过渡区的范围，大致可用下式确定：

$$Re_1 = 11\frac{d}{K} \quad 或 \quad v_1 = 11\frac{\gamma}{K} \quad m/s \tag{4-7}$$

$$Re_2 = 445\frac{d}{K} \quad 或 \quad v_2 = 445\frac{\gamma}{K} \quad m/s \tag{4-8}$$

式中　v_1、Re_1——流动从水力光滑区转到过渡区的临界速度和相应的雷诺数值；

v_2、Re_2——流动从过渡区转到粗糙区的临界速度和相应的雷诺数值。

3. 粗糙区（阻力平方区）

在此区域内，摩擦阻力系数 λ 值仅取决于管壁的相对粗糙度。

粗糙管区的摩擦阻力系数 λ 值，可用尼古拉兹公式计算：

$$\lambda = \frac{1}{\left(1.14 + 2\lg\dfrac{d}{K}\right)^2} \tag{4-9}$$

对于管径等于或大于 40mm 的管子，用希弗林松推荐的更为简单的计算公式也可得出很接近的数值：

$$\lambda = 0.11 \left(\frac{K}{d} \right)^{0.25} \tag{4-10}$$

此外，也有人推荐计算整个紊流区的摩擦阻力系数 λ 值的统一的公式。下面介绍两个统一的计算公式——柯列勃洛克公式（4-11）和阿里特苏里公式（4-12）。

$$\frac{1}{\sqrt{\lambda}} = -2\lg \left(\frac{2.51}{Re \sqrt{\lambda}} + \frac{K/d}{3.72} \right) \tag{4-11}$$

$$\lambda = 0.11 \left(\frac{K}{d} + \frac{68}{Re} \right)^{0.25} \tag{4-12}$$

统一的计算公式（4-12），实质上是式（4-5）和式（4-10）两式的综合。当 $Re < 10 \frac{d}{K}$ 时，λ 值与式（4-5）的布拉修斯公式所得数值很接近；而当 $Re > 500 \frac{d}{K}$ 时，λ 值与（4-10）的希弗林松公式的 λ 值很接近。

管壁的当量绝对粗糙度 K 值与管子的使用状况（流体对管壁腐蚀和沉积水垢等状况）和管子的使用时间等因素有关。对于热水供暖系统，根据运行实践积累的资料，目前推荐采用下面的数值：

对室内热水供热系统管路　　$K = 0.2 \text{mm}$

对室外热水网路　　　　　　$K = 0.5 \text{mm}$

根据过渡区范围的判别式［式（4-7）和式（4-8）］和推荐使用的当量绝对粗糙度 K 值，表 4-1 列出水温为 60℃、90℃ 时相应 $K = 0.2 \text{mm}$ 和 $K = 0.5 \text{mm}$ 条件下的过渡区临界速度 v_1 和 v_2 值。

过渡区临界速度　　　　　　　　　　　表 4-1

流速 v(m/s)	水温 $t = 60$℃		水温 $t = 90$℃	
	$K = 0.2 \text{mm}$	$K = 0.5 \text{mm}$	$K = 0.2 \text{mm}$	$K = 0.5 \text{mm}$
v_1	0.026	0.01	0.018	0.007
v_2	1.066	0.426	0.725	0.29

室内热水供暖系统的设计供回水温度多用 95℃/70℃，整个采暖季的平均水温如按 $t \approx 60$℃ 考虑，从表 4-1 可见，当 $K = 0.2 \text{mm}$ 时，过渡区的临界速度为 $v_1 = 0.026 \text{m/s}$，$v_2 = 1.066 \text{m/s}$。在设计热水供暖系统时，管段中的流速通常都不会超过 v_2 值，也不大可能低于 v_1 值。因此，热水在室内供暖系统管路内的流动状态，几乎都是处在过渡区内。

室外热水网路（$K = 0.5 \text{mm}$），设计都采用较高的流速（流速常大于 0.5m/s），因此，水在热水网路中的流动状态，大多处于阻力平方区内。

室内热水供暖系统的水流量 G，通常以 kg/h 表示。热媒流速与流量的关系式为

$$v = \frac{G}{3600 \frac{\pi d^2}{4} \cdot \rho} = \frac{G}{900 \pi d^2 \rho} \quad \text{m/s} \tag{4-13}$$

式中　G——管段的水流量，kg/h。

其他符号同式（4-2）。

将式（4-13）的流速 v 代入式（4-2），可得出更方便的计算公式

$$R = 6.25 \times 10^{-8} \frac{\lambda}{\rho} \cdot \frac{G^2}{d^5} \quad \text{Pa/m} \tag{4-14}$$

在给定某一水温和流动状态条件下，式（4-14）的 λ 和 ρ 值是已知值，管路水力计算基本公式（4-2）可以表示为 $R = f(d, G)$ 的函数式。只要已知 R、G、d 中任意两数，就可确定第三个数值。附录 4-1 给出室内热水供暖系统的管路水力计算表。利用计算表或线算图进行水力计算，可以大大减轻计算工作量。现在计算机很普遍，对其编一个小程序计算也很方便。有的学生将这样的计算小程序和计算表格放在网上供学习交流使用，可下载下来，使用很方便。

管段的局部阻力损失，可按下式计算：

$$\Delta P_{\mathrm{j}} = \sum \zeta \frac{\rho v^2}{2} \quad \text{Pa} \tag{4-15}$$

式中　$\sum \zeta$——管段中总的局部阻力系数。

水流过热水供暖系统管路的附件（如三通、弯头、阀门等）的局部阻力系数 ζ 值，可查附录 4-2。表中所给定的数值，都是用实验方法确定的。附录 4-3 给出热水供暖系统局部阻力系数 $\zeta = 1$ 时的局部阻力损失 ΔP_{d} 值。

利用上述公式，可分别确定系统中各管段的沿程损失 ΔP_{y} 和局部阻力损失 ΔP_{j}，两者之和就是该管段的压力损失。

二、当量局部阻力法和当量长度法

在实际工程设计中，为了简化计算，也有采用所谓"当量局部阻力法"或"当量长度法"进行管路的水力计算。

当量局部阻力法（动压头法）。当量局部阻力法的基本原理是将管段的沿程损失转变为局部损失来计算。

该管段的沿程损失相当于某一局部损失 ΔP_{j}，则

$$\Delta P_{\mathrm{j}} = \zeta_{\mathrm{d}} \frac{\rho v^2}{2} = \frac{\lambda}{d} l \frac{\rho v^2}{2}$$

$$\zeta_{\mathrm{d}} = \frac{\lambda}{d} l \tag{4-16}$$

式中　ζ_{d}——当量局部阻力系数。

如已知管段的水流量 G（kg/h）时，则根据式（4-13）的流量和流速的关系式，管段的总压力损失 ΔP 可改写为

$$\Delta P = Rl + \Delta P_{\mathrm{j}} = \left(\frac{\lambda}{d} l + \sum \zeta\right) \frac{\rho v^2}{2} = \frac{1}{900^2 \pi^2 d^4 \cdot 2\rho} \left(\frac{\lambda}{d} l + \sum \zeta\right) G^2$$

$$= A(\zeta_{\mathrm{d}} + \sum \zeta) G^2 = A \zeta_{\mathrm{zh}} G^2 \quad \text{Pa} \tag{4-17}$$

$$A = \frac{1}{900^2 \pi^2 d^4 \cdot 2\rho} \quad \text{Pa/(kg/h)}^2 \tag{4-18}$$

式中　ζ_{zh}——管段的折算局部阻力系数。

其余符号同前所示。

附录 4-4 列出当水的平均温度 $t=60℃$，相应水的密度 $\rho=983.248\mathrm{kg/m^3}$ 时，各种不同管径的 A 值和 λ/d 值（摩擦阻力系数 λ 值取平均值计算）。

附录 4-5 给出按式（4-17）编制的水力计算表。

此外，在工程设计中，对常用的垂直单管顺流式系统，由于整根立管与干管、支管以及支管与散热器的连接方式，在施工规范中都规定了标准的连接图式，因此，为了简化立管水力计算，也可将由许多管段组成的立管视为一根管段，根据不同情况，给出整根立管的 ζ_{zh} 值。其编制方法和数值可见附录 4-6 和附录 4-7。

式（4-17）还可改写为

$$\Delta P=A\zeta_{zh}G^2=SG^2 \quad \mathrm{Pa} \tag{4-19}$$

式中　S——管段的阻力特性数（简称阻力数），$\mathrm{Pa/(kg/h)^2}$。它的数值表示当管段通过 1kg/h 水流量时的压力损失值。

当量长度法。当量长度法的基本原理是将管段的局部损失折合为管段的沿程损失来计算。

如某一管段的总局部阻力系数为 $\sum\zeta$，设它的压力损失相当于流经管段 l_d 长度的沿程损失，则

$$\sum\zeta\frac{\rho v^2}{2}=Rl_d=\frac{\lambda}{d}l_d\frac{\rho v^2}{2}$$

$$l_d=\sum\zeta\frac{d}{\lambda} \quad \mathrm{m} \tag{4-20}$$

式中　l_d——管段中局部阻力的当量长度，m。

水力计算基本公式（4-1），可表示为：

$$\Delta P=Rl+\Delta P_j=R(l+l_d)=Rl_{zh} \quad \mathrm{Pa} \tag{4-21}$$

式中　l_{zh}——管段的折算长度，m。

当量长度法一般多用在室外热力网路的水力计算上。

三、室内热水供暖系统管路的阻力数

无论是室外热水网路或室内热水供暖系统，热水管路都是由许多串联和并联管段组成的。热水管路系统中各管段的压力损失和流量分配，取决于各管段的连接方法——串联或并联连接，以及各管段的阻力数 S 值。

根据式（4-19），管段的阻力数表示当管段通过单位流量时的压力损失值。阻力数的概念，同样也可用在由许多管段组成的热水管路上，称为热水管路的总阻力数 S。

（一）串联管路

对于由串联管路组成的热水网路（图 4-1），串联管路的总压降为

$$\Delta P=\Delta P_1+\Delta P_2+\Delta P_3$$

式中　ΔP_1、ΔP_2、ΔP_3——各串联管路的压力损失，Pa。

根据式（4-19），可得　　$S_{ch}G^2=S_1G^2+S_2G^2+S_3G^2$

由此可得

$$S_{ch}=S_1+S_2+S_3 \tag{4-22}$$

式中　　G——热水管路的流量，kg/h；

S_1、S_2、S_3——各串联管路的阻力数，$Pa/(kg/h)^2$；

S_{ch}——串联管路的总阻力数，$Pa/(kg/h)^2$。

式（4-22）表明：在串联管路中，管路的总阻力数为各串联管段管路阻力数之和。

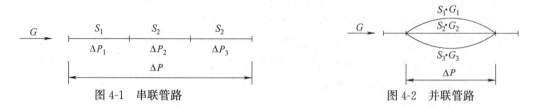

图 4-1 串联管路　　　　　　　　　　图 4-2 并联管路

（二）并联管路

对于并联管路（图 4-2），管路的总流量为各并联管路流量之和。

$$G=G_1+G_2+G_3 \tag{4-23}$$

根据式（4-19），可得

$$G=\sqrt{\frac{\Delta P}{S_b}}；\quad G_1=\sqrt{\frac{\Delta P}{S_1}}；\quad G_2=\sqrt{\frac{\Delta P}{S_2}}；\quad G_3=\sqrt{\frac{\Delta P}{S_3}} \tag{4-24}$$

将式（4-24）代入式（4-23），可得

$$\sqrt{\frac{1}{S_b}}=\sqrt{\frac{1}{S_1}}+\sqrt{\frac{1}{S_2}}+\sqrt{\frac{1}{S_3}} \tag{4-25}$$

设

$$a=1/\sqrt{S}=G/\sqrt{\Delta P}\quad (kg/h)/Pa^{1/2} \tag{4-26}$$

则

$$a_b=a_1+a_2+a_3 \tag{4-27}$$

式中　a_1、a_2、a_3——并联管段的通导数，$(kg/h)/Pa^{1/2}$；

S_b——并联管路的总阻力数，$Pa/(kg/h)^2$；

a_b——并联管路的总通导数，$(kg/h)/Pa^{1/2}$。

又由于

$$\Delta P=S_1G_1^2=S_2G_2^2=S_3G_3^2$$

则

$$G_1:G_2:G_3=\frac{1}{\sqrt{S_1}}:\frac{1}{\sqrt{S_2}}:\frac{1}{\sqrt{S_3}}=a_1:a_2:a_3 \tag{4-28}$$

由式（4-28）可见，在并联管路上，各分支管段的流量分配与其通导数成正比。此外，各分支管段的阻力状况（即其阻力数 S 值）不变时，管路的总流量在各分支管段上的流量分配比例不变。管路的总流量增加或减少多少倍，并联环路各分支管段也相应增加或减少多少倍。

四、室内热水供暖系统管路水力计算的数学模型

基尔霍夫第一定律（电流定律）与第二定律（电压定律）是电学中的两个基本定律，同样适用于供暖系统的水力计算。在进行供暖系统的水力计算时，应遵循：

（一）基尔霍夫流量定律

对于供暖系统，流入节点与流出节点流量的代数和为零。若将流入节点的流量定义为负，流出节点的流量为正，对于图 4-3 节点 1 可表示为

$$G_1 + G_2 - G = 0 \tag{4-29}$$

式中　G——为流入节点 1 的流量，kg/h；

　　G_1——为流出节点 1，立管 1-6 的流量，kg/h；

　　G_2——为流出节点 1，立管 2-5 的流量，kg/h。

基尔霍夫流量定律实际上是流体的连续性规律，即在三通、四通等处，热媒的流入与流出量的代数和为零，没有热媒的产生与消失。

（二）基尔霍夫压降定律

对于供暖系统中的任意一个回路，各管段的压降代数和为零。在回路中，与回路流量同方向为正，反方向为负。实际上是并联环路压力损失相等规律。即凡是有共同分流点与汇流点的压降相等。如图 4-3 所示两并联立管管路图，立管 1-6 为三组散热器串联，立管 2-5 为三组散热器并联。节点 1、2、3 为分流点，4、5、6 为汇流点。忽略管道压降，将散热器等效为"电阻"，等效电路图为图 4-4，环路中 1-a-b-c-6、1-2-d-4-5-6、1-2-3-e-4-5-6 与 1-2-3-f-5-6 为并联环路；2-d-4-5、2-3-e-5 与 2-3-f-5 亦为并联环路。系统在实际运行时，构成并联环路的各支路的压降相等。

并联环路压降 $\Delta P_{1-a-b-c-6} = \Delta P_{1-2-d-4-5-6} = \cdots = \Delta P_{1-2-3-f-5-6} = \Delta P_{1-6} = P_1 - P_6$；同理，环路压降 $\Delta P_{2-d-4-5} = \Delta P_{2-3-e-5} = \Delta P_{2-3-f-5}$。将立管 1-6 串联的三个阻力数 S_a、S_b、S_c 等效为 S_1，立管 2-5 并联的三个阻力数 S_d、S_e、S_f 等效为 S_2，如图 4-5 所示。则基尔霍夫压降定律可表示为

$$\Delta P_{1-2-5-6} - \Delta P_{1-6} = 0$$

即

$$S_2 \cdot G_2^2 - S_1 \cdot G_1^2 = 0 \tag{4-30}$$

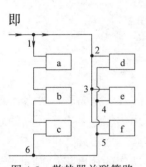

图 4-3　散热器并联管路

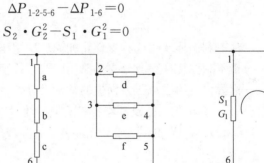

图 4-4　并联管路等效电路图　　　图 4-5　等效合并电路图

（三）数学模型的建立

根据式（4-29）与式（4-30）建立联立方程：

$$\begin{cases} G_1 + G_2 - G = 0 \cdots\cdots （1） \\ S_2 \cdot G_2^2 - S_1 \cdot G_1^2 = 0 \cdots\cdots （2） \end{cases} \tag{4-31}$$

对于某一采暖管路 S_1 与 S_2 为已知，并根据 S_1 与 S_2 的并联关系，并联总的阻力数为

$$\frac{1}{\sqrt{S}} = \frac{1}{\sqrt{S_1}} + \frac{1}{\sqrt{S_2}} \tag{4-32}$$

并联的压降与立管 1-6 的压降相等　$S \cdot G^2 = S_1 \cdot G_1^2$ $\qquad\qquad$ (4-33)

则将式（4-32）带入式（4-33）消去 S，可将 G 表示为 $G = f(S_1, S_2, G_1)$ 带入式（4-31）中的（1）式，独立的变量有两个，分别为 G_1 与 G_2，独立的方程也有两个，方程

有唯一解。

五、室内热水供暖系统管路水力计算的主要任务和方法

室内热水供暖系统管路水力计算的主要任务通常为：

（1）按已知系统各管段的流量和系统的循环作用压力（压头），确定各管段的管径；

（2）按已知系统各管段的流量和各管段的管径，确定系统所必需的循环作用压力（压头）；

（3）按已知系统各管段的管径和该管段的允许压降，确定通过该管段的水流量。

室内热水供暖管路系统是由许多串联或并联管段组成的管路系统。管路的水力计算从系统的最不利环路开始，也即从允许的比摩阻 R 最小的一个环路开始计算。由 n 个串联管段组成的最不利环路，它的总压力损失为 n 个串联管段压力损失的总和。

$$\Delta P = \sum_1^n (Rl + \Delta P_j) = \sum_1^n A\zeta_{zh}G^2 = \sum_1^n Rl_{zh} \tag{4-34}$$

热水供暖系统的循环作用压力的大小，取决于：机械循环提供的作用压力，水在散热器内冷却所产生的作用压力和水在循环环路中因管路散热产生的附加作用压力。各种供暖系统形式的总循环作用压力的计算原则和方法，在本章下面几节的例题中详细阐述。

进行第一种情况的水力计算时，可以预先求出最不利循环环路或分支环路的平均比摩阻 R_{pj}，即

$$R_{pj} = \frac{\alpha \Delta P}{\sum l} \quad Pa/m \tag{4-35}$$

式中　ΔP——最不利循环环路或分支环路的循环作用压力，Pa；

　　　$\sum l$——最不利循环环路或分支环路的管路总长度，m；

　　　α——沿程损失约占总压力损失的估计百分数（附录 4-8）。

根据式（4-35）算出的 R_{pj} 及环路中各管段的流量，利用水力计算图表，可选出最接近的管径，并求出最不利循环环路或分支环路中各管段的实际压力损失和整个环路的总压力损失值。

第一种情况的水力计算，有时也用在已知各管段的流量和选定的比摩阻 R 值或流速 v 值的场合，此时选定的 R 值和 v 值，常采用经济值，称经济比摩阻或经济流速。

选用多大的 R 值（或流速 v 值）来选定管径，是一个技术经济问题。如选用较大的 R 值（v 值），则管径可缩小，但系统的压力损失增大，水泵的电能消耗增加。同时，为了各循环环路易于平衡，最不利循环环路的平均比摩阻 R_{pj} 不宜选得过大。目前在设计实践中，对传统的采暖方式 R_{pj} 值一般取 $60 \sim 120 Pa/m$ 为宜；对于分户采暖方式的 R_{pj} 主要从水力工况平衡的角度考虑的较多，可见本章第四节的相关介绍。

第二种情况的水力计算，常用于校核计算。根据最不利循环环路各管段改变后的流量和已知各管段的管径，利用水力计算图表，确定该循环环路各管段的压力损失以及系统必需的循环作用压力，并检查循环水泵扬程是否满足要求。

进行第三种情况的水力计算，就是根据管段的管径 d 和该管段的允许压降 ΔP，来确定通过该管段（例如通过系统的某一立管）的流量。对已有的热水供暖系统，在管段已知作用压头下，校核各管段通过的水流量的能力。

六、室内热水供暖系统并联环路的压力损失最大不平衡率控制与流速限制

（一）并联环路的压力损失不平衡率控制

从前述的压力损失计算公式（4-17）可知，当流量 G 与管段的压力损失 ΔP 一定时，只有选择适宜的管径（控制沿程阻力）与系统形式（控制局部阻力）才能既符合基尔霍夫定律，又能使实际流量满足设计流量。通过下几节的设计例题可发现，管径的规格型号是有限的，设计时仅是尽可能地选择合适的管径，使并联环路的压力损失尽可能的相互接近。但在实际运行时，热媒将按基尔霍夫第一定律与基尔霍夫第二定律进行重新分配，设计压降小的管路流量增加，设计压降大的管路流量减少，产生实际流量与设计流量的偏差，这个偏差将引起实际室内温度与设计室温的不同。

为使室内设计温度与运行温度的偏差控制在合理的范围（±1℃）内，《民规》GB 50736—2012 中 5.9.1 规定：热水供暖系统最不利循环环路与各并联环路之间（不包括共同管路）的计算压力损失相对差额，不应大于+15%。

图 4-6　压降偏差与室内温度偏差的关系图

从图 4-6 可以看出，由于各并联环路之间的压降差别，带来的流量重新分配，造成运行温度与室内设计温度的偏差。反过来，就是为保证设计室温与实际室温的差别不超过允许的规定范围，必须控制各并联环路之间的计算压力损失相对差额。

整个热水供暖系统总的计算压力损失，宜增加 10% 的附加值，以此确定系统必需的循环作用压力。

（二）并联环路流速限制

在实际设计过程中，为了平衡各并联环路的压力损失，往往需要提高近循环环路分支管段的比摩阻和流速。但流速过大会使管道产生噪声。

目前，《民规》中规定，室内供暖系统管道中的热媒流速，应根据系统的水力平衡要求及防噪声要求等因素确定，对于有特殊静音要求的热水管道，当管径大于等于 $DN32$ 时，最大流速不宜超过 1m/s。对于一般室内热水管道，当管径大于等于 $DN50$ 时，最大流速不宜超过 2m/s。对于有特殊静音要求的热水管道小于 $DN32$ 和一般室内热水管道小于 $DN50$ 的流速要求，详见《民规》表 5.9.13。《民规》对于高低压蒸汽供暖系统的最大允许流速要求与《工规》相同。

《工规》中规定，室内供暖管道中的热媒最大允许流速应符合下列规定：

1. 热水供暖系统室内供暖管道最大允许流速应符合下列规定：

（1）生活、行政辅助建筑物应为 2m/s；

（2）生产厂房、仓库，公用辅助建筑物应为 3m/s。

2. 低压蒸汽供暖系统最大允许流速应符合下列规定：

（1）汽水同向流动时应为 30m/s；

（2）汽水逆向流动时应为 20m/s。

3. 高压蒸汽供暖系统最大允许流速应符合下列规定：

（1）汽水同向流动时应为 80m/s；

（2）汽水逆向流动时应为 60m/s。

本章后面几节，将进一步阐述几种传统采暖的典型室内系统的水力计算方法与例题及其分户采暖系统的设计计算步骤。

第二节　重力（自然）循环双管供暖系统管路水力计算方法和例题

如前所述，重力循环双管供暖系统通过散热器环路的循环作用压力的计算公式为

$$\Delta P_{zh}=\Delta P+\Delta P_f=gH(\rho_h-\rho_g)+\Delta P_f \quad \text{Pa} \tag{4-36}$$

式中　ΔP——重力循环系统中，水在散热器内冷却所产生的作用压力，Pa；

　　　　g——重力加速度，$g=9.81\text{m/s}^2$；

　　　　H——所计算的散热器中心与锅炉中心的高差，m；

　ρ_g、ρ_h——供水和回水密度，kg/m^3；

　　　　ΔP_f——水在循环环路中冷却的附加作用压力，Pa。

应注意：通过不同立管和楼层的循环环路的附加作用压力 ΔP_f 值是不相同的，应按附录 3-2 选定。

重力循环异程式双管系统的最不利循环环路是通过最远立管底层散热器的循环环路，计算应由此开始。

【例题 4-1】 确定重力循环双管热水供暖系统管路的管径（图 4-7）。热媒参数：供水温度 $t'_g=95℃$，回水温度 $t'_h=70℃$。锅炉中心距底层散热器中心距离为 3m，层高为 3m。每组散热器的供水支管上有一截止阀。

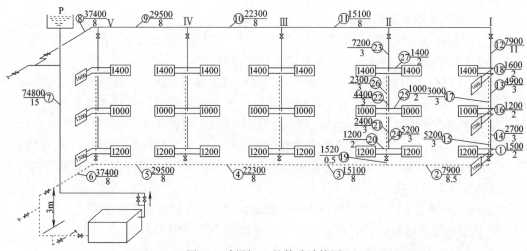

图 4-7　例题 4-1 的管路计算图

【解】 图 4-7 为该系统两个支路中的一个支路。图上小圆圈内的数字表示管段号。圆圈旁的数字：上行表示管段热负荷（W），下行表示管段长度（m）。散热器内的数字表示其热负荷（W）。罗马字表示立管编号。

计算步骤：

1. 选择最不利环路。由图 4-7 可见，最不利环路是通过立管 Ⅰ 的最底层散热器 Ⅰ₁

（1500W）的环路。这个环路从散热器 I_1 经过管段①、②、③、④、⑤、⑥，进入锅炉，再经管段⑦、⑧、⑨、⑩、⑪、⑫、⑬、⑭进入散热器 I_1。

2. 计算通过最不利环路散热器 I_1 的作用压力 $\Delta P'_{I1}$。根据式（4-36）

$$\Delta P'_{I1}=gH(\rho_h-\rho_g)+\Delta P_f \quad Pa$$

根据图中已知条件：立管 I 距锅炉的水平距离在 $30\sim50m$ 范围内，下层散热器中心距锅炉中心的垂直高度小于 15m。因此，查附录 3-2，得 $\Delta P_f=350Pa$。根据供回水温度，查附录 3-1，得 $\rho_h=977.81kg/m^3$，$\rho_g=961.92kg/m^3$。将已知数字代入上式，得

$$\Delta P'_{I1}=9.81\times3(977.81-961.92)+350=818Pa$$

3. 确定最不利环路各管段的管径 d。

（1）求单位长度平均比摩阻

根据式（4-35）

$$R_{pj}=\alpha\Delta P'_{I1}/\sum l_{I1}$$

式中　$\sum l_{I1}$——最不利环路的总长度，m；

$\sum l_{I1}=2+8.5+8+8+8+8+15+8+8+8+8+11+3+3=106.5m$

α——沿程损失占总压力损失的估计百分数；查附录 4-8，得 $\alpha=50\%$。

将各数字代入上式，得

$$R_{pj}=\frac{0.5\times818}{106.5}=3.84Pa/m$$

（2）根据各管段的热负荷，求出各管段的流量，计算公式如下：

$$G=\frac{3600Q}{4.187\times10^3(t'_g-t'_h)}=\frac{0.86Q}{t'_g-t'_h} \quad kg/h \tag{4-37}$$

式中　Q——管段的热负荷，W；

t'_g——系统的设计供水温度，℃；

t'_h——系统的设计回水温度，℃。

（3）根据 G、R_{pj}，查附录 4-1，选择最接近 R_{pj} 的管径。将查出的 d、R、v 和 G 值列入表 4-2 的第 5、6、7 栏和第 3 栏中。

例如，对管段②，$Q=7900W$，当 $\Delta t=25℃$ 时，$G=0.86\times7900/(95-70)=272kg/h$。查附录 4-1，选择接近 R_{pj} 的管径。如取 $DN32$，用补插法计算，可求出 $v=0.08m/s$，$R=3.39Pa/m$。将这些数值分别列入表 4-2 中。

4. 确定沿程压力损失 $\Delta P_y=Rl$。将每一管段 R 与 l 相乘，列入水力计算表 4-2 的第 8 栏中。

5. 确定局部阻力损失 Z。

（1）确定局部阻力系数 ζ

根据系统图中管路的实际情况，列出各管段局部阻力管件名称（表 4-3）。利用附录 4-2，将其阻力系数 ζ 值记于表 4-3 中，最后将各管段总阻力系数 $\sum\zeta$ 列入表 4-2 的第 9 栏。

应注意：在统计局部阻力时，对于三通和四通管件的局部阻力系数，应列在流量较小的管段上。

（2）利用附录 4-3，根据管段流速 v，可查出动压头 ΔP_d 值，列入表 4-2 的第 10 栏

中。根据 $\Delta P_j = \Delta P_d \cdot \sum\zeta$，将求出的 ΔP_j 值列入表 4-2 的第 11 栏中。

6. 求各管段的压力损失 $\Delta P = \Delta P_y + \Delta P_j$。将表 4-2 中第 8 栏与第 11 栏相加，列入表 4-2 第 12 栏中。

7. 求环路总压力损失，即 $\sum(\Delta P_y + \Delta P_j)_{1-14} = 712\text{Pa}$。

8. 计算富裕压力值。

考虑由于施工的具体情况，可能增加一些在设计计算中未计入的压力损失。因此，要求系统应有 10% 以上的富裕度。

$$\Delta\% = \frac{\Delta P'_{I1} - \sum(\Delta P_y + \Delta P_j)_{1-14}}{\Delta P'_{I1}} \times 100\%$$

式中　　　　　　$\Delta\%$——系统作用压力的富裕率；

$\Delta P'_{I1}$——通过最不利环路的作用压力，Pa；

$\sum(\Delta P_y + \Delta P_j)_{1-14}$——通过最不利环路的压力损失，Pa。

$$\Delta\% = \frac{818 - 712}{818} \times 100\% = 13\% > 10\%$$

9. 确定通过立管 I 第二层散热器环路中各管段的管径。

(1) 计算通过立管 I 第二层散热器环路的作用压力 $\Delta P'_{I2}$。
$$\begin{aligned}\Delta P'_{I2} &= gH_2(\rho_h - \rho_g) + \Delta P_f\\&= 9.81 \times 6(977.81 - 961.92) + 350\\&= 1285\text{Pa}\end{aligned}$$

(2) 确定通过立管 I 第二层散热器环路中各管段的管径。

1) 求平均比摩阻 R_{pj}

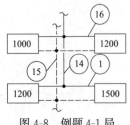

图 4-8　例题 4-1 局
部并联管路

根据并联环路节点平衡原理（管段 16、15 与管段 14、1 为并联管路，见图 4-8），通过第二层管段 15、16 的资用压力为
$$\begin{aligned}\Delta P'_{15,16} &= \Delta P'_{I2} - \Delta P'_{I1} + \sum(\Delta P_y + \Delta P_j)_{1,14}\\&= 1285 - 818 + 32\\&= 499\text{Pa}\end{aligned}$$

管段 15、16 的总长度为 5m。平均比摩阻为
$$R_{pj} = 0.5\Delta P'_{15,16}/\sum l = 0.5 \times 499/5 = 49.9\text{Pa/m}$$

2) 根据同样方法，按 15 和 16 管段的流量 G 及 R_{pj}，确定管段的 d，将相应的 R、v 值列入表 4-2 中。

(3) 求通过底层与第二层并联环路的压降不平衡率。

$$x_{12} = \frac{\Delta P'_{15,16} - \sum(\Delta P_y + \Delta P_j)_{15,16}}{\Delta P'_{15,16}} \times 100\%$$

$$= \frac{499 - 524}{499} \times 100\% = -5\%$$

此相对差额在允许 $\pm 15\%$ 范围内。

10. 确定通过立管 I 第三层散热器环路上各管段的管径，计算方法与前相同。计算结果如下：

(1) 通过立管 I 第三层散热器环路的作用压力

$$\Delta P'_{I3}=gH_3(\rho_h-\rho_g)+\Delta P_f$$
$$=9.81\times9(977.81-961.92)+350$$
$$=1753\text{Pa}$$

（2）管段 15、17、18 与管段 13、14、1 为并联管路，通过管段 15、17、18 的资用压力为

$$\Delta P'_{15,17,18}=\Delta P'_{I3}-\Delta P'_{I1}+\sum(\Delta P_y+\Delta P_j)_{1,13,14}$$
$$=1753-818+41$$
$$=976\text{Pa}$$

（3）管段 15、17、18 的实际压力损失为 459+159.1+119.7=738Pa

（4）不平衡率 $x_{13}=(976-738)/976=24.4\%>15\%$

因 17、18 管段已选用最小管径，剩余压力只能用第三层散热器支管上的阀门消除。

11. 确定通过立管Ⅱ各层环路各管段的管径。

作为异程式双管系统的最不利循环环路是通过最远立管Ⅰ底层散热器的环路。对与它并联的其他立管的管径计算，同样应根据节点压力平衡原理与该环路进行压力平衡计算确定。

（1）确定通过立管Ⅱ底层散热器环路的作用压力 $\Delta P'_{\text{Ⅲ}}$。

$$\Delta P'_{\text{Ⅲ}}=gH_1(\rho_h-\rho_g)+\Delta P_f$$
$$=9.81\times3(977.81-961.22)+350$$
$$=818\text{Pa}$$

（2）确定通过立管Ⅱ底层散热器环路各管段管径 d。

管段 19～23 与管段 1、2、12、13、14 为并联环路，对立管Ⅱ与立管Ⅰ可列出下式，从而求出管段 19～23 的资用压力

$$\Delta P'_{19\sim23}=\sum(\Delta P_y+\Delta P_j)_{1.212\sim14}-(\Delta P'_{I1}-\Delta P'_{\text{Ⅲ}})$$
$$=132-(818-818)$$
$$=132\text{Pa}$$

（3）管段 19～23 的水力计算同前，结果列入表 4-2 中，其总阻力损失为

$$\sum(\Delta P_y+P_j)_{19\sim23}=132\text{Pa}$$

（4）与立管Ⅰ并联环路相比的不平衡率则刚好为零。

通过立管Ⅱ的第二、三层各环路的管径确定方法与立管Ⅰ中的第二、三层环路计算相同，不再赘述。其计算结果列入表 4-2 中。其他立管的水力计算方法和步骤完全相同。

通过该双管系统水力计算结果，可以看出，第三层的管段虽然取用了最小管径（$DN15$），但它的不平衡率大于 15%。这说明对于高于三层以上的建筑物，如采用上供下回式的双管系统。若无良好的调节装置（如安装散热器温控阀等），竖向失调状况难以避免。

重力循环双管热水供暖系统管路水力计算表（例题 4-1）　　　表 4-2

管段号	Q	G	L	d	v	R	ΔP_y $=RL$	$\Sigma \zeta$	ΔP_d	$\Delta P_j=$ $\Delta P_d \cdot \Sigma \zeta$	$\Delta P=$ $\Delta P_y + \Delta P_j$	备注
	W	kg/h	m	mm	m/s	Pa/m	Pa		Pa	Pa	Pa	
1	2	3	4	5	6	7	8	9	10	11	12	13
立管 I　第一层散热器 I_1 环路　　作用压力 $\Delta P'_{I1}=818Pa$												
1	1500	52	2	20	0.04	1.38	2.8	25	0.79	19.8	22.6	
2	7900	272	8.5	32	0.08	3.39	28.8	4	3.15	12.6	41.4	
3	15100	519	8	40	0.11	5.58	44.6	1	5.95	5.95	50.6	
4	22300	767	8	50	0.1	3.18	25.4	1	4.92	4.92	30.3	
5	29500	1015	3	50	0.13	5.34	42.7	1	8.31	8.31	51.0	
6	37400	1287	8	70	0.1	2.39	19.1	2.5	4.92	12.3	31.4	
7	74800	2573	15	70	0.2	8.69	130.4	6	19.66	118.0	248.4	
8	37400	1287	8	70	0.1	2.39	19.1	3.5	4.92	17.2	36.3	
9	29500	1015	8	50	0.13	5.34	42.7	1	8.31	8.31	51.0	
10	22300	767	8	50	0.1	3.18	25.4	1	4.92	4.92	30.3	
11	15100	519	8	40	0.11	5.58	44.6	1	5.95	5.95	50.6	
12	7900	272	11	32	0.08	3.39	37.3	4	3.15	12.6	49.9	
13	4900	169	3	32	0.05	1.45	4.4	1	1.23	4.9	9.3	
14	2700	93	3	25	0.04	1.95	5.85	4	0.79	3.2	9.1	

$$\Sigma l=106.5m \qquad \Sigma(\Delta P_y+\Delta P_j)_{1\sim14}=712Pa$$

系统作用压力富裕率 $\Delta\%=[\Delta P'_{I1}-\Sigma(\Delta P_y+\Delta P_j)_{1\sim14}]/\Delta P'_{I1}=(818-712)/818=13\%>10\%$

立管 I　第二层散热器 I_2 环路　　作用压力 $\Delta P'_{I2}=1285Pa$												
15	5200	179	3	15	0.26	97.6	292.8	5.0	33.23	166.2	459	
16	1200	41	2	15	0.06	5.15	10.3	31	1.77	54.9	65	

$$\Sigma(\Delta P_y+\Delta P_j)_{15,16}=524Pa$$

不平衡百分率 $x_{I2}=[\Delta P_{15,16}-\Sigma(\Delta P_y+\Delta P_j)_{15,16}]/\Delta P'_{15,16}=(499-524)/499=-5\%$

立管 I　第三层散热器环路　　作用压力 $\Delta P'_{I3}=1753Pa$												
17	3000	103	3	15	0.15	34.6	103.8	5	11.06	55.3	159.1	
18	1600	55	2	15	0.08	10.98	22.0	31	3.15	97.7	119.7	

$$\Sigma(\Delta P_y+\Delta P_j)_{17,18}=279Pa$$

不平衡百分率 $x_{I3}=[\Delta P'_{15,17,18}-\Sigma(\Delta P_y+\Delta P_j)_{15,17,18}]/\Delta P'_{15,17,18}=(976-738)/976=24.4\%>15\%$

立管 II　通过第一层散热器环路　　作用压力 $\Delta P'_{19\sim23}=132Pa$												
19	7200	248	0.5	32	0.07	2.87	1.4	3	2.41	7.2	8.6	
20	1200	41	2	15	0.06	5.15	10.3	27	1.77	47.8	58.1	
21	2400	83	3	20	0.07	5.22	15.7	4	2.41	9.6	25.3	
22	4400	152	3	25	0.07	4.76	14.3	4	2.41	9.6	23.9	
23	7200	248	3	32	0.07	2.87	8.6	3	2.41	7.2	15.8	

$$\Sigma(\Delta P_y+\Delta P_j)_{19\sim23}=132Pa$$

不平衡百分率 $x_{II1}=[\Delta P'_{19\sim23}-\Sigma(\Delta P_y+\Delta P_j)_{19\sim23}]/\Delta P'_{19\sim23}=(132-132)/132=0$

管段号	Q	G	L	d	v	R	ΔP_y $=RL$	$\Sigma\zeta$	ΔP_d	$\Delta P_j=$ $\Delta P_d \cdot \Sigma\zeta$	$\Delta P=$ $\Delta P_y+\Delta P_j$	备注
	W	kg/h	m	mm	m/s	Pa/m	Pa		Pa	Pa	Pa	
1	2	3	4	5	6	7	8	9	10	11	12	13
立管Ⅱ 通过第二层散热器环路　作用压力 $\Delta P'_{\mathrm{II}2}=1285\mathrm{Pa}$												
24	4800	165	3	15	0.24	83.8	251.4	5	28.32	141.6	393	
25	1000	34	2	15	0.05	2.99	6.0	27	1.23	33.2	39.2	

$$\Sigma(\Delta P_y+\Delta P_j)_{24,25}=432\mathrm{Pa}$$

$$
\begin{aligned}
\text{不平衡百分率}\ x_{\mathrm{II}2} &= \frac{[\Delta P'_{\mathrm{II}2}-\Delta P'_{\mathrm{II}1}+\Sigma(\Delta P_y+\Delta P_j)_{20,21}]-\Sigma(\Delta P_y+\Delta P_j)_{24,25}}{\Delta P'_{\mathrm{II}2}-\Delta P'_{\mathrm{II}1}+\Sigma(\Delta P_y+\Delta P_j)_{20,21}} \\
&= \frac{(1285-818+83)-432}{550}\times100\%=21.5\%>15\%
\end{aligned}
$$

管段号	Q	G	L	d	v	R	ΔP_y $=RL$	$\Sigma\zeta$	ΔP_d	$\Delta P_j=$ $\Delta P_d \cdot \Sigma\zeta$	$\Delta P=$ $\Delta P_y+\Delta P_j$	备注
立管Ⅱ 通过第三层散热器环路　作用压力 $\Delta P'_{\mathrm{II}3}=1753\mathrm{Pa}$												
26	2800	96	3	15	0.14	30.4	91.2	5	9.64	48.2	139.4	
27	1400	48	2	15	0.07	8.6	17.2	27	2.41	65.1	82.3	

$$\Sigma(\Delta P_y+\Delta P_j)_{26,27}=222\mathrm{Pa}$$

$$
\begin{aligned}
\text{不平衡百分率}\ x_{\mathrm{II}3} &= \frac{[\Delta P'_{\mathrm{II}3}-\Delta P'_{\mathrm{II}1}+\Sigma(\Delta P_y+\Delta P_j)_{20\sim22}]-\Sigma(\Delta P_y+\Delta P_j)_{24,26,27}}{\Delta P'_{\mathrm{II}3}-\Delta P'_{\mathrm{II}1}+\Sigma(\Delta P_y+\Delta P_j)_{20\sim22}} \\
&= \frac{(1753-818+107)-615}{1042}\times100\%=41\%>15\%
\end{aligned}
$$

例题 4-1 的局部阻力系数计算表　　　　　　　　　　表 4-3

管段号	局部阻力	个数	$\Sigma\zeta$	管段号	局部阻力	个数	$\Sigma\zeta$
1	散热器	1	2.0	7	$\phi70,90°$煨弯	5	$5\times0.5=2.5$
	$\phi20,90°$弯头	2	2×2.0		闸阀	2	$2\times0.5=1.0$
	截止阀	1	10		锅炉	1	2.5
	乙字弯	2	2×1.5		$\Sigma\zeta=6.0$		
	分流三通	1	3.0	8	$\phi70,90°$煨弯	3	3×0.5
	合流四通	1	3.0		闸阀	1	0.5
	$\Sigma\zeta=25.0$				旁流三通	1	1.5
2	$\phi32$ 弯头	1	1.5		$\Sigma\zeta=3.5$		
	直流三通	1	1.0	9	直流三通	1	1.0
	闸阀	1	0.5	10			
	乙字弯	1	1.0	11	$\Sigma\zeta=1.0$		
	$\Sigma\zeta=4.0$			12	$\phi32$ 弯头	1	1.5
3	直流三通	1	1.0		直流三通	1	1.0
4					闸阀	1	0.5
5	$\Sigma\zeta=1.0$				乙字弯	1	1.0
6	$\phi70,90°$煨弯	2	2×0.5		$\Sigma\zeta=4.0$		
	直流三通	1	1.0	13	直流四通	1	2.0
	闸阀	1	0.5	14	$\phi32$ 或 $\phi25$ 括弯	1	2.0
	$\Sigma\zeta=2.5$				$\Sigma\zeta=4.0$		
				15	直流四通	1	2.0
					$\phi15$ 括弯	1	3.0
					$\Sigma\zeta=5.0$		

续表

管段号	局部阻力	个数	Σζ	管段号	局部阻力	个数	Σζ
16	φ15,90°弯头	2	2×2.0	23	旁流三通	1	1.5
	φ15 乙字弯	2	2×1.5		φ32 乙字弯	1	1.0
	分合流四通	2	2×3.0		闸阀	1	0.5
	截止阀	1	16		Σζ=3.0		
	散热器	1	2.0				
	Σζ=31.0			24	φ15 括弯	1	3.0
17	合流四通	1	2.0		直流四通	1	2.0
	φ15 括弯	1	2.0		Σζ=5.0		
	Σζ=5.0						
18	φ15 弯头	2	2×2.0	25	φ15 乙字弯	2	2×1.5
	φ15 乙字弯	2	2×1.5		截止阀	1	16.0
	分流四通	1	3.0		散热器	1	2.0
	合流三通	1	3.0		分流四通	2	2×3.0
	截止阀	1	16.0		Σζ=27.0		
	散热器	1	2.0				
	Σζ=31.0			26	φ15 括弯	1	3.0
19	旁流三通	1	1.5		直流四通	1	2.0
	φ32 闸阀	1	0.5		Σζ=5.0		
	φ32 乙字弯	1	1.0				
	Σζ=3.0			27	φ15 乙字弯	2	2×1.5
20	φ15 乙字弯	2	2×1.5		φ15 截止阀	1	16.0
	截止阀	1	16.0		合流三通	1	3.0
	散热器	1	2.0		分流三通	1	3.0
	分流三通	1	3.0		散热器	1	2.0
	合流四通	1	3.0		Σζ=27.0		
	Σζ=27.0						
21 22	直流四通	1	2.0				
	φ20 或 φ25 括弯	1	2.0				
	Σζ=4.0						

第三节　传统供暖系统管路的水力计算方法和例题

　　与重力循环系统相比，机械循环系统的作用半径大，传统的室内热水供暖系统的总压力损失一般约为 10～20kPa；对于分户采暖等水平式或大型的系统，可达 20～50kPa。

　　传统的采暖系统进行水力计算时，机械循环室内热水供暖系统多根据入口处的资用循环压力，按最不利循环环路的平均比摩阻 R_{pj} 来选用该环路各管段的管径。当入口处资用压力较高时，管道流速和系统实际总压力损失可相应提高。但在实际工程设计中，最不利循环环路的各管段水流速过高，各并联环路的压力损失难以平衡，所以常用控制 R_{pj} 值的方法，按 R_{pj}＝60～120Pa/m 选取管径。剩余的资用循环压力，由入口处的调压装置节流。

　　在机械循环系统中，循环压力主要由水泵提供，同时也存在着重力循环作用压力。管道内水冷却产生的重力循环作用压力，占机械循环总循环压力的比例很小，可忽略不计。对机械循环双管系统，水在各层散热器冷却所形成的重力循环作用压力不相等，在进行各立管散热器并联环路的水力计算时，应计算在内，不可忽略。对机械循环单管系统，如建筑物各部分层数相同时，每根立管所产生的重力循环作用压力近似相等，可忽略不计；如建筑物各部分层数不同时，高度和各层热负荷分配比不同的立管之间所产生的重力循环作用压力不相等，在计算各立管之间并联环路的压降不平衡率时，应将其重力循环作用压力的差额计算在内。重力循环作用压力可按设计工况下最大值的 2/3 计算（约相应于采暖季平均水温下的作用压力值）。

下面通过常用的传统机械循环单管热水供暖异程式与同程式系统管路水力计算例题，阐述其计算方法和步骤。分户采暖的水力计算方法将在下一节介绍。

一、机械循环单管顺流异程式热水供暖系统管路水力计算例题

【例题 4-2】 确定图 4-9 机械循环垂直单管顺流异程式热水供暖系统管路的管径。热媒参数：供水温度 $t'_g = 95℃$，回水温度 $t'_h = 70℃$。系统与外网连接。在引入口处外网的供回水压差为 30kPa。图 4-9 表示出系统两个支路中的一个支路。散热器内的数字表示散热器的热负荷。楼层高为 3m。

【解】 计算步骤如下：

1. 在轴侧图上，与例题 4-1 相同，进行管段编号、立管编号并注明各管段的热负荷和管长，如图 4-9 所示。

2. 确定最不利环路。本系统为异程式单管系统，一般取最远立管的环路作为最不利环路。如图 4-9 所示，最不利环路是从入口到立管 V。这个环路包括管段 1 到管段 12。

3. 计算最不利环路各管段的管径。

如前所述，虽然本例题引入口处外网的供回水压差较大，但考虑系统中各环路的压力损失易于平衡，本例题采用推荐的平均比摩阻 R_{pj} 大致为 60～120Pa/m 来确定最不利环路各管段的管径。

水力计算方法与例题 4-1 相同。首先根据式（4-37）确定各管段的流量。根据 G 和选用的 R_{pj} 值，查附录 4-1，将查出的各管段 d、R、v 值列入表 4-4 的水力计算表中。表 4-4 中的局部阻力系数的统计详见表 4-5。最后算出最不利环路的总压力损失 $\sum(\Delta P_y + \Delta P_j)_{1-12} = 8633Pa$。本例仅是系统的一半，对另一半系统也应计算最不利环路的阻力，并将不平衡率控制在 15% 内，入口处的剩余循环压力，用调节阀节流消耗掉。

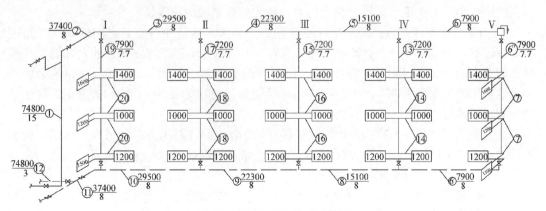

图 4-9　例题 4-2 的管路计算图

4. 确定立管Ⅳ的管径。

立管Ⅳ与最末端供回水干管和立管Ⅴ、即管段 6、6″、7、6′（例题中管段 6 包括 6、6′与 6″三个部分）为并联环路。根据并联环路节点压力平衡原理，立管Ⅳ的资用压力 $\Delta P'_{Ⅳ}$，可由下式确定：

$$\Delta P'_{Ⅳ} = \sum(\Delta P_y + \Delta P_j)_{6,7} - (\Delta P'_{f.Ⅴ} - \Delta P'_{f.Ⅳ}) \quad Pa$$

式中　$\Delta P'_{f.Ⅴ}$——水在通过立管Ⅴ冷却时所产生的重力循环作用压力，Pa；

$\Delta P'_{f.Ⅳ}$——水在通过立管Ⅳ冷却时所产生的重力循环作用压力，Pa。

由于两根立管各层热负荷的分配比例大致相等，$\Delta P'_{f.Ⅴ} = \Delta P'_{f.Ⅳ}$，因而

$$\Delta P'_{Ⅳ} = \sum(\Delta P_y + \Delta P_j)_{6,7} = 1311.6 + 1407.4 = 2719 Pa$$

立管Ⅳ的平均比摩阻为

$$R_{pj} = \frac{0.5\Delta P'_{Ⅳ}}{\sum l} = \frac{0.5 \times 2719}{16.7} = 81.4 Pa/m$$

根据 R_{pj} 和 G 值，选立管Ⅳ的立、支管的管径，取 $DN15$。计算出立管Ⅳ的总压力损失为 2941Pa。与立管Ⅴ的并联环路相比，其不平衡百分率 $x_Ⅳ = -8.2\%$。在允许值 $\pm15\%$ 范围之内。

5. 确定立管Ⅲ的管径。

立管Ⅲ与管段 5-8 并联。同理，资用压力 $\Delta P'_{Ⅲ} = \sum(\Delta P_y + \Delta P_j)_{5-8} = 3524 Pa$。立管管径选用管径 $DN15$。计算结果，立管Ⅲ总压力损失为 2941Pa。不平衡百分率 $x_Ⅲ = 16.5\%$，稍超过允许值。

6. 确定立管Ⅱ的管径。

立管Ⅱ与管段 4-9 并联。同理，资用压力 $\Delta P'_{Ⅱ} = \sum(\Delta P_y + \Delta P_j)_{4-9} = 3937 Pa$。立管管径选用最小管径 $DN15$。计算结果，立管Ⅱ总压力损失为 2941Pa。不平衡百分率 $x_Ⅱ = 25.3\%$，超过允许值。

7. 确定立管Ⅰ的管径。

立管Ⅰ与管段 3-10 并联。同理，资用压力 $\Delta P'_r = \sum(\Delta P_y + \Delta P_j)_{3-10} = 4643 Pa$。立管管径选用最小管径 $DN15$。计算结果，立管Ⅰ总压力损失为 3517Pa。不平衡百分率 $x_Ⅰ = 24.3\%$，超过允许值，剩余压头用立管阀门消除。

通过机械循环系统水力计算（例题 4-2）结果，可以看出：

1. 例题 4-1 与例题 4-2 的系统热负荷、立管数、热媒参数和供热半径都相同，机械循环系统的作用压力比重力循环系统大得多，系统的管径就细很多。

2. 由于机械循环系统供回水干管的 R 值选用较大，系统中各立管之间的并联环路压力平衡较难。例题 4-2 中，立管Ⅰ、Ⅱ、Ⅲ的不平衡百分率都超过 $\pm15\%$ 的允许值。在系统初调节和运行时，只能靠立管上的阀门进行调节，否则在例题 4-2 的异程式系统必然会出现近热远冷的水平失调。如系统的作用半径较大，同时又采用异程式布置管道，则水平失调现象更难以避免。

为避免采用例题 4-2 的水力计算方法而出现立管之间环路压力不易平衡的问题，在工程设计中，可采用下面的一些设计方法，来防止或减轻系统的水平失调现象。

（1）供、回水干管采用同程式布置；

（2）仍采用异程式系统，但采用"不等温降"方法进行水力计算；

（3）仍采用异程式系统，采用首先计算最近立管环路的方法。

上述的第三个设计方法是首先计算通过最近立管环路上各管段的管径，然后以最近立管的总阻力损失为基准，在允许的不平衡率范围内，确定最近立管后面的供、回水干管和其他立管的管径。如仍以例题 4-2 为例，首先求出最近立管 I 的总压力损失 $\sum(\Delta P_y + \Delta P_j)_{19,20} = 3517\text{Pa}$，然后根据 $3517 \times 1.15 = 4045\text{Pa}$ 的总资用压力，确定管段 3-10 的管径。计算结果表明：如将管段 5、6、8 均改为 $DN32$，立管 II～V 管径改为 20×15，则立管间的不平衡率可满足设计要求。这种水力计算方法简单，工作可靠，但增大了系统许多管段的管径，所增加的费用不一定超过同程式系统的。

机械循环单管顺流式热水供暖系统管路水力计算表（例题 4-2）　　表 4-4

管段号	Q	G	L	d	v	R	ΔP_y $=RL$	$\sum\zeta$	ΔP_d	$\Delta P_j=$ $\Delta P_d \cdot \sum\zeta$	$\Delta P=$ $\Delta P_y+\Delta P_j$	备注
	W	kg/h	m	mm	m/s	Pa/m	Pa		Pa	Pa	Pa	
1	2	3	4	5	6	7	8	9	10	11	12	13
立管 V												
1	74800	2573	15	40	0.55	116.41	1746.2	1.5	148.72	223.1	1969.3	
2	37400	1287	8	32	0.36	61.95	495.6	4.5	63.71	286.7	782.3	
3	29500	1015	8	32	0.28	39.32	314.6	1.0	38.54	38.5	353.1	
4	22300	767	8	32	0.21	23.09	184.7	1.0	21.68	21.7	206.4	包
5	15100	519	8	25	0.26	46.19	369.5	1.0	33.23	33.2	402.7	括
6	7900	272	23.7	20	0.22	46.31	1097.5	9.0	23.79	214.1	1311.6	管
7	—	136	9	15	0.20	58.08	522.7	45	19.66	884.7	1407.4	段
8	15100	519	8	25	0.26	46.19	369.5	1	33.23	33.2	402.7	6′
9	22300	767	8	32	0.21	23.09	184.7	1	21.68	21.7	206.4	6″
10	29500	1015	8	32	0.28	39.32	314.6	1	38.54	38.5	353.1	
11	37400	1287	8	32	0.36	61.95	495.6	5	63.71	318.6	814.2	
12	74800	2573	3	40	0.55	116.41	349.2	0.5	148.72	74.4	423.6	

$\sum l = 114.7\text{m}$ 　　　　　　$\sum(\Delta P_y + \Delta P_j)_{1\sim 12} = 8633\text{Pa}$

入口处的剩余循环作用压力，用阀门节流

立管 IV　资用压力 $\Delta P'_{IV} = \sum(\Delta P_y + \Delta P_j)_{6,7} = 2719\text{Pa}$

| 13 | 7200 | 248 | 7.7 | 15 | 0.36 | 182.07 | 1401.9 | 9 | 63.71 | 573.4 | 1975.3 | |
| 14 | — | 124 | 9 | 15 | 0.18 | 48.84 | 439.6 | 33 | 16.93 | 525.7 | 965.3 | |

$\sum(\Delta P_y + \Delta P_j)_{13,14} = 2941$　Pa

不平衡百分率 $x_{IV} = \dfrac{\Delta P'_{IV} - \sum(\Delta P_y + \Delta P_j)_{13,14}}{\Delta P'_{IV}} = \dfrac{2719-2941}{2719} \times 100\% = -8.2\%$（在 ±15% 以内）

立管 III　资用压力 $\Delta P'_{III} = \sum(\Delta P_y + \Delta P_j)_{5\sim 8} = 3524\text{Pa}$

| 15 | 7200 | 248 | 7.7 | 15 | 0.36 | 182.07 | 1401.9 | 9 | 63.71 | 573.4 | 1975.3 | |
| 16 | — | 124 | 9 | 15 | 0.18 | 48.84 | 439.6 | 33 | 15.93 | 525.7 | 965.3 | |

$\sum(\Delta P_y + \Delta P_j)_{15,16} = 2941\text{Pa}$

不平衡百分率 $x_{III} = \dfrac{\Delta P'_{III} - \sum(\Delta P_y + \Delta P_j)_{15,16}}{\Delta P'_{III}} = \dfrac{3524-2941}{3524} \times 100\% = 16.5\% > 15\%$（用立管阀门节流）

立管 II　资用压力 $\Delta P'_{II} = \sum(\Delta P_y + \Delta P_j)_{4\sim 9} = 3937\text{Pa}$

| 17 | 7200 | 248 | 7.7 | 15 | 0.36 | 182.07 | 1401.9 | 9 | 63.71 | 573.4 | 1975.3 | |
| 18 | — | 124 | 9 | 15 | 0.18 | 48.84 | 439.6 | 33 | 15.93 | 525.7 | 965.3 | |

$\sum(\Delta P_y + \Delta P_j)_{17,18} = 2941\text{Pa}$

不平衡百分率 $x_{II} = \dfrac{\Delta P'_{II} - \sum(\Delta P_y + \Delta P_j)_{17,18}}{\Delta P'_{II}} = \dfrac{3937-2941}{3937} \times 100\% = 25.3\% > 15\%$（用立管阀门节流）

续表

管段号	Q	G	L	d	v	R	ΔP_y $=RL$	$\Sigma \zeta$	ΔP_d	$\Delta P_j=$ $\Delta P_d \cdot \Sigma \zeta$	$\Delta P=$ $\Delta P_y + \Delta P_j$	备注
	W	kg/h	m	mm	m/s	Pa/m	Pa		Pa	Pa	Pa	
1	2	3	4	5	6	7	8	9	10	11	12	13
立管 I 资用压力 $\Delta P'_I = \Sigma(\Delta P_y + \Delta P_j)_{3\sim10} = 4643$Pa												
19	7900	272	7.7	15	0.39	217.19	1672.4	9	74.78	673.0	2345.4	
20	—	136	9	15	0.20	58.08	522.7	33	19.66	648.8	1171.5	

$\Sigma(\Delta P_y + \Delta P_j)_{19,20} = 3517$Pa

$$不平衡百分率 \; x_I = \frac{\Delta P'_I - \Sigma(\Delta P_y + \Delta P_j)_{19,20}}{\Delta P'_I} = \frac{4643-3517}{4643} \times 100\% = 24.3\% > 15\% (用立管阀门节流)$$

例题 4-2 的局部阻力系数计算表　　　　　　　表 4-5

管段号	局部阻力	个数	$\Sigma\zeta$	管段号	局部阻力	个数	$\Sigma\zeta$
1	闸阀	1	0.5	8、9、10	直流三通	1	1.0
	90°弯头	2	1.0				
	$\Sigma\zeta=1.5$			11	90°弯头	1	1.5
2	直流三通	1	1.0		闸阀	1	0.5
	闸阀	1	0.5		合流三通	1	3.0
	弯头	2	1.5×2=3		$\Sigma\zeta=5.0$		
	$\Sigma\zeta=45$			12	闸阀	1	0.5
3、4、5	直流三通	1	1.5	13、15 17、19	闸阀	2	1.5×2=3
6	直流三通	2	1×2=2		分流三通	2	3×2=6
	闸阀	2	0.5×2=1		$\Sigma\zeta=9.0$		
	弯头	1	2.0	14、16 18、20	分流、合流三通	6	3×6=18
	乙字弯	2	1.5×2=3		乙字弯	6	1.5×6=9
	集气罐	1	1.0		散热器	3	2×3=6
	$\Sigma\zeta=9.0$				$\Sigma\zeta=33$		
7	分流、合流三通	6	3×6=18				
	弯头	6	2×6=12				
	散热器	3	2×3=6				
	乙字弯	6	1.5×6=9				
	$\Sigma\zeta=45$						

二、散热器的进流系数 α

在单管热水供暖系统中，立管的水流量全部或部分地流进散热器。流进散热器的水流量 G_s 与通过该立管水流量 G_l 的比值，称作散热器的进流系数 α，可用下式表示：

$$\alpha = G_s / G_l \tag{4-38}$$

在垂直式顺流热水供暖系统中，散热器单侧连接时，$\alpha=1.0$；散热器双侧连接，通常两侧散热器的支管管径及其长度都相等时，$\alpha=0.5$。当两侧散热器的支管管径及其长度不相等时，两侧的散热器进流系数 α 就不相等了。影响两侧散热器之间水流量分配的因素主要有两个：一是由于散热器负荷不同致使散热器平均水温不同而产生的重力循环附加作用压力差值；二是并联环路在节点压力平衡状况下的水流量分配规律。如图 4-10 所示，在机械循环系统中，节点1、2并联环路的压力损失较大（R 值较高）；因此，重力循环附加作用压力差值的影响，在一般情况下，可忽略不计，可以近似地按顺流式两侧的阻力比，来确定散热器的进流系数。

根据并联环路节点压力平衡原理，可列出下式：

$$(R_1 l_1 + \Delta P_{j.1})_{1\text{-}I\text{-}2} = (R_2 l_2 + \Delta P_{j.2})_{1\text{-}II\text{-}2} \quad \text{Pa}$$

或

$$R_1(l_1 + l_{d.1})_{1\text{-}I\text{-}2} = R_2(l_2 + l_{d.2})_{1\text{-}II\text{-}2} \quad \text{Pa} \tag{4-39}$$

图 4-10 顺流式系统
散热器节点

又知

$$R = \frac{\lambda}{d} \frac{v^2 \rho}{2} = \frac{\lambda}{d}\left(\frac{G}{3600 \frac{\pi d^2}{4}\rho}\right)^2 \frac{\rho}{2}$$

如支管 $d_1 = d_2$，并假设两侧水的流动状况相同，摩擦阻力系数 λ 值近似相等，则根据式（4-14），R 与水流量 G 的平方成正比，式（4-39）可改写为

$$G_I^2(l_1 + l_{d.1})_{1\text{-}I\text{-}2} = G_{II}^2(l_2 + l_{d.2})_{1\text{-}II\text{-}2}$$

$$\frac{(l_1 + l_{d.1})_{1\text{-}I\text{-}2}}{(l_2 + l_{d.2})_{1\text{-}II\text{-}2}} = \frac{G_{II}^2}{G_I^2} = \frac{(G_l - G_I)^2}{G_I^2} \tag{4-40}$$

式中 l_1、l_2——通向散热器 I、II 的支管长度，m；

$l_{d.1}$、$l_{d.2}$——通向散热器 I、II 的支管的局部阻力当量长度，m；

G_I、G_{II}——流进散热器 I、II 的水流量，kg/h；

G_l——立管的水流量，kg/h。

将式（4-40）变换，得

$$\alpha_I = \frac{G_I}{G_l} = \frac{1}{1 + \sqrt{\dfrac{(l_1 + l_{d.1})_{1\text{-}I\text{-}2}}{(l_2 + l_{d.2})_{1\text{-}II\text{-}2}}}} \tag{4-41}$$

式中 α_I——散热器 I 的进流系数。

若已知 α_I 及 G_l 值，流入散热器 I 和 II 的水流量分别为

$$G_I = \alpha_I G_l \quad \text{kg/h} \tag{4-42}$$

$$G_{II} = (1 - \alpha_I)G_l \quad \text{kg/h} \tag{4-43}$$

在通常管道布置情况下，顺流式系统两侧连接散热器支管管径、长度及其局部阻力都相等时，根据式（4-41）可见

$$\alpha_I = \alpha_{II} = 0.5$$

通过实验或用式（4-41）计算，当 $1 < (l_1 + l_{d.1})_{1\text{-}I\text{-}2}/(l_2 + l_{d.2})_{1\text{-}II\text{-}2} < 1.4$ 时，散热器 I 的进流系数 $0.5 > \alpha_I > 0.46$。在工程计算中，可粗略按 $\alpha = 0.5$ 计算。当两侧散热器支管的折算长度相差太大时，应通过式（4-41）确定散热器的进流系数。

对于跨越式系统，立管中部分水量流过跨越管段，只有部分水量进入一侧或两侧散热器。通过跨越管段的水没有被冷却，它与散热器平均水温不同而引起重力循环附加作用压力，它要比顺流式系统大一些。因此，通常是根据实验方法确定进流系数。实验表明：跨越式系统散热器的进流系数与散热器支管、立管和跨越管的管径组合情况以及立管中的流量或流速有关。图 4-11 为各种组合管径情况下的进流系数曲线图。如管径组合为 $20 \times 20 \times 20$ 情

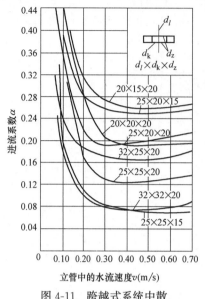

图 4-11 跨越式系统中散
热器的进流系数曲线图

d_l—立管管径；d_k—跨越管管径；

d_z—支管管径

况下，立管的流速为 0.3m/s 时，从图 4-11 得出，进流系数 $\alpha = 0.205$，亦即有 59% 的流量流过跨越管段。为了增大散热器的水流量，可以采用缩小跨越管管径的方法。如管径组合改为 $20 \times 15 \times 20$，则进流系数增大到 $\alpha = 0.275$。

由于跨越管的进流系数比顺流式的小，因而在相同散热器热负荷条件下，流出跨越式系统散热器的出水温度低于顺流式系统。散热器平均水温也低，因而所需的散热器面积要比顺流式系统的大一些。

三、机械循环单管顺流同程式热水供暖系统管路水力计算例题

同程式系统的特点是通过各个并联环路的总长度都相等。在供暖半径较大（一般超过 50m 以上）的室内热水供暖系统中，同程式系统得到较普遍地应用。现通过下面例题，阐明同程式系统管路水力计算方法和步骤。

【例题 4-3】 将例题 4-2 的异程式系统改为同程式系统。已知条件与例题 4-2 相同。管路系统图见图 4-12。

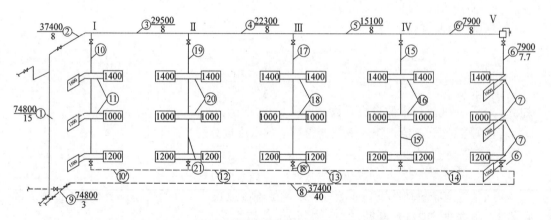

图 4-12 同程式系统管路系统图

【解】 计算方法和步骤：

1. 首先计算通过最远立管 V 的环路。确定出供水干管各个管段、立管 V 和回水总干管的管径及其压力损失。计算方法与例题 4-2 相同，见水力计算表 4-6。

2. 用同样方法，计算通过最近立管 I 的环路，从而确定出立管 I、回水干管各管段的管径及其压力损失。

3. 求并联环路立管 I 和立管 V 的压力损失不平衡率，使其不平衡率在 ±5% 以内。

4. 根据水力计算结果，利用图示方法（图 4-13），表示出系统的总压力损失及各立管的供、回水节点间的资用压力值。

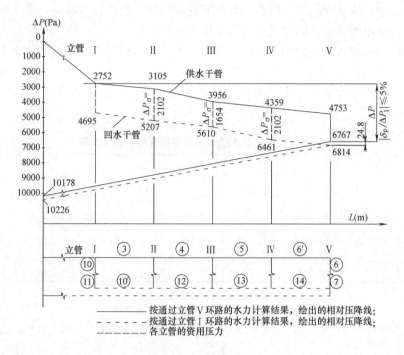

图 4-13　同程式系统的管路压力平衡分析图

根据本例题的水力计算表和图 4-13 可知，立管 IV 的资用压力应等于入口处供水管起点，通过最近立管环路到回水干管管段 13 末端的压力损失，减去供水管起点到供水干管管段 5 末端的压力损失的差值，亦即等于 6416−4359＝2102Pa（见表 4-6 的第 13 栏数值）。其他立管的资用压力确定方法相同，数值见表 4-6。

应注意：如水力计算结果和图示表明个别立管供、回水节点间的资用压力过小或过大，则会使下一步选用该立管的管径过细或过粗，设计很不合理。此时，应调整第一、二步骤的水力计算，适当改变个别供、回水干管的管段直径，使易于选择各立管的管径并满足并联环路不平衡率的要求。

5. 确定其他立管的管径。根据各立管的资用压力和立管各管段的流量，选用合适的立管管径。计算方法与例题 4-2 的方法相同。

6. 求各立管的不平衡率。根据立管的资用压力和立管的计算压力损失，求各立管的不平衡率。不平衡率应在±10％以内。

通过同程式系统水力计算例题可见，虽然同程式系统的管道金属耗量多于异程式系统，但它可以通过调整供、回水干管的各管段的压力损失来满足立管间不平衡率的要求。

在上述的三个例题中，都是采用了立管或散热器的水温降相等的预先假定，由此也就预先确定了立管的流量。这样，通过各立管并联环路的计算压力损失就不可能相等而存在压降不平衡率。这种水力计算方法，通常称为等温降的水力计算方法。在较大的室内热水供暖系统中，如采用等温降方法进行异程式系统的水力计算（例题 4-2），立管间的压降不平衡率往往难以满足要求，必然会出现系统的水平失调。对于同程式系统，如前所述，

117

如在水力计算中一些立管的供、回水干管之间的资用压力很小或为零时，该立管的水流量很小，甚至出现停滞现象，同样也会出现系统的水平失调。

一个良好的同程式系统的水力计算，应使各立管的资用压力值不要变化太大，以便于选择各立管的合理管径。为此，在水力计算中，管路系统前半部供水干管的比摩阻 R 值，宜选用稍小于回水干管的 R 值；而管路系统后半部供水干管的比摩阻 R 值，宜选用稍大于回水干管的。

机械循环同程式单管热水供暖系统管路水力计算表　　表 4-6

管段号	Q	G	l	d	v	R	$\Delta P_y = RL$	$\Sigma\zeta$	ΔP_d	$\Delta P_j = \Delta P_d \cdot \Sigma\zeta$	$\Delta P = \Delta P_y + \Delta P_j$	供水管起点到计算管段末端的压力损失 (Pa)
	W	kg/h	m	mm	m/s	Pa/m	Pa		Pa	Pa	Pa	
1	2	3	4	5	6	7	8	9	10	11	12	13
通过立管Ⅴ的环路												
1	74800	2573	15	40	0.55	116.41	1746.2	1.5	148.72	223.1	1969.3	1969
2	37400	1287	8	32	0.36	61.95	495.6	4.5	63.71	286.7	782.3	2752
3	29500	1015	8	32	0.28	39.32	314.6	1.0	38.54	38.5	353.1	3105
4	22300	767	8	25	0.38	97.51	780.1	1.0	70.99	71.0	851.1	3956
5	15100	519	8	25	0.26	46.19	369.5	1.0	33.23	33.2	402.7	4359
6′	7900	272	8	20	0.22	46.31	370.5	1.0	23.79	23.8	394.3	4753
6	7900	272	9.5	20	0.22	46.31	439.9	7.0	23.79	166.5	606.4	5359
7	—	136	9	15	0.20	58.08	522.7	45	19.66	884.7	1407.4	6767
8	37400	1287	40	32	0.36	61.95	2478.0	8	63.71	509.7	2987.7	9754
9	74800	2573	3	40	0.55	116.41	349.2	0.5	148.72	74.4	423.6	10178

$$\Sigma(\Delta P_y + \Delta P_j)_{1\sim9} = 10178\text{Pa}$$

管段号	Q	G	l	d	v	R	$\Delta P_y = RL$	$\Sigma\zeta$	ΔP_d	$\Delta P_j = \Delta P_d \cdot \Sigma\zeta$	$\Delta P = \Delta P_y + \Delta P_j$	压力损失
通过立管Ⅰ的环路												
10	7900	272	9	20	0.22	46.31	416.8	5.0	23.79	119.0	535.8	3287
11	—	136	9	15	0.20	58.08	522.7	45	19.66	884.7	1407.4	4695
10′	7900	272	8.5	20	0.22	46.31	393.6	5.0	23.79	119.0	512.6	5207
12	15100	519	8	25	0.26	46.19	369.5	1.0	33.23	33.2	402.7	5610
13	22300	767	8	25	0.38	97.51	780.1	1.0	70.99	71.0	851.1	6461
14	29500	1015	8	32	0.28	39.32	314.6	1.0	38.54	38.5	353.1	6814

管段 3～7 与管段 10～14 并联　　　　　　$\Sigma(\Delta P_y + \Delta P_j)_{10\sim14} = 4063\text{Pa}$

$\Delta P_{3\sim7} = 3931\text{Pa}$　　　　　　$\Sigma(\Delta P_y + \Delta P_j)_{1,2,8,9,10\sim14} = 10226\text{Pa}$

$$\text{不平衡率} = \frac{\Delta P_{3\sim7} - \Delta P_{10\sim14}}{\Delta P_{3\sim7}} = \frac{3931-4063}{3931} \times 100\% = -3.4\%$$

系统总压力损失为 10226Pa，剩余作用压力，在引入口处用阀门节流。

管段号	Q	G	l	d	v	R	$\Delta P_y = RL$	$\Sigma\zeta$	ΔP_d	$\Delta P_j = \Delta P_d \cdot \Sigma\zeta$	$\Delta P = \Delta P_y + \Delta P_j$	供水管起点到计算管段末端的压力损失(Pa)
	W	kg/h	m	mm	m/s	Pa/m	Pa		Pa	Pa	Pa	
1	2	3	4	5	6	7	8	9	10	11	12	13
立管Ⅳ 资用压力 $\Delta P_{Ⅳ}=6461-4359=2102$Pa												
15	7200	248	6	20	0.20	38.92	233.5	3.5	19.66	68.8	302.3	
16	—	124	9	15	0.18	48.84	439.6	33.0	15.93	525.7	965.3	
15′	7200	248	3.5	15	0.36	182.07	637.2	4.5	63.71	286.7	923.9	

$$\Sigma(\Delta P_y + \Delta P_j)_{15,15',16} = 2191\text{Pa}$$

$$\text{不平衡率} = \frac{\Delta P_{Ⅳ} - \Sigma(\Delta P_y + \Delta P_j)_{15,15',16}}{\Delta P_{Ⅳ}} = \frac{2102-2191}{2102} \times 100\% = -4.2\%$$

管段号	Q	G	l	d	v	R	$\Delta P_y = RL$	$\Sigma\zeta$	ΔP_d	ΔP_j	ΔP	
立管Ⅲ 资用压力 $\Delta P_{Ⅲ}=5610-3956=2191$Pa												
17	7200	248	9	20	0.20	38.92	350.3	3.5	19.66	68.8	419.1	
18	—	124	9	15	0.18	48.84	439.6	33.0	15.93	525.7	965.3	
18′	7200	248	0.5	20	0.20	38.92	19.5	4.5	19.66	88.5	108.0	

$$\Sigma(\Delta P_y + \Delta P_j)_{17,18,18'} = 1492\text{Pa}$$

$$\text{不平衡率} = \frac{\Delta P_{Ⅲ} - \Sigma(\Delta P_y + \Delta P_j)_{17,18,18'}}{\Delta P_{Ⅲ}} = \frac{1654-1492}{1654} \times 100\% = 9.8\%$$

管段号	Q	G	l	d	v	R	$\Delta P_y = RL$	$\Sigma\zeta$	ΔP_d	ΔP_j	ΔP	
立管Ⅱ 资用压力 $\Delta P_{Ⅱ}=5207-3105=2102$Pa												
19	7900	248	6	20	0.20	38.92	233.5	3.5	19.66	68.8	302.3	
20	—	124	9	15	0.18	48.84	439.6	33.0	15.93	525.7	965.3	
21	7200	248	3.5	15	0.36	182.07	637.2	4.5	63.71	286.7	923.9	

$$\Sigma(\Delta P_y + \Delta P_j)_{19,20,21} = 2191\text{Pa}$$

$$\text{不平衡率} = \frac{\Delta P_{Ⅱ} - \Sigma(\Delta P_y + \Delta P_j)_{19\sim21}}{\Delta P_{Ⅱ}} = \frac{2102-2191}{2102} \times 100\% = -4.2\%$$

第四节 分户采暖热水供暖系统管路的水力计算原则与方法

我国对建筑按使用性质分类可分为非生产性的民用建筑、生产性的工业建筑与农业建筑。民用建筑又可分为住宅建筑与公共建筑。传统形式的采暖系统除不能满足民用建筑的住宅热用户调节与计量的要求外，均能满足其他类型建筑的采暖需求。因此本章第二节、第三节仍然对重力循环双管供暖系统与机械循环单管异程式、同程式采暖系统的水力计算做了较大篇幅的介绍，本书中将这两种采暖系统均称为传统形式的采暖系统，它们一般将整幢建筑作为用户对象，通常采用的是上供下回式的单、双管采暖系统。这种系统不可能满足民用建筑分户调节供热量的要求，进而也满足不了计量的要求。

我国民用既有建筑的采暖系统绝大多数都是垂直式双管、单管或单双管系统。为使国家节能、计量工作顺利的开展，根据国家相关能源政策和自身管理需求配备能源计量装置，通过精细化管理推动主动节能。《民规》GB 50736—2012 规定，集中供暖的新建建筑和既有建筑节能改造必须设置热量计量装置，并具备室温调控功能。既有民用建筑的采暖系统改造的方法，一是对原有的采暖系统加装跨越管与温控调节阀，满足热量可调；在热力入口或者换热站安装热量表，此法比较适用于民用公共建筑采暖系统；方法二是对旧的既有建筑的采暖系统实行分户改造，即先实现分户的调节与控制，为下一步的计量与合理收费做好准备工作，此法比较适合民用住宅建筑采暖系统。

传统形式的采暖系统已应用很多年，系统形式与水力计算方法较统一，施工规范中有很多标准化连接。分户采暖在近十几年才开始并大量应用，经广大工程技术人员的实践，对分户采暖系统的形式取得了较为一致的意见。但用户自成一环，系统环路的大小因户型而异，水平环路变化范围大，而且不同的房间对室温与散热器的散热量有不同的和更高的要求。分户采暖室内系统的设计计算与施工的标准化工作还需进一步加强，尤其是对分户采暖的水力计算与不平衡率如何控制应进一步研究。本节主要针对分户采暖系统水力工况特点及其三个组成部分：户内系统、单元立管系统与水平采暖系统水力计算的原则与方法进行介绍，供参考。

一、分户采暖系统水力工况特点

分户采暖在使用方式上的一些特点：

1. 室内有人时，散热器处于正常工作状态，室内采暖设计温度为 18℃；室内无人时，散热器处于值班采暖状态。

2. 热消费水平与舒适度需求不同，不同的环路会对室温有不同的要求；即便是同一环路，不同房间对室温的要求不同，对同一环路的散热器的散热量还有不同的与可调的要求。

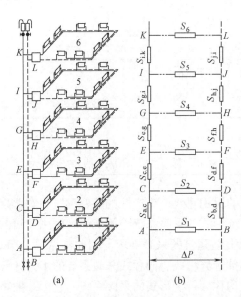

图 4-14　系统管路与等效连接示意图
(a) 分户采暖单元立管与户内采暖系统管路图；
(b) 是 (a) 的等效阻力数连接管路图

3. 用户环路还有被调节与关闭的可能。

虽然由第三章图 3-15、图 3-16 可将分户采暖系统的单元立管与户内系统理解为经旋转与缩小版的传统采暖系统。但分户采暖系统从使用、运行方式上与传统的采暖系统有很大的区别，从而水力工况较传统采暖系统有很大的不同。

图 4-14（a）是某分户采暖单元立管与户内水平系统图，各个管段通过串、并联连接于管路间，耦合在一起。某一管段的阻力特性系数变化，必将引起其他管段的流量与压差的改变。图 4-14（b）是将图 4.14（a）其各个管段的阻力特性系数等效。如供水立管管段 AC、CE、EG、GI、IK 的沿程与局部阻力特性系数为 $S_{a.c}$、$S_{c.e}$、$S_{e.g}$、$S_{g.i}$、$S_{i.k}$；回水立管管段 BD、DF、FH、HJ、JL 的沿程与局部阻力特性系数为 $S_{b.d}$、$S_{d.f}$、$S_{f.h}$、$S_{h.j}$、$S_{j.l}$；一～六层用户的入口阻力、沿程与局部阻力特性系数为 $S_1\cdots S_6$。方法相当于电学里的等效电路图，各管段的阻力特性系数等效为电路里的电阻。供、回水立管阻力相当于导线电阻，

户内阻力相当于户内的用电器电阻。在生活中都有这样的经验：不会因为某一用户某一用电器的使用而影响到其他用户用电器的正常使用，是因为用电器的电阻相对于导线电阻为无限大。启发我们：若户内阻力远远大于供、回水干管阻力，则系统的水力稳定性最好，即某用户所做的任何调节对其他用户没有任何影响。这一点可以通过增大户内系统阻力（水平管管径无限小），减小单元立管阻力（立管管径无限大）来实现。但在民用住宅建筑中，分户供暖系统的户内阻力不可能无限大。一方面，水平管的管径不可能过小，过小的管径造成流量过小，水是热的载体，流量小不便于满足分户用户的热量调节要求；另一方面，住宅用户的水平管线长度是有限的。分户供暖系统的单元立管阻力也不可能无限小。阻力无限小意味着立管管径无限大，这在实际工程中是不可能的。同时分户采暖系统必须考虑重力循环自然附加压力的影响，过大的管径不能将重力循环自然附加压力消耗掉，将引起垂直失调。由以上的分析可知，分户采暖系统的户内水平管的平均比摩阻 R_{pj} 的选取应尽可能大些，可取传统采暖系统形式的平均比摩阻 R_{pj} 的上限 $100 \sim 120 \mathrm{Pa/m}$，亦可通过增加阀门等局部阻力的方法来实现。单元立管的平均比摩阻 R_{pj} 的选取值要小一些，尽可能的抵消重力循环自然附加压力的影响。以供、回水热媒 $95/70℃$ 为例，推荐平均比摩阻 R_{pj} 按 $40 \sim 60 \mathrm{Pa/m}$ 选取。可见，分户采暖系统平均比摩阻 R_{pj} 的选取范围与传统采暖系统的平均比摩阻 R_{pj} 的选取范围不同，传统采暖系统的平均比摩阻 R_{pj} 的确定是一个技术经济问题，分户采暖系统的平均比摩阻 R_{pj} 的确定更多的是由使用与运行的技术问题确定。

二、户内水平采暖系统的水力计算原则与方法

在第三章介绍的分户采暖户内水平采暖系统水平管的连接方式主要是串联、并联与跨越式连接。分户采暖与传统采暖系统的区别主要是户内散热器具有可调性。下面主要以水平跨越式系统为例介绍户内系统的水力计算方法。

水平跨越式水力计算的关键是如何确定散热器的进流系数 α。图 4-15 为某水平跨越式系统散热器与跨越管单元。图中①为计算管段编号，后面的数字为管段的长度（m）。根据并联环路阻力平衡原理，节点 A、B 间的阻力损失相等，即通过跨越管支路与散热器支路的压降均等于节点 A、B 间的压力降。

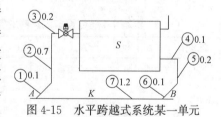

图 4-15　水平跨越式系统某一单元

$$\Delta P_{AB} = \Delta P_k = \Delta P_s - P_z \tag{4-44}$$

式中　ΔP_{AB}——并联环路节点 A、B 间的压降，Pa；

　　　　ΔP_k——跨越管支路的压降，Pa；

　　　　ΔP_s——散热器支路的压降，Pa；

　　　　P_z——由散热器安装高度引起的重力循环自然附加压力，Pa。

为计算简便，忽略重力循环自然附加压力的影响，并将式（4-19）带入式（4-44）得到：

$$S_k G_k^2 = S_s G_s^2$$

则
$$\frac{G_k}{G_s} = \sqrt{\frac{S_s}{S_k}} \tag{4-45}$$

由流体的质量守恒，有 $G=G_k+G_s$，将式（4-45）带入

进流系数　　　$\alpha=\dfrac{G_s}{G}=\dfrac{G_s}{G_s+G_k}=\dfrac{1}{1+G_k/G_s}=\dfrac{1}{1+\sqrt{S_s/S_k}}$　　　　（4-46）

式中　G——A 前或 B 后管段的总流量，kg/h；

$\quad\quad G_k$——A、B 之间流经跨越管支路的流量，kg/h；

$\quad\quad G_s$——A、B 之间流经散热器支路的流量，kg/h；

$\quad\quad S_k$——A、B 之间流经跨越管支路的阻力数，$Pa/(kg/h)^2$；

$\quad\quad S_s$——A、B 之间流经散热器支路的阻力数，$Pa/(kg/h)^2$。

即对于水平跨越式系统通过散热器支管的流量与总流量的比值（进流系数 α），是由散热器支路的阻力数与跨越管支路的阻力数共同决定的。

由式（4-17）得

$$\Delta P=Rl+\Delta P_j=\dfrac{1}{900^2\pi^2 d^4\cdot 2\rho}\left(\dfrac{\lambda}{d}l+\Sigma\zeta\right)G^2=A\left(\dfrac{\lambda}{d}l+\Sigma\zeta\right)G^2=SG^2$$

即 $S=A\left(\dfrac{\lambda}{d}l+\Sigma\zeta\right)$，如前述介绍，附录 4-4 列出各种不同管径的 A 值和 λ/d 值。即对于任何形式的管段，只要知道管段长度 l 与局部阻力 $\Sigma\zeta$ 就可确定管段的阻力数 S，从而确定进流系数 α。

【例题 4-4】　参照图 4-15，并根据上述方法，确定跨越管与散热器的管径组合为 $DN15/DN15$ 时，散热器的进流系数 α。

【解】　计算方法和步骤：

1. 根据图 4-15，散热器管段的长度为 $l_s=0.1+0.7+0.2+0.1+0.2+0.1=1.4m$，跨越管的长度为 1.2m。

2. 跨越管与散热器的局部阻力系数 $\Sigma\zeta$ 见表 4-7。

例题 4-4 跨越管与散热器的管径组合为 DN15/DN15 时局部阻力系数 $\Sigma\zeta$　　　表 4-7

管段名称	局部阻力	个数	$\Sigma\zeta$	管段名称	局部阻力	个数	$\Sigma\zeta$
散热器	旁流三通	1	$1\times1.5=1.5$	跨越管	直流三通	2	$2\times1.0=2.0$
	90°弯头	4	$4\times2.0=8.0$				
	合流三通	1	$1\times3.0=3.0$				
	$\Sigma\zeta=12.5$					$\Sigma\zeta=2.0$	

3. 根据附表 4-4 列出各种不同管径的 A 值和 λ/d 值，分别求出跨越管支路与散热器支路的阻力数。

$$S_k=A\left(\dfrac{\lambda}{d}l+\Sigma\zeta\right)=1.03\times10^3(2.6\times1.2+2.0)=5.2736\times10^3 Pa/(kg/h)^2$$

$$S_s=A\left(\dfrac{\lambda}{d}l+\Sigma\zeta\right)=1.03\times10^3(2.6\times1.4+12.5)=16.6242\times10^3 Pa/(kg/h)^2$$

4. 带入式（4-46），求出分流系数

$$\alpha=\dfrac{1}{1+\sqrt{S_s/S_k}}=0.360$$

根据例题所用方法可确定常用散热器管径与跨越管管径下的进流系数 α，见表4-8。

常用管径分流系数 α　　　　　　　　　　　　　　　　表4-8

跨越管管径 ＼ 散热器管径	$DN15$	$DN20$	$DN25$	$DN32$
$DN15$	0.360	—	—	—
$DN20$	0.211	0.345	—	—
$DN25$	0.133	0.226	—	—
$DN32$	0.075	0.132	0.201	—
$DN40$	0.057	0.101	0.157	0.249

说明：

1. 表格中的数据在计算时未将散热器的局部阻力计算在内。在实际计算时，应根据所选散热器的形式与片数对散热器的局部阻力系数进行计取，并对散热器管段的长度和跨越管管段的长度做出相应的调整。

2. 计算时未考虑散热器入口阀门的局部阻力，实际设计计算时，可根据所选的阀门类型对局部阻力加以考虑。

3. 水平跨越式系统是分户采暖户内部分的常用形式，跨越管支路与散热器支路的布置如图4-16所示有多种组合，表4-8的分流系数是按照图4-15确定的，跨越管管段与散热器管段的长度与实际设计有所差异。

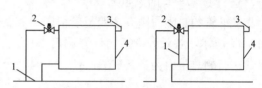

图4-16　跨越管与散热器的连接方法
1—跨越管；2—两通或三通调节阀（温控阀）
3—冷风阀；4—散热器

【例题 4-5】　图4-17为某居民住宅水平跨越式分户采暖户内系统轴侧图，图4-18为该系统的平面图，热媒参数：供水温度 $t'_g = 95℃$，回水温度 $t'_h = 70℃$。确定供暖系统的管径并计算该用户的户内系统的阻力。

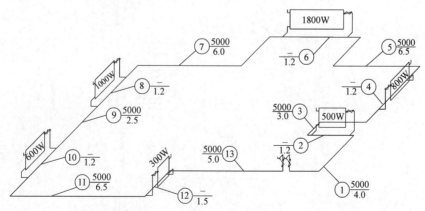

图4-17　例题4-5水平跨越式分户采暖户内系统轴侧图

【解】　计算方法和步骤：

1. 在轴侧图上，进行管段编号，水平管与跨越管编号并注明各管段的热负荷和管长，如图4-17所示。

2. 计算各管段的管径。

水平管段1、3、5、7、9、11、13 的流量为

$$G=\frac{0.86\sum Q}{t'_g-t'_h}=\frac{0.86\times5000}{95-70}=172\text{kg/h}$$

根据表 4-8，跨越管管段 2、4、6、8、10 的流量为

$$G_k=(1-0.36)G=110.08\text{kg/h}$$

从而确定各管段的管径，见表 4-9。

3. 各管段的局部阻力系数的确定，见表 4-9。

4. 跨越管的局部阻力与沿程阻力的计算，跨越管段 2、4、6、8、10、12 的阻力相等。假设长度 $l=1.2\text{m}$，$R=39.05\text{Pa/m}$，$v=0.16\text{m/s}$；局部阻力系数，每组节点间有两个直流三通，$\sum\zeta=2\times1.0=2.0$，阻力为

$$(Rl+\Delta P_j)=39.05\times1.2+25.18=72.04\text{a}$$

跨越管段 2、4、6、8、10、12 的总阻力为 $72.04\times6=432.24\text{Pa}$。

5. 计算水平管的总阻力。

水平管的总阻力由 6 个跨越管段阻力和管段 1、3、5、7、9、11、13 的阻力组成。如图 4-17 所示，各管段的阻力计算见表 4-10。

它们的总阻力为：$\sum(Rl+\Delta P_j)=4790.2\text{Pa}$。

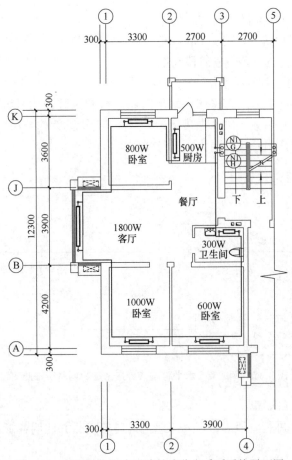

图 4-18 某居民住宅水平跨越式分户采暖系统平面图

水平跨越式分户采暖系统管路水力计算表（例题 4-5）　　　表 4-9

管段号	Q	G	L	d	v	R	$\Delta P_y=RL$	$\Sigma\zeta$	ΔP_d	$\Delta P_j=\Delta P_d\cdot\Sigma\zeta$	$\Delta P=\Delta P_y+\Delta P_j$	备注
	W	kg/h	m	mm	m/s	Pa/m	Pa		Pa	Pa	Pa	
1	2	3	4	5	6	7	8	9	10	11	12	13
1	5000	172	4.0	15	0.248	90.7	362.8	9.5	30.25	287.4	650.2	
2	—	110.08	1.2	15	0.16	39.05	46.86	2.0	12.59	25.18	72.04	
3	5000	172	3.0	15	0.248	90.7	272.1	6.0	30.25	181.5	453.6	
4	—	110.08	1.2	15	0.16	39.05	46.86	2.0	12.59	25.18	72.04	
5	5000	172	6.5	15	0.248	90.7	589.6	6.0	30.25	181.5	771.1	
6	—	110.08	1.2	15	0.16	39.05	46.86	2.0	12.59	25.18	72.04	
7	5000	172	6.0	15	0.248	90.7	544.2	6.0	30.25	181.5	725.7	
8	—	110.08	1.2	15	0.16	39.05	46.86	2.0	12.59	25.18	72.04	
9	5000	172	2.5	15	0.248	90.7	226.8	0	30.25	0	226.8	
10	—	110.08	1.2	15	0.16	39.05	46.86	2.0	12.59	25.18	72.04	
11	5000	172	6.5	15	0.248	90.7	589.6	4.0	30.25	121	710.6	
12	—	110.08	1.2	15	0.16	39.05	46.86	2.0	12.59	25.18	72.04	
13	5000	172	5.0	15	0.248	90.7	453.5	7.5	30.25	226.9	680.4	

$\Sigma l=40.7\text{m}$　　　$\Sigma(\Delta P_y+\Delta P_j)_{1-13}=4790.2\text{Pa}$

例题 4-5 的局部阻力系数计算表　　　表 4-10

管段号	局部阻力	个数	$\Sigma\zeta$	管段号	局部阻力	个数	$\Sigma\zeta$
1	闸阀	1	1.5	3、5、7	90°弯头	3	3×2.0=6.0
	90°弯头	4	4×2.0=8.0				$\Sigma\zeta=6.0$
				11	90°弯头	2	2×2.0=4.0
			$\Sigma\zeta=9.5$				$\Sigma\zeta=4.0$
2、4、6、8、10、12	直流三通	2	2×1.0=2.0	13	90°弯头	3	3×2.0=6.0
			$\Sigma\zeta=2.0$		闸阀	1	1.5
9	—	—					$\Sigma\zeta=7.5$

三、单元立管与水平干管采暖系统的水力计算应考虑的原则与方法

（一）单元立管的水力计算必须考虑重力循环自然附加压力的影响。

1. 重力循环自然附加压力产生的原因

重力循环自然附加压力的影响可以从三个方面进行考虑。

（1）成因

重力循环自然附加压力的成因有两个条件：密度差和高差。

$$P_z=\Delta\rho\cdot g\cdot\Delta h \tag{4-47}$$

式中　P_z——重力循环自然附加压力，Pa；

$\Delta\rho$——供、回水间的密度差，kg/m^3；

Δh——重力循环自然附加压力的作用高差，m。

（2）大小

每1m高差产生的重力循环自然附加压力的大小（以95℃/70℃热媒为例）为

$$P_z=(\rho_{70}-\rho_{95})\cdot g\cdot\Delta h=(977.81-961.92)\times9.8\times1=156\text{Pa} \quad (4\text{-}48)$$

（3）方向

重力循环自然附加压力的方向是向上的，有利于上层的热用户。可以理解为是由热媒冷却，体积收缩而产生的。

2. 重力循环自然压力在分户采暖系统中不可忽略

若将图3-17中的立管变为同程式系统似乎对水力平衡更有利，同程式立管到各个水平用户的管路长度相等，因此沿程与局部阻力大致相等。但有一个因素不可忽略，那就是重力循环附加压力的影响，它是造成分户采暖系统垂直失调的主要原因。从表4-11可以看出，1～6层建筑的重力循环自然附加压力的影响程度。建筑层高按3m考虑，用户内的水平管段的平均比摩阻$R_{pj}=100\text{Pa/m}$，环路长度较长为100m，则阻力损失为10kPa。

1～6层建筑重力循环自然压力的影响　　　　　　　　　　表4-11

楼层数	1	2	3	4	5	6
重力循环产生的压力(Pa)	467.2	934.3	1401.5	1868.7	2335.8	2803.0
用户阻力(Pa)	10000	10000	10000	10000	10000	10000
重力循环压力占用户阻力的比例(%)	4.67	9.34	14.0	18.7	23.4	28.0

同程式立管对于自然重力附加压力无有效的克服手段，当楼层数为3时，重力循环自然附加压力的影响已接近《民规》所规定的并联环路间的计算压力损失不应大于15%的规定。因此同程式立管系统要慎重选用。比如说楼层不超过3层，室内系统阻力较大的低温热水地板辐射采暖（设计供回水温差小，为10℃）等。图3-17的异程式立管上的热用户，楼层越高，沿程与局部阻力越大，但同时自然重力附加压力也越大，且方向相反，可以相互抵消。当热媒温度为95℃/70℃时，若供回水立管的平均比摩阻值为78Pa/m（供回水各占一半），沿程与局部阻力与自然重力附加压力完全抵消，相当于立管没有阻力。也就是说明对于异程式立管，若立管管径选择合适（或采取一定手段），每立管上的水平用户数量可以更多，不仅仅局限于通常的7个。考虑到质调节的影响，重力循环自然附加压力的影响可按设计工况最大值的2/3考虑，推荐供、回水温度为95℃/70℃时，供回水立管的平均比摩阻可在40～60Pa/m的范围内选取。异程式单元立管的阻力可以将重力循环附加压力消耗掉，工程设计时，应按实际的供、回水温度考虑消除重力循环附加压力的影响。

3. 运行中减小重力循环自然压力影响的方法

供回水立管的平均比摩阻在40～60Pa/m的范围内选取，因为通过任意的热负荷延续时间图可以看到在一个采暖期内，中低负荷区占有绝大多数比例，是应该优先加以考虑的。以质调节（流量不变，改变供回水温度）为例，在采暖期的初、末期，室外温度较高，热负荷较低，供回水温度低且温差小，重力循环自然附加压力较小，当不足以克服沿程与局部的阻力时，对下层的热用户有利（热），对上层的热用户不利（冷）。可以通过调节提高供水温度，加大温差，减小流量加以解决，流量的减小对供热系统的节能是有好处的；在采暖期的中期，室外温度低，热负荷大，供回水温度高且温差大，自然重力附加压力大，从竖直方向看，下层的热用户温度低，上层的热用户温度高。我们可以采取适当降低温差，大流量运行。虽然不利于节能，但从整个采暖期来看，持续的时间较短。好处体现在：

(1) 温差小，自然重力附加压力亦小，垂向失调得以缓解。

(2) 由于室外温度低，此时也是热用户流量调节频繁期，流量大一点对平衡有利。

（二）水平干管的水力计算的方法

水平干管由于各管段间无高差，不具备重力循环自然附加压力形成的条件，因此在水平管段的水力计算中不应考虑自然附加压力的影响。水平供、回水干管的平均比摩阻，可按照传统采暖系统的平均经济比摩阻的推荐范围来选取。可在其范围内选取较小值，依照前面所做的分析，这样有利于减小系统的不平衡率。

（三）分户采暖的最大允许不平衡率控制

传统采暖系统各并联环路之间的计算压力损失差值对单、双管的同、异程系统在参考文献《实用供热空调设计手册》[17] 中有不同的规定，如表 4-12 所示。而在现行的《民规》GB 50736—2012 第 5.9.11 条中将各种采暖系统形式的不平衡率统一规定为：室内热水供暖系统的设计应进行水力平衡计算，并应采取措施使设计工况时各并联环路之间（不包括共用段）的压力损失相对差额不大于 15%。

传统采暖系统各并联环路之间允许差值　　　　　　表 4-12

系 统 形 式	允许差值（%）	系 统 形 式	允许差值（%）
双管同程式	15	单管同程式	10
双管异程式	25	单管异程式	15

【例题 4-6】 图 4-19 为某分户采暖供暖系统简图。立管为下供下回异程式，干管为水平同程式，管段长度与负荷如图所示。为计算简便与说明问题，仅列出三个单元，每个单元立管上有 6 个热用户，每层 1 个。分户采暖的户内系统均一致，同例 4-5。确定分户供暖系统的立管与水平干管管径。

热媒参数：供水温度 $t_g'=95℃$，回水温度 $t_h'=70℃$，供水立管设置调节阀（局部阻力系数可按截止阀选取），回水立管设置闸阀。

【解】 计算方法和步骤：

（一）确定立管与水平干管的管径

1. 将各管段进行编号，注明各管段的热负荷和管长，如图 4-19 所示，并计算各管段的局部阻力系数，见表 4-13。

2. 确定各管段的管径。各管段的热负荷与设计参数已知，可计算出各管段的流量。根据前面所述的立管与水平干管的平均比摩阻的选取原则，查水力计算表，可确定各管段的管径、流速等，计算结果见表 4-14。

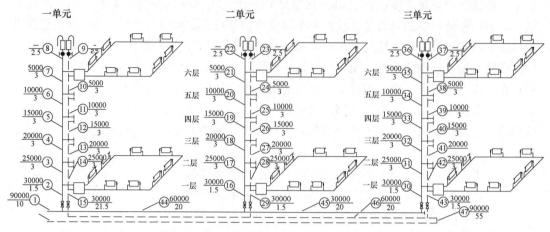

图 4-19　分户采暖系统管路计算图

例题 4-6 的局部阻力系数计算表　　　　　　　表 4-13

管段号	局部阻力	个数	Σζ	管段号	局部阻力	个数	Σζ
1	—	0	0	29、43	闸阀	1	0.5
					合流三通	1	3.0
2、16、30	调节阀	1	9.0			Σζ=3.5	
	分流三通	1	1.5	44、45	直流三通	1	1.0
	Σζ=10.5					Σζ=1.0	
3～7、10～14、17～21、24～28、31～35、38～42	直流三通	1	1.0	46	合流三通	1	3.0
	Σζ=1.0					Σζ=3.0	
8、9、22、23、36、37	—	—	—	47	90°弯头	2	2×1.0=2.0
						Σζ=2.0	
15	闸阀	1	0.5				
	90°弯头	1	1.5				
	直流三通	1	1				
	Σζ=3.0						

（二）不平衡率的计算

1. 一单元一层用户的阻力损失为

$$\Delta P_{\text{I}}=\Delta P_{\text{II}}=\Delta P_{\text{III}}=\Delta P_{\text{IV}}=\Delta P_{\text{V}}=\Delta P_{\text{VI}}=4790.2\text{Pa}$$

重力循环自然附加压力为

$$P_{z\text{I}}=\frac{2}{3}\Delta\rho\cdot g\cdot\Delta h=\frac{2}{3}(977.81-961.92)\times9.8\times1.5=155.7\text{Pa}$$

则一单元一层用户的资用压力为

$$\Delta P'_{\text{I}}=\Delta P_{\text{I}}-P_{z\text{I}}=4790.2-155.7=4634.5\text{Pa}$$

式中　$\Delta P'_{\text{I}}$——一单元一层用户的资用压力，Pa；

ΔP_{I}——一单元一层用户的阻力损失，Pa；

$P_{z\text{I}}$——一单元一层用户的重力循环自然附加压力，Pa。

表 4-14

分户采暖热水供暖系统立管与水平干管管路水力计算表（例题 4-6）

管段号	Q W	G kg/h	L m	d mm	v m/s	R Pa/m	ΔP_y $=RL$ Pa	$\Sigma\zeta$	ΔP_d Pa	$\Delta P_j=$ $\Delta P_d\cdot\Sigma\zeta$ Pa	$\Delta P=$ $\Delta P_y+\Delta P_j$ Pa	备注
1	2	3	4	5	6	7	8	9	10	11	12	13
1	90000	3096	10	50	0.40	44.16	441.6	0	0	0	441.6	
2,16,30	30000	1032	1.5	32	0.293	40.59	60.9	10.5	42.2	443.1	504.0	
3,14,17,28,31,42	25000	860	3	32	0.242	28.75	86.3	1	28.8	28.8	115.1	
4,13,18,27,32,41	20000	688	3	32	0.196	18.84	56.5	1	19.0	54.9	75.5	
5,12,19,26,33,40	15000	518	3	25	0.258	45.69	137.1	1	32.7	32.7	169.8	
6,11,20,25,34,39	10000	344	3	20	0.275	73.61	220.8	1	37.2	37.2	258.1	
7,10,21,24,35,38	5000	172	3	20	0.136	19.70	59.1	1	9.1	9.1	68.2	
8,9,22,23,36,37	0	0	2.5	15	0	0	0	0	0	0	0	排气
15	30000	1032	21.5	32	0.293	40.59	872.7	3	42.2	126.6	999.3	
29,43	30000	1032	1.5	32	0.293	40.59	60.9	3.5	42.2	147.7	208.6	
44	60000	2064	20	40	0.443	76.1	1521.6	1	92.2	92.2	1613.8	
45	30000	1032	20	32	0.293	40.59	811.8	1	42.2	42.2	854.0	
46	60000	2064	20	40	0.443	76.1	1521.6	3	92.2	276.6	1798.2	
47	90000	3096	55	50	0.40	44.16	2208	2	78.66	157.3	2365.3	

2. 与一单元一层用户并联的管段 3、14 及二层用户的压力损失为

$$\Sigma(\Delta P_y + \Delta P_j)_{3、14} + \Delta P_{II} = 115.1 + 115.1 + 4790.2 = 5020.4\text{Pa}$$

一单元二层用户的重力循环自然附加压力为

$$P_{zII} = \frac{2}{3}\Delta\rho \cdot g \cdot \Delta h = \frac{2}{3}(977.81 - 961.92) \times 9.8 \times 4.5 = 467.2\text{Pa}$$

并联环路中，二层用户相对于一层增加的自然附加压力为

$$\Delta P_{zI、II} = P_{zII} - P_{zI} = 467.2 - 155.7 = 311.4\text{Pa}$$

它的资用压力为

$$\Delta P'_{II} = \Delta P'_{I} + \Delta P_{zI、II} = 4634.5 + 311.4 = 4945.9\text{Pa}$$

不平衡率

$$X_{21} = \frac{\Delta P'_{II} - [\Sigma(\Delta P_y + \Delta P_j)_{3、14} + \Delta P_{II}]}{\Delta P'_{II}} = \frac{4945.9 - 5020.4}{4945.9} \times 100\%$$
$$= -1.5\%$$

3. 同理，以一单元一层用户为计算上层各用户的基准，一单元各层用户相对于一层用户的不平衡率计算如表 4-15 所示。

一单元各层用户相对于一层用户的不平衡率 　　　表 4-15

项目 楼层序号	各层相对一层用户并联节点增加的自然附加压力（Pa）	与一层用户并联的各层用户的资用压力（Pa）	与一层用户并联的各层用户的供回水立管压力损失(Pa)	与一层用户并联的各层用户的供回水立管及户内的总损失(Pa)	各层用户相对于一层用户的不平衡率 X_i
2	311.4	4945.9	230.2	5020.4	−1.5%
3	622.8	5257.3	381.2	5171.4	1.6%
4	934.2	5568.7	720.8	5511.0	1.0%
5	1245.6	5880.1	1237.0	6027.2	−2.5%
6	1557	6191.5	1373.4	6163.6	0.5%

4. 三单元六层用户（最远端）相对于一单元一层用户的不平衡率。

由图可以确定通过一单元一层用户的管段 2、一单元一层用户管段、管段 15、管段 46 与通过三单元六层用户的管段 44、管段 45、管段 30～35、三单元六层用户管段、管段 38～43 为并联。

（1）经过一单元一层用户的管段 2、一单元一层用户管段、管段 15、管段 46 的阻力损失为 $\Delta P_2 + \Delta P_I + \Delta P_{15} + \Delta P_{46} - P_{zI} = 504 + 4790.2 + 999.3 + 1798.2 - 155.7 = 7936\text{Pa}$

（2）三单元六层用户的资用压力为（1）的计算结果与该用户的自然附加压力的和，为 7936 + (1557 + 155.7) = 9648.7Pa。

（3）经过三单元六层用户的管段 44、管段 45、管段 30～35、三单元六层用户管段、管段 38～43 的阻力损失为

$$\Delta P_{44} + \Delta P_{45} + \Delta P_{30\sim35} + \Delta P_{VI} + \Delta P_{38\sim43}$$
$$= 1613.8 + 854 + (504 + 115.1 + 75.5 + 169.8 + 258.1 + 68.2) + 4970.2$$

$$+(68.2+258.1+169.8+75.5+115.1+208.6)=9523.6Pa$$

（4）三单元六层用户相对于一单元一层用户的不平衡率为

$$\frac{9648.7-9523.6}{9648.7}\times100\%=1.3\%$$

有关说明：

1. 计算中每层用户仅一个，实际设计中多为 2~3 个。

2. 未考虑分户采暖用户的入户装置的阻力损失，若将其计算在内户内阻力损失更大，更有利于水力平衡与提高稳定性。

3. 计算中的系统的不平衡率较小，说明异程式单元立管的阻力可有效抵消重力循环自然附加压力的影响。

4. 分户采暖系统的最远端用户所在环路不一定就是最不利环路，它的位置与选取立管的阻力大小有关。

第五章　室内蒸汽供热系统

第一节　蒸汽作为供热系统热媒的特点

蒸汽作为供热系统的热媒，应用极为普遍。图 5-1 是蒸汽供热的原理图。蒸汽从热源 1 沿蒸汽管路 2 进入散热设备 4，蒸汽凝结放出热量后，凝水通过疏水器 5 再返回热源重新加热。

与热水作为供热系统的热媒相对比，蒸汽具有如下一些特点。

1. 热水在系统散热设备中，靠其温度降放出热量，而且热水的相态不发生变化。蒸汽在系统散热设备中，靠水蒸气凝结成水放出热量，相态发生了变化。

每 1kg 蒸汽在散热设备中凝结时放出的热量 q，可按下式确定：

$$q = i - q_1 \quad \text{kJ/kg}$$

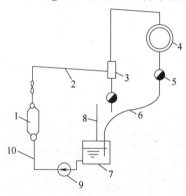

式中　i——进入散热设备时蒸汽的焓，kJ/kg；

q_1——流出散热设备时凝水的焓，kJ/kg。

当进入散热设备的蒸汽是饱和蒸汽，流出放热设备的凝水是饱和凝水时，上式可变为

$$q = r \quad \text{kJ/kg}$$

式中　r——蒸汽在凝结压力下的汽化潜热，kJ/kg。

通常，流出散热设备的凝水温度稍低于凝结压力下的饱和温度。低于饱和温度的数值称为过冷却度。过冷却放出的热量很少，一般可忽略不计。当稍为过热的蒸汽进入散热设备，其过热度不大时，也可忽略。这样，所需通入散热设备的蒸汽量，通常可按下式计算：

图 5-1　蒸汽供热原理图

1—热源；2—蒸汽管路；3—分水器；4—散热设备；5—疏水器；6—凝水管路；7—凝水箱；8—空气管；9—凝水泵；10—凝水管

$$G = \frac{AQ}{r} = \frac{3600Q}{1000r} = 3.6\frac{Q}{r} \tag{5-1}$$

式中　Q——散热设备热负荷，W；

G——所需蒸汽量，kg/h；

A——单位换算系数，$1W = 1J/s = 3600/1000 kJ/h = 3.6 kJ/h$。

蒸汽的汽化潜热 r 值比起每 1kg 水在散热设备中靠温降放出的热量要大得多。例如采用高温水 130℃/70℃供暖，每 1kg 水放出的热量也只有 $Q = c\Delta tG = 4.1868(130-70)\times1 = 251.2 kJ/kg$。如采用蒸汽表压力 200kPa 供热，相应的汽化潜热 $r = 2164.1 kJ/kg$。两者相差 8.6 倍。因此，对同样的热负荷，蒸汽供热时所需的蒸汽质量流量要比热水流量少得多。

2. 热水在封闭系统内循环流动，其状态参数（主要指流量和比容）变化很小。蒸汽

和凝水在系统管路内流动时，其状态参数变化比较大，还会伴随相态变化。例如湿饱和蒸汽沿管路流动时，由于管壁散热会产生沿途凝水，使输送的蒸汽量有所减少；当湿饱和蒸汽经过阻力较大的阀门时，蒸汽被绝热节流，虽焓值不变，但压力下降，体积膨胀，同时，温度一般要降低。湿饱和蒸汽可成为节流后压力下的饱和蒸汽或过热蒸汽。在这些变化中，蒸汽的密度会随着发生较大的变化。又例如，从散热设备流出的饱和凝水，通过疏水器和在凝结水管路中压力下降，沸点改变，凝水部分重新汽化，形成所谓"二次蒸汽"，以两相流的状态在管路内流动。

蒸汽和凝水状态参数变化较大的特点是蒸汽供暖系统比热水供暖系统在设计和运行管理上较为复杂的原因之一。由这一特点而引起系统中出现所谓"跑、冒、滴、漏"问题解决不当时，会降低蒸汽供热系统的经济性和适用性。

3. 在热水供暖系统中，散热设备内热媒温度为热水流进和流出散热设备的平均温度。蒸汽在散热设备中定压凝结放热，散热设备的热媒温度为该压力下的饱和温度。如仍以高温水 130℃/70℃ 供暖和采用蒸汽表压力为 200kPa 的供暖为例。高温水供暖系统的散热器热媒平均温度为 $(130+70)/2=100℃$，而蒸汽供暖系统散热器热媒平均温度为 $t=133.5℃$。因此，对同样热负荷，蒸汽供热要比热水供热节省散热设备的面积。但蒸汽供暖系统散热器表面温度高，易烧烤积在散热器上的有机灰尘，产生异味，卫生条件较差。由于上述跑、冒、滴、漏而影响能耗以及卫生条件等两个主要原因，因而在民用建筑中，不宜使用蒸汽供暖系统。

4. 蒸汽供暖系统中的蒸汽比容，较热水比容大得多。例如采用蒸汽表压力 200kPa 供暖时，饱和蒸汽的比容是水的比容的 600 多倍。因此，蒸汽管道中的流速，通常可采用比热水流速高得多的速度，可大大减轻前后加热滞后的现象。

5. 由于蒸汽具有比容大，密度小的特点，因而在高层建筑供暖时，不会像热水供暖那样，产生很大的水静压力。此外，蒸汽供热系统的热惰性小，供汽时热得快，停汽时冷得也快，很适宜用于间歇供热的用户。

最后应着重指出：蒸汽的饱和温度随压力增高而增高。常用的工业蒸汽锅炉的表压力一般可达 1.275MPa（13kgf/cm²），相应的饱和蒸汽温度约为 195℃。它不仅可以满足大多数工厂生产工艺用热的参数要求，甚至可以作为动力使用（如用在蒸汽锻锤上）。蒸汽作为供热系统的热媒，其适用范围广，因而在工厂中得到极广泛的应用。

第二节 室内蒸汽供暖系统

一、蒸汽供暖系统分类

按照供汽压力的大小，将蒸汽供暖分为三类：供汽的表压力高于 70kPa 时，称为高压蒸汽供暖；供汽的表压力等于或低于 70kPa 时，称为低压蒸汽供暖；当系统中的压力低于大气压力时，称为真空蒸汽供暖。

高压蒸汽供暖的蒸汽压力一般由管路和设备的耐压强度确定。例如使用铸铁柱形散热器时，规定散热器内蒸汽表压力不超过 196kPa（2kgf/cm²）。当供汽压力降低时，蒸汽的饱和温度也降低，凝水的二次汽化量小，运行较可靠而且卫生条件也好些。因此国外设计的低压蒸汽供暖系统，一般采用尽可能低的供汽压力，且多数使用在民用建筑中。真空蒸汽供暖在我国很少使用，因它需要使用真空泵装置，系统复杂；但真空蒸汽供暖系统，具有可随室外气温调节供汽压力的优点。在室外温度较高时，蒸汽压力甚至可降低到 10kPa（abs），其饱和温度仅为 45℃左右，卫生条件好。

　　按照蒸汽干管布置的不同，蒸汽供暖系统可有上供式、中供式、下供式三种。

　　按照立管的布置特点，蒸汽供暖系统可分为单管式和双管式。目前国内绝大多数蒸汽供暖系统采用双管式。

　　按照回水动力不同，蒸汽供暖系统可分为重力回水和机械回水两类。高压蒸汽供暖系统都采用机械回水方式。

二、低压蒸汽供暖系统的基本形式

　　图 5-2 所示是重力回水低压蒸汽供暖系统示意图。图 5-2（a）是上供式，图 5-2（b）是下供式。在系统运行前，锅炉充水至Ⅰ-Ⅰ平面。锅炉加热后产生的蒸汽，在其自身压力作用下，克服流动阻力，沿供汽管道输进散热器内，并将积聚在供汽管道和散热器内的空气驱入凝水管，最后，经连接在凝水管末端的 B 点处排出。蒸汽在散热器内冷凝放热。凝水靠重力作用沿凝水管路返回锅炉，重新加热变成蒸汽。

　　从图 5-2 可见，重力回水蒸汽供暖系统中的蒸汽管道、散热器及凝结水管构成一个循环回路。由于总凝水立管与锅炉连通，在锅炉工作时，在蒸汽压力作用下，总凝水立管的水位将升高 h 值，达到Ⅱ-Ⅱ水面。当凝水干管内为大气压力时，h 值即为锅炉压力所折算的水柱高度。为使系统内的空气能从图 5-2 的 B 点处顺利排出，B 点前的凝水干管就不能充满水。在干管的横断面，上部分应充满空气，下部分充满凝水，凝水靠重力流动。这种非满管流动的凝水管，称为干式凝水管。显然，它必须敷设在Ⅱ-Ⅱ水面以上，再考虑锅炉压力波动，B 点处应再高出Ⅱ-Ⅱ水面约 200～250mm，第一层散热器当然应在Ⅱ-Ⅱ水面以上才不致被凝水堵塞，排不出空气，从而保证其正常工作。图 5-2 中水面Ⅱ-Ⅱ以下的总凝水立管全部充满凝水，凝水满管流动，称为湿式凝水管。

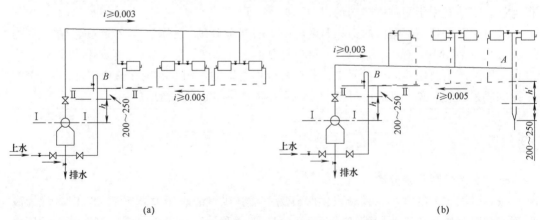

(a)　　　　　　　　　　　　　　　　　　(b)

图 5-2　重力回水低压蒸汽供暖系统示意图

(a) 上供式；(b) 下供式

　　重力回水低压蒸汽供暖系统形式简单，无需如下述的机械回水系统那样，需要设置凝水箱和凝水泵，运行时不消耗电能，宜在小型系统中采用。但在供暖系统作用半径较长时，就要采用较高的蒸汽压力才能将蒸汽输送到最远散热器。如仍用重力回水方式，凝水管里面Ⅱ-Ⅱ高度就可能达到甚至超过底层散热器的高度，底层散热器就会充满凝水、并积聚空气，蒸汽就无法进入，从而影响散热。因此，当系统作用半径较大、供汽压力较高（通常供汽表压力高于20kPa）时，就都采用机械回水系统。

图5-3是机械回水的中供式低压蒸汽供暖系统的示意图。不同于连续循环重力回水系统，机械回水系统是一个"断开式"系统。凝水不直接返回锅炉，而首先进入凝水箱。然后再用凝水泵将凝水送回热源重新加热。在低压蒸汽供暖系统中，凝水箱布置应低于所有散热器和凝水管。进凝水箱的凝水干管应作顺流向下的坡度，使从散热器流出的凝水靠重力自流进入凝水箱。为了系统的空气可经凝水干管

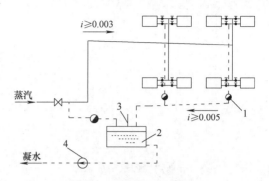

图5-3　机械回水低压蒸汽供暖系统示意图
1—低压恒温式疏水器；2—凝水箱；
3—空气管；4—凝水泵

流入凝水箱，再经凝水箱上的空气管排往大气，凝水干管同样应按干式凝水管设计。

机械回水系统的最主要优点是扩大了供热范围，因而应用最为普遍。

下面进一步阐述低压蒸汽供暖系统在设计中应注意的问题。

在设计低压蒸汽供暖系统时，一方面尽可能采用较低的供汽压力，另一方面系统的干式凝水管又与大气相通，因此，散热器内的蒸汽压力只需比大气压力稍高一点即可，靠剩余压力以保证蒸汽流入散热器所需的压力损失，并靠蒸汽压力将散热器中的空气驱入凝水管。设计时，散热器入口阀门前的蒸汽剩余压力通常为1500～2000Pa。

当供汽压力符合设计要求时，散热器内充满蒸汽。进入的蒸汽量恰能被散热器表面冷凝下来，形成一层凝水薄膜，凝水顺利流出，不积留在散热器内，空气排除干净，散热器工作正常（图5-4a）。当供汽压力降低，进入散热器中的蒸汽量减少，不能充满整个散热器，散热器中的空气不能排净，或由于蒸汽冷凝，造成微负压而从干式凝水管吸入空气。由于低压蒸汽的比容比空气大，蒸汽将只占据散热器上部空间，空气则停留在散热器下部，如图5-4（b）所示。在此情况下，沿散热器壁流动的凝水，在通过散热器下部的空气区时，将因蒸汽饱和分压力降低及器壁的散热而发生过冷却，散热器表面平均温度降低，散热器的散热量减少。根据此原理，国外在20世纪50年代就有利用改变散热器的蒸汽充满度以调节散热量的可调式低压蒸汽供暖系统。反之，当供汽压力过高时，进入散热器的蒸汽量超过了散热表面的凝结能力，便会有未凝结的蒸汽窜入凝水管；同时，散热器的表面温度随蒸汽压力升高而高出设计值，散热器的散热量增加。

在实际运行过程中，供汽压力总有波动，为了避免供汽压力过高时未凝结的蒸汽窜入凝水管，可在每个散热器出口或在每根凝水立管下端安装疏水器。

疏水器的作用是自动阻止蒸汽逸漏，而且能迅速地排出用热设备及管道中的凝水，同时能排除系统中积留的空气和其他不凝性气体。图5-5所示是低压疏水装置中常用的一种疏水器，称为恒温式疏水器。凝水流入疏水器后，经过一个缩小的孔口排出。此孔的启闭由一个能热胀冷缩的薄金属片波纹管盒操纵。盒中装有少量受热易蒸发的液体（如酒精）。当蒸汽流入疏水器时，小盒被迅速加热，液体蒸发产生压力，使波纹盒伸长，带动盒底的

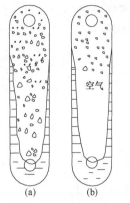

图 5-4 蒸汽在散热器内凝结示意图

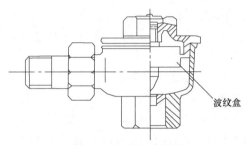

图 5-5 恒温式疏水器

锥形阀，堵住小孔，防止蒸汽逸漏，直到疏水器内蒸汽冷凝成饱和水并稍过冷却后，波纹盒收缩，阀孔打开，排出凝水。当空气或较冷的凝水流入时，阀门一直打开，它们可以顺利通过。

在恒温型疏水器正常工作情况下，流出的凝水可经常维持在过冷却状态，不再出现二次汽化。恒温型疏水器后干式凝水管中的压力接近大气压力。因此，在干凝水管路中凝水的流动是依靠管路的坡度（应大于 0.005），即靠重力使凝水流回凝水箱去。

在重力回水低压供暖系统中，通常供汽压力设定得比较低，只要初调节好散热器的入口阀门，原则上可以不装疏水器。当然，也可以如上述方法设置疏水器，这对系统的工作只有好处，但造价将提高。

在蒸汽供暖管路中，排除沿途凝水，以免发生蒸汽系统常有的"水击"现象，是设计中必须重视的一个问题。在蒸汽供暖系统中，沿管壁凝结的沿途凝水可能被高速的蒸汽流裹带，形成随蒸汽流动的高速水滴；落在管底的沿途凝水也可能被高速蒸汽流重新掀起，形成"水塞"，并随蒸汽一起高速流动，在遭到阀门、拐弯或向上的管段等使流动方向改变时，水滴或水塞在高速下与管件或管子撞击，就产生"水击"，出现噪声、振动或局部高压，严重时能破坏管件接口的严密性和管路支架。

为了减轻水击现象，水平敷设的供汽管路，必须具有足够的坡度，并尽可能保持汽、水同向流动（如图 5-2 和图 5-3 所标的坡向），蒸汽干管汽水同向流动时，坡度 i 宜采用 0.003，不得小于 0.002。进入散热器支管的坡度 $i=0.01\sim0.02$。

供汽干管向上拐弯处，必须设置疏水装置。通常宜装置耐水击的双金属片型的疏水器，定期排出沿途流来的凝水（如图 5-3 供水干管入口处所示）；当供汽压力低时，也可用水封装置，如图 5-2（b）下供式系统末端的连接方式。其中 h' 的高度至少应等于 A 点蒸汽压力的折算高度加 200mm 的安全值。同时，在下供式系统的蒸汽立管中，汽、水呈逆向流动，蒸汽立管要采用比较低的流速，以减轻水击现象。

在图 5-2（a）的上供式系统中，供水干管中汽、水同向流动，干管沿途产生的凝水，可通过干管末端凝水装置排除。为了保持蒸汽的干度，避免沿途凝水进入供汽立管，供汽立管宜从供水干管的上方或上方侧接出（图 5-6）。

蒸汽供暖系统经常采用间歇工作的方式供热。当停止供汽时，原充满在管路和散热器内的蒸汽冷凝成水。由于凝水的容积远小于蒸汽的容积，散热器和管路内会因此出现一定的真空度。此时，应打开图 5-2 所示空气管的阀门，使空气通过干凝水管迅速地进入系统内，以免空气从系统的接缝处渗入，逐渐使接缝处生锈、不严密，造成渗漏。在每个散热器上设置蒸汽自动排气阀是较理想的补进空气的措施，蒸汽自动排气阀的工作原理，同样是靠阀体内的膨胀芯热胀冷缩来防止蒸汽外逸和让冷空气通过阀体进入散热器的。

最后，简要介绍欧美国家常采用的一种单管下供下回式低压蒸汽供暖系统（图 5-7）。

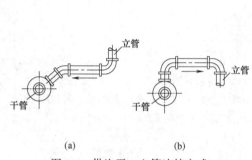

图 5-6　供汽干、立管连接方式
（a）供汽干管下部敷设；（b）供汽干管上部敷设

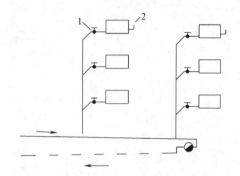

图 5-7　单管下供下回式低压蒸汽供暖系统
1—阀门；2—自动排气阀

在单根立管中，蒸汽向上流动，进入各层散热器冷凝放热。为了凝水顺利流回立管，散热器支管与立管的连接点必须低于散热器出口水平面，散热器支管上的阀门应采用转心阀或球形阀。采用单根立管，节省管道，但立管中汽、水逆向流动，故立、支管的管径都需粗一些。同时，在每个散热器上，必须装置自动排气阀。因为当停止供汽时，散热器内形成负压，自动排气阀迅速补入空气，凝水得以排除干净，下次启动时，不会再产生水击。由于低压蒸汽的密度比空气小，自动排气阀应装置在散热器 1/3 的高度处，而不应装在顶部。

第三节　室内高压蒸汽供热系统

在工厂中，生产工艺用热往往需要使用较高压力的蒸汽。因此，利用高压蒸汽作为热媒，向工厂车间及其辅助建筑物各种不同用途的热用户（生产工艺、热水供应、通风及供暖热用户等）供热，是一种常用的供热方式。

图 5-8 所示是一个厂房的用户入口和室内高压蒸汽供热系统示意图。高压蒸汽通过室外蒸汽管路进入用户入口的高压分汽缸。根据各种热用户的使用情况和要求的压力不同，季节性的室内蒸汽供暖管道系统宜与其他热用户的管道系统分开，即从不同的分汽缸中引出蒸汽分送不同的用户。当蒸汽入口压力或生产工艺用热的使用压力高于供暖系统的工作压力时，应在分汽缸之间设置减压装置（图 5-8）。室内各供暖系统的蒸汽，在用热设备冷凝放热，冷凝水沿凝水管道流动，经过疏水器后汇流到凝水箱，然后，用凝结水泵压送回锅炉房重新加热。凝水箱可布置在该厂房内，也可布置在工厂区的凝水回收分站或直接布置在锅炉房内。凝水箱可以与大气相通，称为开式凝水箱（图 5-8 中 7），也可以密封且具有一定的压力，称为闭式凝水箱。

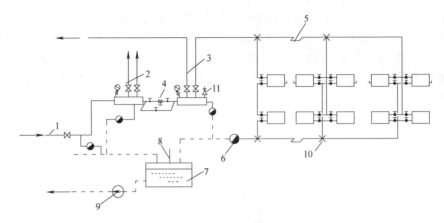

图 5-8　室内高压蒸汽供暖示意图

1—室外蒸汽管；2—室内高压蒸汽供热管；3—室内高压蒸汽供暖管；4—减压装置；5—补偿器；

6—疏水器；7—开式凝水箱；8—空气管；9—凝水泵；10—固定支点；11—安全阀

图 5-8 右面部分是室内高压蒸汽供暖系统的示意图。由于高压蒸汽的压力较高，容易引起水击，为了使蒸汽管道的蒸汽与沿途凝水同向流动，减轻水击现象，室内高压蒸汽供暖系统大多采用双管上供下回式布置。各散热器的凝水通过室内凝水管路进入集中的疏水器。疏水器起着阻汽排水的功能，并靠疏水器后的余压，将凝水送回凝水箱去。高压蒸汽系统因采用集中的疏水器，故排水量较大，远超过每组散热器的排水量，且因蒸汽压力高，需消除剩余压力，因此，常采用其他形式的疏水器（见本章第四节）。当各分支的用汽压力不同时，疏水器可设置在各分支凝水管道的末端。

在系统开始运行时，借高压蒸汽的压力，将管道系统及散热器内的空气驱走。空气沿干式凝水管路流至疏水器，通过疏水器内的排气阀或空气旁通阀，最后由凝水箱顶的空气管排出系统外；空气也可以通过疏水器前设置启动排气管直接排出系统外。因此，必须再次着重指出，散热设备到疏水器前的凝水管路应按干凝水管路设计，必须保证凝水管路的坡度，沿凝水流动方向的坡度不得小于 0.005。同时，为使空气能顺利排除，当干凝水管路（无论低压或高压蒸汽系统）通过过门地沟时，必须设空气绕行管（图 5-9）。当室内高压蒸汽供暖系统的某个散热器需要停止供汽时，为防止蒸汽通过凝水管窜入散热器，每个散热器的凝水支管上都应增设阀门，供关断用。

高压蒸汽和凝水的温度高，在供汽和凝水干管上，往往需要设置固定支架 10 和补偿器 5，以补偿管道的热伸长。

凝水通过疏水器的排水孔和沿疏水器后面的凝水管路流动时，由于压力降低，相应的饱和温度降低，凝水会部分重新汽化，生成二次蒸汽。同时，疏水器因动作滞后或阻汽不严也必然会有部分漏气现象。因此，疏水器后的管道流动状态属两相流（蒸汽与凝水）。靠疏水器后的余压输送凝水的方式，通常称为余压回水。

余压回水设备简单，是目前国内应用最为普遍的一种凝水回收方式。但不同余压下的汽水两相流合流时会相互干扰，影响低压凝水的排除，同时严重时甚至能破坏管件及设备。为使两股压力不同的凝水顺利合流，可采用将压力高的凝水管做成喷嘴或多孔管等形式，顺流插入压力低的凝水管中（图 5-10）。此外，由于汽水混合物的比容很大，因而输送相同的质量流量凝水时，它所需的管径要比输送纯凝水（如采用机械回水方式）的大很多。

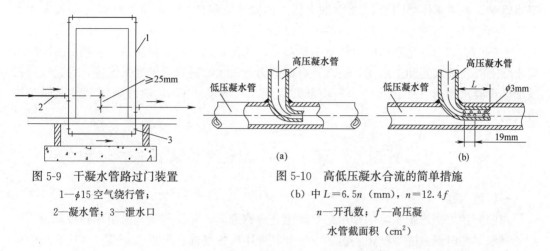

图 5-9 干凝水管路过门装置
1—$\phi15$ 空气绕行管；
2—凝水管；3—泄水口

图 5-10 高低压凝水合流的简单措施
（b）中 $L=6.5n$（mm），$n=12.4f$
n—开孔数；f—高压凝
水管截面积（cm^2）

当工业厂房的蒸汽供热系统使用较高压力时，凝水管道内生成的二次汽量就会增多。如有条件利用二次汽，则可将使用压力较高的室内各热用户的高温凝水先引入专门设置的二次蒸发箱（器），通过二次蒸发箱分离出二次蒸汽，再就地利用。分离后留下的纯凝水靠压差作用送回凝水箱。

图 5-11 所示是厂房车间内设置二次蒸发箱的室内蒸汽供热系统示意图。二次蒸发箱的设置高度一般为 3m 左右。室内各热用户的凝水，通过疏水器后进入二次蒸发箱。二次蒸发箱的设计蒸汽表压力一般为 20～40kPa。运行时，当二次蒸汽用量大于二次汽化量时，箱内蒸汽压力降低，通过自动补汽阀 7 补汽，以维持箱内蒸汽压力和保证二次蒸汽热用户的需要。当二次汽化量大于二次蒸汽热用户需要量时，箱内蒸汽压力增高，当超压时，通过箱上安装的安全阀 6 排气降压。

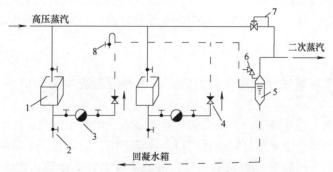

图 5-11 设置二次蒸发箱的室内高压蒸汽供暖示意图
1—暖风机；2—泄水阀；3—疏水装置；4—止回阀；5—二次蒸发箱；
6—安全阀；7—蒸汽压力调节阀；8—排气阀

同余压回水方式相对比，这种回水方式设备增多，但在有条件就地利用二次蒸汽时，它可避免室外余压回水系统汽、水两相流动易产生水击，高低压凝水合流相互干扰，外网管径较粗等缺点。

各种凝水回收方式的有关问题，将在"集中供热"有关章节中再详细阐述。

前曾述及，室内蒸汽供热系统管道布置大多采用上供下回式。但当车间地面不便布置凝水管时，也可采用如图 5-11 所示的上供上回式，实践证明，上供上回管道布置方式不利于运行管理。系统停汽检修时，各用热设备和立管要逐个排放凝水；系统启动升压过快时，极易产生水击，且系统内空气也不易排除。因此，此系统必须在每个散热设备的凝水排出管上安装疏水器和止回阀。通常只有在散热量较大的暖风机供暖系统等，且又难以在地面敷设凝水管时（如在多跨车间中部布置暖风机等场合），才考虑采用上供上回布置方式。

第四节　疏水器及其他附属设备

一、疏水器

如前所述，蒸汽疏水器的作用是自动阻止蒸汽逸漏，并且迅速地排出用热设备及管道中的凝水，同时能排除系统中积留的空气和其他不凝性气体。疏水器是蒸汽供热系统中最重要的设备。它的工作状况对系统运行的可靠性和经济性影响极大。

（一）疏水器的分类和几种疏水器简介

根据疏水器的作用原理不同，可分为三种类型的疏水器。

（1）机械型疏水器。利用蒸汽和凝水的密度不同，形成凝水液位，以控制凝水排水孔自动启闭工作的疏水器。主要产品有浮筒式、钟形浮子式、自由浮球式、倒吊筒式疏水器等。

（2）热动力型疏水器。利用蒸汽和凝水热动力学（流动）特性的不同来工作的疏水器。主要产品有圆盘式、脉冲式、孔板或迷宫式疏水器等。

（3）热静力型（恒温型）疏水器。利用蒸汽和凝水的温度不同引起恒温元件膨胀或变形来工作的疏水器。主要产品有波纹管式、双金属片式和液体膨胀式疏水器等。

国内外使用的疏水器产品种类繁多，不可能一一叙述。下面就上述三大类型疏水器，各选择一种疏水器，对其工作原理、结构特点等予以简要介绍。其他形式的疏水器，可见有关设计手册及产品说明。

1. 浮筒式疏水器

浮筒式疏水器属机械型疏水器。浮筒式疏水器的构造如图 5-12 所示。其动作原理如下：

凝结水流入疏水器外壳 2 内，当壳内水位升高时，浮筒 1 浮起，将阀孔 4 关闭。继续进水，凝水进入浮筒。当水即将充满浮筒时，浮筒下沉，阀孔打开，凝水借蒸汽压力排到凝水管去。当凝水排出到一定数量后，浮筒的总重量减轻，浮筒再度浮起，又将阀孔关闭。如此反复循环动作。

图 5-13 是浮筒式疏水器动作原理示意图。图 5-13（a）表示浮筒即将下沉，阀孔尚未关闭，凝水装满（90％程度）浮筒的情况；图 5-13（b）表示浮筒即将上浮，阀孔尚未开启，余留在浮筒内的一部分凝水起到水封作用，封住了蒸汽逸漏通路的情况。

浮筒的容积，浮筒及阀杆等的重量，阀孔直径及阀孔前后凝水的压差决定着浮筒的正常沉浮工作。浮筒底附带的可换重块 6，可用来调节它们之间的配合关系，适应不同凝水

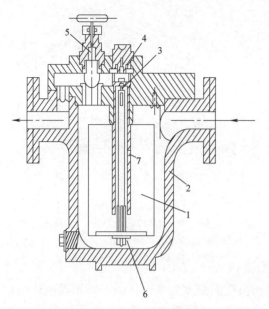

图 5-12　浮筒式疏水器

1—浮筒；2—外壳；3—顶针；4—阀孔；5—放气阀；

6—可换重块；7—水封套筒上的排气孔

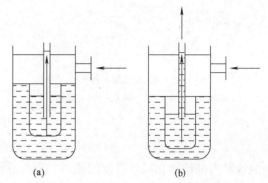

图 5-13　浮筒式疏水器的动作原理示意图

压力和压差等工作条件。

浮筒式疏水器在正常工作情况下，漏气量只等于水封套筒上排气孔的漏汽量，数量很小。它能排出具有饱和温度的凝水。疏水器前凝水的表压力 P_1 在 500kPa 或更小时便能启动疏水。排水孔阻力较小，因而疏水器的背压可较高。它的主要缺点是体积大、排量小、活动部件多、筒内易沉渣垢、阀孔易磨损、维修量较大。

2. 圆盘式疏水器（图 5-14）

它属于热动力型疏水器。圆盘式疏水器的工作原理是：当过冷的凝水流入孔 A 时，靠圆盘形阀片上下的压差顶开阀片 2，水经环形槽 B，从向下开的小孔排出。由于凝水的比容几乎不变，凝水流动通畅，阀片常开，连续排水。

当凝水带有蒸汽时，蒸汽在阀片下面从 A 孔经 B 槽流向出口，在通过阀片和阀座之间的狭窄通道时，压力下降，蒸汽比容急剧增大，阀片下面蒸汽流速激增，遂造成阀片下面的静压下降。与此同时，蒸汽在 B 槽与出口孔处受阻，被迫从阀片和阀盖 3 之间的缝隙冲入阀片上部的控制室，动压转化为静压，在控制室内形成比阀片下更高的压力，迅速将阀片向下关闭而阻汽。阀片关闭一段时间后，由于控制室内蒸汽凝结，压力下降，会使阀片瞬时开启，造成周期性漏汽。因此，新型的圆盘式疏水器凝水先通过阀盖夹套再进入中心孔，以减缓控制室内蒸汽凝结。

圆盘型疏水器的优点：体积小、重量轻、结构简单、安装维修方便。其缺点是：有周期漏汽现象；在凝水量小或疏水器前后压差过小（$P_1-P_2<0.5P_1$）时，会发生连续漏汽；当周围环境气温较高，控制室内蒸汽凝结缓慢，阀片不易打开，会使排水量减少。

3. 温调式疏水器（图 5-15）

温调式疏水器属热静力型疏水器，疏水器的动作部件是一个波纹管的温度敏感元件。

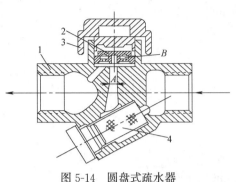

图 5-14　圆盘式疏水器
1—阀体；2—阀片；3—阀盖；4—过滤器

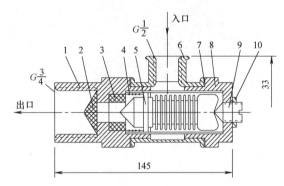

图 5-15　温调式疏水器
1—大管接头；2—过滤网；3—网座；4—弹簧；
5—温度敏感原件；6—三通；7—垫片；
8—后盖；9—调节螺钉；10—锁紧螺母

波纹管内部部分充以易蒸发的液体。当具有饱和温度的凝水到来时，由于凝水温度较高，使液体的饱和压力增高，波纹管轴向伸长，带动阀芯，关闭凝水通路，防止蒸汽逸漏。当疏水器中的凝水由于向四周散热而温度下降时，液体的饱和压力下降，波纹管收缩，打开阀孔，排放凝水。疏水器尾部带有调节螺钉 9，向前调节可减小疏水器的阀孔间隙，从而提高凝水过冷度。此种疏水器的排放凝水温度为 60～100℃。为使疏水器前凝水温度降低，疏水器前 1～2m 管道不保温。

温调式疏水器加工工艺要求较高，适用于排除过冷凝水，安装位置不受水平限制，但不宜安装在周围环境温度高的场合。

前面介绍的应用在低压蒸汽供暖系统中的恒温疏水器（图 5-5）也是属于这一类型的疏水器。

无论是哪一种类型的疏水器，在性能方面，应能在单位压降下的排凝水量较大，漏汽量要小（标准为不应大于实际排水量的 3％），同时能顺利地排除空气，而且应对凝水的流量、压力和温度的波动适应性强。在结构方面，应结构简单，活动部件少，并便于维修，体积小，金属耗量少；同时，使用寿命长。近十年来，我国疏水器的制造有了长足的进展，开发了不少新产品，但对于蒸汽供热系统的重要设备，疏水器的漏、短、缺问题仍未能很好地解决。漏——密封面漏汽；短——使用寿命短；缺——品种规格不全。提高产品性能仍是目前迫切要解决的问题。

（二）疏水器的选择计算

1. 疏水器排水量计算

无论是哪一种形式的疏水器，其内部均有一排水小孔，选择疏水器的规格尺寸，确定疏水器的排水能力，就是选择排水小孔的直径或面积。

当过冷却的凝水通过疏水器时，液体的流动相当于不可压缩液体的孔口或管嘴淹没出流的状况。用水力学理论公式便可较准确地求出排水量。进入疏水器的凝水通常是疏水器前压力下的饱和温度。当凝水通过疏水器孔口时，因压力突然降低，凝水被绝热节流，在通过孔口时便开始二次汽化。由于蒸汽的比容比水的比容大得多，所以，二次蒸汽通过阀孔时，要占去很大一部分孔口面积，因而排水量就要比排出过冷凝水时大为减少。因此，疏水器的排水量计算公式，仍以水力学孔口或管嘴淹没出流的理论公式为基础，但根据疏水器进出口压力差不同而生成二次蒸汽的比例不同，对排水量予以修正。

疏水器的排水量 G，可按下式计算：

$$G = 0.1 A_p d^2 \sqrt{\Delta P} \quad \text{kg/h} \tag{5-2}$$

式中 d——疏水器的排水阀孔直径，mm；

ΔP——疏水器前后的压力差，kPa；

A_p——疏水器的排水系数，当通过冷水时，$A_p = 32$；当通过饱和凝水时，按附录 5-1 选用。

附录 5-1 的数据是基于疏水器背压表压力 $P_2 = 0$（大气压力）的条件下给定的。由表中可见，由于考虑二次蒸汽的影响，$A_p < 32$；在相同排水孔直径情况下，ΔP 越大，二次蒸汽占的比例越大，因而排水系数 A_p 减小，排水量减小。此外，在同样的 ΔP 情况下，当背压 P_2 增高时，它要比当 P_2 为大气压力条件下的二次汽化量减少，排水能力要比附录 5-1 的数值增加，因而附录 5-1 的数据是偏于安全的。

当生产厂家在产品样本中已提供各种不同规格和不同情况下的排水量数据时，可直接采用这些数据来选择疏水器。

2. 疏水器的选择倍率

选择疏水器阀孔尺寸时，应使疏水器的排水能力大于用热设备的理论排水量，即：

$$G_{sh} = K G_l \tag{5-3}$$

式中 G_{sh}——疏水器设计排水量，kg/h；

G_l——用热设备的理论排水量，kg/h；

K——选择疏水器的倍率。

引入 K 值是考虑以下因素：

(1) 安全因素，理论计算与实际运行情况不会一致。如用汽压力下降，背压升高等因素，都会使疏水器的排水能力下降。同样，提高用汽设备生产率时，凝水量也会增多等。

(2) 使用情况，用热设备在低压力，大负荷的情况下启动时，或需要迅速加热用热设备时，疏水器的排水能力要大于设备正常运行时的疏水量。

此外，对间歇工作的疏水器（如浮筒式疏水器），选择倍率 K 应适当，以避免疏水器间歇频率太大，阀孔及阀座很快磨损。

不同热用户系统的疏水器选择倍率 K 值，可按表 5-1 选用。

不同热用户系统的疏水器选择倍率 K 值 表 5-1

系统	使 用 情 况	选择倍率 K	系统	使 用 情 况	选择倍率 K
供暖	$P_b \geqslant 100\text{kPa}$	2~3	淋浴	单独换热器	2
	$P_b < 100\text{kPa}$	4		多喷头	4
热风	$P_b \geqslant 200\text{kPa}$	2	生产	一般换热器	3
	$P_b < 200\text{kPa}$	3		大容量、常间歇、速加热	4

注：P_b——表压力。

3. 疏水器前、后压力的确定原则

疏水器前、后的设计压力及其设计压差值，关系到疏水器的选择以及疏水器后余压回水管路资用压力的大小。

疏水器前的表压力 P_1 取决于疏水器在蒸汽供热系统中连接的位置。

（1）当疏水器用于排除蒸汽管路的凝水时，$P_1 = P_b$，此处 P_b 表示疏水点处的蒸汽表压力。

（2）当疏水器安装在用热设备（如热交换器暖风机等）的出口凝水支管上时，$P_1 = 0.95P_b$，此处 P_b 表示用热设备前的蒸汽表压力。

（3）当疏水器安装在凝水干管末端时，$P_1 = 0.7P_b$，此处 P_b 表示该供热系统的入口蒸汽表压力（注：考虑高压蒸汽管道供汽管的压力损失约为 $0.25P_b$，见第六节水力计算说明）。

凝水通过疏水器及其排水阀孔时，要损失部分能量，疏水器后的出口压力 P_2 降低。为保证疏水器正常工作，必须保证疏水器有一个最小的压差 ΔP_{min}，亦即在疏水器前压力 P_1 给定后，疏水器后的压力 P_2 不得超过某一最大允许背压 P_{2max} 值。

$$P_{2max} \leqslant P_1 - \Delta P_{min} \tag{5-4}$$

疏水器的最大允许背压 P_{2max} 值，取决于疏水器的类型和规格，通常由生产厂家提供实验数据。多数疏水器的 P_{2max} 约为 $0.5P_1$ 左右（浮筒式的 ΔP_{min} 值较小，约为 50kPa，亦即最大允许背压 P_{2max} 高）。

设计时选用较高的疏水器后背压 P_2 值，对疏水器后的余压凝水管路水力计算有利，但疏水器前后压差减小，对选择疏水器不利。同时，疏水器后的背压 P_2 值不得高于疏水器的最大允许背压 P_{2max} 值。通常，可采用如下值，作为疏水器后的设计背压值

$$P_2 = 0.5P_1 \tag{5-5}$$

疏水器后如按干凝水管路设计时（如低压蒸汽供暖系统），P_2 等于大气压力。

4. 疏水器与管路的连接方式

疏水器通常多为水平安装。疏水器与管路的连接方式，可见图 5-16。

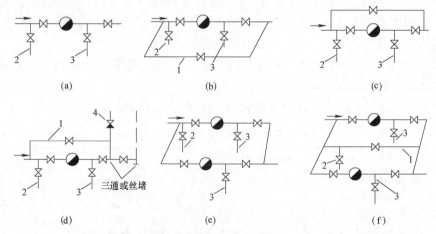

图 5-16　疏水器的安装方式

(a) 不带旁通管水平安装；(b) 带旁通管水平安装；(c) 旁通管垂直安装；(d) 旁通管垂直安装（上返）；(e) 不带旁通管并联安装；(f) 带旁通管并联安装

1—旁通管；2—冲洗管；3—检查管；4—止回阀

疏水器前后需设置阀门，用以截断检修用。疏水器前后应设置冲洗管和检查管。冲洗管位于疏水器前阀门的前面，用以放空气和冲洗管路。检查管位于疏水器与后阀门之间，用以检查疏水器工作情况。图 5-16（b）为带旁通管的安装方式。旁通管可水平安装或垂直安装（旁通管在疏水器上面绕行）。旁通管的主要作用是在开始运行时排除大量凝水和空气。运行中不应打开旁通管，以防蒸汽窜入回水系统，影响其他用热设备和凝水管路的正常工作并浪费热量。实践表明：装旁通管极易产生副作用。因此，对小型供暖系统和热风供暖系统，可考虑不设旁通管（图 5-16a）。对于不允许中断供汽的生产用热设备，为了进行检修疏水器，应安装旁通管和阀门。

当多台疏水器并联安装（图 5-16f）时，也可不设旁通管（图 5-16e）。

此外，供暖系统的凝水往往含有渣垢杂质，在疏水器前端应设过滤器（疏水器本身带有过滤网时，可不设）。过滤器应经常清洗，以防堵塞。在某些情况下，为了防止用热设备在下次启动时产生蒸汽冲击，在疏水器后还应加装止回阀。

二、减压阀

减压阀通过调节阀孔大小，对蒸汽进行节流而达到减压目的，并能自动地将阀后压力维持在一定范围内。

目前国产减压阀有活塞式、波纹管式和薄膜式等几种。下面就前两种的工作原理加以说明。

图 5-17 是活塞式减压阀的工作原理示意图。图中主阀 1 由活塞 2 上面的阀前蒸汽压力与下面弹簧 3 的弹力相互平衡控制作用而上下移动，增大或减小阀孔的流通面积。针阀 4 由薄膜片 5 带动升降，开大或关小室 d 和室 e 的通道，薄膜片的弯曲度由上弹簧 6 和阀后蒸汽压力的相互作用来操纵。启动前，主阀关闭。启动时，旋紧螺钉 7 压下薄膜片 5 和针阀 4，阀前压力为 P_1 的蒸汽便通过阀体内通道 a、室 e、室 d 和阀体内通道 b 到达活塞 2 上部空间，推下活塞，打开主阀。蒸汽流过主阀，压力下降为 P_2，经阀体内通道 c 进入薄膜片 5 下部空间，作用在薄膜片上的力与旋紧的弹簧力相平衡。调节旋紧螺钉 7 使阀后压力达到设定值。当某种原因使阀后压力 P_2 升高时，薄膜片 5 由于下面的作用力变大而上弯，针阀 4 关小，活塞 2 的推动力下降，主阀上升，阀孔通路变小，P_2 下降。反之，动作相反。这样可以保持 P_2 在一个较小的范围（一般在 ± 0.05MPa）内波动，处于基本稳定状态。活塞式减压阀适用于工作温度低于 300℃、工作压力达 1.6MPa 的蒸汽管道，阀前与阀后最小调节压差为 0.15MPa。

活塞式减压阀工作可靠，工作温度和压力较高，适用范围广。

波纹管减压阀示于图 5-18 上。它的主阀开启大小靠通至波纹箱 1 的阀后蒸汽压力和阀杆下的调节弹簧 2 的弹力相互平衡来调节。压力波动范围在 ± 0.025MPa 以内。阀前与阀后的最小调压差为 0.025MPa。波纹管适用于工作温度低于 200℃，工作压力达 1.0MPa 的蒸汽管道。

波纹管减压阀的调节范围大，压力波动范围较小，特别适用于减为低压的低压蒸汽供暖系统。

蒸汽流过减压阀阀孔的过程是气体绝热节流过程。通过减压阀孔口的蒸汽量可近似地用气体绝热流动的基本方程式进行计算。

（1）当减压阀的减压比 β 大于临界压力比 β_1，即 $\beta = P_2/P_1 > \beta_1$ 时，

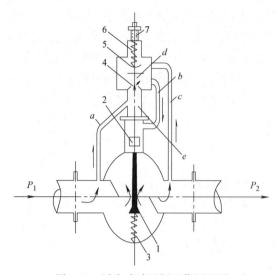

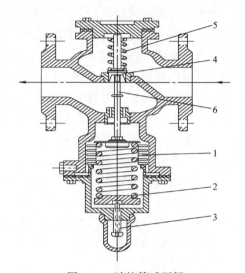

图 5-17 活塞式减压阀工作原理图

1—主阀；2—活塞；3—下弹簧；4—阀针；5—薄膜片；

6—上弹簧；7—旋紧螺钉

图 5-18 波纹管减压阀

1—波纹箱；2—调节弹簧；3—调整螺钉；

4—阀瓣；5—辅助弹簧；6—阀杆

$$G=11.38f\mu\sqrt{2\frac{k}{k-1}\cdot\frac{P_1}{\upsilon_0}\left[\left(\frac{P_2}{P_1}\right)^{\frac{2}{k}}-\left(\frac{P_2}{P_1}\right)^{\frac{k+1}{k}}\right]} \tag{5-6}$$

式中 G——蒸汽流量，kg/h；

f——减压阀孔流通面积，cm^2；

μ——减压阀孔的流量系数，一般取 0.6；

k——流体的绝热指数；

P_1——阀孔前流体的压力，kPa（abs）；

P_2——阀孔后流体的压力，kPa（abs）；

υ_0——阀孔前流体的比容，m^3/kg；

11.38——单位换算系数。流量由 kg/s 改为 kg/h，面积由 m^2 改为 cm^2，压力由 Pa 改为 kPa 计算的换算系数。

将上式化简得出：

饱和蒸汽：$k=1.135$，$\beta_1=\left(\frac{2}{k+1}\right)^{\frac{k}{k-1}}=0.577$

$$G=46.7f\mu\sqrt{\frac{P_1}{\upsilon_0}\left[\left(\frac{P_2}{P_1}\right)^{1.76}-\left(\frac{P_2}{P_1}\right)^{1.88}\right]} \tag{5-7}$$

过热蒸汽：$k=1.3$，$\beta_1=0.546$

$$G=33.5f\mu\sqrt{\frac{P_1}{\upsilon_0}\left[\left(\frac{P_2}{P_1}\right)^{1.54}-\left(\frac{P_2}{P_1}\right)^{1.78}\right]} \tag{5-8}$$

（2）当减压阀的减压比 β 等于或小于临界压力比 β_l，即 $\beta=P_2/P_1\leqslant\beta_1$ 时，则应按最大流量方程式计算：

$$G_{max}=11.38f\mu\sqrt{2\frac{k}{k+1}\left(\frac{2}{k+1}\right)^{\frac{2}{k-1}}\cdot\frac{P_1}{\upsilon_0}} \quad kg/h \tag{5-9}$$

将上式化简得出：

饱和蒸汽：$k = 1.135$，

$$G_{max} = 7.23 f\mu \sqrt{\frac{P_1}{\upsilon_0}} \tag{5-10}$$

过热蒸汽：$k = 1.3$，

$$G_{max} = 7.59 f\mu \sqrt{\frac{P_1}{\upsilon_0}} \tag{5-11}$$

在工程设计中，选择减压阀孔口面积也可用附录 5-2 的曲线图。

当要求减压前后压力比大于 5～7 倍时，或阀后蒸汽压力 P_2 较小时，应串联装两个减压阀，以使减压阀工作时噪声和振动减小，而且运行安全可靠。在热负荷波动频繁而剧烈时，为使第一级减压阀工作稳定，两阀之间的距离应尽量拉长一些。当热负荷稳定时，其中一个减压阀可用节流孔板代替。

图 5-19 所示为减压阀安装标准图式。旁通管的作用是为了保证供汽。当减压阀发生故障需要检修时，可关闭减压阀两侧的截止阀，暂时通过旁通管供汽，减压阀两侧应分别装设高压和低压压力表，为防止减压后的压力超过允许的限度，阀后应装安全阀。

三、二次蒸发箱（器）

前已述及，二次蒸发箱的作用是将室内各用汽设备排出的凝水，在较低的压力下分离出一部分二次蒸汽，并将低压的二次蒸汽输送到热用户利用，二次蒸发箱构造简单，如图 5-20 所示。高压含汽凝水沿切线方向的管道进入箱内，由于进口阀的节流作用，压力下

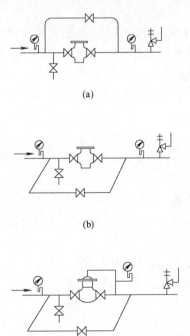

图 5-19　减压阀安装

(a) 活塞式减压阀旁通管垂直安装；(b) 活塞式减压阀旁
通管水平安装；(c) 薄膜式或波纹管式减压阀安装

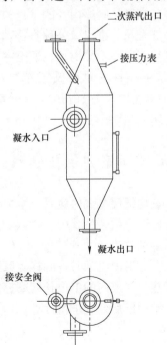

图 5-20　二次蒸发箱

降，凝水分离出一部分二次蒸汽。水的旋转运动更易使汽水分离，水向下流动，沿凝水管送回凝水箱去。

二次蒸发箱的容积 V 可按每 $1m^3$ 容积每小时分离出 $2000m^3$ 蒸汽来确定。箱中按 20% 的体积存水，80% 的体积为蒸汽分离空间。

因此，如果每小时有 G kg 凝水流入二次蒸发箱，每 1 kg 凝水的二次汽化率为 x，蒸发箱内的压力为 P_3，相应蒸汽比容为 υ（m^3/kg），则每小时凝水产生的二次蒸汽的体积应为 $Gx\upsilon$（m^3）

二次蒸发箱的容积应为

$$V=Gx\upsilon/2000=0.005Gx\upsilon \quad m^3 \tag{5-12}$$

蒸发箱的截面积按蒸汽流速不大于 $2.0m/s$ 来设计，而水流速不大于 $0.25m/s$。二次蒸发箱的型号及规格可见国家标准图集。

四、安全阀

安全阀是启闭件受外力作用处于常闭状态，但是当设备或管道内的介质压力升高超过规定值时，启闭件开启，向系统外排放介质来防止管道或设备内介质压力超过规定数值的特殊阀门。安全阀属于自动阀类，主要用于锅炉、压力容器和管道上，控制压力不超过规定值，对人身安全和设备运行起重要保护作用。

安全阀结构主要有两大类：弹簧式和杠杆式。弹簧式安全阀阀瓣与阀座的密封靠弹簧的作用力，杠杆式安全阀是靠杠杆和重锤的作用力。安全阀的排放量决定于阀座的口径与阀瓣的开启高度，也可分为两种：微启式，开启高度是阀座内径的 $(1/20) \sim (1/40)$；全启式，开启高度是阀座内径的 $(1/3) \sim (1/4)$。

各种安全阀的进出口公称直径都相同，设计时应注明适用压力范围，安全阀的蒸汽进口接管直径不应小于其内径。通至室外的排气管直径不应小于安全阀的内径，且不得小于 40mm。法兰连接的单弹簧或单杠杆安全阀座的内径一般比公称直径小一号，例如 $DN100$ 的阀座内径为 80mm，双弹簧或双杠杆安全阀座的内径一般比公称直径小两号，例如 $DN100$ 的阀座内径为 2×65 mm。

第五节　室内低压蒸汽供暖系统管路的水力计算方法和例题

一、室内低压蒸汽供暖系统水力计算原则和方法

在低压蒸汽供暖系统中，靠锅炉出口处蒸汽本身的压力，使蒸汽沿管道流动，最后进入散热器凝结放热。

蒸汽在管道内流动时，同样有摩擦压力损失 ΔP_y 和局部阻力损失 ΔP_j。

计算蒸汽管道内的单位长度摩擦压力损失（比摩阻）时，同样可利用第四章式（4-2）即达西·维斯巴赫公式进行计算，即

$$R=\frac{\lambda}{d} \cdot \frac{\rho\upsilon^2}{2} \quad Pa/m$$

式中符号同式（4-2）。

在利用上式为基础进行水力计算时，虽然蒸汽的流量因沿途凝结而不断减少，蒸汽的密度也因蒸汽压力沿管路降低而变小，但这些变化并不大，在计算低压蒸汽管路时可以忽

略，而认为这个管段内的流量和整个系统的密度 ρ 是不变的。在低压蒸汽供暖管路中，蒸汽的流动状态多处于紊流过渡区，其摩擦系数 λ 值可按照第四章式（4-6）或综合式（4-11）、式（4-12）进行计算。室内低压蒸汽供暖系统管壁的粗糙度 $K=0.2$mm。

附录 5-3 给出低压蒸汽管径计算表，制表时蒸汽的密度取值均为 0.6kg/m³ 计算。

低压蒸汽供暖管路的局部压力损失的确定方法与热水供暖管路相同，各构件的局部阻力系数 ζ 值同样可按附录 4-2 确定，其动压头值可见附录 5-4。

在散热器入口处，蒸汽应有 $1500\sim2000$Pa 的剩余压力，以克服阀门和散热器入口的局部阻力，使蒸汽进入散热器，并将散热器内的空气排出。

在进行低压蒸汽供暖系统管路的水力计算时，同样先从最不利的管路开始，亦即从锅炉到最远散热器的管路开始计算。为保证系统均匀可靠地供暖，尽可能使用较低的蒸汽压力供暖，进行最不利的管路的水力计算时，通常采用控制比压降或按平均比摩阻方法进行计算。

控制比压降法是将最不利管路的每 1m 总压力损失约控制在 100Pa/m 来设计。

平均比摩阻法是在已知锅炉或室内入口处蒸汽压力条件下进行计算。

$$R_{pj}=\frac{\alpha(P_g-2000)}{\sum l}\quad\text{Pa/m}\qquad(5\text{-}13)$$

式中　α——沿程压力损失占总压力损失的百分数，取 $\alpha=60\%$（附录 4-8）；

　　　P_g——锅炉出口或室内用户入口的蒸汽表压力，Pa；

　　　2000——散热器入口处的蒸汽剩余压力，Pa；

　　　$\sum l$——最不利管路管段的总长度，m。

当锅炉出口或室内用户入口处蒸汽压力高时，得出的平均比摩阻 R_{pj} 值会较大，此时仍建议控制比压降值按不超过 100Pa/m 设计。

最不利管路各管段的水力计算完成后，即可进行其他立管的水力计算。可按平均比摩阻法来选择其他立管的管径，但管内流速不得超过下列规定的最大允许流速（见《民规》）：

当汽、水同向流动时　30m/s

当汽、水逆向流动时　20m/s

规定最大允许流速主要是为了避免水击和噪声，便于排除蒸汽管路中的凝水，因此，对汽水逆向流动时，蒸汽在管道中的流速限制得低一些，在实际工程设计中，常采用比上述数值更低一些的流速，使运行更可靠些。

低压蒸汽供暖系统凝水管路，在排气管前的管路为干凝水管路，管路截面的上半部为空气，管路截面下半部流动凝水，凝水管路必须保证 0.005 以上的向下坡度，属非满管流状态。目前，确定干凝水管路管径的理论计算方法，是以靠坡度无压流动的水力学计算公式为依据，并根据实践经验总结，制定出不同管径下所能担负的输热能力（亦即其在 0.005 坡度下的通过凝水量）。

排气管后面的凝水管路，可以全部充满凝水，称为湿凝水干管；其流动状态为满管流。在相同热负荷条件下，湿式凝水管选用的管径比干式的小。

低压蒸汽供暖系统干凝水管路和湿凝水管路的管径选择表可见附录 5-5。

二、室内低压蒸汽供暖系统管路水力计算例题

【例题 5-1】 图 5-21 为重力回水的低压蒸汽供暖管路系统的一个支路。锅炉房设在车间一侧。每个散热器的热负荷均为 4000W。每根立管及每个散热器的蒸汽立管上均装有截止阀。每个散热器凝水支管上装一个恒温式疏水器。总蒸汽立管保温。

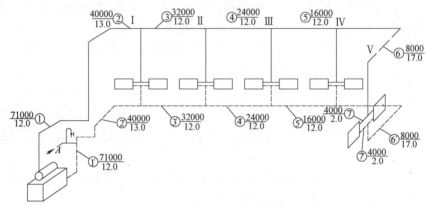

图 5-21　例题 5-1 的管路计算图

图 5-21 中小圆圈内的数字表示管段号。圆圈旁的数字：上行表示热负荷（W），下行表示管段长度（m）。罗马数字表示立管编号。

要求确定各管段的管径及锅炉蒸汽压力。

【解】 1. 确定锅炉压力

根据已知条件，从锅炉出口到最远散热器的最不利支路的总长度 $\Sigma l=80\mathrm{m}$。如按控制每米总压力损失（比压降）为 100Pa/m 设计，并考虑散热器前所需的蒸汽剩余压力为 2000Pa，则锅炉的运行表压力 P_b 应为

$$P_\mathrm{b}=80\times100+2000=10\mathrm{kPa}$$

在锅炉正常运行时，凝水总立管在比锅炉蒸发面高出约 1.0m 下面的管段必然全部充满凝水。考虑锅炉工作压力波动因素，增加 200～250mm 的安全高度。因此，重力回水的干凝水干管（即图 5-21 排气管 A 点前的凝水管路）的布置位置，至少要比锅炉蒸发面高出 $h=1.0+0.25=1.25\mathrm{m}$。否则，系统中的空气无法从排气管排出。

2. 最不利管路的水力计算

采用控制比压降法进行最不利管路的水力计算。

低压蒸汽供暖系统摩擦压力损失约占总压力损失的 60%，因此，根据预计的平均比摩阻：$R_\mathrm{pj}=100\times0.6=60\mathrm{Pa/m}$ 左右和各管段的热负荷，选择各管段的管径及计算其压力损失。

计算时利用附录 5-3、附录 5-4 和附录 4-2。

需要说明，利用附录 5-3 时，当计算热量在表中两个热量之间，相应的流速值可用线性关系折算。比摩阻 R 与流速 v（热量 Q），可按平方比关系折算得出。

如计算管段 1，热负荷 $Q_1=71000\mathrm{W}$，按附录 5-3，现选用 $d=70\mathrm{mm}$。根据表中数据可知：当 $d=70\mathrm{mm}$，$Q=61900\mathrm{W}$ 时，相应的流速 $v=12.1\mathrm{m/s}$，比摩阻 $R=20\mathrm{Pa/m}$。当选用相同的管径 $d=70\mathrm{mm}$，热负荷改变为 $Q_1=71000\mathrm{W}$ 时，相应的流速 v_1 和比摩阻 R_1

的数值，可按下面关系式折算得出：

$$v_1 = v \times \frac{Q_1}{Q} = 12.1 \times \frac{71000}{61900} = 13.9 \text{m/s}$$

$$R_1 = R \times \left(\frac{Q_1}{Q}\right)^2 = 20 \times \left(\frac{71000}{61900}\right)^2 = 26.3 \text{Pa/m}$$

计算结果列于表 5-2 和表 5-3 中。

低压蒸汽供暖系统管路水力计算表（例题 5-1）　　　　　　表 5-2

管段编号	热量 Q (W)	长度 l (m)	管径 d (mm)	比摩阻 R (Pa/m)	流速 v (m/s)	摩擦压力损失 $\Delta P_y = Rl$ (Pa)	局部阻力系数 $\Sigma\xi$	动压头 P_d (Pa)	局部压力损失 $\Delta P_j = P_d \cdot \Sigma\xi$ (Pa)	总压力损失 $\Delta P = \Delta P_y + \Delta P_j$ (Pa)
1	2	3	4	5	6	7	8	9	10	11
1	71000	12	70	26.3	13.9	315.6	10.5	61.2	642.6	958.2
2	40000	13	50	29.3	13.1	380.9	2.0	54.3	108.6	489.5
3	32000	12	40	70.4	16.9	844.8	1.0	90.5	90.5	935.3
4	24000	12	32	86.0	16.9	1032	1.0	90.5	90.5	1122.5
5	16000	12	32	40.8	11.2	489.6	1.0	39.7	39.7	529.3
6	8000	17	25	47.6	9.8	809.2	12.0	30.4	364.8	1174.0
7	4000	2	20	37.1	7.8	74.2	4.5	19.3	86.9	161.1
$\Sigma l = 80$m										$\Sigma\Delta P = 5370$Pa
立管Ⅳ　资用压力　$\Delta P_{6,7} = 1335$Pa										
立管	8000	4.5	25	47.6	9.8	214.2	11.5	30.4	349.6	563.8
支管	4000	2	20	37.1	7.8	74.2	4.5	19.3	86.9	161.1
										$\Sigma\Delta P = 725$Pa
立管Ⅲ　资用压力　$\Delta P_{5\sim7} = 1864$Pa										
立管	8000	4.5	25	47.6	9.8	214.2	11.5	30.4	349.6	563.8
支管	4000	2	15	194.4	14.8	388.8	4.5	69.4	312.3	701.1
										$\Sigma\Delta P = 1265$Pa
立管Ⅱ　资用压力　$\Delta P_{4\sim7} = 2987$Pa　　　　立管Ⅰ　资用压力　$\Delta P_{3\sim7} = 3922$Pa										
立管	8000	4.5	20	137.9	15.5	620.6	13.0	76.1	989.3	1609.9
支管	4000	2	15	194.4	14.8	388.8	4.5	69.4	312.3	701.1
										$\Sigma\Delta P = 2311$Pa

低压蒸汽供暖系统（例题 5-1）的局部阻力系数汇总表　　　表 5-3

局部阻力名称	管段号					其他立管		其他支管	
	1	2	3、4、5	6	7	$d=25$mm	$d=20$mm	$d=20$mm	$d=15$mm
截止阀	7.0			9.0		9.0	10.0		
锅炉出口	2.0								
90°煨弯	3×0.5=1.5	2×0.5=1.0		2×1.0=2.0		1.0	1.5		
乙字弯					1.5			1.5	1.5
直流三通		1.0	1.0	1.0					
分流三通					3.0			3.0	3.0
旁通三通						1.5	1.5		
$\Sigma\xi$ 总局部阻力系数	10.5	2.0	1.0	12.0	4.5	11.5	13.0	4.5	4.5

3. 其他立管的水力计算

通过最不利管路的水力计算后，即可确定其他立管的资用压力。该立管的资用压力应等于从该立管与供汽干管节点起到最远散热器的管路的总压力损失值。根据该立管的资用压力，可以选择该立管与支管的管径。其水力计算成果列于表 5-2 和表 5-3 内。

通过水力计算可见，低压蒸汽供暖系统并联环路压力损失的相对差额，即所谓节点压力不平衡率是较大的，特别是近处的立管，即使选用了较小的管径，蒸汽流速已采用得很高，也不可能达到平衡的要求，只好靠系统投入运行时，调整近处立管或支管的阀门节流解决。

蒸汽供暖系统因远近管并联环路节点压力不平衡而产生水平失调的现象与热水供暖系统相比，有些不同的地方。在热水供暖系统中，如不进行调节，则通过远近立管的流量比例总不会发生变化。在蒸汽供暖系统中，疏水器工作正常情况下，当近处散热流量增多后，疏水器阻汽工作，使近处散热器压力升高，进入近处散热器的蒸汽量就自动减少；待近处疏水器正常排水后，进入近处散热器的蒸汽量又再增多，因此，蒸汽供暖系统水平失调具有自调性和周期性的特点。

4. 低压蒸汽供暖系统凝水管路管径选择

如图 5-21 所示，排气管 A 处前的凝水管路为干凝水管路。计算方法简单，根据各管段所担负的热量，按附录 5-5 选择管径即可。对管段 1，它属于湿凝水管路，因管路不长，仍按干式选择管径，将管径稍选粗一些。计算结果见表 5-4。

例题 5-1 的低压蒸汽供暖系统凝水管径 表 5-4

管段编号	$7'$	$6'$	$5'$	$4'$	$3'$	$2'$	$1'$	其他立管的凝水立管段
热负荷(W)	4000	8000	16000	24000	32000	40000	71000	8000
管径 d(mm)	15	20	20	25	25	32	32	20

第六节 室内高压蒸汽供暖系统管路的水力计算方法和例题

室内高压蒸汽供暖管路的水力计算原理与低压蒸汽完全相同。

在计算管路的摩擦压力损失时，由于室内系统作用半径不大，仍可将整个系统的蒸汽密度作为常数代入达西·维斯巴赫公式进行计算。沿途凝水使蒸汽流量减小的因素也可忽略不计。管内蒸汽流动状态属于紊流过渡区及阻力平方区。管壁的绝对粗糙度 K 值，在设计中仍采用 0.2mm。为了计算方便，一些供暖通风设计手册中载有不同蒸汽压力下的蒸汽管径计算表。在进行室内高压蒸汽管路的局部压力损失计算时，习惯将局部阻力换算为当量长度进行计算。

室内蒸汽供暖管路的水力计算任务同样也是选择管径和计算其压力损失，通常采用平均比摩阻法或流速法进行计算。计算从最不利环路开始。

1. 平均比摩阻法

当蒸汽系统的起始压力已知时，最不利管路的压力损失为该管路到最远用热设备处各管段的压力损失的总和。为使疏水器能正常工作和留有必要的剩余压力使凝水排入凝水管网，最远用热设备处还应有较高的蒸汽压力。因此在工程设计中，最不利管路的总压力损失不宜超过起始压力的 1/4。平均比摩阻可按下式确定：

$$R_{pj} = \frac{0.25\alpha P}{\sum l} \quad \text{Pa/m} \tag{5-14}$$

式中　α——摩擦压力损失占总压力损失的百分数，高压蒸汽系统一般为 0.8，参见附录 4-8；

　　　P——蒸汽供暖系统的起始表压力，Pa；

　　$\sum l$——最不利管路管段的总长度，m。

2. 流速法

通常，室内高压蒸汽供暖系统的起始压力较高，蒸汽管路可以采用较高的流速，仍能保证在用热设备处有足够的剩余压力。按《民规》规定，高压蒸汽供暖系统的最大允许流速不应大于下列数值：

汽、水同向流动时　　80m/s

汽、水逆向流动时　　60m/s

在工程设计中，常取常用的流速来确定管径并计算其压力损失。为了使系统节点压力不要相差很大，保证系统正常运行，最不利管路的推荐流速值要比最大允许流速低得多。通常推荐采用 $v = 15 \sim 40$ m/s（小管径取低值）。

在确定其他支路的立管管径时，可采用较高的流速，但不得超过规定的最大允许流速。

3. 限制平均比摩阻法

由于蒸汽干管压降过大，末端散热器有充水不热的可能，因而国外有些资料推荐，高压蒸汽供暖的干管的总压降不应超过凝水干管总坡降的 1.2～1.5 倍。选用管径较粗，但工作正常可靠。

室外高压蒸汽供暖系统的疏水器，大多连接在凝水支干管的末端。从用热设备到疏水器入口的管段，同样属于干式凝水管，为非满管流的流动状态。此类凝水管的管径选择，可按附录 5-5 的数值选用。只要保证此凝水支干管的向下坡度 $i \geqslant 0.005$ 和足够的凝水管管径，即使远近立管散热器的蒸汽压力不平衡，但由于干凝水管上部截面有空气与蒸汽的联通作用和蒸汽系统本身流量的一定自调节性能，不会严重影响凝水的重力流动。也有建议采用同程式凝水管路的布置方法（如热水供暖系统同程式布置那样）来处理远近立管散热器的蒸汽压力不平衡问题，但这种方法不一定优于上述保证充分坡度的方法。

从疏水器出口以后的凝水管路（余压回水）的凝水管径确定方法，将在第二篇第十三章中详细阐述。

【例题 5-2】　图 5-22 所示为室内高压蒸汽供暖管路系统的一个支路。各散热器的热负荷与例题 5-1 相同，均为 4000W。用户入口处设分汽缸，与室外蒸汽热网相接。在每一个凝水支路上设置疏水器。散热器的蒸汽工作表压力要求为 200kPa。试选择高压蒸汽供暖管路的管径和用户入口处的供暖蒸汽管路起始压力。

【解】　1. 计算最不利管路

按推荐流速法确定最不利管路的各管段的管径。附录 5-6 为蒸汽表压力 200kPa 时的

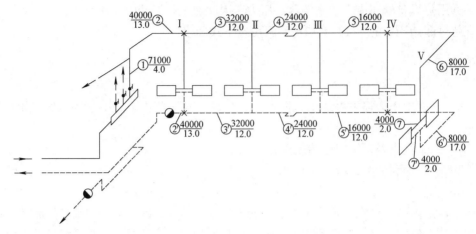

图 5-22　例题 5-2 的管路计算图

水力计算表，按此表选择管径。

室内高压蒸汽管路局部压力损失通常按当量长度法计算。局部阻力当量长度值见附录 5-7。

本例题的水力计算进程和结果列在表 5-5 和表 5-6 中。

室内高压蒸汽供暖系统管路水力计算表（例题 5-2）　　　　　　　　表 5-5

管段编号	热负荷 Q (W)	管长 l (m)	管径 d (mm)	比摩阻 R (Pa/m)	流速 v (m/s)	当量长度 l_d (m)	折算长度 l_{zh} (m)	压力损失 $\Delta P = R \cdot l_{zh}$ (Pa)
1	2	3	4	5	6	7	8	9
1	71000	4.0	32	282	19.8	10.5	14.5	4089
2	40000	13.0	25	390	19.6	2.4	15.4	6006
3	32000	12.0	25	252	15.6	0.8	12.8	3226
4	24000	12.0	20	494	18.9	2.1	14.1	6965
5	16000	12.0	20	223	12.6	0.6	12.6	2810
6	8000	17.0	20	58	6.3	8.4	25.4	1473
7	4000	2.0	15	71	5.7	1.7	3.7	263
$\sum l = 72.0\text{m}$							$\sum \Delta P \approx 25\text{kPa}$	
其他立管	8000	4.5	20	58	6.3	7.9	12.4	719
其他立管	4000	2.0	15	71	5.7	1.7	3.7	263
							$\sum \Delta P = 982\text{Pa}$	

最不利管路的总压力损失为 25kPa，考虑 10% 的安全裕度，则蒸汽入口处供暖蒸汽管路起始的表压力不得低于

$$P_b = 200 + 1.1 \times 25 = 227.5\text{kPa}$$

2. 其他立管的水力计算

由于室内高压蒸汽系统供汽干管各管段的压力损失较大，各分支立管的节点压力难以平衡，通常就按流速法选用立管管径。剩余过高压力，可通过关小散热器前的阀门的方法来调节。

室内高压蒸汽供暖系统各管段的局部阻力当量长度（m）（例题 5-2） 表 5-6

局部阻力 名称	管 段 号									备注
	1 DN32	2 DN25	3 DN25	4 DN20	5 DN20	6 DN20	7 DN15	其他立管 DN20	其他支管 DN15	
分汽缸出口	0.6									
截止阀	9.9					6.4		6.4		
直流三通		0.8	0.8	0.6	0.6	0.6		0.6		
90°煨弯		2×0.8= 1.6				2×0.7= 1.4		0.7		
方形补偿器				1.5						
分流三通							1.1		1.1	
乙字弯							0.6		0.6	
旁流三通								0.8		
总计	10.5	2.4	0.8	2.1	0.6	8.4	1.7	7.9	1.7	

3. 凝水管段管径的确定

按附录 5-5，根据凝水管段所担负的热负荷，确定各干凝水管段的管径，见表 5-7。

室内蒸汽供暖系统凝水管径表（例题 5-2） 表 5-7

管段编号	2′	3′	4′	5′	6′	7′	其他立管的 凝水立管段
热负荷（W）	40000	32000	24000	16000	8000	4000	8000
管径 DN（mm）	25	25	20	20	20	15	20

第二篇

集中供热工程

第六章　集中供热系统的热负荷

第一节　集中供热系统的热负荷的概算和特征

集中供热系统的热用户有供暖、通风、热水供应、空气调节、生产工艺等用热系统。这些用热系统的热负荷的大小及其性质是供热规划和设计的最重要依据。

上述用热系统的热负荷，按其性质可分为两大类：

1. 季节性热负荷

供暖、通风、空气调节系统的热负荷是季节性热负荷。季节性热负荷的特点是：它与室外温度、湿度、风向、风速和太阳辐射等气候条件密切相关，其中对它的大小起决定性作用的是室外温度，因而在全年中有很大的变化。

2. 常年性热负荷

生活用热（主要指热水供应）和生产工艺系统用热属于常年性热负荷。常年性热负荷的特点是：与气候条件关系不大，而且，它的用热状况在全日中变化较大。

生产工艺系统的用热量直接取决于生产状况，热水供热系统的用热量与生活水平、生活习惯以及居民成分等有关。

对集中供热系统进行规划或初步设计时，往往尚未进行各类建筑物的具体设计工作，不可能提供较准确的建筑物热负荷的资料。因此，通常是采用概算指标法来确定各类热用户的热负荷。

一、供暖设计热负荷

供暖热负荷是城市集中供热系统中最主要的热负荷。它的设计热负荷占全部设计热负荷的 $80\%\sim90\%$ 以上（不包括生产工艺用热）。供暖设计热负荷的概算，可采用体积热指标法或面积热指标法等进行计算。

1. 体积热指标法。建筑物的供暖设计热负荷，可按下式进行概算：

$$Q'_n = q_v V_w (t_n - t'_w) \times 10^{-3} \qquad (6\text{-}1)$$

式中　Q'_n——建筑物的供暖设计热负荷，kW；

　　　V_w——建筑物的外围体积，m^3；

　　　t_n——供暖室内计算温度，℃；

　　　t'_w——供暖室外计算温度，℃；

　　　q_v——建筑物的供暖体积热指标，$W/(m^3 \cdot ℃)$，它表示各类建筑物，在室内外温差1℃时，每 $1m^3$ 建筑物外围体积的供暖热负荷。

降低建筑供暖热负荷的方法：根据第一章的供暖系统的设计热负荷所阐述的基本原理可见，建筑物总的热负荷中的失热量即热负荷主要靠供暖设备提供，其次为太阳辐射得热，建筑物内部得热（包括照明、家电和人体散热等）。这些热量的一部分会通过围护结构的传热和门窗缝隙的空气渗透向室外散热。当建筑物的总得热和总散热达到平衡时，室温得以稳定维持。所以为了降低建筑采暖热负荷指标，应最大限度地争取得热，最低限度地向外散热，即应"开源节流"。具体可总结成以下几方面：

（1）减小建筑物的体形系数及外表面积，加强围护结构保温，以减少传热耗热量；

（2）提高门窗的气密性，减少空气渗透耗热量，提高门窗保温性，减少其传热耗热量；

（3）通过有效地整体规划、单体设计，从朝向、间距、体形上保证建筑物受太阳辐射面积最大。

供暖体积热指标 q_v 的大小，主要与建筑物的围护结构及外形有关。建筑物围护结构传热系数越大、建筑的体型系数越大（外部建筑体积越小或建筑物的长宽比越大）、窗墙比大及气密性差，单位体积的热损失，即 q_v 值也越大。因此，从建筑物的围护结构及其外形方面考虑降低 q_v 值的种种措施，是建筑节能的主要途径，也是降低集中供热系统的供热设计热负荷的主要途径。

各类建筑物的供暖体积热指标 q_v，可通过对许多建筑物进行理论计算或对许多实测数据进行统计归纳整理得出，可见有关设计手册或当地设计单位历年累积的资料数据。

2. 面积热指标法。建筑物的供暖设计热负荷，也可按下式进行概算：

$$Q'_n = q_f \cdot F \times 10^{-3} \tag{6-2}$$

式中　Q'_n——建筑物的供暖设计热负荷，kW；

　　　F——建筑物的建筑面积，m²；

　　　q_f——建筑物的供暖面积热指标，W/m²，它表示每 1m² 建筑面积的供暖热负荷。

应该说明：建筑物的供暖热负荷，主要取决于通过垂直围护结构（墙、门、窗等）向外传递的热量，它与建筑物平面尺寸和层高有关，因而不是直接取决于建筑平面面积。用供暖体积热指标表征建筑物供暖负荷的大小，物理概念清楚；但采用供暖面积热指标法，比体积热指标更易于概算，所以近年来在城市集中供热系统规划中，国外、国内也多采用供暖面积热指标法进行概算。

在总结我国许多单位进行建筑物供暖热负荷的理论计算和实测数据工作的基础上，我国《城镇供热管网设计标准》CJJ 34（简称《热网标准》）给出了供暖面积热指标的推荐值，见附录 6-1。该供暖热指推荐值中包括了约 5% 的管网热损失。

为降低建筑物的供暖热负荷，应对采暖建筑进行节能规划设计。规划设计的方法是优化建筑的微气候环境，充分利用太阳能、冬季主导风向、地形和地貌等自然因素，并通过建筑规划布局，充分利用有利因素，改造不利因素，形成良好的居住条件，创造良好的微气候环境，达到建筑节能的要求。

规划设计的内容主要有：建筑选址、分区、建筑布局、道路走向、建筑方位朝向、建筑体形、建筑间距、冬季季风主导方向、太阳辐射、建筑外部空间环境构成等方面。

3. 城市规划指标法。对一个城市新区供热规划设计，各类型的建筑面积尚未具体落实时，可用城市规划指标来估算整个新区的供暖设计负荷。

根据城市规划指标，首先确定该区的居住人数，然后根据街区规划的人均建筑面积，街区住宅与公共建筑的建筑比例指标，来估算该街区的综合供暖热指标值。

附录 6-1 给出《热网规范》推荐的未采取节能措施的居住区综合供暖面积热指标值为

$60\sim67\text{W/m}^2$。此数据是根据北京许多居住街区的规划资料，按居住区公共建筑占居住区总建筑面积的14％和公共建筑的平均供暖热指标为住宅的1.3倍条件估算的。当然，各个地区和街区建设具体情况不同，综合热指标值会有不小的差别。利用城市规划指标确定供热规划热负荷的方法，目前在我国应用不多，有待进一步整理和总结这方面的资料。

二、通风设计热负荷

为了保证室内空气具有一定的温湿度及清洁度的要求，就要求对生产厂房、公共建筑及居住建筑进行通风或空气调节。在供暖季节中，加热从室外进入的新鲜空气所消耗的热量，称为通风热负荷。通风热负荷也是季节性热负荷，但由于通风系统的使用和各班次工作情况不同，一般公共建筑和工业厂房的通风热负荷，在一昼夜波动也较大。

建筑物的通风设计热负荷，可采用通风体积热指标或百分数法进行概算。

1. 通风体积热指标法

可按下式计算通风设计热负荷：

$$Q'_t = q_t V_w (t_n - t'_{w \cdot t}) \times 10^{-3} \qquad (6\text{-}3)$$

式中　Q'_t——建筑物的通风设计热负荷，kW；

　　V_w——建筑物的外围体积，m^3；

　　t_n——供暖室内计算温度，℃；

　$t'_{w \cdot t}$——通风室外计算温度，℃；

　　q_t——通风的体积热指标，$\text{W/(m}^3 \cdot \text{℃)}$，它表示建筑物在室内外温差1℃时，每$1\text{m}^3$建筑物外围体积的通风热负荷。

通风体积热指标q_t值，取决于建筑物的性质和外围体积。工业厂房的供暖体积热指标q_v和通风体积热指标q_t值，可参考有关设计手册选用。对于一般的民用建筑，室外空气无组织地从门窗等缝隙进入，预热这些空气到室温所需的渗透和侵入耗热量，已计入供暖设计热负荷中，不必另行计算。

2. 百分数法

对有通风空调的民用建筑（如旅馆、体育馆等），通风设计热负荷可按该建筑物的供暖设计热负荷的百分数进行概算，即

$$Q'_t = K_t \cdot Q'_n \qquad (6\text{-}4)$$

式中　K_t——计算建筑物通风、空调新风加热热负荷的系数，一般取0.3～0.5。

其他符号同前。

三、生活用热的设计热负荷

1. 热水供应用热

热水供应热负荷为日常生活中用于洗脸、洗澡、洗衣服以及洗刷器皿等所消耗的热量。热水供应的热负荷取决于热水用量。住宅建筑的热水用量，取决于住宅内卫生设备的完善程度和人们的生活习惯。公用建筑（如浴池、食堂、医院等）和工厂的热水用量，还与其生产性质和工作制度有关。

热水供应系统的工作特点是热水用量具有昼夜的周期性。每天的热水用量变化不大，但小时热水用量变化较大。图6-1所示为一个居住区的典型日的小时热水用热变化示意图。因此，通常首先根据用热水的单位数（如人数、每日人次数、床位数等）和相应的热水用水量标准，先确定全天的热水用量和耗热量，然后再进一步计算热水供应系统的设计

小时热负荷。

供暖期的热水供应平均小时热负荷可按下式计算：

$$Q'_{r \cdot p} = \frac{cm\rho v(t_r - t_l)}{T} = 0.001163 \frac{mv(t_r - t_l)}{T} \qquad (6-5)$$

式中　$Q'_{r \cdot p}$——供暖期的热水供应平均小时热负荷，kW；

　　　m——用热水单位数（住宅为人数，公共建筑为每日人次数，床位数等）；

　　　v——每个用热水单位每天的热水用量，L/d；可按《建筑给水排水设计标准》
　　　　　GB 50015—2019 的标准选用（见附录 6-2）；

　　　t_r——生活热水温度，℃，附录 6-2 中的热水温度按 60℃计算，热水器具的使用
　　　　　水温详见规范；

　　　t_l——冷水计算温度，取最冷月平均水温，℃；如无资料时，亦可按上述规范的
　　　　　数值计算；

　　　T——每天供水小时数，h/d；对住宅、旅馆、医院等，一般取 24h；

　　　c——水的热容量，$c = 4.1868$kJ/(kg·℃)；

　　　ρ——水的密度，按 $\rho = 1000$kg/m³ 计算；

0.001163——公式化简和单位换算的数值，（$0.001163 = 4.1868 \times 10^3 / 3600 \times 1000$）。

对于计算城市居住区热水供应的日平均热负荷时，《热网标准》在总结北京城市集中
供热资料的基础上，给出了一个估算公式：

$$Q'_{r \cdot p} = q_s \cdot F \times 10^{-3} \qquad (6-6)$$

式中　$Q'_{r \cdot p}$——居住区供暖期的热水供应平均热负荷，kW；

　　　F——居住区的总建筑面积，m²；

　　　q_s——居住区热水供应的热指标，W/m²；当无实际统计资料时，可按照附录
　　　　　6-3 取用。

建筑物或居住区的热水供应最大热负荷取决于该建筑物或居民区的每天使用热水的规
律，最大热水用量（热负荷）与平均热水用量（热
负荷）的比值称为变化系数。如图 6-1 中，纵坐标
OA 表示最大值 $Q'_{r \cdot max}$。在一天 $n = 24$ 内的总热水
用量，等于曲线所包围的面积。将全天总用热量除
以每天供水时数 T 小时，即为平均热负荷 $Q'_{r \cdot p}$。

$$k_r = Q'_{r \cdot max} / Q'_{r \cdot p} \qquad (6-7)$$

或　　$Q'_{r \cdot max} = k_r \cdot Q'_{r \cdot p}$　kW　　$(6-8)$

式中　k_r——小时变化系数，见附录 6-4。更为详
　　　　　细的住宅、集体宿舍、旅馆和公共建
　　　　　筑的生活用水定额及小时变化系数可
　　　　　根据用水单位数，按《建筑给水排水
　　　　　设计标准》GB 50015—2019 选用。

建筑物或居住区的用水单位数越多，全天中的

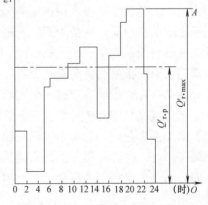

图 6-1　某居住区热水供应热
负荷全日变化示意图

最大小时用水量（用热量）越接近于全天的平均小时用水量（用热量），小时变化系数 k_r
值越接近 1。对全日使用热水的用户，如住宅、别墅、医院、旅馆等，小时变化系数按附

录6-4取用。对短时间使用热水的用户，如工业厂房、体育馆和学校等的淋浴设备，k_r值可取大些，可按$k_r = 5 \sim 12$取用。

热网的热水供应设计热负荷，与用户热水供应系统和热网的连接方式有关。当用户的热水供应系统中有储水箱时，可采用供暖期的热水供应平均热负荷$Q'_{r \cdot p}$计算。当用户无储水箱时，应以供暖期的热水供应最大热负荷$Q'_{r \cdot max}$作为设计热负荷。

对城市集中供热系统热网的干线，由于连接的用水单位数目很多，干线的热水供应设计热负荷可按热水供应的平均热负荷$Q'_{r \cdot p}$计算。

2. 其他生活用热，在工厂、医院、学校等中，除热水供应以外，还可能有开水供应、蒸饭等项目用热。这些用热负荷的概算，可根据一些指标，参照上述方法计算。例如计算开水供应用热量，加热温度可取105℃，用水标准v可取$2 \sim 3$L/（天·人），蒸饭锅的蒸汽消耗量，当蒸煮量为100kg时，约需耗蒸汽$100 \sim 250$kg（蒸煮量越大，单位耗汽量越小）。一般开水和蒸锅要求的加热蒸汽表压力为$0.15 \sim 0.25$MPa。

四、生产工艺热负荷

生产工艺热负荷是为了满足生产过程中用于加热、烘干、蒸煮、清洗、溶化等过程的用热，或作为动力用于驱动机械设备（汽锤、汽泵等）。

生产工艺热负荷和生活用热热负荷一样，属于全年性热负荷。生产工艺设计热负荷的大小以及需要的热媒种类和参数，主要取决于生产工艺过程的性质、用热设备的形式以及工厂的工作制度等因素。

集中供热系统中，生产工艺热负荷的用热参数，按照工艺要求热媒温度的不同，大致可分为三种：供热温度在$130 \sim 150$℃以下称为低温供热，一般靠$0.4 \sim 0.6$MPa（abs）蒸汽供热；供热温度在$130 \sim 150$℃以上到250℃以下，称为中温供热，这种供热的热源往往是中、小型蒸汽锅炉或热电厂供热汽轮机的$0.8 \sim 1.3$MPa（abs）级或4.0MPa级的抽汽；当供热温度高于$250 \sim 300$℃时，称为高温供热，这种供热的热源通常为大型锅炉房或热电厂新生产的蒸汽直接经过减压降温后的蒸汽。

由于生产工艺的用热设备繁多、工艺过程对热媒要求参数不一、工作制度各有不同，因而生产工艺热负荷很难用固定的公式表述。在确定集中供热系统的生产工艺热负荷时，对新增加的热负荷，应按生产工艺系统提供的设计数据为准，并参考类似企业确定其热负荷。对已有工厂的生产工艺热负荷，由工厂提供。为了避免用户多报热负荷量，规划或设计部门应对所报的热负荷进行核算。通常可采用以产品单位能耗指标方法，或按全年实际耗煤量来核算，最后确定较符合实际情况的热负荷。

工业成品单位耗热量的扩大概算指标，可参用附录6-5的数值。

向工业企业供热的集中供热系统，各个工厂或车间的最大生产工艺热负荷不可能同时出现。因此，在计算集中供热系统热网的最大生产工艺热负荷时，应以核实的各工厂（或车间）的最大生产工艺热负荷之和乘以同时使用系数k_{sh}。同时使用系数的概念，可用下式表示：

$$k_{sh} = Q'_{w \cdot max} / \sum Q'_{sh \cdot max} \tag{6-9}$$

式中　$Q'_{w \cdot max}$——工厂区（工厂）的生产工艺最大热负荷，GJ/h；

　　$\sum Q'_{sh \cdot max}$——经核实的各工厂（各车间）的生产工艺最大热负荷，GJ/h；

　　k_{sh}——生产工艺热负荷的同时使用系数，一般可取$0.7 \sim 0.9$。

当热源（如热电厂）的蒸汽参数与各工厂用户的蒸汽压力和温度参数不一致时，确定热电厂出口热网的设计流量应进行必要的换算。计算公式为

$$D' = \frac{10^3 Q'_{w \cdot max}}{(i_r - t_{r \cdot b})\eta_w} = \frac{k_{sh}\sum D'_{g \cdot max}(i_g - t_{g \cdot b})}{(i_r - t_{r \cdot b})\eta_w}\tag{6-10}$$

式中　D'——热源出口的设计蒸汽流量，t/h；

i_r，$t_{r \cdot b}$——热源出口蒸汽的焓值与凝水的焓值，kJ/kg；

$D'_{g \cdot max}$——各工厂核实的最大蒸汽流量，t/h；

i_g，$t_{g \cdot b}$——各工厂使用蒸汽压力下的焓值与凝水的焓值，kJ/kg；

η_w——热网效率，一般取 $\eta_w = 0.9 \sim 0.95$。

对于热电厂供热系统，根据"以热定电"的原则，必须对生产工艺热负荷在全年中的变化情况有更多的设计依据。除供暖期的最大热负荷外，还应有供暖期的平均热负荷、非供暖期的平均热负荷、非供暖期的最小热负荷等资料，以及必要的典型周期（日或一段时间）的蒸汽热负荷曲线和年延续时间曲线等资料。这些数据对选择供热机组形式，分析热电厂的经济性和运行工况都是非常必要的。

第二节　热　负　荷　图

热负荷图是用来表示整个热源或用户系统热负荷随室外温度或时间变化的图。热负荷图形象地反映热负荷变化的规律。对集中供热系统设计、技术经济分析和运行管理，都很有用处。

在供热工程中，常用的热负荷图主要有热负荷时间图、热负荷随室外温度变化图和热负荷延续时间图。

一、热负荷时间图

热负荷时间图的特点是图中热负荷的大小按照它们出现的先后排列。热负荷时间图中的时间期限可长可短，可以是一天、一个月或一年，相应称为全日热负荷图、月热负荷图和年热负荷图。

（一）全日热负荷图

全日热负荷图用以表示整个热源或用户的热负荷，在一昼夜中每小时变化的情况。

全日热负荷图是以小时为横坐标，以小时热负荷为纵坐标，从零时开始逐时绘制的。图 6-1 所示是一个典型的热水全日热负荷图。

对全年性热负荷，如前所述，它受室外温度影响不大，但在全天中小时的变化较大，因此，对生产工艺热负荷，必须绘制全日热负荷为设计集中供热系统提供基础数据。

一般来说，工厂生产不可能每天一致，冬夏期间总会有差别。因此，需要分别绘制出冬季和夏季典型工作日的全日生产工艺热负荷图，由此确定生产工艺的最大、最小热负荷和冬季、夏季平均热负荷值。

生产工艺的全日热负荷可参见图 6-5 左侧的示意图。

对季节性的供暖、通风等热负荷，它的大小主要取决于室外温度，而在全天中小时的变化不大（对工业厂房供暖、通风热负荷，会受工作制度影响而有些规律性的变化）。通常用它的热负荷随室外温度变化图来反映热负荷变化的规律。

（二）年热负荷图

年热负荷图是以一年中的月份为横坐标，以每月的热负荷为纵坐标绘制的负荷时间图。图 6-2 为典型全年热负荷的示意图，对季节性的供暖、通风热负荷，可根据该月份的室外平均温度确定，热水供应热负荷按平均小时热负荷确定，生产工艺热负荷可根据日平均热负荷确定。年热负荷图是规划供热系统全年运行的原始资料，也是用来制订设备维修计划和安排职工休假日等方面的基本参考资料。

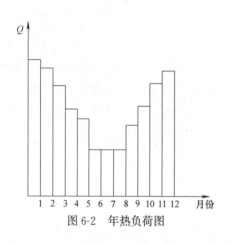

图 6-2　年热负荷图

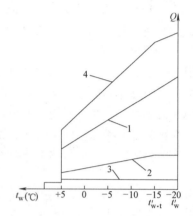

图 6-3　热负荷随室外温度变化曲线

曲线 1—供暖热负荷随室外温度变化曲线；曲线 2—冬季通风热负荷随室外温度变化曲线；曲线 3—热水供应热负荷变化曲线；曲线 4—总热负荷随室外温度变化曲线

二、热负荷随室外温度变化图

季节性的供暖、通风热负荷的大小，主要取决于当地的室外温度，利用热负荷随室外温度变化图能很好地反映季节性热负荷的变化规律。图 6-3 示意图为一个居住区的热负荷随室外温度的变化图。图中横坐标为室外温度，纵坐标为热负荷。开始供暖的室外温度定为 5℃。根据式（6-1），建筑物的供暖热负荷应与室内外温度差成正比，因此，$Q_n = f(t_w)$ 为线性关系。图 6-3 中的线 1 代表供暖热负荷随室外温度的变化曲线。同理，根据式（6-3），冬季通风热负荷 Q_t，在室外温度 5℃$> t_w \geqslant t'_{w \cdot t}$ 期间内，$Q_t = f(t_w)$ 亦为线性关系。当室外温度低于冬季通风室外计算温度 $t'_{w \cdot t}$ 时，通风热负荷为最大值，不随室外温度改变。图 6-3 中的线 2 代表冬季通风热负荷随室外温度变化的曲线。

图 6-3 还给出了热水供应随室外气温变化的曲线（见曲线 3）。热水供应热负荷受室外温度影响较小，因而它呈一条水平直线，但在夏季期间，热水供应的热负荷比冬季低。

将这三条线的热负荷在纵坐标的表示值相加，得图 6-3 的曲线 4。曲线 4 即为该居住区总热负荷随室外温度变化的曲线图。

三、热负荷延续时间图

在供热工程规划设计过程中，需要绘制热负荷延续时间图。热负荷延续时间图的特点与热负荷时间图不同，在热负荷延续时间图中，热负荷不是按出现时间的先后来排列，而是按其数值的大小来排列。热负荷延续时间图需要有热负荷随室外温度变化曲线和室外气温变化规律的资料才能绘出。

（一）供暖热负荷延续时间图

在供暖热负荷延续时间图中，横坐标的左方为室外温度 t_w，纵坐标为供暖热负荷 Q_n；横坐标的右方表示小时数（见图 6-4）。横坐标 n' 代表供暖期中室外温度 $t_w \leqslant t'_w$（t'_w 为供暖室外计算温度）出现的总小时数；n_1 代表室外温度 $t_w \leqslant t_{w \cdot 1}$ 出现的总小时数；n_2 代表室外温度 $t_w \leqslant t_{w \cdot 2}$ 出现的总小时数；n_{zh} 代表整个供暖期的供暖总小时数。

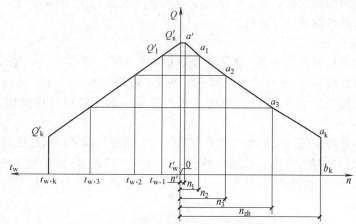

图 6-4 供暖热负荷延续时间图的绘制方法

供暖热负荷延续时间图的绘制方法如下：图左方首先绘出供暖热负荷随室外温度变化曲线图（以直线 Q'_n-Q'_k 表示）。然后，通过 t'_w 时的热负荷 Q'_n 引出一水平线，与相应出现的总小时数 n' 的横坐标上引的垂直线相交于 a' 点。同理，通过 $t_{w \cdot 1}$ 时的热负荷 Q'_1 引来一水平线，与相应出现的总小时数 n_1 的横坐标上引的垂直线相交于 a_1 点。依此类推，在图 6-4 右侧连接 $Q'_n a a_1 a_2 a_3 \cdots a_k$ 等点形成的曲线，得出供暖热负荷延续时间图。图中曲线 $Q'_n a' a_1 a_2 a_3 a_k b_k O$ 所包围的面积就是供暖期间的供暖年总耗热量。

附录 6-6 给出我国一些北方城市不同室外温度下相应的延续小时数的气温资料。该资料是按 1951—1980 年 30 年历年的日平均数值得出的，可供绘制季节性的热负荷延续时间图应用。

当一个供热系统或居住区具有供暖、通风和热水供应等多种负荷时，也可以根据整个热负荷随室外温度变化的曲线图（见图 6-3 曲线 4），按上述同样的绘制方法，绘制相应的总热负荷延续时间图。

（二）利用数学公式绘制供暖热负荷延续时间图曲线的方法

热负荷延续时间图对集中供热系统，特别是对以热电厂为热源的集中供热系统的技术经济分析很有用处。如对确定热电厂的机组形式、规格和台数、确定热媒的最佳参数、多热源供热系统的热源运行方式等等技术和经济问题，都是非常有用的资料。

如能利用数学公式，用 $Q = f(n)$ 的函数式表示供暖热负荷延续时间曲线，则对目前大量使用计算机分析和解决一些技术经济问题，带来更多的方便。

目前国内研究了两种方法：

1. 函数公式法

根据该地区不同室外温度的延续小时数，利用最小二乘法，可拟合 $t_w = f(n)$ 的函数表达式，如：

$$t_w = A + Bn + Cn^2 + Dn^3 + En^4 + \cdots\cdots \tag{6-11}$$

式中　　　　　　t_w——某一室外温度；

$A、B、C、D、E$——常数值；

　　　　　　　n——延续小时数，它的指数次数取决于所要求达到的精度。

根据热负荷随室外温度变化的规律 $Q = f(t_w)$，由此可导出 $Q = f(n)$ 的数学表达式。

该方法拟合的精度较高，但必须掌握该地区室外温度 t_w 的延续小时数，亦即需要有该地区的详细室外气温的统计资料。

2. 无因次综合公式法

各城市的地理位置和气象条件等因素是有很大差别的，但也有一些共同的特点：

(1) 根据《民规》，各城市的开始和停止供暖温度都定为 $+5℃$；

(2) 根据《民规》，以不保证天数为 5 天的原则，确定各城市的供暖室外计算温度 t_w' 值；

(3) 各城市供暖期长短（n 小时数）与其室外气温变化幅度，大致也有一定规律。

基于上述这些共同的特点，根据许多城市从 1951—1980 年 30 年历年的室外日平均气温的资料，通过数学分析和回归计算，可用下列无因次群形式的数学模型，来表达供暖期内的气温分布规律。

$$R_t = \begin{cases} 0 & N \leqslant 5 \\ R_n^b & 5 < N \leqslant N_{zh} \end{cases} \tag{6-12}$$

或用下式表示：

$$t_w = \begin{cases} t_w' & N \leqslant 5 \\ t_w' + (5 - t_w')\, R_n^b & 5 < N \leqslant N_{zh} \end{cases} \tag{6-13}$$

式中　　　　　　t_w——某一室外温度，℃；

t_w' 和 5——供暖室外计算温度，供暖期开始及终止供暖的室外日平均温度，℃；

$R_t、R_n$——两个无因次群，分别代表无因次室外温度和无因次延续天数或小时数；

$$R_t = \frac{t_w - t_w'}{5 - t_w'} \tag{6-14}$$

$$R_n = \frac{N - 5}{N_{zh} - 5} = \frac{n - 120}{n_{zh} - 120} \tag{6-15}$$

$N_{zh}、n_{zh}、5、120$——供暖期总天数或总小时数；不保证天数（5 天）或不保证小时数（120h）；

$N、n$——延续天数或延续小时数，即供暖期内室外日平均温度等于或低于某 t_w 的历年平均天数或小时数；

b——R_n 的指数值；

$$b = \frac{5 - \mu t_{pj}}{\mu t_{pj} - t_w'} \tag{6-16}$$

μ——修正系数。

$$\mu = \frac{N_{zh}}{N_{zh} - 5} = \frac{n_{zh}}{n_{zh} - 120} \tag{6-17}$$

式中 t_{pj}——供暖期室外日平均温度，℃。

根据供暖热负荷与室内外温度差成正比关系，即

$$\overline{Q}=\frac{Q_n}{Q'_n}=\frac{t_n-t_w}{t_n-t'_w} \tag{6-18}$$

式中 Q'_n、Q_n——供暖设计热负荷和在室外温度 t_w 下的供暖热负荷；

$\overline{Q}$——供暖相对热负荷比；

t_n——供暖室内计算温度，取 $t_n=18℃$。

综合式（6-12）和式（6-18），可得出供暖热负荷延续时间图的数学表达式：

$$\overline{Q}=\begin{cases} 1 & N\leqslant 5 \\ 1-\beta_0 R_n^b & 5<N\leqslant N_{zh} \end{cases} \tag{6-19}$$

或

$$Q_n=\begin{cases} Q'_n & N\leqslant 5 \\ (1-\beta_0 R_n^b)Q'_n & 5<N\leqslant N_{zh} \end{cases} \tag{6-20}$$

式中

$$\beta_0=(5-t'_w)/(t_n-t'_w) \tag{6-21}$$

利用无因次综合公式法绘制供暖负荷延续时间图的最大优点是：当缺乏一个城市详细的室外气温分布统计资料情况下，只要从《民规》中查出该城市的三个规定数据——即供暖室外计算温度 t'_w、供暖期天数 N_{zh} 和供暖期室外日平均温度 t_{pj}，就可以利用式（6-20）绘制出供暖热负荷延续时间图。

附录6-6给出了我国北方十八个城市的无因次综合公式中的 β_0 和 b 的值，通过十八个城市的验证，按无因次综合公式绘制的供暖热负荷延续时间曲线，某一室外 t_w 下的热负荷偏差率［与某一室外 t_w 下的理想公式（6-18）与式（6-19）确定的热负荷差异］，一般不超过±5%；整个供暖期供热总耗热量的相对误差很小，其值只在1.74%~2.85%以内，因而所具有的精度，可适用于工程计算上。

近几十年，随着全球气候变暖，我国各城市的室外气象参数变化较大。故按照书中公式（6-12）~式（6-17）和《民用建筑热工设计规范》GB 50176—2016附录A室外气象参数，计算出了部分城市的低于某一室外温度的平均延续小时数，并制成了附录6-7，仅供参考使用。

（三）生产工艺热负荷延续曲线图的绘制方法

生产工艺全年热负荷延续曲线图的绘制比供暖热负荷延续曲线图要麻烦些，而且与实际的差距也较大。根据我国能源部的有关规定，至少要有冬季和夏季典型日的生产工艺热负荷时间图作为依据，来绘制生产工艺全年热负荷延续曲线图。

图6-5左方表示冬季和夏季典型日的生产工艺热负荷图。纵坐标为热负荷，横坐标为一昼夜的小时时刻。如图所假设，生产工艺热负荷 Q_a 在冬季和夏季的每天工作小时数为 (m_1+m_2) 和 (m_3+m_4) 小时。假定冬季和夏季的实际工作天数为 N_d 和 N_x，则在横坐标表示延续小时数 $n_a=(m_1+m_2)N_d+(m_3+m_4)N_x$ 处，引垂直线交生产工艺热负荷 Q_a 值于 a 点。同此方法类推，则可绘制出按生产工艺热负荷大小排列的延续时间曲线图。

如热电厂同时具有生产工艺热负荷和民用性质（供暖、通风和热水供应）热负荷，热电厂的总热负荷延续时间曲线图可将两个延续时间图叠加得出。

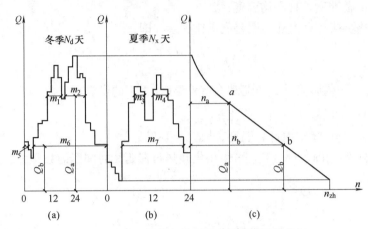

图 6-5　生产工艺热负荷延续时间曲线图的绘制

(a) 冬季典型日的热负荷图；(b) 夏季典型日的热负荷图；(c) 生产工艺热负荷的延续时间曲线图

$$n_a = (m_1 + m_2)N_d + (m_3 + m_4)N_x \quad h; n_b = (m_5 + m_6)N_d + m_7 N_x \quad h$$

事实上，绘制切合实际的生产工艺热负荷延续时间曲线图是难以做到的。对以热电厂为热源的集中供热系统，各类热用户的总热负荷延续时间曲线图，主要是用于热电厂选择供热汽轮机的机型、台数等，对集中供热系统的网络设计用处不是很大。

第三节　年耗热量计算

集中供热系统的年耗热量是各类热用户年耗热量的总和。各类热用户的年耗热量可分别按下述方法计算：

1. 供暖年耗热量 $Q_{n\cdot a}$

$$
\begin{aligned}
Q_{n\cdot a} &= 24Q'_n\left(\frac{t_n - t_{pj}}{t_n - t'_w}\right)N \quad kW\cdot h/a \\
&= 0.0864Q'_n\left(\frac{t_n - t_{pj}}{t_n - t'_w}\right)N \quad GJ/a
\end{aligned}
\tag{6-22}
$$

式中　　Q'_n——供暖设计热负荷，kW；

　　　　N——供暖期天数，d；

　　　　t'_w——供暖室外计算温度，℃；

　　　　t_n——供暖室内计算温度，℃；一般取 18℃；

　　　　t_{pj}——供暖室外平均温度，℃；

　0.0864——公式化简和单位换算后的数值，$(0.0864 = 24\times3600\times10^{-6})N$，$t'_w$ 及 t_{pj}
　　　　　值按《民规》确定。

2. 通风年耗热量 $Q_{t\cdot a}$

通风年耗热量可近似按下式计算：

$$Q_{t\cdot a} = Z\cdot Q'_t\left(\frac{t_n - t_{pj}}{t_n - t'_{w\cdot t}}\right)N \quad kW\cdot h/a$$

$$=0.0036Z \cdot Q'_t \left(\frac{t_n - t_{pj}}{t_n - t'_{w \cdot t}}\right)N \quad \text{GJ/a} \tag{6-23}$$

式中 Q'_t——通风设计热负荷，kW；

$t'_{w \cdot t}$——冬季通风室外计算温度，℃；

Z——供暖期内通风装置每日平均运行小时数，h/d；

0.0036——单位换算系数，（1kWh＝3600×10^{-6}GJ）。

其他符号同式（6-22）。

由于冬季通风室外温度 $t'_{w \cdot t}$ 通常都高于供暖室外计算温度 t'_w，在室外温度等于和低于 $t'_{w \cdot t}$ 时，通风耗热量保持不变，即 Q'_t 为定值，因而采用整个供暖期的室外平均温度 t_{pj} 来计算通风年耗热量就偏大了。更准确的计算方法可参阅有关文献。

3. 热水供应全年耗热量 $Q_{r \cdot a}$

热水供应热负荷是全年性热负荷。考虑到冬季和夏季冷水温度不同，热水供应年耗热量可按下式计算：

$$Q_{r \cdot a} = 24\left[Q'_{r \cdot p}N + Q'_{r \cdot p}\left(\frac{t_r - t_{l \cdot x}}{t_r - t_l}\right)(350-N)\right] \quad \text{kW} \cdot \text{h/a}$$
$$= 0.0864 Q'_{r \cdot p}\left[N + \left(\frac{t_r - t_{l \cdot x}}{t_r - t_l}\right)(350-N)\right] \quad \text{GJ/a} \tag{6-24}$$

式中 $Q'_{r \cdot p}$——供暖期热水供应的平均热负荷，kW；

$t_{l \cdot x}$——夏季冷水温度（非供暖期平均水温），℃；

t_l——冬季冷水温度（供暖期平均水温），℃；

t_r——热水供应设计温度，℃；

（350－N）——全年非供暖期的工作天数（扣去15天检修期），d。

4. 生产工艺年耗热量 $Q_{s \cdot a}$

生产工艺年耗热量可用下式求出：

$$Q_{s \cdot a} = \sum Q_i T_i \quad \text{GJ/a} \tag{6-25}$$

式中 Q_i——一年12个月中第 i 个月的日平均耗热量，GJ/d；

T_i——一年12个月中第 i 个月的天数。

第七章　集中供热系统的热源

在热能供应范畴中，凡是将天然或人造的含能形态转化为符合供热系统要求参数的热能设备与装置，通称为热源。

在集中供热系统中，热电厂、区域锅炉房、低温核能供热厂可作为较大型的热源使用；地热、工业余热、太阳能、地源（水源）热泵和直燃机等可作为小型区域供热热源。同时也可将来自上一级的高温水或蒸汽加热下一级热用户所需热媒，并向其提供所需热量的热力站视为局部热源。但在目前的技术条件下，最广泛应用的热源形式仍然是热电厂和区域锅炉房。

第一节　热　电　厂

热电厂是联合生产电能和热能的发电厂。联合生产电能和热能的方式，取决于采用供热汽轮机的形式。供热汽轮机主要分两大类型：

（一）背压式汽轮机

排汽压力高于大气压力的供热汽轮机称为背压式汽轮机。

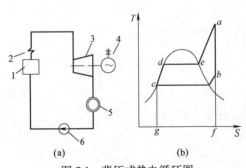

图 7-1 背压式热电循环图
(a) 工作原理图；(b) T-S 图
1—锅炉；2—过热器；3—蒸汽汽轮机；4—发电机；
5—热用户；6—给水泵

图 7-1（a）所示为背压式汽轮机的工作原理示意图。图 7-1（b）为其热力循环的温-熵（T-S）图。其中，a-b 表示过热蒸汽在汽轮机内的绝热膨胀过程；b-c 表示排出的过热蒸汽在热用户的凝结放热过程；c-d 表示水在锅炉中由未饱和水受热成为饱和水的定压加热过程；d-e 表示饱和水在锅炉内的定压汽化过程；e-a 表示饱和蒸汽在过热器内定压加热成为过热蒸汽的过程。由图中可见，蒸汽从热源吸取的热量可用面积 $afgc$-dea 表示，其中一部分转变为电能，其热量等于面积 $abcdea$，另一部分热量则供应热用户，等于面积 $bfgcb$。由此可见，如不考虑动力装置及管路的热损失，理论的背压式热电联合生产的热能利用率为 100%。

背压式汽轮机的热能利用效率最高，但由于热、电负荷相互制约，它只适用于承担全年或供暖季基本热负荷的供热量。

（二）抽汽式汽轮机

从汽轮机中间抽汽对外供的汽轮机称为抽汽式汽轮机。这种类型的机组，有带一个可调节抽汽口的机组（通称为单抽式供热汽轮机）和带高、低压可调节抽汽口的机组（通称为双抽式供热汽轮机）两种形式。

图 7-2 是一个具有双抽式供热汽轮机的热电厂的热力系统示意图，下面简要说明热源部分的工作过程。

供热汽轮机上有许多个抽汽口，其中多数是不可调节抽汽口。它的抽汽量是随汽轮机的负荷变化的。双抽式供热汽轮机有两个可调节抽汽口。它的抽汽量可以调节使其不随汽轮机负荷改变而变化，因而可以保证供汽量随用户的要求而变化，又能在一定范围内不影响发电量。

图 7-2 中的双抽式供热汽轮机，其高压可调节的抽汽压力通常为 0.785～1.27MPa（8～13kg/cm² 绝对压力），主要用来向用户供应高压蒸汽，满足生产工艺用热量。低压可调节抽汽口的抽汽压力，通常为 0.118～0.245MPa（1.2～2.5kg/cm² 绝对压力）。抽出的蒸汽，大部分送进主加热器（基本加热器）4，用来加热网路回水。被主加热器加热的网路水，如供水温度尚不能满足热水网路供热调节曲线图所要求的供水温度，则再送入高峰加热器 5 进一步加热到所需的温度。高峰加热器所需的蒸汽量，可由高压抽汽口或直接由锅炉新汽经减压加湿装置 6 直接供应。为了保证在汽轮机检修或事故时仍能供热，蒸汽管道上设置了备用的减压加湿装置 7。

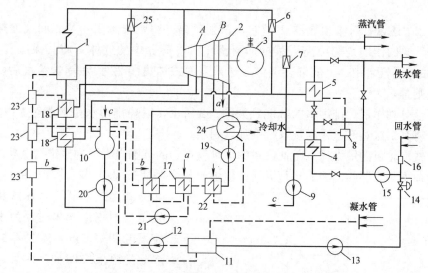

图 7-2 双抽式供热汽轮机的热力系统示意图

A—高压可调节抽汽口；B—低压可调节抽汽口

1—锅炉；2—蒸汽汽轮机；3—发电机；4—主加热器（基本加热器）；5—高峰加热器；
6、7、25—减压加湿装置；8—膨胀箱；9—凝结水泵；10—除氧器；11—水处理站；
12—给水泵；13—网路补给水泵；14—网路补水压力调节器；15—网路循环水泵；
16—除污器；17—低压预热器；18—高压预热器；19—凝结水泵；
20—锅炉给水泵；21—凝结水泵；22—射流预热器；
23—膨胀箱；24—冷凝器

在高峰加热器中产生的凝结水，可经过疏水器后进入主加热器，或先进入膨胀箱 8 进行二次汽化，产生的蒸汽再送入主加热器的蒸汽管道，余下的凝水与主加热器的凝结水一起由凝结水泵 9 直接送入锅炉给水的除氧器 10 进行处理。

从蒸汽网路系统回来的凝结水，回到热电厂的水处理站 11。再用锅炉补给水泵 12 输送到除氧器去。

通过热水网路的补给水泵 13，将已经水处理的补给水补进热水网路，并通过设置在补水管路的压力调节器 14，来控制热水网路的压力工况。

由汽轮机可调节抽汽口送出的蒸汽，除了一部分向外输送或通过加热器加热网路水外，通常还有一部分送入热电厂内部回热系统来加热锅炉给水。

由汽轮机不可调节抽汽口送出的蒸汽，用来加热锅炉给水。这种利用汽轮机抽汽加热锅炉给水的方法称为回热加热。在电厂中用来进行回热加热的全套设备称为回热系统。设置回热系统的目的在于提高电站的热效率。进入回热系统的汽轮机抽汽已在汽轮机做功发电，但它的冷凝潜热并没有被冷凝器 24 带走，而被锅炉给水带回了锅炉，因此，减少了电厂的冷源损失，提高了电厂的热效率。

图 7-2 的热力系统图中的回热系统由低压预热器 17，除氧器 10 及高压预热器 18 等组成。低压预热器与高压预热器之间的锅炉给水管路被除氧器分隔开，因而低压预热器只承受凝结水泵 19 的压力，但高压预热器却承受锅炉给水泵 20 的高压。低压预热器的凝结水通过凝结水泵 21 送进除氧器，高压预热器的凝水压力高于除氧器的压力，凝结水自流进入除氧器。

图 7-2 中还设有射流预热器 22。它由汽射气泵（图中未画出）及表面式加热器所组成。汽射气泵的作用是利用高压蒸汽抽引汽轮机冷凝器中的气体，使其保持真空（4～6kPa）。由汽射气泵中排出的混合气体，送入表面式加热器 22 预热锅炉给水后，蒸汽冷凝，空气则排入大气。

为了充分利用锅炉排污水的热能，如图 7-2 所示，锅炉排污水在膨胀箱 23 中进行二次蒸发，将其二次蒸汽送入回热系统中加以利用。

抽汽式汽轮机的最大优点是抽汽量的多少在一定的范围内不影响额定发电功率，亦即热、电负荷不相互制约，因而运行灵活。但由于热力循环过程中仍有冷凝器的冷源损失，热能利用效率低于背压式机组。特别是当抽汽量减少时，为了保证额定发电功率，进入冷凝器的汽量增多，冷源损失增加，而且，由于抽汽式汽轮机增设了节流机构以调节抽汽量，汽轮机内的相对内效率降低，甚至比同参数、同容量的纯凝汽式机组的相对内效率低。

图 7-3 所示为带有抽汽的背压式汽轮机原则性供热系统示意图。汽轮机全部排汽，通常用来加热网路水，同时还从中间抽出较高压力的蒸汽供应工业热用户。抽汽背压式机组与背压式机组相比，在供热上具有一定的灵活性，但这种机组

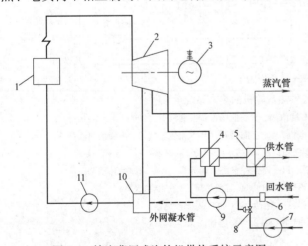

图 7-3 抽汽背压式汽轮机供热系统示意图
1—蒸汽锅炉；2—抽背式汽轮机；3—发电机；4—主加热器；5—高峰加热器；6—除污器；7—补给水泵；8—补水压力调节器；9—网路循环水泵；10—回热装置；11—锅炉给水泵

仍属于背压式机组的范畴，热、电负荷相互制约的缺点仍不能克服。

除了采用供热汽轮机组进行热电合供外，凝汽式汽轮机也可以改装为供热机组，把单供电能的凝汽式发电厂改为热电厂。国内目前主要有两种改造方法：一种方法是在凝汽式汽轮机的中间导汽管上抽出部分蒸汽向外供热；另一种方法是使凝汽机组在供暖期间降低真空运行（称为恶化真空），把冷凝器作为热网回水加热器，用热水网路的循环水供暖。无论采用哪种方法，都降低了机组的发电功率，降低了年总发电量，但由于实现了热、电联产，提高了电厂的热能利用效率。

图 7-4 所示为采用恶化真空式供热的原则性示意图（常称为循环水供热方式）。运行时将凝汽式汽轮机的排汽压力，从原来的 $4\sim6kPa$ 提高到 $49kPa$（$0.5kgf/cm^2$ 绝对压力），由于冷凝器内真空度降低，在冷凝器中可将热水网路回水加热到 $70\sim75℃$。网路回水一般按 $50\sim55℃$ 设计。网路温差约为 $20℃$ 左右，冷凝器的承压能力低，热水网路的循环水泵应设置在供水总管上。

采取恶化真空式供热，免除了冷源损失，热能利用效率高，因而它成为我国三北地区将凝汽式老电厂改造为热电厂，向城镇集中供暖的一种很好的方式，得到迅速推广。但采用循环水供热后，原电厂的发电功率下降，一般减少 $15\%\sim25\%$。同时，供水温度低，供、回水温差小，外网管径较粗。

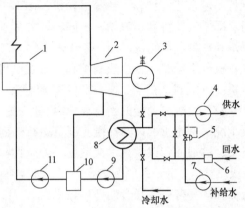

图 7-4 汽轮机恶化真空式运行的供热系统
(循环水供热) 示意图
1—蒸汽锅炉；2—凝汽式汽轮机；3—发电机；
4—网路循环水泵；5—补水压力调节器；
6—除污器；7—补给水泵；8—冷凝器
(热网换热器)；9—凝结水泵；
10—回热装置；11—锅炉给水泵

因此，在有条件设置高峰热源（如利用电厂蒸汽增设高峰加热器或添置热水锅炉）的情况下，应一定时期后适当地提高热水网路的供水温度，以扩大供热系统的供热量。

综上所述，在热电厂中，大型的锅炉将水加热成为高温高压的过热蒸汽，蒸汽在汽轮机中做功带动发电机发电，失去做功能力的高温蒸汽，必须冷却为凝结水后，再回到锅炉中加热蒸发，循环利用。因此单纯的凝汽电厂效率不高，仅有不到 40% 的燃料热能被转化为电能，其余的能量被白白地消耗掉并被排到大气中。将其改造为热电厂，电厂不能用于发电的高温蒸汽，既可以用于一般的生产工艺，又可通过热交换将其转化为建筑冬季的采暖用热；还可以通过溴化锂机组将其转化，为建筑夏季提供空调、制冷；以及为用户提供全年的生活热水负荷，从而可使热电厂能源转化率达到 85% 以上。

以热电厂作为热源，实现热电联产，热能利用效率高。它是发展城镇集中供热，节约能源的最有效措施。但建设热电厂的投资高，建设周期长；同时，还必须注意，应根据外部热负荷的大小和特征，合理地选择供热汽轮机的形式和容量，或采用凝汽式电厂改造为热电厂的方案，才能充分发挥其优点。国产的一些供热汽轮机的主要技术资料可见附录 7-1。

(三) 燃气轮机热电联产

燃气轮机是一种以气体作为工质、内燃、连续回转的、叶轮式热能动力机械。它主要由压气机、燃烧室、燃气透平组成。由于燃气轮机的排气温度还很高，通常可达到 $450\sim$

600℃，且大型燃气轮机机组排气的流量高达 $100 \sim 600 kg/s$。对于蒸汽动力循环（朗肯循环），由于材料的耐温及耐压条件的限制，汽轮机的进汽温度一般为 $540 \sim 560℃$。燃气轮机的排气温度正好与朗肯循环的最高温度相近，将其二者结合，完成燃气—蒸汽联合循环。有效地降低了燃气轮机的排气温度，使能源在系统中从高品位到低品位被逐级利用。

大型燃气—蒸汽联合循环主要有以下四种配置方案：图 7-5 代表"一拖一"的单轴燃气—蒸汽联合循环机组，即燃气轮机和蒸汽轮机同轴，并共用一台发电机，每台燃气轮机配置一台余热锅炉和一台蒸汽轮机。图 7-6 代表"一拖一"的双轴燃气—蒸汽联合循环机组。即燃气轮机和蒸汽轮机不同轴，并分别配置一台发电机，每台燃气轮机配置一台余热锅炉和一台蒸汽轮机。图 7-7 代表多轴"二拖一"的燃气—蒸汽联合循环机组，指二台燃气轮机分别配置一台余热锅炉和一台发电机。两台燃气轮机共同配置一台蒸汽轮机及其发电机。方案四是在"二拖一"的多轴燃气—蒸汽联合循环机组的基础上增加 SSS 离合器（图略）。通过离合器的啮合和分离，"二拖一"的多轴燃气—蒸汽联合循环机组可以在纯凝工况、背压工况以及抽凝工况下运行。四种配置方案各有优缺点，随着技术的进步，初投资、占地面积以及技术成熟度、安全性都在发生变化。太原市华能东山一期采用了两台 F 级燃气"二拖一"多轴燃气—蒸汽联合循环供热机组，后期随热负荷要求，考虑扩建一台双轴"一拖一"联合循环供热机组。

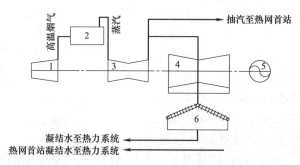

图 7-5　"一拖一"单轴燃气—蒸汽联合循环机组热电联产原理图
1—燃气轮机；2—余热锅炉；3—蒸汽轮机高中压缸；
4—蒸汽轮机低压缸；5—发电机；6—冷凝器

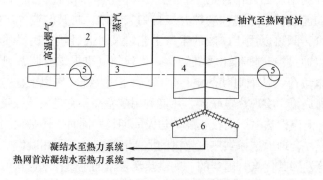

图 7-6　"一拖一"单轴燃气—蒸汽联合循环机组热电联产供热原理图
1—燃气轮机；2—余热锅炉；3—蒸汽轮机高中压缸；
4—蒸汽轮机低压缸；5—发电机；6—冷凝器

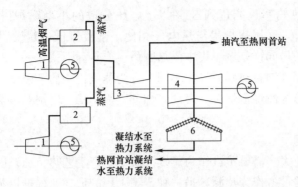

图 7-7 "二拖一"多轴燃气—蒸汽联合循环机组热电联产供热原理图

1—燃气轮机；2—余热锅炉；3—蒸汽轮机高中压缸；

4—蒸汽轮机低压缸；5—发电机；6—冷凝器

图 7-8 是某区域能源站燃气—蒸汽联合循环冷热电三联供系统图。该系统燃气轮机属中型燃机。余热锅炉 2 设置了燃气补燃系统，余热锅炉 2 排出的低温烟气再次进入余热锅炉 4 散热，加热卫生热水，实现烟气余热的进一步利用。

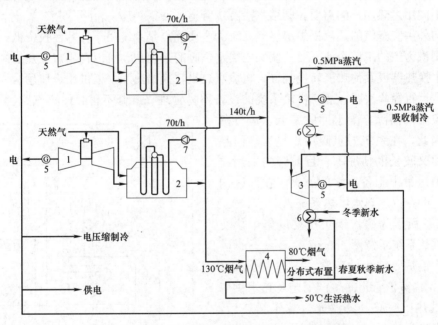

图 7-8 燃气—蒸汽联合循环热电冷三联供系统图

1—燃气轮机（双联机）；2—燃气补燃的余热锅炉；3—抽凝式汽轮机；

4—余热锅炉；5—发电机；6—冷凝器；7—锅炉给水泵

第二节 区域锅炉房

区域锅炉房（我国目前仍以燃煤区域锅炉房为主）是城镇集中供应热能的热源。虽然它的热效率（燃油、燃气锅炉房除外）低于热电厂的热能利用效率，但区域锅炉房中使用的大型燃煤锅炉的热效率也能达到 80% 以上，比分散的小型锅炉房的热效率（50%～60%）高得多。此外，区域锅炉房与热电厂相比，其投资低，建设周期短，厂址选择容易。因此，区域锅炉房同样是城镇集中供热的最主要热源形式之一。

区域锅炉房根据其制备热媒的种类不同，分为蒸汽锅炉房和热水锅炉房。根据生产热媒所需燃料不同可分为燃煤锅炉房、燃油（燃气）锅炉房、电锅炉房及秸秆等生物质能锅炉房。

一、蒸汽锅炉房

在工矿企业中，大多需要蒸汽作为热媒，供应生产工艺热负荷。因此，在锅炉房内设置蒸汽锅炉和锅炉房设备作为热源，是一种普遍采用的形式。根据以蒸汽锅炉房作为热源的集中供热系统的热用户使用热媒的方式不同，蒸汽锅炉房可分为两种主要形式。

1. 向集中供热系统的所有热用户供应蒸汽的形式。

2. 在蒸汽锅炉房内同时制备蒸汽和热水热媒的形式。通常蒸汽供应生产工艺用热，热水作为热媒，供应供暖、通风等热用户。

绪论中图 0-2 所示即为只向外供应蒸汽的蒸汽锅炉房集中供热系统的原则性示意图。蒸汽锅炉房生产的蒸汽，沿蒸汽网路输送到各用户去，满足生产工艺、热水供应、供暖及通风等不同用途热用户的需要，凝结水沿凝水管道送回锅炉房。

只向外供应蒸汽的蒸汽锅炉房供热系统的主要优点是系统简单，基建投资低，适用于以生产用汽为主的工矿企业。对一些采用热水供暖的热用户，可以在用户或热力站处，设置汽—水换热器或其他热能转换装置，将蒸汽热量转换给热水，以供用户使用。

实践运行经验表明，蒸汽供热系统的设备不易管理，维修不善会使蒸汽跑、冒、滴、漏的现象难以消除，凝水回收率低，运行费用高。因此，在系统的供暖用热量大，而且供暖时间又较长的情况下，目前倾向采用在蒸汽锅炉房集中制备热水的方案，在厂区内形成并行的蒸汽、热水供热系统。

图 7-9 所示为蒸汽锅炉房安设集中热交换站的供热系统示意图。

蒸汽锅炉 1 产生的蒸汽，先进入分汽缸 2，然后，沿蒸汽管道向生产工艺及热水供应热用户供热。一部分蒸汽通过减压阀 3 后，进入集中热交换站，加热网路回水，以供应供暖、通风等热用户所需的热量。蒸汽系统及热交换站的凝结水，分别由凝水管道送回凝结水箱 4。

集中热交换站通常多采用两级加热的方式。热水网路回水首先进入凝结水冷却器 6，初步加热后再送进汽—水换热器 5。这样可充分利用蒸汽的热能。凝结水冷却器和汽—水换热器的管道上均装设旁通管，以便于调节水温和维修。

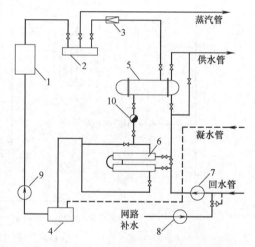

图 7-9　蒸汽锅炉房内设置集中热交换站的
供热系统示意图

1—蒸汽锅炉；2—分汽缸；3—减压阀；4—凝结水箱；
5—蒸汽—水换热器；6—凝结水冷却器；7—热水网
路循环水泵；8—热水网路补给水泵；
9—锅炉给水泵；10—疏水器

采用集中热交换站的热源形式，具有如下的主要优点：

1. 利用热水供暖代替蒸汽供暖，如前所述，系统的热能利用率高，节约能源；

2. 凝结水回收率高，水质易于保证，因而能较大地减少水处理设施的投资和运行费用；

3. 热交换站设在锅炉房内或附近，管理方便，运行也安全可靠。

它的主要缺点是：

1. 建筑及设备的投资较大；

2. 与利用热水锅炉直接制备热水的形式相比，蒸汽锅炉需要定期和连续排污，热损失较大。

图 7-10 所示为蒸汽锅炉房内设置淋水式换热器的系统图。淋水式换热器是一种混合式换热器，其构造特点将在本章第五节中阐述，下面简要阐述该系统的工作原理。

网路回水通过网路循环水泵 5 进入淋水式换热器 3 的上部。通过设置在换热器上部的若干个淋水盘 12 的细孔，使水呈分散的细流状态流下。蒸汽通过压力调节阀 2 后，从换热器的顶部或下部进入，蒸汽在换热器内，与淋水盘下流的细水流直接接触而将水加热到接近水的沸腾温度。网路供水由淋水式换热器的下部蓄水箱 11 引出，通过混水器 4，与从网路循环水泵抽引过来的一小部分回水混合后，再向外网输送。当淋水式换热器下部蓄水箱的水位超过最高水位 II-II 时，通过水位信号器控制使电磁阀 13 开启，将多余水量排出。当系统水冷却收缩或漏水量很大，蓄水箱的水位降到最低水位 I-I 时，通过水位信号器控制启动补给水泵 8 补水。

淋水式换热器内部具有一定的蒸汽压力，同时，它的下部起着蓄存系统中水的膨胀的蓄水箱

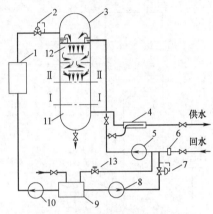

图 7-10　蒸汽锅炉房设置淋水式
换热器的示意图

1—蒸汽锅炉；2—减压阀；3—淋水式换热器；4—混水器；5—网路循环水泵；6—除污器；7—补水压力调节器；8—补给水泵；9—锅炉给水箱；10—锅炉给水泵；11—淋水式换热器的下部蓄水箱；12—淋水盘；13—电磁阀

作用。因此，淋水式换热器具有加热、对系统定压和容纳系统中水的膨胀量的功能。利用空间中的蒸汽压力对热水供暖系统进行定压的方式，称为蒸汽定压方式。将在后面进一步阐述。

淋水式换热器的传热效率比表面式换热器高，单台设备的换热量比蒸汽喷射装置大，目前国内已有淋水式换热器的标准图集（《动力设施标准图集》，89R415 号），可与 6t/h 以下的蒸汽锅炉配套选用。淋水式换热器同样不能回收纯凝结水，因而对锅炉的水处理带来不利的影响。同时，在基建和设备费用上，也高于蒸汽喷射系统。

二、热水锅炉房

在区域锅炉房内装设热水锅炉及其附属设备，直接制备热水的集中供热系统，近年来在国内有较大的发展。它多用于城市区域或街区的供暖，或用于工矿企业中供暖通风热负荷较大的场合。

有关热水供热系统的形式、工作原理和设计方法等问题，已在前几章中分别阐述。现仅就热水锅炉房集中供热设计和运行的几个问题——热水锅炉选型、定压方式、突然停电防止系统汽化及水击现象以及补给水处理等问题，做些原则性的阐述。

热水供热系统的定压，通常多在热源处实施。热水锅炉房的集中供热系统定压方式，主要有下列几种方式。

（1）采用高架水箱定压；

（2）采用补给水泵定压；

（3）采用气体定压。

采用高架水箱定压的方式，一般只用于供暖范围不大的低温水供暖系统中，已在前几章阐述。

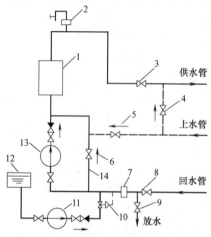

图 7-11 热水锅炉房内采用补给水泵连续补水定压示意图

1—热水锅炉；2—集气罐；3—供水管总阀门；4、5、6—止回阀；7—除污器；8—回水管总阀门；9—放水阀；10—补水压力调节器；11—补给水泵；12—补给水箱；13—网路循环水泵；14—旁通泄压阀

1. 补给水泵定压方式

采用补给水泵连续补水定压是最常用的定压方式，如图 7-11 所示。

热水供热系统由热源处的热水锅炉，外网供、回水管及热用户构成一个封闭的热水循环系统，循环水泵 13 驱使网路水循环流动。热水供热系统的定压装置是由补给水箱 12、补给水泵 11 及压力调节器 10 等组成。当系统正常运行时，通过压力调节器的作用，使补给水泵连续补给的水量与系统的泄漏水量相适应，从而维持系统动水压曲线的位置。当系统循环水泵停止工作时，同样用来维持系统所必需的静水压曲线位置。它的水压图可见第九章图 9-5。由于定压点位置连接在回水总管循环水泵入口处，水压图的静水压曲线总低于其动水压曲线的位置。

区域锅炉房的电力供应不如热电厂安全可靠，在电力供应紧张的地区常会出现突然停电。此时，循环水泵及补给水泵停止运行，因而需要考虑防止系统汽化及出现水击（水锤）的措施。

当突然停电，补给水泵和循环水泵停止工作时，通常可采取一些缓解系统出现汽化的措施。此时，将回水管的总阀门 8 关闭，缓慢开启锅炉顶部集气罐 2 上的放气阀排汽，也可以缓慢开启放水阀 9，使系统放水。随着锅炉压力下降，上水经止回阀 5 流进热水锅炉，从而缓解由于炉膛余热引起的炉水汽化。如上水压力高于系统静水压曲线所要求的压力，还可以通过带止回阀 4 的管道，利用上水压力对外网和用户定压。

防止汽化最有效的措施是安装由内燃机带动的备用循环水泵和补给水泵，或设置备用电源的方法，通常可在大型高温水供热系统中应用。

当循环水泵停止运行时，由于管道中的流体流动突然受阻，流体的动能转变为压力能，循环水泵入口的回水压力急剧增高，产生水击现象。强烈的水击波通过回水管迅速传给热用户，甚至会使承压能力较低的散热器破裂。水击力的大小与系统中循环水的水容量和流速的大小，以及循环水泵停止转动的时间长短有关。系统中循环水的水容量或流速越大，以及循环水泵停止转动时间越短，则水击力越大。

实践证明，如图 7-10 所示，在循环水泵的压水管路和吸水管路之间连接一根带有止回阀 6 的旁通管 14 作为泄压管，对防止水击破坏事故是行之有效的。当循环水泵正常工作时，压水管路的压力高于吸水管路的压力，止回阀 6 关闭，网路循环水不能从旁通管 14 中通过。当突然停电、停泵时，循环水泵吸水管路的压力增高，而压水管路的水压降低，止回阀 6 开启，网路循环水从旁通管 14 中流过，从而减小了水击力。

热水锅炉是热水供热系统的最主要设备，目前采用的热水锅炉，主要有带上锅筒的水管锅炉、水—火管组合式锅炉（管壳式锅炉）以及管架式热水锅炉等形式。本节仅对蒸汽与热水锅炉有关的热力系统的相关内容进行阐述，有关蒸汽与热水锅炉的本体构造和锅炉房的辅助设备等内容将在"锅炉及锅炉房设备"课程中详细阐述。

带锅筒的水管锅炉的水循环方式有强制循环和自然循环两种方式。强制循环方式是将锅炉给水由下部并联地分别送入锅炉本体的各受热面（如水冷壁受热面、对流管束受热面等），在各部分入口处，应装设阀门，用来调节各部分的水量，使各部分的出口水温差减小，以减小热水锅炉的热偏差，防止出现局部汽化。目前国内《工业锅炉房设计规范》中明确规定："具有并联环路的热水锅炉，各并联环路的进水应能调节，保证各环路出水温度的偏差不超过 10℃。"同时，规定"热水锅炉出口的热水压力，不应小于最高供水温度加 20℃ 的相应的饱和压力（但对于用锅炉自生蒸汽定压的热水锅炉，不受此限制）。"实践证明：通过调节阀门分配水量的方法，运行中不易控制管理，热偏差容易增大，因此，这种进水方式一般宜用于大流量、低温差、高水压的热水供热系统上。自然循环方式是锅炉给水从上锅筒进入，自上而下地自然循环，受热后再从上锅筒引出。自然循环符合锅炉水对流循环的规律，在合理组织进入与出水流程（如锅炉给水必须送到锅炉的低温受热区和水流分配等），自然循环热水锅炉的水循环可靠，因而大型的热水锅炉，目前多采用自然循环的进水方式。

水—火管组合式锅炉（管壳式锅炉）用于制备热水时，通过采用从双侧下联箱分别进水的方式。同样也应在各下联箱进水管上安设阀门，以调节水量。由于这种锅炉的出力不大，以及锅筒内水流动缓慢，容易出现冷热水分层现象，甚至会由于热应力作用而使管栅板漏水，所以锅炉的进、出口水温差不宜大于 50℃，这种锅炉宜用于供水温度不高（110～130℃ 以下）和供热热负荷不大的场合。

强制循环管架式热水锅炉只由钢管和联箱管构成受热面，重量轻，节省金属；但它的水容量很小，水循环系统多是串联式布置，突然停电、停泵时，炉内水温急剧上升，会严重地产生局部汽化和汽水撞击事故。这种锅炉一般只宜用于低温水供暖系统上。

热水锅炉的循环水量和进水温度对锅炉的安全运行也有影响。当锅炉循环水量减小时，在锅炉下降管束中某些受热强度大的管子内，会产生一个较大的反向重力压头阻滞水的流动。严重时就会出现水循环停滞，使管中的水汽化，甚至引起破坏。此外，锅炉管束中水流速过低，对水中游离气体的排除以及传热都不利。在室外温度较高时，低温的回水直接送入锅炉尾部，会使锅炉烟气中的水分凝结下来，使锅炉尾部受热面遭受腐蚀。采用专设的锅炉循环水泵来保证锅炉的最小循环水量并提高进入锅炉的进水温度，可以有效地解决上述问题。

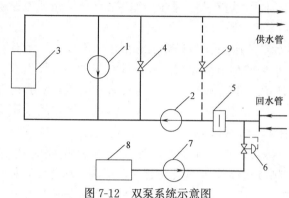

图 7-12 所示为同时具有锅炉循环水泵和网路循环水泵的系统示意图。这种形式也称为"双泵系统"。

锅炉循环水泵 1 安设在锅炉供水管与网路循环水泵 2 到锅炉 3 的压水管路之间的连接管路上。锅炉循环水泵抽引部分锅炉供水，使它与网路回水混合，使锅炉的进水温度提高到烟气露点以上，同时，它又保证了锅炉的最小循环流量。通过调节旁通管 4 的阀门开启度，可以调节网路的供水温度。

图 7-12　双泵系统示意图

1—锅炉循环水泵；2—网路循环水泵；3—热水锅炉；
4—旁通管；5—除污器；6—补水压力调节器；
7—补给水泵；8—水处理装置；9—旁通管

如简单地采用如图 7-12 所示的方法——将锅炉供水通过图中虚线的旁通管 9 与网路回水混合，而不安装锅炉循环水泵，也可以达到上述目的。但采用这种方法，会增加网路循环水泵的电能费用（比双泵系统所消耗的电能大）。锅炉循环水泵必须采用耐高温的水泵。

在热水供热系统设计和运行中，对锅炉和网路的水质应有一定的要求，必须对补给水进行水处理。进行水处理的目的在于防止热水锅炉、网路和用户系统遭受腐蚀和沉积水垢。

《热网标准》CJJ 34 中规定：对热电厂和区域锅炉房为热源的热水热力网，补给水水质应符合下列规定：

(1) 浊度　小于或等于 5FTU；

(2) 总硬度　小于或等于 0.6mmol/L；

(3) 溶解氧　小于或等于 0.1mg/L；

(4) 铁　小于或等于 0.3mg/L；

(5) pH（25℃）　7～11.0。

水处理的基本原理，在本专业《锅炉及锅炉房设备》课程中详细阐述。应指出，在运行过程中，防止系统遭受腐蚀和沉积水垢的根本措施是尽可能地减少网路的补给水量。

2. 惰性气体（氮气）定压方式

采用气体定压，都采用惰性气体（氮气）。图 7-13 所示为热水锅炉房供热系统采用氮气定压（变压式）的原则性系统图。

网路回水经除污器 9 除去水中杂质后，通过循环水泵 10 加压进入热水锅炉 6，被加热后进入热网供水管。系统的压力状况靠连接在循环水泵进口侧（也可连接在出口侧）的氮气罐 5 的氮气压力来控制。氮气从氮气罐 1 经减压后进入氮气罐内，并充满氮气罐最低水位 I-I 以上的空间，保持 I-I 水位时的压力 P_1 一定。

当热水供热系统内水受热膨胀时，氮气罐内水位升高，气体空间减小，压力增高；当水位升高到正常高水位 II-II 时，罐内压力达到 P_2。P_1 和 P_2 由网路水压图的分析确定，同时，也用来确定氮气罐的容积。如果氮气罐容积不够，P_2 有可能超过规定值，因而，在氮气罐顶设置安全阀，当出现超压时向外排气。

在氮气罐上装有水位控制器 4 自动控制补给水泵的启闭，当系统漏水或冷却时，氮气罐水位降低到Ⅰ-Ⅰ，补给水泵启动补水，罐内水位升高，当达到Ⅱ-Ⅱ水位时，补给水泵停止工作。因罐内氮气溶解和漏失，当水位降到Ⅰ-Ⅰ附近时，罐内氮气压力将低于规定值 P_1，氮气瓶向罐内补气，保持 P_1 压力。

为了防止氮气罐出现不正常水位，设高水位Ⅱ'-Ⅱ'警报（高于Ⅱ-Ⅱ水位）和低水位Ⅰ'-Ⅰ'警报（低于Ⅰ-Ⅰ水位）。

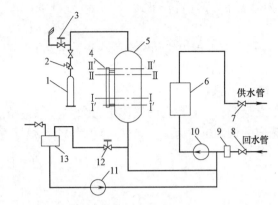

图 7-13 氮气定压方式的原则性系统图
1—氮气瓶；2—减压阀；3—排气阀；4—水位控制器；5—氮气罐；
6—热水锅炉；7、8—供、回水管总阀门；9—除污器；
10—网路循环水泵；11—补给水泵；12—排水
阀的电磁阀；13—补给水箱

图 7-14 为氮气定压方式的热水供热系统的水压图。其中虚线代表热水供热系统的最低动水压曲线（在氮气罐最低水位时的工况）。实线代表热水供热系统的最高动水压曲线（相应于氮气罐最高水位时的工况）。$j\text{-}j$ 线是表示最低的静水压曲线。氮气罐的压力在 $P_1 \sim P_2$ 之间波动，因而称为变压式的氮气定压方式。

合理地设计氮气罐的容积是保证系统安全可靠运行的重要环节。氮气罐的罐体总容积是由系统水的净膨胀量 V_1，罐内最小的气体空间 V_2 以及低水位所需要的最小水容积 V_3 组成的（见图 7-15）。

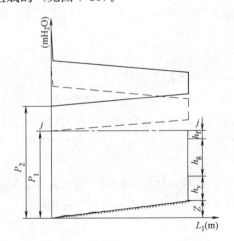

图 7-14 氮气定压的热水供热系统水压图

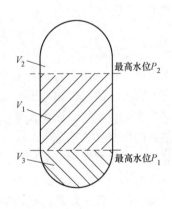

图 7-15 变压式氮气罐总容积示意图

氮气罐中水位的变化，氮气罐内压力相应的发生变化。如按等温过程考虑（实践表明：氮气罐内的气体温度的变化是缓慢的，$1 \sim 2 \text{℃/h}$），根据热力学原理，气体的容积及其相应压力的关系应符合下式：

$$PV = C \tag{7-1}$$

式中 V——氮气罐内气体空间的容积，m^3；

P——相应容积下的绝对压力；

C——常数。

如在最低水位时罐内的气体压力为 P_1，相应的气体容积为 (V_1+V_2)，则在最高水位时罐内的氮气压力为 P_2，气体容积为 V_2，根据式（7-1），可得

$$P_1(V_1+V_2) = P_2 V_2$$

则

$$V_2 = \frac{P_1 V_1}{P_2 - P_1} = \frac{1}{\left(\dfrac{P_2}{P_1}\right)-1} V_1 \quad m^3 \tag{7-2}$$

氮气罐内的最低压力 P_1 值和最高、最低压力差 (P_2-P_1) 值，可根据热水供热系统水压图的要求和网路水压曲线所允许的上下波动范围来确定。由式中可见，P_2/P_1 值越大，则所需的容积越小。

系统的水净膨胀容积 V_1 与运行工况密切相关。它与供热运行方式（间歇或连续供热）、热水的设计温度差、热水的温升速度和系统水的漏水率有关。国外一些资料建议：在连续供热情况下，V_1 采用为系统总水容量的 4%。但在实际运行中，由于系统不可避免地会不断漏水，因而实际的净增水量大为减少。理论分析认为[1]：即使在漏水率较低（漏水率为 0.5%~1% 的系统总水容量）时，V_1 采用 2%~3% 的系统总水容量就足够了。当系统漏水率较高（漏水率大于系统总水容量的 2%）时，净增水量就微不足道，甚至成为负值，氮气罐不再起着容纳膨胀水量的功能，而起着一个突然停电事故补给水箱的作用，或起着补充系统漏水和系统水冷缩量的作用了。

最低水位时水容积 V_3 主要是为沉积泥渣、连接管道及防止氮气进入管道系统而设置的。一般 V_3 可按下式求得：

$$V_3 = (0.1\sim0.3)(V_1+V_2) \quad m^3 \tag{7-3}$$

最后，根据 $V=V_1+V_2+V_3$，就可确定变压式氮气罐的总容积。

氮气定压热水供热系统运行安全可靠，由于氮气罐内的压力随系统的水温升高而增加，同时，罐内气体起着缓冲压力传播的作用，因而能较好地防止系统出现汽化及水击现象；但它需要消耗氮气，设备较复杂，罐体体积也较大。这种定压方式目前主要可用于供水温度较高的热水供热系统中。

目前也有采用空气定压的方式，但空气与水必须采用弹性密封材料（如橡胶等）相隔离，以免增加水中的溶氧量。它的工作原理和设计方法，大致与氮气定压方式相同。

三、燃油、燃气锅炉及其锅炉房

由于我国经济建设的发展，部分地区能源结构的转变以及人们对环保的要求越来越高，燃油燃气锅炉进入了新的发展时期。与燃煤锅炉相比燃油燃气锅炉房具有如下优点：

1. 环保，污染小。一方面，燃油燃气锅炉房不像燃煤锅炉房那样需要较大的煤厂、

---

[1] 可详见《暖通空调》杂志 1982 年 1 期"高温水供热系统变压式氮气罐罐体容积设计原理"一文。

灰场；另一方面，燃烧产物比较清洁，无需除灰、除渣。

2. 设备少，操作简单。燃油燃气锅炉的燃料供应与燃烧设备简单，辅助设备少，操作管理简单，自动化控制程度高。

3. 与同等供热规模的燃煤锅炉房相比较，燃油燃气锅炉房的设计、安装、运行与维修都比较简单，基建投资、管理费用及施工周期都短。

但是，燃油燃气锅炉房的火灾与爆炸的危险比燃煤锅炉房大，对燃料的储存、供应系统和燃料的燃烧系统等提出了新的要求，因此锅炉房在设计与运行管理上均有更严格的要求。

（一）燃油燃气锅炉所用燃料的种类与特点

燃油锅炉常用的燃料油有柴油与重油两大类。柴油一般用于中小型锅炉房，重油常作为电厂锅炉的燃料。

柴油按其馏分的组成与用途分为轻柴油和重柴油两种。柴油按其凝固点进行编号，在使用与运输过程中必须高于凝固点 3～5℃。否则，在凝固点前柴油将析出石蜡结晶，会阻塞油料供应系统，降低供油量，甚至会中断供油。例如－20 号轻质柴油的凝固点为－20℃，适用于最低气温为－5～－14℃的地区。在室外温度较低的地区使用凝固点高的柴油必须做好油料的供应系统与存储系统的防凝工作，确保油路的畅通。

重油按其在 50℃时的恩氏黏度分为 20、60、100 和 200 等四个品牌。

燃气锅炉所用的燃料按燃气的获取方式分为天然气体燃料与人工气体燃料。天然气体燃料是指从自然界直接开采收集得到的，不需加工即可投入使用的气体燃料。主要有气田气、油田气和煤田气。人工气体燃料是以煤、石油产品或各种有机物为原料，经过各种加工方法而得到的气体燃料。主要有各种煤气、液化石油气、油制气和沼气。

气体燃料的组分变化范围大：不同种类的天然与人工气体燃料由于气源（气田气、油田气）的产地和生成的有机质、地质环境等不同或制气所使用的原料（煤或石油）不同，它们的成分和特性相差很大。因此，燃气锅炉设计、燃烧设备选择时应尽可能地收集有关气源的详细资料作为设计依据，认真分析核对。

（二）燃油燃气锅炉的形式

燃气锅炉是按照燃油燃气的燃烧特点而设计制造的。锅炉的容量与参数实现了系列化。燃油燃气锅炉同燃煤锅炉一样，其本体结构形式可分为火管锅炉、水管锅炉及水火管锅炉，均有立式与卧式之分。除本体外，燃油燃气锅炉房还有供（储）油、供气系统，水、汽系统，鼓、引风系统，消烟除尘系统和自动化系统。在锅炉房的设计上，燃油燃气锅炉房与燃煤锅炉房的供热系统与水处理系统等方面是完全相同的。燃油燃气锅炉房的设计可详见有关设计资料，本书不再详细阐述。

四、电锅炉及其锅炉房

随着电力事业的发展，人民生活水平的提高和产业结构的变化，电锅炉有了其存在和发展的"空间"。首先，白天高峰时段的用电量不断增加，而夜晚的用电量又很小，用电的峰、谷差值很大，这给电网的运行、管理带来了直接的困难和经济损失，电网的装机大、效率低，需要采取有效手段"移峰填谷"。电锅炉一般能耗巨大，蓄热是有效的移峰填谷手段。其次，随着生活水平的提高，人们越来越关心环境保护。在我国许多城市中心区小吨位锅炉禁止使用，尤其是在城市的商业中心地带设置燃煤、燃油、燃气锅炉房又具有防火防爆的要求，电锅炉不啻为解决矛盾的好办法。

（一）电锅炉的原理

电锅炉是将电能转化为热能，并将热能传递给介质的热能装置。将电能转化为热能通常有三种方式，电阻式、电磁感应式及电极式。电阻式电锅炉，其电热原理结构如图 7-16 所示。

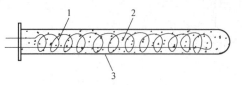

图 7-16　电阻电热原理结构图

1—电阻丝；2—氧化镁；3—金属套管

电阻丝放于金属套管中，套管中充满氧化镁绝缘层。电流经过电阻，热量源源不断的产生，介质必须将热量同时带走，维持热的平衡，否则电阻的温度将升高，将被烧坏。应注意考虑如下几点：

（1）介质冲刷电阻元件的流速要较高；

（2）介质冲刷电阻元件的方向应与电阻元件垂直，提高传热效果；

（3）介质冲刷电阻元件应均匀，不要留盲点，防止电阻表面局部温度过高。

同时，电锅炉在使用时水质的硬度不应过高，应使用软化水，以防结垢，影响传热效果。

电极锅炉是利用水的高热阻特性，直接将电能转换为热能的一种装置。其工作原理为：在电极锅炉水中加入一定量的特殊的电解质溶液，使介质水具备导电性。在锅炉介质水内浸没两块电极板，通过水构成回路，把水加热成高温水。因电极锅炉热功率与电压的平方成正比关系（$P=U^2/R$）。相同容量的锅炉，电压不一样，其热功率也不一样，所以电极锅炉常为高压电极锅炉，减少了变压系统投资及变压器损耗。锅炉无电热元件，系统最高温度是水温，锅炉缺水时原理性断电，安全可靠。

（二）电锅炉供热

以电作为供热的能源，直接将电转化为热能的过程中不产生任何废气、废渣。与传统的燃煤锅炉房相比，无煤场、灰场，无上煤除渣，无鼓引风、除尘设备。与燃油燃气锅炉房相比，安全性大大提高。电锅炉的自动化程度高，节约人力，物力。电锅炉安全、环保、无噪声，热效率一般可达 95％以上，热负荷调节能力强。

电锅炉供热的方式可采用直供或间供。为提高供热的经济性、降低锅炉的安装容量并利用谷值电，应辅以蓄热设备。

五、供热锅炉所需燃料的选择

通常将自然界直接存在的能源称为一次能源，将需要依靠其他能源来制取或生产的能源称为二次能源。一次能源又可分为不可再生能源与可再生能源。

本节介绍的热源所用的能源为：燃煤、燃油和燃气锅炉所用的燃料煤、油和气为一次能源，电锅炉房所用的电为二次能源。从我国目前的能源结构与技术条件来看，燃煤最具经济性，应大力发展热电联产集中供热（及供冷）与大型锅炉房供热。对于燃油、燃气锅炉宜在环保要求高、电力供应紧张的地区采用，并应根据当地的能源供应状况做好经济等多方面分析核实，因为燃油燃气锅炉的运行费用很高。电是宝贵的二次能源，由于目前我国电的来源绝大多数是火电厂，虽然电锅炉的热效率高，但由煤变成电的效率则不高，最多是 40％，还需加上长距离的输送等中间环节。从能源的转化与利用角度来看，单纯采用电锅炉采暖是极大的浪费行为。但是当有弃风、弃光电可资利用时，采用电极锅炉供热不失为一种很好的选择。弃风、弃光电供热可增加清洁化供热比例，实现可再生能源的利用，促进风电、太阳能发电事业的健康发展。

第三节　集中供热系统的其他热源形式

在集中供热系统中，除了最主要的热源形式——热电厂与区域锅炉房，采用燃煤、燃油和燃气作为能源外，还利用工业余热、核能和可再生能源等作为系统的供热能量的来源。

一、工业余热

工业余热是指工业生产过程的产品和排放物料所含的热或设备的散热。工业余热的利用，根据余热的载能体不同，可分为气态余热利用、液态余热利用和固态余热利用几种类型。例如从各种化工设备、工业炉中排出的可燃气体、高温烟气、工业设备中蒸发出的蒸汽或动力设备中排出的乏汽；从工业炉或其他设备排出的冷却水，以及被加热到很高温度的工业产品——焦炭和各种金属的铸锭或熔渣所带有的物理热等，这些热量往往可以进一步回收利用。

工业余热大多具有如下几个特点：

1. 大多数生产工艺过程的余热，它的数量和参数直接受生产工艺影响，波动较大，而且与外部的热负荷无直接关系。利用工业余热的原则，应首先考虑用于自身的生产工艺流程上，用以提高工艺流程或设备的热能利用效率，然后再考虑向外供热或转换为电能外送。

2. 大多数工业余热的载能体（如可燃气体、高温烟气、乏汽、工业产品的物理热等），都属于高温和非洁净的载能体。利用这些热能时，需要添置热能转换装置，如采用间接式或混合式换热器、废热锅炉等，因而要考虑载能体对热能转换装置的玷污、腐蚀和磨损等问题。

目前，在许多大中型工矿企业中，存在着大量的工业余热未被利用，因此，工业余热利用是节约能源的一个重要途径。工业余热利用的方法很多，课程中不可能一一阐述。目前，工业余热主要在本工矿企业中加以利用。由于余热的负荷波动和需要添置热能换热设备或动力装置，在制订余热利用方案时，应认真研究方案的技术上的可行性和经济上的合理性问题。

工业余热应用在城市集中供热上还不普遍。下面介绍我国鞍山、本溪等城市，利用以焦炉冷却水作为热源向城市供暖的实例。

图 7-17 是该工业余热利用的系统示意图，按照生产工艺要求，焦炉产生的煤气，初温约为 $80\sim85℃$，需要用冷却水系统的初冷器将煤气冷却到 $35\sim40℃$，再向外送出使用。为了利用部分冷却热量向城市供暖，初冷器改为两段式冷却。煤气首先进入一段初冷器 1，利用 $50\sim55℃$ 的集中供暖系统网路回水，将煤气冷却到 $60\sim65℃$，网路循环水可加热到 $65\sim70℃$。煤气再进入二段初冷器 2，通过由二段初冷器、冷却水循环泵 3、冷却塔 4 及管路等组成的冷却水系统，将煤气冷却到 $35\sim40℃$。在非供暖季节利用旁通管，一段初冷器也可用冷却水来冷却煤气。

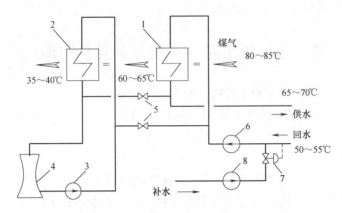

图 7-17　焦炉冷却水的供热系统示意图

1——一段初冷器；2—二段初冷器；3—冷却水循环泵；4—冷却塔；

5—旁通管路及阀门；6—热水网路循环水泵；

7—补水调节器；8—补给水泵

二、核能供热

核能供热是以核裂变产生的能量为热源的城市集中供热方式。它是解决城市能源供应、减轻运输压力和消除烧煤造成环境污染的一种新途径。

核能供热目前有核热电站供热和低温供热堆供热两种方式。核热电站与火力热电站工作原理相似，只是用核反应堆代替矿物燃料锅炉。核热电站反应堆工作参数高，必须按照核电厂选址规程建在远离居民区的地点，从而使其供热条件在一定程度上受到限制。另一种专为城市集中供热的低温供热堆，它的压力参数较低，一般为 1~2MPa，从安全角度分析，它有可能建造在城市近郊，因而，低温核供热堆，用作城市集中供热的热源，今后在我国能得到发展应用。

图 7-18 为 200MW 自然循环微沸腾式低温核供热堆的构造示意图。反应堆的本体由压力壳 1 和安全壳 2 组成。反应堆的压力壳为一个内衬不锈钢的钢制圆柱形容器。反应堆下部为堆芯部分 3。堆芯中的核燃料 UO_2 装在合金制的方形元件盒内。核裂变产生的热量，被反应堆中的高纯无离子水（一次回路水）所吸收。堆芯出口水温为 198℃，压力为 1.5MPa，被加热水呈微沸腾状（含汽量约为 0.8%），沿由钢管束组成的烟囱组件 4 上升到反应堆上部，然后横向流过按圆周设置的管式换热器 5，将热量传给二次回路系统中（中间回路）的热水，供外部使用。一次回路的高纯无离子水在换热器被冷却后（冷却温度为 176℃），沿压力壳侧下降，由于反应堆中部与压力壳壁侧的水存在温差，因而形成水在压力壳内的一次回路中作自然循环流动。

图 7-19 为低温核供热的供热系统原则性示意图。它的主要特点是由三个回路组成。第一回路的水循环是在反应堆内靠自然循环实现的；第二回路的水循环采用强制循环。在第二回路设置表面式换热器，热媒把热量转交给热网水。热网水在外部热网内循环构成第三回路。

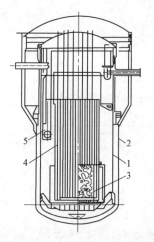

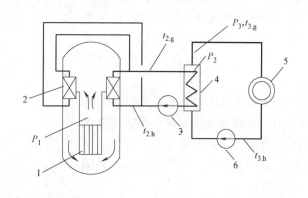

图 7-18　200MW 反应堆构造示意图

1—压力壳；2—安全壳；3—堆芯部；

4—烟囱组件；5—管式换热器

图 7-19　低温核供热的供热系统原则性示意图

1—堆芯；2—一次回路换热器；3—二次回路的循环水泵；

4—二次回路的换热器；5—热用户；6—外网循环水泵

　　为了避免第一回路含放射性的水传给外网，设计时使第二回路的压力高于第一回路与第三回路的压力，即 $P_2 > P_1$，$P_2 > P_3$。第一回路进入压力壳内换热器的进出水温度，由反应堆设计确定后，第二回路与第三回路的供、回水温度，应由整个供热系统的技术经济分析确定最优参数。

三、可再生能源供热

（一）地热水供热

　　地热通常是指陆地地表以下 5000m 深度内的热能。这是目前技术条件可能利用的一部分地热能。地热能按其在地下的贮存形式，一般分为五种类型：即蒸汽、热水、干热岩体、地压和岩浆。目前开采和利用最多的地热能是地热水。利用地热水供热与其他热源供热相比，具有节省矿物燃料和不造成城市大气污染的特殊优点。作为一种可供选择的新能源，其开发和利用正在受到重视。

　　根据地热水温度的不同，地热水可分为：低温水（$t < 40℃$）、中温水（$t = 40～60℃$）和高温水（$t = 60～100℃$）、过热水（$t > 100℃$）；根据化学成分不同，分为碱性水和酸性水；根据矿物质含量，地热水又可分为从超淡水（含盐量低于 0.1g/L）至盐水（含盐量大于 35g/L）的系列。

　　作为供热的热源，地热水具有如下的一些特点：

　　（1）在不同条件下，地热水的参数（温度、压力）及成分会有很大的差别。地热水的成分往往是有腐蚀性的，因而必须注意预防在传热表面和管路上发生腐蚀或沉积。

　　（2）地热水的参数与热负荷无关。对于一个具体的水井，地热水的温度几乎是全年不变的，地热水的参数不能适应热负荷变化的特性，使得利用地热能的供热系统变得复杂。

　　图 7-20 所示为地热水间接利用的供热系统示意图。水泵 2 从地热井 1 中抽出的地热水，通过表面式换热器 3 将供暖系统的回水加热，图中增设了高峰热源 4（如热水锅炉），将供暖系统的供水进一步加热，地热水在表面式换热器放出热量后再返回回灌井 9 去。设置回灌井的优点是回灌水能保持地下含水层水位不致下降。

间接利用地热水供热方式的主要优点是不会造成水资源的浪费，表面式换热器后面的用热系统的管道和设备不受腐蚀和沉积，从而可延长使用寿命和减少维修费用，但系统复杂，基建投资较高。

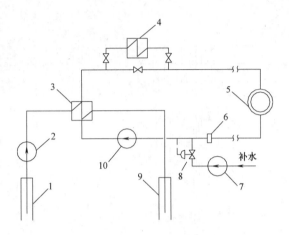

图 7-20　地热水间接利用示意图

1—开采井；2—抽水泵；3—地热水—水换热器；4—高峰热源；5—供暖热用户；6—除污器；7—补给水泵；8—补水压力调节器；9—回灌井；10—供暖系统循环水泵

在工程设计中，为了扩大供热用途和范围以及降低供热成本，提高地热水供热的经济性，系统的图式要比上面介绍的示意图复杂些。在设计上通常采用的措施有：

（1）在系统中设置尖峰热源（如热水锅炉），地热水只承担基本热负荷。

（2）在系统中加蓄热装置，如蓄热水箱（池）等，以调节短时期内的负荷变化。

（3）实现多种用途的综合利用，如把供暖后的低温地热水再用于农业温室的土壤加热或养鱼等，以降低回灌水的温度。

（二）热泵供热

热泵是一种利用高位能使热量从低位热源流向高位热源的节能装置。

热泵的工作原理十分简单，就是从低温热源吸取热量再向高温热源排放，并在此过程中消耗一定的有用能，从而利用其排放的热量向所需对象供热。其工作原理如图 7-21 所示。

根据供热时所采用的低品位热源分类，热泵分为：空气源热泵、水源热泵和地源热泵。根据热泵的工作原理可将其分为：机械式、吸收式和化学式，一共三大类。

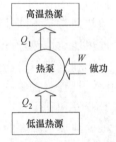

图 7-21　热泵工作原理图

1. 空气源热泵

空气源热泵是以空气作为低温热源来进行供热的装置。以环境空气作为低品位热源，取之不尽，用之不竭。空气源热泵安装灵活、使用方便、初投资相对较低，且比较适用于分户安装，目前我国室内空调器大多采用的是这种形式。这也就使得我国空气源热泵机组市场空前繁荣，生产已经比较成形。

空气源热泵的主要特点包括：

（1）室外空气的状态参数随地区和季节的不同有很大的变化，这对空气源热泵的容量和制热性能系数影响很大。夏季制冷负荷越大时，对应的冷凝温度也越高；冬季供热负荷越大时，对应的蒸发温度越低，增大了选用机组的容量和运行能耗。

（2）当室外空气的相对湿度大于 70%，温度为 3～5℃时，一般机组的室外换热器就会结霜，致使空气源热泵的制热量、制热性能系数和可靠性下降。

（3）空气的热容量小，为了获取足够的热量，就需要较大的空气量，因而风机的容量较大，导致空气源热泵装置的噪声较大。

目前，国内常见的空气源热泵有分体式热泵空调器、VRV 热泵系统和空气源冷热水机组等。

2. 水源热泵

水源热泵技术是利用地球表面浅层水中的热能作为低位热能资源，并采用热泵原理，通过少量的高位电能输入，实现低位热能向高位热能的转移的一种技术。

不论进口机组或国产设备能效比一般都可以达到 1：4 左右。

（1）水源热泵的工作过程

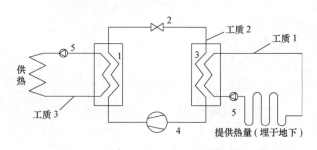

图 7-22　水源热泵工作原理图

1—冷凝器；2—膨胀阀；3—蒸发器；4—压缩机；5—循环泵

在工作原理图（图 7-22）中，工质 1 表示水源水，工质 3 表示循环水，工质 2 表示热泵中的介质，介质种类根据压缩机的具体要求而定。工质 1 流经热泵时，与蒸发器中的工质 2 进行热交换，工质 2 吸收热量后，蒸发成低压蒸汽，经压缩机提高压力和温度后，进入冷凝器凝结成液体并向工质 3 放出热量，供建筑物取暖所需，工质 2 从冷凝器的高压下膨胀而进入蒸发器，再开始新的工作循环。

（2）水源热泵的分类

按照水源热泵取水位置的不同可将其分为：地下水源热泵和地表水源热泵。同时地下水源热泵也属于地源热泵，其环路有两种形式：一是开式环路，二是闭式环路。

（3）水源热泵的优点

1）属可再生能源利用技术；

2）高效节能；

3）运行稳定可靠；

4）环境效益显著；

5）一机多用，应用范围广。

详见有关资料、这里不再赘述。

（4）水源热泵的应用地区是有一定条件的：

1）可靠的水源；

2）充足的水源水量；

3）合适的水源水温；

4）良好的水质。

3. 地源热泵

（1）地源热泵工作原理

地源热泵系统示意图见图 7-23。夏季制冷时，大地作为排热场所，把室内热量以及压缩机耗能通过埋地盘管排入大地中，再通过土壤的导热和土壤中水分的迁移把热量扩散出去。冬季供热时大地作为热泵机组的低温热源，通过埋地盘管获取土壤中的热量为室内

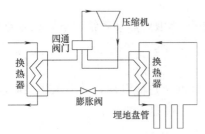

图 7-23　地源热泵工作原理图

供热。两个换热器都既可作冷凝器又是可作蒸发器，只是因季节不同而功能不同。它们之间功能的转换由图中的四通阀门（换向阀）控制。可以看到，在地源热泵系统中，由于冬季从大地取出的热量可在夏季得到补偿，因而可使大地热量基本平衡。

（2）地源热泵的特点

地源热泵的优点：

1）保护环境；

2）利用可再生能源；

3）机组效率高，节省运行费用；

4）一机多用，节约设备用房。

地源热泵同时也存在一些不足：

1）土壤导热系数小，换热强度弱，需要较大的换热面积；

2）系统初投资较大，且维修不便；

3）土壤性质有较大的地区差异，引起导热系数的差别较大；

4）在连续运行过程中，盘管与土壤的换热引起土壤温度变化，从而造成热泵蒸发温度和冷凝温度的变化，连续运行能力不强；

5）冬季运行造成与盘管接触的土壤水分冻结，溶解后形成空气夹层，影响换热效果；

6）在夏季连续运行会造成土壤湿度降低，地下换热器与土壤的接触热阻增大，使得运行效果较差。

（三）生物质燃料供热

生物质燃料供热技术使用可再生能源如木屑、草类、垃圾处理残留物和农作物肥料处理残留物以及植物秸秆、玉米芯、稻壳、锯末等，利用生物质燃料供热具有很大的发展潜力。

生物质能源具有如下优势：

（1）可再生性：每年都可再生，且产量大；

（2）低污染性：生物质硫含量、氮含量低，燃烧过程中产生的硫氧化物、氮氧化物都较低；所产生的二氧化碳可被植物吸收利用，二氧化碳的净排放量为零，可有效地减少温室效应；

（3）广泛的分布性：缺乏煤炭的地域可充分利用生物质能，但是生物质能源水分很高、灰分很小、挥发性很高、发热值偏低。

故而生物质能源利用过程的能量系统有以下特点：

（1）由于生物质能量密度低，收集、运输过程的能耗比化石燃料大，在整个利用过程中占有较大比重，不能忽视；

（2）预处理过程（包括粉碎、干燥）是实现工业化能源利用的前提；

（3）气化利用比其他方式重要，生物质气化是有效利用生物质的方式之一，对分散的生物质来说，比直接燃烧效率高，而且污染物排放少。

生物质能源的利用方式有两类：

1. 直接燃烧

包括生物质压块技术及流化床燃烧技术。它与一般的燃烧煤技术基本相同，只需对原料进行简单处理，不需要原料处理系统，所以减少了项目投资。但产生的固体颗粒对人体有害，且燃烧效率较低。

2. 生物质气化技术

生物质的气化一般指将生物质部分燃烧，在中温或高温下气化生成燃料气、合成气和不活泼残留物。经处理的生物质原料，由进料系统送进气化炉内。由于有限地提供氧气，生物质在气化炉内不完全燃烧，发生气化反应，生成可燃气体——气化气。生物质挥发组分高、挥发性高、硫和灰的含量低，这些特性使其成为气化理想的原料。所以，生物质气化的压力条件和温度都不需很高，一般温度在 $800 \sim 850 ℃$ 下，以空气作为氧化剂。气化炉是生物质气化的主要设备，在这里，生物质经燃烧、气化转化为可燃气。气化炉分固定床气化炉、流化床气化炉及携带床气化炉。

利用生物质燃料实现热电联产，相比化石燃料电厂有很多好处：

（1）可节约费用：生物质燃料来源广泛，价格低廉，除此之外，生物质燃料可以在多燃料锅炉中燃烧，加宽了燃料的选择范围。如锯屑，木材残留物（树皮、木屑），来自木材工厂的木材残留物及再循环燃料（纸、厚板、废料）。可减少热电厂的能源费用，经济效益好。

（2）环境的利益：生物质是可再生能源且包含非常少的硫，可降低 NO_x 和 SO_x 的排放。而生物质作为燃料时，由于生物质在生长时需要的 CO_2 量相当于它燃烧时排放的 CO_2 量，因而大气中的 CO_2（主要的温室气体）净排放量近似为零。因此大大优于化石燃料，特别是煤。

但也有许多需要考虑的问题，如规模有限以及应用范围与地域有关等等。

图 7-24 是丹麦 Rudkøbing 热电厂的系统图，燃料为草类。如图所示草料在称重分类后被送进储存室，经过切割粉碎，送到炉排燃烧。灰渣排出后可作为农业肥料再利用，而烟气通过布袋除尘器后排出，其排出固体颗粒浓度可达 $5mg/m^3$。系统中的锅炉为单锅筒水管锅炉，采用自然循环。蒸汽经过锅筒、两垂直放置的燃烧器之后，进入汽轮机发电。草质燃料燃烧最突出的问题是腐蚀问题，因其碱类及氯元素的含量较高，容易引起炉膛水

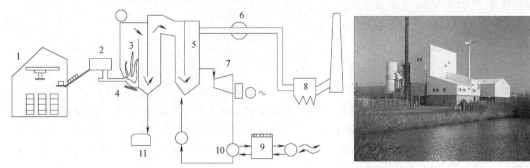

图 7-24　Rudkøbing 热电厂工作原理图与热电厂外景图

1—草料储存室；2—切割机；3—锅炉；4—往复炉排；5—再热器；6—热交换器；

7—汽轮机；8—布袋除尘器；9—蓄热罐；10—冷凝器；11—灰斗

冷壁和再热器的结渣。所以，该系统炉膛备有吹灰器，再热器温度控制在450℃以下，排烟温度125℃。

（四）城市垃圾燃料供热

城市垃圾的能源化利用技术包括垃圾焚烧、垃圾填埋沼气、垃圾热解气化热电联产，国内外对垃圾能源的利用方式主要是在锅炉中进行燃烧，产生能量，利用该能量进行发电、供热或生产。原则上3350～7100kJ/kg的垃圾较适于燃烧，而且应将垃圾在锅炉中燃烧后的高位热能进行发电，低位热能冬季进行采暖，夏季可进行制冷和供应热水，这样才能保证垃圾锅炉的常年运行。

（五）太阳能供热

太阳能资源，不仅仅包括直接投射到地球表面上的太阳辐射能，而且还包括水能、风能、海洋能、潮汐能等间接的太阳能资源，甚至前面提到的生物质能也是通过绿色植物的光合作用固定下来的太阳能。

1. 太阳能的优点与不足

优点是数量无比巨大，持续时间长，对于人类存在的年代来看，是取之不尽用之不竭的；无需开发运输；清洁安全。缺点是分散，不稳定；效率低，开发成本高。

2. 太阳能集热器的分类

太阳能集热器是太阳能利用的核心部分，其性能对整个系统的成败起到至关重要的作用。可分为平板形集热器、聚光型集热器与太阳池。

3. 太阳能供热的方式

太阳能供热的方式可分为直接利用与间接利用。直接利用主要是主动式太阳能供热与被动式太阳能供热。间接利用可包括太阳能蓄热—热泵联合供热等。

（1）主动式太阳能供热系统如图7-25所示，系统由太阳能集热器、蓄热装置、用热设备、辅助热源及相关的辅助设备与阀门组成。

通过太阳能集热器收集的太阳辐射能，沿管道可送入室内提供采暖与生活热水供应，剩余部分可储存于蓄热装置2中，当太阳能集热器提供的热量不足时可取出使用，在不足时可采用辅助加热装置6进行补充。

（2）被动式太阳能供热是通过集热蓄热墙、附加温室、蓄热屋面等向室内供暖（热）的方式。被动式太阳能采暖的特点是不需要专门的太阳能集热器、辅助加热器、换热器、泵等主动式太阳能系统所必

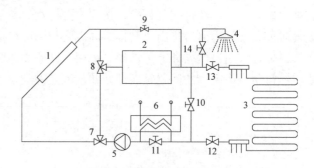

图7-25　主动式太阳能供热系统

1—太阳能集热器；2—蓄热装置；3—室内采暖系统；
4—室内生活热水设备；5—循环泵；6—辅助加
热装置；7、8—三通阀；9～14—阀门

需的部件，而是通过建筑的朝向与周围环境的合理布局，内部空间与外部形体的巧妙处理，以及建筑材料和结构构造的恰当选择，使建筑在冬季充分的收集、存储与分配太阳辐射，因而使建筑室内可以维持一定温度，达到采暖的目的。

（3）太阳能—热泵式供热。单纯利用太阳能集热器供热在目前的技术条件下是毫无问题的，但受经济条件制约，还是有一定问题的。夏季利用太阳能向地源、水源蓄热（取出的冷量用于房间空调），作为冬季采暖的热源，并通过热泵的原理，可大大节约电能的消耗（图7-26）。

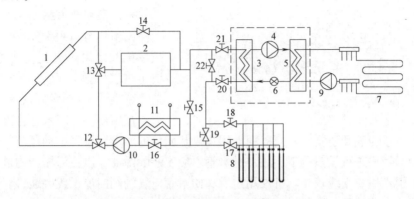

图 7-26　主动式太阳能—热泵蓄热供热系统

1—太阳能集热器；2—蓄热装置；3—蒸发器；4—压缩机；5—冷凝器；6—节流装置；7—室内采暖系统；
8—土壤埋管换热器；9、10—循环泵；11—辅助加热装置；12、13—三通阀；14～22—阀门

虽然目前太阳能技术主要用于单幢建筑物供暖或热水供应等较小规模的供热系统上，但因其是"取之不尽，用之不竭"的绿色能源，因而具有无限的应用前景。

第四节　热　力　站

集中供热系统的热力站是供热网路与热用户的连接场所。它的作用是根据热网工况和不同的条件，采用不同的连接方式，将热网输送的热媒加以调节、转换，向热用户系统分配热量以满足用户需求，并根据需要，进行集中计量、检测供热热媒的参数和数量。

根据热网输送的热媒不同，可分为热水供热热力站和蒸汽供热热力站。

根据服务对象不同，可分为工业热力站和民用热力站。

根据二级热网对供热介质参数要求的不同，又分为换热型热力站和分配型热力站。

根据热力站的位置和功能的不同，可分为：

1. 用户热力站（点）——也称为用户引入口。它设置在单栋建筑用户的地沟入口或该用户的地下室或底层处，通过它向该用户或相邻几个用户分配热能。

2. 小区热力站（常简称为热力站）——供热网路通过小区热力站向一个或几个街区的多幢建筑分配热能。这种热力站大多是单独的建筑物。从集中热力站向各热用户输送热能的网路，通常称为二级供热管网。

3. 区域性热力站——它用于特大型的供热网路，设置在供热主干线和分支干线的连接点处。

4. 供热首站——位于热电厂的出口，完成汽—水换热过程，并作为整个热网的热媒制备与输送中心。

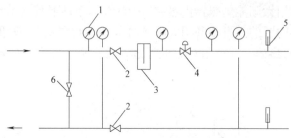

图 7-27　用户引入口示意图

1—压力表；2—用户供回水总管阀门；3—除污器；4—手
动调节阀；5—温度计；6—旁通管阀门

根据制备热媒的用途可分为采暖换热站（热站）、空调换热站（冷站）和生活热水换热站或它们间的相互与共同组合。

一、民用热力站

民用热力站的服务对象是民用用热单位（民用建筑及公共建筑），多属于热水供热热力站。图 7-27 所示是一个供暖用户的热力点示意图。热力点在用户供、回水总管进出口处设置截断阀门、压力表和温度计，同时根据用户供热质量的要求，设置手动调节阀或流量调节器，以便对用户进行供热调节。用户进水管上应安装除污器，以免污垢杂物进入局部供暖系统。如引入用户支线较长，宜在用户供、回水管总管的阀门前设置旁通管。当用户暂停供暖或检修而网路仍在运行时，关闭引入管总阀门，将旁通管阀门打开使水循环，以避免外网的支线冻结。

图 7-28 所示为一个民用热力站的示意图。各类热用户与热水网路并联连接。

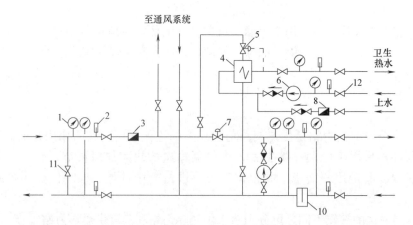

图 7-28　民用集中热力站示意图（一）

1—压力表；2—温度计；3—热网流量计；4—水—水换热器；5—温度调节器；6—热水供应循环水泵；7—手动调节阀；
8—上水流量计；9—供暖系统混合水泵；10—除污器；11—旁通管；12—热水供应循环管路

城市上水进入水—水换热器 4 被加热，热水沿热水供应网路的供水管，输送到各用户。热水供应系统中设置热水供应循环水泵 6 和循环管路 12，使热水能不断地循环流动。当城市上水悬浮杂质较多、水质硬度或含氧量过高时，还应在上水管处设置过滤器或对上水进行必要的水处理。

图 7-28 的供暖热用户与热水网路是采用直接连接。当热网供水温度高于供暖用户设计的供水温度时，热力站内设混合水泵 9，抽引供暖系统的网路回水，与热网的供水混合，再送向各用户。

混合水泵的设计流量，下按下式计算：

$$G_h' = u' G_0' \tag{7-4}$$

式中 G_0'——承担该热力站供暖设计热负荷的网路流量，t/h；

G_h'——混合水泵的设计流量，即从二级网路抽引的回水量，t/h；

u'——混水装置的设计混水比，根据第十一章式（11-19）

$$u'=(\tau_1'-t_g')/(t_g'-t_h') \tag{7-5}$$

式中 τ_1'——热水网路的实际供水温度，℃；

t_g'、t_h'——供暖系统的设计供、回水温度，℃。

混合水泵的扬程应不小于混水点以后的二级网路系统的总压力损失。流量应为抽引回水的流量。水泵数目不应少于两台，其中一台备用。

图 7-29 所示为供暖系统与热水网路采用间接连接方式的热力站示意图。其工作原理和流程与图 7-28 相同，只是安装了为供暖系统用的水—水换热器和二级网路的循环水泵，使热网与供暖系统的水力工况完全隔绝开来；安装了原水水箱、原水加压泵、全自动软化水装置与软化水箱，使二级网系统具有较完整的补水及其处理系统。若二级网小区的自来水具有连续补给能力，可将原水箱与原水加压泵去掉；若小区对二级网补水的含氧量有要求，还可增加除氧装置，这里不再赘述。

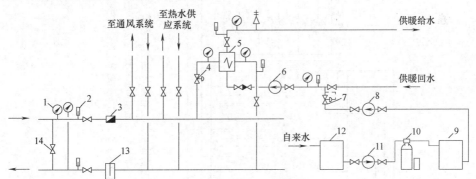

图 7-29 民用集中热力站示意图（二）

1—压力表；2—温度计；3—流量计；4—手动调节阀；5—供暖系统用的水—水换热器；6—供暖系统循环
水泵；7—补给水调节阀；8—补给水泵；9—软化水箱；10—全自动软水器；11—原（生）
水加压泵；12—原水箱（生水箱）；13—除污器；14—旁通管

图中两级网路循环水泵和补给水泵的设计选择原则，与第九章所阐述的原则完全相同，将二级网路系统视为一个独立的供暖系统来设计。

在热水供应热负荷较大时，采用两级串联或混连连接方式的热力站示意图，可见第八章图 8-2。

图 7-30 所示为太原至古交长输供热工程隔压站系统二示意图。古交电厂至隔压站距离为 37.8km，古交电厂高出隔压站约 180m，为了控制市区一级网系统在 2.5MPa 以内而设置了隔压站。隔压站侧为高温网，设计温度 125℃/30℃，设计压力 2.5MPa；隔压站至市区侧为一级网，设计温度 120℃/25℃，设计压力 2.5MPa。隔压站分两个系统，分别布置 45 台换热器。45 台换热器又分为 5 个板换阵列，每个阵列由 9 台换热器组成，参见图 7-31。其中 3 台不同型号的换热器串联为一组，使每侧（高温侧和一级网侧）进出口流体温差达到 95℃和端差小于 5℃（加热侧和被加热侧）；三组并联，增加流通面积，控制换热器阻力损失。详见《典型供热工程案例与分析》[33]。

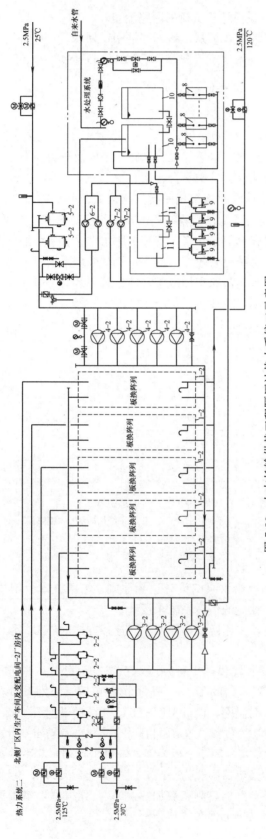

图 7-30　大古长输供热工程隔压站热力系统二示意图

1-2—板式换热器阵列；2-2—高压侧旋流除污器；3-2—高温网网循环泵；4-2—一级网网循环泵；5-2—一级网旋流除污器；
6-2—一级网定压补水泵；7-2—高温侧旋流除污器；8—全自动钠离子交换器；9—除氧器；10—软水箱；11—除氧器

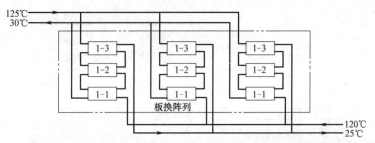

图 7-31　太古长输供热工程隔压站一组板式换热器阵列示意图

1-1 第一台换热器；1-2—第二台换热器；1-3—第三台换热器

图 7-32 是采用吸收式热泵和板式换热器组成的吸收式换热机组换热站热力系统图。图 7-33 是吸收式热泵工作原理图。图 7-33 中，一次网高温水作为驱动能源首先进入吸收式热泵发生器中加热浓缩溴化锂溶液，产生冷剂水蒸气，自身在发生器第一次降温。降温后的一次网高温水再次进入水—水换热器（图中板式换热器略）和二次网换热，加热二次网的同时实现第二次降温。第二次降温后的一次网高温水返回吸收式热泵蒸发器中作为低位热源，在蒸发器中第三次降温到达一次网回水终温约 20℃ 左右。与此同时，二次网回水分为两路进入机组，一路顺序进入吸收式热泵的吸收器、冷凝器中吸收热量，另一路进入水—水换热器（图中略），与一次网热水进行换热，两路热水汇合后作为二次网的供水送往热用户。如果整个供热系统都采用吸收式热泵换热站，和常规板式换热器换热站相比，一次网温降实现了大温差，增加了管网的输送能力，提高了长输集中供热工程的经济性，更有利于电厂乏汽的余热利用。目前吸收式热泵换热站占地大，整个系统都采用吸收式热泵换热站有时不具备条件。

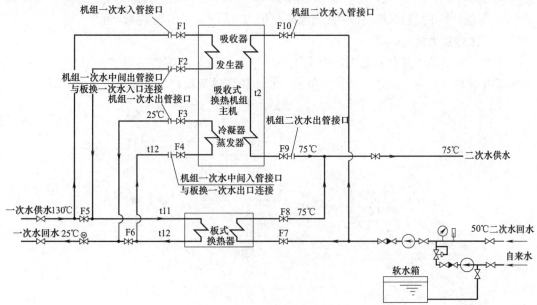

图 7-32　吸收式换热机组换热站热力系统示意图

热力站应设置必要的检测、自控和计量装置。在热水供应系统上，应设置上水流量表，用以计量热水供应的用水量。热水供应的供水温度，可用温度调节器控制。根据热水

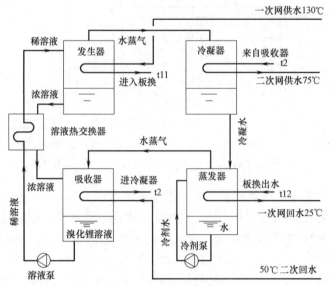

图 7-33　吸收式热泵工作原理示意图

供应的供水温度，调节进入水—水换热器的网路循环水量，配合供、回水的温差，可计量供热量（也可采用热量计，直接记录供热量）。

随着我国集中供热技术的发展，在热力站安装自动检查和控制系统，已经得到普遍应用目前正向智能化迈进。

民用小区热力站的最佳供热规模，取决于热力站与网路总基建费用和运行费用，应通过技术经济比较确定。一般来说，对新建居住小区，每个小区设一座热力站，供热规模在 5 万～15 万 m^2，但是一种小型箱式换热站供热规模在 1 万～5 万 m^2，被工程实践证明更节能。

二、工业热力站

工业热力站的服务对象是工厂企业用热单位，多为蒸汽供热热力站。图 7-34 所示为一个具有多种热负荷（生产、通风、供暖、热水供应热负荷）的工业热力站示意图。

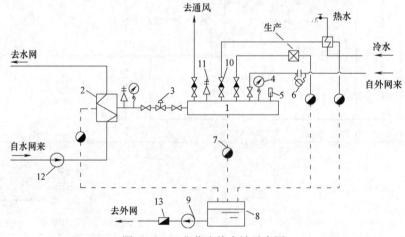

图 7-34　工业蒸汽热力站示意图

1—分汽缸；2—汽—水换热器；3—减压阀；4—压力表；5—温度计；6—蒸汽流量计；7—疏水器；

8—凝水箱；9—凝水泵；10—调节阀；11—安全阀；12—循环水泵；13—凝水流量计

热网蒸汽首先进入分汽缸1，然后根据各类热用户要求的工作压力、温度，经减压阀（或减温器）调节后分别输送出去。如工厂采用热水供暖系统，则多采用汽—水式换热器，将热水供暖系统的循环水加热。

凝结水回收设备是蒸汽供热热力站的重要组成部分，主要包括凝结水箱、凝结水泵以及疏水器、安全水封等附件。所有可回收的凝水分别从各热用户返回凝结水箱。在有条件情况下，应考虑凝水的二次汽的余热利用。

工业热力站应设置必要的热工仪表，应在分汽缸上设压力表、温度计和安全阀；供汽管道减压阀后应设置压力表和安全阀；凝水箱内设液位计或设置与凝水泵联动的液位自动控制装置；换热器上设置压力表、温度计。为了计量，外网蒸汽入口处设置蒸汽流量计和在凝水接外网的出口处设置凝水流量计等。

凝结水箱有开式（无压）和闭式（有压）两种。通常用3～10mm钢板制成。热力站的凝结水箱总储水量，根据《热网规范》，一般按10～20min的最大小时回水量计算。凝结水箱一般设两个，对单纯供暖用的凝结水箱，其水量在10t/h以下时，可只设一个。热源的总凝结水箱的储水量，根据我国《工业锅炉房设计规范》，一般按20～40min的最大小时回水量计算。

开式水箱多为长方形（图7-35）。开式水箱附件一般应有人孔盖、水位计、温度计、进、出水管、空气管和泄水管等。当水箱高度大于1.5m时，应设内、外扶梯。

闭式水箱（图7-36）为承压水箱。水箱应做成圆筒形。闭式水箱附件一般应有人孔盖、水位计、温度计、进出水管、泄水管、压力表、取样装置和安全水封等。

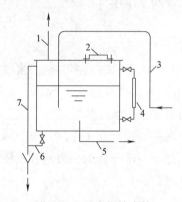

图7-35 开式凝结水箱
1—空气管；2—人孔盖；3—凝水进入管；4—水位计；
5—凝水排出管；6—泄水管；7—溢流管

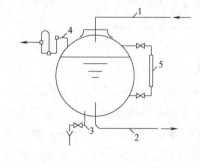

图7-36 闭式凝结水箱
1—凝水进入管；2—凝水排出管；3—泄水管；
4—安全水封；5—水位计

闭式水箱上应设置安全水封。它的作用有：
(1) 防止水箱压力过高；
(2) 防止空气进入箱内；
(3) 兼作溢流管用。

安全水封（图7-37）的构造和工作原理简述如下：

安全水封由水室 A、B、C 及连通管1、2、4组成，由管3与闭式凝水箱连通。系统运行前，由下部充水管充水至 $I'—I'$ 水面。在正常箱内压力下，管2中水面下降，管4

及管 1 水面上升 h 高度。当箱内的压力高于大气压 H_1（m）以上时（h 值小，忽略不计），水封被突破，箱内蒸汽及不凝结气体从管 2 通过管 4 经 A 室排往大气。由此可见，利用水封高度 H_1（mH_2O），可以维持水箱内的蒸汽压力不大于 $10H_1$（kPa）。当水箱压力恢复后，A 室中的水由管 1 自动地返回管 2 和管 4，恢复原来的水位。

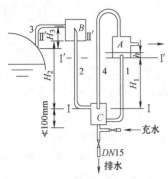

图 7-37　安全水封示意图

A—压力罐；B—真空储水箱

当水箱无凝水进入，箱内呈无压，而凝结水泵启动抽水时，密闭箱体内出现负压。此时，管 1、4 中水面下降，管 2 中水面上升。只要箱内负压与大气压力之差不大于 H_2（mH_2O），管 1 中水面就不会降到 Ⅰ-Ⅰ 以下，管 2 中的水封就不会被冲破，空气就不能进入水箱。水柱高 H_2 为水箱可能出现的最大真空度。当水箱内的真空度消失后，B 室中的存水由管 2 端的孔眼重新流回管 2、4 及管 1 中。

当水箱内存水过多，水面上升超过 H_3 高度后，水可经由水封管的通气口排出。与凝水箱连接的管 3 应在水箱的溢流水位高度处。

安全水封的连通管 d 应根据排气量来确定。水室 A、B 的直径，可参阅有关供热设计手册计算确定。

凝结水泵不应少于两台，其中一台备用。选择凝结水泵及外网管径时，其流量应按可能达到的最大小时凝结水量来计算；扬程应按凝结水管网水压图（在第十三章阐述）的要求确定，并留有 30～50kPa 的富裕压力。

三、供热首站

供热首站是以热电厂为热源，一般以电厂汽轮机发电的乏汽或抽汽为热的来源，建在热电厂出口，向整个集中供热一级网提供高参数热水热媒的集中热力交换站。如图 7-38 所示，相当于热水锅炉房中的锅炉由管壳式汽—水与板式水—水换热器替代，根据实际需要制备高参数热水热媒，其他设备均与高温热水锅炉房相同，它克服蒸汽热媒在输送距离上的限制，可进行长途输送。凝结水可全部回收至热源或一部分作为一级网补水使用，剩余部分可再回收至热源，除氧后可供电厂锅炉循环使用。

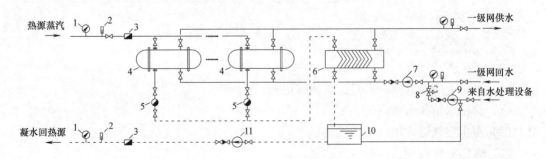

图 7-38　蒸汽首站热力系统示意图

1—压力表；2—温度计；3—流量计；4—管壳式换热器；5—疏水器；6—板式换热器；7—循环水泵；

8—补给水压力调节器；9—补给水泵；10—凝结水箱；11—凝结水泵

四、冷、热及生活热水热力站

在我国北方以热电厂为热源的供热区域绝大部分地区的供热时间不超过180天,在条件允许的地区可考虑夏季集中供冷,既可提高能源的分级利用率,又可缓解因户用空调的使用而引起的用电紧张,电力峰谷差增大的情况发生。从应用范围看此种热力站非常适用于长江中下游地区工作(图7-39),冬天以一级网的热水为热媒加热板式换热器,向二级

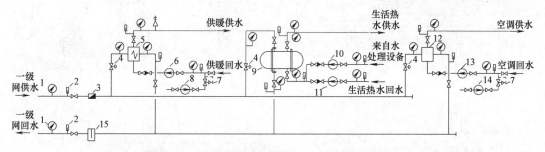

图7-39 冷、热及生活热水热力站系统原理图

1—压力表;2—温度计;3—流量计;4—手动调节阀;5—供暖系统水—水换热器;6—供暖系统循环水泵;7—补给水压力调节器;8—供暖系统补给水泵;9—生活热水水—水换热器;10—生活热水给水泵;11—生活热水循环泵;12—单效溴化锂制冷机组;13—空调系统循环泵;14—空调补水泵;15—除污器

网热用户提供采暖热负荷;夏季以一级网的热水为热媒驱动溴化锂制冷机组集中供冷;全年以一级网的热水为热媒加热生活热水换热器向用户提供生活热水。

供冷时,在电厂热源附近若以蒸汽(表压0.25~0.8MPa)或热水(150~200℃)为能量来源时应选用双效溴化锂制冷机组;在热网上的热力站,若以蒸汽(表压0.03~0.15MPa)或热水(80~150℃)为能量来源时应选用单效溴化锂制冷机组,通常双效机组比单效机组具有更高的当量热力系数。当量热力系数表示每消耗单位一次燃料所能取得的冷量,是衡量吸收式机组的重要性能指标。

第五节 换 热 器

换热器,特别是被加热介质是水的换热器,在供热系统中得到广泛应用。如它用在热电厂及锅炉房中加热热网水和锅炉给水,在热力站和用户热力点处,加热供暖和热水供应用户系统的循环水和上水。

热水换热器,按参与热交换的介质分类,分为汽—水(式)换热器和水—水(式)换热器,按换热器热交换(传热)的方式分类,分为表面式换热器和混合式换热器。表面式换热器是冷热两种流体被金属表面隔开,而通过金属壁面进行热交换的换热器,如管壳式、套管式、容积式、板式和螺旋板式换热器等。混合式换热器是冷热两种流体直接接触进行混合而实现热交换的换热器,如淋水式、喷管式换热器等。

一、常用热水换热器的形式及构造特点

(一)壳管式换热器

壳管式汽—水换热器,主要有下列几种形式:

(1)固定管式汽—水换热器(图7-40a)。它主要由以下几部分组成:带有蒸汽进出口

连接短管的圆形外壳 1，由小直径管子组成的管束 2，固定管束的管栅板 3，带有被加热水进出口连接短管的前水室 4 及后水室 5。蒸汽在管束的外表面流过，被加热水在管束的小管内流过，通过管束的壁面进行热交换。

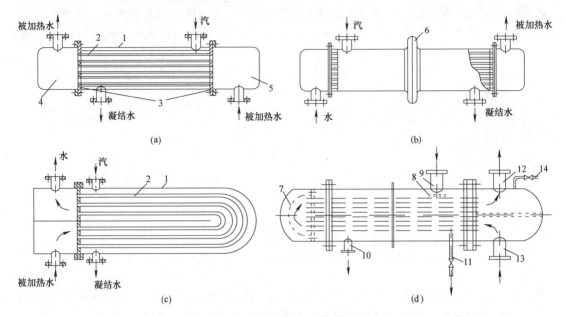

图 7-40　壳管式汽—水换热器

（a）固定管板式汽—水换热器；（b）带膨胀节的壳管式汽—水换热器；
（c）U 形壳管式汽—水换热器；（d）浮头式壳管式汽—水换热器

1—外壳；2—管束；3—固定管栅板；4—前水室；5—后水室；6—膨胀节；7—浮头；8—挡板；9—蒸汽入口；
10—凝水出口；11—汽侧排气管；12—被加热水出口；13—被加热水入口；14—水侧排气管

管束通常采用锅炉碳素钢钢管，不锈钢管、紫铜管或黄铜管。钢管承压能力高，但易腐蚀；铜管及黄铜管耐腐蚀，但耗费有色金属。对低于 130℃ 的热水换热器，三种材料均可使用；超过 140℃ 的高温热水换热器，则宜采用钢管。钢管壁厚一般为 2～3mm，铜管为 1～2mm。管子直径：对铜管，一般可选用 15～20mm；钢管一般可选用 22mm、25mm 及 32mm 等。

为强化传热，可利用隔板在前后水室中将管束分割成几个行程。一般水的出入口位于同侧，以便于拆卸检修，所以行程采用偶数。采用最多的是二行程和四行程形式。

固定管板式壳管汽—水换热器的主要优点是结构简单、造价低、制造方便和壳体内径小；缺点是壳体与管板连在一起，当壳体与管束之间温差较大时，由于热膨胀不同会引起管子扭弯，或使管栅板与壳体之间、管束与管栅板之间开裂，造成泄漏；管间污垢的清洗也较困难。所以只适用于温差小、单行程、压力不高以及结垢不严重的场合。

（2）带膨胀节的壳管式汽—水换热器（图 7-40b）。为解决固定管板式外壳和管束热膨胀不同的缺点，可在壳体中部加一膨胀节，其余结构形式与固定管板式完全相同。这种换热器克服了上述的缺点，但制造要复杂些。

（3）U 形管壳管式汽—水换热器（图 7-40c）。U 形管束可以自由伸缩，以补偿其热伸长，结构简单。缺点是管内无法用机械方法清洗，管束中心附近的管子不便拆换，管栅板上布置管束的根数有限，单位容量及单位重量的传热量低。

（4）浮头式壳管汽—水换热器（图7-40d）。其特点是浮头侧的管栅板不与外壳相连，该侧管栅板可在壳体内自由伸缩，以补偿其热伸长，清洗便利，且可将其管束从壳体中拔出。

对上述壳管式汽—水换热器，应注意防止蒸汽冲击管束而引起管子弯曲和振动。为此在蒸汽入口处应设置具有防冲和导流作用的挡板（见图7-40d标注8）。当管束较长时，需要设支撑隔板以防管束挠曲。同时，壳内应有较大的空间，使蒸汽分布均匀，凝水顺利排除。在开始运行时，必须很好地排除空气及其他不凝气体。

（5）波节型壳管式换热器（图 7-41a）。该换热器的特点是采用薄壁不锈钢（1Cr18Ni19Ti）波节管束（图7-41b）代替传统的等直径直管束，作为壳管式换热器的受热面。由于采用了波节管束，强化了传热，传热系数明显增高；波节管束内径较大些，水侧的流动压力损失降低；同时靠波节管束补偿热伸长，可以采用固定管板的简单结构形式。但应注意，由于波节管为奥氏体不锈钢，为防止应力腐蚀，换热器水质中的铝离子含量应不超过 25×10^{-6}。

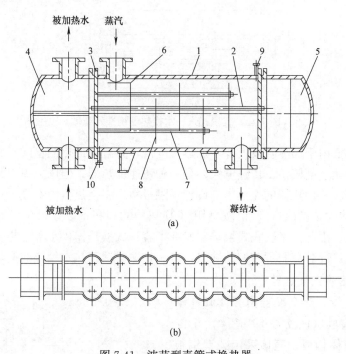

图 7-41　波节型壳管式换热器

（a）结构示意图；（b）波节管示意图

1—外壳；2—波节管；3—管板；4—前水室；5—后水室；6—挡板；7—拉杆；

8—折流板；9—排气口；10—排液口

（二）容积式换热器（图7-42）与半容积式换热器

根据加热介质的不同，分为容积式汽—水换热器和容积式水—水换热器。这种换热器与储水箱结合在一起，其外壳大小根据储水箱的容量确定。换热器中用 U 形弯管管束并联在一起，蒸汽或加热水自管内流过。

根据加热的对流管束所占比例不同，可分为容积式换热器与半容积式换热器。

容积式换热器的主要特点是兼起储水箱的作用，供水平稳、安全，易于清除水垢，主要用于热水供应系统。但其传热系数比壳管式换热器低得多。

半容积式换热器是部分克服了容积式换热器缺点并结合了壳管式换热器的优点而开发

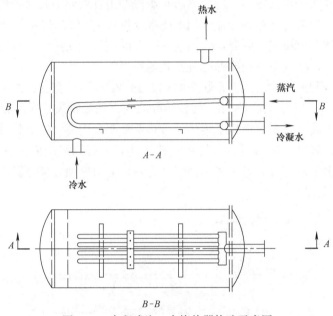

图 7-42　容积式汽—水换热器构造示意图

的。容积式换热器由于加热管束较少，加热速度慢，并且有加热的盲区。壳管式换热器的加热管较多，加热速度较快，传热量大，是一种快速加热器，但压力损失大，水温与水压波动大。在半容积式换热器的壳体内部设置了隔板实现将换热器内部冷、热水分区（换热与储热分开），减少了换热盲区，有效利用了换热器的容积；设置折流板加强管束的横向冲刷，加强换热。因此，半容积式换热器发挥了容积式换热器供水平稳与管壳式换热器加热迅速的优点，又部分克服了它们的缺点，是一种非常适于热水供应的换热器。

（三）浮动盘管式换热器

水平浮动盘管式热交换器由壳体和浮动盘管两大部分构成（图 7-43）。壳体由上封头、下封头及筒体构成，壳体采用碳素钢板或不锈钢板制造。上封头顶部装有安全阀、热水出口接管、感温管、感温原件及自力式温度调节器传感器接管等。下封头上装设了冷凝水排出管、排污管、被加热介质入口管、蒸汽入口接管及热交换器支架等。浮动盘管组由许多平行的水平浮动盘管组成，每一片浮动盘管都有一个进口联箱和中间联箱将多根水平弯管串联起来。进口联箱与垂直进口

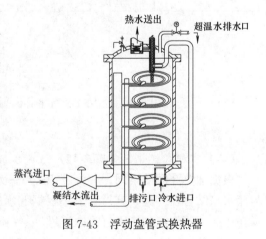

图 7-43　浮动盘管式换热器

管连接，从而将多片平行浮动盘管组并联。而每一片水平浮动盘管的末端又与垂直出口管连接，且每一片盘管的中间联箱则是自由端。当热交换器处于工作状态时。水流自下而上流动，每片盘管则水平浮动在水中，因此称为水平浮动盘管。水平浮动盘管及其联箱、垂直进出口管均采用紫铜管制造。

浮动盘管式换热器的工作原理（以蒸汽式浮动盘管式换热器为例）：蒸汽由下部进入热交换器，自下而上地均匀分配给各层水平浮动盘管，冷凝后自上而下进入凝结水排除管排出；被加热水由进水管进入换热器壳体下部，并由下向上流动，被加热后的热水，由热交换器顶部排出，接入管网送至热水用户。当水流自下向上流动时，对水平盘管产生一种向上运动的推力，而盘管因自身的重量及弹性会产生一种向下的作用力，在上、下这两种力的作用下，使盘管在水中产生浮动，这种浮动使水流产生较强的扰动，大大强化了传热，从而可以获得较高的传热系数。

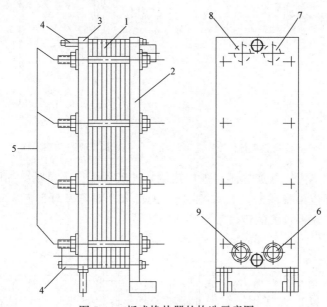

图 7-44 板式换热器的构造示意图

1—传热板片；2—固定盖板；3—活动盖板；4—定位螺栓；5—压紧螺栓；6—被加热水进口；

7—被加热水出口；8—加热水进口；9—加热水出口

浮动盘管式换热器的主要特点：

1. 传热系数高。盘管采用的是紫铜管，故导热系数高，同时由于盘管在水流中的浮动作用，使水流产生较强的扰动，大大强化了传热，传热系数为 $3000 \sim 40000$ W/(m^2·℃)，较壳管式、容积式换热器均高。

2. 结构紧凑，并可自动除垢。由于盘管采用了悬臂的独特结构形式，加热过程中充分利用了蒸汽离心力的作用，盘管束产生一种高频率的浮动，使被加热介质产生扰动，碱性污垢不易沉浮于管壁，形成了一种自动脱垢的独有特性。

（四）板式换热器（图7-44）

它主要由传热板片1、固定盖板2、活动盖板3、定位螺栓4及压紧螺栓5等组成。板与板之间用垫片进行密封，盖板上设有冷、热媒进出口短管。

板片的结构形式很多，我国目前生产的主要是"人字形板片"（见图 7-45）。它是一种典型的"网状流"板片。左侧上下两孔通加热流体，右侧上下两孔通被加热流体。

板片之间密封用的垫片形式见图 7-46。密封垫的作用不仅把流体密封在换热器内，而且使加热与被加热流体分隔开，不使相互混合。通过改变垫片的左右位置，可以使加热与被加热流体在换热器中交替通过人字形板面，通过信号孔可检查内部是否密封。当密封不好而有渗漏时，信号孔就会有流体流出。

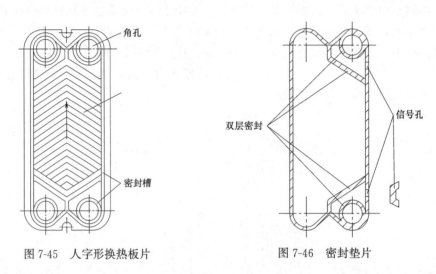

图 7-45 人字形换热板片   图 7-46 密封垫片

板式换热器两侧流体（加热侧与被加热侧）的流程配合很灵活。如图 7-47 所示，它是 2 对 2 流程。但也可实现 1 对 1、1 对 2、2 对 2 和 2 对 4 等两侧流体流程配合方式，而达到流速适当，以获得较大的传热系数。

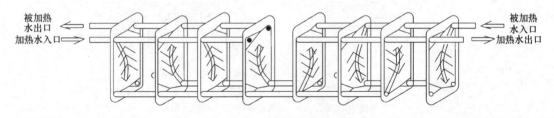

图 7-47 板式换热器流程示意图

板式换热器由于板片表面的特殊结构，能使流体在低流速下发生强烈湍动，从而大大强化了传热过程。因此，板式换热器是一种传热系数很高、结构紧凑、适应性大、拆洗方便、节省材料的换热器。近年来，水—水式板式换热器在我国城镇集中供热系统中，开始得到较广泛的应用。但板片间流通截面窄，水质不好形成水垢或污物沉积，都容易堵塞，密封垫片耐温性能差时，容易渗漏和影响使用寿命。

（五）淋水式换热器（图 7-48）

它主要由管壳及淋水板组成。被加热水由上部进入，经淋水板上的筛孔分成细流流下；蒸汽由壳体上侧部或下部进入，与被加热水接触凝结放热，被加热后的热水从换热器下部送出。

淋水式换热器是一种典型的混合式换热器。混合式换热器与上述表面式换热器相比，它换热效率高，在相同设计热负荷条件下，换热面积小，设备紧凑；但由于直接接触换热，不能回收纯凝水，因此应用在集中供热系统上，还要考虑增加热源水处理设备的容量和如何利用系统多余的凝水量问题。

淋水式换热器应用在热水供热系统中，除了具有换热功能外，还兼起储水箱的作用（替代供热系统的膨胀水箱），同时还可以利用壳体内的蒸汽压力对系统进行定压。

（六）喷管式汽—水换热器（图7-49）

它主要由外壳1、喷嘴2、泄水栓3、网盖4和填料5等组成。被加热水通过呈拉伐尔管形的喷管时，蒸汽从喷管外侧，通过管壁上许多斜向小孔喷入水中，两者在高速流动中很快地混合，将水加热。为了蒸汽正常通过斜孔与水混合，使用的蒸汽压力至少应比换热器入口水压高出0.1MPa以上。

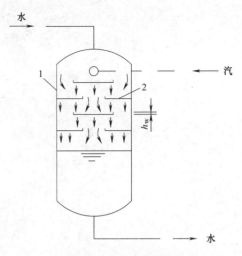

图7-48　淋水式换热器示意图
1—壳体；2—淋水板

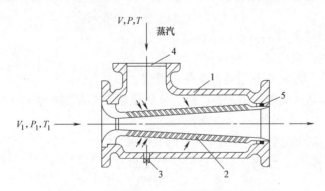

图7-49　喷管式汽—水换热器构造示意图
1—外壳；2—喷嘴；3—泄水栓；4—网盖；5—填料

喷管式汽—水换热器具有体积小，制造简单，安装方便，调节灵敏，加热温差大以及运行平稳等特点；但换热量不大，一般只用于热水供应和小型热水供暖系统上。用于供暖系统时，喷管式汽—水换热器多设置在循环水泵的出水口侧。

（七）换热机组（图7-50）

换热机组由于结构紧凑，安装方便，操作简单，广泛应用于供热系统中。将热力站的主要设备，如换热器、循环泵、补水泵、过滤器、止回阀等集中设置。并可利用微机控制，实现热力站无人值守。

二、壳管式换热器的热力计算

换热器热力计算的任务是在换热量和结构已经给定，换热器出入口的加热介质和被加热介质的温度为已知的条件下，确定换热器的必要换热面积。在工程计算中，往往根据选

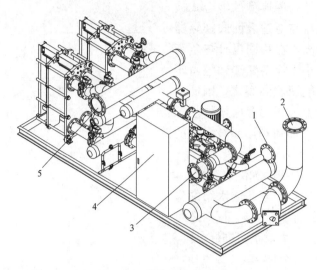

图 7-50　换热机组外形图

1——一次回水；2—二次回水；3——一次供水；4—控制柜；5—二次供水

用的换热器的形式和规格，根据上述给定条件，校核选用的换热器换热量是否满足需要。

（一）基本计算公式

根据被加热水需要加热的温度，传热量 Q 可由下式求得

$$Q=G_2 c(t_1-t_2) \quad \text{W} \tag{7-6}$$

式中　G_2——通过换热器的被加热水的流量，kg/s；

　　　c——水的质量比热，J/(kg·℃)；

　t_1、t_2——流出和流进换热器的被加热水温度，℃。

考虑到换热器散入周围环境的热损失，实际供给换热器的热量 Q' 应为

$$Q'=Q/\eta \quad \text{W} \tag{7-7}$$

式中　η——换热器的热效率，一般 $\eta=0.96\sim0.99$。

在汽—水换热器中，作为加热介质的蒸汽耗量为

$$D=\frac{Q'}{i_1-i_n} \tag{7-8}$$

在水—水换热器中，作为加热介质的加热水耗量为

$$G_1=\frac{Q'}{c(\tau_1-\tau_2)} \tag{7-9}$$

式中　D——汽—水换热器中的蒸汽耗量，kg/s；

　　　G_1——水—水换热器中加热水的耗量，kg/s；

　τ_1、τ_2——流进和流出水—水换热器的加热水温度，℃；

　i_1、i_n——加热蒸汽的焓和凝结水的焓值，J/kg。

热媒将热量传给被加热水所需的换热面积 F 为

$$F=Q/K\Delta t_p \quad \text{m}^2 \tag{7-10}$$

式中　K——换热器的传热系数，W/(m²·℃)；

　Δt_p——加热与被加热流体之间的对数平均温差，℃。

（二）对数平均温差 Δt_p

根据传热学原理，换热器内换热流体之间的计算温差以对数平均温差表示

$$\Delta t_p = \frac{\Delta t_d - \Delta t_x}{\ln \dfrac{\Delta t_d}{\Delta t_x}} \quad ℃ \tag{7-11}$$

式中 Δt_d、Δt_x——换热器进、出口端热媒的最大、最小温差，℃，见图 7-51。

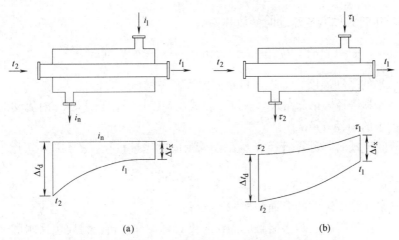

图 7-51 换热器内热媒的温度变化图
（a）汽—水换热器内的温度变化；（b）水—水换热器内的温度变化

当 $\Delta t_d / \Delta t_x \leqslant 2$ 时，可近似按算术平均温差计算，其误差不到 4%，这时

$$\Delta t_p = (\Delta t_d + \Delta t_x)/2 \quad ℃ \tag{7-12}$$

（三）传热系数 K

由于传热管壁的相对厚度很小，所以换热器的传热系数 K 可采用平壁传热公式进行计算：

$$K = \frac{1}{\dfrac{1}{\alpha_1} + \dfrac{\delta_g}{\lambda_g} + \dfrac{\delta_{wg}}{\lambda_{wg}} + \dfrac{1}{\alpha_2}} \quad W/(m^2 \cdot ℃) \tag{7-13}$$

式中 α_1——加热介质至管壁的放热系数，$W/(m^2 \cdot ℃)$；

α_2——管壁至被加热介质的放热系数，$W/(m^2 \cdot ℃)$；

δ_g——管壁厚度，m；

λ_g——管壁的导热系数，对钢管 $\lambda_g = 45 \sim 58 W/(m \cdot ℃)$；对黄铜管 $\lambda_g = 81 \sim 117 W/(m \cdot ℃)$；对紫铜管 $\lambda_g = 347 \sim 467 W/(m \cdot ℃)$；

δ_{wg}——污垢的厚度，m；

λ_{wg}——污垢的导热系数，水垢 $\lambda_{wg} = 0.56 \sim 2.22 W/(m \cdot ℃)$；油垢 $\lambda_{wg} = 0.11 \sim 0.14 W/(m \cdot ℃)$。

由于油垢的导热系数很小，热阻大，因此带油蒸汽进入换热器前，应先将油除掉。

水垢对换热器传热的影响也很大。当水垢厚度大于 0.5mm 时，换热器的传热能力就下降较多，这时就应对换热器进行清洗。因此计算中，应考虑取 $\delta_{wg} = 0.5mm$ 的水垢热

阻进行热力计算。

（四）放热系数 α 值

从上式可见，计算传热系数 K 值的关键在于确定放热系数 α 值。在工程设计中，可采用如下的简化公式：

1. 水在管内或管间沿管壁作紊流流动（$Re \leqslant 10^4$）时的放热系数

$$\alpha = (1630 + 21t_{pj} - 0.041t_{pj}^2)\frac{w^{0.8}}{d^{0.2}} \quad W/(m^2 \cdot ℃) \tag{7-14}$$

2. 水横穿过管束作紊流流动时的放热系数

$$\alpha = (1164 + 17.5t_{pj} - 0.0466t_{pj}^2)\frac{w^{0.64}}{d^{0.36}} \quad W/(m^2 \cdot ℃) \tag{7-15}$$

式中　t_{pj}——水的平均温度，即进出口水温的算术平均值，℃；

d——计算管径，m，在式（7-14）和式（7-15）中，当水在管内流动时，采用管子的内径 $d = d_n$。

当水在管间流动时，计算管径 d 则采用管束间的当量直径，$d = d_d$，可用下式计算：

$$d_d = \frac{4f}{S} \quad m^2/m \tag{7-16}$$

f——水在管间流动的流通截面积，m^2；

S——在流动断面上和水接触的周缘长度，即湿周，m，湿周包括水和换热管束的接触周缘和壳体与水的接触周缘；

w——水的流速，m/s，通常管内水流速在 $1 \sim 3$ m/s；管外水流速在 $0.5 \sim 1.5$ m/s 范围内。

3. 水蒸气在竖壁（管）上膜状凝结，且蒸汽流速 $\omega \leqslant 1 \sim 2$ m/s 时的放热系数

$$\alpha = \frac{6621 + 88.8t_m - 0.247t_m^2}{[H(t_b - t_{bm})]^{0.25}} \quad W/(m^2 \cdot ℃) \tag{7-17}$$

4. 水蒸气在水平管束上呈膜状凝结时的放热系数

$$\alpha = \frac{5028 + 55.3t_m - 0.163t_m^2}{[md_w(t_b - t_{bm})]^{0.25}} \quad W/(m^2 \cdot ℃) \tag{7-18}$$

上两式中

H——竖壁（管）上层流液膜高度，一般即竖管的高度，m；

d_w——管子外径，m；

m——沿垂直方向管子的平均根数，$m = n/n'$，其中：n 为管束的总根数，n' 为最宽的横排中管子的根数；

t_b——蒸汽的饱和温度，℃；

t_{bm}——管壁壁面的温度，℃；

t_m——凝结水薄膜温度，即饱和蒸汽 t_b 与管壁壁面 t_{bm} 的平均温度，℃。

利用式（7-17）及式（7-18）求放热系数 α 值时，管束的壁面温度 t_{bm} 是未知的。计算式可采用试算法求解。先假设一个 t_{bm}，求出 α 值后，再根据热平衡关系式求管束壁面的试算温度 t'_{bm}。若 $|t_{bm} - t'_{bm}| < \varepsilon$ 中的 ε 值满足计算精度要求，则试算成功；否则应重新假设 t_{bm}，再确定 t'_{bm} 值，直到满足要求为止。

热平衡关系式：

当蒸汽在管内流动时，

$$t'_{bm} = t_b - \frac{K \Delta t_p}{\alpha_n} \quad \text{℃} \tag{7-19}$$

当蒸汽在管外流动时，

$$t'_{bm} = t_b - \frac{K \Delta t_p}{\alpha_w} \quad \text{℃} \tag{7-20}$$

式中　Δt_p——换热器内换热流体之间的对数平均温差，℃；

α_n——流体在管内的放热系数，$W/(m^2 \cdot \text{℃})$；

α_w——流体在管外的放热系数，$W/(m^2 \cdot \text{℃})$；

K——换热器的传热系数，$W/(m^2 \cdot \text{℃})$；

考虑到换热面上经常会存在机械杂质、污泥或水垢等物，以及考虑流体在换热器中分布不均匀存在死角等因素影响传热效果，为保证工作可靠性，设计换热器的换热面积应比计算值大。对于钢管，换热器一般增加 25％～30％ 的换热面积；对于铜管，增加 15％～20％。

为便于设计核算，表 7-1 给出了常用换热器的传热系数 K 值范围。表中的数值亦可作为估算时的参考值。

常用换热器的传热系数 K 值　　　　　　　　　　　　表 7-1

设 备 名 称	传热系数 K 值[$W/(m^2 \cdot \text{℃})$]	备　　注
管壳式汽—水换热器	2000～4000	$w_n = 1 \sim 3 m/s$
容积式汽—水换热器	700～930	
容积式水—水换热器	350～465	$w_n = 1 \sim 3 m/s$
板式水—水换热器	3000～6000	$w = 0.2 \sim 0.8 m/s$
淋水式换热器	5800～9300	

注：w_n——管内水流速，m/s。

上述壳管式换热器热力计算的原则和方法，对其他形式的换热器都是适用的。不同点只在如何确定该形式换热器的传热系数 K 值上。在计算过程中，加热介质至管壁以及管壁至被加热介质的放热系数 α_n、α_w 值的确定，可根据有关资料或产品样本给定的准则方程公式进行计算。

【例题 7-1】　某热水供暖系统的总热负荷为 $630 \times 10^4 kJ/h$。在蒸汽锅炉房内设置壳管式汽—水换热器和板式水—水换热器加热网路循环水。系统如图 7-52 所示。供汽参数：饱和蒸汽压力 $P = 7 \times 10^5 Pa$（abs）。热网设计供、回水温度 95/70℃。试按国家标准图选择合适的汽—水换热器。

【解】　（一）已知条件

热网总热负荷 $Q = 630 \times 10^4 kJ/h$；热网设计供、回水温度：$t'_g = 95$℃，$t'_h = $

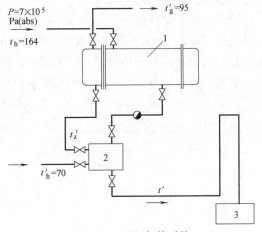

图 7-52　两级加热系统

1—汽—水换热器；2—板式换热器；3—凝结水箱

70℃；供汽压力 $P=7\times10^5$ Pa（abs）；供汽焓值 $i=2763$ kJ/kg；饱和蒸汽温度 $t_b=$ 165℃。

（二）热网循环水量及蒸汽耗量计算

热网循环水量 G：

$$G=\frac{Q}{c(t_g'-t_h')}=\frac{630\times10^4}{4.1868(95-70)}$$
$$=60190\text{kg/h}=60.19\text{t/h}$$

蒸汽耗量 D：

设凝结水流出凝结水冷却器的水温 $t'=80$ ℃，则

$$D=\frac{Q}{\eta(i-ct')}=\frac{630\times10^4}{0.96(2763-4.1868\times80)}=2703\text{kg/h}$$

式中　η——换热器效率。

（三）热网循环水进入汽—水换热器的水温

该加热系统是两级加热系统。热网循环水进入汽—水换热器的水温 t_z'，可通过下列热平衡关系式确定。

凝结水经过凝结水冷却器传给被加热水的热量 Q' 为

$$Q'=D\eta c(t_b-t')=2703\times0.96\times4.1868\times(165-80)=923.46\times10^3\text{kJ/h}$$

热网循环水通过凝结水冷却器的得热量 Q'' 为

$$Q''=Gc(t_z'-t_h')=60.19\times10^3\times4.1868(t_z'-70)$$

由于 $Q'=Q''$，则

$$t_z'=70+\frac{923.46\times10^3}{60.19\times10^3\times4.1868}\approx74\text{℃}$$

（四）汽—水换热器的选择计算

在工程设计中，通常是按有关国家标准图集选用汽—水换热器。选择管壳式汽—水换热器时，应根据热负荷及被加热水的流量，确定所选择的型号。

本题中采用《采暖通风国家标准图集》N107-2 DN500 壳管式汽—水换热器。该汽—水换热器的技术数据如下：

管内水流总截面积：$f=110\times10^{-4}$ m²；单位长度加热面积：$F'=4.95$ m²/m；总管数/行程：70/2；最大一横排的管子根数：9根；每纵排平均管数：$m=8$ 根；管束管子内经：$d_n=0.02$ m；管子外径 $d_w=0.025$ m；管子壁厚 $\delta_g=0.0025$ m。

下面计算该 DN500 汽—水换热器每米管子受热面的传热能力，然后根据热负荷求出该换热器所需的有效长度。

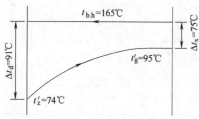

图 7-53　汽—水换热器的温度变化图

1. 汽—水换热器的平均温差（见图7-53）

根据式（7-11）

$$\Delta t_p=\frac{\Delta t_d-\Delta t_x}{\ln\dfrac{\Delta t_d}{\Delta t_x}}=\frac{91-70}{\ln\dfrac{91}{70}}=80\text{℃}$$

2. 确定热网循环水在汽—水换热器管内流动的流速，可按下式确定：

$$w_n = \frac{G}{3600 f \rho_p} \quad \text{m/s} \tag{7-21}$$

式中　ρ_p——管内热网水的平均密度，kg/m^3。

管内平均水温 $t_{pj} = (95+74)/2 = 84.5℃$，其平均密度为 $\rho_p = 969kg/m^3$。代入式（7-21）得

$$w_n = \frac{60190}{3600 \times 110 \times 10^{-4} \times 969} = 1.57 \text{m/s}$$

该流速在推荐管内水流速 $1\sim3$m/s 范围内。

3. 管内壁换热系数 α_n 的确定

根据水在管内做紊流流动的计算公式（7-14）

$$\alpha = (1630 + 21t_{pj} - 0.041t_{pj}^2)\frac{w^{0.8}}{d^{0.2}}$$

$$= (1630 + 21 \times 84.5 - 0.041 \times 84.5^2)\frac{1.57^{0.8}}{0.02^{0.2}}$$

$$= 9761.5 \text{W/(m}^2 \cdot ℃)$$

4. 管外壁换热系数 α_w 的确定

假设管壁外表面温度 t_{bm} 和蒸汽饱和温度 t_b 相差22℃，则

$$t_{bm} = t_b - 22 = 165 - 22 = 143℃$$

冷凝膜的平均温度 t_m 为

$$t_m = (t_b + t_{bm})/2 = (165 + 143)/2 = 154℃$$

根据式（7-18）

$$\alpha_w = \frac{5028 + 55.3t_m - 0.163t_m^2}{[md_m(t_b - t_{bm})]^{0.25}}$$

$$= \frac{5028 + 55.3 \times 154 - 0.163 \times 154^2}{[8 \times 0.025(165-143)]^{0.25}} = 6682.6 \text{W/(m}^2 \cdot ℃)$$

5. 汽—水换热器的传热系数 K 值

根据式（7-13）

$$K = 1 \Big/ \left(\frac{1}{\alpha_1} + \frac{\delta_g}{\lambda_g} + \frac{\delta_{wg}}{\lambda_{wg}} + \frac{1}{\alpha_2}\right)$$

$$= 1 \Big/ \left(\frac{1}{6682.6} + \frac{0.0025}{50} + \frac{0.0005}{2} + \frac{1}{9761.5}\right) = 1811.3 \text{W/(m}^2 \cdot ℃)$$

6. 根据换热器的热平衡关系式，验算假设的 $t_{bm} - t_b = 22℃$ 是否合适。

根据式（7-20）

$$t'_{bm} - t_b = \frac{K\Delta t_p}{\alpha_w} = \frac{1811.3 \times 80}{6682.6} = 21.7℃$$

假设值应为 $t_{bm}-t_b$，即 22℃与验算值 $t'_{bm}-t_b=21.7$℃较接近，可认为计算合适。如 t_{bm} 与 t'_{bm} 相差太大，则需重新假设 $t_{bm}-t_b$ 的值，再行计算。

7. 每米长换热器受热面的放热量为

$$\Delta Q=KF'\Delta t_p=1811.3\times4.95\times80=717.27\text{kW/m}$$

8. 换热器管子受热面的有效长度 l' 的确定

本题中换热量的总供热量应等于

$$Q=cG(t'_g-t'_h)=4.1868\times\frac{60190}{3600}(95-74)=1470\text{kW}$$

因而换热器的理论有效长度 l 为

$$l=\frac{Q}{\Delta Q}=\frac{1470}{717.27}=2.05\text{m}$$

如前所述，为保证工作可靠性，对钢管管束的换热器，一般增加 25%～30%的换热面积，因此，换热器的实际有效长度 l' 为

$$l'=1.25l=2.56\text{m}$$

最后确定可选用 $DN500$ 壳管式汽—水换热器，其有效长度定为 2.6m。选择计算即可结束。

三、壳管式换热器的水力计算

在壳管式汽—水和水—水式换热器中，水流的压力损失 ΔP，可按下式计算：

$$\Delta P=\Delta P_m+\Delta P_j=\left(\frac{\lambda L}{d}+\sum\zeta\right)\frac{w^2}{2}\cdot\rho\quad\text{Pa} \tag{7-22}$$

式中　λ——摩擦阻力系数，对钢管，取 $\lambda=0.03$，对铜管，$\lambda=0.02$；

　　　ρ——平均水温下的介质密度，kg/m^3；

　　　d——计算管径，m。管内流动时，取管子内径，$d=d_n$；管束间流动时，取管束间的当量直径，$d=d_d$；

　　　w——相应流通断面下的流速，m/s；

　　　L——水流程的总长度，m；

　　　$\sum\zeta$——水流程的局部阻力系数之和，可按表 7-2 选用。

局部阻力系数 ζ（相应管内流体）表　　　　表 7-2

局 部 阻 力 形 式	ζ	局 部 阻 力 形 式	ζ
水室的进口和出口	1.0	U 形管的 180°弯头	0.5
由一管束经过水室转 180°进入另一管束	2.5	管间流体从一分段过渡到另一分段	2.5
由一管束经过弯头转 180°进入另一管束	2.0	绕过管子挡板	0.5
水进入管间（其方向与管子垂直）	1.5	管子与管子之间转 180°弯头	1.5
由管子之间转 90°排出	1.0		

定型标准换热器，水侧的压力损失 ΔP 值，一般由实验测定，可查阅有关设计手册或产品样本。当进行设计估算时，可采用以下数值：

汽—水式换热器——20～120kPa；

水—水式换热器——10～30kPa。

当管间为蒸汽时，蒸汽通过换热器的压降通常是不大的，一般取 $\Delta P=5$～10kPa。

第六节　供热系统热源的其他常用设备

供热系统热源的常用设备还包括水处理设备、各种水箱、分汽（水）缸、除污器及水过滤器。

一、水处理设备

自然界中的水总是含有各种杂质，这些杂质粒径由大到小可分为三类：悬浮物、胶体物质和溶解物质（各种盐的离子与气体分子）。

供热系统的很多事故都与供热系统的水质有关。供热系统热源的水质不良，会在锅炉与换热器等供热设备上形成水垢，降低供热设备的热效率，造成锅炉水冷壁的爆管、换热器的损坏和补偿器的泄漏，腐蚀供热设备，例如锅炉由于腐蚀脆化而爆炸，影响供热系统的安全、经济与稳定的运行；同时杂质导致的锅炉水发沫与汽水共腾现象将直接影响蒸汽热媒的品质。

为避免水质不良对供热系统的影响，应对水质制定相应的标准，并加以严格控制。水质标准中通常有如下项目，如悬浮物、含盐量、硬度、碱度、pH、相对碱度、含氧量、磷酸根含量、含油量、含铁量、含铜量、二氧化硅含量、联胺含量等。供热系统水质标准中通常对上述的部分项目做出明确规定。水经过滤等预处理工艺可除去悬浮物与胶体，使水澄清；经离子交换可除去钙、镁等离子形成的硬度，使水软化；降低水中含有的氧、二氧化碳等气体，可减少对系统与锅炉的腐蚀。

锅炉是压力容器，锅炉的水处理人们通常比较重视。锅炉给水水质应符合《工业锅炉水质标准》GB 1576。

供热管网给水处理应符合《热网标准》CJJ 34 对补给水水质的要求，但往往没有得到足够的重视。一级网由于通常与热源相连水质控制得较好，但二级网由于与用户直接相连水质的管理意识要淡薄得多。虽然热网的水质在硬度要求上较锅炉的要求低，但热网的水质也有特殊的难题。主要是热网中的设备的材质不同，例如热网水中溶解的 Cl^-，被誉为不锈钢的天然杀手，可见对热网换热器、补偿器等采用 304 不锈钢与 316 不锈钢材质的设备的腐蚀性有多么强烈，软化后 Cl^- 增多，再脱盐的成本又较高，Cl^- 的含量降到多少对不锈钢设备是安全的还需进一步研究；pH 等于 7~12，它高一点是对以钢材为主要材质的锅炉有利的，同时对热网中铜质材料的阀门也是有利的，但热网中若有铝质的散热器则不然，因为铝是两性金属，强酸与强碱性对其腐蚀性均较大；而二级网是否需要除氧、是否需要灭菌，专业人士的意见也不统一。同时二级网水处理不排斥加药剂以及采用电化学的方法磁化难溶的钙、镁等离子，这时的水质检测标准也是难于确定的。这里仅以低压锅炉水处理设备为例，介绍低压锅炉给水常用的软化与除氧的方法。图 7-54 为某 $2\times20t/h$ 蒸汽锅炉房水处理原理图。

（一）水的软化设备

在锅炉水处理过程中，离子交换软化法是最基本与最重要的水处理方法。其原理是采用阳离子交换剂，在水中解离出不会形成硬度的阳离子去置换水中的钙、镁离子，从而将水软化。磺化煤与合成树脂均是常用的阳离子交换剂，后者的使用更广泛一些。常用的软水设备有固定床钠离子交换设备和浮动床钠离子交换设备。

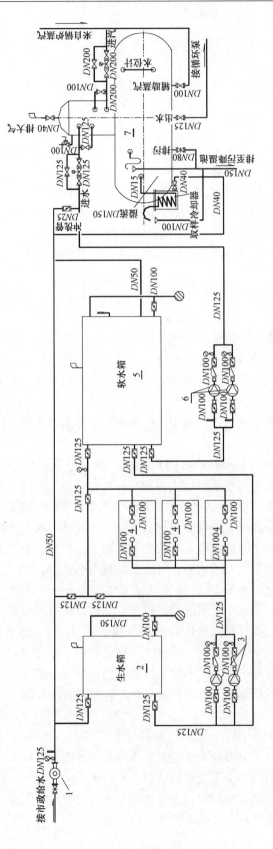

图 7-54　某 2×20t/h 蒸汽锅炉房水处理原理图

1—水表；2—生水箱；3—生水加压泵；4—钠离子交换器；5—软水箱；6—软水泵；7—热力除氧器

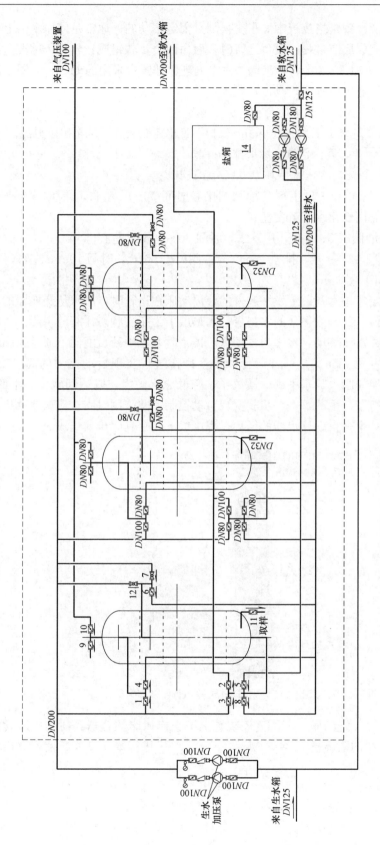

图 7-55　HGL-40 固定床逆流再生离子交换器运行通用流程图

　　固定床离子交换设备是指运行中离子交换剂是固定不动的，通常是使原水由上而下不断通过交换剂层，完成反应过程。设备运行时一般由四个步骤组成：软化、反洗、再生及正洗。图 7-55 为图 7-54 2×20t/h 蒸汽锅炉房水处理原理图中采用的 HGL-40 固定床逆流再生离子交换器运行通用流程图。具体过程为：

　　1. 正洗，阀门 1、2 开，至水质合格，开始运行；

　　2. 小反洗，阀门 7、4 开，流速 10m/h，出口不带出树脂为宜，洗至出水澄清；

　　3. 放水，阀门 6 开，调阀门 9，将水排净；

　　4. 顶压，阀门 10 开，气压维持在 0.03～0.05MPa；

　　5. 再生，阀门 5、6 开，再生剂与接触剂接触时间 30min 左右，再生剂流速 5m/h，为保证再生效果，需用软化水溶解食盐；

　　6. 置换，再生液阀门 5、6 开，用软水，时间 30～40min 左右；

　　7. 小正洗，阀门 12、9 开，排净上部空气；阀门 1、6 开，时间 10min 左右；

　　8. 大反洗，阀门 3、4 开。

浮动床是在固定床技术基础上发展起来的，浮动床在运行时，原水从交换器的下部进入，由上部排出，最下部形成很薄的水垫层，水垫层上为压实状态浮起的树脂。水流动时树脂受重力与水流冲击而移动，称之为浮动床。再生时，再生液自上而下通过树脂层。

　　全自动软水器（图 7-56）是一种运行和再生操作过程实现自动控制的离子交换器，利用钠型阳离子交换树脂去除水中钙、镁离子，降低原水硬度，以达到软化硬水的目的。全自动软水器将运行及再生的每一个步骤实现自动控制，并采用时间、流量或感应等方式来启动再生。通常一个全自动软水器的循环过程由以下几个具体步骤组成。

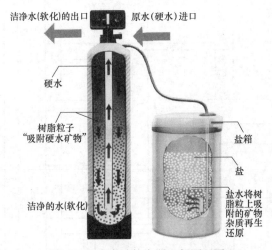

图 7-56　全自动软水器运行原理图

　　1. 运行，原水在一定的压力下，流经装有离子交换树脂的容器。树脂中所含的可交换离子 Na^+，与水中的阳离子 Ca^{2+}、Mg^{2+}、Fe^{2+}……进行离子交换，使容器出水的硬度含量达到要求；

　　2. 反洗，树脂失效后，在进行再生之前先用水自下而上的进行反洗，一方面是通过反洗，使运行中压紧的树脂层松动，有利于树脂颗粒与再生液的充分接触，另一方面是清除运行时在树脂表层积累与吸附的悬浮物，同时一些碎树脂颗粒也可以随着反洗水排出，也保证了交换器的水流阻力不会越来越大；

3. 再生，再生液在一定浓度、流量下流经失效的树脂层，使其恢复原有的交换能力；

4. 置换，在再生液进完后，交换器膨胀空间及树脂层中还有尚未参与再生交换的盐液，为了充分利用这部分盐液，采用小于或相当于再生液流速的清水进行清洗，目的是不使清水与再生液产生混合；

5. 正洗，目的是清除树脂层中残留的再生废液，通常以正常运行流速清洗至出水合格为止；

6. 盐箱补水，向盐箱注入溶解再生所需盐耗量的水。

供热系统一般可根据系统的小时用水量选定全自动软水器的型号。若用户需连续供水，则需要选择单阀双罐或双控双床系列；否则，可选单阀单罐系统。在软水器型号确定后，根据原水硬度、树脂的交换工作容量就可以确定理论周期制水量，并设定时间型或流量型控制器控制树脂的再生。此过程十分重要，如设定不合理，会造成一方面树脂失效时还未再生，使出水硬度超标，另一方面树脂尚未失效时却已再生，浪费再生盐。但是现在所使用的全自动软水器均不带有自动的检测出水硬度的功能，因此还是需要检验人员定期检查水质，确认水质是否合格，并根据原水的水质与用水标准的变化而及时调整。

水的软化还可采用化学软化处理与磁场软化处理的方法。前者是往水中加入化学药剂，使溶于水中的钙、镁离子转变为难溶于水的沉淀物析出。后者是使水流通过磁场并与磁力线相交，钙、镁离子受到磁场作用，破坏原有离子间的静电引力状态，离子磁场按照外界磁场重新进行排列。从而改变结晶条件，形成很松弛的结晶物质，不以水垢的形式附着在受热面上，形成松散的泥渣，随排污排出。

（二）水的除氧设备

水中往往要含有溶解一定量的氧、氮及二氧化碳等气体，研究表明水中溶解的氧、二氧化碳气体在温度较高时活化，对供热系统管道及锅炉本体具有腐蚀性作用，尤其以氧腐蚀作用较为严重。

由物理学的气体溶解定律（亨利定律）可知，任何气体在水中的溶解度取决于水温及此种气体在水面上的分压力。水的温度越高，其中的气体的溶解度越小；水面上这种气体的分压力越小，这种气体在水中的溶解度越小。具体地说就是在敞开的设备中如将水加热，水温的升高将使汽水界面上的水蒸气的分压力增大，其他气体的分压力降低，致使其他气体的溶解度减小。当水在一定的压力下达到沸点时，汽水界面上的水蒸气压力与外界的压力相等，其他气体的分压力为零，水就不能再溶解其他气体，其他气体将析出。

根据气体在水中的溶解特性，除气（主要是除氧）的原理有如下三种：

1. 减压或将水加热，增大在此压力下的水蒸气的分压力，从而减少水的溶解度，水中的氧气就会从水中析出，而从液体表面逸出。

2. 将水面上的氧气排出，或将其上部空气全部置换为其他气体。由于水面上没有氧气的存在，氧气的分压力就为零，则水中氧的溶解度就要减小，也要为零，水中的氧气将逸出。

3. 氧的化学性质较活泼，能和多种金属与非金属反应生成稳定的氧化物或化合物，使溶解于水中的氧在进入锅炉前与其他金属及药剂发生反应而消耗掉。

因此，常用的除氧方法为热力除氧（压力式、大气式、真空式）、化学除氧（铁屑除氧、加化学药剂除氧)、解析除氧、电化学除氧及除氧树脂除氧。图 7-58 中的除氧方式为热力除氧,将水加热到沸点,水中的氧会因溶解度减小而逸出。

二、水箱

热源中要用到的水箱种类很多,按材质可分为普通碳素钢板焊接水箱、不锈钢水箱与玻璃钢水箱。

1. 钢板焊接水箱,工程上使用的较小型的水箱一般采用 4~6mm 的钢板焊接而成,施工简便、重量轻,但在使用时水箱的内外表面应做防腐处理,并且防腐涂料不应对水质产生影响。

2. 不锈钢水箱,其加工方法与钢板焊接水箱相同,只是水箱内表面无须再做防腐处理。

3. 玻璃钢水箱,由玻璃钢加工预制而成,具有重量轻、强度高、耐腐蚀、造型美观、安装方便等优点,是目前广为使用的一种新型储水箱。

按加工、安装方法不同可分为整体式水箱与装配式水箱。

1. 整体式水箱,由钢板采用焊接工艺加工而成,为加强水箱刚度,钢板内置加强肋板。该类较大型的水箱制作难度大、施工周期长、防腐效果差,已逐渐被装配式水箱所取代。

2. 装配式水箱,采用不锈钢板、玻璃钢板或镀锌钢板等材料经机械冲压成 1000mm×1000mm、1000mm×500mm、500mm×500mm 的标准块,周边钻孔,经防腐处理后,现场进行装配,组装时标准块之间垫衬无毒的橡胶条或硅胶条,螺栓紧固连接。组装时应根据水箱的容积,采用不同厚度、不同尺寸的标准块板。

按使用的用途可分为原(生)水箱、软化水箱、凝结水箱。

水箱在加工制作时,可根据设计选用标准图集中的规格尺寸与结构进行预制或现场加工。水箱的基本配管应包括有进水管、出水管、溢流管、泄水管和信号管,为保证水质,开式水箱应加盖,并留有通气管。

三、分(集)汽(水)缸

在热源的供热热水管道分支多于两根时一般需要在供水管道上设置分水缸,在回水管道上设置集水缸,相对于蒸汽管道则应设置分汽缸,具有稳定压力,平缓并均匀分配水流的作用,大样图如图 7-57 所示,其筒体直径一般按筒内流体的流速确定,热水流速按 0.1m/s 计算,蒸汽流速按 10m/s 计算。简单的方法是筒体的直径至少要比汽水连接总管直径大两号管径,具体设计可参考标准图 05K232。

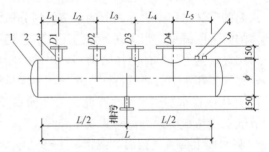

图 7-57　分集水缸大样图
1—封头;2—筒体;3—接管;4—温度计座;5—压力表座

四、除污器

除污器是供暖系统中最为常用的附属设备之一,作用是滤除系统中的泥沙、焊渣等污物并定期将积存的污物清除。除污器一般安装于系统回水干管循环泵的吸入口前,用于集中除污。也可用于建筑的入口,分设于供回水干管上,用于分散除污。

除污器按其结构形式可分为立式与卧式两种类型（图7-58）；按其安装形式可分为直通式与角通式两种类型（图7-59）。除污器的断面大于管道的流通面积，流体在除污器中的流速变缓，使流体携带杂质污物的能力下降，并在滤网的联合作用下，污物沉降于除污器的底部，定期排出。一般除污器的前后设有阀门、压力表及旁通管，根据压力变化情况及时检修。除污器主要是去除系统中较大的固体颗粒，以保证系统的连续工作并提高除污效率，系统中常采用快速除污器或旋流除污（砂）器。

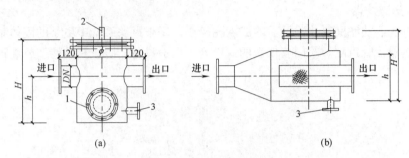

图 7-58　除污器大样图

(a) 立式除污器；(b) 卧式除污器

1—手孔；2—排气管；3—排水管

快速除污器如图7-60所示。运行时，蝶阀1处于全开状态，流体由进口进入，经过滤网过滤由出口排出，污物进入排出口的漏斗内沉积下来。排污时，打开排污口的阀门，再关闭蝶阀1，则蝶阀后面的流体由外侧流向内侧，反冲滤网，并将污物排出。比较于前述除污器，快速除污器具有可在不停机的情况下，随时清污，滤网可定期清洗的优点，在管路设计时亦可不安装旁通管路。

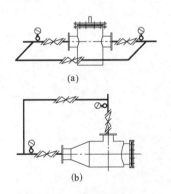

图 7-59　除污器的连接

(a) 直通式连接；(b) 角通式连接

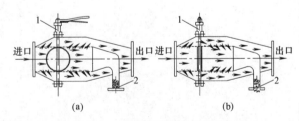

图 7-60　快速除污器的运行状态

(a) 运行；(b) 排污

1—蝶阀；2—排污口

旋流除污器是一个带有圆柱部分的锥形容器，利用离心分离的原理进行除污。锥体上面是一圆筒，筒体的外侧有一进液管，流体以切线方向进入筒体，筒体的顶部是溢流口，底部是排砂口。旋流器的尺寸由锥体的最大内径决定。其工作原理是根据离心沉降和密度差的原理，当水流在一定的压力下从除污器进口以切向进入设备，会产生强烈的旋转运动，由于污物与水密度不同，在离心力的作用下，使密度小的清水上升，由溢流口排出，密度大的砂、焊渣、铁锈等重颗粒被甩向桶壁，沿桶壁下滑降到底部，并由排砂口排出，从而达到除污目的。在一定的范围和条件下，除污器进水压力越大，水流旋转越快，除污效率越高。为增加处理量，旋流除污器可多台并联使用。

旋流除污器可在系统运行时除污，除污时先流出的是污物，接着是浊水，最后是清水——除污完毕。旋流除污器的阻力是恒定的，因其无过滤网，不会因为滤网的堵塞而产生阻力增大、影响系统正常运行的情况。

五、Y形过滤器

Y形过滤器的滤网要比除污器的滤网孔径小，用来过滤系统中更小的固体杂质。安装于板式换热器、管道配件阀门与仪表的入口处，保护设备，防止其被堵塞或磨损。

第八章　集中供热系统

集中供热系统是由热源、热网和热用户三部分组成的。集中供热系统向许多不同的热用户供给热能，供应范围广，热用户所需的热媒种类和参数不一，锅炉房或热电厂供给的热媒及其参数，往往不能完全满足所有热用户的要求。因此，必须选择与热用户要求相适应的供热系统形式及其管网与热用户的连接方式。

集中供热系统，可按下列方式进行分类：

1. 根据热媒不同，分为热水供热系统和蒸汽供热系统。

2. 根据热源不同，主要可分为热电供热系统和区域锅炉房供热系统。此外，也有以核供热站、地热、工业余热作为热源的供热系统。

3. 根据热源的数量不同，可分为单一热源供热系统和多热源联合供热系统。

4. 根据系统加压泵设置的数量不同，分为单一网路循环泵供热系统和分布式加压泵供热系统。

5. 根据供热管道的不同，可分为单管制、双管制和多管制的供热系统。热水管网应采用双管制，长距离输送管网宜采用多管制。

第一节　热水供热系统

热水供热系统主要采用两种形式：闭式系统和开式系统。在闭式系统中，热网的循环水仅作为热媒，供给热用户热量而不从热网中取出使用。在开式系统中，热网的循环水部分地或全部地从热网中取出，直接用于生产或热水供应热用户中。

一、闭式热水供热系统

图 8-1 所示为单一热源、双管制的闭式热水供热系统示意图。热水通过单一系统循环泵沿热网供水管输送到各个热用户，在热用户系统的用热设备放出热量后，沿热网回水管返回热源。单一热源、单一系统循环泵、双管闭式热水供热系统是我国目前最广泛应用的热水供热系统。

下面分别介绍闭式热水供热系统热网与供暖、通风、热水供应等热用户的连接方式。

（一）供暖系统热用户与热水网路的连接方式

供暖系统热用户与热水网路的连接方式可分为直接连接和间接连接两种方式。

直接连接是用户系统直接连接于热水网路上。热水网路的水力工况（压力和流量状况）和供热工况与供暖热用户有着密切的联系。间接连接方式是在供暖系统热用户设置间壁式水—水换热器（或在热力站处设置担负该区供暖热负荷的间壁式水—水换热器），用户系统与热水网路被间壁式水—水换热器隔离，形成两个独立的系统。用户与网路之间的水力工况互不影响。

供暖系统热用户与热水网路的连接方式，常见的有以下几种方式：

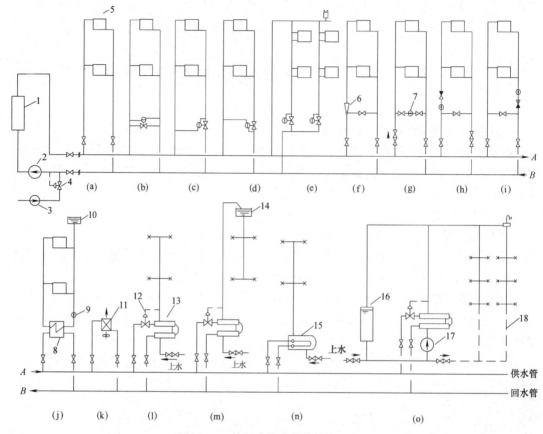

图 8-1　双管闭式热水供热系统示意图

(a)、(b)、(c)、(d)、(e) 无混合装置的直接连接；(f) 装水喷射器的直接连接；

(g)、(h)、(i) 装混合水泵的直接连接；(j) 供暖热用户与热网的间接连接；

(k) 通风热用户与热网的连接；(l) 无储水箱的连接方式；(m) 装设上部储水箱的连接方式；

(n) 装置容积式换热器的连接方式；(o) 装设下部储水箱的连接方式

1—热源的加热装置；2—网路循环水泵；3—补给水泵；4—补给水压力调节器；5—散热器（或风机盘管）；6—水喷射器；7—混合水泵；8—间壁式水—水换热器；9—供暖热用户系统的循环水泵；10—膨胀水箱；11—空气加热器；12—温度调节器；13—水—水式换热器；14—储水箱；15—容积式换热器；16—下部储水箱；17—热水供应系统的循环水泵；18—热水供应系统的循环管路

1. 无混合装置的直接连接（图 8-1a～e）

热水由热网供水管直接进入供暖系统热用户，在散热器内放热后，返回热网回水管。这种直接连接方式最简单，造价低。但这种无混合装置的直接连接方式，只能在网路的设计供水温度不超过《民规》规定的散热器供暖系统的最高热媒温度时方可采用，且用户引入口处热网的供、回水管的资用压差大于供暖系统用户要求的压力损失时才能应用。

绝大多数低温热水供热系统是采用无混合装置的直接连接方式。

其中图 8-1（a）适合于传统的非分户计量的供暖系统；图 8-1（b）～图 8-1（d），用户入口供回水管安装了自力式压差控制阀，适合于分户热计量采暖系统；图 8-1（e），用户散热器立管安装了自力式流量控制阀，适合于整幢楼采用单管跨越式热分配表计量系统。

当集中供热系统采用高温水供热，网路设计供水温度超过上述供暖卫生标准时，如采用直接连接方式，就要采用装水喷射器或装混合水泵的形式。

2. 装水喷射器的直接连接（图 8-1f）

热网供水管的高温水进入水喷射器 6，在喷嘴处形成很高的流速，喷嘴出口处动压升高，静压降低到低于回水管的压力，回水管的低温水被抽引进入喷射器，并与供水混合，使进入用户供暖系统的供水温度低于热网供水温度，符合用户系统的要求。

水喷射器无活动部件、构造简单、运行可靠、网路系统的水力稳定性好。在苏联城市的高温水热水供热系统中，得到广泛的应用。但由于抽引回水需要消耗能量，热网供、回水之间需要足够的资用压差，才能保证水喷射器正常工作。如当用户供暖系统的压力损失 $\Delta p = 10 \sim 15 \text{kPa}$，混合系数（单位供水管水量抽引回水管的水量）$u = 1.5 \sim 2.5$ 的情况下，热网供、回水管之间的压差需要达到 $\Delta p_w = 80 \sim 120 \text{kPa}$ 才能满足要求，因而装水喷射器的直接连接方式，通常只用在单幢建筑物的供暖系统上，需要分散管理。

3. 装混合水泵的直接连接（图 8-1g、h、i）

当建筑物用户引入口处，热水网路的供、回水压差较小，不能满足水喷射器正常工作所需的压差，或设集中泵站将高温水转为低温水，向多幢或街区建筑物供暖时，可采用装混合水泵的直接连接方式。

图 8-1（g）为混水泵跨接在供水管和回水管之间的混水泵连接方式。来自热网供水管的高温水，在建筑物用户入口或专设热力站处，与混合水泵 7 抽引的用户或街区网路回水相混合，降低温度后，再进入用户供暖系统。为防止混合水泵扬程高于热网供、回水管的压差，而将热网回水抽入热网供水管内，在热网供水管入口处应装设止回阀，通过调节混合水泵的阀门和热网供、回水管进出口处的阀门开启度，可以在较大范围内调节进入用户供热系统的供水温度和流量。

图 8-1（h）为混水泵安装在供水管上的连接方式。该水泵同时起到加压和混水的双重作用。若某供热小区建筑物充水高度大于一级网供水管的测压管水头高度时，通过供水管加压和混水，来满足该小区供暖压力和温度的要求。

图 8-1（i）为水泵安装在回水管上的混水泵连接方式。该水泵同时起到回水加压和混水的双重作用。若某供热小区二级网回水管压力低于接入点一级网回水管压力时，通过该水泵提升小区回水管压力，把小区回水送入回水干管。通过调节旁通管和回水管阀门的开启度来调节进入小区的供水温度。

在热力站处设置混合水泵的连接方式，可以适当地集中管理。但混合水泵连接方式的造价比采用水喷射器的方式高，运行中需要经常维护并消耗电能。

装混合水泵的连接方式是我国城市高温水供暖系统中应用较多的一种直接连接方式。

4. 间接连接（图 8-1j）

间接连接系统的工作方式如下：热网供水管的热水进入设置在建筑物用户引入口或热力站的间壁式水—水换热器 8 内，通过换热器的表面将热能传递给供暖系统热用户的循环水，冷却后的回水返回热网回水干管。供暖系统的循环水由热用户系统的循环水泵驱动循环流动。

间接连接方式需要在建筑物用户入口处或热力站内设置间壁式水—水换热器和供暖系统热用户的循环水泵等设备，造价比上述直接连接高得多。换热站需要运行管理人员，耗电、耗水。

基于上述原因，我国城市集中供热系统的热用户与热水网路的连接，多年来主要采用直接连接方式。只有在热水网路与热用户的压力状况不适应时才采用间接连接方式。如热网回水管在用户入口处的压力超过该用户散热器的承受能力，或高层建筑采用直接连接，影响到整个热水网路压力水平升高时就得采用间接连接方式。

国内多年运行实践表明，采用直接连接，由于热用户系统漏损水量大多超过《热网规范》规定的补水率（补水率不宜大于总循环水量的1%），造成热源水处理量增大，影响供热系统的供热能力和经济性。采用间接连接方式，虽造价增高，但热源的补水率大大减小，同时热网的压力工况和流量工况不受用户的影响，便于热网运行管理。北京市近年来将供暖系统热用户与热网的连接方式，逐步改为间接连接方式，收到了良好的效果。目前在一些城市（如沈阳、长春、太原、牡丹江等）的大型热水供热系统设计中主要采用了间接连接方式，可以预期，今后间接连接方式会得到更多的应用。

但是对小型的热水供热系统，特别是低温水供热系统，直接连接仍是最主要的形式。

（二）通风系统热用户与热水网路的连接方式

由于通风系统中加热空气的设备能承受较高压力，并对热媒参数无严格限制，因此通风用热设备11（如空气加热器等）与热网的连接，通常都采用最简单的直接连接形式，如图8-1（k）所示。

（三）生活热水系统热用户与热网的连接方式

如前所述，在闭式热水网路供热系统中，热网的循环水仅作为热媒，供给热用户热量，而不从热网中取出使用。因此，生活热水热用户与热网的连接必须通过间壁式水—水换热器。根据用户热水供应系统中是否设置储水箱及其设置位置不同，连接方式有如下几种主要形式：

1. 无储水箱的连接方式（图8-1l）

热水网路供水通过间壁式水—水换热器13将城市上水加热。冷却了的网路水全部返回热网回水管。在热水供应系统的供水管上宜装置温度调节器12，否则热水供应的供水温度将会随用水量的大小而剧烈地变化；同时系统的供水温度应控制在小于60℃范围内，以防止水垢的产生和烫伤人员。

这种连接方式最为简单，常用于一般的住宅或公用建筑中。

2. 装设上部储水箱的连接方式（图8-1m）

在间壁式水—水换热器中被加热的城市上水，先送到设置在建筑物高处的储水箱14中，然后热水再沿配水管输送到各取水点使用。上部储水箱起着储存热水和稳定水压的作用。这种连接方式常用在浴室或用水量较大的工业企业中。

3. 装设容积式换热器的连接方式（图8-1n）

在建筑物用户引入口或热力站处装设容积式换热器15，换热器兼起换热和储存热水的功能，不必再设置上部储水箱。

容积式水—水换热器的传热系数很低，需要较大的换热面积。这种连接方式一般宜用于工业企业和公用建筑的小型热水供应系统上。此外，容积式换热器清洗水垢，要比图8-1（l）的壳管式换热器方便，因而容积式换热器也宜用于城市上水硬度较高、易结水垢的场合。

4. 装设下部储水箱的连接方式（图 8-1o）

图中所示为一个装有下部储水箱同时还带有循环管的热水供应系统与热网的连接方式。装设循环管路 18 和热水供应循环水泵 17 的目的，是使热水能不断地循环流动，以避免开始用热水时，要先放出大量的冷水。

下部储水箱 16 与换热器用管道连接，形成一个封闭的循环环路。当热水供应系统用水量较小时，从换热器出来的一部分热水，流入储水箱蓄热，而当系统的用水量较大时，从换热器出来的热水量不足，储水箱内的热水就会被城市上水自下而上挤出，补充一部分热水量。为了使储水箱能自动地充水和放水，应将储水箱上部的连接管尽可能选粗一些。

这种连按方式较复杂，造价较高，但工作可靠，一般宜在对用热水要求较高的旅馆或住宅中使用。

（四）闭式双级串联和混联连接的热水供热系统

在热水供热系统中，各种热用户（供暖、通风和热水供应）通常都是并联连接在热水网路上。热水供热系统中的网路循环水量应等于各热用户所需最大水量之和。热水供应热用户所需热网循环水量与网路的连接方式有关。如热水供应用户系统没有储水箱，网路水量应按热水供应的最大小时用热量来确定；而装设有足够容积的储水箱时，可按热水供应平均小时用热量来确定。此外，由于热水供应的用热量随室外温度的变化很小，比较固定，但热水网路的水温通常随室外温度升高而降低，因此，在计算热水供应热用户所需的网路循环水量时，必须按最不利情况（即按网路供水温度最低时）来计算，所以尽管热水供应热负荷占总供热负荷的比例不大，但在计算网路总循环水量中，却占相当大的比例。

为了减少热水供应热负荷所需的网路循环水量，可采用供暖系统与热水供应系统串联或混联连接方式（图 8-2）。

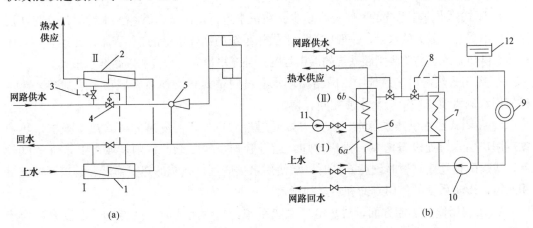

(a)　　　　　　　　　　　　　　　　　　　　(b)

图 8-2　闭式双级串联、混合连接的示意图

(a) 闭式双级串联水加热器的连接图式；(b) 闭式混合连接的示意图

1—Ⅰ级热水供应水加热器；2—Ⅱ级热水供应水加热器；3—水温调节器；4—流量调节器；

5—水喷射器；6—热水供应水加热器；7—供暖系统水加热器；8—流量调节器；9—供

暖热用户系统；10—供暖系统循环水泵；11—热水供应系统的循环水泵；

12—膨胀水箱；6a—水加热器的预热段；6b—水加热器的终热段

图 8-2（a）是一个双级串联的连接方式。热水供应系统的用水首先由串联在网路回水管上的水加热器（Ⅰ级加热器）1 加热。如经过第Ⅰ级加热后，热水供应水温仍低于所要求的温度，则通过水温调节器 3 将阀门打开，进一步利用网路中的高温水通过第Ⅱ级加热器 2，将水加热到所需温度。经过第Ⅱ级加热器放热后的网路供水，再进入供暖系统中去。为了稳定供暖系统的水力工况，在供水管上安装流量调节器 4，控制用户系统的流量。

图 8-2（b）是一个混联连接的图式。热网供水分别进入热水供应和供暖系统的热交换器 6 和 7 中（通常采用板式热交换器）。上水同样采用两级加热，但加热方式不同于图 8-2（a）。热水供应热交换器 6 的终热段 6b（相当于图 8-2a 的Ⅱ级加热器）的热网回水，并不进入供暖系统，而与热水供暖系统的热网回水相混合，进入热水供应热交换器的预热段 6a（相当于图 8-2a 的Ⅰ级加热器），将上水预热。上水最后通过热交换器 6 的终热段 6b，被加热到热水供应所要求的水温。根据热水供应的供水温度和供暖系统保证的室温，调节各自热交换器的热网供水阀门的开启度，控制进入各热交换器的网路水流量。

由于具有热水供应的供暖热用户系统与网路连接采用了串联式或混联连接的方式，利用了供暖系统回水的部分热量预热上水，可减少网路的总计算循环水量，适宜用在热水供应热负荷较大的城市热水供热系统上。苏联的城市集中供热，较广泛地采用闭式双级串联系统。图 8-2（b）的图式，除了采用混合联接的连接方式外，供暖热用户与热水网路采用了间接连接。这种全部热用户（供暖、热水供应、通风空调等）与热水网路均采用间接连接的方式，使用户系统与热水网路的水力工况（流量与压力状况）完全隔开，便于进行管理。这种全间接连接方式，在北欧一些国家得到广泛应用。

二、闭式热水供热系统的优缺点

闭式热水供热系统具有如下的一些优缺点：

1. 闭式热水供热系统的网路补水量少。在正常运行情况下，其补充水量只是补充从网路系统不严密处漏失的水量，一般应为热水供热系统的循环水量的 1% 以下。在运行中，闭式热水供热系统容易监测网路系统的严密程度。补充水量大，则说明网路漏水量大。

2. 在闭式热水供热系统中，网路循环水通过间壁式热交换器将城市上水加热，热水供应用水的水质与城市上水水质相同且稳定。

3. 在闭式热水供热系统中，在热力站或用户入口处，需安装间壁式热交换器。热力站或用户引入入口处设备增多，投资增加，运行管理也较复杂。特别是城市上水含氧量较高，或碳酸盐硬度（暂时硬度）高时，易使热水供应用户系统的热交换器和管道腐蚀或沉积水垢，影响系统的使用寿命和热能利用效果。

4. 在利用低位热能方面，对热电厂供热系统，采用闭式时，随着室外温度升高而进行集中质调节，供水温度不得低于 70～75℃（考虑到生活热水供应系统的热水温度不得低于 60℃）。因而加热网路水的汽轮机抽汽压力难以进一步降低，不利于提高热电厂的热能利用效率。

在苏联城市供热系统中，以双级串联闭式热水供热系统为主要选择方案。在我国，由于热水供应热负荷很小，城市供热系统主要是并联闭式热水供热系统，双级串联闭式热水供热系统没有得到应用。

第二节　蒸汽供热系统

　　蒸汽供热系统，广泛地应用于工业厂房或工业区域，它主要承担向生产工艺热用户供热；同时也向热水供应、通风和供暖热用户供热。根据热用户的要求，蒸汽供热系统可用单管式（同一蒸汽压力参数）或多根蒸汽管（不同蒸汽压力参数）供热，同时凝结水也可采用回收或不回收的方式。

　　下面分别阐述各种热用户与蒸汽网路的连接方式。

一、热用户与蒸汽网路的连接方式

　　图 8-3 所示为蒸汽供热系统的原则性示意图。

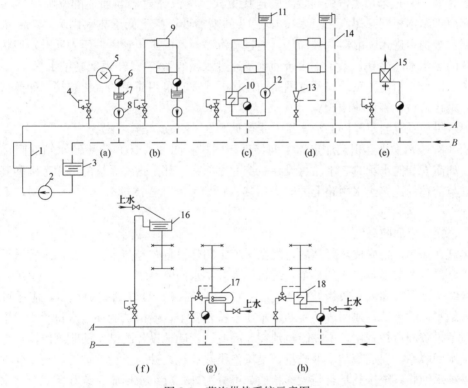

图 8-3　蒸汽供热系统示意图

（a）生产工艺热用户与蒸汽网连接图；（b）蒸汽供暖用户系统与蒸汽网直接连接图；
（c）采用蒸汽—水换热器的连接图；（d）采用蒸汽喷射器的连接图；（e）通风
系统与蒸汽网路的连接图；（f）蒸汽直接加热的热水供应图式；（g）采用容
积式加热器的热水供应图式；（h）无储水箱的热水供应图式

1—蒸汽锅炉；2—锅炉给水泵；3—凝结水箱；4—减压阀；5—生产工艺用热设备；6—疏水器；
7—用户凝结水箱；8—用户凝结水泵；9—散热器；10—供暖系统用的蒸汽—水换热器；
11—膨胀水箱；12—循环水泵；13—蒸汽喷射器；14—溢流管；15—空气加热装置；
16—上部储水箱；17—容积式换热器；18—热水供应系统的蒸汽—水换热器

　　图 8-3（a）为生产工艺热用户与蒸汽网路连接方式示意图。蒸汽在生产工艺用热设备 5，通过间壁式热交换器放热后，凝结水返回热源。如蒸汽在生产工艺用热设备使用后，

凝结水有沾污可能或回收凝结水在技术经济上不合理时，凝结水可采用不回收的方式。此时，应在用户内对其凝结水及其热量加以就地利用。对于直接用蒸汽加热的生产工艺，凝结水当然不回收。

图 8-3 (b) 为蒸汽供暖用户系统与蒸汽网路的连接方式。高压蒸汽通过减压阀 4 减压后进入用户系统，凝结水通过疏水器 6 进入凝结水箱 7，再用凝结水泵 8 将凝结水送回热源。

如用户需要采用热水供暖系统，则可采用在用户引入口安装热交换器或蒸汽喷射装置的连接方式。

图 8-3 (c) 中，热水供暖用户系统与蒸汽供暖系统采用间接连接，与前述图 8-1 (j) 的方式相同。不同点只是在用户引入口处安装蒸汽—水换热器 10。

图 8-3 (d) 是采用蒸汽喷射装置的连接方式。蒸汽喷射器与前述的水喷射器的构造和工作原理基本相同。蒸汽在蒸汽喷射器 13 的喷嘴处，产生低于热水供暖系统回水的压力，回水被抽引进入喷射器并被加热，通过蒸汽喷射器的扩压管段，压力回升，使热水供暖系统的热水不断循环，系统中多余的水量通过水箱的溢流管 14 返回凝结水管。

图 8-3 (e) 为通风系统与蒸汽网路的连接图式。它采用简单的直接连接。如蒸汽压力过高，则在入口处装设减压阀。

热水供应系统与蒸汽网路的连接方式可见图 8-3 (f)、(g)、(h)。

图 8-3 (g) 采用容积式加热器的间接连接图式。图 8-3 (h) 为无储水箱的间接连接图式。如需安装储水箱时，水箱可设在系统的上部或下部。这些系统的适用范围和基本工作原理与前述的连接热水网路上的同类型热水供应系统（图 8-1m、n、o）相同，不再一一赘述。

二、凝结水回收系统

蒸汽在用热设备内放热凝结后，凝结水流出用热设备，经疏水器、凝结水管道返回热源的管路系统及其设备组成的整个系统，称为凝结水回收系统。

凝结水水温较高（一般为 80～100℃左右），同时又是良好的锅炉补水，应尽可能回收。凝结水回收率低，或回收的凝结水水质不符合要求，使锅炉的补给水量增大，增加水处理设备投资和运行费用，增加燃料消耗。因此，正确地设计凝结水回收系统，运行中提高凝结水回收率，保证凝结水的质量，是蒸汽供热系统设计与运行的关键性技术问题。

凝结水回收系统按其是否与大气相通，可分为开式凝结水回收系统和闭式凝结水回收系统。

如按凝水的流动方式不同，可分为单相流和两相流两大类；单相流又可分为满管流和非满管流两种流动方式。满管流是指凝水靠水泵动力或位能差，充满整个管道截面呈有压流动的流动方式；非满管流是指凝水并不充满整个管道断面，靠管路坡度流动的流动方式。

如按驱使凝水流动的动力不同，可分为重力回水和机械回水。机械回水是利用水泵动力驱使凝水满管有压流动。重力回水是利用凝水位能差或管线坡度，驱使凝水满管或非满管流动的方式。

一个凝结水回收系统往往包括多种流动状态的凝水管段。凝结水回收系统主要按用户通往锅炉房或分站凝水箱的凝水管段的流动方式和驱动力进行命名，有下列几种：

1. 非满管流的凝结水回收系统（低压自流式系统）

工厂内各车间的低压蒸汽经供暖设备放热后，流出疏水器 2（或不经疏水器）的凝结水压力接近为零。凝水依靠重力，沿着坡向锅炉房凝结水箱的凝结水管道 3，自流返回锅炉房凝结水箱 4，如图 8-4 所示。

低压自流式凝结水回收系统只适用于供热面积小，地形坡向凝结水箱的场合，锅炉房应位于全厂的最低处，其应用范围受到很大限制。

2. 两相流的凝结水回收系统（余压回水系统）

工厂内各车间的高压蒸汽供热后的凝结水，经疏水器 2 后仍具有一定的背压。依靠疏水器后的背压将凝水直接接到室外凝结水管网 3，送回锅炉房或分站的凝结水箱 4 去，如图 8-5 所示。

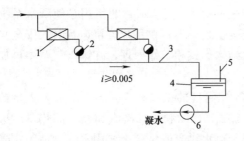

图 8-4 低压自流式凝结水回收系统

1—车间用热设备；2—疏水器；3—室外自流凝结水管；4—凝结水箱；5—排汽管；6—凝结水泵

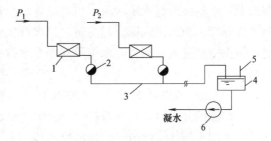

图 8-5 余压回收系统

1—用汽设备；2—疏水器；3—两向流凝水管道；4—凝结水箱；5—排汽管；6—凝结水泵

在本书第五章第三节中，曾述及余压回水方式的一个主要特点：由于饱和凝水通过疏水器及其后管道造成压降，产生二次蒸汽，以及不可避免的疏水器漏汽，因而在疏水器后的管道流动属两相流的流动状态，凝结水管的管径较粗；但余压回水系统设备简单，根据疏水器的背压大小，系统作用半径一般可达 500～1000m，并对地势起伏有较好的适应性。因此，余压回水系统是应用最广的一种凝结水回收方式，适用于全厂耗汽量较少、用汽点分散、用汽参数（压力）比较一致的蒸汽供热系统上。

3. 重力式满管流凝结水回收系统

工厂中各车间用汽设备排出的凝结水，经余压凝水管段 3，首先集中到一个承压的高位水箱 4（或二次蒸发箱），在箱中排出二次蒸汽后，纯凝水直接流入室外凝水管网 6，如图 8-6 所示。

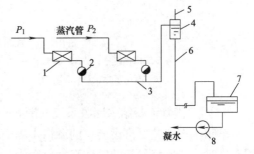

图 8-6 重力式满管流凝结水回收系统

1—车间用热设备；2—疏水器；3—余压凝水管道；4—高位水箱（或二次蒸发箱）；5—排汽管；6—室外凝水管道；7—凝结水箱；8—凝结水泵

靠着高位水箱（或二次蒸发箱）与锅炉房或凝结水分站的凝结水箱 7 顶部回形管之间的水位差，凝水充满整个凝水管道流回凝结水箱。由于室外凝水管网不含二次蒸汽，选择的凝水管径可小些。

重力式满管流凝结水回收系统工作可靠，适用于地势较平坦且坡向热源的蒸汽供热系统。

上面介绍三种不同凝水流动状态的凝结水回收系统，均属于开式凝结水回收系统。系统中的凝结水箱或高位水箱与大气相通。在系统运行期间，二次蒸汽通过凝结水箱或高置水箱顶设置的排气管排出。凝水的水量和热量未能得到充分的利用或回收。在系统停止运行期间，空气通过凝结水箱或高置水箱进入系统内，使凝水含氧量增加，凝水管道易腐蚀。

采用闭式凝结水回收系统，可避免空气进入系统，同时，还可以有效利用凝结水热能和提高凝结水的回收率。回收二次蒸汽的方法，可采用集中利用或分散利用的方式。

4. 闭式余压凝结水回收系统（图 8-7）

闭式余压凝结水回收系统的工作情况、与上述图 8-5 的图式无原则性的区别，只是系统的凝结水箱必须是承压水箱 4 和需设置一个安全水封 5，安全水封的作用是使凝水系统与大气隔断。当二次汽压力过高时，二次汽从安全水封排出；在系统停止运行时，安全水封可防止空气进入，闭式凝结水箱及其安全水封的结构形式和工作原理，在第十三章中再加以阐述。

图 8-7 是一个集中利用二次汽的图式。室外凝水管道的凝水进入凝结水箱后，大量的二次汽和漏汽分离出来，可通过一个蒸汽—水加热器 8，以利用二次汽和漏汽的热量。这些热量可用来加热锅炉房的软化水或加热上水用于热水供应或生产工艺用水。为使闭式凝结水箱在系统停止运行时，能保持一定的压力，宜通过压力调节器 9 向凝结水箱进行补汽，补汽压力一般不大于 5kPa。

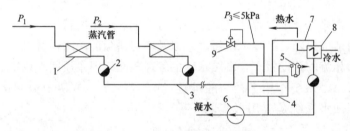

图 8-7　闭式余压凝结水回收系统

1—车间用热设备；2—疏水器；3—余压凝水管；4—闭式凝结水箱；5—安全水封；
6—凝结水泵；7—二次汽管道；8—利用二次汽的换热器；9—压力调节器

5. 闭式满管流凝结水回收系统（图 8-8）

车间生产工艺用汽设备 1 的凝结水集中送到各车间的二次蒸发箱 3，产生的二次汽可用于供暖。二次蒸发箱的安装高度一般为 3.0～4.0m，设计压力一般为 20～40kPa，在运行期间，二次蒸发箱的压力取决于二次汽利用的多少。当生成的二次汽少于所需时，可通过减压阀补汽，满足需要和维持箱内压力。

二次蒸发箱内的凝结水经多级水封 7 引入室外凝水管网，靠多级水封与凝结水箱顶的回形管的水位差，使凝水返回凝结水箱 9，凝结水箱应设置安全水封 10，以保证凝水系统不与大气相通。

闭式满管流凝结水回收系统适用于能分散利用二次汽、厂区地形起伏不大，地形坡向凝结水箱的场合。由于这种系统利用了二次汽，且热能利用好，回收率高，外网管径通常较余压系统小，但各季节的二次汽供求不易平衡，设备增加，目前在国内应用尚不普遍。

6. 加压回水系统（图 8-9）

对较大的蒸汽供热系统，如选择余压回水或靠闭式满管重力回水方式，要相应选择较粗的凝水管径，在经济上不合理，则可在一些用户处设置凝结水箱 3，收集该用户或邻近几个用户流来的凝结水，然后用水泵 4 将凝结水输送回热源的总凝结水箱 6 去。这种利用水泵的机械动力输送凝结水的系统，称为加压回水系统。这种系统凝水流动工况呈满管流动，它可以是开式系统，也可是闭式系统，取决于是否与大气相通。

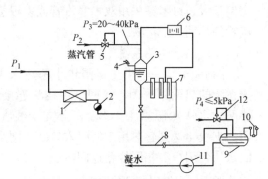

图 8-8　闭式满管流凝结水回收系统

1—车间生产工艺用汽设备；2—疏水器；3—二次蒸发箱；
4—安全阀；5—补汽的压力调节阀；6—散热器；
7—多级水封；8—室外凝结水管道；9—闭式水箱；
10—安全水封；11—凝结水泵；12—压力调节器

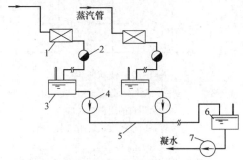

图 8-9　加压回水系统

1—车间用汽设备；2—疏水器；3—车间或凝结水泵
分站内的凝结水箱；4—车间或凝结分站内的
凝结水泵；5—室外凝结水管道；6—热源
总凝结水箱；7—凝结水泵

加压回水系统增加了设备和运行费用，一般多用于较大的蒸汽供热系统。

上述几种方式，是目前最常用的凝结水回收方式。最后应着重指出：选择凝结水回收系统时，必须全面考虑热源、外网和室内用户系统的情况；各用户的回水方式应相互适应不得各自为政，干扰整个系统的凝水回收，同时，要尽可能地利用凝水的热量。

第三节　热网系统形式与多热源联合供热

热网是集中供热系统的主要组成部分，担负热能输送任务。热网系统形式取决于热媒（蒸汽或热水）、热源（热电厂或区域锅炉房等）与热用户的相互位置和供热地区热用户种类、热负荷大小和性质等。

供热管网的形状可以分为枝状管网和环状管网；按照热源的个数可分为单一热源和多热源管网。传统的管网大部分为单一热源的枝状管网，近年来集中供热面积达到数十万至数百万平方米。以热电厂为热源或具有几个大型区域锅炉房的热水供热系统，其供暖建筑面积甚至达到数千万平方米，因而多热源联合供热的管网系统逐渐增多。热网系统形式与多热源联合供热系统的选择应遵循供热的可靠性、经济性和灵活性的基本原则。

一、蒸汽供热系统

蒸汽作为热媒主要用于工厂的生产工艺用热上。热用户主要是工厂的各生产设备，比较集中且数量不多，因此单根蒸汽管和凝结水管的热网系统形式是最普遍采用的方式，同时采用枝状管网布置。

在凝结水质量不符合回收要求或凝结水回收率很低，敷设凝水管道明显不经济时，可不设凝水管道，但应在用户处充分利用凝结水的热量。对工厂的生产工艺用热不允许中断时，可采用复线蒸汽管供热的热网系统形式，但复线敷设（两根50％热负荷的蒸汽管替代单管100％热负荷的供汽管）必然增加热网的基建费用。当工厂各用户所需的蒸汽压力相差较大，或季节性热负荷占总热负荷的比例较大，可考虑采用双根蒸汽管或多根蒸汽管的热网系统形式。

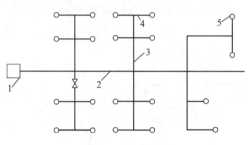

图 8-10　枝状管网

1—热源；2—主干线；3—分支干线；4—用户支线；
5—热用户的用户引入口

注：双线管路以单线表示，阀门未标出。

二、热水供热系统

图 8-10 是一个供热范围较小的热水供热系统的热网系统图。管网采用枝状连接，热网供水从热源沿主干线 2，分支干线 3，用户支线 4 送到各热用户的引入口处，网路回水从各用户沿相同线路返回热源。

枝状管网布置简单，供热管道的直径，随与热源距离的增大而逐渐减小；且金属耗量小，基建投资小，运行管理简便。但枝状管网不具后备供热的性能。当供热管网某处发生故障时，在故障点以后的热用户都将停止供热。由于建筑物具有一定的蓄热能力，通常可采用迅速消除热网故障的办法，以使建筑物室温不致大幅度地降低。因此，枝状管网是热水管网最普遍采用的方式。

为了在热水管网发生故障时，缩小事故的影响范围和迅速消除故障。在与干管相连接的管路分支处、在与分支管路相连接的较长的用户支管处，均应装设阀门。

图 8-11 是一个大型的热网系统示意图。热网供水从热源沿输送干线 4，输配干线 5，支干线 6，用户支线 7 进入热力站 8；网路回水从各热力站沿相同线路返回热源。热力站

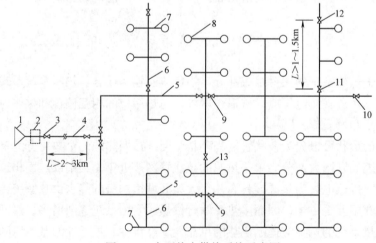

图 8-11　大型热水供热系统示意图

1—热电厂；2—区域锅炉房；3—热源出口分段阀门；4—输送干线；5—输配干线；6—支干线；
7—用户支线；8—二级热力站；9、10、11、12—输配干线上的分段阀门；13—连通管

注：双线管路以单线表示。

后面的热水网路，通常称为二级管网，按枝状管网布置，它将热能由热力站分配到一个或几个街区的建筑物中。

自热源引出的每根管线，通常采用枝状管网。管线上阀门的配置基本原则与前相同。对大型管网，在长度超过 2km 的输送干线（无分支管的干线）和输配干线（指有分支管线接出的主干线和支干线）上，还应配置分段阀门。《热网标准》规定：输送干线每隔 2000～3000m，输配干线每隔 1000～1500m 长输管线每隔 4000～5000m 宜装设一个分段阀门。

对具有几根输配干线的热网系统，宜在输配干线之间设置连通管 13（如图 8-11 上虚线所示）。在正常工作情况下，连通管上的阀门关闭。当一根干线出现故障时，可通过关闭干线上的分段阀门，开启连通管上的阀门，由另一根干线向出现故障的干线的一部分用户供热。连通管的配置提高了整个管网的供热后备能力。连通管的流量，应按热负荷较大的干线切除故障段后，供应其余热负荷的 70％确定。当然，增加干线之间的连通管的数目和缩短输送干线两个分段阀门之间的距离，可以提高网路供热的可靠性，但热网的基建费用要相应增加。

对供热范围较大的区域锅炉房供热系统，通常也需设置热力站。热网系统布置的基本原则与上述相同。根据《热网标准》，供热面积大于 $1000 \times 10^4 \, m^2$ 的供热系统应采用多热源联合供热的方式。根据几个热源与热用户的相互位置和运行方式的不同，热网系统图式也有所不同。

多热源联合供热系统，目前主要有三种热源组合方式：

1. 热电厂与区域锅炉房联合供热；
2. 几个热电厂联合供热；
3. 几个区域锅炉房联合供热方式。

热电厂与区域锅炉房联合供热系统中，区域锅炉房可设置在热电厂出口处，也可远离热电厂分散布置。

图 8-11 中是区域锅炉房设在热电厂热源出口处的图式（图上的虚线方框表示区域锅炉房）。在室外气温较高时，只由热电厂向全区供热，当室外温度降低到热电厂不能满足供热量需求时，区域锅炉房开始投入运行，以提高供水温度补充不足的供热量，并向整个网路供热。

由于区域锅炉房设在热源出口处，集中加热网路循环水，这样可统一按各热力站所要求的供水温度和流量分配热能，使网路的水力工况和热力工况趋于一致，运行管理容易。北京第二热电厂的热水供热系统，在热源处增设数台大型热水锅炉，就属于这种供热形式。

图 8-12 是热电厂与几个外置区域锅炉房联合供热的系统图。

图 8-13 是由 2 个热电厂和外置区域锅炉房组成的多热源环状管网联合供热系统示意图。热网系统图的特点是网路的输配干线（有分支接出的干线）呈环状，支干线 4 从环状管网 3 分出，再送到各热力站如 6。环状管网的最大优点是具有很高的供热可靠性。当输配干线某处出现事故时，切除故障管段后，通过环状管网由另一方向保证供热。

热电厂与几个外置热源联合供热的运行方式有三种：多热源联网运行、多热源解列运行和多热源分别运行。联网运行是指：采暖期基本热源（热电热源）首先投入运行，随气

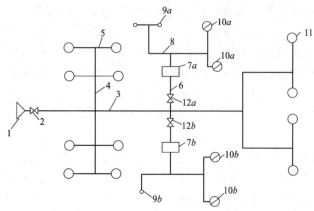

图 8-12　热电厂与外置区域锅炉房联合供热系统示意图

1—热电厂；2—热源出口阀门；3—主干线；4—支干线；5—用户支线；6—通向区
域锅炉房的输配干线；7a、7b—区域锅炉房；8—区域锅炉房供热范围内的管线；
9a、9b、10a、10b—区域锅炉房供热范围内的用户引入口和热力站；11—整
个供暖季只由热电厂供热的热力站；12a、12b—隔绝阀门

注：双线管路以单线表示。

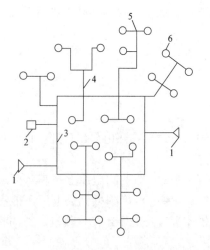

图 8-13　多热源供热系统的环状管网示意图

1—热电厂；2—区域锅炉房；3—环状管网；
4—支干线；5—分支管线；6—热力站

注：双线管路以单线表示，阀门未标出。

温变化基本热源满负荷后，把调峰热源（区域锅炉房热源）投入到热网中，让它与基本热源共同在热力网中供热的运行方式。整个采暖期基本热源满负荷运行，调峰热源承担随气温变化而增减的负荷。各热源的热媒统一送入管网，统一调度、统一分配到各热用户，水力工况相关。解列运行是指：采暖期基本热源首先投入运行，随气温变化用阀门逐步调整基本热源和调峰热源的供热范围的运行方式。基本热源满负荷后，分隔出部分管网划归调峰热源供热，并随气温变化逐步扩大或缩小分割出的管网范围，使基本热源在运行期间接近满负荷的运行方式。这种方式实质还是多个单热源的供热系统分别运行，各热源的供热区域可通过改变隔断阀的位置进行调整，水力工况互不相干。因此热源的解列运行管理简单，但不能最大限度地发挥并网运行的优势。多热源分别运行：多热源供热系统用阀门分割各热源的供热范围，即在采暖期热力网用阀门分隔成多个供热区域，由各个热源分别供热的运行方式。这种运行方式实质是多个单热源的供热系统独立运行。目前我国三种运行方式都有应用实例，但分别运行、解列运行居多。

若图 8-12 设计为解列运行方式联合供热时，则在热电厂供热量不能满足整个系统的热需求期间，将输配干线的阀门 12a 关断，区域锅炉房 7a 开始向该区域供热，热电厂供热量转移到其他热区。当气温继续下降，热电厂供热量又不能满足所剩区域时，再关闭截断阀

12b，区域锅炉房 7b 投入运行。此时三个热源独立向各自的系统供热，水力工况互不相关。

若图 8-12 设计为分别运行方式联合供热时，则在整个采暖期，不管气温如何变化，阀门 12a、12b 始终处于关闭状态，热电厂 1、区域锅炉房 7a、7b 始终独立向所辖区域供热，水力工况互不相关。这种多热源并网仅在某热源出现故障时提供最低的供热保证率。

若图 8-13 设计为联网运行方式联合供热时，就要依据热负荷延续图规定的热源启动顺序和时间，依次投入运行，联合向用户进行足量供热。三热源置于同一管网，管网在任何时刻，任何节点的压力、流量具有唯一性。供热系统的最不利压差控制点随各热源供热能力的调配而变化。热源之间水力工况密切相关。联网运行方式，需要对热源、管网、换热站等进行自动监测和控制，以及对各热源循环水泵的变速运行来保持管网最不利压差控制点满足资用压差的要求。多热源环状管网的运行方式也可采取解列运行方式和分别运行方式，当采取解列运行方式时，环网上也应设置相应的截断阀门。

由此可见，在热电厂与外置区域锅炉房联合供热系统中，在整个供暖期间，各热源厂的供热区域、管网的压力状况、流量状况等与联合运行方式有关。联网运行，整个网路的水力工况与热力工况比较复杂，需要配以自动监测和自动控制系统。相比而言，联合运行最复杂，解列运行较为简单，分别运行最简单。前两种运行方式都需要逐年随着热用户的变化，制定相应的运行调节方案。

外置区域锅炉房的热源布置灵活，便于利用城市中已有的大型热水锅炉与热电厂联合供热。因此，这种联合供热方式，在国内应用渐多。如北京、太原、大同、沈阳、包头等城市都有这种联合供热的典型形式。

另外环状管网和枝状管网相比，热网投资增大，运行管理更为复杂，要有较高的自动控制。如牡丹江市的集中供热系统，就设计这种联合供热方式。

若几个热电厂的输送干线设置连通管，而不采用环状管网的方式，则在一定程度上也可以提高整个热网的供热可靠性。

多热源联合供热系统，与单热源供热系统相比，具有如下主要优点：热电厂与区域锅炉房联合供热有利于最大限度的发挥热电厂的供热能力，从而整体提高燃料的利用效率，实现不同品位能量的梯级利用，最大化节能与保护环境；区域锅炉房联合供热，通过延长燃料价格较为低廉的区域锅炉房的供热小时数、相对缩短燃料价格昂贵的锅炉房的运行时数，通过优化区域锅炉房的位置、各热源的供热能力及其比例、管网布置等来整体提高供热的经济性。

由于热源数目较多，整个系统的供热安全率得到保证，个别热源锅炉出现事故，不致影响整个系统的供热能力；配置相应的环网系统图式，可以整体提高整个系统的供热后备能力。但多热源联合供热系统，无论在设计和运行管理方面都比单热源系统复杂，目前国内主要采用多热源枝状管网联合供热和多热源分别运行以及解列运行，在多热源环状管网联合供热方面也取得了一些成果，但距离多热源联网运行还有一定距离，许多问题仍在进一步研讨和实践中。

第四节 分布式加压泵热水供热系统

上两节介绍的集中供热系统都具备同一特点：系统循环泵安装在热源处，为整个系统热媒循环流动提供动力。随着集中供热的发展，供热规模越来越大，长输管线阀门节流能耗越来越大，为了节能降耗，近年来在分布式加压泵供热系统研究的基础上，国内一些工程已得到了较好的应用。

分布式加压泵供热系统是把热源循环泵的动力分解到热源循环泵、管网循环泵（即管网加压泵）和用户循环泵（即用户加压泵），三部分循环水泵变频控制、串联运行。分布式加压泵作为一种新型的循环泵多点串联布置形式，与传统的循环泵单点布置形式相比具有显著的节电效果，管网整体压力低、用户便于混水直连等优点。应用较多的分布式加压泵供热系统如图 8-14、图 8-15 所示。

1. 图 8-14 为热源循环泵、沿途回水加压泵、用户回水加压泵的分布式加压泵供热系统。适用于热源在高处的供热系统。配合供水管取用等于地形坡度大小的比摩阻，可以有效降低供热系统的工作压力。

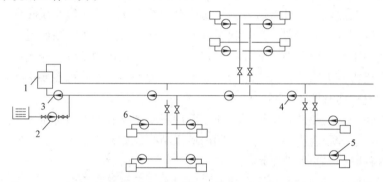

图 8-14　分布式变频泵供热系统（一）

1—热源；2—补水泵；3—热源循环泵；4—沿途回水加压泵；5、6—热用户回水加压泵

2. 图 8-15 为热源循环泵、沿途供水加压泵、用户供水加压泵的分布式加压泵供热系统。适用于热源在低处的供热系统。配合回水管取用等于地形坡度大小的比摩阻，可以有

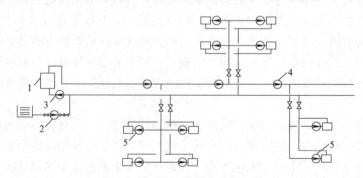

图 8-15　分布式变频泵供热系统（二）

1—热源；2—补水泵；3—热源循环泵；4—沿途供水加压泵；5—热用户供水加压泵

效地降低近端用户的工作压力。

在前西德，为了控制一级网压力在 0.6MPa 以下，实现一级网和用户的混水直联，普遍采用了这种技术。

3. 热源循环泵和用户循环泵的分布式加压泵供热系统。

随着单热源循环泵供热系统的供热规模逐步扩大，一些用户呈现资用压差不足。因此

通过安装用户加压泵，可有效解决用户压差不足的问题。热力站内安装加压泵和管网安装加压泵相比，投资低、容易实现。太原市一电、二电集中供热就采用了这种方法，对原有的供热管网进行了大量改造，取消了原设计主干线要求的中继加压泵站方案，节电效果非常显著。

国内一些工程，采用了热源循环泵和管网循环泵（回水加压中继泵站或供水加压中继泵站）联合运行的方案，如北京石景山热电厂 DN1200 的回水管网增设了两座中继泵站；太原市东山热电厂也采用了热源循环泵和换热站回水加压泵联合运行的多泵串联供热系统，太原西山煤电供热工程采用多泵串联供热系统。以上均属于分布式加压泵供热系统的雏形。

我国历史上不推荐管道安装加压泵，认为加压泵选型不合理会影响其他用户正常的水力工况。这种观点在过去是合理的。随着供热系统总体水平的提高，技术的进步，特别是随着水泵的变速控制、系统自动监测控制等技术的完善，配合阀门的调整，完全可以避免上述情况的发生。

当然，大面积推广分布式加压泵供热技术还存在一些问题，比如干线管段水泵的安装位置，分布式变频供热系统的优化设计、运行调节与控制、供热可靠性问题等。这些问题有待在工程实践中不断地完善和深化。

第九章 热水网路的水力计算和水压图

热水网路水力计算的主要任务是：

1. 按已知的热媒流量和压力损失，确定管道的直径；
2. 按已知热媒流量和管道直径，计算管道的压力损失；
3. 按已知管道直径和允许压力损失，计算或校核管道中的流量。

根据热水网路水力计算成果，不仅能确定网路各管段的管径，而且还可确定网路循环水泵的流量和扬程。

在网路水力计算基础上绘出水压图，可以确定管网与用户的连接方式，选择网路和用户的自控措施，还可进一步对网路工况，亦即对网路热媒的流量和压力状况进行分析，从而掌握网路中热媒流动的变化规律。本章主要介绍枝状管网的水力计算方法，对于环状管网的水力计算，参考有关书籍。

第一节 热水网路水力计算的基本公式

本书第四章第一节所阐述的室内热水供暖系统管路水力计算的基本原理，对热水网路是完全适用的。

热水网路的水流量通常以"吨/小时"（t/h）表示。表达每米管长的沿程损失（比摩阻）R、管径 d 和水流量 G 的关系式（4-14），可改写为

$$R = 6.25 \times 10^{-2} \frac{\lambda}{\rho} \frac{G_t^2}{d^5} \qquad (9\text{-}1)$$

式中　R——每米管长的沿程损失（比摩阻），Pa/m；

　　　G_t——管段的水流量，t/h；

　　　d——管子的内直径，m；

　　　λ——管道内壁的摩擦阻力系数；

　　　ρ——水的密度，kg/m³。

如前所述，热水网路的水流速常大于 0.5m/s，它的流动状况大多处于阻力平方区。阻力平方区的摩擦阻力系数 λ 值，可用式（4-9）确定。

对于管径等于或大于 40mm 的管道，也可用式（4-10）计算。即

$$\lambda = 0.11 \left(\frac{K}{d} \right)^{0.25}$$

式中　K——管壁的当量绝对粗糙度，m；对热水网路，取 $K = 0.5 \times 10^{-3}$m。

如将上式的摩擦阻力系数 λ 值代入式（9-1）中，可得出更清楚地表达 R、G_t 和 d 三者相互关系的公式。

$$R = 6.88 \times 10^{-3} K^{0.25} \frac{G_t^2}{\rho d^{5.25}} \quad \text{Pa/m} \qquad (9\text{-}2)$$

$$d = 0.387 \frac{K^{0.0476} G_\text{t}^{0.381}}{(\rho R)^{0.19}} \quad \text{m} \tag{9-3}$$

$$G_\text{t} = 12.06 \frac{(\rho R)^{0.5} d^{2.625}}{K^{0.125}} \quad \text{t/h} \tag{9-4}$$

在设计工作中，为了简化繁琐的计算，通常利用水力计算图表进行计算（见附录 9-1）。

如在水力计算中，遇到了与附录 9-1 中不同的当量绝对粗糙度 K_sh 时，根据式（9-2）的关系式，则对比摩阻 R 进行修正。

$$R_\text{sh} = \left(\frac{K_\text{sh}}{K_{\text{b}i}}\right)^{0.25} \cdot R_{\text{b}i} = m R_{\text{b}i} \tag{9-5}$$

式中　R_sh——相应 K_sh 情况下的实际比摩阻，Pa/m；

$R_{\text{b}i}$、$K_{\text{b}i}$——按附录 9-1 查出的比摩阻和规定的 $K_{\text{b}i}$ 值（表中用 $K_{\text{b}i}=0.5\text{mm}$）；

K_sh——水力计算时采用的实际当量绝对粗糙度，mm；

m——K 值修正系数，其值可见表 9-1。

水力计算图表是在某一密度 ρ 值下编制的。如热媒的密度不同，但质量流量相同，则应对表中查出的速度和比摩阻进行修正。

$$v_\text{sh} = \left(\frac{\rho_{\text{b}i}}{\rho_\text{sh}}\right) \cdot v_{\text{b}i} \tag{9-6}$$

$$R_\text{sh} = \left(\frac{\rho_{\text{b}i}}{\rho_\text{sh}}\right) \cdot R_{\text{b}i} \tag{9-7}$$

式中　$\rho_{\text{b}i}$、$R_{\text{b}i}$、$v_{\text{b}i}$——附录 9-1 中采用的热媒密度和在表中查出的比摩阻和流速值；

ρ_sh——水力计算中热媒的实际密度，kg/m³；

R_sh、v_sh——相应于实际 ρ_sh 下的实际比摩阻（Pa/m）和流速（m/s）值。

又在水力计算中，如欲保持表中的质量流量 G 和比摩阻 R 不变，而热媒密度不是 $\rho_{\text{b}i}$ 而是 ρ_sh 时，则对管径应根据式（9-3）进行如下修正

$$d_\text{sh} = \left(\frac{\rho_{\text{b}i}}{\rho_\text{sh}}\right)^{0.19} \cdot d_{\text{b}i} \tag{9-8}$$

式中　$d_{\text{b}i}$——根据水力计算表的 $\rho_{\text{b}i}$ 条件下查出的管径值；

d_sh——实际密度 ρ_sh 条件下的管径值。

在水力计算中，不同密度 ρ 的修正计算，对蒸汽管道来说，是经常应用的。在热水网路的水力计算中，由于水在不同温度下，密度差别较小，所以在实际工程设计计算中，往往不必作修正计算。

热水网路局部损失，同样可用式（4-15）计算。即

$$\Delta P_j = \sum \zeta \frac{\rho v^2}{2} \quad \text{Pa}$$

在热水网路计算中，还经常采用当量长度法，亦即将管段的局部损失折合成相当的沿程损失。

根据式（4-20）和式（4-10），当量长度 l_d 可用下式求出：

$$l_\text{d} = \sum \zeta \frac{d}{\lambda} = 9.1 \frac{d^{1.25}}{K^{0.25}} \cdot \sum \zeta \quad \text{m} \tag{9-9}$$

式中　$\sum\zeta$——管段的总局部阻力系数；

　　　d——管道的内径，m；

　　　K——管道的当量绝对粗糙度，m。

附录 9-2 给出热水网路一些管件和附件的局部阻力系数和 $K=0.5$mm 时局部阻力当量长度值。

如水力计算采用与附录 9-2 不同的当量绝对粗糙度 K_{sh} 值时，根据式（9-9）的关系，应对 l_d 进行修正。

$$l_{sh\cdot d}=\left(\frac{K_{bi}}{K_{sh}}\right)^{0.25}\cdot l_{bi\cdot d}=\beta l_{bi\cdot d} \tag{9-10}$$

式中　K_{bi}、$l_{bi\cdot d}$——局部阻力当量长度表中采用的 K 值（附录 9-2 中，$K_{bi}=0.5$mm）和局部阻力当量长度，m；

　　　K_{sh}——水力计算中实际采用的当量绝对粗糙度，mm；

　　　$l_{sh\cdot d}$——相应 K_{sh} 值条件下的局部阻力当量长度，m；

　　　β——K 值修正系数，其值可见表 9-1。

K 值修正系数 m 和 β 值　　　　　表 9-1

K（mm）	0.1	0.2	0.5	1.0
m	0.669	0.795	1.0	1.189
β	1.495	1.26	1.0	0.84

当采用当量长度法进行水力计算时，热水网路中管段的总压降就等于

$$\Delta P=R(l+l_d)=Rl_{zh}\quad\text{Pa} \tag{9-11}$$

式中　l_{zh}——管段的折算长度，m。

在进行估算时，局部阻力的当量长度 l_d 可按管道实际长度 l 的百分数来计算。即

$$l_d=\alpha_j l\quad\text{m} \tag{9-12}$$

式中　α_j——局部阻力当量长度百分数，%（见附录 9-3）；

　　　l——管道的实际长度，m。

第二节　热水网路水力计算方法和例题

在进行热水网路水力计算之前，通常应有下列已知资料：网路的平面布置图（平面图上应标明管道所有的附件和配件），热用户热负荷的大小，热源的位置以及热媒的计算温度等。

热水网路水力计算的方法及步骤如下：

1. 确定热水网路中各个管段的计算流量

管段的计算流量就是该管段所负担的各个用户的计算流量之和，以此计算流量确定管段的管径和压力损失。

对只有供暖热负荷的热水供暖系统，用户的计算流量可用下式确定：

$$G_n'=\frac{Q_n'}{c(\tau_1'-\tau_2')}=A\frac{Q_n'}{(\tau_1'-\tau_2')}\quad\text{t/h} \tag{9-13}$$

式中 Q'_n——供暖用户系统的设计热负荷，通常可用 GJ/h、MW 或 10^6kcal/h 表示；

τ'_1、τ'_2——网路的设计供、回水温度，℃；

c——水的质量比热，$c=4.1868$kJ/(kg·℃)$=1$kcal/(kg·℃)；

A——采用不同计算单位的系数，见表 9-2。

系数 A 取值表 表 9-2

采用的计算单位	Q'_n—GJ/h$=10^9$J/h c—kJ/(kg·℃)	Q'_n—MW$=10^6$W c—kJ/(kg·℃)	Q'_n—10^6kcal/h c—kJ/(kg·℃)
A	238.8	860	1000

对具有多种热用户的并联闭式热水供热系统，采用按供暖热负荷进行集中质调节时，网路计算管段的设计流量应按下式计算：

$$G'_{zh}=G'_n+G'_t+G'_r$$
$$=A\left(\frac{Q'_n}{\tau'_1-\tau'_2}+\frac{Q'_t}{\tau'''_1-\tau'''_{2.t}}+\frac{Q'_r}{\tau''_1-\tau''_{2.r}}\right) \tag{9-14}$$

式中 G'_{zh}——计算管段的总设计流量，t/h；

G'_n、G'_t、G'_r——计算管段担负供暖、通风、热水供应热负荷的设计流量，t/h；

Q'_n、Q'_t、Q'_r——计算管段担负的供暖、通风和热水供应的设计热负荷，通常可以 GJ/h、MW 或 10^6kcal/h 表示；

A——采用不同计算单位时的系数，见表 9-2；

τ'''_1——在冬季通风室外计算温度 $t'_{w.t}$ 时的网路供水温度，℃；

$\tau'''_{2.t}$——在冬季通风室外计算温度 $t'_{w.t}$ 时，流出空气加热器的网路回水温度，采用与供暖热负荷质调节时相同的回水温度，℃；

τ''_1——供热开始（$t_w=+5$℃）或开始间歇调节时的网路供水温度（一般取 70℃），℃；

$\tau''_{2.r}$——供热开始（$t_w=+5$℃）或开始间歇调节时，流出热水供应的水—水换热器的网路回水温度，℃。

式（9-14）的所有温度表示，相应可见供热综合调节示意图（图 11-6）。

在按式（9-14）确定计算管段的总设计流量时，由于整个系统的所有热水供应用户不可能同时使用，用户越多，热水供应的全天最大小时用水量越接近于全天的平均小时用水量。因此，对热水网路的干线，式（9-14）的热水供应设计热负荷 Q'_r，可按热水供应的平均小时热负荷 $Q'_{r.p}$ 计算；对热水网路的支线，当用户有储水箱时，按平均小时热负荷 $Q'_{r.p}$ 计算；对无储水箱的用户，按最大小时热负荷 $Q'_{r.max}$ 计算。

对具有多种热用户的闭式热水供热系统，当供热调节不按供暖热负荷进行质调节，而采用其他调节方式——如在间接连接供暖系统中采用质量-流量调节，或采用分阶段改变流量的质调节，或采用两级串联或混联闭式系统时，热水网路计算管段的总设计流量、应首先绘制供热综合调节曲线，将各种热负荷的网路水流量曲线相叠加，得出某一室外温度 t_w 下的最大流量值，以此作为计算管段的总设计流量，见图 11-6（b）。

243

2. 确定热水网路的主干线及其沿程比摩阻

热水网路水力计算是从主干线开始计算。网路中平均比摩阻最小的一条管线，称为主干线。在一般情况下，热水网路各用户要求预留的作用压差是基本相等的，所以通常从热源到最远用户的管线是主干线。

主干线的平均比摩阻 R 值，对确定整个管网的管径起着决定性作用。如选用比摩阻 R 值越大，需要的管径越小，因而降低了管网的基建投资和热损失，但网路循环水泵的基建投资及运行电耗随之增大，这就需要确定一个经济的比摩阻，使得在规定的计算年限内总费用最小。影响经济比摩阻值的因素很多，理论上应根据工程具体条件，通过计算确定。

根据《热网标准》，在一般的情况下，热水网路主干线的设计平均比摩阻，可取 30～70Pa/m，长输管线主干线比摩阻可取 20～50Pa/m，庭院管网主干线比摩阻可取 60～100Pa/m 进行计算。《热网标准》建议的数值，主要是在过去直接连接的热水供热系统规定的比摩阻值基础上，结合近十年来热电联产集中供热系统的运行实践而规定的。随着能源价格的变化、供热规模的扩大、管网输送距离的增长以及各地区热源价格的显著差异而各地区用户热价基本一致，集中供热间接连接管网主干线的合理平均比摩阻值，特别是长输管线的平均比摩阻值应结合具体工程通过技术经济分析确定。

3. 根据网路主干线各管段的计算流量和初步选用的平均比摩阻 R 值，利用附录 9-1 的水力计算表，确定主干线各管段的标准管径和相应的实际比摩阻。

4. 根据选用的标准管径和管段中局部阻力的形式，查附录 9-2，确定各管段局部阻力的当量长度 l_d 的总和，以及管段的折算长度 l_{zh}。

5. 根据管段的折算长度 l_{zh} 以及由附录 9-1 查到的比摩阻，利用式（9-11），计算主干线各管段的总压降。

6. 主干线水力计算完成后，便可进行热水网路支干线、支线等水力计算。应按支干线、支线的资用压力确定其管径，但热水流速不应大于 3.5m/s，同时比摩阻不应大于 300Pa/m（见《热网标准》规定）。规范中采用了两个控制指标，实际上是对管径 $DN \geqslant$ 400mm 的管道，控制其流速不得超过 3.5m/s（尚未达到 300Pa/m）；而对管径 $DN <$ 400mm 的管道，控制其比摩阻不得超过 300Pa/m（对 $DN50$ 的管子，当 $R=300$Pa/m 时，流速 v 仅约为 0.9m/s）。

为消除剩余压头，通常在用户引入口或热力站处安装调节阀门，包括手动调节阀、平衡阀、自力式压差控制阀、自力式流量控制阀等，用来消除剩余压头，保证用户所需要的流量。

【例题 9-1】 某工厂厂区热水供热系统，其网路平面布置图（各管段的长度、阀门及方形补偿器的布置）见本例题附图 9-1。网路的计算供水温度 $\tau_1'=130℃$、计算回水温度 $\tau_2'=70℃$。用户 E、F、D 的设计热负荷 Q_n' 分别为：3.518GJ/h、2.513GJ/h 和 5.025GJ/h。热用户内部的阻力损失均为 $\Delta P=5 \times 10^4$Pa。试进行该热水网路的水力计算。

【解】 1. 确定各用户的设计流量
对热用户 E，根据式（9-13）

$$G_n' = A \frac{Q_n'}{(\tau_1' - \tau_2')} = 238.8 \frac{3.518}{130-70} = 14\text{t/h}$$

其他用户和各管段的设计流量的计算方法同上。各管段的设计流量列入表 9-3 中第 2 栏，并将已知各管段的长度列入表 9-3 中第 3 栏。

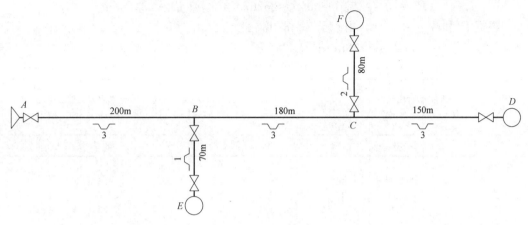

图 9-1　例题 9-1 附图

2. 热水网路主干线计算

因各用户内部的阻力损失相等，所以从热源到最远用户 D 的管线是主干线。

首先取主干线的平均比摩阻在 $R=30\sim70\text{Pa/m}$ 范围之内，确定主干线各管段的管径。

管段 AB：计算流量 $G'_n=14+10+20=44\text{t/h}$

根据管段 AB 的计算流量和 R 值的范围，从附录 9-1 中可确定管段 AB 的管径和相应的比摩阻 R 值。

$$DN=150\text{mm}；R=44.8\text{Pa/m}$$

管段 AB 中局部阻力的当量长度 l_d，可由附录 9-2 查出，得

闸阀　$1\times2.24=2.24\text{m}$；方形补偿器　$3\times15.4=46.2\text{m}$；

局部阻力当量长度之和　$l_d=2.24+46.2=48.44\text{m}$

管段 AB 得折算长度　$l_{zh}=200+48.44=248.44\text{m}$

管段 AB 的压力损失

$$\Delta P=Rl_{zh}=44.8\times248.44=11130\text{Pa}$$

用同样的方法，可计算主干线的其余管段 BC、CD，确定其管径和压力损失。计算结果列于表 9-3。

管段 BC 和 CD 的局部阻力当量长度 l_d 值，如下：

管段 BC	$DN=125\text{mm}$	管段 CD	$DN=100\text{mm}$
直流三通	$1\times4.4=4.4\text{m}$	直流三通	$1\times3.3=3.3\text{m}$
异径接头	$1\times0.44=0.44\text{m}$	异径接头	$1\times0.33=0.33\text{m}$
方形补偿器	$3\times12.5=37.5\text{m}$	方形补偿器	$3\times9.8=29.4\text{m}$
总当量长度	$l_d=42.34\text{m}$	闸阀	$1\times1.65=1.65\text{m}$
		总当量长度	$l_d=34.68\text{m}$

3. 支线计算

因用户内部的阻力损失均相等，所以管段 BE 允许的压力损失为：

$$\Delta P_{BE}=\Delta P_{BC}+\Delta P_{CD}=12140+14627=26767\text{Pa}$$

设局部损失与沿程损失的估算比值 $\alpha_j=0.6$（见附录 9-3），则比摩阻大致可控制为

$$R' = \Delta P_{BE}/l_{BE}(1+\alpha_j) = 26767/70(1+0.6) = 239\text{Pa/m}$$

根据 R' 和 $G'_{BE} = 14\text{t/h}$，由附录 9-1 得出

$$DN_{BE} = 70\text{mm}; \quad R_{BE} = 278.5\text{Pa/m}; \quad v = 1.09\text{m/s}$$

水力计算表（例题9-1）　　　　　　　　　　　　表 9-3

管段编号	计算流量 G'(t/h)	管段长度 l(m)	局部阻力当量长度之和 l_d (m)	折算长度 l_{zh}(m)	公称直径 d(m)	流速 v(m/s)	比摩阻 R (Pa/m)	管段的压力损失 ΔP(Pa)
1	2	3	4	5	6	7	8	9
主干线								
AB	44	200	48.44	248.44	150	0.72	44.8	11130
BC	30	180	42.34	222.34	125	0.71	54.6	12140
CD	20	150	34.68	184.68	100	0.74	79.2	14627
支线								
BE	14	70	18.6	88.6	70	1.09	278.5	24675
CF	10	80	18.6	98.6	70	0.78	142.2	14021

管段 BE 中局部阻力的当量长度 l_d，查附录9-2，得：

旁流三通：$1 \times 3.0 = 3.0\text{m}$；方形补偿器：$2 \times 6.8 = 13.6\text{m}$；闸阀：$2 \times 1.0 = 2.0\text{m}$，总当量长度 $l_d = 18.6\text{m}$。

管段 BE 的折算长度 $l_{zh} = 70 + 18.6 = 88.6\text{m}$。

管段 BE 的压力损失

$$\Delta P_{BE} = Rl_{zh} = 278.5 \times 88.6 = 24675\text{Pa}$$

用同样的方法计算支管 CF，计算结果见表9-3。

4. E 用户作用压差分析

E 用户作用压差富裕量为：

$$2(\Delta P_{BC} + \Delta P_{CD}) + \Delta P_{YD} - 2\Delta P_{BE} - \Delta P_{YE} = 2(\Delta P_{BD} - \Delta P_{BE}) = 4184\text{Pa}$$

可见 E 用户入口作用压差比 E 用户要求的阻力损失增加了4184Pa，需要 E 用户入口用阀门节流掉。

第三节　水压图的基本概念

通过室内热水供暖系统和热水网路水力计算的阐述，可以看出：水力计算只能确定热水管道中各管段的压力损失（压差）值，但不能确定热水管道上各点的压力（压头）值。通过绘制水压图的方法，可以清晰地表示出热水管路中各点的压力。流体力学中的伯努利能量方程式是绘制水压图的理论基础。

设热水流过某一管段（图9-2），根据伯努利能量方程式，可列出断面1和2之间的能量方程式为

$$P_1 + Z_1\rho g + \frac{v_1^2 \rho}{2} = P_2 + Z_2\rho g + \frac{v_2^2 \rho}{2} + \Delta P_{1\text{-}2} \quad \text{Pa} \tag{9-15}$$

伯努利方程式也可用水头高度的形式表示（见图9-2），即

$$\frac{P_1}{\rho g} + Z_1 + \frac{v_1^2}{2g} = \frac{P_2}{\rho g} + Z_2 + \frac{v_2^2}{2g} + \Delta H_{1\text{-}2} \quad \text{mH}_2\text{O} \tag{9-16}$$

上两式中　P_1、P_2——断面 1、2 的压力，Pa；

$\qquad$ Z_1、Z_2——断面 1、2 的管中心线距某一基准面 $O\text{-}O$ 的位置高度，m；

$\qquad$ v_1、v_2——断面 1、2 的水流平均速度，m/s；

$\qquad$ ρ——水的密度，kg/m^3；

$\qquad$ g——自由落体的重力加速度，为 $9.81 m/s^2$；

$\qquad$ $\Delta P_{1\text{-}2}$——水流经管段 1-2 的压力损失，Pa；

$\qquad$ $\Delta H_{1\text{-}2}$——水流经管段 1-2 的压头损失，mH_2O。

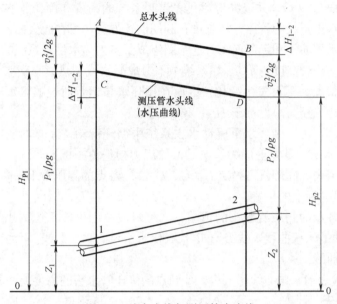

图 9-2　总水头线与测压管水头线

图 9-2 中线 AB 称为总水头线，断面 1-2 的总水头差值，代表水流过管段 1-2 的压头损失 $\Delta H_{1\text{-}2}$。

图 9-2 中，线 CD 称为测压管水头线。管道中任意一点的测压管水头高度，就是该点离基准面 $O\text{-}O$ 的位置高度 Z 与该点的测压管水柱高度 $P/\rho g$ 之和。在热水管路中，将管路各节点的测压管水头高度顺次连接起来的曲线，称为热水管路的水压曲线。

在利用水压图分析热水供暖系统中管路的水力工况时，下面几个基本概念是很重要的。

1. 利用水压曲线，可以确定管道中任何一点的压力（压头）值。管道中任意点的压头就等于该点测压管水头高度和该点所处的位置标高之间的高差（mH_2O）。如 1 点的压头就等于 $(H_{p1}-Z_1) mH_2O$（图 9-2）。

2. 利用水压曲线，可表示出各管段的压力损失值。由于热水网路管道中各处的流速差别不大，因而式（9-17）中 $(v_1^2/2g)-(v_2^2/2g)$ 的差值与管段 1-2 的 $\Delta H_{1\text{-}2}$ 相比，可以忽略不计，亦即式（9-17）可改写为

$$\left(\frac{P_1}{\rho g}+Z_1\right)-\left(\frac{P_2}{\rho g}+Z_2\right)=\Delta H_{1\text{-}2}\quad mH_2O \tag{9-17}$$

因此可以认为：管道中任意两点的测压管水头高度之差就等于水流过该两点之间的管道压力损失值。

247

3. 根据水压曲线的坡度，可以确定管段的单位管长的平均压降的大小。水压曲线越陡，管段的单位管长的平均压降就越大。

4. 由于热水管路系统是一个水力连通器，因此，只要已知或固定管路上任意一点的压力，则管路中其他各点的压力也就已知或固定了。

下面先以一个简单的机械循环室内热水供暖系统为例，说明绘制水压曲线的方法，并利用上述的基本概念，分析出系统在工作和在停止运行时的压力状况。

设有一机械循环热水供暖系统（图 9-3），膨胀水箱 1 连接在循环水泵 2 进口侧 O 点处。如设其基准面为 O-O，并以纵坐标代表供暖系统的高度和测压管水头的高度，横坐标代表供暖系统水平干线的管路计算长度；利用前述方法，可在此坐标系统内绘出供暖系统供、回水管的水压曲线和纵断面图。这个图组成了室内热水供暖系统的水压图。

设膨胀水箱的水位高度为 j-j。如系统中不考虑漏水或加热时水膨胀的影响，即认为系统已处于稳定状况，不再发生变化，因而在循环水泵运行时，膨胀水箱的水位是不变的。O 点处的压头（压力）就等于 H_{jO}（mH_2O）。

当系统工作时，由于循环水泵驱动水在系统中循环流动，A 点的测压管水头必然高于 O 点的测压管水头，其差值应为管段 OA 的压力损失值。根据系统水力计算结果或运行时的实际压力损失，同理就可确定 B、C、D 和 E 各点的测压管水头高度，亦 B'、C'、D' 和 E' 各点在纵坐标上的位置。

如顺次连接各点的测压管水头的顶端，就可组成热水供暖系统的水压图。其中，线 jA' 代表回水干线的水压曲线，线 $D'C'B'$ 代表供水干线的水压曲线。系统工作时的水压曲线，称为动水压曲线。

如以 $H_{A'j}$ 代表动水压曲线图上 O、A 两点的测压管水头的高度差，亦即水从 A 点流到 O 点的压力损失，同理

$H_{B'A'}$——水流经立管 BA 的压力损失；

$H_{D'C'B'}$——水流经供水管的压力损失；

$H_{E'D'}$——从循环水泵出口侧到锅炉出水管段的压力损失；

$H_{jE'}$——循环水泵的扬程。

利用动水压曲线，可清晰地看出系统工作时各点的压力大小。如 A 点的压头就等于 A 点测压管水头 A' 点到该点的位置高度差（以 $H_{A'A}$ 表示）。同理，B、C、D、E 和 O 点的压头分别为 $H_{B'B}$、$H_{C'C}$、$H_{D'D}$、$H_{E'E}$、和 H_{jO}（mH_2O）。

当系统循环水泵停止工作时，整个系统的水压曲线呈一条水平线。各点的测压管水头都相等，其值为 H_{jO}。系统中 A、B、C、D、E 和 O 点的压头分别为 H_{jA}、H_{jB}、H_{jC}、H_{jD} 和 H_{jO}（mH_2O）。系统停止工作时的水压曲线，称为静水压曲线。

通过上述分析可见，当膨胀水箱的安装高度超过用户系统的充水高度，而膨胀水箱的膨胀管又连接在靠近循环水泵进口侧时，就可以保证整个系统，无论在运行或停运时，各点的压力都超过大气压力。这样，系统中不会出现负压，以致引起热水汽化或吸入空气等，从而保证系统可靠的运行。

由此而见，在机械循环热水供暖系统中，膨胀水箱不仅起着容纳系统膨胀水的作用，还起着对系统定压的作用。对热水供热（暖）系统起定压作用的设备，称为定压装置。膨胀水箱是最简单的一种定压装置。

利用膨胀水箱安装在用户系统的最高处来对系统定压的方式，称为高位水箱定压方式。高位水箱定压方式的设备简单，工作安全可靠。它是机械循环低温水供暖系统最常用的定压方式。

应当注意：热水供热（暖）系统水压曲线的位置，取决于定压装置对系统施加压力的大小和定压点的位置。采用膨胀水箱定压的系统各点压力，取决于膨胀水箱安装高度和膨胀管与系统的连接位置。

如将膨胀水箱连接在热水供暖系统的供水干管上（见图9-4），则系统的水压曲线位置与图9-3不同，而成为图9-4所示的位置。此时，整个系统各点的压力都降低了。同时，如供暖系统的水平供水干管过长，阻力损失较大，则有可能在干管上出现负压（如图9-4中，FB段供水干管的压力低于大气压力，就会吸入空气或发生水的汽化，影响系统的正常运行）。由于这个原因，从安全运行角度出发，在机械循环热水供暖系统中，应将膨胀水箱的膨胀管连接在循环水泵吸入口侧的回水干管上。

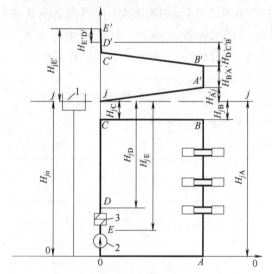

图9-3　室内热水供暖系统的水压图
1—膨胀水箱；2—循环水泵；3—锅炉

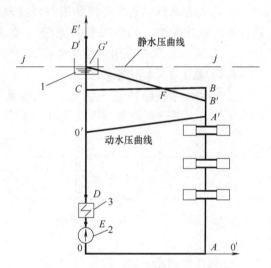

图9-4　膨胀水箱连接在热水供暖系统供水干管上的水压图
1—膨胀水箱；2—循环水泵；3—锅炉

对于自然循环热水供暖系统，由于系统的循环作用压头小，水平供水干管的压力损失只占一部分，膨胀水箱水位与水平供水干线的标高低，往往足以克服水平供水干管的压力损失，不会出现负压现象，所以可将膨胀水箱连接在供水干管上。

对于工厂或街区的集中供热系统，特别是采用高温水的供热系统，由于系统要求的压力高，以及往往难以在热源或靠近热源处安装比所有用户都高并保证高温水不汽化的膨胀水箱来对系统定压，因此往往需要采用其他的定压方式。最常用的方式是利用压头较高的补给水泵来代替膨胀水箱定压。

第四节　热水网路的水压图

热水网路上连接着许多热用户。它们对供水温度和压力的要求，可能各有不同，且所处的地势高低不一。在可行性研究阶段必须对整个网路的压力状况有个整体的考虑，通过绘制水压图确定热源管网热力站（用户）等设备的压力等级作为技术经济分析的依据。在设计阶段，通过绘制热水网路的水压图，用以全面地反映热网和各热用户的压力状况，并确定保证使它实现的技术措施。在运行中，通过网路的实际水压图，可以全面地了解整个系统在调节过程中或出现故障时的压力状况，从而揭露关键性的矛盾和采取必要的技术措施，保证安全运行。

此外，各个用户的连接方式以及整个供热系统的自控调节装置，都要根据网路的压力分布或其波动情况来选定，即需要以水压图作为这些工作的决策依据。

综上所述，水压图是热水网路设计和运行的重要的工具，应掌握绘制水压图的基本要求、步骤和方法，以及会利用水压图分析系统压力状况。

一、热水网路压力状况的基本技术要求

热水供热系统在运行或停止运行时，系统内热媒的压力必须满足下列基本技术要求：

1. 在与热水网路直接连接的用户系统内，压力不应超过该用户系统用热设备及其管道构件的承压能力。如供暖用户系统一般常用的柱形铸铁散热器，其承压能力为 $4 \times 10^5 Pa$。因此，作用在该用户系统最底层散热器的表压力，无论在网路运行或停止运行时都不得超过 4bar（上限要求）。

2. 在高温水网路和用户系统内，水温超过 100℃ 的地点，热媒压力应不低于该水温下的汽化压力（下限要求）。不同水温下的汽化压力见表 9-4。

不同水温下的汽化压力　　　　　　　　　　　　　　表 9-4

水温(℃)	100	110	120	130	140	150
汽化压力(mH₂O)	0	4.6	10.3	17.6	26.9	38.6

从运行安全角度考虑，《热网标准》规定，除上述要求外还应留有 30～50kPa 的富裕压力。

3. 与热水网路直接连接的用户系统，无论在网路循环水泵运转或停止工作时，其用户系统回水管出口处的压力，必须高于用户系统的充水高度，以防止系统倒空吸入空气，破坏正常运行和腐蚀管道（下限要求）。

4. 网路回水管内任何一点的压力，都应比大气压力至少高出 $5mH_2O$，以免吸入空气（下限要求）。

5. 在热水网路的热力站或用户引入口处，供、回水管的资用压差，应满足热力站或用户所需的作用压头（供回水压差要求）。

二、绘制热水网路水压图的步骤和方法

根据上面对水压图的基本要求，下面以一个连接着四个供暖用户的高温水供热系统为例，阐明绘制水压图的步骤和方法。在图 9-5 中，下部是网路的平面图，上部是它的水压图。

1. 以网路循环水泵中心线的高度（或其他方便的高度）为基准面，在纵坐标上按一定的比例尺作出标高的刻度（如图 9-5 上的 o-y），沿基准面在横坐标上按一定的比例尺作出距离的刻度（如图 9-5 上的 o-x）。

按照网路上的各点和各用户从热源出口起沿管路计算的距离，在 o-x 轴上相应点标出网路相对于基准面的标高和房屋高度。各点网路高度的连接线就是图 9-5 上带有阴影的线，表示沿管线的纵剖面。

2. 选定静水压曲线的位置。静水压曲线是网路循环水泵停止工作时，网路上各点的测压管水头的连接线。它是一条水平的直线。静水压曲线的高度必须满足下列技术要求。

(1) 与热水网路直接连接的供暖用户系统内，底层散热器所承受的静水压力应不超过散热器的承压能力。

(2) 热水网路及与它直接连接的用户系统内，不会出现汽化或倒空（下限要求）。

如以图 9-5 为例，设网路设计供、回水温度为 110/70℃。用户 1、2 采用低温水供暖。用户 3、4 直接采用高温水供暖。用户 1、3、4 楼高为 17m，用户 2 为一高层建筑，楼高为 30m。如欲全部采用直接连接，并保证所有用户都不会出现汽化或倒空，静水压曲线的高度需要定在不低于 39m 处（用户 2 处再加上 3m 的安全裕度）。由图可见，静水压线定得这样高，将使用户 1、3、4 底层散热器承压能力都超过一般铸铁散热器的承压能力（40mH_2O）。这样使大多数用户必须采用间接连接方式，增加了基建投资费用。

如在设计中希望采用直接连接方案，可以考虑除对用户 2 采用间接连按方式外，按保证其他用户不汽化、不倒空和不超压的技术要求，选定静水压线的高度。

当用户 2 采用间接连接后，系统的高温水可能达到的最高点是在用户系统 4 的顶部。4'点的标高是 15m，加上 110℃ 水的汽化压力 $4.6mH_2O$，再加上 $30\sim50kPa$ 的富裕值（防止压力波动），由此可定出静水压线的高度。如图所示，现将静水压曲线定在 23m 的高度上。

这样，当网路循环水泵停止运行时，所有用户都不会出现汽化，而且它们底层散热器也不会超过 $40mH_2O$ 的允许压力了。除用户 2 外，其他用户系统都可采用比较简单而造价低的直接连接方案。

选定的静水压线位置靠系统所采用的定压方式来保证。目前在国内的热水供热系统中，最常用的定压方式是采用高位水箱或采用补给水泵定压。同时，定压点的位置通常置设在网路循环水泵的吸入端。

3. 选定回水管的动水压曲线的位置。在网路循环水泵运转时，网路回水管各点的测压管水头的连接线，称为回水管动水压曲线。在热水网路设计中，如欲预先分析在选用不同的主干线比摩阻情况下网路的压力状况时，可根据给定的比摩阻值和局部阻力所占的比例，确定一个平均比压降（每米管长的沿程损失和局部损失之和），亦即确定回水管动水压的坡度，初步绘制回水管动水压线。如已知热水网路水力计算结果，则可按各管段的实际压力损失，确定回水管动水压线。

回水管的动水压线的位置，应满足下列要求。

(1) 按照上述网路热媒压力必须满足的技术要求中的第三条和第四条的规定，回水管动水压曲线应保证所有直接连接的用户系统不倒空和网路上任何一点的压力不应低于 $50kPa$（$5mH_2O$）的要求。这是控制回水管动水压曲线最低位置的要求。

(2) 要满足上述基本技术要求的第一条规定。这是控制回水管动水压曲线最高位置的要求。如对采用一般的铸铁散热器的供暖用户系统，当与热水网路直接连接时，回水管的压力不能超过 4bar。实际上，底层散热器处所承受的压力比用户系统供暖回水管出口处的压力还要高一些（一般不超过用户系统的压力损失 $1\sim1.5mH_2O$），它应等于底层散热器供水支管的压力。但由于这两者的差值与用户系统热媒压力的绝对值相比较，其值很小。为分析方便，可认为用户系统底层散热器所承受的压力就是热网回水管在用户引入口的出口处的压力。

现仍以图 9-5 为例，假设热水网路采用高位水箱或补给水泵定压方式，定压点设在网路循环水泵的吸入端。采用高位水箱定压时，为了保证静水压线 j-j 的高度，高位水箱的水面高度，应比循环水泵中心线高出 23m。这往往难以实现。如果采用补给水泵定压，只要补给水泵施加在定压点处的压力维持在 $23mH_2O$ 的压力，就能保证系统循环水泵在停止运行时对压力的要求了。

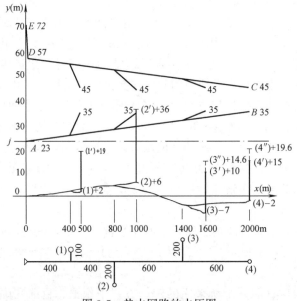

图 9-5　热水网路的水压图

如定压点设在网路循环水泵的吸入端，在网路循环水泵运行时，定压点（图 9-5 中的 A 点）的压力不变，设计的回水管动水压曲线在 A 点的标高上，仍是 23m，而回水主干线末端 B 点的动水压线的水位高度应高于 A 点，其高度差应等于回水主干线的总压降。

如本例回水主干线的总压降，通过水力计算已知为 $12mH_2O$，则 B 点的水位高度为 $23+12=35m$。这就可初步确定回水主干线的动水压曲线的末端位置。

4. 选定供水管动水压曲线的位置。在网路循环水泵运转时，网路供水管内各点的测压管水头连接线，称为供水管动水压曲线。同理，供水管动水压曲线沿着水流方向逐渐下降，它在每米管长上降低的高度反映了供水管的比压降值。

供水管动水压曲线的位置，应满足下列要求：

（1）网路供水干管以及与网路直接连接的用户系统的供水管中，任何一点都不应出现汽化。

（2）在网路上任何一处用户引入口或热力站的供、回水管之间的资用压差，应能满足用户引入口或热力站所要求的循环压力。

这两个要求实质上就是限制着供水管动水压线的最低位置。

在本例中，由于假定定压点位置在网路循环水泵的吸入端，前面确定的回水管动水压线全部高出静水压线 j-j，所以在供水管上不会出现汽化现象。

网路供、回水管之间的资用压差，在网路末端最小。因此，只要选定网路末端用户引入口或热力站处所要求的作用压头，就可确定网路供水主干线末端的动水压线的水位高度。

根据给定的供水主干线的平均比压降或根据供水主干线的水力计算成果，可绘出供水主干线的动水压曲线。

在本例中，假设末端用户 4 预留的资用压差为 $10mH_2O$。在供水管主干线末端 C 点的水位高度应为 $35+10=45m$，设供水主干线的总压力损失与回水管相等，即 $12mH_2O$，在热源出口处供水管动水压曲线的水位高度。即 D 点的标高应为 $45+12=57m$。

最后，水压图中 E 点与 D 点的高低等于热源内部的压力损失（在本例中假设为 $15mH_2O$），则 E 点的水头应为 $57+15=72m$。由此可得出网路循环水泵的扬程应为 $72-23=49mH_2O$。

这样绘出的动水压曲线 $ABCDE$ 以及静水压曲线 j-j 线，组成了该网路主干线的水压图。

各分支线的动水压曲线，可根据各分支线在分支点处的供回水管的测压管水头高度和分支线的水力计算成果，按上述同样的方法和要求绘制。

三、用户系统的压力状况和与热网连接方式的确定

当热水网路水压图的水压线位置确定后，就可以确定用户系统与网路的连接方式及其压力状况。

用户系统 1。它是一个低温水供暖的热用户（外网 110℃ 水与回水混合后再进入用户系统）。从水压图可见，在网路循环水泵停运时，静水压线对用户 1 满足不汽化和不倒空的技术要求。

（1）不会出现汽化。在用户系统 1，110℃ 高温水可能达到的最高点，在标高 +2m 处。该点压力，超过该点水温下的汽化压力。

（2）不会出现倒空。用户系统的充水高度仅在标高 19m 处，低于静水压线。

用户系统 1 位于网路的前端。热水网路提供给前端热用户的资用压头 ΔH，往往超过用户系统的压力损失 ΔH_j。如在本例中，设用户 1 的资用压头 $\Delta H_1=10mH_2O$，而用户系统 1 的压力损失只有 $1mH_2O$。在此情况下，可以考虑采用水喷射器的连接方式（单级水—水喷射泵要求工作压差 $8\sim10mH_2O$，可提供扬程 $1\sim2mH_2O$）。这种连接方式示意图和其相应的水压图可见图 9-6（a）。图中 ΔH_p 是表示水喷射器为抽引回水本身消耗的能量。在运行时，作用在用户系统的供水管压力，仅比回水管的压力高出 ΔH_j（mH_2O）。因此，正如前述，我们可将回水管的压力近似地视为用户系统所承受的压力。

由图 9-5 可见，回水管动水压曲线的位置，不致使用户系统 1 底层散热器压坏。图 9-5 中点 1 处的压力为 $35-2=33mH_2O$。该用户系统满足与网路直接连接的全部要求。

如假设用户系统 1 的压力损失较大，假设 $\Delta H_j=3mH_2O$，而单级水喷射器难以提供足够的作用压头，此时就要采用混合水泵的连接方式。

采用混合水泵连接方式示意图及其相应水压图可见图 9-6（b）所示。混合水泵的流量应等于其抽引的回水量。混合水泵的扬程 ΔH_B 应等于用户系统（成二级网路系统）的压力损失值（$\Delta H_B=\Delta H_j$）。

用户系统 2。它是一个高层建筑的低温水供暖的热用户。前已分析，为使其他用户的散热器的压力不超过允许压力，对用户 2 采用间接连接。它的连接方式示意图及其相应的水压图如图 9-6（c）所示。

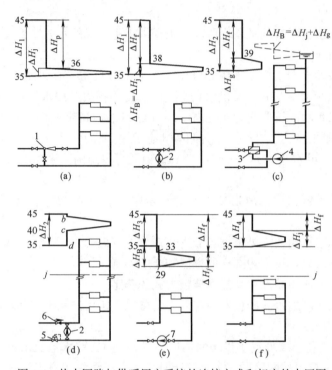

图 9-6　热水网路与供暖用户系统的连接方式和相应的水压图

1—水喷射器；2—混合水泵；3—水—水换热器；4—用户循环水泵；

5—"阀前"压力调节阀；6—止回阀；7—回水加压泵

ΔH_1、ΔH_2…—用户 1、2 等的资用压差；ΔH_f—阀门节流损失；ΔH_j—用户压力损失；

ΔH_B—水泵扬程；ΔH_g—水—水换热器的压力损失；ΔH_p—水喷射器本身消耗的损失

图中数字表示该处的测压管水头标高（对应图 9-5）

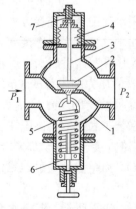

图 9-7　"阀前"压力调节阀结构图

1—阀体；2—阀瓣；3—阀杆；4—薄膜；

5—弹簧；6—调紧器；7—调节杆

在本例中，用户系统 2 与热网连接处供、回水的压差为 $10mH_2O$。如水—水换热器的压力损失 $\Delta H_j = 4mH_2O$，此时只需将进入用户 2 的供水管用阀门节流，使阀门后的水压线标高下降到 39m 处，即可满足设计工况的要求。供暖用户系统的水压图示意图也在图 9-6（c）示出。

在本例给定的水压图条件下，如在设计或运行上采取一些措施，用户 2 也可考虑与网路直接连接。

在设计用户入口时。在用户 2 的回水管上安装一个"阀前"压力调节阀，在供水管上安装止回阀。"阀前"调节阀的结构示意图见图 9-7。其工作原理如下：当回水管的压力作用在阀瓣上的力超过弹簧的平衡拉力时，阀孔才能开启。弹簧的选用拉力要大于局

部系统静压力 $3\sim5mH_2O$。因此，保证用户系统不会出现倒空。当网路循环水泵停止运行时，弹簧的平衡拉力超过用户系统的水静压力，就将阀瓣拉下，阀孔关闭，它与安装在供水管上的止回阀一起将用户系统 2 与网路截断。安装了"阀前"压力调节阀的水压图可见图 9-6（d）所示。其中 H_{ab} 代表供水管阀门节流损失，H_{bc} 表示用户系统的压力损失，c 点的水压线位置应比用户系统的充水高度超出 $3\sim5mH_2O$。ΔH_{cd} 表示"阀前"压力调节阀的压力损失。由水压图水压线的位置可见，它满足了用户系统与网路直接连接的所有技术要求。

如在本例中用户 2 的引入口处没有安装"阀前"压力调节阀，而又欲采用直接连接方式时，在网路正常运行的情况下，必须将用户引入口处回水管上的阀门节流，使其节流压降等于 ΔH_{cd}，亦即使流出用户系统处的回水压力高过它的水静压力。这样用户 2 在运行时能充满水且能正常运行。当网路循环水泵一旦停止运转时，必须立即关闭用户 2 的回水管上的电磁阀（供水管上仍安装止回阀），使用户系统 2 完全与网路截断，避免使低处用户承受过高的压力。这种方法当然不如采用间接连接方式或安装"阀前"压力调节阀那样安全可靠。

用户系统 3。它位于地势最低点。在循环水泵停止工作时，静水压线 j-j 的位置不会使底层散热器压坏。底层散热器承受的压力为 $23-(-7)=30mH_2O$。但在运行工况时，用户系统 3 处的回水管压力为 $35-(-7)=42mH_2O$，超过了一般铸铁散热器所允许承受的压力。

为此，用户系统 3 入口的供水管要节流。如在本例中，从安全角度出发，进入用户系统 3 供水管的测压管水头要下降到标高 33m 处。这么一来，用户系统的作用压头不但不足，反而成为负值了。因此要在用户入口的回水管上安装水泵，抽引用户系统的回水，压入外网去。如假设系统 3 的设计压力损失为 $4mH_2O$，则该用户回水加压泵的扬程应等于 $35-(33-4)=6mH_2O$。用户系统 3 与热网的连接方式及其相应的水压图，见图 9-6（e）所示。

用户系统回水泵加压的连接方式。主要用在网路提供用户或热力站的资用压头，小于用户或热力站所要求的压力损失 ΔH_j 的场合。这种情况常出现在热水网路末端的一些用户或热力站上。因为当热水网路上连接的用户热负荷超过设计负荷，或网路没有很好地进行初调节时，末端一些用户或热力站很容易出现作用压头不足的情况。此外，当利用热水网路再向一些用户供暖时（例如工厂的回水再向生活区供暖，这种方式也称为"回水供暖"），也多需用回水泵加压的方式。

在实践中，利用用户或热力站的回水泵加压的方式，往往由于选择水泵的流量或扬程过大，影响邻近热用户的供热工况，形成网路的水力失调（见第十章所述）。因而需要仔细分析，正确选择回水加压泵的流量和扬程并采用变速调节。

用户系统 4。它是一个高温水供暖的用户。网路提供用户的资用压头（$\Delta H_4 = 5mH_2O$）如大于用户所需（在本例中，假设 $\Delta H_j = 5mH_2O$），则只要在用户 4 入口的供水管上节流，使进入用户的供水管测压管水头标高降到 $35+5=40m$ 处，就可满足对水压图的一切要求，达到正常运行。

四、循环水泵性能参数的确定

网路循环水泵是驱动热水在热水供热系统中循环流动的机械设备。在完成热水供热系统管路的水力计算后，便可确定网路循环水泵的流量和扬程。

网路循环水泵流量的确定。对具有多种热用户的闭式热水供热系统，原则上应首先绘制供热综合调节曲线（见十一章第五节），将各种热负荷的网路总水流量曲线相叠加，得出相应某一室外温度 t_w 下的网路最大设计流量值，作为选择的依据。对目前常见的只有单一供暖热负荷，或采用集中质调节的具有多种热用户的并联闭式热水供热系统，网路的总最大设计流量，亦即网路循环水泵的流量，可按式（9-13）和式（9-14）确定。

循环水泵的压头（扬程），应不小于设计流量条件下热源、热网和最不利用户环路的压力损失之和。

$$H = H_r + H_w + H_y \tag{9-18}$$

式中　H——循环水泵的扬程，Pa（或 mH_2O）；

H_r——网路循环水通过热源内部的压力损失，Pa（或 mH_2O）。它包括热源加热设备（热水锅炉或换热器）和管路系统等的压力损失，一般取 $H_r = (10\sim 15)mH_2O$；

H_w——网路主干线供、回水管的压力损失，Pa（或 mH_2O），根据网路水力计算结果确定；

H_y——主干线末端用户系统的压力损失，Pa（或 mH_2O）。

用户系统的压力损失与用户的连接方式及用户入口设备有关。在设计中可采用如下的参考数据。

对与网路直接连接的供暖系统，约为 $1\sim 2mH_2O$；

对与网路直接连接的暖风机供暖系统或大型的散热器供暖系统，地暖系统约为 $3\text{-}5mH_2O$；

对采用水喷射器的供暖系统，约为 $8\sim 12mH_2O$；

对采用水—水换热器间接连接的用户系统，约为 $10\sim 15mH_2O$。

对于设置供回水跨接的混合水泵的热力站，网路供、回水管的预留资用压差值，应等于热力站后二级网路及其用户系统的设计压力损失值。

在热水网路水压图上，可清楚地表示出循环水泵的扬程和上述各部分的压力损失值。应着重指出：循环水泵是在闭合环路中工作的，它所需的扬程，仅取决于闭合环路中的总压力损失，而与建筑物高度和地形无关。

第五节　补给水泵定压方式

通过上一节的阐述可见，绘制热水网路的水压图，确定水压曲线的位置是正确进行热网设计，分析用户压力状况和连接方式以及合理组织热网运行的重要手段，欲使热网按水压图给定的压力状况运行，要靠所采用的定压方式、定压点的位置和控制好定压点所要求的压力。

补给水泵定压方式是目前国内集中供热系统最常用的一种定压方式。补给水泵定压方式主要有三种形式：

1. 补给水泵连续补水定压方式；

2. 补给水泵间歇补水定压方式；

3. 补给水泵补水定压点设在旁通管处的定压方式。

图 9-8 所示是补给水泵连续补水定压方式的示意图。定压点设在网路循环水泵的吸入端。利用压力调节阀保持定压点恒定的压力。

这种压力调节阀多采用直接作用式压力调节阀。当网路加热膨胀，或网路漏水量小于补给水量以及其他原因使定压点的压力升高时，作用在调节阀膜室上的压力增大，克服重锤所产生的压力后，阀芯流动截面减少，

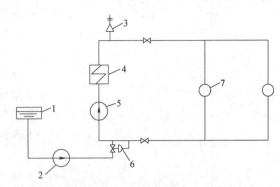

图 9-8　补给水泵连续补水定压方式示意图
1—补给水箱；2—补给水泵；3—安全阀；4—加热装置；
5—循环泵；6—压力调节器；7—热用户

补给水量减少，直到阀后压力等于定压点控制的压力值为止。相反过程的作用原理相同，同样可使阀孔流动截面增大、增加补给水量，以维持定压点的压力。

直接作用的压力调节阀也有如图 9-7 所示利用弹簧平衡作用在薄膜上压力的结构形式。

图 9-9 所示是补给水泵间歇补水定压方式的示意图。补给水泵 2 的启动和停止运行是由电接点式压力表 6 的表盘上的触点开关控制的。压力表 6 的指针到达相当于 H_A 的压力时，补给水泵停止运行；当网路循环水泵的吸入口压力下降到 H'_A 的压力时，补给水泵就重新启动补水。这样，网路循环水泵吸入口压力保持在 H_A 和 H'_A 之间的范围内。

间歇补水定压方式要比连续补水定压方式少耗一些电能，设备简单。但其动水压曲线上下波动，不如连续补水方式稳定。通常取 H_A 和 H'_A 之间的波动范围为 $5mH_2O$ 左右，不宜过小，否则触点开关动作过于频繁而易于损坏。

间歇补水定压方式宜使用在系统规模不大、供水温度不高、系统漏水量较小的供热系统中；

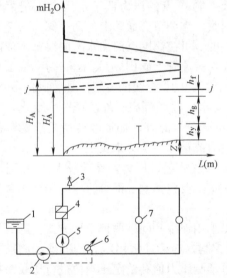

图 9-9　补给水泵间歇补水定压方式示意图
1～5—同图 9-8；6—电接点压力表；7—热用户；
Z—地势高低；h_y—用户系统充水高度；
h_g—汽化压力值；h_f—富裕值（3～5mH_2O）

对于系统规模较大、供水温度较高的供热系统，应采用连续补水定压方式。

上述两种补水定压方式，其定压点都设在网路循环水泵的吸入端。从图 9-5 的水压图可见，网路运行时，动水压曲线都比静水压曲线高。对大型的热水供热系统，为了适当地降低网路的运行压力和便于调节网路的压力工况，可采用定压点设在旁通管的连续补水定压方式。

图 9-10 是定压点设在旁通管上的补水定压方式的示意图。在热源的供、回水干管之间连接一根旁通管，利用补给水泵使旁通管 J 点保持符合静水压线要求的压力。在网路循环水泵运行时，当定压点 J 的压力低于控制值时，补水泵转速增大，补水量增加；当定压点 J 点压力高于控制值时，补水泵转速降低，补水量减少。如由于某种原因（如水温不断急骤升高等原因），即使补水泵停止转动，压力仍不断地升高，则泄水调节阀 3 开启，泄放网路水，一直到定压点的压力恢复到正常为止。当网路循环水泵停止运行时，整个网路压力先达到运行时的平均值然后下降，通过补给水泵的补水作用，使整个系统压力维持在定压点 J 的静压力。

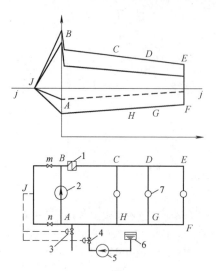

图 9-10　旁通管定压点补水定压方式示意图
1—加热装置（锅炉或换热器）；2—网路循环泵；
3—泄水调节阀；4—压力调节阀；5—补给水泵
6—补给水箱；7—热用户；
注：虚线为关小阀门 m 的水压图。

利用旁通管定压点连续补水定压方式，可以适当地降低运行时的动水压曲线，网路循环水泵吸入端 A 点的压力低于定压点 J 的静压力。同时，靠调节旁通管上的两个阀门 m 和 n 的开启度，可控制网路的动水压曲线升高或降低，如将旁通管上阀门 m 关小，作用在 A 点上的压力升高，从而整个网路的动水压曲线升高到如图 9-10 虚线的位置。如将阀门 m 完全关闭，则 J 点压力与 A 点压力相等，网路整个动水压曲线都高于静水压线。反之，如将旁通管上的阀门 n 关小，网路的动水压曲线则可降低。此外，如欲改变所要求的静压力线的高度，可通过调整压力调节器内的弹簧弹性力或重锤平衡力来实现。

利用旁通管定压点连续补水定压方式，对调节系统的运行压力，具有较大的灵活性。但旁通管不断通过网路水，网路循环水泵的计算流量，要包括这一部分流量。循环水泵流量的增加将多消耗些电能。

需要说明的是：旁通管补水定压方式同样可以采用连续和间歇两种定压方式。随着控制技术的提高，目前大多采用单板机或 PLC 进行控制，连续补水用压力传感器和间歇补水用电接点压力表统一采用压力变送器代替。通过感测压力值和给定压力值进行比较来控制补水泵运行。当给定压力为某一控制范围时，感测压力小于下限值时，补水泵启动补水；当感测压力到达给定上限值时，补水泵停止补水，即实现间歇补水定压方式。当给定某一压力值时，水泵采用变频补水定压方式，感测压力远离给定值时，水泵转速增加；当感测压力接近给定值时，水泵减速运行，实现连续补水定压方式。

在闭式热水供暖系统中，采用上述的补给水泵定压时，补给水泵的流量，主要取决于整个系统的渗漏水量。系统的渗漏水量与供热系统的规模、施工安装质量和运行管理水平有关，难以有准确的定量数据。目前《热网标准》规定：闭式热水网路的补水率，不宜大于总循环水量的 1％。但在选择补给水泵时，整个补水装置和补给水泵的流量，应根据供热系统的正常补水量和事故补水量来确定，一般取正常补水量的 4 倍计算。详见本书第十六章中阐述。

第六节　其他定压方式（氮气罐、空气囊定压）

目前，供热工程中所采用的气体定压主要分氮气、空气和蒸汽定压。

1. 氮气定压

恒压式氮气定压系统，如图 9-11 所示，工作原理如下：热水膨胀时，从恒压膨胀罐所排出的氮气进入低压氮气贮气罐中，再由压缩机压入高压氮气罐。在热水收缩时，氮气供给控制阀开启，由高压氮气贮气罐向恒压膨胀罐送入氮气，氮气不足时由氮气瓶供给。这样可使恒压膨胀罐内的压力始终保持一致。

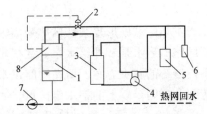

图 9-11　恒压式氮气定压系统

1—恒压膨胀罐；2—氮气供给控制阀；3—低压氮气罐；4—压缩机；5—高压氮气罐；6—氮气瓶；7—循环水泵；8—最小气体空间

变压式氮气定压系统，如图 9-12 所示工作原理如下：水受热膨胀时，罐内氮气被压缩，管路的压力增加；水收缩时，罐内压力降低，使氮气量保持一定而允许罐内压力变化。压力变动虽是允许的，但罐内压力始终不能低于高温水的饱和压力。

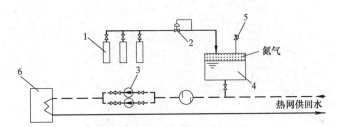

图 9-12　变压式氮气定压系统

1—氮气瓶；2—压力调节阀；3—循环水泵；4—恒压膨胀罐；5—安全阀；6—热源

氮气定压的热水系统运行安全可靠，能够较好地防止系统出现汽化及水击现象，但需消耗氮气，设备较复杂，设计计算工作量较大。因此，这种定压方式多用在供水温度较高的供热系统中。

2. 空气定压

如图 9-13 所示，这种定压方式与氮气定压方式相同，但采用空气时，若压力高，则

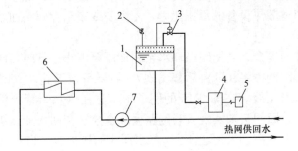

图 9-13　空气定压系统

1—定压膨胀罐；2—安全阀；3—压力调节阀；4—空气压缩机；5—空气罐；6—热源；7—循环水泵

会大量溶解空气中的氧气而使管道或定压罐的内壁受到腐蚀，所以空气定压方式不宜用在高温水系统上。如果采用，必须调节循环水的 pH 值或尽可能减少空气供给量。

第七节 中继加压泵站

当供热区域地形复杂、供热距离很长，或因原有热水网路扩建等原因，如只在热源处设置网路循环水泵和补给水泵，往往难以满足网路和大多数用户压力工况的要求。在此情况下，传统的解决方案，要在网路供水或回水管上设置网路中继加压泵站，有时甚至需要设置两个或两个以上的补水定压点，才能使其压力工况满足要求。

图 9-14（a）是一个供热距离很长的网路。由于供热距离过远，网路后部的回水干管的动水压曲线过高（见图中虚线所示），会使后部的用户承受超过散热器所能承受的压力。如在网路回水干管上设置回水加压泵站，就可使后部用户承受的压力降低到允许范围内（见图中实线所示）。

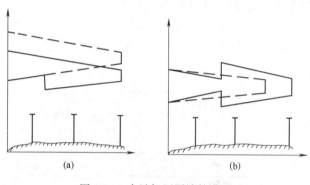

图 9-14 中继加压泵站的设置

图 9-14（b）是原有热水网路扩建的例子。由于扩建接入了许多用户，网路流量增大，在管径不改变的情况下，网路的动水压曲线坡度增加，后部用户的资用压头和流量就显得不足了。这可根据具体情况，在供水干管、回水干管，或者在供、回水干管上设置加压水泵来解决。图 9-14（b）中虚线表示原有的网路水压图。实线表示在供水干管和回水干管都设置加压水泵，并扩大了供热范围的水压图。

图 9-15 是一个地形高低悬殊，热源位于高处的例子。如果不在网路回水干管上设置加压水泵，网路的动水压曲线将如图中虚线所示。在网路后部，位于低处的用户，将承受很高的压力，甚至超过散热设备的承压能力，图中实线表示在网路回水干管上设置了加压水泵的动水压曲线。

在地势高低悬殊的场合，当网路循环水泵和加压泵停止运行时，网路的某些区域很有可能出现超压（如本图例中将在网路后部出现）。需要采取措施，立即将网路截断为两个区域，维持不同的水静压线。在图 9-16 的例子中，靠在供水干管上设置自动截断阀门 6 和在回水干管上设置止回阀 7 来实现。当网路循环水泵 2 和回水加压泵 8 停止运转时，网路后部的回水干管压力升高，当到达 j_2-j_2 静水压线的压力时，自动截止阀门 6 关闭和回水管上的止回阀 7 一起保护网路后部的用户免受前面网路高水静压力的直接作用，将网路分成了压力状况不同的两个区域。前面网路的水静压力 j_1-j_1，靠热源的补给水泵 3 和补水压力调节阀 1 的作用来保证。后面网路的水静压线 j_2-j_2，靠通过补水调节阀 9 节流降压来保证。

图 9-16 是一个地形高低悬殊、热源位于低处的例子。图中虚线表示没有在供水干管上设置加压水泵的水压图。此时，供水干管出口处压力高，前面网路回水管动水压曲线也很高，有可能使前面网路的用户超压。如在供水干管上设置加压水泵，同时，顺着地势特点，在回水管上设置"阀前"压力调节器 8，则其动水压曲线将如图上实线所示。

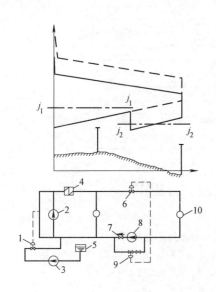

图 9-15　地形高低悬殊、热源在高处时，
设置中继加压泵站的示意图

1—补水压力调节阀；2—网路循环水泵；3—补给
水泵；4—加热装置（锅炉或换热器）；5—补给水箱；
6—自动截断阀门；7—止回阀；8—中继回水
加压泵；9—补水调节阀；10—热用户

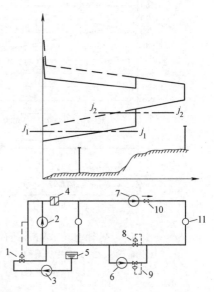

图 9-16　地形高低悬殊、热源在低处时，
设置中继加压泵站的示意图

1~5—同图 9-16；6—泵站补给水泵；7—中继
供水加压泵；8—"阀前"压力调节器；9—泵站
补水压力调节阀；10—止回阀；11—热用户

在供水干管上设置加压水泵，可降低热源出口供水管的压力；同时，通过加压水泵增压，同样可以保证后部网路的高温水不汽化。"阀前"压力调节器起着节流、降低前部网路回水管压力的作用。在网路循环水泵和加压水泵停止运转时，同样需要将网路截断为两个区域，维持不同的水静压线。供水干管上的止回阀 10 起着保护前面用户免受后面网路的高水静压线的作用。又由于回水干管压力下降，当压力下降到静压力线 j_2-j_2 的位置时，"阀前"压力调节器 8 自动关闭。从而实现了将网路分成压力状况不同的两个区域的目的。前面网路的静水压线 j_1-j_1，靠热源的补给水泵 3 和补水调节阀 1 来保证。后面网路的静水压线 j_2-j_2，靠泵站补给水泵 6 和补水调节阀 9 来保证。泵站补给水泵 6 的扬程应为 j_2-j_2 与 j_1-j_1 两条静水压线之间的差值。

图 9-17 是利用太原市古交电厂抽汽和乏汽对太原市进行集中供热的太古长输管线中继泵站及其水压示意图。从古交电厂至太原市城区周边隔压站单程管线长度 37.8km，复线 DN1400 管道，即 2 根供水管道、2 根回水管道。古交热电厂在高处，高出隔压站

180m，且沿途地势起伏较大，地形复杂，为了控制管网设计压力在 2.5MPa 范围内，沿途建设了四座中继泵站，总计 5 组加压泵串联。其中 1 号、3 号和隔压站等加压泵组都安装在回水管道上，2 号中继泵站有两组加压泵，分别安装在供、回水管道。把热源首站循环泵计算在内，该长输管线总共 6 组泵串联运行。

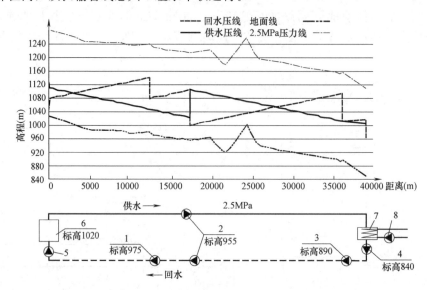

图 9-17　太古长输管线中继泵站及其水压示意图组

1—1 号中继泵站；2—2 号中继泵站；3—3 号中继泵站；4—隔压站中继泵站；5—首站循环泵；

6—电厂首站换热器；7—隔压站换热器；8—市区一级网循环泵

在网路循环水泵和加压水泵停止运转时，系统静压没有分段，维持一条水平线，满足最低点不超压 2.5MPa，最高点不汽化等要求。

第十章　热水供热系统的水力工况

在热水供热系统运行过程中，往往由于种种原因，使网路的流量分配不符合各热用户的要求，因而造成各热用户的供热量不符合要求。

热水供热系统中各热用户的实际流量与要求的流量之间的不一致性，称为该热用户的水力失调。它的水力失调程度可用实际流量与规定流量的比值来衡量，即

$$x = V_s/V_g \tag{10-1}$$

式中　x——水力失调度；

　　　V_s——热用户的实际流量；

　　　V_g——热用户的规定流量。

引起热水供热系统水力失调的原因是多方面的。如开始网路运行时没有很好地进行初调节，热用户的用热量要求发生变化等。这些情况是难以避免的。由于热水供热系统是一个具有许多并联环路的管路系统，各环路之间的水力工况相互影响，系统中任何一个热用户的流量发生变化，必然会引起其他热用户的流量发生变化，也就是在各热用户之间流量重新分配，引起了水力失调。

本章着重阐述热水供热系统水力工况的计算方法，分析热水供热系统水力工况变化的规律和对系统水力失调的影响，并研究改善系统水力失调状况的方法。

掌握这些规律和分析问题的方法，对热水供热系统设计和运行管理都很有指导作用。例如：在设计中应考虑哪些原则使系统的水力失调程度较小（或使系统的水力稳定性高）和易于进行系统的初调节；在运行中如何掌握系统水力工况变化时，热水网路上各热用户的流量及其压力、压差的变化规律；用户引入口调节装置（调节阀、自力式流量控制阀、自力式压差控制阀等）的工作参数和波动范围的确定等问题，都必须分析系统的水力工况。

第一节　热水网路水力工况计算的基本原理

一、管网特性曲线

在室外热水网路中，水的流动状态大多处于阻力平方区。因此，流体的压降与流量关系服从二次幂规律。它可用下式表示：

$$\Delta P_i = R_i(l_i + l_{id}) = S_i V_i^2 \tag{10-2}$$

式中　ΔP_i——网路计算管段的压降，Pa；

　　　V_i——网路计算管段的水流量，m^3/h；

　　　S_i——网路计算管段的阻抗，$Pa/(m^3/h)^2$，它代表管段通过 $1 m^3/h$ 水流量时的压降；

　　　R_i——网路计算管段的比摩阻，Pa/m；

　　l_i、l_{id}——网路计算管段的长度和局部阻力当量长度，m。

如将式（9-2）代入式（10-2），可得

$$S_i = 6.88 \times 10^{-9} \frac{K_i^{0.25}}{d_i^{5.25}} (l_i + l_{id}) \rho \quad \text{Pa}/(\text{m}^3/\text{h})^2 \tag{10-3}$$

由式（10-3）可见，在已知水温参数下，网路各管段的阻抗 S_i 只和管段的管径 d_i、长度 l_i、管道内壁当量绝对粗糙度 K_i 以及管段局部阻力当量长度 l_{id} 的大小有关，亦即网路各管段的阻抗 S_i 仅取决于管段本身，它不随流量变化。

任何热水网路都是由许多串联管段和并联管段组成。串联管段和并联管段总阻抗的确定方法，在本书第四章中已阐述，只是计算单位不同，可见式（4-22）、式（4-25）和式（4-28）。

在串联管段中，串联管段的总阻抗为各串联管段阻抗之和：

$$S_{ch} = S_1 + S_2 + S_3 + \cdots\cdots \tag{10-4}$$

式中　　S_{ch}——串联管段的总阻抗；

S_1、S_2、S_3——各串联管段的阻抗。

在并联管段中，并联管段的总通导数为各并联管段通导数之和：

$$a_b = a_1 + a_2 + a_3 + \cdots\cdots \tag{10-5}$$

即

$$\frac{1}{\sqrt{S_b}} = \frac{1}{\sqrt{S_1}} + \frac{1}{\sqrt{S_2}} + \frac{1}{\sqrt{S_3}} + \cdots\cdots \tag{10-6}$$

$$V_1 : V_2 : V_3 = \frac{1}{\sqrt{S_1}} : \frac{1}{\sqrt{S_2}} : \frac{1}{\sqrt{S_3}} = a_1 : a_2 : a_3 \tag{10-7}$$

式中　　a_b、S_b——并联管段的总通导数和总阻抗；

a_1、a_2、a_3——各并联管段的通导数；

S_1、S_2、S_3——各并联管段的阻抗；

V_1、V_2、V_3——各并联管段的水流量。

根据上述并联管段和串联管段各阻抗的计算方法，可以逐步算出整个热水网路最不利环路的总阻抗 S_{zh} 值。则热水网路最不利环路的总阻力为

$$\Delta P = S_{zh} V^2 \quad \text{Pa}$$

如将这一关系绘在以流量 V 与管压降 ΔP 组成的直角坐标系图上，就可以得到一条曲线，通常称作管网特性曲线，见图 10-1 中的曲线 1 和曲线 3。它表示出热水网路的循环流量 V 及其沿途管压降 ΔP 的相互关系。

二、循环水泵流量-扬程特性曲线及其方程

循环水泵的流量和扬程之间的关系可以用来表示，通常水泵厂家通过实验，将水泵的实际流量与扬程的关系，按照一定的比例绘制在以流量 V 与扬程 H 组成的直角坐标系图上，称作水泵特性曲线，如图 10-1 中的曲线 2 和曲线 4。作为水泵选型和分析运行工况的依据。

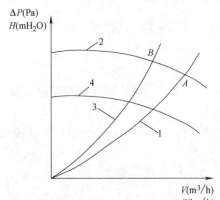

图 10-1　水泵与热水网路特性曲线

1、3—管路的特性曲线；2、4—依次为泵在额定转速和低转速下的性能曲线；A、B—工作点

$$H = f(V)$$

为了便于定量分析供热系统水力工况的变化，水泵的特性曲线还需要用代数方程来表示。

建立流量－扬程特性方程的方法如下：

1. 用插入法建立泵性能曲线的代数方程

从样本特性曲线或样本性能表上读取若干点的流量与扬程，取得若干组数据。

流量数据为

$$|V_1, V_2, V_3, \cdots, V_n|$$

对应各流量的扬程为

$$|H_1, H_2, H_3, \cdots, H_n|$$

利用上述数据组，采用插值或曲线拟合方法得到扬程和流量的代数方程：

$$H = C_1 + C_2V + C_3V^2 \tag{10-8}$$

式中　　　V——水泵流量；

　　　　　H——水泵扬程；

C_1，C_2，C_3——扬程－流量性能曲线数学表达式系数。

当所取数据 $n = 3$，即取 3 个点时，由拉格朗日（Lagrange）二次插值公式得出式（10-8）的系数：

$$C_1 = H_1 - C_2V_1 - C_3V_1^2$$

$$C_2 = \frac{H_1 - H_2}{V_1 - V_2} - (V_1 + V_2)C_3$$

$$C_3 = \frac{H_3(V_1 - V_2) + H_1(V_2 - V_3) + H_2(V_3 - V_1)}{(V_1 - V_2)(V_2 - V_3)(V_3 - V_1)}$$

2. 用最小二乘法进行曲线拟合

通过测定循环泵的 n 个工况点，获得 n 组扬程—流量数据。由于测定工作产生的误差，造成测定数据偏离实际工况点，不能用插值方法建立性能曲线的代数方程，而要采用最小二乘法进行曲线拟合。

已测的数据（V_i，H_i）（$i = 1, 2, \cdots, n$），对应于第 i 个测点的流量和扬程：

$$H(V_i) = C_1 + C_2V_i + C_3V_i^2$$

测点的实际扬程 $H(V_i)$ 与实测 H_i 存在误差

$$d_i = H(V_i) - H_i$$

为了从测定的 n 组数据出发，求取一个最佳的系数 C_1、C_2 和 C_3 值，以便使误差最小，建立误差平方和函数 E：

$$E = \sum_{i=1}^{n} [H(V_i) - H_i]^2 = \sum_{i=1}^{n} [C_1 + C_2V_i + C_3V_i^2 - H_i]^2$$

根据最小二乘法原理，求取误差的平方和函数 E 极小时的 C_1、C_2、C_3 值：

$$\frac{\partial E}{\partial C_j} = 2 \sum_{i=1}^{n} [C_1 + C_2V_i + C_3V_i^2 - H_i] \cdot V_i^{j-1} = 0 \qquad j = 1, 2, 3$$

经整理得

$$C_1 n + C_2 \sum_{i=1}^{n} V_i + C_3 \sum_{i=1}^{n} V_i^2 = \sum_{i=1}^{n} H_i$$

$$C_1 \sum_{i=1}^{n} V_i + C_2 \sum_{i=1}^{n} V_i^2 + C_3 \sum_{i=1}^{n} V_i^3 = \sum_{i=1}^{n} H_i V_i$$

$$C_1 \sum_{i=1}^{n} V_i^2 + C_2 \sum_{i=1}^{n} V_i^3 + C_3 \sum_{i=1}^{n} V_i^4 = \sum_{i=1}^{n} H_i V_i^2$$

解三元一次方程组，可求出式（10-8）中系数 C_1、C_2、C_3 的值。

三、水泵在管网系统的工作点

1. 图解法

如上所述，管网系统的特性是由管路本身所确定的，而管网的大小、管径粗细、分支数量多少又取决于供热工程实际，和水泵本身无关。但是，供热工程的循环流量及克服管网阻力损失所需要的扬程又必须由循环水泵来满足。这是一对矛盾的两个方面。

将泵的特性曲线和管路的特性曲线同绘在一张坐标图 10-1 上。代表管路性能的曲线 1 是一条二次曲线。选用某一水泵，其特性曲线由 2 表示。曲线 1 和曲线 2 交于 A 点。很显然，A 点表明所选定的水泵可以向供热管网系统提供 V_a 大小的流量和 H_a 大小的扬程。如果 A 点所表明的参数能满足供热系统的要求，而又处在水泵的高效率区域范围内，这样的安排是恰当的、经济的。

A 点就是循环水泵的工作点。

应当注意，工作点所表明的流量 Q_a 应是水泵的高效区极限流量，应等于供热系统的设计状态下的循环流量。

2. 计算法

将水泵的特性曲线方程（10-8）和热水网路特性曲线 $\Delta P = S_{zh} V^2$ 联立求解，得出循环水泵工作点的 H 和 V 值。

计算法在系统初调节中具有重要的地位。

3. 循环水泵的工况调节

循环水泵的工况调节即指流量和扬程的调节。其中流量的调节只能是向小于极限流量的方向调节。由于某种原因，比如运行初期实际供热规模小于设计规模，比如室外气温变暖等都需要比设计流量少的流量，这就需要调节。

由于水泵的工作点由管网特性与水泵特性共同确定，因此改变任何一种特性都可以改变水泵的工作点。

（1）改变管网特性

图 10-1 曲线 3 是改变了管网的特性曲线，如实际供热规模小于设计规模，关小水泵出口阀门，或管网某分支处于事故关断状态等。管网总阻抗增大，特性曲线变陡，与水泵特性曲线交于 B 点。此时循环泵的流量、扬程分别为 V_b、H_b。

（2）改变循环水泵的特性曲线

相应于不同的转速，循环水泵有一簇特性曲线，如图 10-1 曲线 4 是低于额定转速特性曲线 2 的又一条特性曲线。可见，通过改变循环水泵的转速，同样可以调整水泵的工作点，使供热系统的流量到达 V_b。

应当注意的是，循环水泵的极限转数就是额定转数，转速调整只能在极限转速范围内进行调整，且最低转速也应在额定转速的 30% 范围内。

水泵转速的调整由于管网结构没有发生变化，所以不会打破管网系统原有的水力平衡状态，即各用户流量分配比例不会改变。而通过改变管网的阀门进行调整，极有可能破坏管网系统原有的平衡，引起系统流量的重新分配。

四、管网流量再分配

当热水网路的任一管段的阻抗，在运行期间发生了变化（如调整用户阀门，接入新用户等），则必然使热水网路的总阻抗 S 值改变，工作点 A 的位置随之改变（如改到图 10-1 曲线 3 的 B 点位置），热水网路的水力工况也就改变了。不仅网路总流量和总压降变化，而且由于分支管段的阻抗变化，也要引起流量分配的变化。

如要定量地算出网路正常水力工况改变后的流量再分配，其计算步骤如下：

（1）根据正常水力工况下的流量和压降，求出网路各管段和用户系统的阻抗；

（2）根据热水网路中管段的连接方式，利用求串联管段和并联管段总阻抗的计算公式［见式（10-4）、式（10-6）］，逐步地求出正常水力工况改变后整个系统的总阻抗；

（3）得出整个系统的总阻抗后，可以利用上述的图解法，画出网路的特性曲线，与网路循环水泵的特性曲线相交，求出新的工作点。也可利用上述计算法求解确定新的工作点的 ΔP 和 V 值。当水泵特性曲线较平缓时，也可近似视为 ΔP 不变，利用下式求出水力工况变化后的网路总流量 V'：

$$V' = \sqrt{\frac{\Delta P}{S'_{zh}}} \tag{10-9}$$

式中　V'——网路水力工况变化后的总流量，m^3/h；

ΔP——网路循环水泵的扬程，设水力工况变化前后的扬程不变，Pa；

S'_{zh}——网路水力工况改变后的总阻抗，$Pa/(m^3/h)^2$。

（4）顺次按各并联管段流量分配的计算方法［（见式（10-7）］分配流量，求出网路各管段及各用户在正常工况改变后的流量。

第二节　热水网路水力工况的分析和计算

根据上述水力工况计算的基本原理，就可分析和计算热水网路的流量分配，研究它的水力失调状况。

对于整个网路系统来说，各热用户的水力失调状况是多种多样的。

当网路中各热用户的水力失调度 x 都大于 1（或都小于 1）时，称为一致失调。一致失调又可分为等比失调和不等比失调。所有热用户的水力失调度 x 值都相等的水力失调状况，称为等比失调。热用户的水力失调度 x 值不相等的水力失调状况，称为不等比失调。

当网路中各热用户的水力失调度有的大于 1，有的小于 1 时，则为不一致失调。

当网路各管段和各热用户阻抗已知时，也可以用求出各用户占总流量的比例的方法，来分析网路水力工况变化的规律。

如一热水网路系统有 n 个用户，如图 10-2 所示，干线各管段的阻抗以 $S_Ⅰ$、$S_Ⅱ$、$S_Ⅲ \cdots S_n$ 表示；支线与用户的阻抗以 S_1、S_2、$S_3 \cdots S_n$ 表示。网路总流量为 V，用户流量

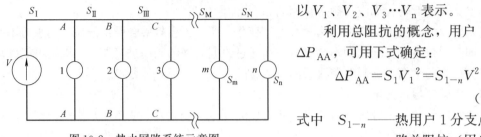

以 V_1、V_2、$V_3\cdots V_n$ 表示。

　　利用总阻抗的概念，用户 1 处的 ΔP_{AA}，可用下式确定：

$$\Delta P_{AA}=S_1V_1{}^2=S_{1-n}V^2$$

(10-10)

图 10-2　热水网路系统示意图

式中　S_{1-n}——热用户 1 分支点的网路总阻抗（用户 1 到用户 n 的总阻抗）。

　　由式（10-10），可得出用户 1 占总流量的比例，即相对流量比 $\overline{V_1}$

$$\overline{V_1}=V_1/V=\sqrt{\frac{S_{1-n}}{S_1}}$$

(10-11)

　　对用户 2，同理，ΔP_{BB} 可用下式表示：

$$\Delta P_{BB}=S_2V_2{}^2=S_{2-n}(V-V_1)^2$$

(10-12)

式中　S_{2-n}——热用户 2 分支点的网路总阻抗（用户 2 到用户 n 的总阻抗）。

　　从另一分析来看，用户 1 分支点处的 ΔP_{AA} 也可写成

$$\Delta P_{AA}=S_{1-n}V^2=(S_{II}+S_{2-n})(V-V_1)^2$$

$$\Delta P_{AA}=S_{1-n}V^2=S_{II-n}(V-V_1)^2$$

(10-13)

式中　$S_{II-n}=S_{II}+S_{2-n}$——热用户 1 之后的网路总阻抗（注意：不包括用户 1 及其分支线）。

　　式（10-12）与式（10-13）两式相除，可得

$$\frac{S_2V_2{}^2}{S_{1-n}V^2}=\frac{S_{2-n}}{S_{II-n}}$$

则

$$\overline{V_2}=\frac{V_2}{V}=\sqrt{\frac{S_{1-n}\cdot S_{2-n}}{S_2S_{II-n}}}$$

(10-14)

　　根据上述推算，可以得出第 m 个用户的相对流量比为

$$\overline{V_m}=\frac{V_m}{V}=\sqrt{\frac{S_{1-n}\cdot S_{2-n}\cdot S_{3-n}\cdots S_{m-n}}{S_m\cdot S_{II-n}\cdot S_{III-n}\cdots S_{M-n}}}$$

(10-15)

由式（10-15）可以得出如下结论：

（1）各用户的相对流量比仅取决于网路各管段和用户的阻抗，而与网路流量无关；

（2）第 d 个用户与第 m 个用户（$m>d$）之间的流量比，仅取决于用户 d 和用户 d 以后（按供水流动方向）各管段和用户的阻抗，而与用户 d 以前各管段和用户的阻抗无关。因为，如假定 $d=4$，$m=7$，则从式（10-15）可得

$$\frac{V_m}{V_d}=\frac{V_7}{V_4}=\sqrt{\frac{S_{5-n}\cdot S_{6-n}\cdot S_{7-n}\cdot S_4}{S_{V-n}\cdot S_{VI-n}\cdot S_{VII-n}\cdot S_7}}$$

(10-16)

　　下面再以几种常见的水力工况变化情况为例，根据上述的基本原理，并利用水压图，定性地分析水力失调的规律性。

　　如图 10-3（a）所示为一个带有五个热用户的热水网路。假定各热用户的流量已调整到规定的数值。如改变阀门 A、B、C 的开启度，网路中各热用户将产生水力失调。同

时，水压图也将发生变化。

1. 当阀门 A 节流（阀门关小）时的水力工况

当阀门 A 节流时，网路的总阻抗增大，总流量 V 将减少（为便于分析起见，假定网路循环水泵的扬程是不变的）。由于热用户 1 至 5 的网路干管和用户分支管的阻抗无改变，因而根据式（10-16）的推论可以肯定，调节前后各热用户之间的流量比也不变，即

$$\frac{V_{1g}}{V_{2g}}=\frac{V_{1s}}{V_{2s}},\frac{V_{1g}}{V_{3g}}=\frac{V_{1s}}{V_{3s}},\cdots,\frac{V_{1s}}{V_{1g}}=\frac{V_{2s}}{V_{2g}}=\frac{V_{3s}}{V_{3g}}=\cdots=\frac{V}{V_g}=x$$

可见各用户实际流量和规定流量的比例，按与网路相同比例减少，即网路产生一致的等比失调。网路的水压图将如图 10-3（b）所示。图中实线为正常工况下的水压曲线，虚线为阀门 A 节流后的水压曲线。由于各管段流量均减少，因而虚线的水压曲线比原水压曲线变得较平缓一些。各热用户的流量是按同一比例减少的。因而，各热用户的作用压差也是按相同的比例减少。

2. 当阀门 B 节流时的水力工况

当阀门 B 节流时，网路的总阻抗增加，总流量 V 将减少。供水管和回水管水压线将变得平缓一些，并且供水管水压线将在 B 点出现一个急剧的下降，变化后的水压图将成为图 10-3（c）虚线所示。

水力工况的这个变化，对于阀门 B 以后的用户 3、4、5，相当于本身阻抗未变而总的作用压力却减少了。根据式（10-16）的推论，它们的流量也是按相同的比例减少，这些用户的作用压力也按同样比例减少。因此，将出现一致的等比失调。

对于阀门 B 以前的用户 1、2，根据式（10-16）推论，可以看出其流量将按不同的比例增加，它们的作用压差都有增加但比例不同，这些用户将出现不等比的一致失调。

对于全部用户来说，既然流量有增有减，那么整个网路的水力工况就发生了不一致失调。

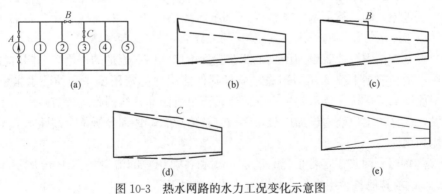

图 10-3　热水网路的水力工况变化示意图

3. 当阀门 C 关闭（热用户 3 停止工作）时的水力工况

阀门 C 关闭后，网路的总阻抗将增加，总流量 V 将减少。从热源到用户 3 之间的供水和回水管的水压线将变得平缓一些，但因假定网路水泵的扬程并无改变，所以在用户 3 处供回水管之间的压差将会增加，用户 3 处的作用压差增加相当于用户 4 和 5 的总作用压差增加，因而使用户 4 和 5 的流量按相同的比例增加，并使用户 3 以后的供水管和回水管的水压线变得陡峭一些。变化后的水压线将成为图 10-3（d）所示的样子。

根据式（10-16）的推论，从图10-3（d）的水压图可以看出，在整个网路中，除用户3以外的所有热用户的作用压差和流量都会增加，出现一致失调。对于用户3后面的用户4和5，将是等比的一致失调。对于用户3前面的热用户1和2，将是不等比的一致失调。

4. 热水网路未进行初调节的水力工况

由于网路近端热用户的作用压差很大，在选择用户分支管路的管径时，又受到管道内热媒流速和管径规格的限制，其剩余作用压差在用户分支管路上难以全部消除。如网路未进行初调节，前端热用户的实际阻抗远小于设计规定值，网路总阻抗比设计的总阻抗小，网路的总流量增加。位于网路前端的热用户，其实际流量比规定流量大得多。网路干管前部的水压曲线，将变得较陡；而位于网路后部的热用户，其作用压头和流量将小于设计值。网路干管后部的水压曲线将变得平缓些（图10-3e中虚线）。由此可见，热水网路投入运行时，必须很好地进行初调节。

在热水网路运行时，由于种种原因，有些热用户或热力站的作用压头会低于设计值，用户或热力站的流量不足。在此情况下，用户或热力站往往要求增设加压泵（加压泵可设在供水管或回水管上）。

下面定性地分析，在用户增设加压泵后，整个网路水力工况变化的状况。图10-4中的实线表示在用户3处未增设加压泵时的动水压曲线。假设用户3未增设回水加压泵2时作用压头为ΔP_{BE}，低于设计要求。

在用户3回水管上增设的加压泵2运行时，可以视为在热用户3及其支线上（管段BE）增加了一个阻抗为负值的管段，其负值的大小与水泵工作的扬程和流量有关。由于在热用户3上的阻抗减小，在所有其他管段和热用户未采用调节措施，阻抗不变的情况下整个网路的总阻抗S值必然相应减少。为分析方便，假设网路循环水泵1的扬程为定值，则热网总流量必然适当增加。热用户3前的干线AB和EF的流量增大，动水压曲线变陡，用户1和2的资用压头减少，呈非等比失调。热用户3后面的热用户4和5的作用压头减少，呈等比失调。整个网路干线的动水压曲线如图10-4的虚线$AB'C'D'E'F$所示。热用户3由于回水加压泵的作用，其压力损失$\Delta P_{B'E'}$增加，流量增大。

由此可见，在用户处装设加压泵，能够起到增加该用户流量的作用，但同时会加大热网总循环水量和前端干线的压力损失，而且其他热用户的资用压头和循环水量将相应减少，甚至使原来流量符合要求的用户反而流量不足。因此，在网路运行实践中，不应只从本位出发，任意在用户处增设加压泵，必须有整体观念，仔细分析整个网路水力工况的影响后才能采用。

【例题 10-1】 网路在正常工况时的水压图和各热用户的流量如图10-5所示。如关闭热用户3，试求其他各热用户的流量及其水力失调程度。

【解】 1. 根据正常工况下的流量和压降，求网路干管（包括供、回水管）和各热用户的阻抗S。

如对用户5。已知其流量$100m^3/h$，压力损失为10×10^4Pa，根据式（10-2）

$$S=\frac{\Delta P}{V^2}=\frac{10\times10^4}{100^2}=10 \quad Pa/(m^3/h)^2$$

同样可求得网路干管和各热用户的阻抗S值，见表10-1。

2. 计算水力工况改变后网路的总阻抗S。

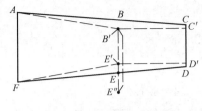

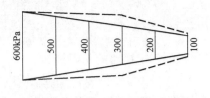

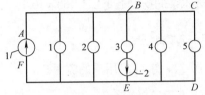

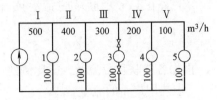

图 10-4　用户增设回水加压泵的

网路水力工况变化示意图

1—网路循环水泵；2—用户回水加压泵

图 10-5　例题 10-1 附图

干管和热用户的阻抗　　　　　　　　　　　　　　　　　　　　表 10-1

网 路 干 管	I	II	III	IV	V
压力损失 $\Delta P(Pa)$	10×10^4	10×10^4	10×10^4	10×10^4	10×10^4
流量 $V(m^3/h)$	500	400	300	200	100
阻抗 $[Pa/(m^3/h)^2]$	0.4	0.625	1.11	2.5	10
热 用 户	1	2	3	4	5
压力损失 $\Delta P(Pa)$	50×10^4	40×10^4	—	20×10^4	10×10^4
流量 $V(m^3/h)$	100	100	—	100	100
阻抗 $[Pa/(m^3/h)^2]$	50	40	—	20	10

（1）求热用户 3 之后的网路总阻抗

$$S_{\text{IV}-5}=\frac{30\times10^4}{200^2}=7.5$$

（2）求热用户 2 之后的网路总阻抗（热用户 3 关闭，下同）

$$S_{\text{III}-5}=S_{\text{IV}-5}+S_{\text{III}}=7.5+1.11=8.61$$

（3）求热用户 2 分支点的网路总阻抗 S_{2-5}。热用户 2 与热用户 2 之后的网路并联，故总阻抗 S_{2-5}。可由式（10-6）求得

$$\frac{1}{\sqrt{S_{2-5}}}=\frac{1}{\sqrt{S_{\text{III}-5}}}+\frac{1}{\sqrt{S_2}}=\frac{1}{\sqrt{8.61}}+\frac{1}{\sqrt{40}}$$

$$=0.341+0.158=0.499$$

$$S_{2-5}=\frac{1}{0.499^2}=4.016$$

（4）求热用户 1 之后的网路总阻抗 $S_{\text{II}-5}$。同理

$$S_{\text{II}-5}=S_{2-5}+S_{\text{II}}=4.016+0.625=4.641$$

（5）求热用户 1 分支点的网路总阻抗 S_{1-5}。同理

$$\frac{1}{\sqrt{S_{1-5}}}=\frac{1}{\sqrt{S_{\text{II}-5}}}+\frac{1}{\sqrt{S_1}}=\frac{1}{\sqrt{4.641}}+\frac{1}{\sqrt{50}}$$

$$=0.464+0.141=0.605$$

$$S_{1-5}=\frac{1}{0.605^2}=2.732$$

（6）最后确定网路的总阻抗 S

$$S=S_{1-5}+S_I=2.732+0.4=3.132$$

3. 求网路在工况变动后的总流量 V。假定网路循环水泵的扬程不变 $\Delta P=60\times10^4\text{Pa}$，则

$$V=\sqrt{\frac{\Delta P}{S}}=\sqrt{\frac{60\times10^4}{3.132}}=437.7\text{m}^3/\text{h}$$

4. 根据各并联管段流量分配比例的计算公式（10-7），求各热用户的流量。

（1）求热用户 1 的流量

$$V_1=V\times\frac{1/\sqrt{S_1}}{1/\sqrt{S_{1-5}}}=437.7\times\frac{0.141}{0.605}=102\text{m}^3/\text{h}$$

（2）求热用户 2 的流量

$$V_2=V_{II}\times\frac{1/\sqrt{S_2}}{1/\sqrt{S_{2-5}}}=(437.7-102)\times\frac{0.158}{0.499}=106.3\text{m}^3/\text{h}$$

（3）求热用户 4、5 的流量 V_4、V_5

热用户 3 之后的网路各管段阻抗不变。因此，在水力工况变化后各管段的流量均按同一比例变化。干管Ⅳ的水力失调度 x 值为

$$x=(437.7-102-106.3)/200=229.4/200=1.147$$

因此，热用户 4、5 的流量分别为

$$V_4=1.147\times100=114.7\text{m}^3/\text{h}$$

$$V_5=1.147\times100=114.7\text{m}^3/\text{h}$$

其计算结果列于表 10-2。

计算结果 表 10-2

热 用 户	1	2	3	4	5
正常工况时流量（m³/h）	100	100	100	100	100
工况变动后流量（m³/h）	102	106.3	0	114.7	114.7
水力失调度 x	1.02	1.063	0	1.147	1.147
正常工况时用户的作用压差 ΔP（Pa）	50×10^4	40×10^4	30×10^4	20×10^4	10×10^4
工况变动后用户的作用压差 ΔP（Pa）	52.34×10^4	45.29×10^4	39.45×10^4	26.3×10^4	13.14×10^4

5. 确定工况变动后各用户的作用压差。当网路水力工况变化后，热用户 1 的作用压差应等于热源出口的作用压差减去干线 I 的压力损失，即

$$\Delta P_1=\Delta P-\Delta P_I=\Delta P-S_IV_I^2=60\times10^4-0.4\times437.7^2$$
$$=52.34\times10^4\text{Pa}$$

同理，可计算出各热用户的作用压差，其计算结果列于表 10-2。图 10-5 中虚线表示水力工况变化后各用户的作用压差变化图。

计算例题说明，只要热网各管段及各热用户的阻抗为已知值，则可以通过计算方法，确定网路的水力工况——各管段和各热用户的流量以及相应的作用压头，但计算极为繁

琐。近年来，网路计算理论的不断完善和电子计算机技术的高速发展，使得这类计算问题容易得到解决。因此，利用计算机分析热水网路水力工况，并以此来指导网路进行初调节，甚至配合微机监控系统，对热水网路实现遥控等技术，在国内也得到了应用。

第三节　热水网路的水力稳定性

为了探讨影响热水网路水力失调程度的因素并研究改善网路水力失调状况的方法，在本节中着重讨论热水网路水力稳定性问题。所谓水力稳定性就是指网路中各个热用户在其他热用户流量改变时保持本身流量不变的能力。

通常用热用户的规定流量 V_g 和工况变动后可能达到的最大流量 V_{max} 的比值 y 来衡量网路的水力稳定性。即

$$y = \frac{V_g}{V_{max}} = \frac{1}{x_{max}}$$ (10-17)

式中　y——热用户的水力稳定性系数；

　　V_g——热用户的规定流量；

　　V_{max}——热用户可能出现的最大流量；

　　x_{max}——工况变动后热用户可能出现的最大水力失调度，按式（10-2），$x_{max} = \frac{V_{max}}{V_g}$

热用户的规定流量按下式算出：

$$V_g = \sqrt{\frac{\Delta P_y}{S_y}} \quad m^3/h$$ (10-18)

式中　ΔP_y——热用户在正常工况下的作用压差，Pa；

　　S_y——热用户系统及用户支管的总阻抗，$Pa/(m^3/h)^2$。

一个热用户可能的最大流量出现在其他用户全部关断时，这时，网路干管中的流量很小，阻力损失接近于零；因而热源出口的作用压差可认为是全部作用在这个用户上。由此可得

$$V_{max} = \sqrt{\frac{\Delta P_r}{S_y}}$$ (10-19)

式中　ΔP_r——热源出口的作用压差，Pa。

ΔP_r 可以近似地认为等于网路正常工况下的网路干管的压力损失 ΔP_w 和这个用户在正常工况下的压力损失 ΔP_y 之和，亦即

$$\Delta P_r = \Delta P_w + \Delta P_y$$

因此，这个用户可能的最大流量计算式可以改写为

$$V_{max} = \sqrt{\frac{\Delta P_w + \Delta P_y}{S_y}}$$ (10-20)

于是，它的水力稳定性就是

$$y = \frac{V_g}{V_{max}} = \sqrt{\frac{\Delta P_y}{\Delta P_w + \Delta P_y}} = \sqrt{\frac{1}{1 + \frac{\Delta P_w}{\Delta P_y}}}$$ (10-21)

由式（10-21）可见，水力稳定性 y 的极限值是 1 和 0。

在 $\Delta P_w = 0$ 时（理论上，网路干管直径为无限大），$y=1$。此时，这个热用户的水力失调度 $x_{max}=1$，即无论工况如何变化都不会使它水力失调，因而它的水力稳定性最好。在这种情况下的这个结论，对于该网路上的每个用户都成立，所以也可以说，在这种情况下任何热用户流量的变化，都不会引起其他热用户流量的变化。

当 $\Delta P_y = 0$ 或 $\Delta P_w = \infty$ 时（理论上，用户系统管径无限大或网路干管管径无限小），$y=0$。此时，热用户的最大水力失调度 $x_{max}=\infty$，水力稳定性最差，任何其他用户流量的改变，其改变的流量将全部转移到这个用户去。

实际上热水网路的管径不可能为无限小或无阻大。热水网路的水力稳定性系数 y 总在 0 和 1 之间。因此，当水力工况变化时，任何热用户流量改变时，它的一部分流量将转移到其他热用户中去。如以例题 10-1 为例，热用户 3 关闭后，其流量从 $100\text{m}^3/\text{h}$ 减到 0，其中一部分流量（$37.7\text{m}^3/\text{h}$）转移到其他热用户去，而整个网路的流量减少了 $62.3\text{m}^3/\text{h}$。

提高热水网路水力稳定性的主要方法是相对地减少网路干管的压降，或相对地增大用户系统的压降。

为了减少网路干管的压降，就需要适当增大网路干管的管径，即在进行网路水力计算时，选用较小的比摩阻 R 值。适当地增大靠近热源的网路干管的直径，对提高网路的水力稳定性来说，其效果更为显著。

为了增大用户系统的压降，可以采用水喷射器、调节阀、安装高阻力小管径阀门等措施。

在运行时应合理地进行网路的初调节和运行调节，应尽可能将网路干管上的所有阀门开大，而把剩余的作用压差消耗在用户系统上。

对于供热质量要求高的系统，可在各用户引入口处安置必要的自动调节装置，以保证各热用户的流量恒定，不受其他热用户的影响。安装自力式流量控制阀以保证流量恒定的方法，实质上就是改变用户系统总阻抗 S_y，以适应变化工况下用户作用压差的变化，从而保证流量恒定。

提高热力网路水力稳定性，使得供热系统正常运行，可以节约无效的热能和电能消耗，便于系统初调节和运行调节。因此，在热水供热系统设计中，必须在关心节省造价的同时，对提高系统的水力稳定性问题给予充分重视。

第十一章　热水供热系统的集中运行调节

第一节　概　　述

运行调节是指当热负荷发生变化时，为实现按需供热，而对供热系统的流量、供水温度等进行的调节。热水供热系统的热用户，主要有供暖、通风、热水供应和生产工艺等热用户，这些用户的热负荷并不是恒定的，如供暖通风热负荷随室外气温变化，热水供应和生产工艺随使用条件等因素而不断变化。为了保证供热质量，满足使用要求，并使热能制备和输送经济合理，就要对运行中的供热系统进行调节。

在城市集中供热系统中供暖热负荷是系统的最主要热负荷，甚至是唯一的。因此，在供暖系统运行过程中，通常按照供暖热负荷随室外温度的变化规律，作为供热调节的依据。供热（暖）调节的目的，在于使供暖用户的散热设备的散热量与用户热负荷的变化规律相适应，以防止供暖热用户室温偏离设计值，过高或过低。

根据供热调节地点不同，供热调节可分为集中调节、局部调节和个体调节三种调节方式。集中调节在热源处进行调节，局部调节在热力站或用户入口处进行调节，而个体调节直接在散热设备（如散热器、暖风机、换热器等）处进行调节，如分户计量供热系统的用户在散热设备处利用手动或温控阀的自主调节。

集中供热调节容易实施，运行管理方便，是最主要的供热调节方法。但即使对只有单一供暖热负荷的供热系统，也往往需要对个别热力站或用户进行局部调节，调整用户的用热量。对有多种热负荷的热水供热系统，通常根据供暖热负荷进行集中供热调节，而对于其他热负荷（如热水供应、通风等热负荷），由于其变化规律不同于供暖热负荷，则需要在热力站或用户处配以局部调节，以满足其要求。对多种热用户的供热调节，通常称为供热综合调节。对于分户计量的供暖系统，用户根据自己的需要进行个体调节，热源根据用户及室外气温的变化进行被动的集中运行调节。

集中供热调节的方法，主要有下列几种：

1. 质调节：供热系统流量不变，只改变网络的供水温度；
2. 分阶段改变流量的质调节：供热系统根据供暖季热负荷变化情况分阶段调整网路的循环流量，并在每个阶段保持循环流量不变，只改变系统的供回水温度；
3. 间歇调节：只改变每天供暖小时数；
4. 质量—流量调节：同时改变网路循环流量和供回水温度；
5. 量调节：只改变网路的循环流量（很少单独使用）。

第二节　供暖热负荷供热调节的基本公式

供暖热负荷供热系统调节的主要任务是维持供暖房间的室内计算温度 t_n，如 $(18\pm2)℃$。

当热水网路在稳定状态下连续运行时，如不考虑管网沿途热损失，则管网的供热量等于供暖用户系统散热设备的放热量，同时也应等于供暖热用户的热负荷。

根据第一篇供暖工程各章所述，在供暖室外计算温度为 t'_w，散热设备采用散热器时，在设计条件下，则有如下的热平衡方程式

$$Q'_1 = Q'_2 = Q'_3 \tag{11-1}$$

$$Q'_1 = q'V(t_n - t'_w) \tag{11-2}$$

$$Q'_2 = K'F(t'_{pj} - t_n) \tag{11-3}$$

$$Q'_3 = G'c(t'_g - t'_h)/3600$$
$$= 4187G'(t'_g - t'_h)/3600 = 1.163G'(t'_g - t'_h) \tag{11-4}$$

式中　Q'_1——建筑物的供暖设计热负荷，W；

$\quad Q'_2$——在供暖室外计算温度 t'_w 下，散热器放出的热量，W；

$\quad Q'_3$——在供暖室外计算温度 t'_w 下，热水网路输送给供暖热用户的热量，W；

$\quad q'$——建筑物的体积供暖热指标，即建筑物每 $1m^3$ 外部体积在室内外温度差为 $1℃$ 时的耗热量，$W/(m^3 \cdot ℃)$；

$\quad V$——建筑物的外部体积，m^3；

$\quad t'_w$——供暖室外计算温度，℃；

$\quad t_n$——供暖室内计算温度，℃；

$\quad t'_g$——进入供暖热用户的供水温度，℃；如用户与热网采用无混水装置的直接连接方式（图 8-1a），则热网的供水温度 $\tau'_1 = t'_g$；如用户与热网采用混水装置的直接连接方式（图 8-1b、c、d），则 $\tau'_1 > t'_g$；

$\quad t'_h$——供暖热用户的回水温度，℃；如供暖热用户与热网采用直接连接，则热网的回水温度与供暖系统的回水温度相等，即 $\tau'_2 = t'_h$；

$\quad t'_{pj}$——散热器内的热媒平均温度，℃；

$\quad G'$——供暖热用户的循环水量，kg/h；

$\quad c$——热水的质量比热，$c = 4187J/(kg \cdot ℃)$；

$\quad K'$——散热器在设计工况下的传热系数，$W/(m^2 \cdot ℃)$；

$\quad F$——散热器的散热面积，m^2。

散热器的放热方式属于自然对流放热，它的传热系数具有 $K = a(t_{pj} - t_n)^b$ 的形式。如就整个供暖系统来说，可近似地认为：$t'_{pj} = (t'_g + t'_h)/2$，则式（11-3）可改写为

$$Q'_2 = aF\left(\frac{t'_g + t'_h}{2} - t_n\right)^{1+b} \tag{11-5}$$

若以带"'"上标符号表示在供暖室外计算温度 t'_w 下的各种参数，而不带上标符号表示在运行条件下某一室外温度 t_w（$t_w > t'_w$）下的各种参数，在保证室内计算温度 t_n 条件下，可列出与上面相对应的热平衡方程式。即

$$Q_1 = Q_2 = Q_3 \tag{11-6}$$

$$Q_1 = qV(t_n - t_w) \tag{11-7}$$

$$Q_2 = aF\left(\frac{t_g + t_h}{2} - t_n\right)^{1+b} \tag{11-8}$$

$$Q_3 = 1.163G(t_g - t_h) \tag{11-9}$$

若令在运行调节时，相应 t_w 下的供暖热负荷与供暖设计热负荷之比称为相对供暖热负荷比 $\overline{Q}$，而称其流量之比为相对流量比 $\overline{G}$，则

$$\overline{Q}=\frac{Q_1}{Q_1'}=\frac{Q_2}{Q_2'}=\frac{Q_3}{Q_3'} \tag{11-10}$$

$$\overline{G}=\frac{G}{G'} \tag{11-11}$$

同时，为了便于分析计算，假设供暖热负荷与室内外温差的变化成正比，即把供暖热指标视为常数（$q'=q$）。但实际上，由于室外的风速和风向，特别是太阳辐射热的变化与室内外温差无关，因此这个假设会有一定的误差。如不考虑这一误差影响，则

$$\overline{Q}=\frac{Q_1}{Q_1'}=\frac{t_n-t_w}{t_n-t_w'} \tag{11-12}$$

亦即相对供暖热负荷比 $\overline{Q}$ 等于相对的室内外温差比。

综合上述公式，可得

$$\overline{Q}=\frac{t_n-t_w}{t_n-t_w'}=\frac{(t_g+t_h-2t_n)^{1+b}}{(t_g'+t_h'-2t_n)^{1+b}}=\overline{G}\frac{t_g-t_h}{t_g'-t_h'} \tag{11-13}$$

式（11-13）是供暖热负荷供热调节的基本公式。式中分母的数值，均为设计工况下的已知参数。在某一室外温度 t_w 的运行工况下，如要保持室内温度 t_n 值不变，则应保证有相应的 t_g、t_h、$\overline{Q}(Q)$ 和 $\overline{G}(G)$ 的四个未知值，但只有三个联立方程式，因此需要引进补充条件，才能求出四个未知值的解。所谓引进补充条件，就是我们要选定某种调节方法。可能实现的调节方法，主要有：改变网路的供回水温度（质调节），改变网路流量（量调节），同时改变网路的供水温度和流量（质量—流量调节）以及改变每天供暖小时数（间歇调节）。如采用质调节，即增加了补充条件 $\overline{G}=1$。此时即可确定相应的 t_g、t_h 和 $\overline{Q}(Q)$ 值。

第三节　直接连接热水供暖系统的集中供热调节

一、质调节

在进行质调节时，只改变供暖系统的供水温度，而用户的循环水量保持不变，即 $\overline{G}=1$。

对无混合装置的直接连接的热水供暖系统，将此补充条件 $\overline{G}=1$ 代入热水供暖系统供热调节的基本公式（11-13），可求出质调节的供、回水温度的计算公式。

$$\tau_1=t_g=t_n+0.5(t_g'+t_h'-2t_n)\overline{Q}^{1/(1+b)}+0.5(t_g'-t_h')\overline{Q} \quad \text{℃} \tag{11-14}$$

$$\tau_2=t_h=t_n+0.5(t_g'+t_h'-2t_n)\overline{Q}^{1/(1+b)}-0.5(t_g'-t_h')\overline{Q} \quad \text{℃} \tag{11-15}$$

或写成下式

$$\tau_1=t_g=t_n+\Delta t_s'\overline{Q}^{1/(1+b)}+0.5\Delta t_j'\overline{Q} \quad \text{℃} \tag{11-16}$$

$$\tau_2=t_h=t_n+\Delta t_s'\overline{Q}^{1/(1+b)}-0.5\Delta t_j'\overline{Q} \quad \text{℃} \tag{11-17}$$

式中　$\Delta t_s'=0.5(t_g'+t_h'-2t_n)$——用户散热器的设计平均计算温差，℃；

$\quad\quad\ \Delta t_j'=t_g'-t_h'$——用户的设计供、回水温差，℃；

$\quad\quad\ \tau_1$，τ_2——管网（一级网）的供回水温度℃，对于直接连接的热水供热系统一级网和进入用户管网（二级网）的供回水温度 t_g、t_h 相等。

对带混合装置的直接连接的热水供暖系统（如用户或热力站处设置水喷射器或混合水泵，见图 8-1f、g、h、i），则 $\tau_1 > t_g$，$\tau_2 = t_h$。式（11-16）所求的 t_g 值是混水后进入供暖用户的供水温度，对于网路的供水温度 τ_1，还应根据混水比进一步求出。

混水比（喷射系数）u，可用下式表示

$$u = G_h / G_0 \qquad (11\text{-}18)$$

式中　G_0——进入供暖系统网路的循环水量，kg/h；

　　　G_h——从供暖系统抽引的回水量，kg/h。

在设计工况下，根据热平衡方程式（见图 11-1）

$$cG_0'\tau_1' + cG_h't_h' = (G_0' + G_h')ct_g'$$

由此可得

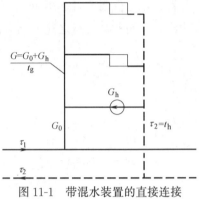

图 11-1　带混水装置的直接连接供暖系统与热水网路连接示意图

$$u' = \frac{\tau_1' - t_g'}{t_g' - t_h'} \qquad (11\text{-}19)$$

式中　τ_1'——网路的设计供水温度，℃。

在任意室外温度 t_w 下，只要没有改变供暖用户的总阻抗 S 值，则混合比 u 不会改变，仍与设计工况下的混合比 u' 相同，即

$$u = u' = \frac{\tau_1 - t_g}{t_g - t_h} = \frac{\tau_1' - t_g'}{t_g' - t_h'} \Rightarrow t_g = \frac{\tau_1 + ut_h}{u + 1} \qquad (11\text{-}20)$$

即

$$\tau_1 = t_g + u(t_g - t_h) = t_g + u\overline{Q}(t_g' - t_h') \quad ℃ \qquad (11\text{-}21)$$

根据式（11-21），即可求出在热源处进行质调节时，网路的供水温度 τ_1 随室外温度 t_w（即 $\overline{Q}$）的变化关系式。

将式（11-16）的 t_g 值和式（11-20）的 $u = (\tau_1' - t_g') / (t_g' - t_h')$ 代入式（11-21），由此可得出对带混合装置的直接连接热水供暖系统的网路供、回水温度。

$$\tau_1 = t_n + \Delta t_s'\overline{Q}^{1/(1+b)} + (\Delta t_w' + 0.5\Delta t_j')\overline{Q} \quad ℃ \qquad (11\text{-}22)$$

$$\tau_2 = t_h = t_n + \Delta t_s'\overline{Q}^{1/(1+b)} - 0.5\Delta t_j'\overline{Q} \quad ℃ \qquad (11\text{-}23)$$

式中　$\Delta t_w' = \tau_1' - t_g'$——网路与用户系统的设计供水温度差，℃。

根据式（11-16）、式（11-17）、式（11-22）和式（11-23），可绘制质调节的水温曲线。

散热器传热系数 K 值计算公式中的指数 b 值，按用户选用的散热器形式确定。实际上，整个供热系统中各用户选用的散热器形式不一，通常多选用柱形和 M-132 型散热器。根据附录 2-1，以按 $b = 0.3$ 计算为宜，即按 $1/(1+b) = 0.77$ 计算。

对于散热器和地暖用户共网的系统以及地暖供热系统，集中调节的基本公式有待进一步研究。

【例题 11-1】　试计算设计水温 95℃/70℃ 和 130℃/95℃/70℃ 的热水供暖系统，当采用质调节时，$\tau_1 = f(\overline{Q})$、$\tau_2 = f(\overline{Q})$ 的水温调节曲线。

如哈尔滨市，供暖室外计算温度为 -26℃，求在室外温度 $t_w = -15$℃ 的供、回水温度。

【解】　（1）对 95℃/70℃ 热水供暖系统，根据式（11-16）、式（11-17）

$$\tau_1 = t_g = t_n + \Delta t_s'\overline{Q}^{1/(1+b)} + 0.5\Delta t_j'\overline{Q}$$

$$\tau_2 = t_h = t_n + \Delta t_s'\overline{Q}^{1/(1+b)} - 0.5\Delta t_j'\overline{Q}$$

其中　　　$\Delta t_s' = 0.5(t_g' + t_h' - 2t_n) = 0.5(95 + 70 - 2 \times 18) = 64.5$℃

$$\Delta t'_j = t'_g - t'_h = 95 - 70 = 25℃$$

$$1/(1+b) = 0.77; \quad t_n = 18℃$$

将上列数据代入上式，得

$$\tau_1 = t_g = 18 + 64.5\overline{Q}^{0.77} + 12.5\overline{Q}$$

$$\tau_2 = t_h = 18 + 64.5\overline{Q}^{0.77} - 12.5\overline{Q}$$

由上式可求出 $\tau_1 = f(\overline{Q})$ 和 $\tau_2 = f(\overline{Q})$ 的质调节水温曲线。计算结果见表11-1。水温曲线见图11-2。

又如在哈尔滨市（$t'_w = -26℃$），室外温度 $t_w = -15℃$ 时的相对供暖热负荷比 $\overline{Q}$ 为

$$\overline{Q} = \frac{t_n - t_w}{t_n - t'_w} = \frac{18 - (-15)}{18 - (-26)} = 0.75$$

将 $\overline{Q} = 0.75$ 代入上两式，可求得

$$\tau_1 = 79.1℃; \tau_2 = 60.3℃$$

（2）对带混水装置的热水供暖系统（130/95/70℃），根据式（11-22）和式（11-23）

$$\tau_1 = t_n + \Delta t'_s \overline{Q}^{1/(1+b)} + (\Delta t'_w + 0.5\Delta t'_j)\overline{Q}$$

$$\tau_2 = t_h = t_n + \Delta t'_s \overline{Q}^{1/(1+b)} - 0.5\Delta t'_j \overline{Q}$$

其中，$\Delta t'_w = \tau'_1 - t'_g = 130 - 95 = 35℃$

将数据代入式中，得下式

$$\tau_1 = 18 + 64.5\overline{Q}^{0.77} + 47.5\overline{Q}$$

$$\tau_2 = 18 + 64.5\overline{Q}^{0.77} - 12.5\overline{Q}$$

计算结果见表11-1，水温曲线见图11-2。

对哈尔滨市，当室外温度 $t_w = -15℃$（$\overline{Q} = 0.75$）时，代入上两式，可求得

$$\tau_1 = 105.3℃; \quad \tau_2 = 60.3℃$$

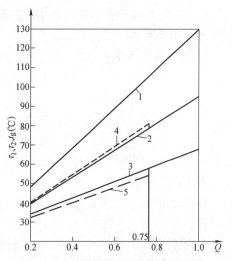

图 11-2 按供暖热负荷进行供热质调节的水温调节曲线图

1—130/95/70℃热水供暖系统，网路供水温度 τ_1 曲线；2—130/95/70℃的系统，混水后的供水温度 t_g 曲线；或95/70℃的系统，网路和用户的供水温度 $t_1 = t_g$ 曲线；3—130/95/70℃和95/70℃的系统，网路和用户的回水温度，$\tau_2 = t_h$ 曲线；4、5—95/70℃的系统，按分阶段改变流量的质调节的供水温度（曲线4）和回水温度（曲线5）

从上述的供热质调节公式可见，热网的供、回水温度 τ_1、τ_2 是相对供暖热负荷比 $\overline{Q}$ 的单值函数。表11-1 给出不同设计供回水参数的系统的 $\tau_1 = f(\overline{Q})$ 和 $\tau_2 = f(\overline{Q})$ 值。

直接连接热水供暖系统供热质调节的热网水温（℃）   表 11-1

系统形式与设计参数	带混水装置的供暖系统				无混水装置的供暖系统					
	110/95/70℃	130/95/70℃	150 95/70℃	$t'_g/\tau'_2 =$ 95/70℃	95/70℃		110/70℃		130/80℃	
$\overline{Q}$	τ_1	τ_1	τ_1	τ_2	τ_1	τ_2	τ_1	τ_2	τ_1	τ_2
0.2	42.2	46.2	50.2	34.2	39.2	34.2	42.9	34.9	48.2	38.2
0.3	51.8	57.8	63.8	39.8	47.3	39.8	52.5	40.9	59.9	44.9
0.4	60.9	68.8	76.9	44.9	54.9	44.9	61.6	45.6	71.0	51.0
0.5	69.6	79.6	89.6	49.6	62.1	49.6	70.2	50.2	81.5	56.5
0.6	78.0	90.0	102.0	54.0	69.0	54.0	78.6	54.6	91.7	61.7
0.7	86.3	100.3	114.3	58.3	75.8	58.3	86.7	58.7	101.6	66.6
0.8	94.3	110.3	126.3	62.3	82.3	62.3	94.6	62.6	111.3	71.3
0.9	102.2	120.2	138.2	66.2	88.7	66.2	102.4	66.4	120.7	75.7
1.0	110	130	150	70	95	70	110	70	130	80

注：$b = 0.3$，$t_n = 18℃$。

根据上述质调节基本公式、水温曲线以及例题分析，网路的供、回水温度随室外温度的变化有如下规律：

1. 随着室外温度 t_w 的升高，网路和供暖系统的供、回水温度随之降低，供、回水温差也随之减小；其相对供、回水温差比等于该室外温度下的相对热负荷比，亦即

$$\overline{Q}=\Delta\overline{\tau}_w=\Delta\overline{t}_j$$

$$\frac{t_n-t_w}{t_n-t'_w}=\frac{\tau_1-\tau_2}{\tau'_1-\tau'_2}=\frac{t_g-t_h}{t'_g-t'_h} \tag{11-24}$$

式中　$\Delta\overline{\tau}_w$——网路的相对供回水温差。

其他符号同前。

2. 由于散热器传热系数 K 的变化规律为 $K=a(t_{pj}-t_n)^b$，供回水温度成一条向上凸的曲线。

3. 随着室外温度 t_w 的升高，散热器的平均计算温差也随之降低。在某一室外温度 t_w 下，散热器的相对平均计算温差比与相对热负荷比，具有如下的关系式：

$$\overline{Q}^{1/(1+b)}=\Delta\overline{t}_s$$

$$\left(\frac{t_n-t_w}{t_n-t'_w}\right)^{1/(1+b)}=\frac{t_g+t_h-2t_n}{t'_g+t'_h-2t_n} \tag{11-25}$$

式中　$\Delta\overline{t}_s=\Delta t_s/\Delta t'_s$——它表示在 t_w 温度下，散热器的计算温差与设计工况下的计算温差的比值。

由此可见，在给定散热器面积 F 的条件下，散热器的平均温差是散热器放热量的单值函数。因此，进行热水供暖系统的供热调节，实质上就是调节散热器的平均计算温差，或即调节供、回水的平均温度，来满足不同工况下散热器的放热量，它与采用质或量的调节无关。

集中质调节只需在热源处改变网路的供水温度，运行管理简便。网路循环水量保持不变，网路的水力工况稳定。对于热电厂供热系统，由于网路供水温度随室外温度升高而降低，可以充分利用供热汽轮机的低压抽汽，从而有利于提高热电厂的经济性，节约燃料。所以，集中质调节是目前最为广泛采用的供热调节方式。但由于在整个供暖期中，网路循环水量总保持不变，消耗电能较多。同时，对于有多种热负荷的热水供热系统，在室外温度较高时，如仍按质调节供热，往往难以满足其他热负荷的要求。例如，对连接有热水供应用户的网路，供水温度就不应低于 70℃。热水网路中连接通风用户系统时，如网路供水温度过低，在实际运行中，通风系统的送风温度过低也会产生吹冷风的不舒适感。在这些情况下，就不能再按质调节方式，用过低的供水温度进行供热了，而是需要保持供水温度不再降低，用减少供热小时数的调节方法，即采用间歇调节，或其他调节方式进行供热调节。

二、分阶段改变流量的质调节

分阶段改变流量的质调节，是在供暖期中按室外温度高低分成几个阶段，在室外温度较低的阶段中，保持设计最大流量；而在室外温度较高的阶段中，保持较小的流量。在每一阶段内，网路的循环水量始终保持不变，按改变网路供水温度的质调节进行供热调节。即令

$$\varphi=\overline{G}=\text{const}$$

将这补充条件代入供暖系统的供热调节基本公式（11-13），可求出：

对无混水装置的供暖系统

$$\tau_1 = t_g = t_n + \Delta t'_s \overline{Q}^{1/(1+b)} + 0.5 \frac{\Delta t'_j}{\varphi} \overline{Q} \quad \text{℃} \tag{11-26}$$

$$\tau_2 = t_h = t_n + \Delta t'_s \overline{Q}^{1/(1+b)} - 0.5 \frac{\Delta t'_j}{\varphi} \overline{Q} \quad \text{℃} \tag{11-27}$$

对带混水装置的供暖系统

$$\tau_1 = t_n + \Delta t'_s \overline{Q}^{1/(1+b)} + (\Delta t'_w + 0.5\Delta t'_j) \frac{\overline{Q}}{\varphi} \quad \text{℃} \tag{11-28}$$

$$\tau_2 = t_h = t_n + \Delta t'_s \overline{Q}^{1/(1+b)} - 0.5\Delta t'_j \frac{\overline{Q}}{\varphi} \quad \text{℃} \tag{11-29}$$

式中代表符号同前。

在中小型热水供热系统中，一般可选用两组（台）不同规格的循环水泵。如其中一组（台）循环水泵的流量按设计值 100% 选择，另一组（台）按设计值的 70%～80% 选择。在大型热水供暖系统中，也可考虑选用三组不同规格的水泵。由于水泵扬程与流量的平方成正比，水泵的电功率 N 与流量的立方成正比，节约电能效果显著。因此，分阶段改变流量的质调节的供热调节方式，在区域锅炉房热水供热系统中，得到较多的应用。

对直接连接的供暖用户系统，采用此调节方式时，应注意不要使进入供暖系统的流量过小。通常不应小于设计流量的 60%，即 $\varphi = \overline{G} \geqslant 60\%$。如流量过小，对双管供暖系统，由于各层的重力循环作用压头的比例差增大，引起用户系统的垂直失调。对单管供暖系统，由于各层散热器传热系数 K 值变化程度不一致的影响，也同样会引起垂直失调。

【例题 11-2】　哈尔滨市一热水供暖系统，设计供、回水温度 $\tau'_1 = 95\text{℃}$、$\tau'_2 = t'_h = 70\text{℃}$。采用分阶段改变流量的质调节。室外温度从 -15℃ 到 -26℃ 为一个阶段，水泵流量为 100% 的设计流量；从 $+5\text{℃}$ 到 -15℃ 为一个阶段，水泵流量为设计流量的 75%。试绘制水温调节曲线图，并与 95℃/70℃ 的系统采用质调节的水温调节曲线相对比。

【解】　1. 室外温度为 $t_w = -15\text{℃}$ 时，相应的相对供暖热负荷比

$$\overline{Q} = [18 - (-15)] / [18 - (-26)] = 0.75$$

从室外温度 -15℃（$\overline{Q} = 0.75$）到室外温度 $t'_w = -26\text{℃}$（$\overline{Q} = 1$）的这个阶段，流量采用设计流量 $\overline{G} = 1$。此阶段的水温调节是质调节。供回水温度数据与上述例题 11-1 完全相同，见表 11-1。

2. 开始供暖的室外温度 $t_w = +5\text{℃}$，此时相应的 $\overline{Q} = (18 - 5) / [18 - (-26)] = 0.295$。从开始供暖 $t_w = +5\text{℃}$（$\overline{Q} = 0.295$）到室外温度 $t_w = -15\text{℃}$（$\overline{Q} = 0.75$）的这个阶段，流量为设计流量的 75%，亦即 $\varphi = \overline{G} = 0.75$。将 $\varphi = 0.75$ 代入式（11-26）、式（11-27），并将 $\Delta t'_s = 64.5\text{℃}$，$\Delta t'_j = 25\text{℃}$，$1/(1+b) = 0.77$ 等已知值代入，可得出此阶段 $\tau_1 = f(\overline{Q})$ 和 $\tau_2 = f(\overline{Q})$ 的关系式。

$$\tau_1 = 18 + 64.5\overline{Q}^{0.77} + 16.67\overline{Q}$$
$$\tau_2 = 18 + 64.5\overline{Q}^{0.77} - 16.67\overline{Q}$$

计算结果列于表 11-2，水温调节曲线见图 11-2。

3. 通过质调节与分阶段改变流量的质调节两种调节方式相对比的方法，也可容易地

确定后一种调节方式流量改变后相应变化的供、回水温度。

在某一相同室外温度 t_w 下，采用不同调节方式，网路的供热量和散热器的放热量应是等值的。

根据网路供热量的热平衡方程式

$$cG_f(t_{g \cdot f} - t_{h \cdot f}) = cG(t_g - t_h)$$

计算结果　　　　　　　　　　　　　　　　　　　　　　　表 11-2

供暖相对热负荷比 $\overline{Q}$	0.295	0.4	0.6	0.75	0.8	1.0
相应哈尔滨市的室外温度 t_w（℃）	+5.0	0.4	−8.4	−15	−17.2	−26
网路和用户的供水温度 τ_1（℃）	48.1	56.5	71.5	82.2	82.3	95
网路和用户的回水温度 τ_2（℃）	38.3	43.2	51.5	57.2	62.3	70
相对流量比	0.75			1.0		

得　　　　　　　　　　$$t_{g \cdot f} - t_{h \cdot f} = \frac{1}{\overline{G}}(t_g - t_h) \quad ℃ \tag{11-30}$$

根据散热器的放热量热平衡方程式

$$0.5(t_{g \cdot f} + t_{h \cdot f} - 2t_n) = 0.5(t_g + t_h - 2t_n)$$

得　　　　　　　　　　$$t_{g \cdot f} + t_{h \cdot f} = t_g + t_h \quad ℃ \tag{11-31}$$

上式　t_g、t_h——在某一室外温度 t_w 下，采用质调节的供、回水温度，℃；

　　　　　G——采用质调节时的设计流量，kg/h；

$t_{g \cdot f}$、$t_{h \cdot f}$——在相同的室外温度 t_w 下，采用分阶段改变流量的质调节的供、回水温度，℃；

　　　　G_f——采用分阶段改变流量的质调节的流量，kg/h；

$\overline{G} = G_f/G$——相对流量比；

　　　　t_n——室内计算温度，℃；

联立解公式（11-30）、式（11-31），可得

$$t_{g \cdot f} = \left(\frac{1 + \overline{G}}{2\overline{G}}\right)t_g - \left(\frac{1 - \overline{G}}{2\overline{G}}\right)t_h \quad ℃ \tag{11-32}$$

$$t_{h \cdot f} = \left(\frac{1 + \overline{G}}{2\overline{G}}\right)t_g - \left(\frac{1 - \overline{G}}{2\overline{G}}\right)t_h \quad ℃ \tag{11-33}$$

如本例题，当 $t_w = -15℃$（$\overline{Q} = 0.75$），采用质调节时，利用式（11-16）、式（11-17），可得出 $\tau_1 = t_g = 79.1℃$，$\tau_2 = t_h = 60.3℃$。

当采用分阶段改变流量的质调节时，在 $t_w = -15℃$（$\overline{Q} = 0.75$）、$\varphi = 0.75$ 时，利用式（11-26）、式（11-27）或式（11-32）、式（11-33），可得出 $t_{g \cdot f} = 82.2℃$，$t_{h \cdot f} = 57.2℃$。

通过上述分析可见，采用分阶段改变流量的质调节，与纯质调节相对比，由于流量减少，网路的供水温度升高，回水温度降低，供回水温差增大。但从散热器的放热量的热平衡来看，散热器的平均温度应保持相等，因而供暖系统供水温度的升高和回水温度降低的数值，应该是相等的。

三、间歇调节

当室外温度升高时，不改变网路的循环水量和供水温度，而只减少每天供暖小时数，这种供热调节方式为间歇调节。

间歇调节可以在室外温度较高的供暖初期和末期，作为一种辅助的调节措施。当采用间歇调节时，网路的流量和供水温度保持不变，网路每天工作总时数 n 随室外温度的升高而减少。它可按下式计算

$$n = 24 \frac{t_n - t_w}{t_n - t_w''} \quad \text{h/d} \tag{11-34}$$

式中　t_w——间歇运行时的某一室外温度，℃；

　　　t_w''——开始间歇调节时的室外温度（相当于网路保持的最低供水温度），℃。

【例题 11-3】　对例题 11-1 的哈尔滨市 130/95/70℃ 的热水网路，网路上并联连接有供暖和热水供应用户系统。采用集中质调节供热。试确定室外温度 $t_w = +5℃$ 时，网路的每日工作小时数。

【解】　对连接有热水供应用户的热水供热系统，网路的供水温度不得低于 70℃，以保证在换热器内，将生活热水加热到 60～65℃。

根据例题 11-1 的计算式

$$\tau_1 = 18 + 64.5 \overline{Q}^{0.77} + 12.5 \overline{Q}$$

由上式反算，当采用质调节时，室外温度 $t_w = 0℃$（$\overline{Q} = 0.41$）时，网路的供水温度 $\tau_1 = 69.9 \approx 70℃$。因此，在室外温度 $t_w = +5℃$ 时，应开始进行间歇调节。

当室外温度 $t_w = +5℃$ 时，网路的每日工作小时数为

$$n = 24 \frac{t_n - t_w}{t_n - t_w''} = 24 \frac{(18 - 5)}{(18 - 0)} = 17.3 \text{h/d}$$

当采用间歇调节时，为使网路远端和近端的热用户通过热媒的小时数接近，在区域锅炉房的锅炉压火后，网路循环水泵应继续运转一段时间。运转时间相当于热媒从离热源最近的热用户流到最远热用户的时间。因此，网路循环水泵的实际工作小时数，应比由式 (11-34) 的计算值大一些。

第四节　间接连接热水供暖系统的集中供热调节

供暖用户系统与热水网路采用间接连接时（图 11-3），随室外温度 t_w 的变化，需同时对热水网路和供暖用户进行供热调节。通常，对供暖用户按质调节方式进行供热调节，以保持供暖用户系统的水力工况稳定。供暖用户系统质调节时的供、回水温度 t_g/t_h，可以按式 (11-16)、式 (11-17) 确定。

热水网路的供、回水温度 τ_1 和 τ_2，取决于一级网路采取的调节方式和水—水换热器的热力特性。通常可采用集中质调节或质量-流量调节方式。

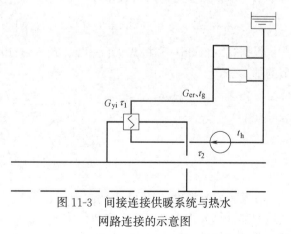

图 11-3　间接连接供暖系统与热水网路连接的示意图

1. **热水网路采用质调节**

当热水网路同时也采用质调节时，可引进补充条件 $\overline{G}_{yi}=1$。

根据网路供给热量的热平衡方程式，得

$$\overline{Q}=\overline{G}_{yi}\frac{\tau_1-\tau_2}{\tau_1'-\tau_2'}=\frac{\tau_1-\tau_2}{\tau_1'-\tau_2'} \tag{11-35}$$

根据用户系统入口水—水换热器放热的热平衡方程式，
可得

$$\overline{Q}=\overline{K}\frac{\Delta t}{\Delta t'} \tag{11-36}$$

式中　$\overline{K}$——水—水换热器的相对传热系数比，亦即在运行工况 t_w 时水—水换热器传热系数 K 值与设计工况时 K' 的比值；

$\Delta t'$——在设计工况下，水—水换热器的对数平均温差，℃；

$$\Delta t'=\frac{(\tau_1'-t_g')-(\tau_2'-t_h')}{\ln\dfrac{\tau_1'-t_g'}{\tau_2'-t_h'}}\quad℃ \tag{11-37}$$

Δt——在运行工况 t_w 时，水—水换热器的对数平均温差，℃；

$$\Delta t=\frac{(\tau_1-t_g)-(\tau_2-t_h)}{\ln\dfrac{\tau_1-t_g}{\tau_2-t_h}}\quad℃ \tag{11-38}$$

水—水换热器的相对传热系数 $\overline{K}$ 值，取决于选用的水—水换热器的传热特性，由实验数据整理得出。对壳管式水—水换热器，$\overline{K}$ 值可近似地由以下公式计算：

$$\overline{K}=\overline{G}_{yi}^{0.5}\cdot\overline{G}_{er}^{0.5} \tag{11-39}$$

式中　$\overline{G}_{yi}$——水—水换热器中，加热介质的相对流量比，此处亦即热水网路的相对流量比；

$\overline{G}_{er}$——水—水换热器中，被加热介质的相对流量比，此处亦即供暖用户系统的相对流量比。

当热水网路和供暖用户系统均采用质调节，$\overline{G}_{yi}=1$，$\overline{G}_{er}=1$ 时，可近似地认为两工况下水—水换热器的传热系数相等，即

$$\overline{K}=1 \tag{11-40}$$

根据式（11-35）和将式（11-38）、式（11-40）值代入式（11-36），可得出供热质调节的基本公式。

$$\overline{Q}=\frac{\tau_1-\tau_2}{\tau_1'-\tau_2'}=\frac{t_g-t_h}{t_g'-t_h'} \tag{11-41}$$

$$\overline{Q}=\frac{(\tau_1-t_g)-(\tau_2-t_h)}{\Delta t'\cdot\ln\dfrac{\tau_1-t_g}{\tau_2-t_h}} \tag{11-42}$$

在某一室外温度 t_w 下，上两式中 $\overline{Q}$、$\Delta t'$、τ_1'、τ_2' 为已知值，t_g 及 t_h 值可从供暖系统质调节计算公式中确定。未知数仅为 τ_1 及 τ_2。通过联立求解，即可确定热水网路采用质调节的相应供、回水温度 τ_1 和 τ_2 值。

2. 热水网路采用质量－流量调节

供暖用户系统与热水网路间接连接，网路和用户的水力工况互不影响。热水网路可考虑采用质量-流量调节，即同时改变供水温度和流量的供热调节方法。

随室外温度的变化，如何选定流量变化的规律是一个优化调节方法的问题。目前采用的一种方法是调节流量使之随供暖热负荷的变化而变化，使热水网路的相对流量比等于供暖的相对热负荷比，亦即人为增加了一个补充条件，进行供热调节：

$$\overline{G}_{yi}=\overline{Q} \tag{11-43}$$

同样，根据网路和水—水换热器的供热和放热的热平衡方程式，得出

$$\overline{Q}=\overline{G}_{yi}\frac{\tau_1-\tau_2}{\tau_1'-\tau_2'}$$

$$\overline{Q}=\overline{K}\frac{\Delta t}{\Delta t'}$$

根据式（11-39），在此调节方式下，相对传热系数比 $\overline{K}$ 值为

$$\overline{K}=\overline{G}_{yi}^{0.5}\cdot\overline{G}_{er}^{0.5}=\overline{Q}^{0.5} \tag{11-44}$$

将式（11-43）、式（11-44）代入上述两个热平衡方程式中，可得

$$\tau_1-\tau_2=\tau_1'-\tau_2'=\text{const} \tag{11-45}$$

$$\overline{Q}^{0.5}=\frac{(\tau_1-t_g)-(\tau_2-t_h)}{\Delta t'\cdot\ln\dfrac{\tau_1-t_g}{\tau_2-t_h}} \tag{11-46}$$

在某一室外温度 t_w 下，上两式中，$\overline{Q}$、$\Delta t'$、τ_1'、τ_2' 为已知值，t_g 和 t_h 值可由供暖系统质调节计算公式确定。通过联立求解，即可确定热水网路按 $\overline{G}_{yi}=\overline{Q}$ 规律进行质量-流量调节时的相应供、回水温度 τ_1 和 τ_2 值。

采用质量-流量调节方法，网路流量随供暖热负荷的减少而减少，可以大大节省网路循环水泵的电能消耗。但在系统中需设置变速循环水泵和配置相应的自控设施（如控制网路供、回水温差为恒定值，控制变速水泵转速等），才能达到满意的运行效果。

分阶段改变流量的质调节和间歇调节，也可在间接连接的供暖系统上应用。

【例题 11-4】　在一热水供热系统中，供暖用户系统与热水网路采用间接连接。热水网路和供暖用户的设计水温参数为：$\tau_1'=120℃$、$\tau_2'=70℃$、$t_g'=85℃$、$t_h'=60℃$。试确定，当采用质调节或质量-流量调节方式时，在不同的供暖相对热负荷比 $\overline{Q}$ 下的供、回水温度，并绘制水温调节曲线图。

【解】　1. 首先确定供暖用户系统的水温调节曲线。采用质调节。根据式（11-16）式（11-17），可列出 $t_g=f(\overline{Q})$ 和 $t_h=f(\overline{Q})$ 的关系式。

$$t_g=18+0.5(85+60-2\times18)\overline{Q}^{0.77}+0.5(85-60)\overline{Q}$$
$$=18+54.5\overline{Q}^{0.77}+12.5\overline{Q}$$

$$t_h=18+54.5\overline{Q}^{0.77}-12.5\overline{Q}$$

t_g 和 t_h 值的计算结果列于表 11-3，水温调节曲线见图 11-4。

计算结果　　　　　　　　**表 11-3**

相对热负荷$\overline{Q}$	0.3	0.4	0.5	0.6	0.7	0.8	0.9	1.0
供暖用户系统								
t_g	43.3	49.9	56.2	62.3	68.2	73.9	79.5	85.0
t_h	35.8	39.9	43.7	47.3	50.7	53.9	57.0	60.0
热水网路,质调节								
τ_1	53.8	63.9	73.7	83.3	92.7	101.9	111.0	120.0
τ_2	38.8	43.9	48.7	53.3	57.7	61.9	66.0	70.0
热水网路,质量-流量调节								
τ_1	86.7	91.7	96.5	101.4	106.1	110.8	115.4	120.0
τ_2	36.7	41.7	46.5	51.4	56.1	60.8	65.4	70.0
相当流量比$\overline{G}_{yi}$	0.3	0.4	0.5	0.6	0.7	0.8	0.9	1.0

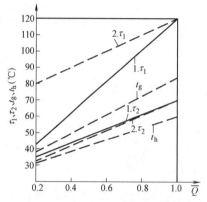

图 11-4　例题 11-4 的水温调节曲线

曲线 1.τ_1、1.τ_2——一级网路按
质调节的供、回水温曲线；曲线
2.τ_1、2.τ_2——二级网路按质量-
流量调节的供、回水温曲线

2. 热水网路采用质调节

利用式（11-41）、式（11-42），联立求解。

从式（11-41），得

$$\tau_1 - \tau_2 = (\tau_1' - \tau_2')\overline{Q}$$

$$t_g - t_h = (t_g' - t_h')\overline{Q}$$

将上式代入式（11-42），经整理得出

$$\ln\frac{\tau_1 - t_g}{\tau_1 - (\tau_1' - \tau_2')\overline{Q} - t_h} = \frac{(\tau_1' - \tau_2') - (t_g' - t_h')}{\Delta t'}$$

设 $\dfrac{(\tau_1' - \tau_2') - (t_g' - t_h')}{\Delta t'} = D$，则

$$\frac{\tau_1 - t_g}{\tau_1 - (\tau_1' - \tau_2')\overline{Q} - t_h} = e^D$$

由此得出

$$\tau_1 = \frac{[(\tau_1' - \tau_2')\overline{Q} + t_h]e^D - t_g}{e^D - 1} \quad ℃ \quad (11\text{-}47)$$

$$\tau_2 = \tau_1 - (\tau_1' - \tau_2')\overline{Q} \quad ℃ \tag{11-48}$$

现举例说明，试求 $\overline{Q}=0.8$ 时的 τ_1 和 τ_2 值。

首先计算在设计工况下的水—水换热器的对数平均温差。

$$\Delta t' = [(\tau_1' - t_g') - (\tau_2' - t_h')]/\ln[(\tau_1' - t_g')/(\tau_2' - t_h')]$$
$$= [(120-85) - (70-60)]/\ln[(120-85)/(70-60)] = 19.96℃$$

则常数　　$D = \dfrac{(\tau_1' - \tau_2') - (t_g' - t_h')}{\Delta t'} = \dfrac{(120-70) - (85-60)}{19.96} = 1.2525$

根据式（11-47）、式（11-48），又当 $\overline{Q}=0.8$ 时，计算得出 $t_g=73.9℃$，$t_h=53.9℃$。则

$$\tau_1 = \frac{[(120-70)\times0.8 + 53.9]e^{1.2525} - 73.9}{e^{1.2525} - 1} = 101.9℃$$

$$\tau_2 = 101.9 - (120-70)\times0.8 = 61.9℃$$

一些计算结果列于表 11-3。水温调节曲线见图 11-4。

3. 热水网路采用质量-流量调节

利用式（11-45）、式（11-46）联合求解

因
$$\tau_1 - \tau_2 = \tau_1' - \tau_2' = \text{const}$$
$$t_g - t_h = (t_g' - t_h')\overline{Q}$$

将上式代入式（11-46），经整理得出

$$\ln \frac{\tau_1 - t_g}{\tau_1 - (\tau_1' - \tau_2') - t_h} = \frac{(\tau_1' - \tau_2') - (t_g' - t_h')\overline{Q}}{\Delta t' \cdot \overline{Q}^{0.5}}$$

在给定 t_w（$\overline{Q}$）值下，上式右边为一已知值。

设 $\dfrac{(\tau_1' - \tau_2') - (t_g' - t_h')\overline{Q}}{\Delta t' \cdot \overline{Q}^{0.5}}$，则 $\quad \dfrac{\tau_1 - t_g}{\tau_1 - (\tau_1' - \tau_2') - t_h} = e^C$

由此得出

$$\tau_1 = \frac{(\tau_1' - \tau_2' + t_h)e^C - t_g}{e^C - 1} \quad ℃ \tag{11-49}$$

$$\tau_2 = \tau_1 - (\tau_1' - \tau_2') \quad ℃ \tag{11-50}$$

现举例计算，求当 $\overline{Q}=0.8$ 时的 τ_1 和 τ_2 值。

根据上式

$$C = \frac{(120-70)-(85-60)0.8}{19.96 \times 0.8^{0.5}} = 1.6804$$

根据式（11-49）、式（11-50），又当 $\overline{Q}=0.8$ 时，$t_g=73.9℃$，$t_h=53.9℃$，得

$$\tau_1 = \frac{(120-70+53.9)e^{1.6804}-73.9}{e^{1.6804}-1} = 110.8℃$$

$$\tau_2 = 110.8 - (120-70) = 60.8℃$$

计算结果列于表 11-3，相应的水温调节曲线见图 11-4。

第五节　供热综合调节

如前所述，对具有多种热负荷的热水供热系统，通常是根据供暖热负荷进行集中供热调节，而对其他热负荷则在热力站或用户处进行局部调节。这种调节称作供热综合调节。

本节主要阐述目前常用的闭式并联热水供热系统（见图 11-5），当按供暖热负荷进行

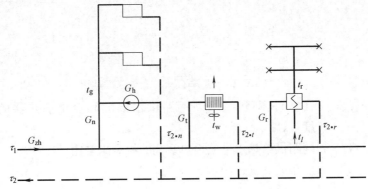

图 11-5　闭式并联热水供热系统示意图

集中质调节时，对热水供应和通风热负荷进行局部调节的方法。

为便于分析，假设下面所讨论的热水供热系统，在整个供暖季节都采用集中质调节。在室外温度 $t_w = 5℃$ 开始供暖时，网路的供水温度 τ_1'' 高于 70℃，完全可以保证热水供应用户系统用热要求。网路可不必采用间歇调节。

如图 11-6 所示，网路根据供暖热负荷进行集中质调节。网路供水温度曲线为曲线 τ_1'-τ_1'''-τ_1''，流出供暖用户系统的回水温度曲线为曲线 τ_2'-$\tau_{2 \cdot t}'''$-$\tau_{2 \cdot n}''$。

研究对热水供应和通风热负荷进行供热调节之前，首先需要确定热水供应和通风系统的设计工况。

1. 热水供应用户系统

热水供应的用热量和用水量，受室外温度影响较小。在设计热水供应用户的水—水换热器及其管路系统时，最不利的工况应是在网路供水温度 τ_1 最低时的工况。因此时换热器的对数平均温差最小，所需换热面积和网路水流量最大。此时，

$$\Delta t_r'' = \frac{(\tau_1'' - t_r) - (\tau_{2 \cdot r}'' - t_l)}{\ln \dfrac{\tau_1'' - t_r}{\tau_{2 \cdot r}'' - t_l}} \tag{11-51}$$

式中　$\Delta t_r''$——在热水供应系统设计工况下，热水供应所用的水—水换热器的对数平均温差，℃；

t_r、t_l——热水供应系统中热水和冷水的温度，℃；

τ_1''——供暖季内，网路最低的供水温度，℃；

$\tau_{2 \cdot r}''$——在热水供应系统设计工况下，流出水—水换热器的网路设计回水温度，℃。

网路设计回水温度 $\tau_{2 \cdot r}''$ 可由设计给定。给定较高的 $\tau_{2 \cdot r}''$ 值，则换热器的对数平均温差增大，换热器的面积可小些；但网路进入换热器的水流量增大，管径较粗，因而是一个技术经济问题。通常可按 $\tau_1'' - \tau_{2 \cdot r}'' = 30 \sim 40℃$，来确定设计工况下的 $\Delta t_r''$ 值。

当室外温度 t_w 下降时，热水供应用热量认为变化很小（$\overline{Q}_r = 1$），但此时网路供水温度 τ_1 升高。为保持换热器的供热能力不变，流出换热器的回水温度 $\tau_{2 \cdot r}$ 应降低，因此就需要进行局部流量调节。

在某一室外温度 t_w 下，可列出如下的供热调节的热平衡方程式：

$$\overline{Q}_r = \overline{G}_r \cdot \frac{\tau_1 - \tau_{2 \cdot r}}{\tau_1'' - \tau_{2 \cdot r}''} = 1 \tag{11-52}$$

$$\overline{Q}_r = \overline{K} \frac{\Delta t_r}{\Delta t_r''} = 1 \tag{11-53}$$

又根据式（11-39），可得

$$\overline{K} = \overline{G}_r^{0.5} \tag{11-54}$$

上式中　τ_1、$\tau_{2 \cdot r}$——在室外温度 t_w 下，网路供水温度和流出换热器的网路回水温度，℃；

$\overline{G}_r$——网路供给热水供应用户系统的相对流量比；

$\overline{K}$——换热器的相对传热系数比；

Δt_r——在室外温度 t_w 下，水—水换热器的对数平均温差，℃。

$$\Delta t_r = \frac{(\tau_1 - t_r) - (\tau_{2 \cdot r} - t_l)}{\ln \dfrac{\tau_1 - t_r}{\tau_{2 \cdot r} - t_l}} \quad \text{℃}$$

其他符号代表意义同前。

将式（11-54）代入热平衡方程式，可得

$$\overline{G}_r \cdot \frac{\tau_1 - \tau_{2 \cdot r}}{\tau_1'' - \tau_{2 \cdot r}''} = 1 \tag{11-55}$$

$$\overline{G}_r^{0.5} \cdot \frac{(\tau_1 - t_r) - (\tau_{2 \cdot r} - t_l)}{\Delta t_r'' \ln \dfrac{\tau_1 - t_r}{\tau_{2 \cdot r} - t_l}} = 1 \tag{11-56}$$

在上两式中，$\overline{G}_r$ 与 $\tau_{2 \cdot r}$ 为未知数。通过试算或迭代方法，可确定在某一室外温度 t_w 下，对热水供应热负荷进行流量调节的相对流量比和相应的流出水—水换热器的网路回水温度。热水供应热用户的网路回水温度曲线为曲线 $\tau_{2 \cdot r}''$-$\tau_{2 \cdot r}'$（见图 11-6a），相应的流量图见图 11-6（b）。

2. 通风用户系统

在供暖期间，通风热负荷随室外温度变化。最大通风热负荷开始出现在冬季通风室外温度 $t_{w \cdot t}$ 的时刻，当 t_w 低于 $t_{w \cdot t}'$ 时，通风热负荷保持不变，但网路供水温度升高，通风网路的水流量减小，故应以 $t_{w \cdot t}'$ 作为设计工况。

在设计工况 $t_{w \cdot t}'$ 下，可列出下面的热平衡方程式：

$$Q_t' = G_t' c (\tau_1'' - \tau_{2 \cdot t}'') = K_t''' F (\tau_{pj}''' - t_{pj}''') \tag{11-57}$$

式中　Q_t'——通风设计热负荷；

$\quad G_t'$——在设计工况 $t_{w \cdot t}'$ 下，网路进入通风用户系统空气加热器的水流量；

τ_1''、$\tau_{2 \cdot t}''$——在设计工况 $t_{w \cdot t}'$ 下，空气加热器加热热媒（网路水）的进、出口水温，可由供暖热负荷进行集中质调节的水温曲线确定；

$\quad F$——空气加热器的加热面积；

τ_{pj}'''——在设计工况 $t_{w \cdot t}'$ 下，空气加热器加热热媒（网路水）的平均温度，$\tau_{pj}''' = (\tau_1'' + \tau_{2 \cdot t}'')/2$；

t_{pj}'''——在设计工况 $t_{w \cdot t}'$ 下，空气加热器被加热热媒（空气）的进、出口平均温度，$t_{pj}''' = (t_{w \cdot t}' + t_f')/2$；

$\quad t_f'$——在设计工况 $t_{w \cdot t}'$ 下，通风用户系统的送风温度；

$\quad K_t'''$——在设计工况 $t_{w \cdot t}'$ 下，空气加热器的传热系数。

空气加热器的传热系数，在运行过程中，如通风风量不变，加热热媒温度和流量参数变化幅度不大时，可近似认为是常数，即

$$\overline{K}_t = K_t / K_t''' = 1 \tag{11-58}$$

式中　$\overline{K}_t$——空气加热器的相对传热系数比，即任一工况下的传热系数与设计工况时的比值。

在室外温度 $t_w \geqslant t_{w \cdot t}'$ 的区域内，通风热负荷随着室外温度 t_w 升高而减少。相应地，由于网路是按供暖热负荷进行集中质调节，网路的供水温度 τ_1 也相应下降。如对通风热负荷也采用质调节，可以得出：通风质调节与供暖质调节曲线中的回水水温差别很小。因

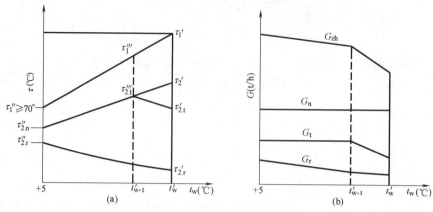

图 11-6　供热综合调节示意图

（a）并联闭式热水供热系统供热综合调节水温曲线示意图；（b）各热用户和网路总水流量图

t'_w—供暖室外计算温度，℃；$t'_{w\cdot t}$—冬季通风室外计算温度，℃；

G_n、G_t、G_r—网路向供暖、通风、热水供应用户系统供给的水流量，t/h；G_{zh}—网路的总循环水量，t/h。

此，在此区域内，流出空气加热器的网路回水温度 $\tau_{2\cdot t}$，认为与供暖的回水温度曲线接近，可按同一条回水温度曲线绘制水温调节曲线图。

在室外温度 $t'_{w\cdot t} \geqslant t_w \geqslant t'_w$ 时，通风热负荷保持不变，保持最大值 $Q'_t(\overline{Q}_t=1)$。室内再循环空气与室外空气相混合，使空气加热器前的空气温度始终保持为 $t'_{w\cdot t}$ 值。

当室外温度 t_w 降低，通风热负荷不变，但网路供水温度 τ_1 升高，因而流出空气加热器的网路回水温度 $\tau_{2\cdot t}$ 降低，以保持空气加热器的平均计算温差不变。为此需要进行局部的流量调节。

根据式（11-57）、式（11-58），认为 $\overline{K}_t=1$，在此区间内某一室外温度 t_w 下，可列出下列两个热平衡方程式

$$\overline{Q}_t = \overline{G}_t \cdot \frac{\tau_1 - \tau_{2\cdot t}}{\tau'''_1 - \tau'''_{2\cdot t}} = 1 \tag{11-59}$$

$$\overline{Q}_t = \frac{\tau_1 + \tau_{2\cdot t} - t'_{w\cdot t} - t'_f}{\tau'''_1 + \tau'''_{2\cdot t} - t'_{w\cdot t} - t'_f} = 1 \tag{11-60}$$

上两式联立求解，得出

$$\tau_{2\cdot t} = \tau'''_1 + \tau'''_{2\cdot t} - \tau_1 \quad ℃ \tag{11-61}$$

$$\overline{G}_t = \frac{\tau'''_1 - \tau'''_{2\cdot t}}{2\tau_1 - \tau'''_1 - \tau'''_{2\cdot t}} \tag{11-62}$$

在整个供暖季中，流出空气加热器的网路回水温度曲线以曲线 $\tau''_{2\cdot n} - \tau'''_{2\cdot t} - \tau'_{2\cdot t}$ 表示（见图 11-6a），相应的水流量曲线见图 11-6（b）所示。

通过上述分析和从图 11-6（b）可见，对具有多种热用户的热水供热系统，热水网路的设计（最大）流量，并不是在室外供暖计算温度 t'_w 时出现，而是在网路供水温度 τ_1 最低的时刻出现。因此，制定供热调节方案，是进行具有多种热用户的热水供热系统网路水力计算的重要步骤。

如前所述，前面分析的热水供热系统，假设是不需要采用间歇调节的情况。如对供暖

室外计算温度 t'_w 较低而供热系统的设计供水温度 τ'_1 又较低的情况（如 $t'_w \leqslant -13℃$、$\tau'_1 \leqslant$ 130℃时），在开始和停止供热期间，网路的供水温度 τ_1，如按质调节供热，就会低于 70℃，因此不得不辅以间歇调节供热，以保证热水供应系统用水水温的要求。

对需要采用间歇调节的热水供热系统，在连续供热期间，供热综合调节的方法与上述例子完全相同。在间歇调节期间，对通风热用户，由于通风热负荷随室外温度升高而减少，但网路供水温度 τ_1 在间歇调节期间总保持不变，因而需要辅以局部的流量调节。对热水供应和供暖热用户的影响，视其采用间歇调节方式而定——采用热源处集中间歇调节，还是利用自控设施，在热力站处进行局部的间歇调节。

第六节　多热源并网运行的供热调节

多热源并网技术是国外供热先进国家为节约能源、降低系统运行成本、提高经济效益，在综合运用水泵调速技术和控制技术的基础上发展起来的一项先进的热水管网运行技术。它与单热源供热调节有着很大的差异。多热源并网技术的核心内容是在保证用户供热质量的前提下，实现各热源的供热量能按需要进行自由调度。本节介绍一种简单易行的多热源枝状管网的运行调节方程及其调节曲线。

一、并网运行的技术条件

多热源并网供热系统实现经济运行时，各热源的供热量需根据其经济性和热负荷的变化进行合理的调度安排，因此各热源的供热范围和管网中的流量会随时随地发生变化，是一个变流量的供热系统。以图 11-7 所示的供热系统为例，若图中热源 A 为燃煤热电厂，供热能力较大大约占总供热能力的 60%；热源

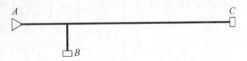

图 11-7　多热源枝状管网示意图

B 为燃煤锅炉房；热源 C 为燃油锅炉房。在整个供热季内对用户的供热量是一定的，要做到经济运行，各热源的供热量显然应按以下原则进行调度；

（1）热源 A 应作为基本热源，尽量满负荷运行，负荷未满前其他两个热源不应投入运行；

（2）热源 A 满负荷后，首先投入调峰热源 B。热源 A 保持满负荷工作，热源 B 根据用户负荷的变化调整供热量，补足热源 A 供热不足的部分；

（3）当热源 B 也达到满负荷时，最后投入热源 C，此时热源 A 和热源 B 保持满载同时作为基本热源，而热源 C 则成为调峰热源。

按以上原则调度可以充分利用低成本的热源 A，尽量加大它的供热量，其次利用热源 B，而尽可能减少高成本热源 C 的供热量，以最大限度地降低供热成本，实现经济运行。

为了实现上述调度，并网运行应具备以下技术条件：

（1）各热源应执行统一的水温调节曲线，供热调节的方式应便于各热源间的负荷调配；

（2）建立全网统一协调的水力工况，各热源协调的定压补水系统，统一的静压力线，与水力工况相适应的管网和设备选型（包括管网、设备的承压能力、循环水泵的扬程等）；

（3）具有简便的负荷调配手段，例如热源全部采用调速循环水泵等；

（4）具有较高的自动化水平，如可靠的全网计算机监控系统、循环水泵（加压泵）扬程控制装置、补水泵控制装置、热力站（用户入口）用户供热参数的实时控制装置等。

只有具备上述条件，并网运行才能在保证供热质量的基础上自由调配热源的负荷，实现经济运行和提高供热的可靠性。

二、并网运行的水温调节曲线

并网运行要求各热源均按统一的水温调节曲线供热。对于那些处于（热源间）水力交汇点附近的用户，在负荷变化或热源间负荷调整过程中，其供热热源很可能从某一热源迅速转换到另一热源，若各热源的供水温度差异过大，这些用户的水温将波动很大，无法保证用户的正常供热，即使安装了自动调节装置，由于扰动过大自动调节装置也难于正常工作。

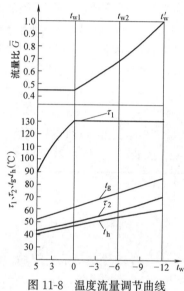

图 11-8　温度流量调节曲线

假定图 11-7 所示的供热系统，当室外气温 $t_w \geq t_{w1}$ 时，热源 A 能够承担全部供热面积所需要的供热量；当室外气温介于 $t_{w1} \sim t_{w2}$ 之间，即 $t_{w2} \leq t_w < t_{w1}$ 时，热源 A 保持满负荷运行，再投入热源 B。从 t_{w1} 到 t_{w2}，热源 B 由部分负荷增加到满负荷。当室外气温进一步低于 t_{w2} 时，即 $t_w < t_{w2}$，热源 A、B 保持满载运行，再投入调峰热源 C。从室外气温 t_{w2} 到供暖室外计算温度 t'_w，热源 C 由部分负荷增加到满负荷运行。三个热源的总供热量等于系统的设计热负荷。全部用户都以间接连接方式接入热网。在只由热源 A 供热阶段的供热调节方式仍可采用质调节、量调节和质—量综合调节任何一种方式，但从热源 B 投入后就要采用量调节，参见图 11-8。

1. 水温调节曲线的制定

（1）水温调节曲线（$t_w \leq t_{w1}$）

从室外气温降低到 t_{w1} 开始，热网供水温度恒定在设计供水温度，即采用恒定供水温度的量调节方法进行调节，引进补充方程

$$\tau_1 = \tau'_1, (t_w \leq t_{w1}) \tag{11-63}$$

当二级网采用质调节时，由公式（11-39）得

$$\overline{K} = \overline{G}^{0.5} \tag{11-64}$$

把式（11-63）、式（11-64）代入式（11-35）和式（11-36），得

$$\overline{Q} = \overline{G} \frac{\tau'_1 - \tau_2}{\tau'_1 - \tau'_2} = \frac{t_n - t_w}{t_n - t'_w}, (t_w \leq t_{w1}) \tag{11-65}$$

$$\overline{Q} = \overline{G}^{0.5} \frac{(\tau'_1 - t_g) - (\tau_2 - t_h)}{\Delta t' \ln \frac{\tau'_1 - t_g}{\tau'_2 - t_h}}, (t_w \leq t_{w1}) \tag{11-66}$$

联立求解方程（11-65）、式（11-66），可得 $t_w \leqslant t_{w1}$ 时一级网的回水温度曲线和流量调节曲线。

（2）水温调节曲线（$t_w \geqslant t_{w1}$）

室外气温从 $+5℃ \sim t_{w1}$（℃）期间，只有热源 A 运行。热源 A 为热电联产，从经济性出发，采用质调节方式。即保持某一循环流量不变，只改变供回水温度。温度调节曲线按公式（11-41）和式（11-42）计算确定。

公式（11-41）和式（11-42）中，设计状态温度取值见下列各式：

$$\tau_1' = \tau_1', \tau_2' = \tau_2^{w1};\tag{11-67}$$

$$t_g' = t_g^{w1}, t_h' = t_h^{w1}\tag{11-68}$$

$$\overline{Q} = \frac{t_n - t_w}{t_n - t_{w1}}\tag{11-69}$$

$\overline{Q}$，某室外温度下（$t_w \geqslant t_{w1}$）的热负荷与 t_{w1} 温度下的热负荷比；

τ_2^{w1}，是公式（11-65）、式（11-66）在 $t_w = t_{w1}$ 的一级网回水温度 τ_2 的解；

t_g^{w1}、t_h^{w1}，分别是室外温度 t_{w1} 下的二级网质调节的供回水温度。

应着重指出：按照这种调节方法，在质调节阶段的供回水温度差较大，相应一级网在质调节期间的循环流量比设计流量小，因而质调节阶段基本热源仍在部分流量下运行，大大地节省了管网输送电能。同时由于二次网也采用质调节，在供暖初末期，二级网供回水水温均较低，因而较低的一级网回水温度仍能保证所需的传热温差。

2. 各调节阶段各热源流量的确定

（1）$t_w \geqslant t_{w1}$，热源 A 调节流量

前已述及，该室外温度下，只有基本热源 A 按照质调节方式运行，热源在室外气温 t_{w1} 时达到满负荷，设为 Q_A'，则热源 A 或管网流量按式（11-70）计算：

$$G_A^{w1} = \frac{Q_A'}{c(\tau_1' - \tau_2^{w1})}\tag{11-70}$$

（2）室外气温 $t_{w2} \leqslant t_w < t_{w1}$ 的流量调节曲线：

在该气温范围，系统循环流量随室外气温的变化而改变。某一室外温度下热源 A、B 的循环流量可按式（11-71）~式（11-73）求得

$$Q = (Q_A' + Q_B' + Q_C')\frac{t_n - t_w}{t_n - t_w'}, (t_{w2} \leqslant t_w < t_{w1})\tag{11-71}$$

$$G_A = \frac{Q_A'}{c(\tau_1' - \tau_2)}, (t_{w2} \leqslant t_w < t_{w1})\tag{11-72}$$

$$G_B = \frac{Q - Q_A'}{c(\tau_1' - \tau_2)}, (t_{w2} \leqslant t_w < t_{w1})\tag{11-73}$$

其中，τ_2 从温度调节曲线求得。比较式（11-70）、式（11-72）可知，在该室外温度范围内，虽然热源 A 供热量 Q_A' 不变，但随室外温度的降低，τ_2 升高，供回水温差减小，流量增大。

（3）室外气温 $t_w < t_{w2}$ 的流量调节曲线：

在该室外气温范围，热源 A、B 保持最大设计供热量，与此同时投入热源 C。某一室

外温度下热源 A、B、C 的循环流量可按式（11-74）～式（11-77）求得

$$Q=(Q'_A+Q'_B+Q'_C)\frac{t_n-t_w}{t_n-t'_w},(t_w<t_{w2}) \tag{11-74}$$

$$G_A=\frac{Q'_A}{c(\tau'_1-\tau_2)},(t_w<t_{w2}) \tag{11-75}$$

$$G_B=\frac{Q'_B}{c(\tau'_1-\tau_2)},(t_w<t_{w2}) \tag{11-76}$$

$$G_C=\frac{Q-Q'_A-Q'_B}{c(\tau'_1-\tau_2)},(t_w<t_{w2}) \tag{11-77}$$

其中，从式（11-74）～式（11-77）可知，在该温度范围内，虽然热源 A、B 供热量 Q'_A、Q'_B 恒定不变，但随室外温度的降低，τ_2 升高，供回水温差减小，流量增大；当室外气温降低到 t'_w 时，管网回水温度 τ_2 升高到设计值 τ'_2，此时各热源流量均达到设计流量。见图 11-8。

以上水温调节曲线是最简单易行的一种，它说明了并网运行的基本原理：**用变流量调节的方法进行供热调节，用改变热源间流量分配的手段进行负荷调度。**

【例题 11-5】 某一多热源并网热水供热系统，供暖用户系统与热水网路采用间接连接。一级网、二级网的设计供回水温度分别为：$\tau'_1=130℃$、$\tau'_2=70℃$，$t'_g=85℃$、$t'_h=60℃$。A 热源为热电联产，占总设计供热量的 60%；B 热源为燃煤锅炉房，占总设计供热量的 20%；C 热源为燃油锅炉房，占总设计供热量的 20%。当采用上述运行调节方式时，试确定在不同室外温度 t_w 下的一、二级网的供、回水温度，并绘制水温调节曲线图（供暖室外计算温度 $t'_w=-12℃$，供暖室内计算温度 $t_n=18℃$）。

【解】 1. 首先确定供暖用户系统的水温调节曲线。采用质调节。

计算结果 表 11-4

室外温度 t_w(℃)	5	3	0	—3	—6	—9	—12
相对热负荷比 $\overline{Q}$	0.433	0.5	0.6	0.7	0.8	0.9	1.0
二级网供水温度 t_g(℃)	52.0	56.2	62.3	68.2	73.9	79.5	85.0
二级网回水温度 t_h(℃)	41.2	43.7	47.3	50.7	53.9	57.0	60.0
一级网供水温度 τ_1(℃)	89.00	112.64	130.00	130.00	130.00	130.00	130.00
一级网回水温度 τ_2(℃)	43.36	46.21	50.28	55.08	59.96	64.93	70.00
一级网相对流量比 $\overline{G}_{yi}$	0.4516	0.4516	0.4516	0.5606	0.6853	0.8298	1.0000
热源 A 流量	0.4516G'	0.4516G'	0.4516G'	0.4805G'	0.5140G'	0.5533G'	0.6G'
热源 B 流量	0	0	0.0801G'	0.1713G'	0.1844G'	0.2G'
热源 C 流量	0	0	0	0	0.0921G'	0.2G'

根据式（11-16）、式（11-17），可列出 $t_g=f(\overline{Q})$ 和 $t_h=f(\overline{Q})$ 的关系式。

$$t_g=18+0.5(85+60-2\times18)\overline{Q}^{0.77}+0.5(85-60)\overline{Q}$$
$$=18+54.5\overline{Q}^{0.77}+12.5\overline{Q}$$
$$t_h=18+54.5\overline{Q}^{0.77}-12.5\overline{Q}$$

t_g 和 t_h 值的计算结果列于表 11-4，水温调节曲线见图 11-8。

2. 热水网路水温调节曲线

由题意，基本热源 A 能供给总负荷的 60%，热源 A 和 B 能供给总负荷的 80%，按照式（11-12）可求出热源 B 投运的室外气温 t_{w1}，热源 C 投运的室外气温 t_{w2}。

当 $\overline{Q}=0.6$ 时，得 $t_{w1}=0℃$，即在室外气温低于 $0℃$ 时，投入热源 B。

当 $\overline{Q}=0.8$ 时，得 $t_{w2}=-6℃$，即在室外气温低于 $-6℃$ 时，再投入热源 C。

（1）室外气温 $t_w \leqslant 0℃$ 阶段的水温调节曲线：

当室外气温低于 $0℃$ 时，由质调节转换为固定供水温度的量调节。热网供水温度恒定在设计供水温度 $130℃$。

根据式（11-12）、式（11-63）~式（11-66），可以求得不高于 $0℃$ 的任一室外气温下，一级网的回水温度和流量。计算结果见表 11-4，水温调节曲线见图 11-8。

其中：$\overline{Q}=0.6$ 时，$t_g=62.3℃$，$t_h=47.3℃$，$\overline{G}=0.4516$，$\tau_h=50.28℃$

$\overline{Q}=0.8$ 时，$t_g=73.9℃$，$t_h=53.9℃$，$\overline{G}=0.6853$，$\tau_h=59.96℃$

（2）室外气温 $t_w \geqslant 0℃$ 时的水温调节曲线：

室外气温从 $+5$~$0℃$ 期间，只有热源 A 运行。采用质调节方式。按照公式（11-67）~式（11-69）得

$$\tau'_1=130℃；$$

$$\tau'_2=\tau^{w1}_h=50.28℃；$$

$$\overline{Q}=\frac{t_n-t_w}{t_n-t_{w1}}=\frac{t_n-t_w}{t_n-0}$$

代入公式（11-41）、式（11-42）、式（11-47）、式（11-48）求得室外气温 $t_w \geqslant 0$ 范围内，任一气温下一级网的供回水温度。一些计算结果列于表 11-4，水温调节曲线见图 11-8。

3. 各调节阶段各热源流量的确定

（1）室外气温 $t_w \geqslant 0℃$ 热源 A 调节流量

由表 11-4 可知，当 $t_w=0℃$ 时，$\overline{G}=0.4516$，

得 $G_A=0.4516G'$

即在基本热源 A 按照质调节方式单独运行期间，热源 A 的循环流量占采暖室外计算温度下多热源联合供热系统总循环流量的 45.16%。

又因为热源 A 的设计流量占系统总设计流量的 60%，$G'_A=0.6G'$，所以：

$$G_A=0.4516 \times \frac{G'_A}{0.6}=0.7527G'_A。$$

即在基本热源 A 按照质调节方式单独运行期间，其运行流量占设计流量的 75.27%。

（2）室外气温 $-6 \leqslant t_w < 0℃$ 时流量调节曲线

从室外气温低于 $0℃$ 开始，系统循环流量随室外气温的变化而改变。热源 A、B 的循环流量在 $-6 \leqslant t_w < 0℃$ 时，按式（11-71）~式（11-73）求得：

当 $t_w=-3℃$ 时，由表 11-4 可得，$\tau_2=55.08℃$，

$$G_A=0.4805G'，G_B=0.0801G'$$

同理：当 $t_w=-6℃$ 时，$G_A=0.5140G'$，$G_B=0.1713G'$

（3）室外气温 t_w ＜ -6℃的流量调节曲线

热源 A、B、C 的循环流量在 t_w ＜ -6℃范围内，按式（11-74）~式（11-77）求得。

当 t_w ＝ -9℃时，由表11-4可得，τ_2 ＝ 64.93℃

$$G_A = 0.5533G', G_B = 0.1844G', G_C = 0.0921G'$$

同理可得，当 t_w ＝ -12℃时，G_A ＝ $0.6G'$，G_B ＝ $0.2G'$，G_C ＝ $0.2G'$

第十二章　热水供热系统的初调节方法

初调节一般在供热系统运行前进行，也可以在供热系统运行期间进行。初调节的目的是将各热用户的运行流量调配至理想流量（即满足热用户实际热负荷需求的流量），当供热系统为设计工况时，理想流量即为设计流量。换句话说，系统初调节主要是解决水量分配不均的问题，从而消除各用户的冷热不均问题，因此初调节也称为流量的均匀调节。由于供热管网主干线比较长，最近分支和最远分支通过管径调整难以达到阻力平衡，只能通过增加近端用户阀门阻力来达到阻力平衡。若施工完毕，不进行初调节，势必会导致离热源近的用户实际流量比设计流量大，而离热源远的用户实际流量比设计流量小，出现水力失调。水力失调造成近端用户因过热而开窗散热，远端用户需通过其他热源形式进行补热，造成能源的极大浪费。

目前我国绝大部分地区为解决供热管网水力失调导致的末端用户不热问题，采用比设计流量更大的流量进行供热。如设计供回水温差25℃，而实际运行温差在10℃到15℃，这就造成实际流量是设计流量的1.7～3倍。而循环水泵功率和循环流量的立方成正比，导致循环水泵的电耗增大。供热管网的大流量小温差运行除了造成能源浪费外，也大大增加了供热公司的运行费用，而增加的费用最终也转嫁给了热用户。集中供热本该是节约能源、保护环境、供热品质高的一项利国利民的伟大工程，然而，由于供热管网的水力不平衡而导致实际大流量运行的高能耗使得这项工程远远不能达到节能的要求。在经济飞速发展、能源日益短缺的今天，进行供热管网的初调节，实现均匀供热，按设计流量供热，是时代赋予每个供热工程技术人员的责任和义务，是节能的需要，是降低供热成本的需要，也是实现集中供热可持续发展的需要。管网的初调节成功与否，直接影响到今后的供热质量，因此管网的初调节对供热系统的运行具有十分重要的意义，应给予足够的重视。

初调节的方法很多，有阻力系数法、比例调节法、补偿法、计算机法、模拟阻力法、温度调节法、自力式调节法等，而供热管网初调节方法和管网阀门配置的种类、位置等有关，也与压力表、温度计的安装位置有关。每种调节方法都要求一定的管网配置。

本章主要介绍比例调节法、补偿调节法和回水温度调节法，前两种方法很好地应用了管网水力工况分析计算的基本原理，后一种方法较适用于缺乏调节阀门的管网。另外简要介绍了模拟分析法。对于大型管网，当调试人员具备一定的编程能力时，这种方法可以提高初调节的效率。

第一节　比例调节法

比例调节法的调节原理是依据两个用户之间的流量比仅取决于上游用户（按供水流动方向）之后管段的阻抗，而与上游用户和热源之间的阻抗无关。也就是说，对系统上游用户的调节，将会引起该系统下游用户之间的流量成比例的变化。

图 12-1 的双管闭式热水供热系统，有一条输配干线和 4 条支线 A、B、C、D，每条支线有 4 个热用户，用户入口回水管、各支线在主干线分支点回水管上和主干线供水管等都分别安装了平衡阀。

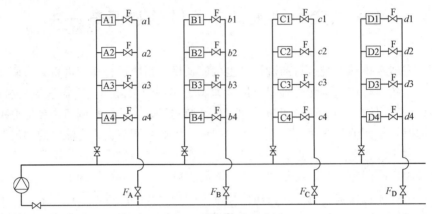

图 12-1　供热管网示意图

图 12-1 的供热管网初调节可以采用比例调节的方法。比例调节法的调节步骤如下：

1. 调节支线的选择

（1）全开系统中所有阀门，包括平衡阀，让循环泵在大流量小扬程的工况下运行。

（2）利用平衡阀和配套的智能仪表，首先测量各支线回水管道上平衡阀前后的压差，并通过智能仪表直接读出通过平衡阀 F_A、F_B、F_C、F_D 的流量，或者由平衡阀前后压差和管径，根据厂家提供的线算图查出通过的流量。

（3）计算各支线的水力失调度 x_i

$$x_i = \frac{G_i}{G'_i} \quad i = 1, 2 \cdots n \tag{12-1}$$

式中　i——支线序号；

　　　n——支线数量，本例中有 4 条支线，$n=4$；

　　　G_i——支线实测流量，m^3/h；

　　　G'_i——支线规定流量，m^3/h。规定流量可以是设计流量，也可以是某一平均分配的流量，或调节状态下的调节流量。

（4）对水力失调度按从大到小进行排序，排序结果作为调节的先后顺序。枝状管网未进行初调节时，近端用户的水力失调度大于 1，远端用户的水力失调度小于 1，且靠近热源的热用户水力失调度最大，所以应从近端支线开始调节。

2. 支线内用户间的平衡调节

（1）首先测量被调支线内各用户的流量，并计算各用户的水力失调度。其中水力失调度最小的用户作为参考用户。若支线 A 为调节支线，且用户 3 的水力失调度最小，$x_3 = \frac{G_3}{G'_3}$，用户 3 作为参考用户。

（2）从调节支线 A 的末端用户 1 开始，利用智能仪表，调节平衡阀 F_{A1}，将用户 1 的水力失调度调节到用户 3 水力失调度的 95% 左右，即 $x_{A1} = 0.95 x_{A3}$。

（3）调节用户 2 的平衡阀，使用户 2 和用户 1 的水力失调度相等，$x_{A1}=x_{A2}$。根据水压图分析，用户 2 的调节会引起用户 1 水力失调度的增加。因此在调节用户 2 时，另一组调试人员应继续保持对用户 1 平衡阀智能仪表的检测但不再调节，并与用户 1 的调试小组保持联系，得到适时的 $x_{A1}=x_{A2}$（可见，用户 1 的水力失调度不止计算一次），用户 2 调节完毕。

（4）始终保留用户 1 平衡阀的智能仪表，始终以用户 1 的水力失调度作为参考值，按照步骤（3）的方法，依次调整用户 3、4。每调好一个用户，用户 1 的水力失调度都将略有增加。这是因为调节前全部打开了阀门，阀门的调节是在关小中进行的。

（5）支线 A 调节完毕后，再调节下一条支线。按照各支线水力失调度大小顺序，依次调节其他支线，方法同上。

3. 支线间的平衡调节

（1）由于各支线用户的平衡调节，第一次测得支线的水力失调度已发生变化，需进行第二次测量，并再次计算相应的水力失调度，从中选出水力失调度最小的分支作为参考值。

（2）从最末端支线开始调节，即调节平衡阀 F_D，使支线 D 的水力失调度调整到参考值的 95% 左右。假定 C 支线的水力失调度最小，水力失调度为 x_C，则 $x_D=0.95x_C$。

（3）采用和支线内相同的调节方法，按顺序调节 F_C、F_B、F_A 平衡阀，使各支线的水力失调度最终等于支线 D 的水力失调度。

4. 全网调节

（1）如果供热系统只有图 12-1 所示一条主干线，则调节供水干线的总平衡阀 F，（平衡阀 F 安装在回水总管也一样），使支线 D 的水力失调度等于 1。根据一致性等比失调原理，经过上述调节，供热系统各用户的流量一定会达到规定的流量，全网调节结束。

（2）如果有若干条主干线并联，图 12-1 所示为其中一条，则设计中热源设有分集水器，图 12-1 中主干线上的调节阀 F 相当于分水器（或集水器）上设置的阀门。在各主干线调节阀调节完毕后，应进行主干线间的平衡调整，调节方法同上。主干线间的平衡调整好后，调节水泵出口阀门使任何用户的水力失调度等于 1。

第二节　补偿调节法

根据第十章分析知，当调节管网的某个阀门时，就会影响到整个管网的压力分布和流量分配。根据一致性等比失调原理，上游用户的调节会引起下游用户之间发生一致性等比失调。因此像比例调节一样，从最下游用户开始调节，由远到近把被调用户调节到基准用户。其他用户的调节会引起基准用户水力失调度的改变，但基准用户水力失调的改变又可以通过所在分支调节阀（称为合作阀）的再调整得以还原。各支线之间的调整也是如此。这种通过合作阀再调节来保持基准用户水力失调度维持在某一数值的调节方法称为补偿法。仍以图 12-1 为例，介绍补偿调节法的详细调节步骤。

1. 支线内调节

（1）任意选择待调支线。

（2）确定待调支线末端用户平衡阀在设计流量下的压降值，即基准阀压降值。

1）在确定基准阀压降值之前，首先要找出待调支线阻力最大的用户：即该支线所有用户的所有入口阀门全开时，供回水温差最大的用户。

2) 计算基准阀通过设计流量时的压降值。如选择图 12-1 中的 A 支线作为待调支线，假定用户 2 及其支线（包括室内系统和室外用户支线管道及其附件等，不含平衡阀）局部阻力最大。基准阀为 F_{A1}，计算基准阀 F_{A1} 在设计流量下的压降值 ΔH_{FA1}。

$$\Delta H_{FA1} = \Delta H_{A2} + 0.3 - 2\Delta H_{a2-a1} - \Delta H_{A1} \tag{12-2}$$

式中　ΔH_{A2}、ΔH_{A1}——分别为用户 2 及其支线和用户 1 及其支线在设计流量下的管压降（不包括平衡阀），mH_2O；

　　　　ΔH_{a2-a1}——用户 2 和用户 1 分支节点之间，在设计流量下的单程管压降，mH_2O；

　　　　系数 0.3——用户 2 的平衡阀 F_{A2} 在设计流量下的最小压降，mH_2O。如果该用户在设计流量下，平衡阀全开时阻力大于 $0.3mH_2O$，应取其实际值。如果小于 $0.3mH_2O$，为保证智能仪表的测量精度，安装在阻力最大用户上的平衡阀，全开时压降值取 $0.3mH_2O$。

(3) 计算基准阀的特性系数 K_v 和开度 K_s。

特性系数 K_v 由下式确定：

$$K_v = \frac{3.2 \times G'}{\sqrt{\Delta H_{FA1}}} \tag{12-3}$$

式中　G'——待调用户设计流量，m^3/h；

　　　　ΔH_{FA1}——待调用户在设计流量下的平衡阀压降，mH_2O。

或　　　　　　　　　$$K_v = \frac{10 \times G'}{\sqrt{\Delta H_{FA1}}} \tag{12-4}$$

式中　G'——待调用户设计流量，m^3/h；

　　　　ΔH_{FA1}——待调用户在设计流量下的平衡阀压降，kPa。

显然，特性系数 K_v 和阻力系数 S 在本质上是相同的，都代表平衡阀的阻力特性。因此，对于某种规格的平衡阀，开度不同，K_v 和 S 就不同。K_v 和 S 的关系可由上式导出：

$$S = \left(\frac{3.2}{K_v}\right)^2 \quad mH_2O/(m^3/h)^2 \tag{12-5}$$

或　　　　　　　　　$$S = \left(\frac{10}{K_v}\right)^2 \quad kPa/(m^3/h)^2 \tag{12-6}$$

根据平衡阀厂家提供的线算图，按照计算得到的 K_v 值，就可确定基准阀的开度。按照确定的开度，调节平衡阀并锁定。

(4) 将一台智能仪表接至基准阀，调节支线 A 的分支平衡阀，即合作阀，使基准阀压降值达到计算值 ΔH_{FA1}。与此同时，基准阀的流量也就达到了设计流量 G'。

如果合作阀全开，但基准阀压降值仍小于计算值 ΔH_{FA1}，则应关小上游任意用户或分支平衡阀，直到基准阀到达计算数值。

(5) 调节用户 2。将第二台智能仪表接到用户 2 的平衡阀 F_{A2}，若关小 F_{A2}，用户 1 流量增加，基准阀压降有所增加，为保持基准阀的设计流量不变，则需要调小合作阀，抵消因 F_{A2} 关小造成基准阀压降值的增加量，即所谓补偿调节；若开大 F_{A2}，基准阀压降减少，流量下降，需要开大合作阀，补偿因 F_{A2} 开大引起基准阀压降值的减少量。因此，

在调节 F_{A2} 的同时，监控基准阀的流量变化，并用合作阀进行补偿，直到 F_{A2}、F_{A1} 同时达到设计流量。

（6）依次调节用户 3、用户 4。在基准阀智能仪表保留不变，将第二台智能仪表依次接至 F_{A3}、F_{A4}，调节过程和用户 2 相同。

（7）A 支线调节完毕后，按照上述方法依次调节其他支线。当被调支线压降不足，合作阀难以起到补偿作用时，可将调好的支线关闭。

2. 支线间的调节

支线间的阻力平衡是依靠各分支平衡阀的调节来完成的。最远分支平衡阀 F_D 作为各支线平衡调节的基准阀。主干线总调节阀门 F 充当支线间平衡调节的合作阀。

（1）调节支线 D 的平衡阀 F_D，使支线 D 的流量达到规定值。保留智能仪表对 F_D 的监控。

（2）另一台智能仪表依次接至调节支线 C、B、A 的平衡阀 F_C、F_B、F_A，依次调节平衡阀 F_C 和合作阀 F、F_B 和合作阀 F、F_A 和合作阀 F，使 C、B、A 支线的流量均达到规定值。

（3）如果供热系统只有图 12-1 所示一条主干线，则全网调节结束。如果有若干条主干线并联，图 12-1 所示为其中的一条，那么，图 12-1 中调节阀 F 为分水器（或集水器）设置的阀门。在各主干线调节完毕后，应进行主干线间的平衡调整，水泵出口阀门作为合作阀，调节方法同上。

第三节　回水温度调节法

当管网用户入口没有安装平衡阀；或当入口安装有普通调节阀但调节阀两端的压力表不全；甚至管网入口只有普通阀门时，可以采用回水温度调节法来进行调节。

1. 调节原理

由第十一章可知，当供热系统在稳定状态下运行时，如不考虑管网沿途损失，则管网热媒供给室内散热设备的热量应等于散热设备的散热量，也等于供暖用户的热负荷。

而管网供给室内散热设备的热量等于其流量、供回水温差以及热水比热的乘积。当实际流量大于设计流量时，供回水温差减小，回水温度高于规定值；当实际流量小于设计流量时，供回水温差增大，回水温度低于规定值。

因此，只要把各用户的回水温度调到相等（当供水温度相等）或供回水温差调到相等（管道保温效果差，供水温度略有不同），就可以使各热用户得到和热负荷相适应的供热量，达到均匀调节的目的。

这种调节方法是一种最简单、最原始、最耗时的调节方法。可用于任何供暖系统，不要求阀门种类、不要求安装压力表、温度计，只要有一台红外线测温仪或数字式表面温度计就行。

2. 调节过程

（1）调节温度的确定

当热源供热量大于等于用户热负荷，循环泵流量大于设计流量时，考虑到循环泵节能运行，此时用户回水温度应调节到温度调节曲线对应的回水温度；当热源供热量大于等于用户热负荷，循环泵流量小于设计流量时，供回水平均温度应调节到温度调节曲线对应的供、回水温度平均温度值；当热源供热量小于用户热负荷时，用户回水温度调节到略低于总回水温度。

（2）调节过程

由于供热系统有较大的热惯性，温度变化明显滞后。调节系统流量后，系统温度不能及时反映流量的变化，所以阀门开度的调整量具有一定的经验性。测量温度要在全部用户调节完毕，间隔一段时间后进行。间隔时间和系统的大小有关。当总回水温度稳定在某一数值不变时即可进行下一轮调整。

首先记录各用户回水温度，并和总回水温度作比较：温度高得越多，阀门关得越小；用户间回水温度差别相同的条件下，管径越大，关得越多。第一轮调整，近端用户阀门关闭应过量。记录各用户阀门关闭圈数。

第一轮调整完毕，待总回水温度稳定不变后记录各用户回水温度，和调节前作比较，再和总回水温度作比较，进行第二轮调整。第一轮和第二轮的间隔时间应大于第一轮调整后最远用户回水返回热源所需时间的两倍以上。按照管网流速和最远用户管长进行估算。如此反复进行。

第四节　模拟分析法

模拟分析法的实质是用管网的节点方程和独立回路压力平衡方程来描述管网的结构，用阻抗来描述管道管段的管径 d_i、长度 l_i、管道内壁当量绝对粗糙度 K_i，以及管段局部阻力当量长度 l_{id} 等。不管管网结构有多复杂，分支有多少，总是要构成回路的，所以总是可以用这两组方程组来描述，差别仅在于方程数量的多与少。对于管道及其管件管径的大小以及管件配置的多少和大小总是可以用阻抗来代替，这样就奠定了用方程和阻抗来模拟管网的基础。

1. 管网的节点方程

根据质量守恒原理，在恒定流动过程中，与任一节点关联的所有分支的流量，其代数和等于零，即供热管网的节点方程：

$$\sum_{j=1}^{n} b_{ij} \times Q_j = 0 \qquad (12\text{-}7)$$

式中　b_{ij}——分支流动方向的符号函数；

$b_{ij}=1$——i 节点为 j 分支的端点，且 Q_j 流出该节点；

$b_{ij}=-1$——i 节点为 j 分支的端点，且 Q_j 流入该节点；

$b_{ij}=0$——i 节点不是 j 分支的端点；

Q_j——j 分支的流量；

i——1、2、3…J；j=1、2、3…N。

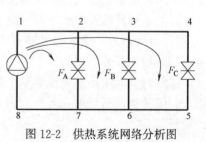

图 12-2　供热系统网络分析图

对于一个有 N 个分支、J 个节点的枝状管网，有 $J-1$ 个独立节点流量方程。

2. 独立回路压力平衡方程

根据管网恒定流动过程中，任意回路中沿回路方向，各个分支管段压降的代数和等于零。对于环路 i，独立回路压力平衡方程为

$$\sum_{j=1}^{n} c_{ij} \times (\Delta H_j - H_j) = 0 \qquad (12\text{-}8)$$

式中 c_{ij}——分支流动方向的符号函数；

$c_{ij} = 1$—— j 分支包括在 i 回路中并与回路同向；

$c_{ij} = -1$—— j 分支包括在 i 回路中并与回路逆向；

$c_{ij} = 0$—— j 分支不包括在 i 回路中；

ΔH_j—— j 分支的阻力损失，$\Delta H_j = S_j Q_j^2$，若阻力损失使压力沿分支方向降低则为正，反之为负；

S_j—— j 分支的阻抗；

H_j—— j 分支水泵扬程，一般取所在分支方向为动力作用方向，故恒为正。

对于一个有 N 个分支，J 个节点的枝状管网，有 $M = N - J + 1$ 个独立回路方程，等于用户数量。

所以，对于一个有 N 个分支、J 个节点的枝状管网，节点流量方程和独立回路方程加在一起，共有 $(J-1) + (N-J+1) = N$ 个独立方程，可以求解 N 个分支的流量。

图 12-2 中，$N = 10$、$J = 8$，所以有 7 个独立的节点流量方程和 3 个独立回路方程。当对各管段阻抗赋权后，可以求解出 10 个管段的流量。

3. 模拟调节法

首先通过各种可能的方法来确定各分支的阻抗值，建立方程组，即建立了管网的模型，并求解各分支管段的流量。其次，确定各用户通过理想流量时，用户调节阀所需要的理想阻抗。最后通过逐一改变方程中"调节阀"的阻抗，也就是用理想阻抗值逐个替代实际"调节阀"的阻抗值，来模拟实际管网的初调节。根据水力工况原理可知，某一个阀门的阻抗被替代，全网的流量、压力就重新分布一次。而第一次"调节阀"用理想的阻抗替代后流过该"调节阀"的流量和设计流量不等，是一个确定的值，称为过渡流量。但是，当最后一个用户的"调节阀"用理想阻抗替代后，该用户以及其他所有用户的过渡流量就达到了设计流量。因此，虽然实际工程无法直接测得理想的阻抗，但是可以测得过渡流量。按照计算过程阻抗替代的顺序，记录下替代后对应调节阀的过渡流量，在现场按照替代顺序，逐个调节热用户的调节阀，使其流量达到过渡流量。当最后一个用户阀门调节完毕后，全网各用户的流量就达到了规定的工况，初调节完毕。

【例题 12-1】 供热系统如图 12-3 所示，共有 4 个用户，一台循环水泵，扬程 $DH_P = 62\text{mH}_2\text{O}$。系统编号如图，其中管段编号为 1、2、3…13，节点编号为①、②、③…⑩。理想工况下各热用户的流量均为 100，实际运行中 $G_1 = 140$，$G_2 = 120$，$G_3 = 80$，$G_4 = 60$。试用模拟调节法进行初调节。

设循环水泵入口点即节点编号①为参考节点，按初调节的四个步骤进行。

（1）通过实测管段流量和读取各相关压力表，确定管段实际阻抗，结果见表 12-1。

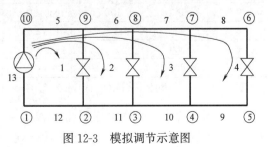

图 12-3 模拟调节示意图

实际工况 表 12-1

管段编号	流量 G_i	压降 ΔH	阻抗 S_i	管段编号	流量 G_i	压降 ΔH	阻抗 S_i
1	140	40.000	0.2041×10^{-2}	8	60	1.800	0.5000×10^{-3}
2	120	32.489	0.2256×10^{-2}	9	60	1.800	0.5000×10^{-3}
3	80	27.589	0.4311×10^{-2}	10	140	2.450	0.1250×10^{-3}
4	60	23.989	0.6664×10^{-2}	11	260	3.756	0.5556×10^{-4}
5	400	5.000	0.3125×10^{-4}	12	400	5.000	0.3125×10^{-4}
6	260	3.756	0.5556×10^{-4}	13	400	12.000	0.75×10^{-4}
7	140	2.450	0.1250×10^{-3}				

注：表中 S_i——阻抗，$mH_2O/(m^3\cdot h^{-1})^2$；$G_i$——流量，$m^3/h$；$\Delta H$——管压降，$mH_2O$。

（2）计算所有用户的理想阻抗：即在设计流量下用户及其分支的阻抗。按照独立回路方程，经整理得下列计算公式（12-9）。式中，用户流量代入理想流量，除用户外的其他管段阻抗代入实际阻抗。运算公式（12-9），计算结果见表 12-2。

$$S_1=\frac{DH_P-S_{13}(G_1+G_2+G_3+G_4)^2-(S_5+S_{12})(G_1+G_2+G_3+G_4)^2}{G_1{}^2}$$

$$S_2=\frac{DH_P-S_{13}(G_1+G_2+G_3+G_4)^2-(S_5+S_{12})(G_1+G_2+G_3+G_4)^2}{G_2{}^2}$$
$$-\frac{(S_6+S_{11})(G_2+G_3+G_4)^2}{G_2{}^2}$$

$$S_3=\frac{DH_P-S_{13}(G_1+G_2+G_3+G_4)^2-(S_5+S_{12})(G_1+G_2+G_3+G_4)^2}{G_3{}^2}$$
$$-\frac{(S_6+S_{11})(G_2+G_3+G_4)^2-(S_7+S_{10})(G_3+G_4)^2}{G_3{}^2}$$

$$S_4=\frac{DH_P-S_{13}(G_1+G_2+G_3+G_4)^2-(S_5+S_{12})(G_1+G_2+G_3+G_4)^2}{G_4{}^2}$$
$$-\frac{(S_6+S_{11})(G_2+G_3+G_4)^2-(S_7+S_{10})(G_3+G_4)^2-(S_8+S_9)G_4^2}{G_4{}^2} \tag{12-9}$$

理想工况 表 12-2

管段编号	流量 G_i	压降 ΔH	阻抗 S_i	管段编号	流量 G_i	压降 ΔH	阻抗 S_i
1	100	40	0.4000×10^{-2}	8	100	5	0.5000×10^{-3}
2	100	30	0.3000×10^{-2}	9	100	5	0.5000×10^{-3}
3	100	20	0.2000×10^{-2}	10	200	5	0.1250×10^{-3}
4	100	10	0.1000×10^{-2}	11	300	5	0.5556×10^{-4}
5	400	5	0.3125×10^{-4}	12	400	5	0.3125×10^{-4}
6	300	5	0.5556×10^{-4}	13	400	12	0.75×10^{-4}
7	200	5	0.1250×10^{-3}				

注：表中 S_i——为阻抗，$mH_2O/(m^3\cdot h^{-1})^2$；$G_i$——流量，$m^3/h$；$\Delta H$——管压降，$mH_2O$。

（3）阻抗替代、运算独立回路方程组（12-9）。按用户 1，2，3，4（离热源由近及远）的调节顺序，即将用户 1 的理想阻抗代入后得到第一组过渡流量，将用户 1、2 的理想阻抗代入后得到第二组过渡流量,将用户 1、2、3 的理想阻抗代入后得到第三组过渡流量,将用户 1、2、3、4 的理想阻抗代入后得到第四组过渡流量,共得到 4 组流量值。结果见表 12-3。

$$S_1G_1^2+S_{13}(G_1+G_2+G_3+G_4)^2+(S_5+S_{12})(G_1+G_2+G_3+G_4)^2-DH_P=0$$

$$S_2G_2^2+S_{13}(G_1+G_2+G_3+G_4)^2+(S_5+S_{12})(G_1+G_2+G_3+G_4)^2+$$
$$(S_6+S_{11})(G_2+G_3+G_4)^2-DH_P=0$$

$$S_3G_3^2+S_{13}(G_1+G_2+G_3+G_4)^2+(S_5+S_{12})(G_1+G_2+G_3+G_4)^2+(S_6+S_{11})$$
$$(G_2+G_3+G_4)^2+(S_7+S_{10})(G_3+G_4)^2-DH_P=0$$

$$S_4G_4^2+S_{13}(G_1+G_2+G_3+G_4)^2+(S_5+S_{12})(G_1+G_2+G_3+G_4)^2+(S_6+S_{11})$$
$$(G_2+G_3+G_4)^2+(S_7+S_{10})(G_3+G_4)^2+(S_8+S_9)G_4^2-DH_P=0$$

(4)现场调节。按照阻抗替代的顺序,调节相应的用户调节阀。当被调用户的过渡流量达到计算值的同时,其他用户的过渡流量也就达到了计算值。如表 12-3 所示,调节用户 1,当过渡流量 $G_1=101.956m^3/h$ 时用户 1 的阻抗达到理想值;再调节用户 2,当过渡流量 $G_2=107.960m^3/h$ 时用户 2 的阻抗达到理想值;再调节用户 3,当过渡流量 $G_3=112.859m^3/h$ 时用户 3 的阻抗达到理想值;最后调节用户 4,当过渡流量 $G_4=100m^3/h$ 时所有用户的阻抗均达到理想值。调节完成。

调节方案 表 12-3

管段编号	起始工况(实际工况)			调节用户 1			调节用户 2		
	S_i	G_i	ΔH	S_i	G_i	ΔH	S_i	G_i	ΔH
1	0.2041×10^{-2}	140	40	0.4000×10^{-2}	101.956	41.5	0.4000×10^{-2}	102.578	42.089
2	0.2256×10^{-2}	120	32.489	0.2256×10^{-2}	122.352	33.772	0.3000×10^{-2}	107.96	34.996
3	0.4311×10^{-2}	80	27.589	0.4311×10^{-2}	81.563	28.679	0.4311×10^{-2}	82.992	29.693
4	0.6664×10^{-2}	60	23.989	0.6664×10^{-2}	61.172	24.937	0.6664×10^{-2}	62.244	25.818
5	0.3125×10^{-4}	400	5	0.3125×10^{-4}	367.043	4.21	0.3125×10^{-4}	355.774	3.955
6	0.5556×10^{-4}	260	3.756	0.5556×10^{-4}	265.086	3.904	0.5556×10^{-4}	253.195	3.652
7	0.1250×10^{-3}	140	2.45	0.1250×10^{-3}	142.735	2.547	0.1250×10^{-3}	145.236	2.637
8	0.5000×10^{-3}	60	1.8	0.5000×10^{-3}	61.172	1.871	0.5000×10^{-3}	62.244	1.937
9	0.5000×10^{-3}	60	1.8	0.5000×10^{-3}	61.172	1.871	0.5000×10^{-3}	62.244	1.937
10	0.1250×10^{-3}	140	2.45	0.1250×10^{-3}	142.735	2.547	0.1250×10^{-3}	145.236	2.637
11	0.5556×10^{-4}	260	3.756	0.5556×10^{-4}	265.086	3.904	0.5556×10^{-4}	253.195	3.652
12	0.3125×10^{-4}	400	5	0.3125×10^{-4}	367.043	4.21	0.3125×10^{-4}	355.774	3.955
13	0.7500×10^{-4}	400	12	0.75×10^{-4}	367.043	10.104	0.75×10^{-4}	355.774	9.493

管段编号	调节用户 3			调节用户 4		
	S_i	G_i	ΔH	S_i	G_i	ΔH
1	0.4000×10^{-2}	101.421	41.145	0.4000×10^{-2}	100	40
2	0.3000×10^{-2}	104.472	32.743	0.3000×10^{-2}	100	30
3	0.2000×10^{-2}	112.859	25.474	0.2000×10^{-2}	100	20

管段编号	调节用户 3			调节用户 4		
	S_i	G_i	ΔH	S_i	G_i	ΔH
4	0.6664×10^{-2}	57.653	22.151	0.1000×10^{-2}	100	10
5	0.3125×10^{-4}	376.405	4.428	0.3125×10^{-4}	400	5
6	0.5556×10^{-4}	274.985	4.201	0.5556×10^{-4}	300	5
7	0.1250×10^{-3}	170.513	3.634	0.1250×10^{-3}	200	5
8	0.5000×10^{-3}	57.653	1.662	0.5000×10^{-3}	100	5
9	0.5000×10^{-3}	57.653	1.662	0.5000×10^{-3}	100	5
10	0.1250×10^{-3}	170.513	3.634	0.1250×10^{-3}	200	5
11	0.5556×10^{-4}	274.985	4.201	0.5556×10^{-4}	300	5
12	0.3125×10^{-4}	376.405	4.428	0.3125×10^{-4}	400	5
13	0.75×10^{-4}	376.405	10.626	0.75×10^{-4}	400	12

注：表中 S_i——阻抗，$mH_2O/(m^3 \cdot h^{-1})^2$；$G_i$——流量，$m^3/h$；$\Delta H$——阻力损失，$mH_2O$。

需要说明的是：在供热规模大，用户数量多的条件下，节点方程和回路方程的求解只有采用矩阵方法才是可行的。

当用户入口安装的调节阀具备阻抗和开度——对应的函数关系时，就可以通过计算机求解，直接得到各个用户调节阀的理想开度。不难理解，在现场调节时，只要把全部用户的调节阀调节到理想开度并锁定，就能达到理想的流量分配而与调节顺序无关。

第十三章　蒸汽供热系统管网的
水力计算与水力工况

第一节　蒸汽网路水力计算的基本公式

蒸汽供热系统的管网由蒸汽网路和凝结水网路两部分组成。

第九章热水网路水力计算的基本公式，对蒸汽网路同样是适用的。

在计算蒸汽管道的沿程压力损失时，流量 G_t、管径 d 与比摩阻 R 三者的关系式，与热水网路水力计算的基本公式（9-2）、式（9-3）和式（9-4）完全相同。即

$$R = 6.88 \times 10^{-3} K^{0.25} \frac{G_t^2}{\rho d^{5.25}} \tag{13-1}$$

$$d = 0.387 \times \frac{K^{0.0476} G_t^{0.381}}{(\rho R)^{0.19}} \tag{13-2}$$

$$G_t = 12.06 \times \frac{(\rho R)^{0.5} \cdot d^{2.625}}{K^{0.125}} \tag{13-3}$$

式中　R——每米管长的沿程压力损失（比摩阻），Pa/m；

$\quad G_t$——管段的蒸汽质量流量，t/h；

$\quad d$——管道的内径，m；

$\quad K$——蒸汽管道的当量绝对粗糙度，mm，取 $K = 0.2$mm；

$\quad \rho$——管段中蒸汽的密度，kg/m^3。

同样在设计中，为了简化蒸汽管道水力计算过程，通常也是利用计算图或表格进行计算。附录 13-1 给出蒸汽管道水力计算表。该表是按 $K = 0.2$mm，蒸汽密度 $\rho = 1$kg/m^3 编制的。

在蒸汽网路水力计算中，由于网路长，蒸汽在管道流动过程中的密度变化大，因此必须对密度的变化予以修正计算。

如计算管段的蒸汽密度 ρ_{sh} 与计算采用的水力计算表中的密度 ρ_{bi} 不相同，则应按式（9-6）和式（9-7）对表中查出的流速和比摩阻进行修正。

$$v_{sh} = \left(\frac{\rho_{bi}}{\rho_{sh}}\right) \cdot v_{bi} \quad \text{m/s} \tag{13-4}$$

$$R_{sh} = \left(\frac{\rho_{bi}}{\rho_{sh}}\right) \cdot R_{bi} \quad \text{Pa/m} \tag{13-5}$$

式中符号代表意义同式（9-6）和式（9-7）。

又当蒸汽管道的当量绝对粗糙度 K_{sh} 与计算采用的蒸汽水力计算表中的 $K_{bi} = 0.2$mm 不符时，同样应按式（9-5）进行修正。

$$R_{sh} = \left(\frac{K_{sh}}{K_{bi}} \right)^{0.25} \cdot R_{bi} \quad Pa/m \tag{13-6}$$

式中符号代表意义同式（9-5）。

蒸汽管道的局部阻力系数，通常用当量长度表示，同样按式（9-9）计算。即

$$l_d = \sum \xi \frac{d}{\lambda} = 9.1 \frac{d^{1.25}}{K^{0.25}} \sum \xi \quad m \tag{13-7}$$

式中符号代表意义同式（9-9）。

室外蒸汽管道局部阻力当量长度 l_d 值，可查附录 9-2 热水网路局部阻力当量长度表。但因 K 值不同，需按下式进行修正：

$$l_{sh \cdot d} = \left(\frac{K_{bi}}{K_{sh}} \right)^{0.25} \cdot l_{bi \cdot d} = \left(\frac{0.5}{0.2} \right)^{0.25} \cdot l_{bi \cdot d} = 1.26 l_{bi \cdot d} \quad m \tag{13-8}$$

式中符号代表意义同式（9-10）。

当采用当量长度法进行水力计算时，蒸汽网路中计算管段的总压降为

$$\Delta P = R(l + l_d) = R l_{zh} \quad Pa \tag{13-9}$$

式中　l_{zh}——管段的折算长度，m。

【例题 13-1】　蒸汽网路中某一管段，通过流量 $G_t = 4.0 t/h$，蒸汽平均密度 $\rho = 4.0 kg/m^3$。

（1）如选用 $\Phi 108 \times 4$ 的管子，试计算其比摩阻 R 值。

（2）如要求控制比摩阻 R 在 200Pa/m 以下，试选用合适的管径。

【解】　（1）根据附录 13-1 的蒸汽管道水力计算表（$\rho_{bi} = 1.0 kg/m^3$），查出当 $G_t = 4.0 t/h$，公称直径 DN100 时，$R_{bi} = 2342.2 Pa/m$；$v_{bi} = 142 m/s$

管段流过蒸汽的实际密度 $\rho_{sh} = 4.0 kg/m^3$。根据式（13-4）和式（13-5）进行修正，得出实际的比摩阻 R_{sh} 和流速 v_{sh} 值为

$$v_{sh} = \left(\frac{\rho_{bi}}{\rho_{sh}} \right) \cdot v_{bi} = \left(\frac{1}{4} \right) \times 142 = 35.5 m/s$$

$$R_{sh} = \left(\frac{\rho_{bi}}{\rho_{sh}} \right) \cdot R_{bi} = \left(\frac{1}{4} \right) \times 2342.2 = 585.6 Pa/m$$

（2）根据式（13-4）和式（13-5）和上述计算可见，在相同的蒸汽质量流量 G_t 和同一管径 d 条件下，流过蒸汽的密度越大，其比摩阻 R 及流速 v 值越小，呈反比关系。因此，在蒸汽密度 $\rho = 4.0 kg/m^3$，要求控制的比摩阻为 200Pa/m 以下，因表中蒸汽密度为 $\rho = 1.0 kg/m^3$，则表中控制的比摩阻值，相应为 $200 \times (4/1) = 800 Pa/m$ 以下。

根据附录 13-1，设 $\rho = 1.0 kg/m^3$，控制比摩阻 R 在 800Pa/m 以下，选择合适的管径，得出应选用的管道的公称直径为 125mm，相应的 R_{bi} 值及 v_{bi} 值为

$$R_{bi} = 723.2 Pa/m; v_{bi} = 90.6 m/s$$

最后，确定蒸汽密度 $\rho = 4.0 kg/m^3$ 时的实际比摩阻及流速值。

$$R_{sh} = \left(\frac{\rho_{bi}}{\rho_{sh}} \right) \cdot R_{bi} = \left(\frac{1}{4} \right) \times 723.2 = 180.8 Pa/m < 200 Pa/m$$

$$v_{sh} = \left(\frac{\rho_{bi}}{\rho_{sh}} \right) \cdot v_{bi} = \left(\frac{1}{4} \right) \times 90.6 = 22.65 m/s$$

第二节　蒸汽网路水力计算方法和例题

在进行蒸汽网路水力计算前，应根据供热管网总平面图绘制蒸汽网路水力计算简图。图上注明各热用户的计算热负荷（或计算流量），蒸汽的参数，各管段长度，阀门，补偿器等管道附件。

蒸汽网路水力计算的任务，是要求选择蒸汽网路各管段的管径，以保证各热用户蒸汽流量及其使用参数的要求。现将蒸汽网路水力计算的步骤与方法简述如下：

1. 根据各热用户的计算流量，确定蒸汽网路各管段的计算流量。各热用户的计算流量，应根据各热用户的蒸汽参数及其计算热负荷，按下式确定：

$$G' = A \frac{Q'}{r} \tag{13-10}$$

式中　G'——热用户的计算流量，t/h；

　　　Q'——热用户的计算热负荷，通常用 GJ/h，MW 或 10^6kcal/h 表示；

　　　r——用汽压力下的汽化潜热，kJ/kg 或 kcal/kg；

　　　A——采用不同计算单位的系数，见表 13-1。

采用不同计算单位的系数　　　　　　　　　　　　　　　　表 13-1

采用的计算单位	Q'—GJ/h=10^9J/h r—kJ/kg	Q'—MW=10^6W r—kJ/kg	Q'—10^6kcal/h r—kcal/kg
A	1000	3600	1000

蒸汽网路中各管段的计算流量是由该管段所负担的各热用户的计算流量之和来确定。但对蒸汽管网的主干线管段，应根据具体情况，乘以各热用户的同时使用系数。

2. 确定蒸汽网路主干线和平均比摩阻。主干线应是从热源到某一热用户的平均比摩阻最小的一条管线。主干线的平均比摩阻，按下式求得

$$R_{pj} = \Delta P / \sum l (1 + \alpha_j) \quad \text{Pa/m} \tag{13-11}$$

式中　ΔP——热网主干线始端与末端的蒸汽压力差，Pa；

　　　$\sum l$——主干线长度，m；

　　　α_j——局部阻力所占比例系数，可选用附录 9-3 的数值。

3. 进行主干线管段的水力计算。通常从热源出口的总管段开始进行水力计算。热源出口蒸汽的参数为已知，现需先假设总管段末端蒸汽压力，由此得出该管段蒸汽的平均密度 ρ_{pj}。

$$\rho_{pj} = (\rho_s + \rho_m)/2 \quad \text{kg/m}^3 \tag{13-12}$$

式中　ρ_s、ρ_m——计算管段始端和末端的蒸汽密度，kg/m³。

4. 根据该管段假设的蒸汽平均密度 ρ_{pj} 和按式（13-11）确定的平均比摩阻 R_{pj} 值，将此 R 值换算为蒸汽管路水力计算表 ρ_{bi} 条件下的平均比摩阻 $R_{bi \cdot pj}$ 值。通常水力计算表采用 $\rho_{bi} = 1$kg/m³，得

$$\frac{R_{bi \cdot pj}}{R_{pj}} = \frac{\rho_{pj}}{\rho_{bi}}$$

$$R_{\mathrm{b}i \cdot \mathrm{pj}} = \rho_{\mathrm{pj}} \cdot R_{\mathrm{pj}} \tag{13-13}$$

5. 根据计算管段的计算流量和水力计算表 $\rho_{\mathrm{b}i}$ 条件下得出的 $R_{\mathrm{b}i \cdot \mathrm{pj}}$ 值，按水力计算表，选择蒸汽管道直径 d、比摩阻 $R_{\mathrm{b}i}$ 和蒸汽在管道内的流速 $v_{\mathrm{b}i}$。

6. 根据该管段假设的平均密度 ρ_{pj} 将从水力计算表中得出的比摩阻 $R_{\mathrm{b}i}$ 和 $v_{\mathrm{b}i}$ 值，换算为在 ρ_{pj} 条件下的实际比摩阻 R_{sh} 和流速 v_{sh}。如水力计算表 $\rho_{\mathrm{b}i} = 1 \mathrm{kg/m^3}$，则

$$R_{\mathrm{sh}} = \left(\frac{1}{\rho_{\mathrm{pj}}}\right) \cdot R_{\mathrm{b}i} \quad \mathrm{Pa/m} \tag{13-14}$$

$$v_{\mathrm{sh}} = \left(\frac{1}{\rho_{\mathrm{pj}}}\right) \cdot v_{\mathrm{b}i} \quad \mathrm{m/s} \tag{13-15}$$

蒸汽在管道内的最大允许流速，按《热网标准》，不得大于下列规定，

　　过热蒸汽：公称直径 $DN > 200\mathrm{mm}$ 时，80m/s

　　　　　　　公称直径 $DN \leqslant 200\mathrm{mm}$ 时，50m/s

　　饱和蒸汽：公称直径 $DN > 200\mathrm{mm}$ 时，60m/s

　　　　　　　公称直径 $DN \leqslant 200\mathrm{mm}$ 时，35m/s

7. 按所选的管径，计算管段的局部阻力总当量长度 l_{d}（查附录 9-2），并按下式计算该管段的实际压力降：

$$\Delta P_{\mathrm{sh}} = R_{\mathrm{sh}}(l + l_{\mathrm{d}}) \quad \mathrm{Pa} \tag{13-16}$$

8. 根据该管段的始端压力和实际末端压力 $P'_{\mathrm{m}} = P_{\mathrm{s}} - \Delta P_{\mathrm{sh}}$，确定该管段蒸汽的实际平均密度 ρ'_{pj}。

$$\rho'_{\mathrm{pj}} = (\rho_{\mathrm{s}} + \rho'_{\mathrm{m}})/2 \quad \mathrm{kg/m^3} \tag{13-17}$$

式中　ρ'_{m}——实际末端压力下的蒸汽密度，$\mathrm{kg/m^3}$。

9. 验算该管段的实际平均密度 ρ'_{pj} 与原假设的蒸汽平均密度 ρ_{pj} 是否相等。如两者相等或差别很小，则该管段的水力计算过程结束。如两者相差较大，则应以 ρ'_{pj} 代替 ρ_{pj}。然后按同一计算步骤和方法进行计算，直到两者相等或差别很小为止。

10. 蒸汽管道分支线的水力计算。蒸汽网路主干线所有管段逐次进行水力计算结束后，即可以分支线与主干线节点处的蒸汽压力，作为分支线的始端蒸汽压力，按主干线水力计算的步骤和方法进行水力计算，不再赘述。

【例题 13-2】　某工厂区蒸汽供热管网，其平面布置图见图 13-1。锅炉出口的饱和蒸汽表压力为 10bar。各用户系统所要求的蒸汽表压力及流量列于图 13-1 上。试进行蒸汽网路的水力计算。主干线不考虑同时使用系数。

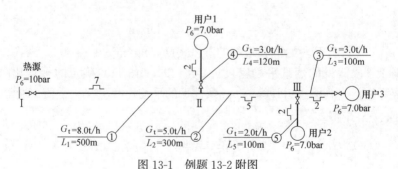

图 13-1　例题 13-2 附图

【解】　从锅炉出口到用户 3 的管线为主干线。根据式（13-11）

$$R_{pj} = \frac{\Delta P}{\sum l(1+\alpha_j)} = \frac{(10-7)\times 10^5}{(500+300+100)(1+0.8)} = 185.2 \text{Pa/m}$$

式中　$\alpha_j = 0.8$，采用附录 9-3 的估算数值。

首先，计算锅炉出口的管段 1。

1. 已知锅炉出口的蒸汽压力，进行管段 1 的水力计算。预先假设管段 1 末端的蒸汽压力。假设时，可按平均比摩阻，按比例给定末端蒸汽压力。如

$$P_{m\cdot 1} = P_{s\cdot 1} - \frac{\Delta P}{\sum l}l_1 = 10 - \frac{(10-7)}{900}\times 500 = 8.33 \text{bar}$$

将此假设的管段末端压力 P_m 值，列入表 13-2 的第 8 栏中。

2. 根据管段始、末端的蒸汽压力，求出该管段假设的平均密度。

$$\rho_{pj} = (\rho_s + \rho_m)/2 = (\rho_{11} + \rho_{9.33})/2 = (5.64 + 4.81)/2 = 5.225 \text{kg/m}^3$$

注：蒸汽密度按本专业《工程热力学》教材附录中的数据查取。

3. 根据式（13-1）将平均比摩阻 R_{pj} 换算为水力计算表 $\rho_{bi} = 1 \text{kg/m}^3$ 条件下的等效值。即

$$R_{bi\cdot pj} = \rho_{pj}\cdot R_{pj} = 5.225 \times 185.2 = 968 \text{Pa/m}$$

将 $R_{bi\cdot pj}$ 值列入表 13-2 的第 10 栏内。

4. 根据 $R_{bi\cdot pj}$ 的大致控制数值，利用附录 13-1，选择合适的管径。对管段 1：蒸汽流量 $G_t = 8.0 \text{t/h}$，选用管子的公称直径 $DN150$，相应的比摩阻及流速值为：

$$R_{bi} = 1107.4 \text{Pa/m}; v_{bi} = 126 \text{m/s}$$

将此值分别列入表 13-2 的第 11 和 12 栏内。

5. 根据上述数据，换算为实际假设条件下的比摩阻及流速值。根据式（13-14）和式（13-15）

$$R_{sh} = \left(\frac{1}{\rho_{pj}}\right)\cdot R_{bi} = \frac{1}{5.225}\times 1107.4 = 211.9 \text{Pa/m}$$

$$v_{sh} = \left(\frac{1}{\rho_{pj}}\right)\cdot v_{bi} = \frac{1}{5.225}\times 126 = 24.1 \text{m/s}$$

6. 根据选用的管径 $DN150$，按附录 9-2，求出管段的当量长度 l_d 值及其折算长度 l_{zh}。管段 1 的局部阻力组成有：1 个截止阀，7 个方形补偿器（锻压弯头）。查附录 9-2，

$$l_d = (24.6 + 7\times 15.4)\times 1.26 = 166.8 \text{m}$$

管段 1 的折算长度 $l_{zh} = l + l_d = 500 + 166.8 = 666.8 \text{m}$

将 l_d 及 l_{zh} 值分别列入表 13-2 的第 5 和第 6 栏中。

7. 求管段 1 在假设平均密度 ρ_{pj} 条件下的压力损失，将表 13-2 的第 6 栏与第 13 栏数值的乘积，列入表中第 15 栏中。

$$\Delta P_{sh} = R_{sh}\cdot l_{zh} = 211.9 \times 666.8 = 141295 \text{Pa} \approx 1.41 \text{bar}$$

8. 求管段 1 末端的蒸汽表压力，其值列入表 13-2 的第 16 栏中。

$$P'_m = P_s - \Delta P_{sh} = 10 - 1.41 = 8.59 \text{bar}$$

9. 验算管段 1 的平均密度 ρ'_{pj} 是否与原先假定的平均蒸汽密度 ρ_{pj} 相符。根据式（13-17），

$$\rho'_{pj} = (\rho_s + \rho'_m)/2 = (\rho_{11} + \rho_{9.59})/2 = (5.64 + 4.93)/2 = 5.285 \text{kg/m}^3$$

表 13-2

室外高压蒸汽网路水力计算表（例题 13-2）

管段编号	蒸汽流量 G'_t (t/h)	公称直径 DN (mm)	管段长度(m) 实际长度 l (m)	当量长度 l_d (m)	折算长度 l_{zh} (m)	管段始端表压力 P_s (bar)	假设管段末端表压力 P_m (bar)	假设蒸汽平均密度 ρ_{pj} (kg/m³)	$\rho_{bi}=1$kg/m³ 条件下 管段平均比摩阻 $R_{bi\cdot pj}$ (Pa/m)	比摩阻 R_{bi} (Pa/m)	流速 v_{bi} (m/s)	平均密度 ρ_{pj} 条件下 比摩阻 R_{sh} (Pa/m)	流速 v_{sh} (m/s)	管段压力损失 ΔP_{sh} (bar)	管段末端表压力 P'_m (bar)	实际平均密度 ρ'_{pj} (kg/m³)	累计压力损失 $\Delta P=\Sigma\Delta P_{sh}$ (bar)
1	2	3	4	5	6	7	8	9	10	11	12	13	14	15	16	17	18
主干线																	
1	8.0	150	500	166.8	666.8	10	8.33	5.225	968	1107.4	126	211.9	24.1	1.41	8.59	5.285	
								5.285	979	1107.4	126	209.5	23.8	1.40	8.60	5.29	
2	5.0	125	300	84.8	384.8	8.6	7.33	4.625	857	1127	113	243.7	24.4	0.94	7.66	4.705	
								4.705	871	1127	113	239.5	24.0	0.92	7.68	4.71	
3	3.0	100	100	46.3	146.3	7.68	7.0	4.32	800	1313.2	106	304	24.5	0.44	7.24	4.375	
								4.375	810	1313.2	106	300	24.2	0.44	7.24	4.375	
分支线																	
4	3.0	80	120	37.6	157.6	8.6	7.0	4.55	3370	3743.6	158	822.8	34.7	1.3	7.3	4.62	
								4.62	3422	3743.6	158	810.3	34.2	1.28	7.32	4.625	
5	2.0	80	100	37.6	137.6	7.68	7.0	4.32	1632	1666	105	385.6	24.3	0.53	7.15	4.355	
								4.355	1645	1666	105	382.5	24.1	0.53	7.15	4.355	

注：局部阻力当量长度：管段2—1个直流三通、5个方形补偿器、1个异径接头、1个截止阀，$l_d=1.26(4.4+5\times12.5+0.44)=84.8$m；
管段3—1个直流三通、1个异径接头、2个方形补偿器，$l_d=1.26(3.3+0.33+13.5+2\times9.8)=46.3$m；
管段5—同管段4，$l_d=37.6$m。

原假定的蒸汽平均密度 $\rho_{pj}=5.225kg/m^3$，两者相差较大，需重新计算。

重新计算时，通常都以计算得出的蒸汽平均密度 ρ'_{pj}，作为该管段的假设蒸汽平均密度 ρ_{pj}，列入表 13-2 中第 2 行的第 9 栏中。再重复以上计算方法，一般重复一次或两次，就可满足 $\rho'_{pj}=\rho_{pj}$ 的计算要求。

管段 1 得出的计算结果，列在表 13-2 上。假设平均蒸汽密度 $\rho_{pj}=5.285kg/m^3$，计算后的蒸汽平均密度 $\rho'_{pj}=5.29kg/m^3$。两者差别很小，计算即可停止。

计算结果得出，管段 1 末端蒸汽表压力为 8.6bar，以此值作为管段 2 的始端蒸汽表压力值，按上述计算步骤和方法进行其他管段的计算。

例题 13-2 的主干线的水力计算结果见表 13-2 所列。用户 3 入口处的蒸汽表压力为 7.24bar，稍有富余。

主干线水力计算完成后，即可进行分支线的水力计算。下面以通向用户 1 的分支线为例，进行水力计算。

1. 根据主干线的水力计算，主干线与分支线节点 Ⅱ 的蒸汽表压力为 8.6bar，则分支线 4 的平均比摩阻为

$$R_{pj}=\frac{(8.6-7.0)\times10^5}{120(1+0.8)}=740.7Pa/m$$

2. 根据分支管始、末端蒸汽表压力，求假设的蒸汽平均密度，

$$\rho_{pj}=\frac{\rho_{9.6}+\rho_{8.0}}{2}=\frac{4.94+4.16}{2}=4.55kg/m^3$$

3. 将平均比摩阻 R_{pj} 值换算为水力计算表 $\rho_{bi}=1kg/m^3$ 条件下的等效值

$$R_{bi\cdot pj}=\rho_{pj}\cdot R_{pj}=4.55\times740.7=3370Pa/m$$

4. 根据 $\rho_{bi}=1kg/m^3$ 的水力计算表，选择合适的管径

蒸汽流量 $G_4=3.0t/h$，选用管子 $DN80$，相应的比摩阻及流速为

$$R_{bi}=3743.6Pa/m;v_{bi}=158m/s$$

5. 换算到在实际假设条件 ρ_{sh} 下的比摩阻及流速值

$$R_{sh}=\left(\frac{1}{\rho_{pj}}\right)\cdot R_{bi}=\frac{1}{4.55}\times3743.6=822.8Pa/m$$

$$v_{sh}=\left(\frac{1}{\rho_{pj}}\right)\cdot v_{bi}=\frac{1}{4.55}\times158=34.7m/s$$

6. 计算管段 4 的当量长度及折算长度

管段 4 的局部阻力的组成：1 个截止阀、1 个三通分流、2 个方形补偿器。

当量长度 $l_d=(10.2+3.82+2\times7.9)\times1.26=37.6m$

折算长度 $l_{zh}=l+l_d=120+37.6=157.6m$

7. 求管段 4 的压力损失

$$\Delta P_{sh}=R_{sh}\cdot l_{zh}=822.8\times157.6=129673Pa\approx1.3bar$$

8. 求管段 4 末端的蒸汽表压力

$$P'_m=P_s-\Delta P_{sh}=8.6-1.3=7.3bar$$

9. 验算管段 4 的平均密度 ρ'_{pj}。根据式（13-17）

$$\rho'_{pj}=(\rho_s+\rho'_m)/2=(\rho_{9.6}+\rho_{8.3})/2=(4.94+4.3)/2=4.62\text{kg/m}^3$$

原假定的蒸汽平均密度 $\rho_{pj}=4.55\text{kg/m}^3$，$\rho_{pj}$ 与 ρ'_{pj} 相差较大，需再次计算。再次计算结果列入表 13-2 内。最后求得到达用户 1 的蒸汽表压力为 7.32bar，满足要求。

通向用户 2 分支管线的管段 5 的水力计算，见表 13-2 所示。用户 2 处蒸汽表压力为 7.15bar，满足使用要求。

通过例题计算，能清楚地了解蒸汽管网水力计算的步骤和方法。在此基础上，下面再进一步阐述在实际工程设计中，常采用的一些计算方法。这些计算方法与例题 13-2 阐述的步骤与方法稍有不同，但基本原理是一致的。

1. 在蒸汽网路水力计算中，特别是在主干线始、末端有较大的资用压差情况下，常采用工程实践中常用的流速，作为选择主干线管径的依据。蒸汽管道常用的设计流速，可在一些设计手册中选用。如对饱和蒸汽，主干线的常用流速为

$DN>200\text{mm}$ 时，$30\sim40\text{m/s}$；

$DN=100\sim200\text{mm}$ 时，$25\sim35\text{m/s}$；

$DN<100\text{mm}$ 时，$15\sim30\text{m/s}$。

分支线可采用不超过最大允许流速进行水力计算。应注意蒸汽在管道内流速不宜选得过低，因为除了管径选粗外，还增加了管道散热损失，沿途凝水增多，对运行不利。

2. 例题 13-2 中采用逐段管段进行水力计算，使管段末端的实际蒸汽平均密度 ρ'_{pj} 与预先假设的蒸汽平均密度 ρ_{pj} 基本相符后，才再进行下一管段的水力计算，计算相当繁琐。

在实际工程设计中，为了简化计算，有以整个主干线始端和末端的假设蒸汽平均密度 ρ''_{pj} 进行水力计算的方法。如以例题 13-2 为例，可预先假设主干线的平均蒸汽密度为 $\rho''_{pj}=(\rho_{11}+\rho_8)/2=(5.64+4.16)/2=4.9\text{kg/m}^3$，不必对主干线各管段 1、2、3 进行验算，只需使最终得到的主干线实际平均密度与预先假设的主干线 ρ''_{pj} 基本相符就可以了。这样将整个主干线视为一个计算管段的计算方法，简化计算过程，经常得到采用。

这种计算方法，与逐段计算方法相对比，对管网前端的管段，由于计算的蒸汽平均密度 ρ''_{pj} 比实际运行时管段的蒸汽平均密度 ρ_{pj} 小（如本例题，按整个主干线计算的 $\rho''_{pj}=4.9\text{kg/m}^3$，而逐段计算时管段 1 的 $\rho_{pj}=5.29\text{kg/m}^3$），则对管网前端的管段输送能力有利。同样道理，对管网后端的管段输送能力不利。因此，管网越大，主干线始、末端压差越大，对后部管网越不利。

3. 在实际工程设计中，也有采用以主干线终端用户要求的蒸汽压力作为已知值，然后假设该管段的始端压力或热源的出口蒸汽压力，进行水力计算，选择主干线各管段的管径，最后确定热源必须保证的最低蒸汽出口压力值。

这种由主干线末端开始计算的水力计算方法，与例题 13-2 从主干线始端开始计算的方法相对比，由于从末端开始计算的蒸汽平均密度 ρ_{pj} 低于从前端开始计算的 ρ_{pj} 值，因而在相同的速度下，从末端开始的计算方法选出的管径要粗些。这种设计方法安全但偏于保守。

4. 例题 13-2 是饱和蒸汽网路水力计算的步骤和方法。当蒸汽管网输送过热蒸汽，特别是蒸汽过热度较高时，由于管道散热损失，过热蒸汽的密度变化较大，因此需要考虑管段的散热量（可按国家有关标准图集来估算管道的散热量）；然后根据管段的蒸汽流量，来确定该管段的温降。根据该管段的末端压力和温度参数，确定该管段的末端过热蒸汽密

度 ρ_{m}'。比较预先假定的管段的蒸汽平均密度 ρ_{pj} 与计算得出的管段的蒸汽平均密度 ρ_{pj}' 是否相符,来确定是否终止管段的水力计算。

过热蒸汽管道的水力计算表格,可参阅一些热力管道设计手册。

第三节　凝结水管网的水力工况和水力计算

在本书第八章第二节"蒸汽供热系统"中,已对凝结水回收系统的形式做了系统的介绍。现以一个包括各种流动状况的凝结水回收系统为例(见图 13-2),分析各种凝水管道的水力工况和相应的水力计算方法。

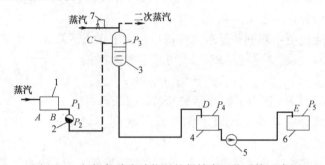

图 13-2　包括各种流动状况的凝结水回收系统示意图

1—用汽设备;2—疏水器;3—二次蒸发箱;4—凝水箱;5—凝水泵;6—总凝水箱;7—压力调节器

一、管段 AB

由用热设备出口至疏水器入口的管段。在第五章"室内蒸汽供热系统"中,已明确指出该管段的凝水流动状态属非满管流。疏水器的布置应低于用热设备,凝水向下沿 $i \geqslant 0.005$ 的坡度流向疏水器。

管段 AB 的水力计算,如第五章所述,可采用附录 5-5,根据凝水管段所担负的热负荷,确定这种干凝水管的管径。

附带指出,在一些大型的换热器上(如热电厂采用的大型立式汽—水换热器等),疏水器并不装在换热器的底部;而装在换热器本体下部的某一水平面上,其目的是用以维持换热器的疏水出口具有一定过冷度。这种疏水器上部连着蒸汽平衡管,利用浮球等构件,起着控制换热器水位的作用。在此情况下,该管段的凝水流态就属于满管流,而不是非满管流动状态。

二、管段 BC

从疏水器出口到二次蒸发箱(或高位水箱)或凝水箱入口的管段。凝水在该管道流动,由于不可避免的通过疏水器时形成的二次蒸汽和疏水器漏汽,该管段凝水流动状态属于两相流状况。

蒸汽与凝水在管内形成的两相流动现象有多种形式:有乳状混合、汽水分层或水膜等多种形态。它主要取决于凝水和蒸汽的流动速度和流量的比例以及工作条件等因素。当流速高和凝水突然降压全面汽化时,会出现乳状混合物状态。目前,在凝结水回收系统的水力计算中,认为这种余压回水方式的流态属于乳状混合物的两相流态。在工程设计中,按蒸汽和凝水呈乳状混合物充满管道截面流动,其乳状混合物的密度可用下式求得:

$$\rho_r = \frac{1}{v_r} = \frac{1}{x(v_q - v_s) + v_s} \tag{13-18}$$

式中　ρ_r——汽水乳状混合物的密度，kg/m^3；

　　　　v_r——汽水乳状混合物的比容，m^3/kg；

　　　　v_s——凝水比容，可近似取 $v_s = 0.001 m^3/kg$；

　　　　v_q——在凝水管段末端或凝水箱（或二次蒸发箱）压力下的饱和蒸汽比容，m^3/kg；

　　　　x——1kg 汽水混合物中所含蒸汽的质量百分数；

$$x = x_1 + x_2 \quad kg/kg$$

　　　　x_1——疏水器的漏汽率（百分数）。根据疏水器类型、产品质量、工作条件和管理水平而异，一般采用 $0.01 \sim 0.03$；

　　　　x_2——凝水通过疏水器阀孔及凝水管道后，由于压力下降而产生的二次蒸汽量（百分数），根据热平衡原理，x_2 可按下式计算：

$$x_2 = (q_1 - q_3)/r_3 \tag{13-19}$$

　　　　q_1——疏水器前 P_1 压力下饱和凝水的焓，kJ/kg；

　　　　q_3——在凝水管段末端，或凝水箱（或二次蒸发箱）P_3 压力下饱和凝水的焓，kJ/kg；

　　　　r_3——在凝水管段末端，或凝水箱（或二次蒸发箱）P_3 压力下蒸汽的汽化潜热，kJ/kg。

　　以上计算是假定二次汽化集中在管道末端。实际上，二次蒸汽是在疏水器处和沿管道压力不断下降而逐渐产生的，管壁散热又会减少一些二次蒸汽的生成量。以管道末端汽水混合物密度 ρ_r 作为余压凝水系统计算管道的凝水密度，亦即以最小的密度值作为管段的计算依据，水力计算选出的管径有一定的富裕度。

　　按式（13-19），在不同的 P_1 和 P_3 下，可计算出不同的 x_2 值（见附录 13-2）。在不同的凝水管末端压力 P_3 和 x_2 值下，按式（13-18）计算得出的汽水乳状混合物的密度 ρ_r 值，可见附录 13-3。

　　在进行余压凝水系统管道水力计算中，由于凝水管道的汽水混合物密度 ρ_r，不可能刚好与采用的水力计算表中所规定的介质密度 ρ_{bi} 和管壁的绝对粗糙度 K_{bi} 相同，因此，应如同上一节蒸汽网路水力计算一样，对查表得出的比摩阻 R_{bi} 和流速 v_{bi} 予以修正。

　　凝水管道的管壁当量绝对粗糙度，对闭式凝水系统，取 $K = 0.5mm$；对开式凝水系统，采用 $K = 1.0mm$。

　　对室内蒸汽供热系统的余压凝水管段（如通向二次蒸发箱的管段 BC，见图 13-2），常可采用附录 13-4 的余压凝水管道水力计算表进行计算和修正计算。该表的编制条件为：$\rho_{bi} = 10 kg/m^3$，$K = 0.5mm$。

　　对余压凝水管网（如从用户系统的疏水器到热源或凝水分站的凝结水箱的管道），常采用室外凝水管道的水力计算表（附录 13-5），或按理论计算公式进行计算，并注意密度修正计算。

　　管网的局部阻力损失，对余压凝水管道，由于比摩阻计算的精确性就不很高，通常多采用局部阻力所占的份额估算。对室内余压凝水管道，可按附录 4-8 采用，即局部阻力损失约占总水力损失的 20% 计算。对室外凝水管网，可采用附录 9-3 的数据。

余压凝水管的资用压力 ΔP，应按下式计算：

$$\Delta P=(P_2-P_3)-h\rho_n g \quad Pa \tag{13-20}$$

式中　P_2——凝水管始端表压力，或疏水器出口凝水表压力，Pa；

　　　P_3——凝水管末端表压力，即凝水箱或二次蒸发箱内的表压力，Pa；

　　　h——疏水器后凝水提升高度，m，其高度不宜大于5m；

　　　g——重力加速度，$g=9.81m/s^2$；

　　　ρ_n——凝水管的凝水密度，从安全角度出发，考虑重新开始运行时，管路充满冷凝水，$\rho_n=1000kg/m^3$。

疏水器出口压力 P_2 的确定，已在第五章第四节中阐述。为了安全运行，凝水管末端的表压力 P_3，应取凝水箱或二次蒸发箱内可能出现的最高值。对开式凝结水回收系统，表压力 $P_3=0$。

三、管段 CD

从二次蒸发箱（或高位水箱）出口到凝水箱的管段。管中流动的凝水是 P_3 压力的饱和凝水。如管中压降过大，凝水仍有可能汽化。

管段 CD 中，凝水靠二次蒸发箱与凝水箱中的压力差及其水面标高差的总势能而满管流动。

设计时，应考虑最不利工况。该管段的资用压力，对二次蒸发箱的表压力 P_3 按高位开口水箱考虑，即其表压力 $P_3=0$，而凝水箱的压力 P_4，应采用箱内可能出现的最高值。其资用压头按下式计算：

$$\Delta P=\rho_n gh - P_4 \tag{13-21}$$

式中　h——二次蒸发箱（或高位水箱）中水面与凝水箱回形管顶的标高差，m；

　　　P_4——凝结水箱中的表压力，Pa。对开式凝水箱，表压力 $P_4=0$，对闭式水箱，为安全水封限制的表压力；

　　　ΔP——最大凝水量通过管段 CD 的压力损失，Pa；

　　　ρ_n——管段 CD 中的凝水密度，对不再汽化的过冷凝水，取 $\rho_n=1000kg/m^3$；

　　　g——重力加速度，$g=9.81m/s^2$；

根据式（13-21）绘制的水压图，如图13-3所示。现对此管段的水力工况进一步分析。

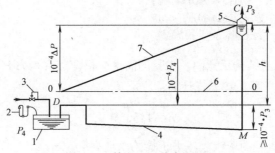

图 13-3　管段 CD 的水压图

1—凝水箱；2—安全水封；3—压力调节器；4—凝水管网；5—二次蒸发箱；6—静压力线；7—动压力线

1. 运行期间，P_3 和 P_4 压力经常波动，二次蒸发箱内水面随之上下升降。连接二次蒸发箱出口的凝水立管会交替被汽水充满。因此，该凝水立管应按非满管流动状态设计，管径宜放粗些。

2. 采用闭式凝结水箱时，除必须在水箱处设置安全水封装置外，还应向凝水箱放入蒸汽，形成蒸汽垫层。压力宜在 5kPa 左右。

3. 在凝水管工作或停止运行时，为了避免在最不利情况下（凝水箱表压力 $P_4 = 0$，二次蒸发箱 P_3 达到最大值），蒸汽逸入凝水外网，凝水箱的回形管顶与该用户和室外凝水管网干线的连接点（图 13-3 中的 M 点）间的标高差应不小于（$10^{-4} \cdot P_3$）m。

4. 为了更好地保证蒸汽不窜入外网凝水管，可在二次蒸发箱出口处安装多级水封，形成所谓"闭式满管流凝结水回收系统"（见图 13-4）。凝水流过多级水封后的表压力为零。多级水封的安装高度，应等于其入口处动水压线高度加上适当的安全裕度；同时，二次蒸发箱的高度应略高于水封高度。凝水箱回形管顶与外网凝水管敷设的最高点之间应有一定的标高差，以避免当凝水泵抽水时凝水箱出现一定的真空度，产生虹吸现象，使部分凝水管道倒吸而不充满整个管道截面。凝水箱可能达到的最大真空度 P_4'，一般为 2～5kPa 真空度。

闭式满管流凝结水回收系统的水压图例可见图 13-4。水力计算选择管径时，可按室外热水网路水力计算表（附录 9-1）进行计算。

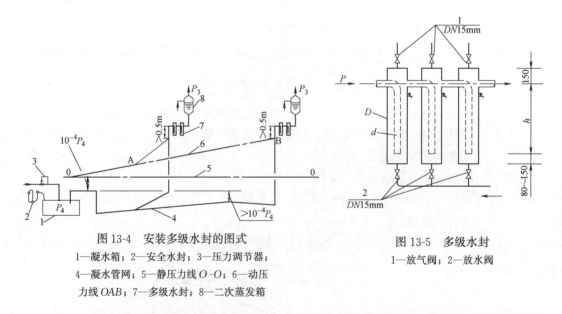

图 13-4　安装多级水封的图式

1—凝水箱；2—安全水封；3—压力调节器；
4—凝水管网；5—静压力线 O-O；6—动压
力线 OAB；7—多级水封；8—二次蒸发箱

图 13-5　多级水封

1—放气阀；2—放水阀

图 13-5 是多级水封结构示意图。水封的高度应根据蒸汽压力 P_3 确定。当水封后面的表压力为零时，水封高度 h 按下式计算：

$$h = 1.5 \frac{P}{n} \quad \text{m} \tag{13-22}$$

式中　P——连接水封处的蒸汽表压力折算的水柱高度，m；

　　　　n——水封级数；

　1.5——考虑凝水在水封流过时，因压降产生少量二次汽，使水封中凝水平均密度比纯凝水小，水封阻汽能力下降而引进的附加系数。

水封的内管径通常可按凝水流速不大于 0.5m/s 设计，外套管直径取 $D = 2d$。

四、管段 DE

利用凝水泵输送凝水的管段。管中流过纯凝水，为满管流动状态。

当有多个用户或凝水分站的凝水泵并联向管网输送凝水时，凝水管网的水力计算和水泵选择的步骤和方法如下：

1. 以进入用户或凝水分站的凝水箱的最大回水量，作为计算流量，并根据常用的流速范围（1.0～2.0m/s），确定各管段的管径，摩擦阻力计算可利用附录13-5凝水网路水力计算表，局部阻力通常折算为当量长度计算。

2. 根据主干线各管段的压力损失，绘制凝水管网的动水压线。图13-6所示为开式凝水管网的动水压线示意图。水平基准线取总凝水箱的回形管的标高。

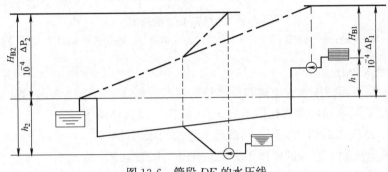

图13-6　管段 DE 的水压线

3. 根据绘出的动水压线，可求出各个凝水泵所需的扬程 H_B，按下式计算：

$$H_B = 10^{-4}\Delta P + h \tag{13-23}$$

式中　　H_B——凝水泵的扬程，mH_2O；

　　　　ΔP——自凝水泵至总凝水箱之间凝水管路的压力损失，Pa；

　　　　h——总凝水箱回形管顶与凝水泵分站凝水箱最低水面的标高差，m。当凝水泵分站比总凝水箱的回形管高时，h 为负值。

在工程设计中，凝结水泵的选用扬程，按上式计算后，还应留有 30～50kPa 的富裕压力。

如选择凝水泵型号后，水泵扬程大于需要值，则要在水泵出口处节流，消耗多余压力，以免影响其他并联水泵的正常工作。

最后应指出，所有凝水管网的水力计算方法，都很不完善，仍有不少问题有待进一步研讨。

第四节　凝结水管网的水力计算例题

在本节中，以几个不同的凝结水回收方式的凝水管网为例，进一步阐明其水力计算的步骤和方法。

【例题 13-3】　图13-7所示为一闭式满管流凝水回收系统示意图。用热设备的凝结水计算流量 $G_1 = 2.0t/h$，疏水器前凝水表压力 $P_1 = 2.0bar$，疏水器后表压力 $P_2 = 1.0bar$。二次蒸发箱的蒸汽最高表压力 $P_3 = 0.2bar$。管段的计算长度 $l_1 = 120m$。疏水器后凝水的

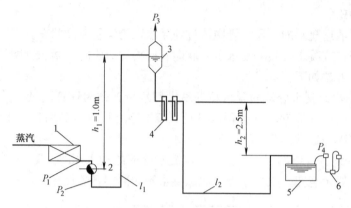

图 13-7 例题 13-3 的例图

1—用汽设备；2—疏水器；3—二次蒸发箱；4—多级水封；5—闭式凝水箱；6—安全水封

提升高度 $h_1=1.0$m。

二次蒸发箱下面减压水封出口与凝水箱的回形管标高差 $h_2=2.5$m。外网的管段长度 $l_2=200$m。闭式凝水箱的蒸汽垫层压力 $P_4=5$kPa。试选择各管段的管径。

【解】 1. 从疏水器到二次蒸发箱的凝水管段的水力计算。

（1）计算余压凝水管段的资用压力及允许平均比摩阻 R_{pj} 值。

根据式（13-20），该管段的资用压力 ΔP_1 为

$$\Delta P_1=(P_2-P_3)-h_1\rho_n g=(1.0-0.2)\times10^5-4\times10^3\times9.81=40760\text{Pa}$$

该管段的允许平均比摩阻 R_{pj} 值为

$$R_{pj}=\frac{\Delta P_1(1-\alpha)}{l_1}=\frac{40760(1-0.2)}{120}=271.7\text{Pa/m}$$

式中 α——局部阻力与总阻力损失的比例，查附录 4-8，取 $\alpha=0.2$。

（2）求余压凝水管中汽水混合物的密度 ρ_r 值。

查附录 13-2，得出由于压降产生的含汽量 $x_2=0.054$。设疏水器漏汽量 $x_1=0.03$，则在该余压凝水管的二次含汽量为

$$x=x_1+x_2=0.03+0.054=0.084\text{kg/kg}$$

根据式（13-18），可求得汽水混合物的密度 ρ_r，

$$\rho_r=\frac{1}{x(v_q-v_s)+v_s}=\frac{1}{0.084(1.4289-0.001)+0.001}=8.27\text{kg/m}^3$$

（3）确定凝水管的管径。

首先将平均比摩阻 R_{pj} 值换算为与附录 13-4 的水力计算表（$\rho_{bi}=10\text{kg/m}^3$）相等效的允许比摩阻 $R_{bi\cdot pj}$。

$$R_{bi\cdot pj}=\left(\frac{\rho_r}{\rho_{bi}}\right)R_{pj}=\left(\frac{8.27}{10.0}\right)\times271.7=224.7\text{Pa/m}$$

查附录 13-4，凝水计算流量 $G_1=2.0$t/h，选用管径为 89×3.5mm，相应的 R 及 v 值为

$$R_{bi}=217.5\text{Pa/m};\quad v_{bi}=10.52\text{m/s}$$

（4）确定实际的比摩阻 R_{sh} 和流速 v_{sh} 值

$$R_{sh} = \left(\frac{\rho_{bi}}{\rho_r}\right) R_{bi} = \left(\frac{10}{8.27}\right) \times 217.5 = 263\text{Pa/m} < 271.7\text{Pa/m}$$

$$v_{sh} = \left(\frac{\rho_{bi}}{\rho_r}\right) v_{bi} = \left(\frac{10}{8.27}\right) \times 10.52 = 12.7\text{m/s}$$

计算即可结束。

2. 从二次蒸发箱到凝水箱的外网凝水管段的水力计算。

（1）该管段流过纯凝水，可利用的作用压头 ΔP_2 和允许平均比摩阻 R_{pj} 值按下式计算：

$$\Delta P_2 = \rho_n g (h_2 - 0.5) - P_4 = 1000 \times 9.81(2.5 - 0.5) - 5000 = 14620\text{Pa}$$

上式中的 0.5m，代表减压水封出口与设计动水压线的标高差。此段高度的凝水管为非满管流，留一富裕值后，可防止产生虹吸作用，使最后一级水封失效。

$$R_{pj} = \frac{\Delta P_2}{l_2(1+\alpha_j)} = \frac{14620}{200(1+0.6)} = 45.7\text{Pa/m}$$

式中　α_j——室外凝水管网局部压力损失与沿程压力损失的比值，按附录 9-3，取 $\alpha_j = 0.6$。

（2）确定该管段的管径

由 $R_{pj} = 45.7\text{Pa/m}$，$G_2 = 2.0\text{t/h}$。利用附录 13-5，按 $R_{pj} = 45.7\text{Pa/m}$ 选择管径。选用管子的公称直径为 $DN = 50\text{mm}$。相应的比摩阻及流速为

$$R = 40.6\text{Pa/m} < 45.7\text{Pa/m}; \quad v = 0.3\text{m/s}$$

计算即可结束。

具有多个疏水器并联工作的余压凝水管网，它的水力计算比较繁琐。如同蒸汽管网水力计算一样，需要逐段求出该管段汽水混合物的密度。在余压凝水管网水力计算中，从偏于设计安全起见，通常以管段末端的密度作为管段的汽水混合物的平均密度。

首先进行主干线的水力计算。通常从凝结水箱的总干管开始进行主干线的各管段的水力计算，直到最不利用户。

主干线各计算管段的二次汽量，可按下式计算：

$$x_2 = \frac{\sum G_i x_i}{\sum G_i} \tag{13-24}$$

式中　x_2——计算管段由于凝水压降产生的二次蒸发汽量，kg/kg；

　　　x_i——计算管段所连接的用户，由于凝水压降产生的二次蒸发汽量，kg/kg；

　　　G_i——计算管段所连接的用户的凝水计算流量，t/h。

该计算管段的 x_2 值，加上疏水器的漏气量 x_1 后，即为该管段的凝水含汽量，然后，算出管段的汽水混合物的密度。

下面以此例题，详细阐述室外余压凝水管网的水力计算方法和步骤。

【例题 13-4】　某工厂区的余压凝水回收系统如图 13-8 所示。用户 a 的凝水计算流量 $G_a = 7.0\text{t/h}$，疏水器前的凝水表压力 $P = 2.5\text{bar}$。用户 b 的凝水计算流量 $G_b = 3\text{t/h}$，疏水器前的凝水表压力 $P = 3.0\text{bar}$。各管段管线长度标在图上。凝水借疏水器后的压力集中输送回热源的开式凝结水箱。总凝水箱回形管与疏水器之间的标高差为 1.5m。试选择各管段的管径。

【解】　1. 首先确定主干线和允许的平均比摩阻

通过对比可知，从用户 a 到总凝水箱的管线的平均比摩阻最小，此主干线的允许平

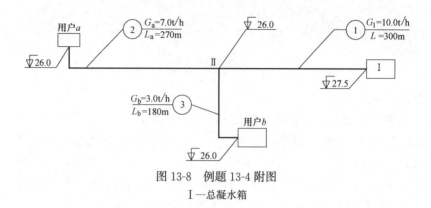

图 13-8　例题 13-4 附图

I—总凝水箱

均比摩阻 R_{pj}，可按下式计算：

$$R_{pj}=\frac{10^5(P_{a\cdot2}-P_I)-(H_I-H_a)\rho_n g}{\sum l(1+\alpha_j)}$$

$$=\frac{10^5(2.5\times0.5-0)-(27.5-26.0)\times1000\times9.81}{(300+270)(1+0.6)}=120.9Pa/m$$

式中　$P_{a\cdot2}$——用户 a 疏水器后的凝水表压力，采用 $P_{a\cdot2}=0.5\times P_{a\cdot1}=0.5\times$
　　　　　2.5=1.25bar；

　　　　P_I——开式凝水箱的表压力，$P_I=0$；

　H_I、H_a——总凝水箱回形管和用户 a 疏水器出口处的位置标高，m。

2. 管段①的水力计算

（1）确定管段①的凝水含汽量

根据式（13-24）

$$x_{①\cdot2}=\frac{G_a x_a+G_b x_b}{G_a+G_b}kg/kg$$

从用户 a 疏水器前的表压力 2.5bar 降到开式水箱的压力时，按附录 13-2，查出 $x_a=$ 0.074kg/kg；同理，得 $x_b=0.083$kg/kg。

$$x_{①\cdot2}=\frac{7.0\times0.074+3.0\times0.083}{7+3}=0.077kg/kg$$

加上疏水器的漏气率 $x_1=0.03$kg/kg，由此可得管段①的凝水含汽量 $x_①=0.077+$ 0.03=0.107kg/kg

（2）求该管段汽水混合物的密度 ρ_r

根据式（13-18），在凝水箱表压力 $P_I=0$ 条件下，汽水混合物的计算密度 ρ_r 为

$$\rho_r=\frac{1}{x_①(v_q-v_s)+v_s}=\frac{1}{0.107(1.6946-0.001)+0.001}=5.49kg/m^3$$

（3）按已知管段流量 $G_1=10$t/h，管壁粗糙度 $K=1.0$mm，密度 $\rho_r=5.49$kg/m³ 条件下，根据理论计算公式（13-2），可求出相应 $R_{pj}=120.9$Pa/m 时的理论管子内径 $d_{1\cdot n}$ 值。

$$d_{1 \cdot n} = 0.387 \frac{K^{0.0476} \cdot G_t^{0.381}}{(\rho R)^{0.19}} = 0.387 \frac{(0.001)^{0.0476} \times (10)^{0.381}}{(5.49 \times 120.9)^{0.19}} = 0.196 \text{m}$$

（4）确定选择的实际管径、比摩阻和流速

由于管径规格与理论 $d_{1 \cdot n}$ 值，不可能刚好相等，因此，要选用接近理论 $d_{1 \cdot n}$ 值的管径。现选用 $(D_w \times \delta)_{sh} = (219 \times 6) \text{mm}$，管子实际内径 $d_{sh \cdot n} = 207 \text{mm}$。

下一步进行修正计算。根据流过相同的质量流量 G_t 和汽水混合物密度 ρ_r，当管径 d_n 改变时，比摩阻的变化规律，可按式（13-1）的比例关系确定。

$$R_{sh} = \left(\frac{d_{1 \cdot n}}{d_{sh \cdot n}}\right)^{5.25} \cdot R_{pj} = \left(\frac{0.196}{0.207}\right)^{5.25} \times 120.9 = 90.8 \text{Pa/m}$$

该管段的实际流速 v_{sh}，可按下式计算：

$$v_{sh} = \frac{1000G}{900 \pi d_{sh \cdot n}^2 \cdot \rho_r} = \frac{1000 \times 10}{900 \pi (0.207)^2 \times 5.49} = 15 \text{m/s}$$

（5）确定管段①的压力损失及节点Ⅱ的压力

管段①的计算长度 $l = 300 \text{m}$，$\alpha_j = 0.6$，则其折算长度 $l_{zh} = l(1 + \alpha_j) = 300(1 + 0.6) = 480 \text{m}$。该管段的压力损失为

$$\Delta P_① = R_{sh} l_{zh} = 90.8 \times 480 = 0.436 \text{bar}$$

节点Ⅱ（计算管段①的始端）的表压力为

$$P_Ⅱ = P_Ⅰ + \Delta P_① + 10^{-5}(H_Ⅰ - H_Ⅱ)\rho_r g$$

$$= 0 + 0.436 + 10^{-5}(27.5 - 26.0) \times 1000 \times 9.81 = 0.583 \text{bar}$$

3. 管段②的水力计算

首先需要确定该管段的凝水含汽量 x_2 和相应的 ρ_r 值（从简化计算和更偏于安全，也可考虑直接采用总凝水干管的 x_1 值计算）。

管段②疏水器前绝对压力 $P_1 = 3.5 \text{bar}$，节点Ⅱ处的绝对压力 $P_Ⅱ = 1.583 \text{bar}$。根据式（13-19），得出

$$x_2 = (q_{3.5} - q_{1.583})/r_{1.583} = (584.3 - 473.9)/2222.3 = 0.05 \text{kg/kg}$$

设 $x_1 = 0.03$，则管段②的凝水含汽量 $x_②$ 为

$$x_② = 0.05 + 0.03 = 0.08 \text{kg/kg}$$

相应的汽水混合物的密度 ρ_r 为

$$\rho_r = \frac{1}{0.08(1.1041 - 0.001) + 0.001} = 11.2 \text{kg/m}^3$$

按上述步骤和方法，可得出理论管子内径 $d_{1 \cdot n} = 0.149 \text{m}$。选用管径为 $(D_w \times \delta)_{sh} = (159 \times 4.5) \text{mm}$，实际管子内径 $d_{sh \cdot n} = 150 \text{mm}$。

计算结果列于表 13-2 中。用户 a 疏水器的背压 $P_{a \cdot 2} = 1.25 \text{bar}$，稍大于表中计算得出的主干线始端的表压力 $P_s = 1.09 \text{bar}$。主干线水力计算即可结束。

4. 分支线③的水力计算

分支线的平均比摩阻按下式计算：

$$R_{pj}=\frac{10^5(P_{b.2}-P_{\mathrm{II}})-(H_{\mathrm{II}}-H_{b.2})\rho_n g}{\sum l(1+\alpha_j)}=\frac{10^5(3.0\times0.5-0.583)}{180(1+0.6)}=318.4\mathrm{Pa/m}$$

按上述步骤和方法，可得出该管段的汽水混合物的密度 $\rho_r=10.1\mathrm{kg/m^3}$，得出理论管子内径 $d_{l.n}=0.092\mathrm{m}$。选用管径为 $(D_w\times\delta)_{sh}=(108\times4)\mathrm{mm}$，实际管子内径 $d_{sh.n}=100\mathrm{mm}$。

计算结果见表 13-3。用户 b 疏水器的背压力 $P_{b.2}=1.5\mathrm{bar}$，稍大于表中计算得出的管段始端表压力 $P_m=1.175\mathrm{bar}$。

整个水力计算即可结束。

余压凝水管网的水力计算表（例题 13-4） 表 13-3

管段编号	凝水流量 G_t (t/h)	疏水器前凝水表压力 P_1 (bar)	管段末点和始点高差 (H_m-H_s) (m)	管段末点表压力 P_m (bar)	管段长度(m)			管段的平均比摩阻 R_{bi} (Pa/m)	管段汽水混合物的密度 ρ_r (kg/m³)
					实际长度 l (m)	α_j	折算长度 L_{zh} (m)		
1	2	3	4	5	6	7	8	9	10
主干线									
管段①	10		1.5	0	300	0.6	480	120.9	5.49
管段②	7	2.5	0	0.583	270	0.6	432	120.9	11.2
分支线									
管段③	3	3.0	0		180	0.6	288	318.4	10.1

管段编号	理论管子内径 $d_{l.n}$ (mm)	选用管径 $(D_w\times\delta)_{sh}$ (mm)	选用管子内径 $d_{l.sh}$ (mm)	实际比摩阻 R_{sh} (Pa/m)	实际流速 v_{sh} (m/s)	实际压力损失 ΔP (bar)	管段始端表压力 P_s (bar)	管段累计压力损失 $\Delta P_{\sum}$ (bar)
	11	12	13	14	15	16	17	18
主干线								
管段①	0.196	219×6	207	90.8	15	0.436	0.583	0.436
管段②	0.149	159×4.5	150	116.7	9.8	0.504	1.09	0.94
分支线								
管段③	0.092	108×4	100	205.5	10.5	0.592	1.175	1.028

第十四章　供热管线的敷设和构造

集中供热系统由热源、管网和热用户组成。简单直连供暖系统的供热管网是由将热媒从热源输送和分配到各热用户的管线系统所组成。在大型集中供热系统中，热网是由一级网、二级网以及分配到各热用户的管线系统和中继泵站、二级换热站、混水泵站等组成。

供热管线的敷设分为地上敷设和地下敷设两大类型。供热管线的构造包括：供热管道及其附件、保温结构、补偿器、管道支座以及地上敷设的管道支架、操作平台和地下敷设的地沟、检查室等构筑物。

第一节　供热管网布置原则

供热管网布置形式以及供热管线在平面位置的确定（即"定线"），是供热管网布置的两个主要内容。供热管网布置形式有枝状管网和环状管网两大类型。选用哪一种管网布置形式已在第八章中阐述。本节主要阐述定线的基本原则。

供热管网布置原则：应在城市建设规划的指导下，考虑热负荷分布、热源布置、与各种管道及构筑物、园林绿地的关系和水文、地质条件等多种因素，经技术经济比较确定。

供热管线平面位置的确定，即定线，应遵守如下基本原则：

1. 经济上合理。主干线力求短直，主干线尽量走热负荷集中区。要注意管线上的阀门、补偿器和某些管道附件（如放气、放水、疏水等装置）的合理布置，因为这将涉及检查室（或操作平台）的位置和数量，应尽可能使其数量减少。

2. 技术上可靠。供热管线应尽量避开采空区、土质松软地区、地震断裂带、滑坡危险地带以及地下水位高等不利地段。

3. 对周围环境影响少而协调。供热管线应少穿主要交通线。一般平行于道路中心线并应尽量敷设在车行道以外的地方。当必须设置在车行道下时，宜将检查小室人孔引至车行道外。通常情况下管线应只沿街道的一侧敷设。地上敷设的管道，不应影响城市环境美观，不妨碍交通。供热管道与各种管道、构筑物应协调安排，相互之间的距离，应能保证运行安全、施工及检修方便。

供热管道与建筑物、构筑物或其他管线的最小水平净距和最小垂直净距，可见《热网标准》规定。

供热管线确定后，根据室外地形图，制订纵断面图和地形竖向规划设计。在纵断面图上应标注：地面的设计标高、原始标高、现状与设计的交通线路和构筑物的标高各段热网的坡度等。图 14-1 所示为不通行地沟的地下敷设供热管道的路线与纵断面图。

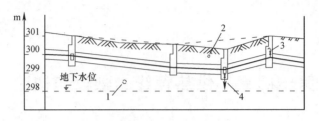

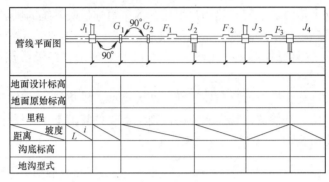

图 14-1 热网管段的纵断面图

1—雨水道、下水道；2—电缆；3—空气阀；4—放水阀；J—检查室；G—固定支架；F—方形补偿器

第二节 室外供热管道的敷设方式

室外供热管网是集中供热系统中投资份额较大，施工最繁重的部分。合理地选择供热管道的敷设方式以及做好管网的定线工作，对节省投资、保证热网安全可靠地运行和施工维修方便等，都有重要的意义。

供热管道敷设是指将供热管道及其附件按设计要求组成整体并使之就位的工作。供热管道的敷设形式，分为地上（架空）敷设和地下敷设两类。

一、地上敷设

管道敷设在地面上或附墙支架上的敷设方式。按照支架的高度不同，可有以下三种地上敷设形式：

（1）低支架（图 14-2）。在不妨碍交通，不影响厂区扩建的场合，可采用低支架敷设。通常是沿着工厂的围墙或平行于公路或铁路敷设。为了避免雨雪的侵袭，低支架敷设，供热管道保温结构底距地面净高不得小于 0.3m。

低支架敷设可以节省大量土建材料、建设投资小、施工安装方便、维护管理容易，但其适用范围太窄。

（2）中支架（图 14-3）。在人行频繁和非机动车辆通行地段，可采用中支架敷设。管道保温结构底距地面净高为 2.0～4.0m。

（3）高支架（图 14-3）。管道保温结构底距地面净高为 4m 以上，一般为 4.0～6.0m。在跨越公路、铁路或其他障碍物时采用。

地上敷设的供热管道可以和其他管道敷设在同一支架上，但应便于检修，且不得架设在腐蚀性介质管道的下方。

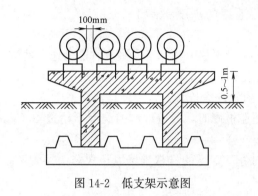

图 14-2　低支架示意图

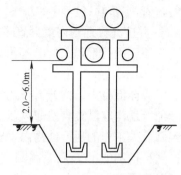

图 14-3　中、高支架示意图

地上敷设所用的支架按其构成材料可分为：砖砌、毛石砌、钢筋混凝土结构（预制或现场浇灌）、钢结构等。目前，国内常用的是钢筋混凝土支架。它较为坚固耐用并能承受较大的轴向推力。

支架多采用独立式支架，如图 14-2 和图 14-3 的形式。为了加大支架间距，有时采用一些辅助结构，如在相邻的支架间附加纵梁、桁架、悬索、吊索等，从而构成组合式支架。

支架按力学特点可分为：刚性支架、柔性支架和铰接支架。

刚性支架的特点是支架柱脚与基础嵌固连接。柱身刚度大，柱顶变位小，不随管道的热伸长移动，因而承受管道的水平推力（摩擦力）较大。刚性支架构造简单、工作可靠，是采用较多的一种。

柔性支架的特点是支架柱脚与基础嵌固，但柱身沿管道轴向柔度较大，柱顶变位可以适应管道的热位移。因此，支柱承受的弯矩较小，柱身沿管道横向刚度较大，仍视为刚性支架。

铰接支架的特点是支架柱脚与基础沿管道轴向为铰接，横向为固接。因此柱身可随管道的伸缩而摆动，支柱仅承受管道的垂直荷载，柱子横截面和基础尺寸可以减小。

供热管道地上敷设是较为经济的一种敷设方式。它不受地下水位和土质的影响，便于运行管理，易于发现和消除故障；但占地面积较多，管道的热损失较大，影响城市美观。

二、地下敷设

地下敷设不影响市容和交通，因而地下敷设是城镇集中供热管道广泛采用的敷设方式。

（一）地沟敷设

地沟是地下敷设管道的围护构筑物。地沟的作用是承受土压力和地面荷载并防止水的侵入。

地沟分砌筑、装配和整体等类型。砌筑地沟采用砖、石或大型砌体砌筑墙体，配合钢筋混凝土预制盖板。装配式地沟一般用钢筋混凝土预制构件现场装配，施工速度较快。整体式地沟用钢筋混凝土现场灌筑而成，防水性能较好。地沟的横截面常做成矩形或拱形。

根据地沟内人行通道的设置情况，分为通行地沟、半通行地沟和不通行地沟。

1. 通行地沟

通行地沟是工作人员可以在地沟内直立通行的地沟。通行地沟内，可采用单侧布管或双侧布管（图 14-4）两种方式。通行地沟人行通道的高度不低于 1.8m，宽度不小于 0.6m，并应允许地沟内最大直径的管道通过通道。

为便于运行管理人员出入和安全，通行地沟应设事故人孔。装有蒸汽管道的通行地沟不大于 100m 应设一个事故人孔，无蒸汽管道的通行地沟，不大于 400m 设一个事故人孔。对整体混凝土结构的通行地沟。每隔 200m 宜设一个安装孔，以便检修更换管道。

通行地沟应设置自然通风或机械通风，以便在检修时，保持地沟内温度不超过 40℃。在经常有人工作的通行地沟内，要有照明设施。

通行地沟的主要优点是操作人员可在地沟内进行管道的日常维修以至大修更换管道，但其造价高。

2. 半通行地沟（图 14-5）

半通行地沟净高不小于 1.2m，人行通道宽度不小于 0.5m。操作人员可以在半通行地沟内检查管道和进行小型修理工作，但更换管道等大修工作仍需挖开地面进行。当无条件采用通行地沟时，可用半通行地沟代替，以利于管道维修和判断故障地点，缩小大修时的开挖范围。

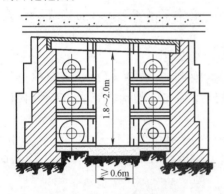

图 14-4 通行地沟

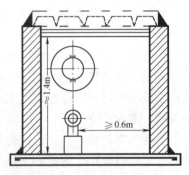

图 14-5 半通行地沟

3. 不通行地沟（图 14-6）

不通行地构的横截面较小，只需保证管道施工安装的必要尺寸。不通行地沟的造价较低，占地较小，是城镇供热管道经常采用的地沟敷设形式。其缺点是管道检修时必须挖开地面。

上面介绍的地沟形式，都是属于砌筑地沟。图 14-7 所示为预制钢筋混凝土椭圆拱形地沟。它可以是通行或不通行的。图 14-8 所示为现浇钢筋混凝土综合管廊断面。根据《城市综合管廊工程技术规范》GB 50838—2015，天然气管道、蒸汽热力管道等应在独立仓室内敷设；热力管道不应与电力电缆同仓敷设；110kV 电力电缆不应与通信电缆同侧布置。在综合管廊内，热力管道可以和上水管道、再生水管道、通信电缆、压缩空气管

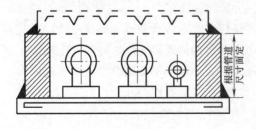

图 14-6 不通行地沟

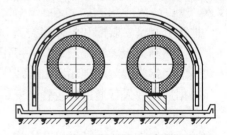

图 14-7 预制钢筋混凝土椭圆拱形地沟

道、压力排水管道、污水管道和重油管道一起敷设。给水管道宜布置在热力管道的下方；雨水可利用结构本体或采用管道排水方式；污水管道宜设置在管廊底部。

为便于管道安装和维修，各种地沟的净高、人行通道宽以及管道保温表面离地沟内表面的最小尺寸，应按附录14-1的规定设计。地沟盖板的覆土深度，不应小于0.2m。

供热管道地沟内积水时，极易破坏保温结构，增大散热损失，腐蚀管道，缩短使用寿命。为防止地面水渗入，地沟壁内表面宜用防水砂浆粉刷。地沟盖板之间、地沟盖板与地沟壁之间要用水泥砂浆或沥青封缝。地沟盖板横向应有0.01～0.02的坡度；地沟底应有纵向坡度，其坡向与供热管道坡向一致，不宜小于0.002，以便渗入地沟内的水流入检查室的集水坑内，然后用水泵抽出。如地下水位高于地沟底，应考虑采用更可靠的防水措施，甚至采用在地沟外面排水来降低地下水位的措施。常用的防水措施是在地

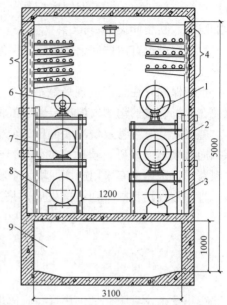

图 14-8　整体式钢筋混凝土综合管廊示意图

1、2—供水管与回水管；3—自来水管；4—通信电缆；5—光缆；6—卫生热水管；7—再生水管

8—污水管；9—雨水仓

沟壁外表面敷以防水层。防水层用沥青粘贴数层油毛毡并外涂沥青或在外面再增加砖护墙。

（二）无沟（直埋）敷设

供热管道直接敷设于土壤中的敷设形式。在热水供热管网中，无沟敷设在国内外已得到广泛地应用。目前，最多采用的形式是供热管道、保温层和保护外壳三者紧密粘结在一起，形成整体式的预制保温管结构形式，如图14-9所示。

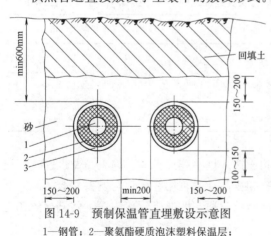

图 14-9　预制保温管直埋敷设示意图

1—钢管；2—聚氨酯硬质泡沫塑料保温层；

3—高密度聚乙烯保温外壳

预制保温管（也称为"管中管"）供热管道的保温层，多采用硬质聚氨酯泡沫塑料作为保温材料。它是由多元醇和异氰酸酯两种液体混合发泡固化形成的。硬质聚氨酯泡沫塑料的密度小、导热系数低、保温性能好、吸水性小、并具有足够的机械强度；但耐热温度不高。根据国内标准要求：其密度为 $60～80kg/m^3$，导热系数 $\lambda \leqslant 0.033$ $W/(m \cdot ℃)$，抗压强度 $P \geqslant 300kPa$，吸水性 $\leqslant 10\%$，耐热温度不超过130℃。

预制保温管保护外壳多采用高密度聚乙烯硬质塑料管。高密度聚乙烯具有较高的机械性能、耐磨损、抗冲击性能较好；化学稳定性好，具有良好的耐腐蚀性和抗老化性能，它

可以焊接，便于施工。根据国家标准：高密度聚乙烯外壳的密度≥940kg/m³，拉伸强度≥20MPa，断裂伸长率≥600％。

目前国内也有用玻璃钢作为预制保温管用保护外壳。它造价低些，但抗老化性能低于高密度聚乙烯。

预制保温管在工厂或现场制造。预制保温管的两端，留有约200mm长的裸露钢管，以便在现场管线的沟槽内焊接，最后再将接口处作保温处理。

施工安装时在管道槽沟底部预先要铺约100～200mm厚的1～8mm砂砾，下管后管道四周继续填充砂砾，填砂高度约100～200mm后，再回填原土并夯实。目前，为节约材料费用，国内也有采用四周回填无杂物的净土的施工方式。

直埋敷设在我国得到迅速发展，是当前及今后供热管网的主要敷设方式，详见有关资料。

第三节　供热管道及其附件

供热管道及其附件是供热管线输送热媒的主体部分。供热管道附件是供热管道上的管件（三通、弯头等）、阀门、补偿器、支座和器具（放气、放水、疏水、除污等装置）的名称。这些附件是构成供热管线和保证供热管线正常运行的重要部分。

一、供热管道

供热管道通常都采用钢管。钢管的最大优点是能承受较大的内压力和动荷载，管道连接简便；但缺点是钢管内部及外部易受腐蚀。室内供热管道常采用水煤气管或塑料管，塑料管见附录14-2；室外供热管道都采用无缝钢管和钢板卷焊管。使用钢材钢号应符合《热网规范》的规定，见表14-1。常用的供热管道的材料特性数据可见附录15-1。

表 14-1

供热管道钢材、钢管及其适应范围

钢　　号	设计温度（℃）	钢板厚度（mm）
Q235B	≤300	≤20
L290	≤200	不限
10、20、Q355	不限	不限

注：本表摘自《城镇供热管网设计标准》CJJ 34。

钢管的连接可采用焊接、法兰连接和丝扣连接。焊接连接可靠、施工简便迅速，广泛用于管道之间及补偿器等的连接。法兰连接装卸方便，通常用在管道与设备、阀门等需要拆卸的附件连接上。对于室内供热管道，通常借助三通、四通、管接头等管件进行丝扣连接，也可采用焊接或法兰连接。

二、阀门

阀门是用来开闭管路和调节输送介质流量的设备。在供热管道上，常用的阀门形式有：截止阀、闸阀、蝶阀、止回阀、调节阀和球阀等。

截止阀按介质流向可分为直通式、直角式和直流式（斜杆式）三种。其结构形式，按阀杆螺纹的位置可分为明杆和暗杆两种。图14-10是最常用的直通式截止阀结构示意图，截止阀关闭严密性较好，但阀体长，介质流动阻力大，产品公称通径不大于200mm。

　　闸阀的结构形式，也有明杆和暗杆两种。另外按闸板的形状及数目，有楔式与平行式，以及单板与双板的区分。图14-11是明杆平行式双板闸阀构造示意图；图14-12是暗杆楔式单闸板闸阀构造示意图。闸阀的优缺点正好与截止阀相反，它常用在公称通径大于200mm的管道上。

　　截止阀和闸阀主要起开闭管路的作用。由于其调节性能不好，不适于用来调节流量。图14-13所示为蜗轮传动式蝶阀。阀板沿垂直管道轴线的立轴旋转，当阀板与管道轴线垂直时，阀门全闭；阀板与管道轴线平行时，阀门全开。蝶阀阀体长度很小，流动阻力小，调节性能稍优于截止阀和闸阀，但造价高。蝶阀在国内热网直埋工程中应用较多。

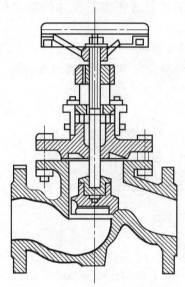

图 14-10　直通式截止阀

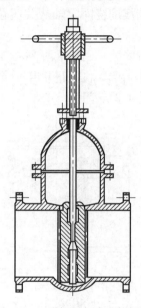

图 14-11　明杆平行式双板闸阀

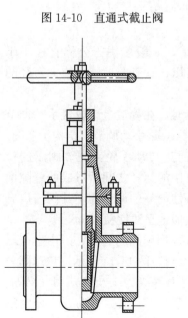

图 14-12　暗杆楔式单板闸阀

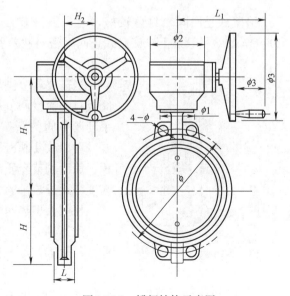

图 14-13　蝶阀结构示意图

　　截止阀、闸阀、蝶阀的连接方式可用法兰、螺纹连接或采用焊接。它们的传动方式可用手动传动（用于小口径），齿轮、电动、液动和气动等（用于大口径）传动方式。《热网规范》规定，对公称直径大于或等于 500mm 的闸阀，应采用电动驱动装置。

　　止回阀是用来防止管道或设备中介质倒流的一种阀门。它利用流体的动能来开启阀门。在供热系统中，止回阀常安装在泵的出口、疏水器出口管道上，以及其他不允许流体反向流动的地方。

　　常用的止回阀主要有旋启式和升降式两种。

　　图 14-14 是旋启式止回阀的构造示意图。它的阀瓣 1 吊挂在本体 2 或阀盖 3 上；当流体不流动时，阀瓣严密地贴合在本体连接管的孔口上。当流体从左向右流动时，将阀瓣抬起，阀瓣围绕固定轴从关闭位置自由地转动到开启位置，并且差不多与流体的流向相平行。

　　升降式止回阀（图 14-15）是由阀瓣 1、阀体 2 和阀盖 3 组成。当流体流动时，阀瓣被流体抬起，将通路开启；当流体反向流动时，阀瓣在本身重量作用下，落到阀体的阀座上，将通路关闭。

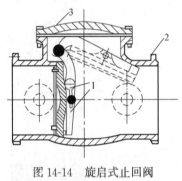

图 14-14　旋启式止回阀

1—阀瓣；2—主体；3—阀盖

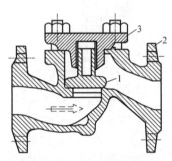

图 14-15　升降式止回阀

1—阀瓣；2—主体；3—阀盖

　　升降式止回阀密封性较好，但只能安装在水平管道上，一般多用于公称直径小于200mm 的水平管道上。旋启式止回阀密封性差些，一般多用在垂直向上流动或大直径的管道上。

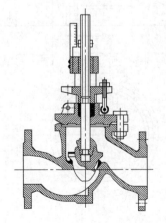

图 14-16　手动调节阀

　　当需要调节供热介质流量时，在管道上应设置手动调节阀或自动流量调节装置。图 14-16 是手动调节阀结构示意图。手动调节阀的阀瓣呈锥形；通过转动手轮，调节阀瓣的位置，可以改变阀瓣下边与阀体中的通径之间所形成的缝隙面积，从而调节介质流量。调节性能好的调节阀，其阀瓣启升高度与通过流量的大小，应近似地呈线性关系。

　　目前大型热网的分支阀有采用球阀的趋势，国内生产球阀已经达到 DN1400。如图 14-17、图 14-18 所示。该球阀公称直径从 DN15～DN300，压力等级为 1.0MPa、1.6MPa、2.5MPa、4.0MPa，耐温 200℃ 以下。根据传动方式分为蜗轮传动型和手柄型。根据和管道的连接方式分为螺纹、法兰

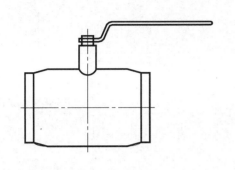

图 14-17　手柄型球阀

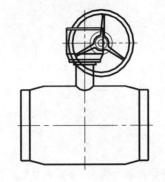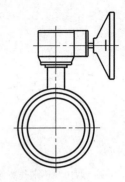

图 14-18　蜗轮型球阀

和焊接。阀球采用不锈钢，阀球密封采用碳强化 PTFE，阀体材料钢制。

　　根据使用功能，球阀可分为关断球阀和关断调节球阀。关断球阀用作管道分支阀和大口径主管道的旁通阀门。关断调节球阀将关断和调节功能合二为一。根据其压差确定流量，并通过手柄处的刻度盘直观显示。方便了各种要求下对供水量的需求。与此同时，关断调节球阀也是一个普通的关断门。任何紧急维修需要时，关断后，再开启，其刻度盘上锁定装置仍能保证原供水量。

　　根据安装要求，可分为沟用球阀和直埋球阀。直埋球阀可按照管道埋深制作阀杆长度，无需建造阀门小室就可进行操作。直埋球阀方便安装，缩短施工时间，节约基建投资。

　　《热网标准》规定热水、蒸汽干线、支干线、支线的起点应安装关断阀门；热水管网输送干线应设置分段阀门。输送干线分段阀门的间距宜为 2000～3000m，长输管线上宜为 4000～5000m；输配干线分段阀门的间距宜为 1000～1500m；管线在进出综合管廊时，应在综合管廊处设置阀门。

三、管道的放气、排水及疏水装置

　　为便于热水管道和凝水管道顺利放气和运行或检修时排净管道中的存水，以及从蒸汽管道中排出沿途凝水，地下敷设供热管道宜设坡度，其坡度不小于 0.002，同时，应配置相应的放气、放水及疏水装置。

　　放气装置应设置在热水、凝结水管道的高点处（包括分段阀门划分的每个管段的高点处），放气阀门的管径一般采用 $\phi 15 \sim 32mm$。

　　热水、凝结水管道的低点处（包括分段阀门划分的每个管段的低点处），应安装放水装置。热水管道的放水装置应保证一个放水段的放水时间不超过下面的规定：对 $DN \leqslant 300mm$ 的管道，放水时间为 2～3h；对 $DN = 350 \sim 500mm$，为 4～6h；对 $DN \geqslant 600mm$，为 5～7h，严寒地区采用较小值。规定放水时间主要是考虑在冬季出现事故时能迅速放水，缩短抢修时间，以免供暖系统和网路冻结。

　　热水与凝水管道，放气和排水位置的示意图可见图 14-19。为排除蒸汽管道的沿途凝水，蒸汽管道的低点和垂直升高的管段前应设启动疏水和经常疏水装置（图 14-20）。此外，同一坡向的管段，在顺坡情况下每隔 400～500m，逆坡时每隔 200～300m 应设启动疏水和经常疏水装置。经常疏水装置排出的凝结水，宜排入凝结水管道，以减少热量和水量的损失。当管道中的蒸汽在任何运行工况下均为过热状态时，可不装经常疏水装置。

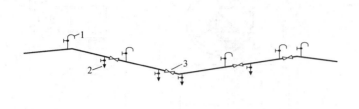

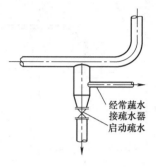

图 14-19　热水与凝水管道的放气和放水装置位置示意图

1—放气阀；2—放水阀；3—阀门

图 14-20　疏水装置图

第四节　补　偿　器

为了防止供热管道升温时，由于热伸长或温度应力而引起管道变形或破坏，需要在管道上设置补偿器，以吸收管道的热伸长，从而减小管壁的应力和作用在阀件或支架结构上的作用力。

供热管道上采用补偿器的种类很多，主要有管道的自然补偿、方形补偿器、波纹管补偿器、套筒补偿器、球形补偿器和旋转补偿器等。前三种是利用补偿器材料的变形来吸收热伸长，后三种是利用补偿器内外套管之间的相对位移来吸收热伸长。

一、自然补偿

利用供热管道自身的弯曲管段（如 L 形或 Z 形等）来补偿管段的热伸长的补偿方式，称为自然补偿。自然补偿不必特设补偿器，因此考虑管道的热补偿时，应尽量利用其自然弯曲的补偿能力。自然补偿的缺点是管道变形时会产生横向位移，而且补偿的管段不能很长。

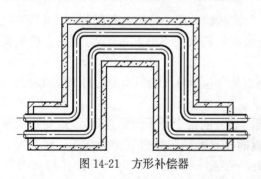

图 14-21　方形补偿器

二、方形补偿器

它是由四个 90°弯头构成"U"形的补偿器（图 14-21），靠其弯管的变形来补偿管段的热伸长。方形补偿器通常用无缝钢管煨弯或机制弯头组合而成。此外，也有将钢管弯曲成"S"形或"Ω"形的补偿器。这种用与供热直管同径的钢管构成呈弯曲形状的补偿器，也总称为弯管补偿器。

弯管补偿器的优点是制造方便；不用专门维修，因而不需要为它设置检查室；工作可靠；作用在固定支架上的轴向推力相对较小。其缺点是介质流动阻力大，占地多。方型补偿器在供热管道上应用很普遍。安装弯管补偿器时，经常采用冷拉（冷紧）的方法，来增加其补偿能力或达到减少对固定支座推力的目的。

三、波纹管补偿器

它是用单层或多层薄金属管制成的具有轴向波纹的管状补偿设备。工作时，它利用波纹变形进行管道热补偿。供热管道上使用的波纹管，多用不锈钢制造。波纹管补偿器按波纹形状主要分为"U"形和"Ω"形两种；按补偿方式分为轴向、横向和铰接等形式。轴向补偿器可吸收轴向位移，按其承压方式又分为内压式和外压式。图 14-22 所示为内压轴向式波纹管补偿器的结构示意图。横向式补偿器向补偿器轴线的法线方向变形，常用来吸收管道的横向变形。铰接式补偿器可以其铰接轴为中心折曲变形，类似球形补偿器。它需要成对安装在转角段上进行管道热补偿。

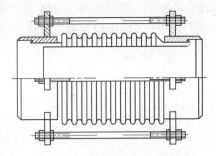

图 14-22 内压轴向式波纹管补偿器

波纹管补偿器的主要优点是占地小，不用专门维修，介质流动阻力小。因此，内压轴向式波纹管补偿器在国内热网工程上应用逐步增多，但其造价较贵些。

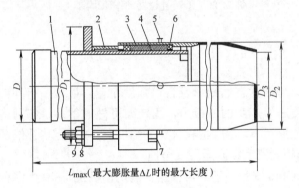

图 14-23 套筒补偿器

1—芯管；2—前压兰；3—壳体；4—柔性填料；5—注料螺栓；
6—后压兰；7—T 形螺栓；8—垫圈；9—螺母

四、套筒补偿器

它是由芯管和外壳管组成的，是两者同心套装并可轴向移动的补偿器。图 14-23 所示为一单向套筒补偿器。芯管 1 与套管 3 之间用柔性密封填料 4 密封，柔性密封填料可直接通过套管小孔注入补偿器的填料函中，因而可以在不停止运行情况下进行维护和抢修，维修工艺简便。

套筒补偿器的补偿能力大，一般可达 $250 \sim 400 \text{mm}$，占地小，介质流动阻力小，造价低，但其维修工作量大，同时管道地下敷设时，为此要增

设检查室；它只能用在直线管段上；当其使用在弯管或阀门处时，其轴向产生的盲板推力（由内压引起的不平衡水平推力）也较大，需要设置主固定支座。近年来，国内出现的内力平衡式套筒补偿器，可消除此盲板推力。

五、球形补偿器

它是由球体及外壳组成。球体与外壳可相对折曲或旋转一定的角度（一般可达 $30°$），以此进行热补偿。两个配对成一组，其动作原理可见图 14-24。球形补偿器的球体与外壳间的密封性能良好，寿命较长。它的特点是能作空间变形，补偿能力大，适用于架空敷设。

六、旋转补偿器

旋转补偿器的结构如图 14-25 所示，其结构主要有整体密封座、密封压盖、大小头、

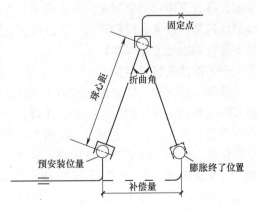

图 14-24 球形补偿器动作原理图

减摩定心轴承、密封材料、旋转筒体等构件组成，安装在热力管道上需要两个以上组对成组，形成相对旋转吸收管道热位移，从而减少管道的应力，其动作原理如图 14-26 所示。

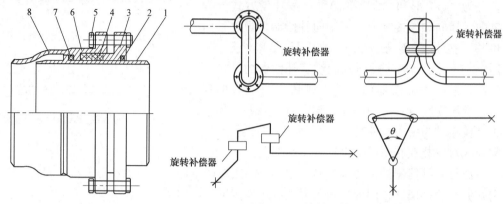

图 14-25　旋转补偿器

1—旋转筒体；2—减摩定心轴承；3—密封压盖；

4—密封材料；5—压紧螺栓；6—密封座；

7—减摩定心轴承；8—大小头

图 14-26　旋转补偿器动作原理图

旋转补偿器的优点：1）补偿量大，可根据自然地形及管道强度布置，最大一组补偿器可补偿 500m 管段；2）不产生由介质压力产生的盲板力，固定架可做的很小，特别适用于大口径管道；3）密封性能优越，长期运行不需维护；4）节约投资；5）旋转补偿器可安装在蒸汽管道和热水管道上，可节约投资和提高运行安全性。

旋转补偿器在管道上一般按 200～500m 安装一组（可根据自然地形确定），有十多种安装形式，可根据管道的走向确定布置形式。采用该型补偿器后，固定支架间距增大，为避免管段挠曲要适当增加导向支架，为减少管段运行的摩擦阻力，在滑动支架上应安装滚动支座。

第五节　管道支座（架）

管道支座是直接支承管道并承受管道作用力的管路附件。它的作用是支撑管道和限制管道位移。支座承受管道重力和由内压、外载和温度变化引起的作用力，并将这些荷载传递到建筑结构或地面的管道构件上。根据支座（架）对管道位移的限制情况，分为活动支座（架）和固定支座（架）。

一、活动支座（架）

活动支座（架）是允许管道和支承结构有相对位移的管道支座（架）。活动支座（架）按其构造和功能分为滑动、滚动、弹簧、悬吊和导向等支座（架）形式。

滑动支座与支架是由安装（采用卡固或焊接方式）在管子上的钢制管托与下面的支承结构构成。它承受管道的垂直荷载，允许管道在水平方向滑动位移。根据管托横截面的形状，有曲面槽式（图 14-27）、丁字托式（图 14-28）和弧形板式（图 14-29）等。前两种形式，管道由支座托住，滑动面低于保温层，保温层不会受到损坏。弧形板式滑动支座的滑动面直接附在管道壁上，因此安装支座时要去掉保温层，但管道安装位置可以低一些。

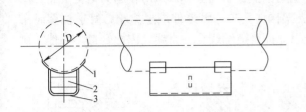

图 14-27　曲面槽滑动支座

1—弧形板；2—肋板；3—曲面槽

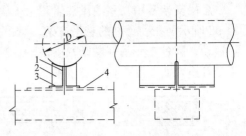

图 14-28　丁字托滑动支座

1—顶板；2—侧板；3—底板；4—支承板

　　管托与支承结构间的摩擦面，通常是钢与钢的摩擦，摩擦系数约为 0.3。为了降低摩擦力，有时在管托下放置减摩材料，如聚四氟乙烯塑料等，可使摩擦系数降低到 0.1 以下。

　　滚动支座是由安装（卡固或焊接）在管子上的钢制管托与设置在支承结构上的辊轴、滚柱或滚珠盘等部件构成。辊轴式（图 14-30）和滚柱式（图 14-31）支座，管道轴向位移时，管托与滚动部件间为滚动摩擦，摩擦系数在 0.1 以下；但管道横向位移时仍为滑动摩擦。滚珠盘式支座，管道水平各向移动均为滚动摩擦。滚动支座需进行必要的维护，使滚动部件保持正常状态，一般只用在架空敷设管道上。

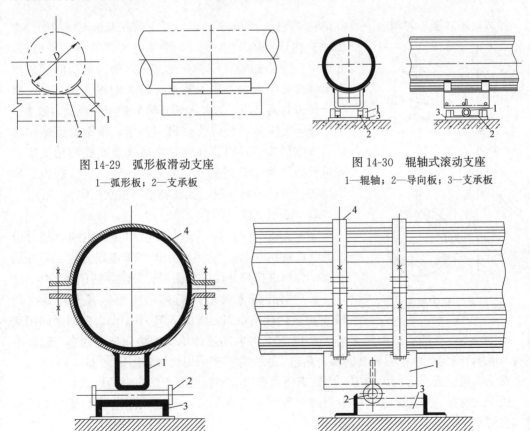

图 14-29　弧形板滑动支座

1—弧形板；2—支承板

图 14-30　辊轴式滚动支座

1—辊轴；2—导向板；3—支承板

图 14-31　滚柱式滚动支座

1—槽板；2—滚柱；3—槽钢支承座；4—管箍

悬吊支架常用在室内供热管道上。管道用抱箍、吊杆等杆件悬吊在承力结构下面；图14-32所示为几种常见的悬吊支架。悬吊支架构造简单，管道伸缩阻力小；管道位移时吊杆摇动，因各支架吊杆摆动幅度不一，难以保证管道轴线为一直线，因此管道热补偿需用不受管道弯曲变形影响的补偿器。

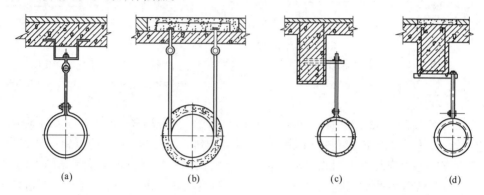

(a)　　　　　　　　　(b)　　　　　　　　　(c)　　　　　　　　　(d)

图 14-32　悬吊支架

（a）可在纵向及横向移动；（b）只能在纵向移动；（c）焊接在钢筋混凝土
构件里埋置的预埋件上；（d）箍在钢筋混凝土梁上

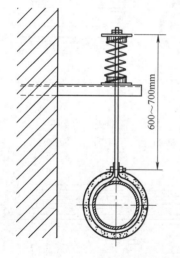

图 14-33　弹簧悬吊支座

弹簧支座（架）的构造一般由在滑动支座、滚动支座的管托下或在悬吊支座的构件中加弹簧构成（图14-33）。其特点是允许管道水平位移，并可适应管道的垂直位移，使支座（架）承受的管道垂直荷载变化不大。常用于管道有较大的垂直位移处，以防止管道脱离支座，致使相邻支座和相应管段受力过大。

导向支座是只允许管道轴向伸缩，限制管道横向位移的支座形式。其构造通常是在滑动支座或滚动支座沿管道轴向的管托两侧设置导向挡板。导向支座的主要作用是防止管道纵向失稳，保证补偿器正常工作。

二、固定支座（架）

固定支座（架）是不允许管道和支承结构有相对位移的管道支座（架）。它主要用于将管道划分成若干补偿管段，分别进行热补偿，从而保证补偿器的正常工作。

最常用的是金属结构的固定支座，有卡环式（图14-34a）、焊接角钢固定支座（图14-34b）、曲面槽固定支座（图14-34c）和挡板式固定支座（图14-35）等。前三种承受的轴向推力较小，通常不超过50kN，固定支座承受的轴向推力超过50kN时，多采用挡板式固定支座。

在无沟敷设或不通行地沟中，固定支座也有做成钢筋混凝土固定墩的形式。

图14-36所示为直埋敷设所采用的一种固定支座形式：管道从固定墩上部的立板穿过，在管子上焊有卡板来进行固定。

室内外供热管道的支座（架）的种种形式详图及其使用要求，可见《动力设施国家标准图集》。

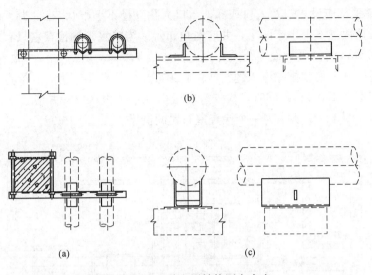

图 14-34　几种金属结构固定支座

(a) 卡环固定支座；(b) 焊接角钢固定支座；(c) 曲面槽固定支座

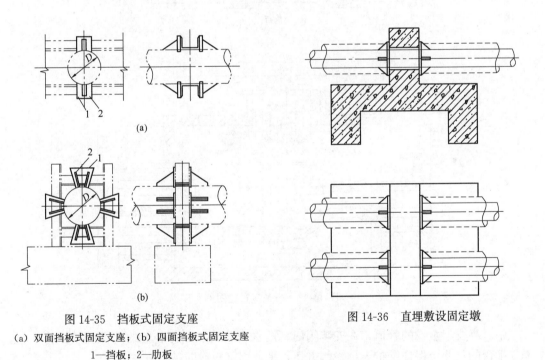

图 14-35　挡板式固定支座

(a) 双面挡板式固定支座；(b) 四面挡板式固定支座

1—挡板；2—肋板

图 14-36　直埋敷设固定墩

第六节　检查室与操作平台

地下敷设管道安装有套筒补偿器、阀门、放水、排气和除污装置等管道附件处，应设检查室（井）。

检查室的净空尺寸要尽可能紧凑，但必须考虑便于维护检修。检查室的净空高度不得小于1.8m，人行通道宽度不小于0.6m，干管保温结构表面与检查室地面距离不小于

0.6m。检查室顶部应设入口及入口扶梯，入口人孔直径不小于 0.7m。为了检修时安全和通风换气，人孔数量不得小于两个，并应对角布置。当热水管网检查室只有放气门或其净空面积小于 0.4m² 时，可只设一个人孔。

　　检查室还用来汇集和排除渗入地沟或由管道放出的网路水。为此，检查室地面应低于地沟底，其值不小于 0.3m；同时，检查室内至少设一个积水坑，并应置于人孔下方，以便将积水抽出。图 14-37 所示为一个检查室布置的例子。

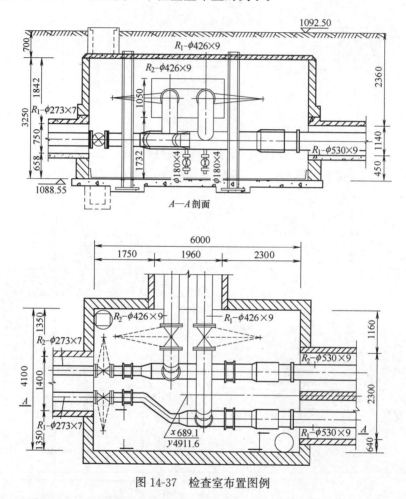

图 14-37　检查室布置图例

　　中、高支架敷设的管道，在安装阀门、放水、放气、除污装置的地方应设操作平台。操作平台的尺寸应保证维护人员操作方便，平台周围应设防护栏杆。

　　检查室或操作平台的位置及数量应与管道平面定线和设计时一起考虑。在保证安全运行和检修方便前提下，尽可能减少其数目。

第七节　供热管道的保温及其热力计算

　　供热管道及其附件保温的主要目的在于减少热媒在输送过程中的热损失，节约燃料；保证操作人员安全，改善劳动条件；保证热媒的使用温度等。

热网运行经验表明，热水管网即使有良好的保温，其热损失仍约占总输热量的 5％～8％，蒸汽管网约为 8％～12％；与之相应，保温结构费用约占热网管道费用的 25％～40％。因此，保温工作对保证供热质量，节约投资和燃料都有很大影响。

一、保温材料及其制品

良好的保温材料应重量轻、导热系数小，在使用温度下不变形或变质、具有一定的机械强度、不腐蚀金属、可燃成分小、吸水率低、易于施工成型，且成本低廉。

根据《热网规范》规定，供热介质设计温度高于 60℃ 的热力管道、设备、阀门应保温。规定中对保温材料及其制品，提出如下主要技术性能要求：

1. 平均工作温度下的导热系数值不得大于 0.12W/(m·℃)，并应有明确的随温度变化的导热系数方程式和图表。对于松散或可压缩的保温材料及其制品，应具有在使用密度下的导热系数方程式或图表；

2. 密度不应大于 350kg/m³；

3. 除软质、散状材料外，硬质预制成型制品的抗压强度不应小于 300kPa；半硬质的保温材料压缩 10％时的抗压强度不应小于 200kPa。

目前常用的管道保温材料有石棉、膨胀珍珠岩、膨胀蛭石、岩棉、矿渣棉、玻璃纤维及玻璃棉、微孔硅酸钙、泡沫混凝土、聚氨酯硬质泡沫塑料等。各种材料及其制品的技术性能可从生产厂家或一些设计手册中得出。在选用保温材料时，要考虑因地制宜，就地取材，力求节约。

二、管道的保温结构

管道的保温结构由保温层和保护层两部分组成。

供热管道常用的保温方法有涂抹式、预制式、缠绕式、填充式、灌注式和喷涂式等。

涂抹式保温。将不定型的保温材料加入胶粘剂等用水拌合成塑性泥团，分层涂抹于需要保温的设备、管道表面上，干后形成保温层的保温方法。该法不用模具，整体性好，特别适用于填堵洞孔和异形表面的保温。涂抹式保温是传统的保温方式，但施工方法落后，进度慢，在室外管网工程中已很少应用。适用此法保温的材料有膨胀珍珠岩、膨胀蛭石以及石棉灰、石棉硅藻土等。

预制式保温。将保温材料制成板状、弧形块、管壳等形状的制品，用捆扎或粘接方法安装在设备或管道上形成保温层的保温方法。该方法由于操作方便和保温材料多以制品形式供货，目前被广泛采用。适用此法保温的材料主要有泡沫混凝土、石棉、矿渣棉、岩棉、玻璃棉、膨胀珍珠岩和硬质泡沫塑料等。预制式保温结构示意图可见图 14-38 所示。

缠绕式保温。用绳状或片状的保温材料缠绕捆扎在管道或设备上形成保温层的保温方法，如石棉绳、石棉布、纤维类保温毡都采用此施工方法。其特点是操作方便，便于拆卸，用纤维类（如岩棉、矿渣棉、玻璃棉）保温毡进行管道保温，在管道工程上应用较多。图 14-39 为其保温结构示意图。

填充式保温。将松散的或纤维状保温材料，填充于管道、设备外围特制的壳体或金属网中或直接填充于安装好的管道的地沟或沟槽内形成保温的保温方式。填充于管道、设备外围的散状保温材料主要有矿渣棉、玻璃棉及超细玻璃棉等。近年内由于多把松散的或纤维状保温材料做成管壳式。这种填充保温方式已使用不多了。在地沟或直埋管道沟槽内填充保温材料，必须采用憎水性保温材料，以避免水渗入，如用憎水性沥青珍珠岩等。

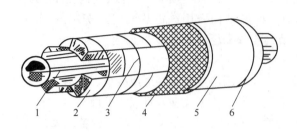

图 14-38　弧形预制保温瓦保温结构
1—管道；2—保温层；3—镀锌铁丝；4—镀锌
铁丝网；5—保护层；6—油漆

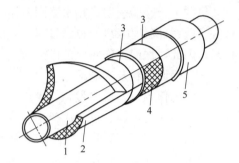

图 14-39　缠绕式保温结构示意图
1—管道；2—保温毡或布；3—镀锌铁皮；
4—镀锌铁丝网；5—保护层

灌注式保温。将流动状态的保温材料，用灌注方法成型硬化后，在管道或设备外表面形成保温层的保温方法。如在套管或模具中灌注聚氨酯硬质泡沫塑料，发泡固化后形成管道保温层。灌注式保温的保温层为一连续整体，有利于保温和对管道的保护。

喷涂式保温。利用喷涂设备，将保温材料喷射到管道、设备表面上形成保温层的保温方法。无机保温材料（膨胀珍珠岩、膨胀蛭石、颗粒状石棉等）和泡沫塑料等有机保温材料均可用喷涂法施工。其特点是施工效率高，保温层整体性好。

供热管道保护层的作用主要是防止保温层的机械损伤和水分浸入，有时它还兼起美化保温结构外观的作用。保护层是保证保温结构性能和寿命的重要组成部分，需具有足够的机械强度和必要的防水性能。

根据保护层所用的材料和施工方法不同，可分为以下三类：涂抹式保护层、金属保护层和毡、布类保护层。

涂抹式就是将塑性泥团状的材料涂抹在保温层上。常用的材料有石棉水泥砂浆和沥青胶泥等。涂抹式保护层造价较低，但施工进度慢，需要分层涂抹。

金属保护层一般采用镀锌钢板或不镀锌的黑薄钢板。也可采用薄铝板，铝合金板等材料。金属保护层的优点是结构简单、重量轻、使用寿命长，但其造价高，易受化学腐蚀，只宜在架空敷设上应用。

毡、布类保护层材料，目前多采用玻璃布沥青油毡、铝箔、玻璃钢等。由于它具有较好的防水性能和施工方便的优点，近年来得到广泛的应用。玻璃布长期遭受日光曝晒容易断裂，宜在室内或地沟管道上应用。

三、供热管道保温的热力计算

供热管道保温热力计算的任务是计算管路散热损失、供热介质沿途温度降、管道表面温度及环境温度（地沟温度、土壤温度等），从而确定保温层厚度。

在工程设计中，在计算管路散热损失基础上，管道保温层厚度应优先采用技术经济分析得出的"经济保温厚度"。

显而易见，保温层越厚，则管路散热损失越小，节约了燃料；但由于厚度加大，保温结构费用增加，增加了投资费用。所谓"经济保温厚度"是指：保温管道年热损失费用与保温结构投资的年分摊费用为最小值时的保温层厚度。

当对供热介质温度降、环境温度、保温层表面温度等有技术要求（例如保证输送过热蒸汽到热用户，保证敷设在管道邻近的电缆处的温度不得超过容许值等情况），且采用经济保温层厚度不能满足上述要求时，应按技术条件来确定保温层厚度。

供热管道的散热损失是根据传热学的基本原理进行计算的。供热管道敷设方式不同，计算方法也有所差别。现分述如下。

（一）架空敷设管道的热损失

根据图14-40，架空敷设供热管路的散热损失，可由下式求得：

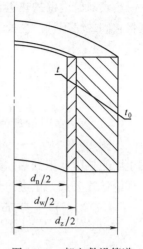

图 14-40　架空敷设管道散热损失计算图

$$\Delta Q = \frac{(t-t_0)}{R_n+R_g+R_b+R_w} \cdot (1+\beta)l \qquad (14\text{-}1)$$

式中　ΔQ——管道热损失，W；

$\quad t$——管道中热媒温度，℃；

$\quad t_0$——管道周围环境（空气）温度，℃；

$\quad R_n$——从热媒到管内壁的热阻；

$$R_n = 1/\pi a_n d_n \quad m \cdot ℃/W$$

$\quad a_n$——从热媒到管内壁的放热系数，W/(m² · ℃)；

$\quad d_n$——管道内径，m；

$\quad R_g$——管壁热阻：

$$R_g = \frac{1}{2\pi\lambda_g} \cdot \ln\frac{d_w}{d_n} \quad m \cdot ℃/W$$

$\quad \lambda_g$——管材的导热系数，W/(m · ℃)；

$\quad d_w$——管道外径，m；

$\quad R_b$——保温材料的热阻：

$$R_b = \frac{1}{2\pi\lambda_b} \cdot \ln\frac{d_z}{d_w} \quad m \cdot ℃/W \qquad (14\text{-}2)$$

$\quad \lambda_b$——保温材料的导热系数，W/(m · ℃)；

$\quad d_z$——保温层外表面的直径，m；

$\quad R_w$——从管道保温层外表面到周围介质（空气）的热阻；

$$R_w = 1/\pi d_z a_w \quad m \cdot ℃/W \qquad (14\text{-}3)$$

$\quad a_w$——保温层外表面对空气的放热系数，W/(m² · ℃)；a_w 值可用下列近似公式求得：

$$a_w = 11.6 + 7\sqrt{v}; \qquad (14\text{-}4)$$

$\quad v$——保温层外表面附近空气的流动速度，m/s；

$\quad l$——管道长度，m；

$\quad \beta$——管道附件、阀门、补偿器、支座等的散热损失附加系数，可按下列数值计算：对地上敷设和地沟敷设，$\beta=0.15\sim0.20$；对直埋敷设，$\beta=0.1\sim0.15$。

热媒对管内壁的热阻和金属管壁的热阻与其他两项热阻相比数值很小，在实际计算中可将它们忽略不计。公式（14-1）可简化为

$$\Delta Q=\frac{t-t_0}{R_b+R_w}\cdot(1+\beta)l=\frac{t-t_0}{\dfrac{1}{2\pi\lambda_b}\ln\dfrac{d_z}{d_w}+\dfrac{1}{\pi d_z a_w}}(1+\beta)l\quad W\qquad(14\text{-}5)$$

（二）无沟敷设管道的散热损失

如图 14-41 所示，无沟敷设的管道直接埋于土壤中。在计算管道散热损失时，需要考虑土壤的热阻。根据福尔赫盖伊默推导的传热学理论计算公式，土壤的热阻可用下式表示：

$$R_t=\frac{1}{2\pi\lambda_t}\ln\left(\frac{2H}{d_z}+\sqrt{\left(\frac{2H}{d_z}\right)^2-1}\right)\quad m\cdot℃/W$$

$$(14\text{-}6)$$

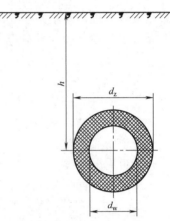

图 14-41　无沟敷设管道散热损失计算图

式中　d_z——与土壤接触的管子外表面的直径，m；

λ_t——土壤的导热系数。当土壤温度为 $10℃\sim40℃$ 时，中等湿度土壤的导热系数 λ_t 在 $1.2\sim2.5W/(m\cdot℃)$ 范围内；

H——管子的折算埋深，m。

管子的折算埋深 H，按下式计算：

$$H=h+h_j=h+\frac{\lambda_t}{a_k}\qquad(14\text{-}7)$$

式中　h——从地表面到管中心线的埋设深度，m；

h_j——假想土壤层厚度，m；此厚度的热阻等于土壤表面的热阻；

a_k——土壤表面的放热系数，可采用 $a_k=12\sim15W/(m^2\cdot℃)$ 计算。

此时，无沟敷设保温管道的散热损失（$h/d_z<2$ 的条件），可按下式计算：

$$\Delta Q=\frac{t-t_{d\cdot b}}{R_b+R_t}=\frac{t-t_{d\cdot b}}{\dfrac{1}{2\pi\lambda_b}\ln\dfrac{d_z}{d_w}+\dfrac{1}{2\pi\lambda_t}\ln\left[\dfrac{2H}{d_z}+\sqrt{\left(\dfrac{2H}{d_z}\right)^2-1}\right]}\cdot(1+\beta)l\quad W\qquad(14\text{-}8)$$

式中　$t_{d\cdot b}$——土壤地表面温度，℃。

如埋设深度较深（$h/d_z\geqslant2$）时，式（14-6）和（14-8）可近似地用更简单的公式进行计算：

$$R_t=\frac{1}{2\pi\lambda_t}\ln\frac{4H}{d_z}\quad m\cdot℃/W\qquad(14\text{-}9)$$

$$\Delta Q=\frac{t-t_{d\cdot b}}{\dfrac{1}{2\pi\lambda_b}\ln\dfrac{d_z}{d_w}+\dfrac{1}{2\pi\lambda_t}\ln\dfrac{4H}{d_z}}\cdot(1+\beta)l\quad W\qquad(14\text{-}10)$$

以上是单根管道直埋敷设的散热损失计算方法。

当几根管道并列直埋敷设时，需要考虑其相互间的传热影响。根据苏联学者 E.Ⅱ.舒宾提出的方法，其相互传热影响可以考虑为一个假想的附加热阻 R_c。在双管直埋敷设情况下，如图 14-42 所示，附加热阻可用下式表示：

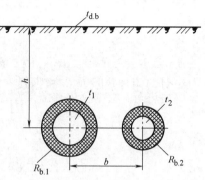

$$R_c = \frac{1}{2\pi\lambda_t}\ln\sqrt{\left(\frac{2H}{b}\right)^2+1} \quad \text{m·℃/W}$$

(14-11)

式中　b——两管中心线间的距离，m。

其他符号同前。

第一根管的散热损失：

$$q_1 = \frac{(t_1-t_{d·b})\sum R_2-(t_2-t_{d·b})R_c}{\sum R_1·\sum R_2-R_c^2} \quad \text{W/m}$$

(14-12)

图 14-42　无沟敷设双管
散热损失计算图

第二根管的散热损失：

$$q_2 = \frac{(t_2-t_{d·b})\sum R_1-(t_1-t_{d·b})R_c}{\sum R_1·\sum R_2-R_c^2} \quad \text{W/m}$$

(14-13)

式中　q_1、q_2——第一根和第二根管道单位长度的散热损失，W/m；

　　　t_1、t_2——第一根和第二根管内的热媒温度，℃；

$\sum R_1$、$\sum R_2$——第一根和第二根管道的总热阻，m·℃/W；

$$\sum R_1=R_{b·1}+R_t；\sum R_2=R_{b·2}+R_t$$

$R_{b·1}$、$R_{b·2}$——第一根和第二根管道保温层的热阻，m·℃/W，按式（14-2）计算；

　　　R_t——土壤热阻，m·℃/W，按式（14-6）或式（14-9）计算；

　　　R_c——附加热阻，m·℃/W，按式（14-11）计算；

　　　$t_{d·b}$——土壤地表温度，℃。

【例题 14-1】　一双管直埋敷设的热水供热管道，见图 14-42 所示。管径 $d_w×\delta=(325×7)$mm，两管中心距 $b=0.76$m。管子埋设深度 $h=1.2$m。采用聚氨酯保温，供回水管采用相同的保温层厚度 $\delta=45$mm，其导热系数 $\lambda_b=0.023$W/(m·℃)。

设在整个供暖期间，供水管的平均水温 $t_1=86$℃，回水管的平均水温 $t_2=55$℃。供暖期小时数 $n=4296$h。供暖期间土壤地表面平均温度 $t_{d·b}=-3$℃。求在平均水温下双管的散热损失及年总散热量。

【解】　1. 计算管路的热阻，如忽略保护壳的厚度，则直埋敷设管子与土壤接触的外径

$d_z=d_w+2\delta=0.325+2×0.045=0.415$m。

$h/d_z=1.2/0.415=2.89>2$，因此，本例题中可按式（14-9），计算土壤热阻 R_t 值。

设土壤的导热系数 $\lambda_t=2.4$W/(m·℃)，土壤表面的放热系数取 $a_k=15$W/(m²·℃)，则本例题中管子的折算埋深 H 为

$$H=h+\frac{\lambda_t}{a_k}=1.2+\frac{2.4}{15}=1.36\text{m}$$

土壤热阻按式（14-9）计算：

$$R_t=\frac{1}{2\pi\lambda_t}\ln\frac{4H}{d_z}=\frac{1}{2\pi\times2.4}\ln\frac{4\times1.36}{0.415}=0.171\text{m}\cdot\text{℃/W}$$

供回水管采用同一厚度，保温层热阻 R_b 为

$$R_b=R_{b\cdot1}=R_{b\cdot2}=\frac{1}{2\pi\lambda_b}\ln\frac{d_z}{d_w}=\frac{1}{2\pi\times0.023}\ln\frac{0.415}{0.325}=1.692\text{m}\cdot\text{℃/W}$$

则 $\quad\sum R=\sum R_1=\sum R_2=R_b+R_t=1.692+0.171=1.863\text{m}\cdot\text{℃/W}$

2. 计算附加热阻 R_c，根据式（14-11）

$$R_c=\frac{1}{2\pi\lambda_t}\ln\sqrt{\left(\frac{2H}{b}\right)^2+1}$$

$$=\frac{1}{2\pi\times2.4}\ln\sqrt{\left(\frac{2\times1.36}{0.76}\right)^2+1}=0.087\text{m}\cdot\text{℃/W}$$

3. 根据式（14-12）和式（14-13），确定供、回水管单位管长的散热量

$$q_1=\frac{(t_1-t_{d\cdot b})\sum R-(t_2-t_{d\cdot b})R_c}{(\sum R)^2-(\sum R_c)^2}$$

$$=\frac{[86-(-3)]\times1.863-[55-(-3)]\times0.087}{1.863^2-0.087^2}$$

$$=46.42\text{W/m}$$

$$q_2=\frac{(t_2-t_{d\cdot b})\sum R-(t_1-t_{d\cdot b})R_c}{(\sum R)^2-(\sum R_c)^2}$$

$$=\frac{[55-(-3)]\times1.863-[86-(-3)]\times0.087}{1.863^2-0.087^2}$$

$$=28.96\text{W/m}$$

总散热损失

$$\sum q=q_1+q_2=46.42+28.96=75.38\text{W/m}$$

4. 计算双管在整个供暖期的总散热损失

$\Delta Q_z=n\sum q=4296\times3600\times75.38=1.1658\times10^9\text{J/(m·a)}=1.1658\text{GJ/(m·a)}$

（三）地沟敷设管道的散热损失

地沟敷设管道的散热损失计算方法，与无沟敷设方法基本相同，只是在总热阻中，除了保温层热阻和土壤热阻外，还包括从保温层表面到地沟内空气的热阻、从地沟内空气到地沟内壁的热阻以及沟壁热阻。即

$$\sum R=R_b+R_w+R_{ngo}+R_{go}+R_t\quad\text{m·℃/W}\tag{14-14}$$

式中 R_b、R_w、R_t——代表意义及求法同前所述，m·℃/W；

$\qquad R_{ngo}$——从沟内空气到沟内壁之间的热阻，m·℃/W；

$$R_{ngo}=1/(\pi\alpha_{ngo}d_{ngo})\quad\text{m·℃/W}\tag{14-15}$$

$\qquad\alpha_{ngo}$——沟内壁放热系数，W/(m²·℃)，可近似取 $\alpha_{ngo}=12\text{W/(m}^2\cdot\text{℃)}$；

$\qquad d_{ngo}$——地沟内廓横截面的当量直径，m；按下式计算

$$d_{ngo}=4F_{ngo}/S_{ngo}$$

$\qquad F_{ngo}$——地沟内廓净横截面面积，m²；

S_{ngo}——地沟内廓净横截面的周长，m；

R_{go}——地沟壁的热阻，

$$R_{go}=\frac{1}{2\pi\lambda_{go}}\ln\frac{d_{wgo}}{d_{ngo}}\quad m^2\cdot℃/W \tag{14-16}$$

d_{wgo}——地沟横截面外表面的当量直径，m；

$$d_{wgo}=4F_{wgo}/S_{wgo}$$

F_{wgo}——地沟外横截面积，m^2；

S_{wgo}——地沟外横截面周长，m。

当地沟内只有一根管道时，散热损失可按下式计算：

$$q=(t-t_{d\cdot b})/\sum R\quad W/m \tag{14-17}$$

式中　$t_{d\cdot b}$——土壤地表面温度，℃。

当地沟内有若干条供热管道时，为了考虑各条管路之间的相互影响，首先要确定地沟内的空气温度。根据热平衡原理，地沟内所有管路的散热量应等于地沟向土壤散失的热量。即

$$\frac{(t_I-t_{go})}{R_I}+\frac{(t_{II}-t_{go})}{R_{II}}+\cdots+\frac{(t_m-t_{go})}{R_m}=\frac{(t_{go}-t_{d\cdot b})}{R_o} \tag{14-18}$$

得

$$t_{go}=\left(\frac{t_I}{R_I}+\frac{t_{II}}{R_{II}}+\cdots+\frac{t_m}{R_m}+\frac{t_{d\cdot b}}{R_o}\right)/\left(\frac{1}{R_I}+\frac{1}{R_{II}}+\cdots+\frac{1}{R_m}+\frac{1}{R_o}\right)\quad ℃ \tag{14-19}$$

式中　　　t_{go}——地沟内空气温度，℃；

t_I、t_{II}、t_m——地沟中敷设的第Ⅰ、Ⅱ、m根管路中热媒温度，℃；

R_I、R_{II}、R_m——第Ⅰ、Ⅱ、m根管路从热媒到地沟中空气间的热阻，$m\cdot℃/W$；

$$R_I=R_{b\cdot I}+R_{w\cdot I};R_m=R_{b\cdot m}+R_{w\cdot m} \tag{14-20}$$

R_o——从地沟内空气到室外空气的热阻，$m\cdot℃/W$，

$$R_o=R_{ngo}+R_{go}+R_t$$

在计算通行地沟内管道的热损失时，如通行地沟设置了通风系统，则根据热平衡原理，通行地沟中各条管路的总散热量应等于从沟壁到周围土壤的散热量与通风系统排热量之和。即

$$Q_t=\sum Q-\Delta Q_{go} \tag{14-21}$$

式中　$\sum Q$——地沟内各供热管路的总散热量，W；

ΔQ_{go}——从地沟到周围土壤的散热损失，W；

Q_t——通风系统的排热量，W。

通风管段内的通风排热量，则可用下式求出：

$$Q_t=\left[\frac{(t_I-t'_{go})}{R_I}+\frac{(t_{II}-t'_{go})}{R_{II}}+\cdots+\frac{(t_m-t'_{go})}{R_m}-\frac{(t'_{go}-t_{d\cdot b})}{R_o}\right]\cdot(1+\beta)l\quad W$$

$$\tag{14-22}$$

式中　t'_{go}——通风系统工作时，要求保证的通行地沟内的空气温度，℃，按设计规定要求，不得高于40℃。

第十五章　供热管道的应力计算

第一节　概　述

供热管道应力计算的任务是计算供热管道由内压力、外部荷载和热胀冷缩引起的力、力矩和应力，从而确定管道的结构尺寸，采取适当的补偿措施，保证设计的供热管道安全可靠并尽可能经济合理。

作用在供热管道上的载荷是多种多样的。进行应力计算时，主要考虑下列载荷所引起的应力：

1. 由于管道内的流体压力（简称内压力）作用所产生的应力；

2. 由于外载荷作用在管道上所产生的应力。外载荷主要是管道的自重（管子、流体和保温结构的重量）和风雪载荷（对室外管道）；

3. 由于供热管道热胀和冷缩受约束所产生的应力。

根据《热网标准》规定，供热管道的应力计算，采用《火力发电厂汽水管道应力计算技术规程》DL/T 5366—2014（以下简称《技术规程》DL/T 5366）。该《技术规程》是按应力分类法的原理进行应力计算的。

应力分类法原理认为：作用在结构物上的各种应力，对结构物的危害差别很大。例如：管内介质压力或持续外载产生的应力，其特点是没有自限性。它始终随内压力或外载增加而增大。当超过某一限度时，将使管道变形增加直至破坏。这类应力称为一次应力。又管道由热胀、冷缩和其他位移作用产生的应力认为是二次应力。它是由变形受约束或结构各部分间变形协调而起的应力。二次应力的主要特征是部分材料产生小变形或进入屈服后，变形协调即得到满足，变形不再继续发展，应力不再增加，即它具有自限性。对于塑性良好的钢管，二次应力一般不会直接导致破坏。另一类应力称为峰值应力。它是指管道或附件（如三通）由于局部结构不连续或局部应力等产生的应力增量。它的基本特征是不引起任何显著变形，可能导致疲劳裂纹或脆性破坏，是材料疲劳破坏的主要原因。

根据上述原理，应力分类法将危害程度不同的应力，分为一次应力、二次应力和峰值应力三大类。采用不同的应力分析理论和许用应力值，会使在保证安全工作条件下，充分发挥结构的承载能力。

供热管道应力计算的主要目的是：选定或校核钢管壁厚；确定活动支座的最大允许间距；分析固定支座受力情况，计算其受力大小；计算供热管道的热伸长量，确定补偿器的结构尺寸及其弹性力等。

第二节　管壁厚度和活动支座间距的确定

一、管壁厚度的确定

供热管道的内压力为一次应力，承受内压力的最小壁厚 s_m 的计算如下：

按直管外径确定时：

$$s_m = \frac{pD_w}{2[\sigma]^t \eta + 2Yp} + a \tag{15-1}$$

按直管内径确定时：

$$s_m = \frac{pD_n + 2[\sigma]^t \eta a + 2YPa}{2[\sigma]^t \eta + 2p(1-Y)} \tag{15-2}$$

式中　s_m——直管的最小壁厚，mm；

　　　p——设计压力，指管道运行中内部介质最大工作压力，对于水管道，设计压力的取用应包括水柱静压的影响，当其低于额定压力的 3% 时，可不考虑，MPa；

　　D_w——管子外径，mm；

　　D_n——管子内径，mm；

　　$[\sigma]^t$——钢材在设计温度下的许用应力，MPa；

　　　Y——温度对计算管子壁厚公式的修正系数；

　　　a——考虑腐蚀、磨损和机械强度要求的附加厚度，mm；

　　　η——许用应力的修正系数。

取用哪种公式计算与所选管子的生产工艺有关。对于无缝钢管，当采用热轧生产控制外径时，可按外径公式确定最小壁厚；当采用锻制生产或挤压生产控制内径时，可按内径公式确定最小壁厚。对于有纵缝焊接钢管和螺旋焊缝钢管，亦按管子外径公式确定最小壁厚。

直管计算壁厚 s_c 应按下列方法确定：

$$s_c = s_m + c \tag{15-3}$$

式中　c——直管壁厚负偏差的附加值，mm；

管壁厚负偏差的附加值按下列规定选取：

对于热轧生产的无缝钢管，壁厚负偏差的附加值可按式（15-4）确定：

$$c = As_m \tag{15-4}$$

式中　A——直管壁厚负偏差系数，根据管子产品技术条件中规定的壁厚允许负偏差（m，单位%）按公式 $A = \frac{m}{100-m}$ 计算或按表 15-1 选用。

对于按内径确定壁厚及采用热挤压方式生产的无缝钢管，壁厚负偏差的附加值应根据管子产品技术条件中的规定选用。

对于焊接钢管，直缝焊接钢管采用钢板厚度的负偏差值；螺旋缝焊接管根据管子产品技术条件中规定的壁厚允许负偏差按表 15-1 取用。但这两种焊接管的 c 值均不得小于 0.5mm。

直管壁厚负偏差系数　　　　　　　　　表 15-1

直管壁厚允许负偏差	−5	−8	−9	−10	−11	−12.5	−15
A	0.053	0.087	0.099	0.111	0.124	0.143	0.176

直管公称壁厚，根据钢管规格选用。公称壁厚在任何情况下均不应小于管子计算壁厚 s_c 值。

如已知管壁厚度，进行应力验算时，由内压力产生的折算应力不得大于钢材在设计温度下的许用应力，即

$$\sigma_{eq} \leqslant [\sigma]^t \tag{15-5}$$

$$\sigma_{eq} = \frac{p[0.5D_n - Y(S-a)]}{\eta(S-a)} \tag{15-6}$$

式中　σ_{eq}——内压折算应力，MPa；

S——管子最小实测壁厚，mm。

其他符号意义和单位同式（15-1）和式（15-2）。

对于铁素体钢，480℃及以下时，$Y=0.4$；对于奥氏体钢，566℃及以下时，$Y=0.4$；

无缝钢管的 $\eta=1.0$，焊接钢管按有关制造技术条件检验合格者，其 η 值按附录 15-2 取用。

二、管道支吊架的跨距的计算

《火力发电厂汽水管道设计规范》DL/T 5054—2016（以下简称《设计规范》DL/T 5054）规定，管道支吊架间距应该满足刚度条件和强度条件，并给出了相应的计算条件。考虑到火力发电厂和供热管道在介质温度、压力及其温度压力变化等较大差异，在确保安全运行的前提下，应尽可能扩大管道支吊架的跨距，以节约供热管线的投资费用。管道支吊架的最大跨距（允许跨距），推荐采用下列计算公式。该公式被国内大量工程所检验。

（一）按强度条件确定管道支吊架允许跨距

供热管道支承在支吊架上，管道断面承受由内压和持续外载产生的一次应力。根据《技术规定》，管道在工作状态下，由内压和持续外载产生的轴向应力之和，同样不应大于钢材在计算温度下的基本许用应力 $[\sigma]^t$ 值。

支承在多个支吊架的管道，可视为多跨梁。根据材料力学中均匀载荷的多跨梁，其弯矩如图 15-1 所示。最大弯矩出现在活动支座处。根据分析，均匀载荷所产生的弯曲应力，比由于内压和持续外载所产生的轴向应力大得多。为了计算方便，本书第三版在确定支吊架跨距时只计算由均匀荷载所产生的弯曲应力，而采用一个降低了的许用应力值（称为许用外载综合应力），管道自重弯曲应力不超过管材的许用外载综合应力值，以保证管道的安全。

比较发现，按照《技术规定》计算的跨距要比按照许用外载综合应力计算的跨距小得多。注意到火力发电厂汽水管道的温度和压力以及偶然荷载要比供热管道大得多，因此密布的支架在供热工程中会造成较大的浪费。另外随着集中供热规模的扩大，热媒温度和压力逐渐增高，大管径的许用外载综合应力又缺乏实验数据。为此供热管网工程设计中，对于连续敷设，均布载荷的水平直管，支吊架最大允许跨距大多采用下列公式计算：

$$L_{max} = 2.24\sqrt{\frac{W\phi[\sigma]_t}{q}} \tag{15-7}$$

式中　$L_{\max}$——管道支吊架最大允许跨距，m；

　　q——管道单位长度计算载荷，N/m，q＝管材重量＋保温重量＋附加重量；

　　W——管道断面抗弯矩，cm^3；

　　ϕ——管道横向焊缝系数，见表 15-2；

　　$[\sigma]_t$——钢管热态许用应力，MPa，按附录 15-1 确定。

管子横向焊缝系数 ϕ 值　　　　　　表 15-2

焊接方式	ϕ 值	焊接方式	ϕ 值
手工电弧焊	0.7	手工双面加强焊	0.95
有垫环对焊	0.9	自动双面焊	1.0
无垫环对焊	0.7	自动单面焊	0.8

　　对于地下敷设和室内的供热管道，外载荷重是管道的重量（包括蒸汽管子和保温结构的重量，对水管还得加上水的重量），对于室外架空敷设的供热管道，q 值还应考虑风载荷的影响。

（二）按刚度条件确定管道支吊架允许跨距

　　管道在一定的跨距下总有一定的挠度。根据对挠度的限制而确定支吊架的允许间距，称为按刚度条件确定的支吊架允许跨距。

　　对具有一定坡度 i 的管道，如要求管道挠曲时不出现反坡，以防止最低点处积水排不出或避免在蒸汽管道启动时产生水击，就要保证管道挠曲后产生的最大角应变不大于管道的坡度（见图 15-2 管线 1 所示）。管道在一定跨距下总有一定的挠度，由管道自重产生的弯曲挠度不应超过支吊架跨距的 0.005（当输水，放水坡度 i＝0.002 时）。对于连续敷设均布载荷的水平直管支吊架最大允许跨距，供热工程中大多按下列公式计算：

$$L_{\max}=0.19\sqrt[3]{\frac{100E_t I i_0}{q}} \tag{15-8}$$

式中　q——管道单位长度计算载荷，N/m，q＝管材重量＋保温重量＋附加重量；

　　E_t——在计算温度下钢材弹性模量，MPa；

　　I——管道截面惯性矩，cm^4；

　　i_0——管道放水坡度，$i_0 \geqslant 0.002$。

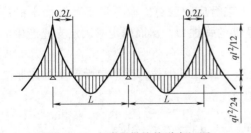

图 15-1　多跨距供热管道弯矩图

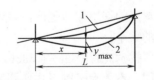

图 15-2　活动支座间供热管道变形示意图
1—管线按最大角度不大于管线坡度条件下的变形线；
2—管线按允许最大挠度 $y_{\max}$ 条件下的变形线

　　附录 15-3 给出了管道应力计算常用辅助计算数据，附录 15-4 给出按强度和刚度条件计算的节点活动支座最大允许间距表。

　　在不通行地沟中，供热管道支吊架的跨距宜采用比最大允许间距小一些的间距。因考虑无法检修而当个别支架下沉时，会使弯曲应力增大，从安全角度考虑，宜缩短些间距。

对架空敷设管道，为了扩大支吊架的跨距，可采用基本允许应力较高的钢号制作钢管或在供热管道上部加肋板以提高其刚度。

水平 90℃ 弯管两支吊架间的管道展开长度，不应大于水平直管段上支吊架最大允许跨距的 0.73 倍；直管盲端两支吊架间的管道长度，不应大于水平直管段上支吊架最大允许跨距的 0.81 倍。

第三节 管道的应力、热伸长及其补偿

供热管道安装运行后，由于管道被热媒加热引起管道受热伸长。管道受热的自由伸长量，可按下式计算：

$$\Delta x = \alpha(t_1 - t_2)L \tag{15-9}$$

式中　Δx——管道的热伸长量，m；

α——管道的热膨胀系数（见附录 15-1），一般可取 $\alpha = 12 \times 10^{-6} \text{m/(m·℃)}$；

t_1——管壁最高温度，可取热媒的最高温度，℃；

t_2——管道安装时的温度，在温度不能确定时，可取为最冷月平均温度，℃；

L——计算管段的长度，m。

如前所述，在供热管网中设置固定支架，并在固定支架之间设置各种形式的补偿器，如自然补偿、套管式、波纹管、方形补偿器等，其目的在于补偿该管段的热伸长，从而减弱或消除因热胀冷缩所产生的应力。

各种补偿器的结构形式及其优缺点已在第十四章述及。下面就几种补偿器的受力分析和应力验算问题，予以简要的介绍。

一、方形补偿器

方形补偿器是应用很普遍的供热管道补偿器。进行管道的强度计算时，通常需要确定：

1. 方形补偿器所补偿的伸长量 Δx；

2. 选择方形补偿器的形式和几何尺寸；

3. 根据方形补偿器的几何尺寸和热伸长量，进行应力验算。验算最不利断面上的应力不超过规定的许用应力范围，并计算方形补偿器的弹性力，从而确定对固定支座产生的水平推力的大小。

根据《技术规程》DL/T 5366，管道由热胀、冷缩和其他位移受约束而产生的热胀二次应力范围，不得大于按下式计算的许用应力值。

$$\sigma_f = \frac{mM_C}{W} \leqslant 1.2[\sigma]^{20} + 0.2[\sigma]^t + ([\sigma]^t - \sigma_L) \quad \text{MPa} \tag{15-10-1}$$

式中　$[\sigma]^{20}$——钢材在 20℃ 下的基本许用应力，MPa（见附录 15-1）；

$[\sigma]^t$——钢材在计算温度下的基本许用应力，MPa（见附录 15-1）；

σ_f——热胀二次应力范围，取补偿器危险断面的应力值，MPa。

m——应力增强系数，0.75m 不应小于 1；

M_C——按照全补偿值和钢材在 20℃ 时的弹性模量计算，热胀引起的合成力矩范

围，N·mm；

　　W——管子断面抗弯矩，mm^3，见附录15-3；

　　σ_L——地沟或架空管道在工作状态下，受到内压、自重和其他外载综合作用而产生的一次轴向应力，MPa，按公式（15-10-2）进行计算。

$$\sigma_L = \frac{pD_n^2}{D_w^2 - D_n^2} + 0.75\frac{mM_A}{W} \leqslant [\sigma]^t \qquad (15\text{-}10\text{-}2)$$

　　p——设计压力，MPa；

　　M_A——自重和其他持续外载作用在管子横截面上的合成力矩，N·mm。

其他符号意义同前。

　　如供暖管道钢号采用 Q235 号钢，工作温度为 200℃时，（$[\sigma]^t - \sigma_L$）作为安全余量，则热膨胀二次应力范围应不大于：

$$\sigma_f \leqslant 1.2 \times 125.0 + 0.2 \times 119.0 = 173.8 \approx 174\text{MPa}$$

　　工程实际验算补偿器应力时，应考虑余量（$[\sigma]^t - [\sigma]_L$）采用较高的许用应力值，这是基于热膨胀应力属于二次应力范畴。利用上述应力分类法，充分考虑发挥结构的承载能力。

　　下面就经典的利用"弹性中心法"对弯管补偿器进行应力验算应注意的几个问题和计算方法及步骤进行简述。

　　（一）弯管柔性系数 K_r

　　方形补偿器的弯管部分受热变形而被弯曲时，弯管的外侧受拉，内侧受压，其合力均匀垂直于中性轴，于是管的横截面因内外两侧的挤压力而变得较为平直，由圆形变为椭圆形。此时管子的刚度降低，弯管刚度降低的系数称为减刚系数 K_g。

　　弯管减刚系数 K_g 的倒数称为弯管柔性系数 K_r。弯管的柔性系数表示弯管相对于直管在承受弯矩时柔性增大的程度。

　　根据《技术规程》介绍，煨制弯管或热压弯管的柔性系数应按下列方法确定：

$$K_r = \frac{1.65}{\lambda} \qquad (15\text{-}11)$$

而

$$\lambda = \frac{RS}{r_p^2} \qquad (15\text{-}12)$$

式中　K_r——弯管柔性系数；

　　　λ——弯管尺寸系数；

　　　S——管子壁厚，mm；

　　　R——弯管曲率半径，mm；

　　　r_p——管子平均半径，mm，$r_p = (D_w - S)/2$mm，其中 D_w 为管子外径，mm。

　　当计算得出的柔性系数 K_r 值小于 1 时，取 $K_r = 1$ 计算。一些管子的柔性系数和尺寸系数见附录 15-3。

　　（二）方形补偿器弹性力 $P_{t \cdot x}$ 值的确定方法

　　图 15-3 所示为采用"弹性中心法"计算煨制（光滑）弯管补偿器的弹性力和热胀弯曲应力的计算图。

　　方形补偿器弹性中心坐标位置（对应 x、y 坐标轴）为

$$x_0 = 0$$

$$y_0 = \frac{(L_2 + 2R)(L_2 + L_3 + 3.14RK_r)}{L_{zh}} \quad \text{m} \tag{15-13}$$

式中　L_{zh}——光滑弯管方形补偿器的折算长度，m；

$$L_{zh} = 2L_1 + 2L_2 + L_3 + 6.28RK_r \quad \text{m} \tag{15-14}$$

L_1——方形补偿器两边的自由臂长，m；

L_2——方形补偿器外伸臂的直管段长，m；

L_3——方形补偿器宽边的直管段长，m。

计算中引入折算长度 L_{zh} 和自由臂长 L_1，是为了表征出方形补偿器受热时参与变形的计算管段。认为在自由臂长 L_1 以外的管段，由于支架和摩擦阻力的影响，管道的自由横向位移受到了限制。方形补偿器的自由臂长 L_1，可近似地取为 DN 值（DN 为管子公称直径，m）的 40 倍。

根据补偿器弹性力和管段变形的关系，可求得

$$P_{t \cdot x} = \frac{\Delta x EI}{I_{X0}} \times 10^{-3} \quad \text{kN} \tag{15-15}$$

$$P_{t \cdot y} = 0 \tag{15-16}$$

式中　Δx——固定支架之间管道的计算热伸长量，m，采用应力分类法时，不论管道是否冷紧（预拉），均应按全补偿量计算；

E——管道钢材在 20℃时的弹性模数，N/m^2；

I——管道断面的惯性矩，m^4；

I_{X0}——折算管段对 X_0 轴的线惯性矩，m^3。

$$I_{X0} = \frac{L_2^3}{6} + (2L_2 + 4L_3)\left(\frac{L_2}{2} + R\right)^2 + 6.28RK_r\left(\frac{L_2^2}{2} + 1.635L_2R + 1.5R^2\right) - L_{zh}y_0^2 \quad \text{m}^3 \tag{15-17}$$

式（15-17）中的代表符号同前。

（三）方形补偿器的应力验算

由于方形补偿器弹性力的作用，在管道危险截面上的热胀引起的弯曲应力 σ_f，可按下式确定：

$$\sigma_f = \frac{M_{max}m}{W} \quad \text{Pa} \tag{15-18}$$

式中　W——管子断面抗弯矩，m^3，见附录 15-3；

M_{max}——最大弹性力作用下的热胀弯曲力矩，N·m；

最大的热胀弯曲力矩 M_{max} 为：

当 $y_0 < 0.5H$ 时，危险截面位于 C 点　　$M_{max} = (H - y_0)P_{t \cdot x}$ 　kN·m　(15-19)

当 $y_0 \geqslant 0.5H$ 时，危险截面位于 D 点　　$M_{max} = -y_0 P_{t \cdot x}$ 　kN·m　(15-20)

m——弯管应力加强系数。由于弯管截面应力集中而引起应力的改变，以弯管应力加强系数 m 修正之。

弯管应力加强系数 m 值，可由下式确定：

$$m = 0.9/\lambda^{2/3} \tag{15-21}$$

式中　λ——弯管尺寸系数，见式（15-12），计算出的 $m<1$ 时，取 $m=1$。

最后，利用式（15-10）来判别，危险截面上的最大热膨胀二次应力是否超过式（15-10-1）给定的许用应力值。

【**例题 15-1**】　已知管子钢号为 Q_{235} 号钢，规格为 $\phi159\times4.5$，管内热媒：饱和蒸汽，表压力 13bar（$t_1\approx194℃$），管道安装温度 $t_2=-6℃$。

现根据预先选定的方形补偿器的尺寸（见图 15-3），求弹性力 P_{tx} 及热胀弯曲应力 σ_f。

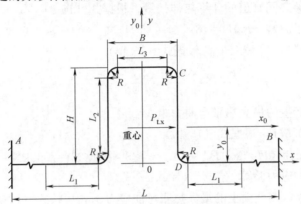

图 15-3　光滑弯管方形补偿器计算

方形补偿器的尺寸为：$H=4.0\text{m}$，$L_3=0.5L_2$，$R=0.6\text{m}$，固定支座的间距 $L=80\text{m}$。

【**解**】　1. 根据已知条件，确定方形补偿器的几何尺寸。

自由臂长　$L_1=40DN=40\times0.15=6\text{m}$

根据图形　$L_2=H-2R=4.0-2\times0.6=2.8\text{m}$

$L_3=0.5l_2=0.5\times2.8=1.4\text{m}$

2. 根据管子规格，查附录 15-1 和附录 15-3，列出弯管的特性系数和管子的材料特性值。

弯管柔性系数 $K_r=3.65$；弯管应力加强系数 $m=1.528$；管子的断面抗弯矩 $W=82\text{cm}^3$，管子的断面惯性矩 $I=652\text{cm}^4$；管子的弹性系数 $E=19.3\times10^4\text{MPa}$；管子的线膨胀系数 $\alpha=13\times10^{-6}\text{ m/(m}\cdot℃)$。

3. 计算方形补偿器的折算长度 L_{zh} 和弹性中心坐标位置。

$$L_{zh}=2L_1+2L_2+L_3+6.28RK_r=2\times6+2\times2.8+1.4$$
$$+6.28\times0.6\times3.65=32.75\text{m}$$

根据式（15-13），方形补偿器弹性中心坐标位置为

$$x_0=0$$
$$y_0=\frac{(L_2+2R)(L_2+L_3+3.14RK_r)}{L_{zh}}$$
$$=(2.8+2\times0.6)(2.8+1.4+3.14\times0.6\times3.65)/32.75=1.35\text{m}$$

4. 计算折算管段对 x_0 轴的惯性矩，根据式（15-17）

$$I_{X0}=\frac{L_2^3}{6}+(2L_2+4L_3)\left(\frac{L_2}{2}+R\right)^2$$

$$+6.28RK_r\left(\frac{L_2^2}{2}+1.635L_2R+1.5R^2\right)-L_{zh}y_0^2$$

$$=\frac{(2.8)^3}{6}+(2\times2.8+4\times1.4)\left(\frac{2.8}{2}+0.6\right)^2+6.28\times0.6\times3.65$$

$$\times\left(\frac{2.8^2}{2}+1.635\times2.8\times0.6+1.5\times0.6^2\right)-32.75\times1.35^2$$

$$=3.66+44.8+99.12-59.69$$

$$=87.89\mathrm{m}^3$$

5. 确定固定支架之间管道的计算热伸长量，根据式（15-9）

$$\Delta x=\alpha(t_1-t_2)L=13\times10^{-6}[194-(-6)]\times80=0.208\mathrm{m}$$

6. 计算方形补偿器弹性力 P_{tx}，根据式（15-15）

$$P_{tx}=\frac{\Delta xEI}{I_{X0}}\times10^{-3}=\frac{0.208\times19.3\times10^{10}\times652\times10^{-8}}{87.89}\times10^{-3}=2.98\mathrm{kN}$$

7. 计算弹性力产生的最大热胀弯曲力矩 M_{max}。

因 $y_0=1.35<0.5H$，根据式（15-19）

$$M_{max}=(H-y_0)P_{tx}=(4.0-1.35)\times2.98=7.90\mathrm{kN\cdot m}$$

8. 方形补偿器的应力验算。

位于方形补偿器 C 点截面上的最大热胀弯曲应力 σ_f，可按式（15-18）计算

$$\sigma_f=\frac{M_{max}m}{W}=\frac{7.90\times10^3\times1.528}{82\times10^{-6}}=147.2\times10^6\mathrm{Pa}=147.2\mathrm{MPa}$$

根据计算结果，方形补偿器危险断面处的最大热胀弯曲应力（147.2MPa），小于该钢号在 200℃时的许用应力值（173.8MPa），验算即可结束。在不改变方形补偿器的 R 值和 $L_3=0.5L_2$ 以及相同的补偿量条件下，如将外伸臂 H 减小，则作用在固定支座上的弹性力 P_{tx} 增大，补偿器的危险断面上的应力增加，但补偿器的尺寸却相对减小了。

通常，在施工安装时，应将方形补偿器预拉伸一半。此时，实际的弹性力 P'_x 可按减小一半来计算对固定支座的推力。

在工程设计中，常利用一些设计手册给出的线算图来选择方形补偿器。利用这些图选择补偿器时，要注意它的编制条件（如预拉和采用的许用应力值等）。

二、自然补偿管段

自然补偿管段的形式有：L形、Z形和直角弯的自然补偿管段。它的受力和热伸长后的变形示意图可见图 15-4 所示。

自然补偿管段的应力计算同样按"弹性中心法"原理进行计算。一些设计手册给出不同形式自然补偿管段的弹性力和热膨胀弯曲应力的计算公式或线算图。此处不再一一列述。

在此只要指出，在自然补偿段受热变形时，与方形补偿器的不同点，在于直管段部分有横向位移，因而作用在固定支点上有两个方向的弹性力（P_x 和 P_y，见图 15-4）。此外，一切自然补偿管段理论计算公式，都是基于管路可以自由横向位移的假设条件计算得出的。但实际上，由于存在着活动支座，它妨碍着管路的横向位移，而使管路的应力会增大。因此，采用自然补偿管段补偿热伸长时，其各臂的长度不宜采用过大的数值，其自由臂长不宜大于30m。同时，短臂过短（或长臂与短臂之比过大），短臂固定支座的应力会超过许用应力值。通常在设计手册中，常给出限定短臂长度。

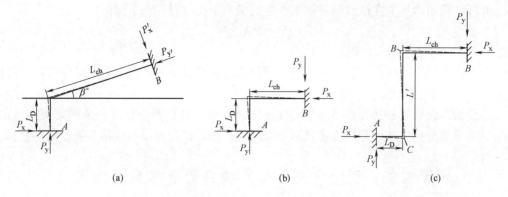

图 15-4 常见的自然补偿管段的受力及变形示意图

(a) L形自然补偿管段；(b) 直角弯自然补偿管段；(c) Z形自然补偿管段

L_{ch}—长臂；L_D—短臂；L'—中间臂

三、套筒式补偿器

套筒补偿器应设置在直线管段上，以补偿两个固定支座之间管道的热伸长。套筒补偿器的最大补偿量，可从产品样本上查出。考虑到安装后可能达到的最低温度 t_{min}，会低于补偿器安装时的温度 t_a，补偿器产生冷缩。因此，两个固定支座之间被补偿管段的长度 L，应由下列计算确定：

$$L = \frac{L_{max}}{\alpha(t_{max} - t_{min})} \quad \text{m} \tag{15-22}$$

式中 L_{max}——套筒行程（即最大补偿能力），mm；

α——钢管的线膨胀系数，mm/(m·℃)；

t_{max}——供热管道的最高温度，℃；

t_{min}——热力管道安装后可能达到的最低温度，℃。

考虑管道可能冷却的安装裕度，按下式计算：

$$L_{min} = \alpha(t_a - t_{min})L \quad \text{mm}$$

t_a——补偿器安装时的温度，℃。

套筒补偿器伸缩过程中的摩擦力，理论上应分别按拉紧螺栓产生的摩擦力或由内压力产生的摩擦力两种情况进行计算。算出其数值后取较大值，但往往缺乏基础数据，工程实际中摩擦力由产品样本提供。

四、波纹管补偿器

如前所述，波纹补偿器按补偿方式区分，有轴向、横向及铰接等形式。在供热管道上，轴向补偿器应用最广，用以补偿直线管段的热伸长量。轴向补偿器的最大补偿能力，同样可从产品样本上查出选用。

轴向波纹管补偿器受热膨胀时，由于位移产生的弹性力 P_t，可按下式计算：

$$P_t = K\Delta x \quad \text{N} \tag{15-23}$$

式中 Δx——波纹管补偿器的轴向位移，mm；

K——波纹管补偿器的轴向刚度，N/mm；可从产品样本中查出。

通常，在安装时将补偿器进行预拉伸一半，以减少其弹性力。

此外，管道内压力在波纹管环面上产生的推力 P_h，可按下式计算：

$$P_h = PA \quad N \tag{15-24}$$

式中 P——管道内压力，Pa；

A——有效面积，m^2；近似以波纹半波高为直径计算出的圆面积，同样可从产品样本中查出。

为使轴向波纹管补偿器严格地按管线热胀或冷缩，补偿器应靠近一个固定支座（架）设置，并设置导向支座。导向支座宜采用双限位结构，以控制横向位移和防止纵向变形。

第四节 固定支座（架）的跨距及其受力计算

如前所述，供热管道上设置固定支座（架），其目的是限制管道轴向位移，将管道分为若干补偿管段，分别进行热补偿，从而保证各个补偿器的正常工作。固定支座（架）是供热管道主要受力构件，为了节约投资，应尽可能加大固定支座（架）的间距，减少其数目，但其间距必须满足下列条件：

1. 管段的热伸长量不得超过补偿器所允许的补偿量；

2. 管段因膨胀和其他作用而产生的推力，不得超过固定支座（架）所能承受的允许推力；

3. 不应使管道产生纵向弯曲。

根据这些条件并结合设计和运行经验，固定支座（架）的最大间距，不宜超过附录15-5所列的值。

地上敷设和地沟敷设固定支座所受到的水平推力，是由下列几方面产生的：

1. 管道热胀冷缩受约束产生的作用力。如活动支座的摩擦力而产生的水平推力 $P_{g \cdot m}$，可按下式计算：

$$P_{g \cdot m} = \mu q L \quad N \tag{15-25}$$

式中 q——计算管段单位长度的自重载荷，N/m；

μ——摩擦系数，钢对钢 $\mu = 0.3$；

L——管段计算长度，m。

2. 活动端位移产生的作用力如自然补偿器或波纹补偿器的弹性力 P_t，或由于套筒补偿器摩擦力 P_m 而产生的水平推力。

3. 内压产生的不平衡力，如在固定支座两端管段设置普通套筒或波纹补偿器，但其管径不同；或在固定支座两段管段之一端，设置阀门、堵板、弯管，而在另一管段设置普通套筒或波纹补偿器；当管道水压试验和运行时，将出现管道的不平衡轴向力。

配置弯管补偿器的供热管道固定支架受力计算公式表 表 15-3

序号	示意图	计算公式	备注
1	P_{t1} $\quad$ F $\quad$ P_{t2} $\quad$ L_1 $\quad$ L_2	$F = P_{t1} + \mu q_1 L_1 - 0.7(P_{t2} + \mu q_2 L_2)$	$L_1 \geqslant L_2$（下同）

序号	示意图	计算公式	备注
2		$F_1=P_{t1}+\mu q_1 L_1$ $F_2=P_{t2}+\mu q_2 L_2$	阀门关闭时（下同）
3		$F=P_{t1}+\mu q_1 L_1$	
4		$F=P_{t1}+\mu q_1 L_1-0.7\left[P_x+\mu q_2\cos\alpha\right.$ $\left.\times\left(L_2+\dfrac{L_3}{2}\right)\right]$ $F_y=P_y+\mu q_2\sin\alpha\left(L_2+\dfrac{L_3}{2}\right)$	
5		$F_1=P_{t1}+\mu q_1 L_1$ $F_2=P_x+\mu q_2\cos\alpha\left(L_2+\dfrac{L_3}{2}\right)$ $F_y=P_y+\mu q_2\sin\alpha\left(L_2+\dfrac{L_3}{2}\right)$	
6		$F_x=P_{x1}+\mu q_1\cos\alpha_1\left(L_1+\dfrac{L_3}{2}\right)$ $-0.7\left[P_{x2}+\mu q_2\cos\alpha_2\left(L_2+\dfrac{L_4}{2}\right)\right]$ $F_y=P_{y1}+\mu q_1\sin\alpha_1\left(L_1+\dfrac{L_3}{2}\right)$ $-0.7\left[P_{y2}+\mu q_2\sin\alpha_2\left(L_2+\dfrac{L_4}{2}\right)\right]$	

注：F、F_x——固定支架承受的水平推力，N；

F_1、F_2——介质从不同方向流动时，在固定支架上承受的水平推力，N；

F_y——固定支架承受的侧向推力，N；

P_{ti}——方形补偿器的弹性力，N；

P_x、P_y——自然补偿管道在 x、y 轴方向的弹性力，N；

q_i——计算管段的管道单位长度重量，N/m；

μ——管道与支座（架）间的摩擦系数。

（1）当固定支座（架）设置在两个不同管径间，内压产生的不平衡轴向力，按下式计算

$$P_{ch}=P(A_1-A_2) \tag{15-26}$$

式中　P_{ch}——不平衡轴向力，N；

P——介质的工作压力，Pa；

A_i——计算截面积，m^2，对普通套筒补偿器等于以外套管的内径 D' 为直径计算的圆面积；对波纹管补偿器，见式（15-24）。

（2）当固定支架设置在有堵板的端头，或有弯管以及阀门的管段和设有套筒或波纹管补偿器管段之间时，内压力产生的轴向力 P_n 按下式计算：

$$P_n = PA \tag{15-27}$$

式中代表符号同式（15-26）。

在表 15-3、表 15-4 中，列举出常用的补偿器和固定支座的布置形式，并相应地列出固定支座水平推力的计算公式。一些复杂的布置形式可详见一些手册。

固定支座在两个方向的水平推力作用下，确定其计算水平推力公式时，考虑了下列几个原则：

对管道由于热胀冷缩受约束产生的水平推力（如管道摩擦力、补偿器弹性力），从安全角度出发，不按理论合成的水平推力值作为计算水平推力。

例如在表 15-2 序号 1 的情况下，对固定支座 F，由温升产生一个向右的推力，其值为 $(P_{t1} + \mu q_1 L_1)$，而同时产生一个向左的推力 $(P_{t2} + \mu q_2 L_2)$。理论上分析，作用在固定支座 F 上的合成水平推力（设 $L_1 > L_2$）为向右的推力 $(P_{t1} + \mu q_1 L_1) - (P_{t2} + \mu q_2 L_2)$。

如 $L_1 = L_2$，$P_{t1} = P_{t2}$ 时，则理论上可认为固定支座 F 不承受任何水平推力。

考虑到固定支座两侧的管道升温先后的差异，摩擦面光滑程度不尽相同等因素，从安全角度出发，考虑作用力较小一侧乘以 0.7 的抵消系数再进行抵消计算。因而得出如表 15-2 中序号 1 示意图的水平推力计算公式

$$F = P_{t1} + \mu q_1 L_1 - 0.7(P_{t2} + \mu q_2 L_2)$$

（3）对由内压力产生的不平衡水平推力，作用在固定支座两侧的数值，应如实地计算其不平衡力。而不作任何折扣计算。因为，管内压力传播极快，固定支座两侧的压力认为在每一时刻都同时起作用。因此，如表 15-4 中的序号 1 配置套筒补偿器形式中，由于内压力产生的不平衡水平推力，要如实地按 $P(A_1 - A_2)$ 计算。

配置套筒补偿器的供热管道固定支架受力计算公式表　　　　　表 15-4

序号	示意图	计算公式	备　注
1	$P_{m1}\ F\ P_{m2}$　L_1　L_2	$F = P_{m1} - 0.7 P_{m2} + P(A_1 - A_2)$	$D_1 \geqslant D_2$（下同）
2	P_{m1}　F　P_{m2}　L_1　L_2	$F = P_{m1} + \mu q_1 L_1 - 0.7(P_{m2} + \mu q_2 L_2)$ $+ P(A_1 - A_2)$	
3	P_{m1}　F　P_{m2}　L_1　L_2	$F = P_{m1} + \mu q_1 L_1 - 0.7 P_{m2}$ $+ P(A_1 - A_2)$	

续表

序号	示意图	计算公式	备 注
4		$F_1 = P_{m1} + \mu q_1 L_1 + PA_1$ $F_2 = P_{m2} + PA_2$	阀门关闭时
5		$F = P_{m1} + \mu q_1 L_1 + PA_1$	
6		$F = P_{m1} + PA_1$	
7		$F = P_{m1} + \mu q_1 L_1 - 0.7\left[P_x + \mu q_2 \cos\alpha \times \left(L_2 + \dfrac{L_3}{2}\right)\right] + PA_1$ $F_y = P_y + \mu q_2 \sin\alpha \left(L_2 + \dfrac{L_3}{2}\right)$	
8		$F_1 = P_{m1} + Pf_1$ $F_2 = P_x + \mu q_2 \cos\alpha \left(L_2 + \dfrac{L_3}{2}\right)$ $F_y = P_y + \mu q_2 \sin\alpha \left(L_2 + \dfrac{L_3}{2}\right)$	阀门关闭时

注：P_m——套筒补偿器的摩擦力，N；

P——管内介质工作压力，Pa；

D_i——管道内径；

A_i——套筒补偿器外套管内径 D' 为直径计算的截面积，m^2；

其他符号同表 15-3 注。

（4）在固定支座（架）两侧配置阀门和普通套筒补偿器的情况，如表 15-4 序号 4 所示，需要按可能出现的最不利情况进行计算。最不利情况出现在阀门全闭状态。以单侧水平推力的最大值作为设计依据。此外，必须注意因设置阀门（堵板或有弯管段），由管道介质内压力产生的盲板力（如表中的水平推力 PA_1 或 PA_2 值）。

对于敷设多根供热管道的支架，考虑固定支架所承受的水平推力时，还应考虑共架中各管道的互相影响。如热的管道在热伸长时所产生的水平推力，将受到温度较低或冷管道的牵制，而相互抵消一部分，使固定支架所承受的水平推力减小，通常称之为管线的牵制作用。当设计遇到四根或四根以上管道共架敷设时，应考虑这一因素的影响。

第五节　直埋管道的最大允许温差和最大安装长度

整体式保温结构的直埋敷设方式分为有补偿敷设和无补偿敷设。即通过应力验算可以确定某种材质的管道在一定的温差范围内，长直管线不需要设置补偿器即采用无补偿直埋敷设。当最高运行温度和循环最低终温温差超过最大允许温差后，直埋管道应采用有补偿敷设，并需要控制长直管段的最大允许安装长度。

因此在直埋管道工程中掌握应力验算方法以及最大允许温差和最大安装长度是一个非常重要的概念。

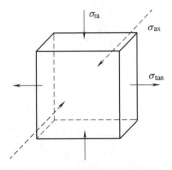

图 15-5　嵌固管道在热状态下单元体三向应力示意图

直埋敷设管道如被嵌固时，管道的热伸长完全受阻，管壁的应力增大。直埋敷设管道在受热状态下，管壁单元体上作用着由内压产生的环向拉应力 σ_t、轴向压应力 σ_a 和径向应力 σ_r（其值很小，一般忽略不计），如图 15-5 所示。进行应力验算取决于所采用的应力分析方法和强度理论。有两种不同的对直埋敷设管道进行应力验算的方法，即：

1. 按弹性分析法进行应力验算，按第四强度理论——变形能强度理论计算相当应力。采用此分析方法，管道只容许在弹性状态下运行。这是北欧国家曾经普遍采用的一种方法。

2. 按弹塑性分析法进行应力验算，即采用安定性分析原理。按第三强度理论——最大剪应力强度理论计算相当应力。按此方法计算，管道容许有限量的塑性变形，管道可在弹塑性状态下运行。这是北京市煤气热力工程设计院等单位的研究成果，并通过多年的实践和修正作为我国《城镇直埋供热管道工程技术规程》CJJ/T 81—2013（以下简称《直埋规程》）规定的应力验算方法。有一些北欧国家也开始使用这种应力验算和设计方法。

一、最大允许温差

如前所述，应力分类法认为温度差引起的应力属于二次应力。管道在升温热胀过程中，可以允许有限量的塑性变形。认为材料进入屈服和产生微小变形时，变形协调即得到满足，变形不会继续发展。安定性分析原理认为，结构某些部分的材料交替地发生拉、压屈服，只要压缩屈服（升温）和拉伸屈服（冷却）的总弹性应力变化范围在两倍屈服极限之内，则结构不会发生破坏、仍能安定在弹性状态下工作。

按照此原理，直埋管道应力验算的条件为

$$\sigma_{eq} \leqslant 2\sigma_s \tag{15-28}$$

式中　σ_{eq}——内压、热胀应力的当量应力变化范围，MPa；

σ_s——钢材在计算温度下的屈服极限，MPa。

对于供热管道常用钢材，通过计算始终有两倍的屈服极限大于 3 倍许用应力，即：$2\sigma_s > 3[\sigma]$，因此用 3 倍许用应力代替二倍的屈服极限，有

$$\sigma_{eq} \leqslant 3[\sigma] \tag{15-29}$$

式（15-29）为《直埋规程》规定的弹塑性应力验算条件，和小于两倍的屈服极限相比，更安全、更可靠。

根据第三强度理论，在两向力作用下，当量应力强度 σ_{eq}，应用下式计算：

$$\sigma_{eq} = \sigma_{max} - \sigma_{min} = (\sigma_t + \sigma_b) - (\sigma_a^\mu + \sigma_a^t) \tag{15-30}$$

式中　σ_{max}、σ_{min}——最大主应力和最小主应力，MPa。

$$\sigma_t = P D_n / 2\delta \tag{15-31}$$

$$\sigma_a^\mu = \gamma \sigma_t \tag{15-32}$$

$$\sigma_a^t = -1.05 \alpha E(t_1 - t_2) \tag{15-33}$$

$$\sigma_b = 0.01 [\sigma_t + \alpha E(t_1 - t_2)] \tag{15-34}$$

式中　σ_t——由内压力引起的管壁环向应力（一次应力），MPa；

P——管道的内压力（表压），MPa；

D_n——管道内径，mm；

δ——考虑管壁减薄后的管壁厚度，mm；

σ_a^μ——由内压产生的轴向泊松拉应力，MPa；

γ——泊松系数，对钢材，$\gamma = 0.3$；

σ_a^t——由温升引起的轴向热胀应力，MPa；

σ_b——管子连接处考虑边缘应力的应力附加值，MPa；

t_1——管道最高工作温度，℃；

t_2——管道循环升温、降温下的冷却终温，℃。

式（15-33）系数 1.05 和式（15-34）σ_b 值是考虑管道各相邻管节间的壁厚由于制造公差存在着差异而增加的应力附加值。

将式（15-31）~式（15-34）代入式（15-29）、式（15-30）得

$$\sigma_{eq} = (1.01 - \gamma)\sigma_t + 1.06 \alpha E(t_1 - t_2)$$
$$= [0.71\sigma_t + 1.06 \alpha E(t_1 - t_2)] \leqslant 3[\sigma] \tag{15-35}$$

式（15-35）是北京市煤气热力工程设计院等单位的研究成果。经过多年的运行实践，《直埋规程》编制过程中没有计入式（15-33）系数 1.05 和式（15-34）σ_b 值，应力验算条件为

$$\sigma_{eq} = [0.7\sigma_t + \alpha E(t_1 - t_2)] \leqslant 3[\sigma] \tag{15-36}$$

按照式（15-35）和式（15-36），可以确定在一定的设计压力下，直埋敷设供热管道满足安定性条件的最大循环温差 $(t_1 - t_2)_{max}$ 值。

【例题 15-2】　直埋供热管道，管径 $D89 \times 4$，工作压力 1.6MPa。设计供水温度 150℃，按照《直埋规程》的弹塑性计算公式计算无补偿直埋敷设控制的最大允许温升 Δt_{max} 值。

【解】　1. 计算所用材料特性系数。钢号 Q235，采用设计温度 150℃ 的数据，查《直埋规程》。

$\alpha = 12.6 \times 10^{-6}$ m/m·℃，$E = 19.6 \times 10^4$ MPa，$[\sigma] = 125$ MPa，$3[\sigma] = 375$ MPa

2. 计算内压力作用产生的环向应力。考虑管壁减薄了 0.5mm，则 $D_w = 89$ mm，$D_n = 82$ mm，按公式（15-31）

$$\sigma_t = \frac{P D_n}{2\delta} = \frac{1.6 \times 82}{2 \times 3.5} = 18.74 \text{MPa}$$

按公式（15-36）

$$\sigma_{eq} = 0.7\sigma_t + \alpha E(t_1 - t_2) = 0.7 \times 18.74 + 12.6 \times 10^{-6} \times 19.6 \times 10^4 (t_1 - t_2) \leqslant 375$$
$$(t_1 - t_2) \leqslant 146.5℃$$

几种计算压力下的管道，按照弹塑性分析法确定的最大允许温差见附录 15-6。

从附录 15-6 可知，当设计压力为 1.6MPa 时，《直埋规程》允许的最大温差比前者增加了 8 度左右。即使在高温水网路的设计供水温度高达 140℃ 左右时，长直管线也可以采用无补偿直埋敷设。这就是弹塑性分析法的最大特点。但正是由于采用相当高的当量应力强度值，也就增加了管道薄弱环节（如三通、弯头等）处以及由于管道各种缺陷而引起应力集中的地方，产生疲劳破坏的危险性。因而需要对结构不连续的管件如三通、弯头、变径等处进行仔细的应力验算，必要时应采取加强措施。

当实际温差大于最大允许温差时，就要对无补偿敷设的长直管线的长度加以限制。

二、最大允许安装长度

当不能满足式（15-36）的强度条件时，长直管道中不应有锚固段存在。此时，管道允许布置的过渡段最大长度应加以控制。

由式（15-36）得

$$\alpha E(t_1 - t_2) - \gamma \sigma_t \leqslant 3[\sigma] - \sigma_t \tag{15-37}$$

从式（15-37）左侧可以看出，式右侧是轴向应力变化范围。当不满足强度条件（15-36）时，长直管道不应进入锚固段，应在一定的长度上安装补偿器，使补偿器至固定点管段的最大应力满足强度条件的要求。这种条件下，直埋供热管道的轴向力应该采用被动外力计算，即管道和回填土的摩擦力以及补偿器的位移阻力。注意到被动外力产生的轴向应力等于应力变化范围的一半，管道补偿器位移阻力忽略不计，所以式（15-37）可以改写为

$$\frac{2F_{max}L}{A} \leqslant (3[\sigma] - \sigma_t) \times 10^6 \tag{15-38}$$

整理得

$$L \leqslant \frac{[3[\sigma] - \sigma_t]A}{2F_{max}} \times 10^6 \tag{15-39}$$

由实验结果，摩擦力是随管道温度循环变化的。实际升温过程产生的管长平均摩擦力小于管道的最大摩擦力。《直埋规程》规定，当摩擦力平均下降到单长最大摩擦力的 80% 时，管道即进入安定状态。所以，将分母 2 调整为 1.6，适当放大过渡段长度以节约投资。故式（15-39）改写为

$$L \leqslant \frac{[3[\sigma] - \sigma_t]A}{1.6F_{max}} \times 10^6 \tag{15-40}$$

式中　L——允许布置的过渡段最大长度，m；

　　F_{max}——直埋管道最大单长摩擦力，N/m。

直埋管道设计的有关内容详见《直埋供热管道工程设计》（第二版）[36]，这里不再详述。

第十六章　集中供热系统方案设计比选

第一节　集中供热系统热源形式与热媒的选择

城市供热有分散和集中供热两类。分散供热有单户、单栋楼房和单位自供等形式。集中供热根据负荷性质、数量、供应对象、范围、地形、地势和周围条件等分区、分片集中实行区域供热。

集中供热由于热源容量大、热效率高、单位燃料消耗少、节约劳动力和占地面积小，因此在城市供热中，应以集中供热为主。

集中供热的首要问题是热源的选择，包括热电联产、锅炉房、地热、核供热等多种形式的选择。

一、热源的选择

热源是城市供热的核心。热源类别和容量的选定取决于用户性质、负荷、供热介质和供热方式等因素，有条件时，应尽量利用地方现有能源，充分挖掘天然资源。目前，普遍采用的热源是以燃煤为主的火力发电厂的热电联产和大型区域锅炉房。

1. 热电联产

热电联产是冬季供热最基本、最可靠的热源。2009 年，我国热电联产装机规模约为 145GW，到 2016 年热电联产装机规模已达 356GW，2017 年达到了 435.26GW，2020 年达到 630GW。目前我国热电联产机组承担了 30% 的城市热水采暖供热量、约 83% 的城市工业用汽量。国家发改委、国家能源局等五部委印发的《热电联产管理办法》，要求北方大中型以上城市热电联产集中供热率达到 60% 以上，20 万人口以上县城热电联产全覆盖。热电联产包括煤、燃气、垃圾焚烧、生物质等热电联产系统。

2. 区域锅炉房

设置蒸汽或热水锅炉作为热源，向一个较大区域供应热能的锅炉房为区域锅炉房。工矿企业比较多的区域以蒸汽做热媒，供应生产工艺热负荷，因此，设置蒸汽锅炉作为热源，是工矿企业采用最普遍的形式。

没有生产工艺负荷，只有采暖和生活用水的住宅区和公共设施，可设置热水锅炉作为热源。

在以热电联产为主的城市，为了充分发挥热电厂的供热能力，也应考虑以区域锅炉房为主的调峰热源，实现多热源联合供热。区域锅炉房能源包括燃煤、燃气、生物质、弃风、弃光电等。

3. 地热

地热不需供应燃料，运行费用很低。有条件的地区，开发和利用地热资源作为城市集中供热的热源。以一个或多个地热田所产生出的地热流为热源，向工业及民用建筑供暖被称为地热供暖。近年来在东北、华北等城市人口集中区域，已取得了良好的效果。

地热源主要优缺点如下：

（1）大量减少矿物燃料的消耗；

（2）降低供热运行成本，但是，地热井的钻井费用很高，致使地热供热项目的初投资相当高；

（3）改善环境，特别是减少了由燃烧矿物质而产生的大气污染，但若大量汲取地下水会造成水资源的损失；

（4）地热水要特别注意防结垢。除极少数地热水外，一般都含有饱和的碳酸钙，脱气后，变成过饱和碳酸钙。因此，要防止产生碳酸钙结垢。来自不同温度和不同含盐量的两口井水或多口井水混合时，如每口井水都含有饱和碳酸钙，也可导致碳酸钙的过饱和。因为碳酸钙的溶解度随温度下降而升高，故冷却饱和水会产生不饱和碳酸钙。

由于脱气，在井口或其他设备表面可形成碳酸钙结垢，而两口井混合时，会导致深层结垢；

（5）腐蚀：地热水中含有大量溶解氧时，低碳钢材料就要受到很强的腐蚀。如几年内腐蚀量可对管壁造成威胁时，就必须改变材料或设备设计，采用耐腐蚀的材料——不锈钢以至钛板热交换器的间接供热系统。

4. 核供热

核供热温度可达 $150℃$，热效率达 99%，不产生有害物 CO、SO_2 及 CO_2 等，可以净化环境。核供热的初投资高于相同功率的燃煤热源，但燃料成本及其运行费用低，从哈尔滨核供热站的初步经济分析知，核供热的平均成本将比燃煤供热低约 20%。

随着整体科技进步，核供热技术将会更加安全成熟，为缓解我国能源短缺将起到积极的作用。

5. 太阳能

太阳能的利用研究工作正在开展，太阳能热水器、太阳灶已推广使用，目前我国正在研究和应用太阳能暖房，已初见成效。

6. 多热源和单热源的选择

城市集中供热规模大，应大力发展多热源联供。多热源联供能提高供热的可靠性，避免大规模停热。热电厂和调峰锅炉房之间的联供能提高热电厂整体的燃料利用率；区域锅炉房之间的联供可以提高经济燃料热源的运行时数，节约运行成本。对于污染严重的城市加大清洁燃料的运行时数，可以有效地保护环境造福人类；有条件的地区，采用非矿物燃料区域锅炉房的运行时数可以减少温室气体的排放量等。

对于供热可靠性要求高的用户，应创造条件由两个热源供热，必要时设置自备热源。

二、热媒的选择

供热系统的热媒以蒸汽和高温水为主，应根据用户负荷的性质，合理确定热媒及其参数。

1. 热媒

对于生产工艺负荷，通常以蒸汽为热媒。对于仅有供暖和生活热水供应的热负荷，应以热水为热媒。

当既有生产工艺热负荷，也有供暖、通风等热负荷时，通常以蒸汽为热媒来满足生产工艺的需要，但对于供暖系统的热媒选择，要根据各方面情况，通过全面的技术和经济比较确定，一般选用高温热水为热媒。

在供暖系统中，水作为热媒与蒸汽相比，具有如下优点：

(1) 热水的热能利用效率高，因没有凝结水和蒸汽泄漏以及二次蒸发损失，热效率比蒸汽系统高，可节省燃料；

(2) 供暖系统以水作热媒，可采用质调节的运行调节方法，既节约热量又能满足卫生要求；

(3) 热水供热系统可以远距离输送，供热半径大，一般控制在 20km 范围内，而蒸汽供热系统的供热半径一般控制在 8km 以内；

(4) 热水供热系统由于水容量大、水的比热大、蓄热能力高，供热工况较稳定；

(5) 如热电厂作为热源，可以充分利用汽轮机低压蒸汽，提高其经济效益。

在供热系统中，蒸汽作为热媒，与热水相比，具有如下优点：

(1) 供热系统以蒸汽作为热媒，适用范围广，可以满足各种不同性质热用户的要求；

(2) 换热器以蒸汽作为热媒，因其热量高传热系数大，可以减少换热器的换热面积；

(3) 蒸汽密度小，不受地形高差影响，特别适合于大高差供热系统，可有效降低管网系统的工作压力；

(4) 蒸汽作为热媒的供热系统，其凝结水量小，回送凝结水耗电少。

近年来也在研究以高温热水为热媒，利用高温水能远距离输送的特点，在用户处扩容蒸发为饱和蒸汽供生产工艺用汽。该项技术投资较大，必须是用户有特殊的卫生要求，远离污染源等条件或经济上合理才可选用。

2. 热媒的参数

热媒参数，对于生产工艺热负荷，要满足整个用户生产工艺用汽压力、温度、和蒸汽干度的要求；对于供暖负荷，要尽可能提高热媒参数，可以降低热网投资和减少输送电能消耗。

对于热电厂作热源的供热系统，一方面热媒参数的确定涉及热电厂的经济性。如提高热网供水温度，就要相应提高抽汽（或背压排汽）的压力，增加煤耗、降低汽轮机的净发电量（总发电量减去供热循环泵功率）。另一方面，热水管网采用直埋敷设时，供水温度由于受保温材料限制不宜过高。国内热电厂供热系统，供水温度一般控制在 110～150℃之间，以供水 130℃、回水 70℃最为普遍。

对于区域锅炉房作热源的供热系统，采用较高的供水温度，热源不存在降低热能利用率问题。提高供水温度，加大供回水温差，可使热网采用较小的管径，降低网路输送循环水量的电能消耗以及换热系统设备投资。但供水温度过高，对管道及设备的耐压要求高，管道保温材料及敷设方式也受到一定的限制，运行管理水平也相应提高，所以应通过综合经济技术比较确定。当区域锅炉房有可能与热电管网并网运行时，设计供回水温度应与热电厂管网设计温度相同。

第二节　管网系统形式和敷设方式的选择

管网的系统形式、路由和敷设方式在管网设计环节中有着重要的意义，不仅涉及供热系统的初投资和运行费用，也影响到供热的可靠性、后备性，以及管网的使用寿命。

一、管网系统的形式

1. 枝状管网

热力管道布置成枝状管网，系统简单，管道的直径沿途随热负荷的减少而减小，管道金属耗量少，管网造价低、运行管理方便。但是供热的后备性差，即当管道某处发生故障，在损坏地点以后的所有用户供热负荷中断，甚至造成整个系统停止供热。考虑到建筑物具有一定的蓄热能力，对于较小的管径，排除热网故障所用的时间短，短时停热建筑物室温不致大幅度降低。因此，枝状管网是中小型供热系统最普遍采用的管网形式。

国内目前出现多热源联合供热的枝状管网。该枝状管网既具有枝状管网沿途管径变小的属性，又具有环状管网某些管段热媒流向不确定的属性。因此多热源联合供热枝状管网管径的设计要通过设计状态和多热源联合运行的调节状态进行比较确定，确保在任何运行工况下管段管径能满足流量和压力的要求。

在一些小型工厂中，热力管道的布置采用辐射状管网，即从锅炉房内分别引出管道直接送往每个用户，全部管道上的截断阀门都安装在锅炉房的蒸汽或热水分汽（水）缸上。其优点是控制方便，并可以分片供热，但投资和金属消耗量都将增大。对于占地面积小而厂房密集的小型工厂，可以采用此种布置方式。辐射状管网是枝状管网的一种特殊形式。

2. 环状管网

环状管网实际上指输配管网成环状。从热源到输配管网，从输配管网到热用户或二级换热站的管网仍布置成枝状。环状管网的优点是具备很高的供热后备能力。当输配干线某处出现事故时，可以切除故障段后，通过环状管网由另一方向供热。加之多热源及其多条输配干线通向环状管网，因而极大地提高了供热的可靠性，在多热源联合供热的大型集中供热系统中，确保不会发生大面积停热。因此大型集中供热系统，如供热建筑面积在 $1000 \times 10^4 \text{m}^2$ 以上的供热系统应优先采用多热源供热，热力网输配干线宜布置呈环状管网。

环状管网和枝状管网相比，初投资高、运行管理复杂，热源和管网应有较高的自动控制设施。

3. 枝状干线连通

对于大型的单热源长输热水供热系统，自热源向同一方向引出的干线之间宜设连通管线。连通管线应结合分段阀门设置。连通管线可作为输配干线使用，用来提高供热的可靠性。

4. 单管制和多管制

（1）蒸汽热力网的蒸汽管道，宜采用单管制。当符合下列情况时，可采用双管或多管制：

1）各用户间所需蒸汽参数相差较大或季节性热负荷占总热负荷比例较大且技术经济合理；

2) 对要求严格的、在任何情况下都不允许中断供汽的企业。当采用双管制时，每根蒸汽管道的供热、供汽能力为全厂总用汽量的 50%～75%；

3) 热负荷分期增长。

（2）对于大型的单热源长输热水供热系统，有条件时，也可采用双供水、单回水的三管制输送干线来提高供热的可靠性。

5. 凝结水系统

蒸汽供热系统应采用间接换热系统。当被加热介质泄漏不会产生危害时，其凝结水应全部回收并设置凝结水管道。当蒸汽供热系统的凝结水回收率较低时，是否设置凝结水管道，应根据用户凝结水量、凝结水管网投资等因素进行技术经济比较后确定。对不能回收的凝结水，应充分利用其热能和水资源。

当凝结水回收时，用户热力站应设闭式凝结水箱，当凝结水管采用无内防腐的钢管时，应采取措施保证任何时候凝水管都充满凝结水。

6. 开式热力网

当热力网满足下列条件，且技术经济合理时，可采用开式热力网。

（1）具有水处理费用较低的丰富的补给水资源；

（2）具有与生活热水热负荷相适应的廉价低位能热源；

（3）开式热水热力网在生活热水热负荷足够大且技术经济合理时，可不设回水管。

二、敷设方式的选择

热力管道的敷设方式分为：地上架空敷设和地下敷设。地下敷设又可分为：地沟敷设和无沟敷设即直埋敷设。

1. 在下列情况下，应首先考虑架空敷设的方式：

（1）处于城市的郊外和工厂厂区；

（2）管道路由地形复杂如遇有河流、丘陵、高山、峡谷、溶洞等或铁路密集处。

地处山区的热力管道，布置时应注意地形特点，因地制宜地布置管线，并应注意避免地质滑坡和洪峰口对管线的影响。对于这类管道一般采用沿山坡或道路低支架、中支架布置（靠山坡一侧）且采用阶梯形布置。

跨越河流或冲沟时，宜采用沿桥或栈桥、悬索布置或采用拱形管道布置，但应使管道的底标高高于最高洪水位；

（3）地处湿陷性黄土层或腐蚀性大的土壤，或为永久性冻土区；

（4）地下水位高或年降雨量较大地区；

（5）地下管道纵横交错、稠密复杂，难于再敷设热力管道时；

（6）管道敷设处具有架空敷设的燃气、化工工艺管道等，可考虑与热力管道共架敷设的情况下；

（7）地上敷设的城市热力网管道可与其他管道敷设在同一管架上，但应便于检修，且不得架设在腐蚀性介质管道的下方；

（8）城市街道上和居住区内的热力网管道宜采用地下敷设。当地下敷设困难时，争得规划部门的同意可采用地上敷设，但设计时注意美观；

（9）当管道公称直径 $DN \leqslant 500$mm 时，可沿建筑物外墙敷设。

2. 地下敷设按《热网规范》规定，城市街道上和居住区内的热力管道宜采用地下，包括通行地沟、半通行地沟、不通行地沟和直埋敷设。这些敷设方式分别适合于下列场合：

（1）通行地沟：

1）管道通过不允许挖开的路段时；

2）管道数量多或管径较大，管道一侧垂直排列高度大于或等于 1.5m 时（包括保温层在内）。

通行地沟敷设的优点是维护和管理方便，操作人员可经常进入地沟内进行检修；缺点是基建投资大，占地面积大。

（2）半通行地沟：当管子数量较多，又不允许采用通行地沟敷设；当采用不通行地沟敷设，地沟宽度又受到限制时，可采用半通行地沟。

（3）不通行地沟：适用于土壤干燥、地下水位低、管道数量不多且管径小，维修量不大的热力管道。

不通行地沟外形尺寸较小，占地面积小，并能保证管道在地沟里自由变形，同时地沟所耗费的材料较少。它的最大缺点是难于发现管道中的缺陷和事故，维护和检修也不方便。

（4）直埋敷设：《热网规范》规定，热力网地下敷设时，应优先采用直埋敷设。管道直埋敷设具有下列优点：

1）节省工程费用约 30%；

2）热损耗低、节能，据多个工程热水管网实测，千米温降仅为 0.1～0.2℃；

3）施工周期可缩短 1/3 以上；

4）占地少，减少土方开挖和余土外运，有利于保护城市市容市貌，改善城市环境质量；

5）无论南方、北方，不受地下水位高低影响；

6）维护工作量少，可达到零维修，使用寿命长。

热水热力网管道地下敷设时，应优先采用直埋敷设。直埋敷设技术经济不合理时才用地沟敷设。穿越不允许开挖检修的地段时，应采用通行地沟敷设，有条件时地沟横截面积要考虑一定的富裕量。当采用通行地沟困难时，可采用半通行地沟敷设。一些环境允许开挖的地段应优先采用不通行地沟。

第三节　管网初调节和运行调节方式的选择

随着集中供热规模的扩大，供热系统的多样性，供热调节难度越来越大。如何避免供热管网的失调，节省运行费用，选择有效的调节方法至关重要。

一、供热管网初调节

管网初调节前首先要对管网系统及其阀门配置有一个全面的了解。如单热源还是多热源；枝状管网还是环状管网；循环泵的特性曲线、流量、扬程等相对于管网及用户的大小；管网调节阀类型、调节阀的安装位置，调节阀的特性系数和开度有无对应关系；管网各管段以及用户系统内部的阻抗获得途径，通过计算还是需要实测等。其次，拥有的初调节设备及仪器如实测流量可以采用超声波流量计，实测压力需要有压力表，实测温度可以通过温度计或红外线测温仪等。第三，调节技术人员的编程能力等。

第十二章介绍的管网初调节方法主要是针对单热源双管闭式枝状管网，区别于多热源环状管网的调节方法。但是多热源环状管网从热源到环网，从环网到用户通常也设计为枝状，这一部分也同样适用。本节主要是阐述单热源枝状管网初调节方法的选择。

1. 比例调节法

对于循环泵流量相对于设计流量偏少或比较简单的系统，应首选比例调节的方法。通过比例调节后，实现均匀供热。比例调节可以在冷态下进行，也可以在热态下进行。

比例调节方法要求管网各用户入口、各分支点以及每条干线都要安装调节阀，调节阀可以是平衡阀或普通调节阀。调节前必须对所有调节阀进行两次以上的流量测量并计算其水力失调度。调节过程中，由于被调用户（或支线）的调节又影响到末端用户（支线），所以末端必须保持适时监控和运算。因此需要两组人员，两套智能仪表（普通调节阀需要两套超声波流量计），并保持信息联系。比例调节测量次数、计算次数过多，调节过程费时费力。另外，由于串联安装平衡阀过多，不仅增加了投资，而且还增加了管线布置的难度、系统的阻力及循环泵的运行电耗，分支节流还降低了供热系统的水力稳定性。

但是，比例调节法只需要测量流量值，计算也简单。

2. 补偿调节法

对于循环泵流量相对设计流量偏大或系统较大，采用比例调节方法测量、计算工作量过多的供热系统，选用补偿调节法较好。补偿调节法要求三组调试人员、两组智能仪表。补偿调节法要求系统配置的调节阀门具备开度指示功能，具备按照通过的流量和阀门压降计算确定开度值的条件。

实施补偿调节法的关键是确定最末端用户（基准用户）调节阀在设计流量下的理想开度。为此需要确定除用户入口调节阀以外的最大阻力用户及其分支在设计流量下的管压降和末端用户及其分支在设计流量下的管压降。管压降通过实际测量或通过齐全的管网设计资料计算得到。而最大阻力用户在系统投入运行后一目了然。

因此，该调节方法适用于热态下进行调节。

补偿法除最末端用户外，每个热用户的调节阀只测量一次，节省人力；调节阀是在允许的最小压降下调节的，因而和比例调节法相比降低了供热系统循环水泵的扬程，从而节省循环泵的运行功率。

3. 模拟分析法

对于缺乏设计资料的管网，必须通过实测获得管网、用户及其支线的阻抗。获得了各个管段及用户的阻抗后，就可采用模拟分析法进行管网初调节。实际上，对于补偿调节法也可通过实测获得管网、用户及其支线的阻抗，通过运算获得所要求的数据。但是对整个管网进行测量和运算，这两种方法会造成一定的浪费。当管网系统较大，仅在用户入口安装普通调节阀，即缺乏调节阀开度和特性系数的对应关系时，采用模拟分析法就是必须的。模拟分析法初始测量工作量大，需要通过测量流量和压差确定对应管段的阻抗，因此各分支点必须安装压力表。在计算完成后，现场调试工作量小，每个调节阀门只需调节一次。由于分支及主干线不需要安装调节阀，系统水力稳定性提高，循环泵功率最小。

模拟分析法要求调试人员具备编程能力，计算机运算工作量大。但仅需要也只能是一组调试人员，一台超声波流量计。管网系统仅在用户入口安装一个普通的调节阀即可，不需要调节阀具备阻力特性系数和开度值的一一对应关系。

当用户入口调节阀具备阻力特性系数和开度的一一对应关系时，可以通过计算确定各用户调节阀的理想开度。这样调节不分顺序，按照超声波流量计的拥有的台数进行分组，可以大大缩短调节时间。

4. 回水温度调节法

当管网配置、调节仪表，或技术人员等不具备条件，不能采用上述任一调节方法时，回水温度调节法就是唯一可以采用的初调节方法。该调节方法只需要一台红外线测温仪。在调节过程中，如果能结合比例调节法的原理，会适当提高调节速度。经过反复调整，该方法同样能够达到理想的调节效果。

5. 初调节应注意的问题

（1）系统最大调节流量的确定

供热系统的循环流量是由循环水泵特性曲线和管网系统阻力特性曲线的交点确定的。由于设计余量或管网不明确、热源设计和管网设计脱节，通常所选择的循环水泵偏大，包括流量偏大、扬程偏大或都大。在系统初调节时，如何选择最大调节循环流量将成为十分关键的问题。

如果把实际循环流量作为初调节流量进行分配，既能充分利用现场循环水泵的设置条件，又可以缓解因循环流量调节不均匀引起的热力失调（即大流量运行）。但实际上，循环流量过大，会造成供水温度过低，既影响散热设备散热量，也会影响初调节的质量，达不到预期调节目的。因为循环流量增大的同时，循环水泵所能提供的扬程在减小。

一个尚待初调节的供热系统，初调节的任务就是把近端用户多余的流量调配至末端流量不足的用户。如果把现状大流量作为规定流量进行分配，就有可能超过循环水泵扬程所能克服的阻力，即在各热用户理想流量超过设计流量的情况下，供热系统最不利环路要求的压降就会大于循环水泵所提供的最大扬程。在这种情况下，少量关小近端用户的阀门，达不到近端流量远调末端的期望。只有通过相对靠近热源的大量用户的过量调节，总循环流量减小到一定程度，循环水泵扬程才有足够远调流量的能力，关小近端阀门，远端用户流量才会明显增加。

供热系统的最大输送能力，往往制约着系统的调节能力，人们以为只要关小近端阀门，远端用户流量必然增加，因而不注意系统总循环流量的选择，结果常常导致初调节的失败。

在初调节时，系统总理想流量应根据最大调节流量确定。最大调节流量的定义：在该流量运行下，系统最不利环路压降应等于循环水泵的扬程。为提高系统的调节性能，在实际选择系统总理想流量时，应适当比最大调节流量减小一些。当待调供热系统实际运行流量大大超过总理想流量时，或大泵换小泵，或调节支线阀门，使总流量控制在理想流量的范围内。

（2）几种特殊情况的调整

1）当把阀门调节至很小时，其通过的流量还是大于所应调整的过渡流量，这种情况一般发生在离热源近的用户，这时除了应调节调节阀外，还应调节调节阀前面的阀门，并对该阀记录刻度，以保证调节阀不至于噪声太大；

2）在靠近热源近端的供热系统，若安装自力式平衡阀（或流量控制器），该阀前后的压差有可能超过自力式平衡阀恒定流量所要求的压差。这就需要调节自力式平衡阀前面的阀门，并用超声波流量计对其刻度重新标定，以确保其流量在合理的范围之内；

3）如果热网采用的是分阶段改变流量的质调节运行方式，对于安装自力式平衡阀的热网来说，需要在系统循环流量改变时，重新调整自力式平衡阀的流量设定。

4）如果某一个换热站一级网的压差太小，如末端换热站，应将全部流量作统一调整，可能是理想流量选择过大，也可能是堵塞现象。如果是理想流量选择过大，则第一次初调节失败，应进行第二次初调节。减小每个换热站的理想流量，再次计算过渡流量，进行第二次初调节。

二、供热管网的运行调节

1. 集中质调节

以供热量和用户在某室外温度下的热负荷相平衡为目的的一种调节方式。只需在热源处改变网路的供水温度，管理简单，操作方便。网路循环水量保持不变，网路的水力工况比较稳定，不会因为调节导致用户水力失调。集中质调节适用于直联网，是目前应用最多的一种调节方法。但由于在整个供暖期中，网路循环水量保持不变，所以调节过程不节省输送电能。

在计量供热系统中，就是在热源处按照此调节规律确定供水温度进行调节，当用户根据自己的需要进行个体调节时，热源循环泵通过变频控制来被动适应系统的流量变化。这种调节方法供水温度控制和流量控制互不相关，在计量供热系统中也是一种较为简单的调节方法，但由于供水温度非独立变量，所以控制供水温度的调节要以初调节达到平衡为前提。

2. 分阶段改变流量的质调节

分阶段改变流量的质调节需要在供暖期中按室外温度高低分为几个阶段。在室外温度较低的阶段中保持较大的流量，而在室外温度较高的阶段中保持较小的流量，在每一阶段内管网的循环水量保持不变，供暖调节采用改变管网供水温度的质调节。

采用分阶段变流量的质调节时，热水供暖系统中可以不设备用泵。这种调节方法，综合了质调节和量调节的优点，既较好地避免了垂直失调，又显著地节省了电能。所以，是一种公认的比较经济合理的直联网的调节方法。当循环泵由变频控制时，通过手动设置阶段流量的频率，同样能实现分阶段改变流量的质调节。

3. 量调节

量调节方法是以调节供热量和节电为出发点的一种调节方式。量调节按照流量的变化规律分为：固定供水温度的量调节和固定供回水温差的量调节，以及流量按指数变化规律的量调节和分阶段改变流量的质调节。由于量调节系统水力工况连续变化，当用户不具备相适应的调节手段时，会引起用户的水力失调。因二级换热站通常具备一定的调节手段，故量调节方法目前主要用于一级网系统。对于直连用户，当采用分户计量系统后，由于用户采暖系统增加了调节手段，也可以采用。对于传统供暖系统，户内缺乏调节手段，流量减少会引起严重的竖向热力失调而很少运用。

（1）固定供水温度的量调节：当负荷很低时，需要配合换热器面积的调节，所以这种调节方法适用于供热系统各换热站换热器在两台以上的集中供热系统。

当各换热站不具备两台以上换热器时，可采用分段固定供水温度的量调节方法，同样可以起到减少换热器面积的效果，不过节电效率稍低些。

（2）固定供回水温差的量调节：整个供暖期网路供回水温差保持不变，随着室外温度的变化在热源处不断改变网路循环流量和供回水温度以适应热负荷变化。

目前该方法流量变化规律采用等于热负荷的变化规律，和固定供水温度的量调节相比控制难度较大，但是不需要换热器面积的辅助调节。

固定供水温度的量调节和固定供回水温差的量调节方法相比，前者输送电能小，控制简单。以区域锅炉房为热源的系统中，热源的热效率和供水温度无关，所以应优先采用固定供水温度的量调节方法。其次是分阶段固定供水温度的量调节方法和固定供回水温度的量调节。对于热电联产为主要热源的大型集中供热系统，在热电厂热源独立供热期间，采用部分流量的质调节；在调峰锅炉房投入运行后采用保持供水温度不变的流量调节，既节省了输送电能又相对降低了汽机的抽汽压力，是一种简便、经济的调节方法。

4. 间歇调节

间歇调节一般在室外温度较高的初寒期和末寒期采用，作为一种辅助的调节措施，用于小型的直联网系统较普遍。

量调节分为用户自主调节和热源集中调节两种情况。上述量调节是针对热源集中调节进行对比分析的。对于分户计量，用户的自主调节根据需要改变室内温度，此时热源的集中量调节是根据室外气温变化，按照拟定的量调节方法主动调节供水温度，流量的综合变化同样通过水泵的变速来控制，所不同的是水泵的流量变化控制策略有所不同。

5. 调节方法与阀门配置

当系统配置自力式流量控制阀时，热源调节不能采用变流量调节，那样会因近端用户自力式流量调节阀的动作，出现近热远冷的水平失调。

当系统配置自力式压差控制阀时，热源同样不能采用变流量调节。当主动量调流量小于用户的流量时，同样会引起系统的水平失调。

另外，在选用集中调节的方法时，一定要因时、因地制宜，根据每个供暖系统的实际情况，管网阀门配置和自动控制系统的配置、运行管理水平等灵活选用。在实际应用中，一个采暖期有时需要几种方法结合起来使用。

第四节 供热系统定压方式的选择

热水供热系统常见的定压方式有多种，如：膨胀水箱定压、补水泵定压、气体定压罐定压、蒸汽定压等。供热系统定压方式的选择应考虑下列因素：定压点的位置、系统压力允许波动范围、突然停电的危害程度、初投资和运行费用、系统规模的大小、热媒温度等。

一、膨胀水箱定压

膨胀水箱定压点一般设在循环水泵吸入口至回水干管末端之间的位置，系统压力稳定。突然停电后，由于膨胀水箱向系统补水，在一定的时间内仍能维持系统压力的要求。在集中供热系统中，由于供热规模比较大，一次侧为高温水，因而水箱假设高度难以满足高度要求，极少采用。

在二级供热系统中，理论上可以采用膨胀水箱定压，但由于系统热用户数量及其高度变化，膨胀水箱定压难以适应这种要求而较少采用。

为此，该定压方式一般用于95℃以下的小规模热水供暖系统。

二、补水泵定压

这种方法的优点是设备简单，可以在热源集中设置，占地面积小，便于操作，定压点的压力值能在一定的范围内随用户建筑高度的变化重新整定，能适应各种热媒温度，对集中供热系统有较好的适应性。其中，采用变速连续补水定压系统压力稳定，间歇补水定压系统压力在一定的范围波动。当通过水压图分析，系统压力允许波动范围在 $5mH_2O$ 以上，补水泵流量越小，水泵启停周期越大，电接点压力表及补水泵使用寿命越长。而变速补水泵定压系统，初投资和运行费用均较间歇式要大，只有在系统允许压力小于 $5mH_2O$ 时才具有其优越性。

定压点可视水压图分析设在循环水泵吸入口、旁通管、出口供水管上。对于多层建筑供热小区定压点的压力控制器一般设在循环泵吸入口；对于高层建筑供热小区，压力控制器设在回水总管，系统动水压力高，要求热源设计压力和用户散热设备的承压能力高。当用户或热源设备承压能力不足时，定压点压力控制器可布置在供水总管，系统动压力降低，但系统静压应增加供水管管压降折合的米水柱高度。循环泵出口补水定压方式，补水泵扬程增大，运行费略有增加。当压力控制器设在水泵进出口旁通管或供回水总管旁通管上，系统动水压力可以在静水压力满足要求的前提下适当降低动水压力，静水压力和动水压力灵活调整。此时用于地形高差较大的一级网区域供热工程可以降低系统的压力，用于高层建筑和多层建筑共建小区的二级管网供热系统，可以实现高低区并网运行。

补水定压系统过多地依赖于电源。对于高温水锅炉房系统突然停电事故危害程度更大，当有双回路电源或自备电源时，采用补水泵定压方式安全可靠，对于二级系统，突然停电造成的事故危害小，因此二级热力站普遍采用补水泵定压系统。

三、气体定压罐定压

无论是氮气定压还是空气定压，其定压方式都是利用低位定压罐与补水泵联合动作，保持供热系统恒压。气体定压多用于高温水系统和电源不太可靠的供热系统。氮气定压是在定压罐中灌充氮气，空气定压则是灌充空气。为防止空气溶于水而腐蚀管道，常在空气定压罐中装设皮囊，把空气与水隔离。气体定压的优点是：当发生突然停电，系统能在一定的时间内维持所需要的静水压力，防止系统出现汽化和缓解水击现象，提供突然停电热源厂紧急处理事故的时间，增加了安全性。其缺点是：设备复杂，体积较大，占地面积大，设备价格较高。因此在中小型的区域锅炉房有一定的应用。

四、用一次网回水给二次网定压补水

利用一次网较高压力的回水向二次网补水，达到给二次网系统定压的目的。这是目前国内出现的一种新的定压方式。这种系统具有换热站初投资和运行费用低、换热站占地面积小、可实现无人值守等优点。也存在如下缺点：一级网系统和二级网系统相互影响。当某二级网系统大量失水时，必然要加大补水量，如果补水量超过系统的补水能力，将会导致一级网和所有二级系统同时降压，严重时整个供热系统停运。如果一级网补水系统断电或出现故障，不但一级网系统停运，二级网系统也会因此停运。另外，一次网系统的补水量增加，水处理设备增大，对于热源水资源短缺的场合难以实现。

这种系统用于城市换热站用地紧张，热源水资源充足的小型城市集中供热系统中，其可靠度有待进一步实践检验。

第五节　换热器、水泵的选择

换热站以蒸汽、高温热水为热源，利用各种类型的换热器，进行间接换热或直接加热，经热网循环水泵将热水供给热网系统各用户。所以，换热站的设计必须遵循国家能源政策，遵守有关规范和安全规程，合理推行热能综合利用，保护环境，选用成熟可靠、技术先进的换热设备。

一、换热器的选择

（一）换热器的类型

换热器一般可分为间壁式换热器和直接混合式换热器。间壁式换热器在供热系统中，因高低温两种热媒互不掺混，一、二级网具有不同的压力而运行管理方便，可靠性好，技术经济性高等优点而被城市集中供热普遍采用。

间壁式换热器根据换热面形状可分为螺旋管壳式换热器、等截面不等截面板式换热器、浮动盘管换热器、容积式换热器等。

1. 管壳式换热器，优点：耐温耐压能力强，结构简单，造价低，流通截面宽，易清洗；缺点：传热系数低，占地面积较大。

2. 板壳式换热器，优点：耐温耐压能力强，易于大型化，传热系数大，换热面积大，结构紧凑；缺点：不能拆卸清洗。

3. 容积式换热器，优点：易清垢，有清水功能，用于有热水负荷的场合；缺点：传热系数小，占地面积大。

4. 板式换热器，优点：传热系数很高，结构紧凑，适应性大，拆洗方便，省管材；缺点：易堵塞，对水质要求高。

5. 螺旋板式换热器，优点：传热系数较高，流通截面较宽，不易堵塞；缺点：不能拆卸清洗。

（二）换热器的选择原则

1. 换热器的容量和台数应根据热负荷调节并按照最不利工况进行选择，一般不设备用。但一台换热器停用时，其余的应满足 $60\%\sim75\%$ 热负荷的需要。通常供热面积在 5 万 m^2 以下选择一台，10 万 m^2 以下两台，15 万 m^2 以下 3 台，20 万 m^2 以上 3～4 台。

2. 换热器应满足热媒（一、二次）的工作压力、温度等参数的要求，以保证热网系统安全可靠的运行。

3. 当采用板式换热器时，单台的板片数不宜太多或太少；从造价和维修的角度看，控制在 50～100 片较宜；考虑到橡胶垫片的耐温性，板式换热器的介质温度不宜高于 180℃。

4. 单台换热器应综合考虑传热系数和流动阻力。

（三）换热器传热系数推荐值概略范围

（1）管壳式换热器的传热系数 K 的一些概略数值，可按表 16-1 查得。

（2）螺旋板式换热器传热系数 K 推荐概略值：

汽水换热器（逆流）　　　　$K=1510\sim1750\text{W}/(\text{m}^2\cdot\text{K})$

水水换热器（逆流）　　　　$K=2100\sim2330\text{W}/(\text{m}^2\cdot\text{K})$

（3）板式换热器传热系数 K 推荐概略值

水水换热器（逆流）　　　　$K=3490\sim6000\text{W}/(\text{m}^2\cdot\text{K})$

无垢传热系数概略数值　　　　　　　　　　　　　　　表 16-1

被加热水的流速（m/s）	传热系数 $K[\text{W}/(\text{m}^2\cdot\text{K})]$							
	加热介质为水时热水流速（m/s）						加热介质为蒸汽时蒸汽压力	
	0.5	0.75	1.0	1.5	2.0	2.5	$P\leqslant10^2\text{kPa}$	$P>10^2\text{kPa}$
0.5	1105	1279	1396	1512	1628	1686	2733/2152	2559/2035
0.75	1244	1454	1570	1745	1919	1977	3431/2675	3196/2500
1.0	1337	1570	1745	1977	2210	2326	3954/3082	3663/2977
1.5	1512	1803	2035	2326	2559	2733	4536/3722	4187/3489
2.0	1628	1977	2210	2559	2849	3024	/4361	/4129
2.5	1745	2093	2384	2849	3196	3489		

注：1. 表中所列蒸汽至被加热水的传热系数，分子为两回程汽水换热器将水加热 20～30℃时的 K 值，分母为四回程汽水换热器将水加热 60～65℃时的 K 值。

　　2. 表中所列数值未考虑到污垢对传热系数的影响，在计算中还应乘污垢修正系数 β 值。

　　3. 此表不适用于大容量的热水器和水箱的蛇形管，它们的概略值推荐如下：（1）加热介质为水时：$K=290\sim350\text{W}/(\text{m}^2\cdot\text{K})$；（2）加热介质为蒸汽时：$p\leqslant70\text{kPa}$，$K=698\text{W}/(\text{m}^2\cdot\text{K})$；$P>70\text{kPa}$，$K=756\text{W}/(\text{m}^2\cdot\text{K})$。

二、循环泵的选择

循环水泵在供热系统中所占比例，无论是容量还是设备数量都是很大的，运行中的问题也比较多。因此，正确选择、合理使用和管理，对于确保正常供热和提高经济效益是十分重要的。选择的原则是：设备在系统中能够安全、高效、经济地运行。选择的内容主要是确定它的形式、台数、规格、转速以及与之配套的电动机功率。

选择时应具体考虑以下几个原则：

1. 所选的循环泵应满足系统中所需的最大流量和扬程，同时要处于循环水泵的最佳工况点，尽可能接近系统实际的工作点，且能长期在高效区运行，以提高循环水泵长期运行的经济性；

2. 循环水泵的流量—扬程特性曲线（G-H 线），在水泵工作点附近应比较平缓，以便当网路水力工况发生变化时，循环水泵的扬程变化较小。一般单级水泵特性曲线比较平缓，宜选用单级水泵作为循环水泵。

3. 循环水泵的承压、耐温能力应与热网的设计参数相适应。循环水泵多安装在热网回水管上。循环水泵允许的工作温度，一般不应低于 80℃。如安装在热网供水管上，则必须采用耐高温的 R 型热水循环水泵。

4. 当循环水泵安装在热网回水管上致使热网加热器超压时，可采用两级串联设置。第一级应安装在热网加热器前，第二级安装在热网加热器后。第一级水泵的出口压力应保证在各种运行工况下不超过热网加热器的承压能力。

5. 单台运行时，选择适用于流量变化大而扬程变化小的水泵，即 G-H 特性曲线趋于平坦的水泵。多台并联运行时宜选择 G-H 特性曲线较为陡峭的水泵，这样并联的效果会明显。

6. 循环水泵单台容量、台数的确定应结合运行调节方式来选择。循环水泵的台数不得少于两台，其中一台备用。当四台或四台以上水泵并联运行时，可不设置备用水泵。系统采用中央质调节时，宜选用同型号的水泵并联工作。

当热水供热系统采用分阶段改变流量的质调节时，各阶段的流量和扬程不同。为更多地节约电能，宜选用扬程和流量不等的泵组。

对具有热水供应热负荷的热水供热系统，在非供暖期间网路流量大大小于供暖期流量，可考虑增设专为供应热水用的循环水泵。

对具有多种热水的热水供热系统，如欲采用质量-流量调节方式，应选用变速水泵。以适应网路流量和扬程的变化。

对于分户计量供热系统，同样应选用变速水泵。以适应网路流量和扬程的变化。

7. 水泵单台容量、台数的选择还应结合考虑现状负荷所占规划总负荷的比例，以及所处的位置。当现状热负荷靠近热源，且占规划热负荷 50％ 以下，水泵通过变速能满足现状热负荷要求时，宜采用变速泵。

8. 当多台水泵并联运行时，应绘制水泵和热网水力特性曲线，确定其工作点，进行水泵选择。

9. 力求选择结构简单、体积小、重量轻、效率相对比较高的循环水泵；力求运行时安全可靠、平稳、振动小、噪声低、抗气蚀性能好。

三、补水泵选择

1. 闭式热力网补水泵的流量不应小于系统循环流量的 2％；事故补水量不应小于供热系统循环流量的 4％。

2. 开式热力网补水量，不应小于生活热水最大设计流量和供热系统泄漏流量之和。

3. 补水泵扬程的选择计算与补水点和定压点（压力控制点）的相对位置有关。补水点和定压点在同一位置时，如循环泵吸入口补水定压时，补水泵压力不应小于补水点管道压力加上 30～50kPa；当在循环水泵吸入口补水，在旁通管定压或供水管出口定压时，补水泵扬程应能满足维持静压所需要的压力，再加 30～50kPa。

4. 闭式热力网补水泵不应少于两台，一般选择两台。单台容量应按热源事故严重程度加以区分。当为换热站补水时，单台容量应为系统循环流量的 2％，总补水量为 4％，可以不设备用；当为区域锅炉房补水时，单台容量应为 4％，应设一台备用泵。

5. 对于大型集中供热一级网系统，补水泵应考虑热源突然停止加热的事故补水量。事故补水能力不应小于一级网水容量单位时间内从设计供水温度降至设计回水温度的体积收缩量及供热系统正常泄漏量之和。

第六节　高低层建筑共建小区供热方案选择

在高低层建筑混合小区，供热系统可以有多种选择方案。但是对于特定的供热对象总存在一个最优的方案，便于实施，节省初投资和运行费用。

1. 在低区供热系统有个别高层建筑需要供暖时，高层建筑室内采暖系统宜设计成双水箱系统或其他双水箱变异式系统。此时在用户引入口，通过供水加压泵进行辅助供热是最好的选择。

2. 在低区供热系统有个别高层建筑需要供暖时，高层采暖为非双水箱系统时，用户引入口宜采用供水加压、回水减压且在高区加压泵停电时，能够切断高低区系统的连接方式最省。

3. 当低层建筑采暖系统的散热设备能够承受和高层建筑相同的静水压力时，热源采用旁通管定压系统最优。

4. 当高、低层建筑都有一定的规模，高低层建筑供暖热媒温度相同时，可以采用在热源内分水器后对高区加压，集水器前对高区回水减压的四管制分别对高低区进行供热，如图 16-1 所示。

5. 当高低区建筑都有一定的规模，高低区采暖系统热媒温度不同时，可以采用独立设置热源、四管制供热的方式。

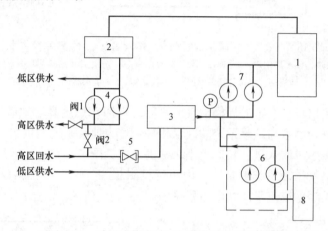

图 16-1　采用比例式减压阀供热系统的流程图

1—换热器；2—分水器；3—集水器；4—加压泵；5—减压系统；6—定压系统；

7—循环水泵；8—软水系统

第七节　地暖、散热器用户共建小区供热方案选择

同一建筑小区既有散热器供暖系统又有地板辐射供暖系统的情况也越来越多，这就对小区热力站的设计提出了更高的要求。目前这种混合小区的供热系统有三种设计方法。(1) 对于散热器用户为主要用户，有少量地暖用户的供暖小区，热源及管网按照散热器用户设计，地暖用户采用散热器用户的回水供给；当散热器用户回水不能满足要求时，在地暖用户入口采用水—水喷射泵；当水—水喷射泵不能满足使用要求时，采用混水泵的连接方法。(2) 当散热器用户为主，有一定量的地暖用户的供热小区，在站内设置一组换热器和集中设置混水泵四管制分别供给两种用户。(3) 当地暖用户和散热器用户相当，站内设置两套独立的供热系统、四管制分别供给各种用户。

1. 直接采用散热器用户的回水作为地暖用户的供水

(1) 当地暖用户周边有散热器用户的回水管且回水量、温度和压力均能满足地暖用户的要求时，采用回水管供地暖系统的连接方式最为节省。

(2) 当地暖用户周边有散热器用户回水支干线，散热器回水量和温度基本能够满足地

暖用户的要求但是压力较低时，通过回水加压泵加压供给地暖用户最好。

（3）当地暖用户具有一定的规模，且散热器用户总回水量大于地暖用户回水量，回水温度等于地暖用户供水温度时，在热源处增加地暖循环水泵，四管制分别供给散热器和地暖用户。站内布置如图 16-2 所示。

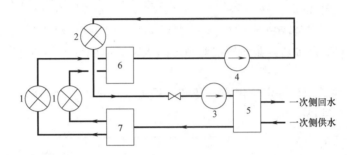

图 16-2　散热器供暖系统回水直接作为地板辐射供暖系统供水

1—散热器供暖热用户；2—地板辐射供暖热用户；3—散热器供暖热用户循环水泵；
4—地板辐射供暖热循环水泵；5—换热器；6—集水器；7—分水器

（4）当地暖用户具有一定的规模，且散热器用户回水温度高于地暖用户供水温度时，将散热器供暖系统的回水与地暖系统的回水相混合作为地暖系统的供水。按照散热器用户的总回水量和地暖用户回水量的相对大小，站内布置见图 16-3（a）；散热器供暖系统设计流量稍大于地板辐射供暖系统流量，站内布置见图 16-3（b）；散热器供暖系统设计流量远大于地板辐射供暖系统流量，站内布置见图 16-3（c）所示。

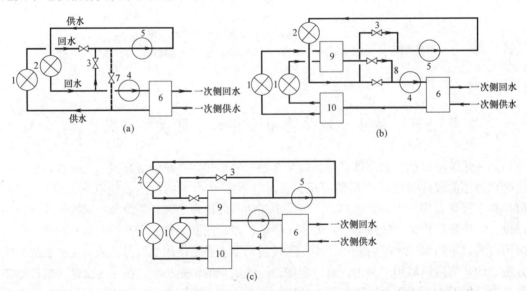

图 16-3　混水方式采暖系统站内布置三种情况

1—散热器供暖热用户；2—地板辐射供暖热用户；3—旁通管；4—散热器供暖热用户循环水泵；5—地板辐射供暖热循环水泵；6—换热器；7—补水管；8—散热器供暖系统回水旁通管；9—集水器；10—分水器

这种供暖系统，调节管理比较复杂，只能在两种供暖系统静压相同时使用，且散热器供暖系统回水温度高于地暖系统的供水温度。但系统造价与运行费用相对较低。

2. 地暖用户入口通过混水来获得所需要的供热参数

在以散热器用户为主要用户的供热管网系统中，当地暖用户入口管网作用压差足以启动水—水喷射泵工作，且水—水喷射泵提供的扬程能够克服地暖用户阻力损失时采用的连接方式。由于喷射泵提供的扬程小，需要的管网作用压差大，只适用于近端小型地暖用户。当水—水喷射泵不能满足地暖用户的要求时，改为混水泵连接方式总是适宜的。

3. 当地暖用户具有一定规模，散热器用户系统的回水各参数均不能满足地暖用户使用要求时，可在换热站内设置独立的换热系统。这种方式系统之间互不干扰、形式简单，有利于调节管理，但系统造价与运行费用高，有时因占地原因实现较困难。

第十七章　集中供热系统自动化

自动控制技术已经应用到了集中供热系统的各个组成部分。例如：热源的自动控制，热网、热力站与中继泵站的监控及供热系统末端用户的监控等。随着物联网、大数据、云计算、人工智能等信息技术的飞速发展，供热智能化已经开始在供热领域广泛应用，全网自动化作为供热智能化的基础起到了关键作用。集中供热领域普遍认识到：供热自动化需要精细化和物联网化，需要关注设备的健康和能效，仪表的精度和稳定性，智能控制器的数据治理和存储、在线部署和固件升级、策略优化及边缘计算能力等问题，来确保供热安全、供热质量和供热能效。物联网技术的广泛应用，使得热源、一级网、热力站、二级网和末端热用户的工艺数据实现了透明共享，全网可以联合调节统一控制，做到"一级网按需供热、精准控制；二级网平衡调节、户温舒适"，彻底解决了水力热力失调、经验式人工手动运行、被动式设备检修等供热运维问题。集中供热系统自动化的目的有如下几个方面：

1. 利于及时地了解并掌握热源、热网的参数与运行工况。通过热源及热力站的智能监控系统，可随时在移动端或 PC 端监视系统各个位置的温度、压力、流量与热量的状况，便于管理。

2. 利于节能降耗。一方面是自动调整热网参数，实现全网水力平衡，解决冷热不均的问题；另一方面是匹配热量，按需供热。在供暖季节里，户外参数是变化的。由于建筑的热惰性造成在供热时反映在温度上的滞后性，以及按人的生活习惯与作息规律如何实现人性化供热等，均对按需供热提出新的要求。现在的集中供热系统往往是复杂巨大的，需要统一的生产调度指挥，采用一级网按需供热和二级网水力平衡调节的控制原则，可以保证全网始终处于最佳的水力工况下运行，从而实现舒适供暖的同时降低能耗。

3. 利于实现提质增效。由于智能监控系统的监视功能相当于在各个站点安装了"眼睛"，热力站可实现无人值守，生产调度人员也可以轻松地掌握供热系统的每一个运行细节，并通过监控系统内置的供热策略发出指令，直接控制站点的电动调节阀门（或一级网回水加压泵）和各种水泵变频设备，对供热参数进行科学调节。有些企业通过部署智能化的换热机组等新一代供热设备，还可实现供热监控和运维的云端化，大幅提高其综合运维能力，并且降低了人力成本。

4. 利于及时发现故障，确保供热安全。通过应用自控系统的设备健康诊断功能，可对供热参数的变化做出及时准确的分析。对热源各设备的运行状况做出正确的判断，对供热系统发生的泄漏、堵塞等异常现象做出及时的预报，避免酿成事故。

5. 利于建立运行档案，形成企业信息，实现量化管理。将运行的数据形成数据库，便于查询、分析与总结，通过大数据挖掘和人工智能技术的应用，可以建立和优化负荷预测、健康诊断和能效管理等控制模型，为不断改善热网运行效率提供科学决策的依据。

第一节　集中供热系统自动化的组成

可以根据供热系统的组成将集中供热系统的自控分为热源、热网、中继泵站、隔压站、热力子站和二级网、热用户部分。这几部分并不是在孤立地运行，而是相互结合构成的联动系统。

一、传统集中供热自控系统

图 17-1 为传统供热自控系统构成图，它包括一个调度中心、通信网络平台、热力子站控制系统。

1. 调度中心

调度中心一般包括计算机及网络通信设备。计算机包括操作员站、网络发布服务器、数据库服务器。网络通信设备包括交换机、防火墙、路由器等。

操作员站负责所有数据的采集及监控、调度指令的下发、历史数据的查询、报警及事故的处理和报表打印等功能。

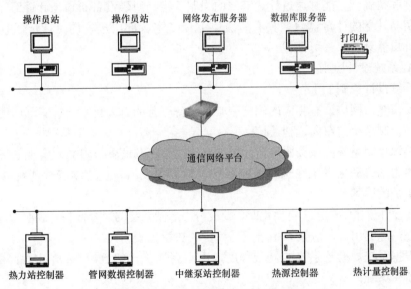

图 17-1　传统供热自控系统构成图

网络发布服务器汇集所有采集的数据及信息，然后把相关的数据及画面发布到互联网上。互联网用户都可以通过浏览器远程访问该服务器发布的内容。

数据库服务器负责所有历史数据的归档。数据库服务器需要配套大容量、可容错的硬盘，并定期备份数据。

调度中心的主要功能包括运行监视与控制、负荷调度、生产报表、故障报警与处置等，并为其他供热管理信息系统预留数据接口。

2. 通信网络平台

通信网络平台是连接调度中心和子站控制系统的桥梁，通信网络分为有线网络和无线网络两种，基本采用中国移动、中国联通、中国电信三大通信运营商或本地广播电视公司的宽带或 VPN 专网等有线接入方式，或者采用三大通信运营商的 4G 或 5G 等无线接入方式。

3. 热力子站控制系统

热力子站控制系统包括热力站控制系统、管网数据监测系统、中继站及隔压换热站控制系统、热源参数监测系统、热计量监测系统。

热力站控制系统以现场控制器为核心完成局部换热站、混水站、直供热力分配站等的数据采集及监控。

管网数据监测系统在供热管网的重要节点处及最不利处设监控点，便于系统的统一指挥。根据系统的大小有时也可以省略管网数据监测系统，而把管网数据接入距离较近的热力站控制系统中。

中继泵站及隔压换热站控制系统，当供热管网的输送距离较长时，由于管路的阻力或者海拔高度的影响，造成系统的供回水压力值不足以维持管网循环，这时要在管路上增设加压泵，建立中继泵站，并且把中继泵站的数据接入其现场控制器内。

热源参数监测系统，一般的热源为锅炉房或热电联产首站，其主要功能是完成热源参数的监测，由于热源的测量点比较多，所以热源控制器一般选用 DCS 或中大型 PLC 系统。

热计量监测系统，由于涉及售热方和购热方的贸易结算，所以要求热计量装置具有极高的可靠性和精确度，能够通过计量部门的强制检定。所供设备必须是计量部门批准使用的，用于贸易计量的计量器具，具有省级以上计量主管部门颁发的《计量器具试验合格证》和《计量器具生产许可证》。

4. 自控系统设计原则

自控系统设计原则如下：

（1）城市热力网应该有相应的调度中心，配备完善的自动化系统，实现调度中心和所有热力子站控制系统的双向远程通信。

（2）热源控制系统应该按照负荷的需求自动调整热源的输出参数，实现经济运行。

（3）热力站自动化系统在选择控制系统及配套仪表时，应该本着性能可靠、简单实用、便于维护的原则。

（4）在设计整个供热系统自动化时，要充分考虑到系统的兼容性、开放性、可扩展性。

（5）在热源的出口，应装有用于贸易计量的热量仪表。

（6）根据系统规模及系统的复杂程度，选用高性价比的自控系统，比如 PLC（可编程序控制器）系统。

（7）在设计自控系统网络时，要充分考虑到系统的稳定性以及将来系统的扩容，通信协议选用在国际上或者在国内已经广泛应用的通信协议。宜优先选用公共通信网络。

二、现代集中供热监控系统

图 17-2 为现代集中供热监控系统构成图，它除继承了传统集中供热自控系统的基本功能外，充分应用了物联网、大数据、云计算和人工智能等现代互联网信息技术，突破了传统自控系统的时空范式，形成了以低碳、舒适、高效为主要特征，以透彻感知、广泛互联、深度智能为技术特点的现代供热监控系统新模式。

现代集中供热监控系统架构——由感知层、网络层和云端管理决策层组成。

1. 感知层

要求现场的供热系统具有透彻感知和广泛互联能力，能为云端管理决策层的深度智能提供支持服务。

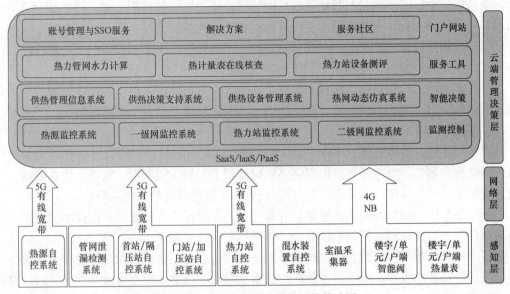

图 17-2　现代集中供热监控系统构成图

（1）热源的监测与计算机辅助分析

在热源各机组和主管网出口安装温度、压力、流量和能耗计量装置，计算分析各环节能耗、各机组效率，优化热源运行和供热出口参数，分别显示各供热主管道流量、热量、供水压力、回水压力、供水温度、回水温度等信息，并传送至供热调度监控中心，实时监控热源及出口的运行参数。供热调度监控中心根据气象管理系统给出的未来 24h 或近期的户外平均温度的变化趋势，对每一供热主管网做出热负荷预测和需求供热量分析，综合系统的供热能力制定调度计划，热源运行人员依据负荷调度计划进行供热量输出，并对供热量和需热量逐日进行对比，形成运行趋势对比曲线，通过智能分析合理地调整调度计划，做到供需平衡。与收费管理系统对接，自动读取每一个供热主管网所负担的供热面积，自动计算热耗、水耗、电耗，对每一个主管道进行供热成本的分析、计算和考核。

（2）热力站的监控

热力站安装温度压力变送器、热量计、流量计、智能调节阀、控制器和变频器等仪表设备，其中控制器是换热站监控的中枢，支持 VPN/4G/5G/互联网等组网技术，具有数据治理、存储、断线续传、固件升级、远程维护等功能。供热调度监控中心下达供热目标值，通过控制器对供热系统智能调节阀和水泵变频器进行调控，使实际运行参数与目标值一致。热力站运行参数及设备出现故障可自动报警，调度人员可进行远程操作；热力站历史运行数据可进行查询、统计。

（3）二级网的监控

在楼宇热力入口、建筑物单元或热用户入口安装智能调节阀、热量表、温度压力变送器及多功能 DTU，监测热力入口处的热量和供回水温度、压力参数以及用户热量和室温等参数。针对初期、严寒期、末期的热耗特征制定差异化的调节策略，采用回水温度相对一致法，通过云端二级监控平台以温度目标值或开度指令模式控制智能调节阀，实现二级网平衡调节。把典型用户的室内温度（一般为顶楼、边户、底户）上传到供热调度监控中心，通过对比分析实测热量与目标热量，为热网最优控制提供科学依据。热计量运行参数出现异常可进行报警，供热调度中心可进行远程开关调控。

（4）管网智能监测系统是一种基于物联网技术进行数据采集和传输的多功能产品，能够在管网检查井内测温、测漏，应用于热网管理。

（5）管网泄漏检测系统检测技术多样，典型方法是通过嵌入地下的温度监测终端，收集地下供热主管道周边温度变化，并根据温度的变化趋势判断主管道泄漏情况。

2. 网络层

感知层数据，通过有线、无线（4G/5G/NB-IoT）物联网，上传至云端管理决策层进行数据解析和监控，由人工智能根据供热系统运行工况和环境因素（室内、户外温度、风速、管网情况、房屋情况、地理位置等综合信息），提供最优的供热策略。

网络层采用的物联网技术，要求具有低功耗、广覆盖、海量连接、低成本的特性，并满足现代供热监控系统所需的深度覆盖、快速部署的技术要求。

网络层需要数据传输管理平台对物联网通信进行管理。该平台面向行业客户和设备厂商，提供万物互联服务，向下接入各种传感器、终端和网关，向上通过开放的 API，对接多种行业应用。

数据传输管理平台有以下特点：

（1）海量设备的接入管理：支持亿级设备接入，支持多种协议；

（2）完备高效的设备管理：提供可视化的设备状态监控、设备生命周期管理、设备配置更新、远程设备软件升级、远程故障定位等能力；

（3）灵活开放的应用接口：开放了海量的 API 接口，包括应用安全接入、设备管理、数据采集、命令下发、批量处理和消息推送的接口能力，帮助开发者快速孵化行业应用；

（4）安全可靠的保护机制：具备完整的可靠性和安全保护机制。

现代供热监控系统需要不断跟踪通信技术的进步，实现感知的信息高速、双向、实时、稳定、可靠且低成本集成传输。

3. 云端管理决策层

热源数据、热网数据、热力站数据、供暖建筑监控数据和热用户室温数据汇总到供热监控云端平台进行大数据分析，以提供最优供热策略。基于人工智能的供热技术：

（1）构建仿真智能体：基于一级网供回水温度、压力、流量，二级网供回水温度、压力、水泵频率，环境因素（室内、室外温度，日照强度、风速、建筑类型等综合信息）等历史数据构建仿真器，通过对每个换热站的每个供热系统工作模型进行仿真，构建智能体，模拟供热系统在不同环境因素下一级网供回水温度、压力、流量发生变化时对二级网供回水温度和室温的影响。

（2）设计源、网、站、户的最优控制策略：通过仿真供热系统，借助人工智能的决策技术和巨大算力，提出最优控制策略，使得热源的热量能平衡分配给各个换热站、各栋建筑及各个用户，实现按需供热的目的，从而达到节能环保的效果。另外，人工智能技术会基于最新的数据持续学习改进和优化算法，不断适应最新的供热情况，提供最优的控制策略。

（3）实现端到端的智慧预测与调节策略：通过人工智能，实现从热源、换热站、一级网、二级网到居民室内的智慧预测与调节策略。

第二节　热力站的自动控制

热力站的自控的首要目的就是使各个热力站按所需得到热量，并将其合理地以流体流量的形式分配出去。根据热力站的特点，本节对换热站、生活热水换热站及泵站的自控系统作简单介绍。

一、换热站自控部分

以换热站作为控制对象时，具有如下特点：换热站数目较多；站与站之间分散，距离较远；每个换热站独立运行自成系统；系统惰性大，参数变化缓慢，滞后时间长；各换热站供热面积大小不一，新旧建筑的负荷状况不一。基于以上特点，换热站非常适于以先进的现代化信息技术实现系统的管理，实现由传统的人工操作模式，向现代的高度集成化、自动化的模式转变。

换热站自控系统主要由数据采集控制部分、循环水泵控制部分、补水定压控制部分、通信部分等组成。通过热工检测仪表测量一次网二次网温度、压力、流量等信号，按自控系统中预先设定的控制算法及控制方式完成对一次网调节阀、循环泵及补水泵的控制，以达到安全、可靠、经济运行之目的。换热站自控系统控制流程图参见图17-3。

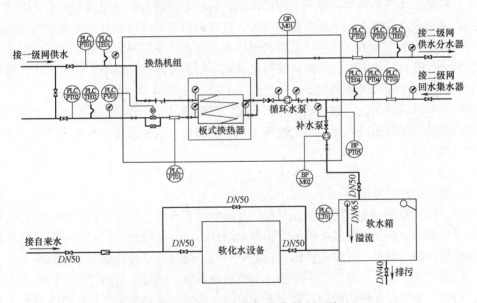

图17-3　换热站自控系统控制流程图

（一）换热站监控参数的采集

换热站具体的采集参数如下：

1. 一次网供回水温度、供回水压力、流量（热量）；

2. 二次网供回水温度、供回水压力、流量；

3. 一次网供水电动调节阀开度；

4. 循环泵、补水泵的启动、停止、运行状态；

5. 循环泵、补水泵的频率控制与反馈；

6. 补水箱液位;

7. 耗水量、耗电量及耗热量的计量参数。

(二) 换热站的调节方式与控制策略

1. 换热站的调节方式

(1) 依据未来 24h 户外平均温度,检测二次供回水温度,自动调节电动调节阀的开度。按照控制器内设定的经济运行的温度曲线,自动调节二次网供水温度或二次网供回水平均温度。

(2) 对各二次网供热系统的温度检测、分析,结合外界干扰因素(如天气温度),计算出最佳的供回水温度。

(3) 对一次管网流量进行控制,使供热系统在满足用户需求量的前提下,保持最佳工况。

在供热系统中,供暖热负荷的计算是以建筑物耗热量为依据的,而热量的计算又是以稳定传热概念为基础。实际上外围护结构层内、外各点温度并非常数,它与户外温度、湿度、风向、风速和太阳辐射强度等气候条件密切相关,其中起决定作用的是户外温度。因此根据户外温度变化,对供热系统进行相应的自动控制,可适应用户室内热负荷变化,保持室内要求的温度,避免热量浪费,使热能得到合理利用。

由于供热系统热惰性大,属于大滞后系统,因此电动调节阀不应连续调节,否则会产生振荡,使被调参数出现上下反复波动现象,这样调节效果反而不好。可采取 1~2h 调节一次的间歇性调节,方法,视供热系统的规模大小而定。系统越大,调节间隔应越长,这样可以充分反映延时的影响。每次调节,电动调节阀的开度变化也不能过大,调节幅度应由当前的阀门开度和温度偏差决定。

根据供热系统的特性,在一次侧外网工况稳定的情况下,其流量的变化会直接影响一次侧热媒在换热器内的放热量,从而改变用户系统的供、回水温度。因此选择一次侧水流量作为控制参数。

2. 控制策略

(1) 热负荷预测策略

热力系统本身是一个大的热惯性系统,且影响因素众多,条件千差万别,因此做到精确控制非常困难。供热时气象条件的变化很复杂且不可准确预测,同时供热系统本身存在严重的滞后问题,即户外气象条件的变化是绝对的,而且对室内环境产生影响存在一定的滞后,供热调节又是有条件的,不可能过于频繁地调节,而且介质的传输必然产生一定的滞后,再加上散热器系统的滞后,基于上述原因,准确的供热量需求是以负荷预测为基础的,需要较长的响应时间。同时,热力系统本身又是一个大的热容系统,这就使得环境气象条件的急剧变化会被热力系统吸收,所谓以慢制快,再加上用户本身的适应能力对环境质量的要求留有余地,因此前几天的环境温度会对现在的热负荷需求产生直接的影响。所以,只要根据天气预报以及前几天的天气状况,建立天气预报与供热负荷预估模型系统,就可以进行较为合理准确的负荷预测。

根据未来 24h 预测户外平均温度自动生成负荷值。

(2) 前馈模糊 PID 控制策略

供热系统的控制特点是:大惯性、多变量、差异性。

尤其采用间接换热的系统，其控制惯性更大，在依据户外温度和分时段运行调节供水温度或换热量时，如果控制不当，调节过慢会使响应时间过长，达不到系统要求，过快又易引起超调，甚至震荡。

针对供热系统的控制特点，如何提高控制系统各项性能指标，用传统控制方法对其改进的效果并不明显。

尽管传统 PID 校正控制以其结构简单、工作稳定、物理意义明确、鲁棒性强及稳态无静差等优点在自动化控制中被广泛采用，但是 PID 控制参数一般都是人工整定，有其局限性，不能在线地进行调整。如果将前馈模糊 PID 控制技术与传统 PID 控制技术相结合，按照响应过程中各个时间段的不同要求，通过模糊控制在线地调整 PID 的各个控制参数，对改善控制系统在跟踪目标时的动态响应性能和稳态性能，以适应供热工作任务的要求，是有重要应用意义的。

（3）参数自整定模糊 PID 控制

与传统的控制技术相比较，模糊控制主要具有以下几个显著的特点：

模糊控制是一种基于规则的控制，只要对现场操作人员或者有关专家的经验、知识以及操作数据加以总结和归纳，就可以构成控制算法，在设计系统时不需要建立被控对象的精确数学模型，适应性强。模糊控制对非线性和时变等不确定性系统有较好的控制效果，对于非线性、噪声和纯滞后等有较强的抑制能力，而传统 PID 控制则无能为力。模糊控制鲁棒性较强，对参数变化不灵敏，模糊控制采用的是一种连续多值逻辑，当系统参数变化时，易于实现稳定控制，尤其适合于非线性、时变、滞后系统的控制。模糊控制的系统规则和参数整定方便，通过对现场工业过程进行定性的分析，就能建立语言变量的控制规则和拟定系统的控制参数，而且参数的适用范围较广。模糊控制结构简单，软硬件实现都比较方便，硬件结构无特殊要求，软件控制算法简捷，在实际运行时只需进行简单的查表运算，其他的过程可离线进行。

（三）换热站控制器组成类型

1. 换热站的控制器组成分类

按换热站控制器的类型和功能不同，传统上可分为两大类。

第一类由早期专用的控制器组成，成本相对比较低，实用性一般，灵活性较差，程序格式固定，编入新算法比较困难。

第二类是由"PLC+触摸屏"组成控制单元，其特点如下：以模块化组成，实用性、通用性、灵活性较强，但成本相对较高。

国产供热专用控制器不断走向成熟，大多已经具备边缘计算功能，其具有强大的数据治理、存储、AI 计算和现场总线通信等能力，支持工业互联网，可以通过 4G/5G 无线网络或宽带有线网络接入云端供热监控平台，实现了移动端或 PC 端的远程运行和维护，极大地提升了供热企业的运维能力和工作效率。

2. 循环水控制系统的组成

随着近年来变频器和水泵技术的不断发展，其在效率、可靠性和稳定性方面得到了极大提高，国产变频器和水泵已成为主角。在换热站实际应用中，变频器和循环泵一般实施"一对一"配置，低负荷供热系统采用单循环泵运行方式；高负荷供热系统采用双泵运行方式，每台水泵按满负荷的 60%～70% 配置，在初寒期和末寒期单泵变频运行，严寒期双泵同频率变频运行。

循环泵变频控制：控制柜主要由变频器、空气开关及接触器等组成，变频器可接收来自控制器的控制信号完成压差控制或频率控制，也可完成本地频率控制。

3.补水泵控制系统的组成

在换热站的补水控制中主要以二级网定压点压力作为控制参考值，保持二级网的定压点压力在设计范围内，当压力超过设定的高限时，打开泄压电磁阀，进行泄压。其控制方式大体分为两种：

（1）压力开关定压控制

在二级网管路定压点位置安装压力开关，通过设定的压力上限及下限完成启停泵的功能。

（2）补水变频定压控制

通过压力传感器采集二级网定压点压力的实时信号，作为控制的反馈信号，按各换热站设计的定压点压力进行设定，可由变频器内部进行 PID 运算完成闭环控制，也可以通过控制器集中完成闭环控制。

4.换热站水、电、热计量系统的组成

水、电、热作为商品，无论是在与用热方作为计量结算依据，还是作为供热企业成本核算依据及经济运行指标，用热量、用电量、用水量的计量都显得十分重要。

（1）用热量的计量

单个换热站供热量的计量一般由一个热水流量计、一对温度传感器和一个积算仪组成。仪表安装在系统的供水管上，并将温度传感器分别装在供、回管路上。一段时间内用户所消耗的热量为所供热水的流量和供回水的焓差的乘积对时间的积分。

热量表依据流量计测量方式的不同可以分为差压式、电磁式、超声波式。大多数热量表配备 RS485 通信接口，可通过 MODBUS 或 M-BUS 等协议与控制器进行通信。

（2）用水量的计量

换热站的用水量主要存在于系统运行之前管道的反冲洗及二级网失水的补水过程中，一般采用传统的叶轮式带脉冲输出信号的水表作为计量依据，也可以采用专门用于补水计量的超声波或电磁流量计。

（3）用电量的计量

换热站中的用电设备较多，如循环水泵、补水泵、照明、水处理等设备电量的计量以数字式电能表为主，并可通过 MODBUS 等协议与控制器进行通信。

【例题 17-1】　哈尔滨市某 10 万平方米小区，采用换热站间接连接方式供热，热网为枝状管网，用户为居民热用户，对二级网而言，调节方式为分阶段改变流量的质调节。

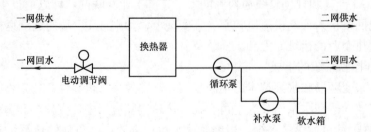

图 17-4　工艺流程框图

根据以上条件与工艺流程框图 17-4，可考虑采用 PLC 作为控制器，循环泵和补水泵均采用变频器控制。

具体采集参数如下：

1. 一次网供、回水温度，压力，流量（热量）；

2. 二次网供、回水温度，压力，流量；

3. 一次网供水电动调节阀；

4. 循环水泵、补水泵的启动、停止、运行状态；

5. 循环泵、补水泵的频率控制与反馈；

6. 补水箱液位；

7. 室外温度；

8. 耗水量、电量及热量的计量参数。

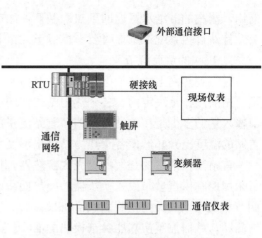

图 17-5　换热站通信系统连接示意图

如图 17-5 所示，温度、压力、流量等参数通过现场仪表传感器转换成标准的电信号，接入 PLC，变频器和 PLC 采用 MODBUS 通信连接，变频器把电机的电流、转速等状态和控制信号送入 PLC，PLC 可以控制变频器的启停及转速。水、电、热能的计量参数仪表也采用 MODBUS 通信把参数送入 PLC 中。

触屏作为现场的人机接口，显示换热站的主要参数及设备状态，现场的操作指令也可以通过触屏下达。

调度中心的通信采用 4G/互联网联网方式，主要完成的控制功能：

（1）供热负荷曲线由调度中心制定，控制器按照调度中心下达的负荷指令，进行二级网供水温度或供回水平均温度调节，控制电动调节阀的开度，实现换热站的质调节；可以根据不同的时间段及地点（白天、夜晚不同，冬季、春季不同，学校、办公室、居民楼的不同）设置多条曲线，监控中心也可以根据经济分析，自动生成经济运行的曲线，管理人员通过网络可以修改运行曲线和设定参数，完成运行曲线的修改、移植。

（2）控制器以改变调节阀开度的方式来调节一次网的流量，控制二次网的供水温度或供回水平均温度。当管网负荷过大或者供热不足时，控制器能够通过策略算法合理调节阀门开度，保证管网水力平衡，防止水力失调现象发生。

（3）控制器根据检测的信号进行参数报警，可以本地显示及远传，操作上设置了手动/自动转换功能，开关设置在触屏上或者在控制箱上设置硬开关。

（4）控制器应能根据水箱水位，判断液位所处状态，超高限报警，超低限补水泵停止补水，防止补水泵空转。

（5）控制器能检测到二次网的回水压力过低，停止二次网循环泵，报警，达到要求后再启泵；检测到换热器压差过大，发生堵塞，关闭电动调节阀，并发出报警信号。

（6）当二级网供水压力超高时，控制器应发出指令停止循环泵，防止二级网超压，同时发出报警信号。

二、首站的控制

首站是设在热源出口的换热站，来自热源的蒸汽将热网的回水加热后，供应网上用户使用，蒸汽的凝结水可返回到热源循环使用或作为热网的补水。

首站自控系统在选择时要考虑以下几个方面的情况：

1. 热网的负荷调节

输入到热网上的热量不是由各个热力站自己的调节决定的，而是由进入到汽—水热交换首站的蒸汽量决定的。各个热力站的作用仅是保证热负荷的按需分配，而决定热负荷调节输入量的多少是在首站完成的。首站流量的增加，热网上各个热力站的流量才能增加；首站的温度上升必然使各个热力站供水温度上升。

首站往往采用的是大型管壳式换热器，担负着热网负荷调节的重要任务，负荷的调节可采用控制供汽量与投入换热器的换热面积确定。前一方法是根据热网出口的供水温度来调节蒸汽入口的阀门控制蒸汽供给量；后一方法是调节凝水管上的阀门，控制换热器的液位高度，从而控制换热器参与换热的面积。

热负荷调节的真正难点在于负荷调节的滞后性，系统越大滞后性的影响越明显。因此供热方案的制定至关重要，热网的参数控制直接关系到系统的节能与经济性，对于较大的系统，应提前对供热参数进行预判，再根据实际情况的变化进行小幅调整，确保供热质量。

2. 热网的流量控制

管网的流量是由负荷状况决定的，但为保证管网的高效输送必须保证较大的温差。流量控制有如下三种方法：

（1）控制投入工作的循环泵台数；

（2）循环泵变频调转速；

（3）控制旁通混水量（即取热量）。

若供热系统初期与末期的流量、扬程相差巨大或季节性热负荷相差较大时，可考虑上两套循环泵系统，以适应不同时期负荷的需要。

3. 首站的安全性

首站是热网的第一个热力站，很明显它在安全性的要求上要比其他站点高得多，它的安全运行是供热系统安全运行的重要保障。因此在制定调节控制策略时应考虑对系统安全运行的影响，在控制层面上对其设法排除和解决。

同时由于首站的控制比较复杂，测量点也比较多，所以要求自控系统有较快的处理速度，很强的复杂回路处理能力，同时要兼顾经济性，考虑和调度中心的通信，具有开放的通信接口。考虑蒸汽计量系统的接口，把蒸汽计量的数据汇总到首站自控系统中。综合上述情况，首站自控系统一般都选用大、中型 PLC 系统或 DCS 子站系统。典型热网首站自控流程图参见图 17-6。

（一）监控及上传的主要参数

1. 蒸汽管网压力、温度、流量；

2. 凝结水管网压力、温度、流量；

3. 热水管网供回压力、温度、流量；

4. 汽水换热器的水位，出口凝结水温度；

5. 电动调节阀的控制及反馈信号；

6. 循环泵电机的工作频率及运行状态；

7. 补水泵电机的工作频率及运行状态；

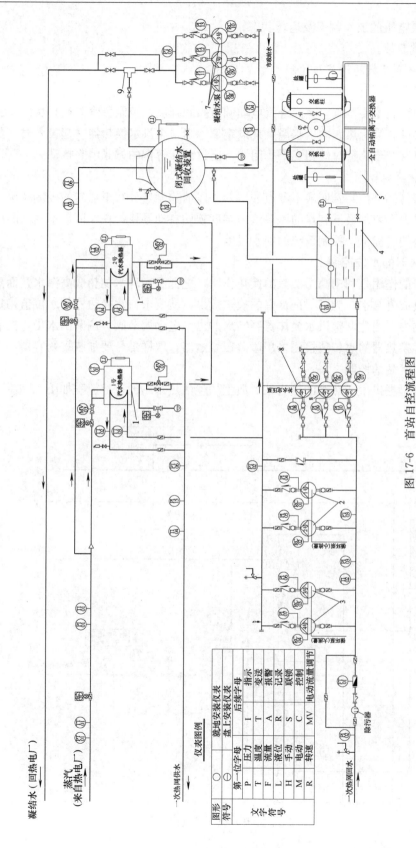

图 17-6 首站自控流程图

1—管壳式热网加热器；2—循环水泵（夏季）；3—循环水泵（冬季）；4—补水箱；5—全自动钠离子交换器；
6—闭式凝结水回收装置；7—凝结水泵；8—热网补水泵；9—定压装置

8. 凝结水泵电机的工作频率及运行状态；

9. 热量计量参数。

（二）几个重要参数的调节与控制

1. 供水温度调节

供水温度的控制主要是调整蒸汽进汽电动调节阀的开度，控制蒸汽流量，从而控制汽水换热器的换热量，维持热源的出水温度在设定值。当多个汽水换热器一起投入时，要考虑多个汽水换热器同步调整时的相互干扰问题，通过前馈解耦的方式消除扰动。

2. 循环泵变频调节

变频调速的目标是控制管网最不利点的压差，以消除流量分布不均匀的极端状况，保证整个管网的水力平衡。最不利点的压差值由调度软件自动寻找，在保证最不利点的压差值大于设定压差的前提下，控制系统的回水温度。

3. 汽水换热器的水位控制

汽水换热器的作用是利用高温蒸汽的换热作用，把低温循环水加热成高温水，而蒸汽在换热器内冷凝成凝结水。为了保证良好的换热效果，就要求汽水换热器的水位值稳定在一个合理的范围内，通过调整汽水换热器凝结水的出水电动调节阀，调节出水量，控制换热器的水位值。换热器的水位值检测采用微差压变送器，取样部分要加装平衡容器。

三、生活热水站的控制

生活热水站是提供生活热水的热力站。典型的生活热水站的自控流程如图 17-7 所示。

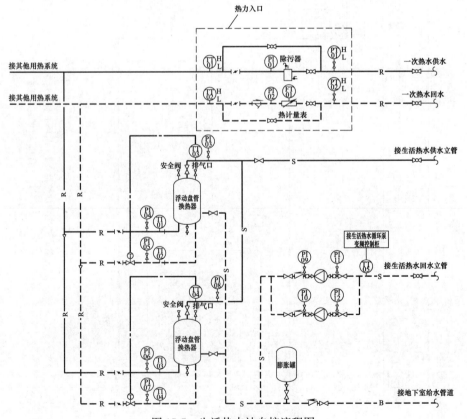

图 17-7　生活热水站自控流程图

生活热水站需全年制备生活热水。生活热水采用板式换热器加保温水箱或容积式换热器制备，由单独一对热水管网输出，为了保证生活热水的温度，可设循环管加循环泵。

对于生活热水热负荷采用定值调节。

调节热网流量使生活热水供水温度控制在设计温度±5℃以内；控制一次网流量使热网供水温度不超标，并以此为优先控制。根据热量及用水量需求量的不同（企业公共淋浴，居民住宅区热水用户）配置不同的控制算法。对于公共淋浴场所，其用热量较大并且比较集中，要保证在用热量大时供水温度为最适宜温度，不出现冷热失调现象，除细化控制算法外，如果条件具备，在热用户端有必要增加温控水罐，此水罐能够储存一定量的水，温控阀在水罐水低于40℃时，从生活水系统自动打开进水阀，以保证最终用户舒适用水。对于居民住宅区热水用户，在生活热水换热器选型阶段，一定注意配置不要过量，且电动调节阀选用快速调节阀，当居民集中用热时可保证总供热量供给。当居民用热量小时，在控制算法中应定时扫描供水温度，实时预判供水温度趋势，作为控制供水温度的前馈，驱动调节阀快速准确动作，保证热水温度在适宜范围内。

四、泵站控制

热网上的泵站主要有两类：一类是加压泵站，通过加压，仅改变热网中热媒的水力工况，而热力工况不发生变化；另一类是混水泵站，热媒的水力与热力工况均发生变化。

（一）加压泵站

供热系统上的循环泵是为热网上的热媒提供循环动力的装置，一般设在热源处。管线太长时，为降低热网的压力需设置加压泵站。加压泵站按设置的位置可分为中继泵站（供水加压泵站、回水加压泵站）和末端加压泵站。

加压泵站主要的监测参数：

1. 泵站进、出口母管的压力、温度及流量；
2. 除污器前后的压力，旁通阀的阀位及开关状态；
3. 每台水泵进口和出口的压力；
4. 泵站进口或出口母管的旁通阀的阀位及开关状态；
5. 泵的电动机工作状态，变频器的运行频率及电机电流值。

大型供热系统输送干线的中继加压泵站宜采用工作泵与备用泵自动互相切换的控制方式。工作泵一旦发生故障，连锁装置应保证启动备用泵。上述控制与连锁动作应有相应的声光信号传至泵站值班室。

加压泵应具有变频器装置，这样可以通过调节变频器的频率从而调节泵的转速，达到调节泵的出口压力的目的，维持其供热范围内的热网的最不利资用压头为给定值，满足用户的热力与水力工况的需要，参见图17-8。泵的入口和出口应设有超压保护装置。

图 17-8 泵站出口压力自动调节方框图

泵站控制器配置人机界面，便于运行人员操作。

泵站控制器预留和调度中心的通信接口，调度中心的操作人员可以实时监控泵站的数据及设备的运行状态。

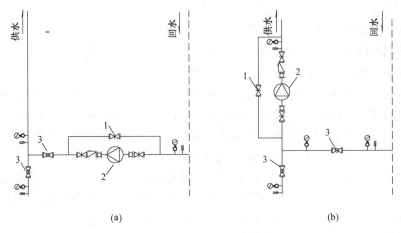

图 17-9　混水泵位置示意图

(a) 混水泵位于旁通管上；(b) 混水泵位于供水管上

1—旁通阀门；2—混水泵；3—电动调节阀门

（二）混水泵站

间连管网中的一级管网、二级管网的水力工况是相互独立、互不干扰的。混水站使一级网、二级网水力工况相互关联。如图 17-9 所示混水泵可置于旁通管上或供水管上。

混水站后的流量与混水比有关，当某一用户调节其流量后，混水站后的流量即发生变化，为保证用户有足够的压力（压差），在用户处设置压力控制点，调节混水泵的转速，保持控制点压力不变。控制一次供水进口电动调节阀，稳定站内供水压力，控制一次回水出口电动调节阀，稳定站内回水压力，控制混水电动调节阀的开度，使二次供水温度在设定的范围内。混水站的出水温度由户外温度决定，而不应随用户的调节而变化。因此需调节混水站前一次供水电动调节阀门的开度，使供水温度达到要求。

混水泵站主要的监测参数：

1. 泵站一级网、二级网的进、出口的压力、温度及流量；

2. 泵站一级网供水电动调节阀的阀位及开关状态；

3. 泵站二级网回水电动调节阀的阀位及开关状态；

4. 混水泵的电动机工作状态，变频器的运行频率及电机的电流值。

第三节　二级网的自动控制

以换热站二级网供热系统作为控制对象，通过水力平衡调节实现以最小的能耗达到用户室温舒适的目的。其具有如下特点：测点和控制阀数量巨大且布置分散；系统惰性大，参数变化缓慢，滞后时间长；不同年代的建筑物负荷状况也不一样；很多二级网相关技术资料缺失（如热网图）等。基于以上特点，二级网的自控非常适于运用物联网技术，在云端对所有智能调节阀、热量和室温等进行统一的监视和控制，实现二级网由传统的手动平衡调节向智能自动平衡转变。

二级网自控系统主要由智能调节阀、热计量表和温度压力变送器等本地监控部分和云端监控系统部分等组成。在同一个二级网供热系统内的户端、单元或单体建筑的支管或干管回水侧安装智能调节阀，通过热工检测仪表测量建筑物总热量、支管或干管的回水温度以及室内温度等信号，云端监控系统按预定控制策略完成对智能调节阀的控制，实现二级网运行的水力平衡。二级网设置单元控制阀只能解决单元间或楼栋间的平衡问题，但解决不了单元内部各间的平衡问题。另一方面，户控是未来发展的方向，相比单元控，至少多节热 5％，节电 10％。同时，设置户控阀的建筑或单元无需设置建筑或单元控制阀。二级网监控流程见图 17-10。

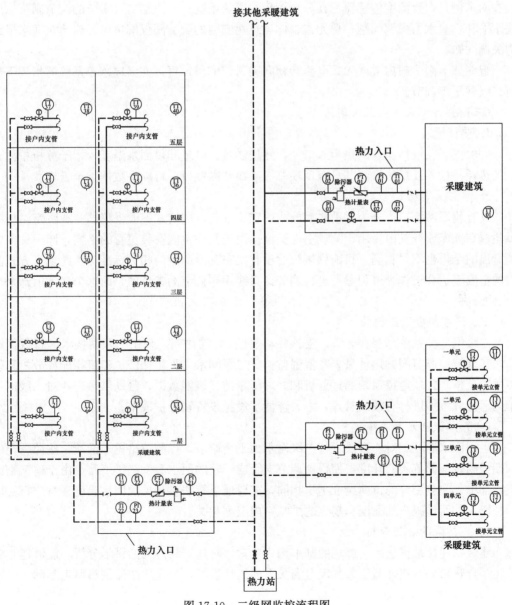

图 17-10 二级网监控流程图

一、本地监控部分

（一）二级网具体的采集参数

1. 建筑物热力入口回水干管、单元回水支干管或末端用户回水支管温度；

2. 建筑物热力入口热量、供回水温度和压力；

3. 典型热用户的室内温度，典型热用户指靠边单元的顶/中/底的住宅和中间单元的顶/中/底的住宅；

4. 智能调节阀的开度和状态信息。

（二）智能调节阀

智能调节阀主要用于户端、单元或单体建筑物的供热支管或干管的流量调节，一般安装在回水侧且内置温度传感器。在分户循环的供热系统中，户端支管安装的调节阀可以解决水平和垂直水力失调问题，单元或单体建筑物安装的调节阀仅解决单元或建筑间水平水力失调问题。

智能调节阀一般内置嵌入式电路和物联网通信模组，可以在云端监控系统的指挥下进行二级网平衡调节。

（三）热计量表和室温采集器

1. 热计量表

一般安装在单体建筑的热力入口处，测量热量、流量和供回水温度，用于分析单体建筑的热耗特性和计量热量，其具有现场总线或物联网接口，可以将数据传至云端。

2. 室温采集器

具有物联网接口，分为移动式摆放或固定式安装，固定式室温采集器一般将室温传感器集成在插座或开关内，用于测量室内温度。由于其在室内安装位置的不同，同一住宅内测量出的结果也不尽相同，目前供热行业没有发布室温测量的相关标准，因此现有方式测得的室温不适合于作为过程参量进行调节，只能用作调节的参考值，而这个参考值却是十分必要的。

二、云端监控系统部分

二级网监控系统部署在云端，支持移动端或 PC 端访问，采用物联网技术进行数据通信，实现智能调节阀、热计量表和室温监控，二级网水力平衡调节、建筑物能耗分析和供热质量分析。云端监控系统通过分析和处理海量的二级网数据，帮助供热企业对二级网系统的运行和维护进行有效的管理，大大降低了设施投资和维护成本。

（一）二级网水力平衡调节

采用回水温度相对一致法进行二级网水力平衡调节，控制策略置于云端，按照一定的周期控制智能调节阀的开度，使得被调节支管或干管的回水温度趋于一致，由于建筑物或其内部单元和热用户的负荷特征不尽相同，需要通过算法对相关的回水温度参量进行必要的补偿，补偿量跟户外温度和规定的采暖室内温度相关。

（二）建筑物能耗分析

建筑物能耗是供热系统能耗的基本构成要素，对建筑物能耗的科学分析，能够建立建筑物综合热指标与户外温度和规定室温关系的统计模型，为实现按需供热奠定基础。

（三）供热质量分析

供热质量是以建筑物室温达标率为基础衡量的，室内温度舒适是供热系统调节的最终目标，也是热用户消费的根本诉求。在建筑物内设置典型的观测点，监视和分析建筑物的温度分布情况，有助于改善控制策略模型，使其能够精准地实现建筑物内室温的均衡调节。

第四节　锅炉房的自动控制

锅炉房主要有燃煤热水锅炉房和燃气热水锅炉房，它们主要作为区域供热系统及热电联产系统的调峰热源。近年来城市集中供热快速发展，小型燃煤锅炉房已完成拆并网被逐步淘汰，城市供热趋于以热电联产供热为主、以调峰热水锅炉为辅的供热模式，或采用区域大型燃煤锅炉房或燃气锅炉房供热。燃煤热水锅炉主要有循环流化床和层燃两种燃烧方式的锅炉，循环流化床锅炉的燃烧效率高于层燃锅炉。

锅炉房的控制系统已比较成熟，依据锅炉房的燃烧方式和规模，普遍采用DCS（分散式控制系统）或PLC（可编程序控制器）系统来实现控制功能。每台热水锅炉宜采用独立的控制器系统，复杂且关键的适合采用冗余控制器系统。DCS系统拥有丰富的锅炉控制策略，且能够实现多台锅炉的联合调节，保证锅炉房供热系统始终按照高效安全的模式运行，并支持主流的现场总线接口，同时也应支持工业互联网，能够实现云端监视和维护等。

锅炉房自控系统应接受热网生产调度的统一指挥，按照预制的供热曲线运行，实现按需供热的工作任务，在这几种燃烧方式的锅炉中，循环流化床控制最为复杂，本文以其为例进行详细介绍。

一、锅炉的自动控制

循环流化床锅炉比层燃炉或燃气锅炉控制要复杂得多，其过程变量不仅包括锅炉出水温度、炉膛负压、烟气含氧量，还包括床温、床压等，它是一个多参数、多变量的复杂调节对象。

（一）锅炉燃烧控制

就控制系统而言，燃烧控制是锅炉控制的关键，主要由五部分构成，即床温控制、床压控制、给煤量控制、鼓引风量控制和石灰石流量控制，其控制功能如下：

1. 床温控制

一般床温控制在800℃左右，床温过高会引起锅炉结焦，而过低会影响稳定燃烧，故DCS会分析运行相关参数，按照一定规律合理控制给煤量、循环灰量和一次风量等过程变量，保证锅炉在设计炉温下运行。

2. 给煤量控制

每台锅炉应配置一定数量的给煤机，沿炉膛宽度方向均匀布置，通过播煤风均匀给煤，以确保锅炉燃烧稳定，在床温合适的条件下控制给煤量达到负荷需求（锅炉出水温度）。DCS根据负荷指令控制给煤量和总风量，要保证剩余空气系数最佳和燃烧均匀。

3. 床压控制

通过控制炉膛底部灰渣的排放来实现床压控制，当负荷稳定时，床压主要受床渣堆积量的影响，床渣堆积量增加会引起床压升高，反之床压会降低。

4. 鼓引风量控制

包括一次风量控制、二次风量控制和引风机控制，主要功能如下：

（1）一次风量控制：建立流化状态和保证流化质量。

（2）二次风量控制：控制烟气中含氧量在 3%～5% 范围内，确保从密相区逸出的可燃物在稀相区得到进一步富氧燃烧。

（3）引风机控制：用于建立炉膛负压。可以把鼓风量作为引风机调节的前馈信号，从而更好地维持炉膛压力。

5. 石灰石流量控制

石灰石流量应与总的燃煤量成一定的配比，以保证烟气中二氧化硫的含量在规定的范围内。

（二）辅助设备控制系统

主要包括水处理控制、补水压力控制和循环水泵控制。

（三）电气连锁和自动保护

1. 锅炉电气连锁

为了保证锅炉安全、连续生产、加速故障处理和防止误操作，对锅炉房一些设备设有电气连锁装置。燃煤锅炉首先是鼓引风机之间的电气连锁。开机时是先引风后鼓风，停机时是先鼓风后引风。并设有解锁功能，在单机检修调试时使用。再次是输煤系统的电气连锁。启动顺序是从储煤斗上的输送带到上煤坑的上煤设备，停止顺序正好相反。

锅炉保护的设置，应根据锅炉的运行特点和热力系统要求，与工艺专业研究确定。热水锅炉要设压力超低停机保护和温度超高以及循环水泵突然停止时的停机保护。

2. 附属设备电气连锁

水处理、循环泵及补水泵连锁保护。

二、锅炉的分散控制系统 DCS

典型的 DCS 系统参见图 17-11，分为：过程控制层、过程监控层、生产管理层和决策管理层，由现场控制站、通信控制站、操作员站、工程师站和数据服务器等组成。相互之间通过冗余的以太网相连接，组成计算机局域网络。DCS 现场控制站，是一种控制功能与操作功能分离的多回路控制器（主控单元为冗余配置）。接受现场送来的测量信号，按指定的控制算法，对信号进行输入处理、控制运算、输出处理后，向执行器发出控制命令。现场控制站的编程、组态工作都在工程师站上完成。现场控制站采用了分布式结构。现场控制站的各种处理单元通过控制网络连接起来，构成一个现场控制站。即从逻辑上说，现场控制站是由主控单元、过程输入输出单元、电源单元和控制网络组成。主控单元完成全部控制运算功能，I/O 模块完成信号的输入、输出处理功能。现场控制站内采用国际上最流行的现场总线来连接主控单元和 I/O 模块，既可满足高速传输，又有简单实用、经济性强等特点。

主控单元是现场控制站的中央处理单元，主要承担本站的部分信号处理、控制运算、与上位机及其他单元的通信等任务。它是一个高性能的工业级中央处理单元，采用模块化结构，主控单元以热备份方式冗余配置，在出现故障时能够自动无扰切换，并保证不会丢失数据。

过程输入输出模块根据功能分为模入、模出、开入、开出和脉冲量处理、回路控制几类。适用于本地 I/O 和远程 I/O。

模拟量输入模块：8 通道 AI；

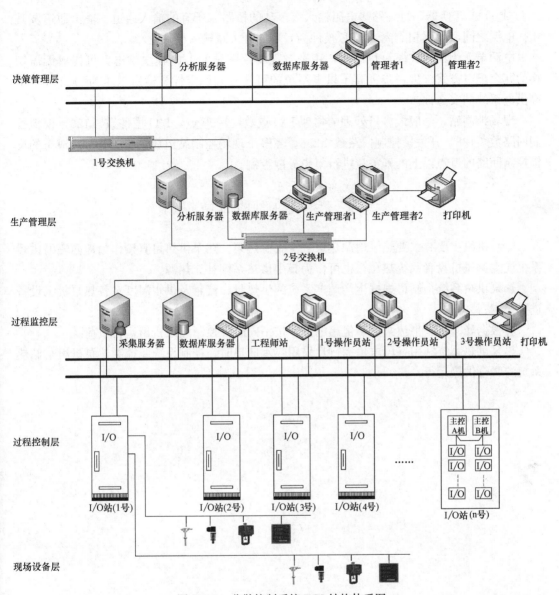

图 17-11　分散控制系统 DCS 结构体系图

热电偶输入模块：8 通道 AI；

热电阻输入模块：8 通道 AI；

模拟量输出模块：8 通道 AO；

开关量输入模块：16 通道 DI，查询电压 48V；

开关量输出模块：16 通道 DO；

脉冲量输入模块：8 通道 PI。

输入/输出模块可冗余配置，冗余设备中的任意一个均能接受系统的组态和再现修改信息，能够实现自动热备份及无扰切换，以保证重要信号能得到可靠处理。所有输入/输出模块，能满足 ANSI/IEEE472 "冲击电压承受能力试验导则（SWC）"的规定，在误加250V 直流电压或交流电压时，不会损坏系统。每一路模入或模出信号均采用一个单独的

A/D 或 D/A 转换器，每一路热电阻输入有单独的桥路。所有的输入通道、输出通道及其工作电源之间，均互相隔离，SOE 模件为专用的开关量输入模块。

电源单元为单元式模块化结构，用来对现场控制站的 I/O 模块供电，可构成无需切换的冗余配电方式。进一步提高了供电系统的可靠性和稳定性。输出电压为 DC24V，提高供电系统的安全性。

现场控制站，一般最多可处理的物理 I/O 点数≤1000 点，I/O 模件数≤126，模拟控制回路数≤128，开关量控制回路数≤256。当多个现场控制站组成系统时，可对成千的反馈控制回路的万点以上的开关量进行集中分散控制。

第五节　热泵机组的自动控制

热泵机组主要有水源热泵地源热泵、空气源热泵。热泵供热可直接作为地面辐射供暖系统或空调风机盘管系统热源，也可作为集中供热系统补充热源。

热泵供热系统控制可根据生产调度系统的供热量、流量及供水温度对各热泵机组设备进行控制。

可根据峰、谷、平热泵供热优惠电价，按不同时段控制热泵机组运行负荷。

热泵供热系统利用谷段电价运行且采用热水储热时，控制系统要控制热泵机组与储热系统的联合供热运行。

附　录

名　称	单　位			
力	牛顿,N		千克力,kgf	
	1		0.101972	
	9.80665		1	
压强	帕斯卡,Pa(N/m²)	巴,bar	千克力/m², kgf/m², 毫米水柱,mmH₂O	
	1	1×10⁻⁵	0.101972	
	1×10⁵	1	10197.2	
	9.80665	9.80665×10⁻⁵	1	
功、能、热量	焦耳,J	千瓦时,kWh	千克力·米,kgf·m	卡,cal
	1	2.78×10⁻⁷	0.101972	0.2389
	3.6×10⁶	1	3.67×105	859845
	9.80665	2.72×10⁻⁶	1	2.3418
	4.1868	1.163×10⁻⁶	0.4269	1
功率	瓦,W	千克力·米/秒,kgf·m/s	卡/秒,cal/s	千卡/时,kcal/h
	1	0.101972	0.2388	0.8599
	9.80665	1	2.3423	8.4322
	4.1868	0.42694	1	3.6
	1.163	0.1186	0.2778	1

注：卡——国际蒸汽表卡。

部分城市供暖期室外空气计算参数　　　　　　附录 1-1

城市名称	供暖室外计算温度 t'_w(℃)	累年最低日平均温度 $t_{e.min}$(℃)	计算供暖期天数(d)	计算供暖期室外平均温度(℃)	城市名称	供暖室外计算温度 t'_w(℃)	累年最低日平均温度 $t_{e.min}$(℃)	计算供暖期天数(d)	计算供暖期室外平均温度(℃)
北京	−7.0	−11.8	114	0.1	丹东	−11.8	−20.9	145	−2.2
天津	−7.0	−12.1	118	−0.2	济南	−5.2	−10.5	92	1.8
哈尔滨	−22.4	−30.9	167	−8.5	青岛	−3.8	−9.0	99	2.1
齐齐哈尔	−23.2	−32.1	177	−8.7	潍坊	−6.6	−12.0	117	0.3
牡丹江	−21.8	−30.1	168	−8.2	日照	−3.5	−8.5	98	2.1
嫩江	−30.1	−35.5	193	−11.9	太原	−9.0	−16.4	127	−1.1
黑河	−28.9	−37.3	193	−11.6	大同	−15.6	−21.8	158	−4.0
漠河	−36.3	−41.9	225	−14.7	运城	−3.5	−10.2	84	1.3
长春	−20.8	−30.1	165	−6.7	石家庄	−5.3	−9.6	97	0.9
四平	−19.8	−28.8	162	−5.5	唐山	−7.9	−13.6	120	−0.6
延吉	−17.8	−23.7	166	−6.1	张家口	−12.7	−17.6	145	−2.7
沈阳	−18.1	−26.8	150	−4.5	郑州	−3.5	−6.0	88	2.5
锦州	−13.0	−20.6	141	−2.5	驻马店	−2.1	−7.1	73	3.1
大连	−9.0	−16.3	125	0.1	西安	−2.4	−8.4	82	2.1

续表

城市名称	供暖室外计算温度 t'_w(℃)	累年最低日平均温度 $t_{e,min}$(℃)	计算供暖天数(d)	计算供暖期室外平均温度(℃)	城市名称	供暖室外计算温度 t'_w(℃)	累年最低日平均温度 $t_{e,min}$(℃)	计算供暖天数(d)	计算供暖期室外平均温度(℃)
榆林	−13.5	−22.9	143	−2.9	银川	−11.2	−18.2	140	−2.1
延安	−8.9	−17.4	127	−0.9	中宁	−9.9	−18.2	137	−1.6
兰州	−6.6	−12.9	126	−0.6	西宁	−11.5	−17.8	161	−3.0
张掖	−13.1	−23.7	155	−3.6	玉树	−11.5	−20.9	191	−2.2
酒泉	−14.4	−25.8	152	−3.4	乌鲁木齐	−17.8	−25.4	149	−6.5
呼和浩特	−15.6	−22.7	158	−4.4	吐鲁番	−10.4	−14.6	109	−2.5
赤峰	−16.2	−21.0	161	−4.5	库车	−10.9	−15.9	121	−2.7
通辽	−18.6	−29.0	164	−5.7	喀什	−8.7	−12.6	109	−1.3
二连浩特	−23.8	−28.8	176	−8.0	拉萨	−3.7	−7.7	126	1.6
海拉尔	−31.1	−40.4	206	−12.0	那曲	−16.2	−23.3	242	−4.8

注：摘自《民用建筑热工设计规范》GB 50176—2016 附录 A。

温差修正系数

附录1-2

围护结构特征	α
外墙、屋顶、地面以及与室外相通的楼板等	1.00
闷顶和室外空气相通的非供暖地下室上面的楼板等	0.90
与有外门窗的不供暖楼梯间相邻的隔墙(1～6 层建筑)	0.60
与有外门窗的不供暖楼梯间相邻的隔墙(7～30 层建筑)	0.50
非供暖地下室上面的楼板，外墙上有窗时	0.75
非供暖地下室上面的楼板，外墙上无窗且位于室外地坪以上时	0.60
非供暖地下室上面的楼板，外墙上无窗且位于室外地坪以下时	0.40
与有外门窗的非供暖房间相邻的隔墙	0.70
与无外门窗的非供暖房间相邻的隔墙	0.40
伸缩缝墙、沉降缝墙	0.30
防震缝墙	0.70

一些建筑材料的热物理特性表

附录1-3

材料名称	干密度 ρ (kg/m³)	导热系数 λ [W/(m·℃)]	蓄热系数 S(24h) [W/(m²·℃)]	比热 ℃ [J/(kg·℃)]
混凝土				
钢筋混凝土	2500	1.74	17.20	920
碎石、卵石混凝土	2300	1.51	15.36	920
加气泡沫混凝土	700	0.22	3.59	1050
砂浆和砌体				
水泥砂浆	1800	0.93	11.37	1050
石灰水泥砂浆	1700	0.87	10.75	1050
保温砂浆	800	0.29	4.44	1050
轻砂浆黏土砖砌体	1700	0.76	9.96	1050
炉渣砖砌体	1700	0.81	10.43	1050
重砂浆砌筑 26、33 及 36 孔空心砖砌体	1400	0.58	7.92	1050
热绝缘材料				
矿棉、岩棉板	80～200	0.045	0.75	1220
聚氨酯硬泡沫塑料	30	0.027	0.23	1380
聚氯乙烯硬泡沫塑料	130	0.048	0.83	1380
木材、建筑板材				

材料名称	干密度 ρ (kg/m³)	导热系数 λ [W/(m·℃)]	蓄热系数 S(24h) [W/(m²·℃)]	比热 ℃ [J/(kg·℃)]
橡木、枫树(热流方向垂直木纹)	700	0.17	4.9	2510
橡木、枫树(热流方向顺木纹)	700	0.35	6.93	2510
纤维板	1000	0.34	8.13	2510
石膏板	1050	0.33	5.28	1050
石棉水泥板	1800	0.52	8.52	1050
石棉水泥隔热板	500	0.16	2.58	1050
木屑板	200	0.065	1.54	2100
硬质 PVC 板	1400	0.16	8.21	780
松散材料				
锅炉渣	1000	0.29	4.40	920
膨胀珍珠岩	120	0.07	0.84	1170
木屑	250	0.093	1.84	2010
其他材料				
SBS 改性沥青防水卷材	900	0.23	9.37	1620
合成高分子防水卷材	580	0.15	6.07	1140
平板玻璃	2500	0.76	10.69	840
建筑钢材	7850	58.2	126	480

注：摘自《实用供热空调设计手册》第二版，中国建筑工业出版社，2008 年 5 月。

门、窗的传热系数 K 值　　附录 1-4

门、窗框材料		门、窗类型	空气层厚度(mm)	传热系数[W/(m²·K)]
窗	钢、铝	单框单玻	—	6.4
		单框 Low-E 单玻	—	5.8
		单框中空	6	4.3
			9	4.1
			12	3.9
			16	3.7
		双层窗	100～140	3.5
		单框中空断热桥	6	3.3
			12	3.0
		单框 Low-E 中空断热桥	12	2.6
		断热桥 Low-E 中空充惰性气体	9～12	2.2
	塑料、木	单框单玻	—	4.7
		单框 Low-E 单玻	—	4.1
		单框中空	6	3.4
			9	3.2
			12	3.0
			16	2.8
		双层窗	100～140	2.5
		单框 Low-E 中空断热桥	9～12	2.2
		断热桥 Low-E 中空充惰性气体	9～12	1.7
门	木	单层外门	—	4.65
		双层外门	—	2.33
		带玻璃的阳台外门(单层)	—	5.82
		带玻璃的阳台外门(双层)	—	2.68
	金属	带玻璃的阳台外门(单层)	—	6.40
		带玻璃的阳台外门(双层)	—	3.26

注：表中窗户包括一般窗户、天窗和阳台门上部带玻璃部分，玻璃厚度为 6（mm）。

常用围护结构的传热系数 K 值　　　　　　　　　　　　　　附录 1-5

围护结构类型	构造	墙体厚度/保温层厚度 δ(mm)	传热系数 [W/(m²·℃)]	围护结构类型	构造	墙体厚度/保温层厚度 δ(mm)	传热系数 [W/(m²·℃)]
普通外墙	普通砖外墙 δ：20 水泥砂浆、240 砖墙、20 水泥砂浆	240	2.03	保温平屋面	防水层、20 水泥砂浆找平、加气混凝土条板 δ、25 水泥砂浆	200	0.93
		370	1.53			250	0.77
		490	1.25			300	0.66
	多孔砖外墙 δ：20 水泥砂浆、240 多孔砖、20 水泥砂浆	240	1.63		防水层、20 水泥砂浆找平、憎水珍珠岩板 δ、20 水泥砂浆找平、100 水泥炉渣找坡、120 钢筋混凝土、25 水泥砂浆	60	0.84
		370	1.2			100	0.67
		490	0.96			140	0.53
	钢筋混凝土剪力墙 δ：面砖、水泥砂浆，钢筋混凝土、内粉刷	400	2.22		防水层、30 水泥砂浆找平、ESP 板 δ、30 水泥砂浆找平、100 水泥炉渣找坡、120 钢筋混凝土、25 水泥砂浆	50	0.76
		300	2.56			70	0.61
		200	3.03			90	0.51
保温外墙	水泥砂浆、240 砖墙、水泥膨胀珍珠岩 δ、水泥砂浆	50	1.35	保温坡屋面	饰面瓦、20 水泥砂浆找平、120 钢筋混凝土、岩棉板 δ、石膏板	50	0.84
		80	1.12			70	0.66
		110	0.96			90	0.54
	水泥砂浆、200 钢筋混凝土剪力墙、聚氨酯硬泡塑料 δ、水泥砂浆	30	0.68		饰面瓦、20 水泥砂浆找平、憎水珍珠岩板 δ、20 水泥砂浆找平、120 钢筋混凝土、25 水泥砂浆	50	0.94
		50	0.46			70	0.74
		70	0.34			90	0.61
	水泥砂浆、钢筋混凝土墙、20 水泥砂浆找平、EPS 挤塑板 δ、25 专用砂浆保护层	30	0.78		饰面瓦、20 水泥砂浆找平、复合硅酸盐板 δ、20 水泥砂浆找平、120 钢筋混凝土、25 水泥砂浆	50	1.03
		40	0.62			70	0.82
		50	0.5			90	0.68

渗透空气量的朝向修正系数 n 值　　　　　　　　　　　　　　附录 1-6

地点	北	东北	东	东南	南	西南	西	北
哈尔滨	0.30	0.15	0.20	0.70	1.00	0.85	0.70	0.60
沈阳	1.00	0.70	0.30	0.30	0.40	0.35	0.30	0.70
北京	1.00	0.50	0.15	0.10	0.15	0.15	0.40	1.00
天津	1.00	0.40	0.20	0.10	0.15	0.20	0.40	1.00
西安	0.70	1.00	0.70	0.25	0.40	0.50	0.35	0.25
太原	0.90	0.40	0.15	0.20	0.30	0.20	0.70	1.00
兰州	1.00	1.00	1.00	0.70	0.50	0.20	0.15	0.50
乌鲁木齐	0.35	0.35	0.55	0.75	1.00	0.70	0.25	0.35

注：本表摘自《民规》(附录 G)。

允许温差 Δt_y 值（℃）　　　　　　　附录 1-7

建筑物及房间类别	外　墙	屋　顶
居住建筑、医院和幼儿园等	6.0	4.5
办公建筑、学校和门诊部等	6.0	4.5
公共建筑(上述指明者除外)和工业企业		
辅助建筑物(潮湿的房间除外)	7.0	5.5
室内空气干燥的生产厂房	10.0	8.0
室内空气湿度正常的生产厂房	8.0	7.0
室内空气潮湿的公共建筑、生产厂房及辅助建筑物		
当不允许墙和顶棚内表面结露时	$t_n - t_1$	$0.8(t_n - t_1)$
当仅不允许顶棚内表面结露时	7.0	$0.9(t_n - t_1)$
室内空气潮湿且具有腐蚀性介质的生产厂房	$t_n - t_1$	$t_n - t_1$
室内散热量大于 $23W/m^3$，且计算相对湿度不大于 50% 的生产厂房	12.0	12

注：1. 表中 t_n——室内计算温度，℃；t_1——在室内计算温度和相对湿度状况下的露点温度，℃；

　　2. 与室内空气相通的楼板和非采暖地下室上面的楼板，其允许温差 Δt_y 值，可采用 2.5℃。

一些铸铁散热器规格及其传热系数 K 值　　　　附录 2-1

型号	散热面积 $(m^2/片)$	水容量 $(L/片)$	重量 $(kg/片)$	工作压力 (MPa)	传热系数计算公式 $[W/(m^2 \cdot ℃)]$	热水热媒当 $\Delta t=64.5℃$ 时 K 值 $[W/(m^2 \cdot ℃)]$	不同蒸汽表压力 (MPa) 下的 K 值 $[W/(m^2 \cdot ℃)]$		
							0.03	0.07	$\geqslant 0.1$
TZ2-5-5(M132 型)	0.24	1.32	7	0.5	$K=2.426\Delta t^{0.286}$	7.99	8.75	8.97	9.10
TZ4-6-5(四柱 760 型)	0.235	1.16	6.6	0.5	$K=2.503\Delta t^{0.298}$	8.49	9.31	9.55	9.69
TZ4-5-5(四柱 640 型)	0.20	1.03	5.7	0.5	$K=3.663\Delta t^{0.16}$	7.13	7.51	7.61	7.67
TZ2-5-5(二柱 700 型,带腿)	0.24	1.35	6	0.5	$K=2.02\Delta t^{0.271}$	6.25	6.81	6.97	7.07
四柱 813 型(带腿)	0.28	1.40	8	0.5	$K=2.237\Delta t^{0.302}$	7.87	8.66	8.89	9.03
单排						5.81	6.97	6.97	7.79
双排						5.08	5.81	5.81	6.51
三牌						4.65	5.23	5.23	5.81

注：1. 本表前三项由哈尔滨建筑工程学院 ISO 散热器试验台测试，其余柱形由清华大学 ISO 散热器试验台测试。

　　2. 散热器表面喷银粉漆、明装、同侧连接上进下出。

　　3. 圆翼形散热器因无实验公式，暂按以前一些手册数据采用。

　　4. 此为密闭试验台测试数据，在实际情况下，散热器的 K 和 Q 值，约比表中数值增大 10% 左右。

一些钢制散热器规格及其传热系数 K 值　　　　附录 2-2

型　　号		散热面积 $(m^2/片)$	水容量 $(L/片)$	重量 $(kg/片)$	工作压力 (MPa)	传热系数计算公式 $(W/(m^2 \cdot ℃))$	热水热媒当 $\Delta t=64.5℃$ 时的 K 值 $(W/(m^2 \cdot ℃))$	备　注
钢制柱式散热器	600×120	0.15	1	2.2	0.8	$K=2.489\Delta t^{0.3069}$	8.94	钢板厚 1.5mm,表面涂调合漆
钢制板式散热器	600×1000	2.75	4.6	18.4	0.8	$K=2.5\Delta t^{0.239}$	6.76	钢板厚 1.5mm,表面涂调合漆
钢制扁管散热器								
单板	520×1000	1.151	4.71	15.1	0.6	$K=3.53\Delta t^{0.235}$	9.4	钢板厚 1.5mm,表面涂调合漆

续表

型　号	散热面积 (m²/片)	水容量 (L/片)	重量 (kg/片)	工作压力(MPa)	传热系数计算公式 (W/(m²·℃))	热水热媒当 Δt=64.5℃ 时的 K 值 (W/(m²·℃))	备　注
单板带对流片　　624×1000	5.55	5.49	27.4	0.6	$K=1.23\Delta t^{0.246}$	3.4	钢板厚 1.5mm，表面涂调合漆
闭式钢串片散热器	m²/m	L/m	kg/m				
150×80	3.15	1.05	10.5	1.0	$K=2.07\Delta t^{0.14}$	3.71	相应流量 G＝50kg/h 时的工况
240×100	5.72	1.47	17.4	1.0	$K=1.30\Delta t^{0.18}$	2.75	相应流量 G＝150kg/h 时的工况
500×90	7.44	2.50	30.5	1.0	$K=1.88\Delta t^{0.11}$	2.97	相应流量 G＝250kg/h 时的工况

散热器组装片数修正系数 β_1　　　　　　　　　　　附录 2-3

散热器形式	各种铸铁及钢制柱形				钢制板形及扁管形		
每组片数或长度	<6 片	6～10 片	11～20 片	>20 片	≤600mm	800mm	≥1000mm
β_1	0.95	1.00	1.05	1.10	0.95	0.92	1.00

散热器连接形式修正系数 β_2　　　　　　　　　　　附录 2-4

连接形式	同侧上进下出	异侧上进下出	异侧下进下出	异侧下进上出	同侧下进上出
四柱 813 型	1	1.004	1.239	1.422	1.426
M-132 型	1	1.009	1.251	1.386	1.396

注：1. 本表数值由哈尔滨建筑工程学院供热研究室提供，该值是在标准状态下测定的。

　　2. 其他散热器可近似套用上表数据。

散热器安装形式修正系数 β_3　　　　　　　　　　　附录 2-5

装置示意图	装置说明	系数 β_3
	散热器安装在墙面，上加盖板	当 A=40mm，β_3=1.05 A=80mm，β_3=1.03 A=100mm，β_3=1.02
	散热器安装在墙龛内	当 A=40mm，β_3=1.11 A=80mm，β_3=1.07 A=100mm，β_3=1.06
	散热器安装在墙面，外面有罩，罩子上面及前面之下端有空气流通孔	当 A=260mm，β_3=1.12 A=220mm，β_3=1.13 A=180mm，β_3=1.19 A=150mm，β_3=1.25
	散热器安装形式同前，但空气流通孔开在罩子前面上下两端	当 A=130mm， 孔口敞开　β_3=1.2 孔口有格栅式网状物盖着 β_3=1.4

续表

装置示意图	装置说明	系数 β_3
	安装形式同前,但罩子上面空气流通孔宽度 C 不小于散热器的宽度,罩子前面下端的孔口高度不小于 100mm,其他部分为栅格	当 $A=100$mm,$\beta_3=1.15$
	安装形式同前,空气流通口开在罩子前面上下两端,其宽度如图	$\beta_3=1.0$
	散热器用挡板挡住,挡板下端留有空气流通口,其高度为 0.8A	$\beta_3=0.9$

注:散热器明装,敞开布置,$\beta_3=1.0$。

散热器流量修正系数 β_4 附录 2-6

散热器类型	流量增加倍数						
	1	2	3	4	5	6	7
柱形、柱翼形、多翼形、长翼形、镶翼形	1	0.9	0.86	0.85	0.83	0.83	0.82
扁管形	1	0.94	0.93	0.92	0.91	0.9	0.9

注:表中流量增加倍数为1时的流量即为散热器进出口水温为25℃时的流量,亦称标准流量。

PE-X 管单位地面面积的散热量和向下传热损失   附录 2-7

1. 当地面层为水泥或陶瓷、热阻 $R=0.02(\text{m}^2 \cdot \text{℃}/\text{W})$ 时,单位地面面积的散热量和向下传热损失可按附录 2-7-1 取值。

PE-X 管单位地面面积的散热量和向下传热损失（W/m²）   附录 2-7-1

平均水温	室内空气温度	加热管间距(mm)									
		300		250		200		150		100	
（℃）	（℃）	散热量	热损失	散热量	热损失	散热量	热损失	散热量	热损失	散热量	热损失
35	16	84.7	23.8	92.5	24.0	100.5	24.6	108.9	24.8	116.6	24.8
	18	76.4	21.7	83.3	22.0	90.4	22.6	97.9	22.7	104.7	22.7
	20	68.0	19.9	74.0	20.2	80.4	20.5	87.1	20.5	93.1	20.5
	22	59.7	17.7	65.0	18.0	70.5	18.4	76.3	18.4	81.5	18.4
	24	51.6	15.6	56.1	15.7	60.7	15.7	65.7	15.7	70.1	15.7
40	16	108.0	29.7	118.1	29.8	128.7	30.5	139.6	30.8	149.7	30.8
	18	99.5	17.4	108.7	27.9	118.4	28.5	128.4	28.7	137.6	28.7
	20	91.0	25.4	99.4	25.7	108.1	26.5	117.3	26.7	125.6	26.7
	22	82.5	23.8	90.0	23.9	97.9	24.4	106.2	24.6	113.7	24.6
	24	74.2	21.3	80.9	21.5	87.8	22.4	95.2	22.4	101.9	22.4

续表

平均水温	室内空气温度	加热管间距（mm）									
		300		250		200		150		100	
（℃）	（℃）	散热量	热损失	散热量	热损失	散热量	热损失	散热量	热损失	散热量	热损失
45	16	131.8	35.5	144.4	35.5	157.5	36.5	171.2	36.8	183.9	36.8
	18	123.3	33.2	134.8	33.9	147.0	34.5	159.8	34.8	171.6	34.8
	20	114.5	31.7	125.3	32.0	136.6	32.4	148.5	32.7	159.3	32.7
	22	106.0	29.4	115.8	29.8	126.3	30.4	137.1	30.7	147.1	30.7
	24	97.3	27.6	106.5	27.3	115.9	28.4	125.9	28.6	134.9	28.6
50	16	156.1	41.4	171.1	41.7	187.0	42.5	203.6	42.9	218.9	42.9
	18	147.4	39.2	161.5	39.5	176.4	40.5	192.0	40.9	206.4	40.9
	20	138.6	37.3	151.9	37.5	165.8	385.0	180.5	38.9	194.0	38.9
	22	130.0	35.2	142.3	35.6	155.3	36.5	168.9	36.8	181.5	36.8
	24	121.2	33.4	132.7	33.7	144.8	34.4	157.5	34.7	169.1	34.7
55	16	180.8	47.1	198.3	47.8	217.0	48.6	236.5	49.1	254.8	49.1
	18	172.0	45.2	188.7	45.6	206.3	46.6	224.9	47.1	242.0	47.1
	20	163.1	43.3	178.9	43.8	195.6	44.6	213.2	45.0	229.4	45.0
	22	154.3	41.4	169.3	41.5	185.0	42.5	201.5	43.0	216.9	43.0
	24	145.5	39.4	159.6	39.5	174.3	40.5	189.9	40.9	204.3	40.9

注：计算条件：加热管公称外径为20mm、填充层厚度为50mm、聚苯乙烯泡沫塑料绝热层厚度20mm、供回水温差10℃。

2. 当地面层为塑料类材料、热阻 $R＝0.075（m^2 \cdot ℃/W）$ 时，单位地面面积的散热量和向下传热损失可按附录2-7-2取值。

PE-X管单位地面面积的散热量和向下传热损失（W/m²）　　　　　附录2-7-2

平均水温	室内空气温度	加热管间距（mm）									
		300		250		200		150		100	
（℃）	（℃）	散热量	热损失	散热量	热损失	散热量	热损失	散热量	热损失	散热量	热损失
35	16	67.7	24.2	72.3	24.3	76.8	24.6	81.3	25.1	85.3	25.7
	18	61.1	22.0	65.2	22.2	69.3	22.5	73.2	22.9	76.9	23.4
	20	54.5	199.9	58.1	20.1	61.8	20.3	65.3	20.7	68.5	21.3
	22	48.0	17.8	51.1	18.1	54.3	18.1	57.4	18.5	60.2	18.8
	24	41.5	15.5	44.2	15.9	46.9	16.0	49.5	16.3	51.9	16.7
40	16	85.9	30.0	91.8	30.4	97.7	60.7	103.4	31.3	108.7	32.0
	18	79.2	27.9	84.6	28.1	90.0	28.6	95.3	29.1	100.1	29.8
	20	72.5	26.0	77.5	26.0	82.4	26.4	87.2	26.9	91.5	27.6
	22	65.9	23.7	70.3	24.0	74.8	24.2	79.1	24.7	83.0	25.3
	24	59.3	21.4	63.2	21.9	67.2	22.1	71.1	22.5	74.6	23.1

附　录

续表

平均水温	室内空气温度	加热管间距(mm)									
		300		250		200		150		100	
(℃)	(℃)	散热量	热损失	散热量	热损失	散热量	热损失	散热量	热损失	散热量	热损失
45	16	104.5	35.8	11.7	36.1	119.0	36.8	126.1	37.6	132.9	38.5
	18	97.7	33.8	104.5	34.1	111.2	34.7	117.8	35.4	123.9	36.3
	20	90.9	31.8	97.2	32.1	103.5	32.6	109.6	33.2	115.2	33.9
	22	84.2	29.7	89.9	30.0	95.8	30.4	101.4	31.0	106.5	31.9
	24	77.4	27.7	82.7	28.0	88.1	28.2	93.2	28.8	97.9	29.4
50	16	123.3	41.8	131.9	42.2	140.6	42.9	149.1	439.0	156.9	44.9
	18	116.5	39.6	124.6	40.3	132.8	40.8	140.7	41.7	148.1	42.7
	20	109.6	37.7	117.3	38.1	125.0	38.7	132.4	39.5	139.5	40.4
	22	102.8	35.5	109.9	36.2	117.1	36.6	124.1	37.3	130.6	38.3
	24	96.0	33.7	102.7	33.9	109.4	34.4	115.9	35.1	121.8	35.9
55	16	142.4	47.7	152.3	49.6	162.5	49.1	172.4	50.2	181.5	51.4
	18	135.4	45.8	145.0	46.2	154.6	47.0	164.0	48.0	172.7	49.3
	20	128.6	43.7	137.6	44.3	146.8	44.9	155.6	45.9	163.8	47.0
	22	121.7	41.6	130.2	42.2	138.9	42.8	147.3	43.7	155.0	44.9
	24	114.9	39.6	122.9	39.9	131.0	40.7	138.9	41.5	146.2	42.6

注：计算条件：加热管公称外径为20mm、填充层厚度为50mm、聚苯乙烯泡沫塑料绝热层厚度20mm、供回水温差10℃。

3. 当地面层为木地板、热阻 $R = 0.1 (\mathrm{m}^2 \cdot ℃/W)$ 时，单位地面面积的散热量和向下传热损失可按附录2-7-3取值。

PE-X管单位地面面积的散热量和向下传热损失（W/m²） 附录2-7-3

平均水温	室内空气温度	加热管间距(mm)									
		300		250		200		150		100	
(℃)	(℃)	散热量	热损失	散热量	热损失	散热量	热损失	散热量	热损失	散热量	热损失
35	16	62.4	24.4	66.0	24.6	69.6	25.0	73.1	25.5	76.2	26.1
	18	56.3	22.3	59.6	22.5	62.8	22.9	65.9	23.3	68.7	23.9
	20	50.3	20.1	53.1	20.5	56.0	20.7	58.8	21.1	61.3	21.6
	22	44.3	18.0	46.8	18.2	49.2	18.5	51.7	18.9	53.9	19.3
	24	38.4	15.7	40.5	16.1	42.6	16.3	44.7	16.6	46.5	17.0
40	16	79.1	30.2	83.7	30.7	88.4	31.2	92.8	31.9	96.9	32.5
	18	72.9	28.3	77.2	28.6	81.6	29.0	85.5	29.6	89.3	30.3
	20	66.8	26.3	70.7	26.5	74.6	26.9	78.3	27.4	81.7	28.1
	22	60.7	24.0	64.2	24.4	67.7	24.7	71.1	25.2	74.1	25.8
	24	54.6	21.9	57.8	22.1	60.9	22.5	63.9	22.9	66.6	23.4
45	16	96.0	36.4	101.8	36.9	107.5	37.5	112.9	38.2	117.9	39.1
	18	89.8	34.1	95.1	34.8	100.5	35.3	105.6	36.0	110.2	36.8
	20	83.6	32.2	88.6	32.7	93.5	33.1	98.2	33.8	102.6	34.5
	22	77.4	90.1	82.0	60.4	86.6	30.9	90.9	31.6	94.9	32.4
	24	71.2	28.0	75.4	28.4	79.6	28.8	8.6	29.3	87.3	30.0

平均水温	室内空气温度	加热管间距(mm)									
		300		250		200		150		100	
(℃)	(℃)	散热量	热损失	散热量	热损失	散热量	热损失	散热量	热损失	散热量	热损失
50	16	113.2	42.3	120.0	43.1	126.8	43.7	133.4	44.6	139.3	45.6
	18	106.9	40.3	113.3	41.0	119.8	41.6	125.9	42.4	131.6	43.4
	20	200.7	38.1	106.7	38.7	1127.0	39.4	118.5	40.2	123.8	41.2
	22	94.4	36.1	100.1	36.7	105.7	37.2	111.1	38.0	116.1	38.9
	24	88.2	34.0	93.4	34.6	98.7	35.1	103.8	35.7	108.4	36.6
55	16	1305.0	48.6	138.5	49.1	146.4	50.0	154.0	51.1	161.0	52.2
	18	124.2	46.6	131.8	47.1	139.3	47.9	146.6	48.9	453.2	50.0
	20	118.0	44.4	125.1	45.0	132.2	45.7	139.1	46.7	145.4	47.8
	22	111.7	42.2	118.4	42.8	125.2	43.6	131.6	44.5	137.6	45.5
	24	105.4	40.1	111.7	40.8	118.1	41.4	124.2	42.2	129.8	43.2

注：计算条件：加热管公称外径为20mm、填充层厚度为50mm、聚苯乙烯泡沫塑料绝热层厚度20mm、供回水温差10℃。

4. 当地面层为铺厚地毯、热阻 $R=0.15(\mathrm{m}^2 \cdot ℃/W)$ 时，单位地面面积的散热量和向下传热损失可按附录 2-7-4 取值。

PE-X管单位地面面积的散热量和向下传热损失（W/m²）　　　　附录 2-7-4

平均水温	室内空气温度	加热管间距(mm)									
		300		250		200		150		100	
(℃)	(℃)	散热量	热损失	散热量	热损失	散热量	热损失	散热量	热损失	散热量	热损失
35	16	53.8	25.0	56.2	25.4	58.6	25.7	60.9	26.2	62.9	26.8
	18	48.6	22.8	50.8	23.2	52.9	23.5	57.9	23.9	56.8	24.3
	20	43.4	20.6	45.3	20.9	47.2	21.2	49.0	21.7	50.7	22.1
	22	38.2	18.4	39.9	18.7	41.6	19.0	43.2	19.3	44.6	19.8
	24	33.2	16.2	34.6	16.4	36.0	16.7	37.4	17.0	38.6	17.4
40	16	68.0	31.0	71.1	31.6	74.2	32.1	77.1	32.7	79.7	33.3
	18	62.7	28.9	65.6	29.3	68.4	29.8	71.1	30.4	73.5	31.0
	20	57.5	26.7	60.1	27.1	62.7	27.6	65.1	28.1	67.3	28.7
	22	52.3	24.6	54.6	24.9	57.0	25.3	59.2	25.9	61.2	26.4
	24	47.1	22.3	49.2	22.7	51.3	23.1	53.2	23.5	55.0	23.9
45	16	82.4	37.3	86.2	37.9	90.0	38.5	93.5	39.2	96.8	40.0
	18	77.1	351.0	80.7	35.7	84.2	36.3	87.5	37.0	90.5	37.6
	20	71.8	33.0	75.1	33.5	78.4	34.0	81.5	34.7	84.3	35.5
	22	66.5	30.7	69.6	31.2	72.6	31.8	75.4	32.4	78.0	32.9
	24	61.3	28.6	64.1	29.1	66.8	29.5	69.4	30.1	71.8	30.8
50	16	97.0	43.4	101.5	44.2	106.0	44.9	110.2	45.7	114.1	46.7
	18	91.6	41.4	95.9	42.0	100.1	42.7	104.1	43.5	107.8	44.5
	20	86.3	39.2	90.3	39.8	94.3	40.5	98.0	41.3	101.5	42.1
	22	81.0	37.0	84.7	37.7	88.5	38.3	92.0	39.0	95.2	39.8
	24	75.7	34.9	79.2	35.3	82.6	36.0	85.9	36.7	88.9	37.4
55	16	111.7	49.7	117.0	50.6	122.2	51.4	127.1	52.4	131.6	53.4
	18	106.3	47.7	111.4	48.4	116.3	49.2	120.9	50.1	125.2	51.2
	20	101.0	45.5	105.7	46.2	110.4	47.0	114.8	47.9	118.9	49.0
	22	95.6	43.3	100.1	43.9	104.5	44.8	108.7	45.6	112.5	46.7
	24	90.3	41.2	94.5	41.8	98.6	42.5	102.6	43.3	106.2	44.2

注：计算条件：加热管公称外径为20mm、填充层厚度为50mm、聚苯乙烯泡沫塑料绝热层厚度20mm、供回水温差10℃。

附录 2-8

电热膜 (220V/20W) 的电阻与电流表

电阻电流百、十位片数 \ 个位片数	0		1		2		3		4		5		6		7		8		9	
	电阻Ω	电流A	电阻Ω	电流A	电阻Ω	电流A	电阻Ω	电流A	电阻Ω	电流A	电阻Ω	电流A	电阻Ω	电流A	电阻Ω	电流A	电阻Ω	电流A
	—	—	2420.0	0.09	1210.0	0.18	806.7	0.27	605.0	0.36	484.0	0.45	403.3	0.55	345.7	0.64	302.5	0.73	268.9	0.82
10	242.0	0.91	220.0	1.00	201.7	1.09	186.2	1.18	172.9	1.27	161.3	1.36	151.3	1.45	142.4	1.55	134.4	1.64	127.4	1.73
20	121.0	1.82	115.2	1.91	110.0	2.00	105.2	2.09	100.8	2.18	96.8	2.27	93.1	2.36	89.6	2.45	86.4	2.55	83.4	2.64
30	80.7	2.73	78.1	2.82	75.6	2.91	73.3	3.00	71.2	3.09	69.1	3.18	67.2	3.27	65.4	3.36	63.7	3.45	62.1	3.55
40	60.5	3.64	59.0	3.73	57.6	3.82	56.3	3.91	55.0	4.00	53.8	4.09	52.6	4.18	51.5	4.27	50.4	4.36	49.4	4.45
50	48.4	4.55	47.5	4.64	46.5	4.73	45.7	4.82	44.8	4.91	44.0	5.00	43.2	5.09	42.5	5.18	41.7	5.27	41.0	5.36
60	40.3	5.45	39.7	5.55	39.0	5.64	38.4	5.73	37.8	5.82	37.2	5.91	36.7	6.00	36.1	6.09	35.6	6.18	35.1	6.27
70	34.6	6.36	34.1	6.45	33.6	6.55	33.2	6.64	32.7	6.73	32.3	6.82	31.8	6.91	31.4	7.00	31.0	7.09	30.6	7.18
80	30.3	7.27	29.9	7.36	29.5	7.45	29.2	7.55	28.8	7.64	28.5	7.73	28.1	7.82	27.8	7.91	27.5	8.00	27.2	8.09
90	26.9	8.18	26.6	8.27	26.3	8.36	26.0	8.45	25.7	8.55	25.5	8.64	25.2	8.73	24.9	8.82	24.7	8.91	24.4	9.00
100	24.2	9.09	24.0	9.18	23.7	9.27	23.5	9.36	23.3	9.45	23.0	9.55	22.8	9.64	22.6	9.73	22.4	9.82	22.2	9.91
110	22.0	10.00	21.8	10.09	21.6	10.18	21.4	10.27	21.2	10.36	21.0	10.45	20.9	10.55	20.7	10.64	20.5	10.73	20.3	10.82
120	20.2	10.91	20.0	11.00	19.8	11.09	19.7	11.18	19.5	11.27	19.4	11.36	19.2	11.45	19.1	11.55	18.9	11.64	18.8	11.73
130	18.6	11.82	18.5	11.91	18.3	12.00	18.2	12.09	18.1	12.18	17.9	12.27	17.8	12.36	17.7	12.45	17.5	12.55	17.4	12.64
140	17.3	12.73	17.2	12.82	17.0	12.91	16.9	13.00	16.8	13.09	16.7	13.18	16.6	13.27	16.5	13.36	16.4	13.45	16.2	13.55

注: 1. 本表电阻按 $R_n = 2420/N$ (Ω) 计算求得，式中 R_n 为 N 片的电阻，N 为片数；
2. 查表方法: 由横行的个位片数和百位、十位的片数相交查得，如查 45 片电阻为 53.8Ω。

块状辐射板规格及散热量表　　　　　附录 2-9

型　号	1	2	3	4	5	6	7	8	9
管子根数	3	6	9	3	6	9	3	6	9
管子间距(mm)	100	100	100	125	125	125	150	150	150
板宽(mm)	300	600	900	375	750	1125	450	900	1350
板面积(mm)	0.54	1.08	1.62	0.675	1.35	2.025	0.81	1.62	2.43
板长(m)	1.8(管径 DN15)								
室内温度(℃)	蒸汽表压力为 200kPa 时的散热量(W)								
5	1361	2617	3710	1558	2977	4233	1710	3256	4652
8	1326	2559	3617	1512	2896	4129	1663	3175	4536
10	1303	2512	3559	1489	2849	4059	1640	3117	4454
12	1279	2466	3501	1454	2803	3989	1617	3059	4373
14	1256	2431	3443	1442	2756	3931	1593	3012	4303
16	1233	2396	3384	1419	2710	3873	1570	2967	4233
	蒸汽表压力为 400kPa 时的散热量(W)								
5	1524	2931	4198	1756	3361	4815	1931	3675	5245
8	1500	2873	4117	1721	3291	4710	1884	3605	5141
10	1477	2838	4059	1698	3245	4640	1861	3559	5071
12	1454	2791	4001	1675	3198	4571	1838	3512	5001
14	1431	2756	3943	1652	3152	4512	1814	3466	4931
16	1407	2710	3884	1628	3105	4443	1791	3408	4861

注: 表中数据是根据 A 型保温板, 表面涂无光漆, 倾斜安装(与水平面呈 60°夹角)的条件编制的。当采用的辐射板的制造和使用条件不符时, 散热量应作修正(见本书第二章第四节所述)。

金属辐射板的最低安装高度 (m)　　　　　附录 2-10

热媒平均温度(℃)	水平安装	倾斜安装(与水平面夹角)			垂直安装
		30°	45°	60°	
110	3.2	2.8	2.7	2.5	2.3
120	3.4	3.0	2.8	2.7	2.4
130	3.6	3.1	2.9	2.8	2.5
140	3.9	3.2	3.0	2.9	2.6
150	4.2	3.3	3.2	3.0	2.8
160	4.5	3.4	3.3	3.1	2.9
170	4.8	3.5	3.4	3.1	2.9

水在各种温度下的密度 ρ (压力为 100kPa 时)(kg/m^3)　　　　　附录 3-1

温度(℃)	密度(kg/m^3)	温度(℃)	密度(kg/m^3)	温度(℃)	密度(kg/m^3)	温度(℃)	密度(kg/m^3)
0	999.80	56	985.25	72	976.66	88	966.68
10	999.73	58	984.25	74	975.48	90	965.34
20	998.23	60	983.24	76	974.29	92	963.99
30	995.67	62	982.20	78	973.07	94	962.61
40	992.24	64	981.13	80	971.83	95	961.92
50	988.07	66	980.05	82	970.57	97	960.51
52	987.15	68	978.94	84	969.30	100	958.38
54	986.21	70	977.81	86	968.00		

在自然循环上供下回双管热水供暖系统中，

由于水在管路内冷却而产生的附加压力（Pa）　　　附录 3-2

系统的水平距离(m)	锅炉到散热器的高度(m)	自总立管至计算立管之间的水平距离(m)					
		<10	10~20	20~30	30~50	50~75	75~100
1	2	3	4	5	6	7	8
未保温的明装立管							
(1)1 层或 2 层的房屋							
25 以下	7 以下	100	100	150	—	—	—
25~50	7 以下	100	100	150	200	—	—
50~75	7 以下	100	100	150	150	200	—
75~100	7 以下	100	100	150	150	200	250
(2)3 层或 4 层的房屋							
25 以下	15 以下	250	250	250	—	—	—
25~50	15 以下	250	250	300	350	—	—
50~75	15 以下	250	250	250	300	350	—
75~100	15 以下	250	250	250	300	350	400
(3)高于 4 层的房屋							
25 以下	7 以下	450	500	550	—	—	—
25 以下	大于 7	300	350	450	—	—	—
25~50	7 以下	550	600	650	750	—	—
25~50	大于 7	400	450	500	550	—	—
50~75	7 以下	550	550	600	650	750	—
50~75	大于 7	400	400	450	500	550	—
75~100	7 以下	550	550	550	600	650	700
75~100	大于 7	400	400	400	450	500	650
未保温的暗装立管							
(1)1 层或 2 层的房屋							
25 以下	7 以下	80	100	130	—	—	—
25~50	7 以下	80	80	130	150	—	—
50~75	7 以下	80	80	100	130	180	—
75~100	7 以下	80	80	80	130	180	230
(2)3 层或 4 层的房屋							
25 以下	15 以下	180	200	280	—	—	—
25~50	15 以下	180	200	250	300	—	—
50~75	15 以下	150	180	200	250	300	—
75~100	15 以下	150	150	180	230	280	330
(3)高于 4 层的房屋							
25 以下	7 以下	300	350	380	—	—	—
25 以下	大于 7	200	250	300	—	—	—
25~50	7 以下	350	400	430	530	—	—
25~50	大于 7	250	300	330	380	—	—
50~75	7 以下	350	350	400	430	530	—
50~75	大于 7	250	250	300	330	380	—
75~100	7 以下	350	350	380	400	480	530
75~100	大于 7	250	260	280	300	350	450

注：1. 在下供下回式系统中，不计算水在管路中冷却而产生的附加作用压力值。

　　2. 在单管式系统中，附加值采用本附录所示的相应值的 50%。

供暖系统各种设备供给每 1kW 热量的水容量 V_0（L）

供暖系统设备和附件	V_0	供暖系统设备和附件	V_0
四柱 813 型	8.4	板式散热器（带对流片）	
四柱 760 型	8.0	600×（400～800）	2.4
四柱 640 型	10.2	板式散热器（不带对流片）	
四柱 700 型	12.7	600×（400～800）	2.6
M-132 型	10.6	扁管散热器（带对流片）	
钢制柱形散热器（600×120×45）	12.0	（416～614）×1000	4.1
钢制柱形散热器（640×120×35）	8.2	扁管散热器（不带对流片）	
钢制柱形散热器（620×135×40）	12.4	（416～614）×1000	4.4
钢串片闭式对流散热器		空气加热器、暖风机	0.4
150×80	1.15	室内机械循环管路	6.9
240×100	1.13	室内重力循环管路	13.8
300×80	1.25	室外管网机械循环	5.2
		有鼓风设备的火管锅炉	13.8
		无鼓风设备的火管锅炉	25.8

注：1. 本表部分摘自《供暖通风设计手册》，1987 年。

　　2. 该表按低温水热水供暖系统估算。

　　3. 室外管网与锅炉的水容量，最好按实际设计情况，确定总水容量。

热水供暖系统管道水力计算表（$t'_g=95℃$，$t'_h=70℃$，$K=0.2mm$）

公称直径（mm）	15		20		25		32		40		50		70	
内径(mm)	15.75		21.25		27.00		35.75		41.00		53.00		68.00	
G	R	v	R	v	R	v	R	v	R	v	R	v	R	v
30	2.64	0.04												
34	2.99	0.05												
40	3.52	0.06												
42	6.78	0.06												
48	8.60	0.07												
50	9.25	0.07	1.33	0.04										
52	9.92	0.08	1.38	0.04										
54	10.62	0.08	1.43	0.04										
56	11.34	0.08	1.49	0.04										
60	12.84	0.09	2.93	0.05										
70	16.99	0.10	3.85	0.06										
80	21.68	0.12	4.88	0.06										
82	22.69	0.12	5.10	0.07										
84	23.71	0.12	5.33	0.07										
90	26.93	0.13	6.03	0.07										
100	32.72	0.15	7.29	0.08	2.24	0.05								
105	35.82	0.15	7.93	0.08	2.45	0.05								
110	39.05	0.16	8.66	0.09	2.66	0.05								
120	45.93	0.17	10.15	0.10	3.10	0.06								
125	49.57	0.18	10.93	0.10	3.34	0.06								
130	53..5	0.19	11.74	0.10	3.58	0.06								

续表

公称直径 (mm)	15		20		25		32		40		50		70	
内径(mm)	15.75		21.25		27.00		35.75		41.00		53.00		68.00	
G	R	v	R	v	R	v	R	v	R	v	R	v	R	v
135	57.27	0.20	12.58	0.11	3.83	0.07								
140	61.32	0.20	13.45	0.11	4.09	0.07	1.04	0.04						
160	78.87	0.23	17.19	0.13	5.20	0.08	1.31	0.05						
180	98.59	0.26	21.38	0.14	6.44	0.09	1.61	0.05						
200	120.48	0.29	26.01	0.16	7.80	0.10	1.95	0.06						
220	144.52	0.32	31.08	0.18	9.29	0.11	2.31	0.06						
240	170.73	0.35	36.58	0.19	10.90	0.12	2.70	0.07						
260	199.09	0.38	42.52	0.21	12.64	0.13	3.12	0.07						
270	214.08	0.39	45.66	0.22	13.55	0.13	3.34	0.08						
280	229.61	0.41	48.91	0.22	14.50	0.14	3.57	0.08	1.82	0.06				
300	262.29	0.44	55.72	0.24	16.48	0.15	4.05	0.08	2.06	0.06				
400	458.07	0.58	96.37	0.32	28.23	0.20	6.85	0.11	3.46	0.09				
500			147.91	0.40	43.03	0.25	10.35	0.14	5.21	0.11				
520			159.53	0.41	46.36	0.26	11.13	0.15	5.6	0.11	1.57	0.07		
560			184.07	0.45	53.38	0.28	12.78	0.16	6.42	0.12	1.79	0.07		
600			210.35	0.48	60.89	0.30	14.54	0.17	7.29	0.13	2.03	0.08		
700			283.67	0.56	81.79	0.35	19.43	0.20	9.71	0.15	2.69	0.09		
760			332.89	0.61	95.79	0.38	22.69	0.21	11.33	0.16	3.13	0.10		
780			350.17	0.62	100.71	0.38	23.83	0.22	11.89	0.17	3.28	0.10		
800			367.88	0.64	105.74	0.39	25.00	0.23	12.47	0.17	3.44	0.10		
900			462.97	0.72	132.72	0.44	31.25	0.25	15.56	0.19	4.27	0.12	1.24	0.07
1000			568.94	0.80	162.75	0.49	38.20	0.28	18.98	0.21	5.19	0.13	1.50	0.08
1050			626.01	0.84	178.90	0.52	41.93	0.30	20.81	0.22	5.69	0.13	1.64	0.08
1100			685.79	0.88	195.81	0.54	45.83	0.31	22.73	0.24	6.20	0.14	1.79	0.09
1200			813.52	0.96	231.92	0.59	54.14	0.34	26.81	0.26	7.29	0.15	2.10	0.09
1250			881.47	1.00	251.11	0.62	58.55	0.35	28.98	0.27	7.87	0.16	2.26	0.10
1300					271.06	0.64	63.14	0.37	31.23	0.28	8.47	0.17	2.43	0.10
1400					313.24	0.69	72.82	0.39	35.98	0.30	9.74	0.18	2.79	0.11
1600					406.71	0.79	94.24	0.45	46.47	0.34	12.52	0.20	3.57	0.12
1800					512.34	0.89	118.39	0.51	58.28	0.39	15.65	0.23	4.44	0.14
2000					630.11	0.99	145.28	0.56	71.42	0.43	19.12	0.26	5.41	0.16
2200							174.91	0.62	85.88	0.47	22.92	0.28	6.47	0.17
2400							207.26	0.68	101.66	0.51	27.07	0.10	7.62	0.18
2500							224.47	0.70	110.04	0.53	29.28	0.32	8.23	0.19
2600							242.35	0.73	118.76	0.56	31.56	0.33	8.86	0.20
2800							280.18	0.79	137.19	0.60	36.39	0.36	10.20	0.22
2900							300.11	0.82	146.89	0.62	38.93	0.37	10.90	0.23
3000							320.73	0.84	156.93	0.64	41.56	0.38	11.62	0.23
3100							342.04	0.87	167.30	0.66	44.27	0.40	12.37	0.24

注：1. 本表按采暖季平均水温 $t \approx 60℃$，相应的密度 $\rho = 983.248 kg/m^3$ 条件编制。

2. 摩擦阻力系数 λ 值按下述原则确定：层流区中，按式（4-4）计算；紊流区中，按式（4-11）计算。

3. 表中符号：G—管段热水流量，kg/h；R—比摩阻，Pa/m；v—水流速，m/s。

4. 当用于 75/50℃、60/50℃、50/40℃、40/30℃时，用密度项进行修正。

热水及蒸汽供暖系统局部阻力系数 ζ 值　　　附录 4-2

局部阻力名称	ζ	说　明	局部阻力名称	在下列管径(DN/mm)时的 ζ 值					
				15	20	25	32	40	≥50
双柱散热器	2.0	以热媒在导管中的流速计算局部阻力	截止阀	16.0	10.0	9.0	9.0	8.0	7.0
铸铁锅炉	2.5		旋塞	4.0	2.0	2.0	2.0		
钢制锅炉	2.0		斜杆截止阀	3.0	3.0	3.0	2.5	2.5	2.0
突然扩大	1.0	以其中较大的流速计算局部阻力	闸阀	1.5	0.5	0.5	0.5	0.5	0.5
突然缩小	0.5		弯头	2.0	2.0	1.5	1.5	1.0	1.0
直流三通(图①)	1.0		90°煨弯及乙字弯	1.5	1.5	1.0	1.0	0.5	0.5
旁流三通(图②)	1.5		括弯(图⑥)	3.0	2.0	2.0	2.0	2.0	2.0
合流三通(图③)	3.0		急弯双弯头	2.0	2.0	2.0	2.0	2.0	2.0
分流三通(图③)	3.0		缓弯双弯头	1.0	1.0	1.0	1.0	1.0	1.0
直流四通(图④)	2.0								
分流四通(图⑤)	3.0								
方形补偿器	2.0								
套管补偿器	0.5								

热水供热系统局部阻力系数 ζ＝1 的局部损失（动压头）值　　附录 4-3

$$\Delta P_d = p\, v^2/2 \ \text{(Pa)}$$

v	ΔP_d	v	ΔP_d	v	ΔP_d	v	ΔP_d	v	ΔP_d	v	ΔP_d
0.01	0.05	0.13	8.31	0.25	30.73	0.37	67.30	0.49	118.04	0.61	182.93
0.02	0.20	0.14	9.64	0.26	33.23	0.38	70.99	0.50	122.91	0.62	188.98
0.03	0.44	0.15	11.06	0.27	35.84	0.39	74.78	0.51	127.87	0.65	207.71
0.04	0.79	0.16	12.59	0.28	38.54	0.40	78.66	0.52	132.94	0.68	227.33
0.05	1.23	0.17	14.21	0.29	41.35	0.41	82.64	0.53	138.10	0.71	247.83
0.06	1.77	0.18	15.93	0.30	44.25	0.42	86.72	0.54	143.36	0.74	269.21
0.07	2.41	0.19	17.75	0.31	47.25	0.43	90.90	0.55	148.72	0.77	291.48
0.08	3.15	0.20	19.66	0.32	50.34	0.44	95.18	0.56	154.17	0.80	314.64
0.09	3.98	0.21	21.68	0.33	53.54	0.45	99.55	0.57	159.73	0.85	355.20
0.10	4.92	0.22	23.79	0.34	56.83	0.46	104.03	0.58	165.38	0.90	398.22
0.11	5.95	0.23	26.01	0.35	60.23	0.47	108.60	0.59	171.13	0.95	443.70
0.12	7.08	0.24	28.32	0.36	63.71	0.48	113.27	0.60	176.98	1.00	491.62

注：本表按 $t'_g=95℃$，$t'_h=70℃$，整个采暖季的平均水温 $t≈60℃$，相应水的密度 $\rho=983.284kg/m^3$ 编制。

一些管径的 λ/d 值和 A 值　　附录 4-4

公称直径(mm)	15	20	25	32	40	50	70	89×3.5	108×4
外径(mm)	21.25	26.75	33.5	42.25	48	60	75.5	89	108
内径(mm)	15.75	21.25	27	35.75	41	53	68	82	100
λ/d 值(1/m)	2.6	1.8	1.3	0.9	0.76	0.54	0.4	0.31	0.24
A 值 $\dfrac{Pa}{(kg/h)^2}$	1.03×10⁻³	3.12×10⁻⁴	1.20×10⁻⁴	3.89×10⁻⁵	2.25×10⁻⁵	8.06×10⁻⁶	2.97×10⁻⁶	1.41×10⁻⁶	6.36×10⁻⁷

注：本表按 $t'_g=95℃$，$t'_h=70℃$，整个采暖季的平均水温 $t≈60℃$，相应水的密度 $\rho=983.284kg/m^3$ 编制。

按 ζ_{zh}＝1 确定热水供暖系统管段压力损失的管径计算表　　　附录 4-5

项目	公称直径 DN（mm）									流速 v （m/s）	压力损失 ΔP（Pa）
	15	20	25	32	40	50	70	80	100		
	76	138	223	391	514	859	1415	2054	3059	0.11	5.95
	83	151	243	427	561	937	1544	2241	3336	0.12	7.08
	90	163	263	462	608	1015	1678	2428	3615	0.13	8.31
	97	176	283	498	655	1094	1802	2615	3893	0.14	9.64
	104	188	304	533	701	1171	1930	2801	4170	0.15	11.06
	111	201	324	569	748	1250	2059	2988	4449	0.16	12.59
	117	213	344	604	795	1328	2187	3175	4727	0.17	14.21
	124	226	364	640	841	1406	2316	3361	5005	0.18	15.93
	131	239	385	675	888	1484	2445	3548	5283	0.19	17.75
	138	251	405	711	935	1562	2573	3734	5560	0.20	19.66
	145	264	425	747	982	1640	2702	3921	5838	0.21	21.68
	152	276	445	782	1028	1718	2830	4108	6116	0.22	23.79
	159	289	466	818	1075	1796	2959	4295	6395	0.23	26.01
	166	301	486	853	1122	1874	3088	4482	6673	0.24	28.32
	173	314	506	889	1169	1953	3217	4668	6951	0.25	30.73
	180	326	526	924	1215	2030	3345	4855	7228	0.26	33.23
	187	339	547	960	1262	2109	3474	5042	7507	0.27	35.84
	193	351	567	995	1309	2187	3602	5228	7784	0.28	38.54
	200	364	587	1031	1356	2265	3731	5415	8063	0.29	41.35
	207	377	607	1067	1402	2343	3860	5602	8341	0.30	44.25
水流量 G （kg/h）	214	389	627	1102	1449	2421	3989	5789	8619	0.31	47.25
	221	402	648	1138	1496	2499	4117	5975	8897	0.32	50.34
	228	414	668	1173	1543	2577	4246	6162	9175	0.33	53.54
	235	427	688	1209	1589	2655	4374	6349	9453	0.34	56.83
	242	439	708	1244	1636	2733	4503	6535	9731	0.35	60.22
	249	452	729	1280	1683	2811	4632	6722	10009	0.36	63.71
	256	464	749	1315	1729	2890	4760	6909	10287	0.37	67.30
	263	477	769	1351	1766	2968	4889	7096	10565	0.38	70.99
	276	502	810	1422	1870	3124	5146	7469	11121	0.40	78.66
	290	527	850	1493	1963	3280	5404	7842	11677	0.42	86.72
	304	552	891	1564	2057	3436	5661	8216	12233	0.44	95.18
	318	577	931	1635	2150	3593	5918	8590	12789	0.46	104.03
	332	603	972	1706	2244	3749	6176	8963	13345	0.48	113.27
	345	628	1012	1778	2337	3905	6433	9336	13902	0.50	122.91
	380	690	1113	1955	2571	4296	7076	10270	15292	0.55	148.72
	415	753	1214	2133	2805	4686	7719	11203	16681	0.60	176.98
	449	816	1316	2311	3038	5076	8363	12137	18072	0.65	207.71
	484	879	1417	2489	3272	5467	9006	13071	19462	0.70	240.90
		1004	1619	2844	3740	6248	10293	14938	22242	0.80	314.64
				3200	4207	7029	11579	16806	25023	0.90	398.22
						7810	12866	18673	27803	1.00	491.62
								22407	33363	1.20	707.94

注：按 $G=(\Delta P/A)^{0.5}$ 公式计算，其中 ΔP 按附录 4-3，A 值按附录 4-4 计算。

单管顺流式热水供暖系统立管组合部件的 ζ_{zh} 值

组合部件名称		图　示	ζ_{zh}	管径（mm）			
				15	20	25	32
立管	回水干管在地沟内		$\zeta_{zh \cdot z}$	15.6	12.9	10.5	10.2
			$\zeta_{zh \cdot j}$	44.6	31.9	27.5	27.2
	无地沟、散热器单侧连接		$\zeta_{zh \cdot z}$	7.5	5.5	5.0	5.0
			$\zeta_{zh \cdot j}$	36.5	24.5	22.0	22.0
立管	无地沟、散热器双侧连接		$\zeta_{zh \cdot z}$	12.4	10.1	8.5	8.3
			$\zeta_{zh \cdot j}$	41.4	29.1	25.5	25.3
散热器单侧连接			ζ_{zh}	14.2	12.6	9.6	8.8

散热器双侧连接		ζ_{zh}	管径 $d_1 \times d_2$						
			15×15	20×15	20×20	25×15	25×25	32×20	32×25
			4.7	15.6	4.1	40.6	10.7	3.5	32.8	10.7

注：1. $\zeta_{zh \cdot z}$—代表立管两端安装闸阀，

$\zeta_{zh \cdot j}$—代表立管两端安装截止阀。

2. 编制本表的条件为：

(1) 散热器及其支管连接：散热器支管长度，单侧连接 $l_z=1.0\text{m}$，双侧连接 $l_z=1.5\text{m}$。每组散热器支管均装有乙字管。

(2) 立管与水平干管的几种连接方式见图示所示。立管上装设两个闸阀或截止阀。

3. 计算举例：以散热器双侧连接 $d_1 \times d_z = 20 \times 15$ 为例。

首先计算通过散热器及其支管这一组合部件的折算阻力系数 ζ_z。

$$\zeta_z = \frac{\lambda}{d}l_z + \Sigma\zeta = 2.6 \times 1.5 \times 2 + 11.0 = 18.8$$

其中，$\frac{\lambda}{d}$ 值查附录 4-4；支管上局部阻力有：分流三通 2 个，乙字弯 2 个及散热器，查附录 4-2，可得

$$\Sigma\zeta = 2 \times 3.0 + 2 \times 1.5 + 2.0 = 11.0$$

设进入散热器的分流系数 $\alpha = Gz/Gl = 0.5$，则按下式可求出该组合部件的当量阻力系数 ζ_0 值（以立管流速的动压头为基准的 ζ 值）。

$$\zeta_0 = \frac{d_1^4}{d_z^4}\alpha^2\zeta_z = \left(\frac{21.25}{15.75}\right)^4 \times 0.5^2 \times 18.8 = 15.6$$

单管顺流式热水供暖系统立管的 ζ_{zh} 值

层数	单向连接立管管径（mm）				双向连接立管管径（mm）						
					15	20		25		32	
					散热器支管直径（mm）						
	15	20	25	32	15	15	20	15	20	25	20	32
（一）整根立管的折算阻力系数 ζ_{zh} 值											
（立管两端安装闸阀）											
3	77.0	63.7	48.7	43.1	48.4	72.7	38.2	141.7	52.0	30.4	115.1	48.8
4	97.4	80.6	61.4	54.1	59.3	92.6	46.6	185.4	65.8	37.0	150.1	61.7
5	117.9	97.5	74.1	65.0	70.3	112.5	55.0	229.1	79.6	43.6	185.0	74.5
6	138.3	114.5	86.9	76.0	81.2	132.5	63.5	272.9	93.5	50.3	220.0	87.4
7	158.8	131.4	99.6	86.9	92.2	152.4	71.9	316.6	107.3	56.9	254.9	100.2
8	179.2	148.3	112.3	97.9	103.1	172.3	80.3	360.3	121.1	63.5	290.0	113.1

层数	单向连接立管管径（mm）				双向连接立管管径（mm）							
					15	20		25			32	
					散热器支管直径（mm）							
	15	20	25	32	15	15	20	15	20	25	20	32

（二）整根立管的折算阻力系数 ζ_{zh} 值

（立管两端安装截止阀）

层数	15	20	25	32	15	15	20	15	20	25	20	32
3	106.0	82.7	65.7	60.1	77.4	91.7	57.2	158.7	69.0	47.4	132.1	65.8
4	126.4	99.6	78.4	71.1	88.3	111.6	65.6	202.4	82.8	54.0	167.1	78.7
5	146.9	116.5	91.1	82.0	99.3	131.5	74.0	246.1	96.6	60.6	202.0	91.5
6	167.3	133.5	103.9	93.0	110.2	151.5	82.5	289.9	110.5	67.3	237.0	104.4
7	187.8	150.4	116.6	103.9	121.2	171.4	90.9	333.6	124.3	73.9	271.9	117.2
8	208.2	167.3	129.3	114.9	132.1	191.3	99.3	377.3	138.1	80.5	307.0	130.1

注：1. 编制本表条件：建筑物层高为 3.0m，回水干管敷设在地沟内（见附录 4-6 图示）。

2. 计算举例：如以 3 层楼 $d_1 \times d_z = 20 \times 15$ 为例。

层立管之间长度为 $3.0 - 0.6 = 2.4$m，则层立管的当量阻力系数 $\zeta_{0.1} = \dfrac{\lambda_1}{d_1} l_1 + \sum \zeta_1 = 1.8 \times 2.4 + 0 = 4.32$。设 n 为建筑物层数，ζ_0 代表散热器及其支管的当量阻力系数，ζ_0' 代表立管与供、回水管连接部分的当量阻力系数，则整根立管的折算阻力系数 $\zeta_{zh} = n\zeta_0 + n\zeta_{0.1} + \zeta_0' = 3 \times 15.6 + 3 \times 4.32 + 12.9 = 72.7$

供暖系统中摩擦损失与局部损失的概略分配比例 α（%）　　　　附录 4-8

供暖系统形式	摩 擦 损 失	局 部 损 失
重力循环热水供暖系统	50	50
机械循环热水供暖系统	50	50
低压蒸汽供暖系统	60	40
高压蒸汽供暖系统	80	20
室内高压凝水管路系统	80	20

疏水器的排水系数 A_p 值　　　　附录 5-1

排水阀孔直径 d（mm）	$\Delta P = P_1 - P_2$（kPa）									
	100	200	300	400	500	600	700	800	900	1000
2.6	25	24	23	22	21	20.5	20.5	20	20	19.8
3	25	23.7	22.5	21	21	20.4	20	20	20	19.5
4	24.2	23.5	21.6	20.6	19.6	18.7	17.8	17.2	16.7	16
4.5	23.8	21.3	19.9	18.9	18.3	17.7	17.3	16.9	16.6	16
5	23	21	19.4	18.6	18	17.3	16.8	16.3	16	15.5
6	20.8	20.4	18.8	17.9	17.4	16.7	16	15.5	14.9	14.3
7	19.4	18	16.7	15.9	15.2	14.8	14.2	13.8	13.5	13.5
8	18	16.4	15.5	14.5	13.8	13.2	12.6	11.7	11.9	11.5
9	16	15.3	14.2	13.6	12.9	12.5	11.9	11.5	11.1	10.6
10	14.9	13.9	13.2	12.5	12	11.4	10.9	10.4	10	10
11	13.6	12.6	11.8	11.3	10.9	10.6	10.4	10.2	10	9.7

减压阀阀孔面积选择用图

公称直径 DN （mm）	阀孔截面积 f （cm²）
25	2.00
32	2.80
40	3.48
50	5.30
65	9.45
80	13.20
100	23.50
125	36.80
150	52.20

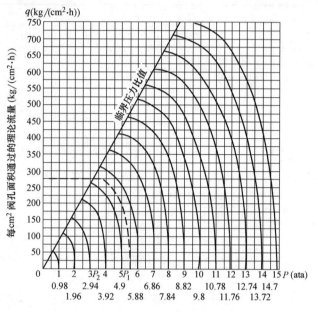

【例】 饱和蒸汽，阀前压力 $P_1 = 5.4$bar（abs），阀后压力 $P_2 = 3.43$bar（abs），蒸汽流量 $G = 2$t/h，求减压阀阀孔截面积。

【解】 由图查得：$q = 275$kg/（h·cm²）

阀孔截面积：$f = \dfrac{2000}{0.6 \times 275} = 12.12$cm²

减压阀接管直径选用 $DN = 80$mm。

注：0.6 为流量系数。

低压蒸汽供暖系统管路水力计算表

（表压力 $P_b = 5 \sim 20$kPa，$K = 0.2$mm）

比摩阻 R （Pa/m）	上行：通过热量(Q)；下行：蒸汽流速 v(m/s)；水煤气管（公称直径）						
	15	20	25	32	40	50	70
5	790 2.92	1510 2.92	2380 2.92	5260 3.67	8010 4.23	15760 5.1	30050 5.75
10	918 3.43	2066 3.89	3541 4.34	7727 5.4	11457 6.05	23015 7.43	43200 8.35
15	1090 4.07	2490 4.88	4395 5.45	10000 6.65	14260 7.64	28500 9.31	53400 10.35
20	1239 4.55	2920 5.65	5240 6.41	11120 7.80	16720 8.83	33050 10.85	61900 12.10
30	1500 5.55	3615 7.01	6350 7.77	13700 9.60	20750 10.95	40800 13.20	76600 14.95
40	1759 6.51	4220 8.20	7330 8.98	16180 11.30	24190 12.70	47800 15.30	89400 17.35
60	2219 8.17	5130 9.94	9310 11.4	20500 14.00	29550 15.60	58900 19.03	110700 21.40
80	2570 9.55	5970 11.60	10630 13.15	23100 16.30	34400 18.40	67900 22.10	127600 24.80

比摩阻 R (Pa/m)	上行:通过热量(Q);下行:蒸汽流速 v(m/s);水煤气管(公称直径)						
	15	20	25	32	40	50	70
100	2900	6820	11900	25655	38400	76000	142900
	10.70	13.20	14.60	17.90	20.35	24.60	27.60
150	3520	8323	14678	31707	47358	93495	168200
	13.00	16.10	18.00	22.15	25.00	30.20	33.40
200	4052	9703	16975	36545	55568	108210	202800
	15.00	18.80	20.90	25.50	29.40	35.00	38.90
300	5049	11939	20778	45140	68360	132870	250000
	18.70	23.20	25.60	31.60	35.60	42.80	48.20

低压蒸汽供暖系统管路水力计算用动压头（Pa）　　　　附录 5-4

v(m/s)	$\frac{v^2}{2}\rho$(Pa)	v(m/s)	$\frac{v^2}{2}\rho$(Pa)	v(m/s)	$\frac{v^2}{2}\rho$(Pa)	v(m/s)	$\frac{v^2}{2}\rho$(Pa)
5.5	9.58	10.5	34.93	15.5	76.12	20.5	133.16
6.0	11.40	11.0	38.34	16.0	81.11	21.0	139.73
6.5	13.39	11.5	41.90	16.5	86.26	21.5	146.46
7.0	15.53	12.0	45.63	17.0	91.57	22.0	153.36
7.5	17.82	12.5	49.50	17.5	97.04	22.5	160.41
8.0	20.28	13.0	53.50	18.0	102.66	23.0	167.61
8.5	22.89	13.5	57.75	18.5	108.44	23.5	174.98
9.0	25.66	14.0	62.10	19.0	114.38	24.0	182.51
9.5	28.60	14.5	66.60	19.5	120.48	24.5	190.19
10.0	31.69	15.0	71.29	20.0	126.74	25.0	198.03

蒸汽供暖系统干式和湿式自流凝结水管管径选择表　　　　附录 5-5

凝水管径	形成凝水时,由蒸汽放出的热量(kW)					
	干式凝水管			湿式凝水管(水平或垂直的)		
	低压蒸汽		高压蒸汽	计算管段的长度(m)		
(mm)	水平管段	垂直管段		50 以下	50～100	100 以上
1	2	3	4	5	6	7
15	4.7	7	8	33	21	9.3
20	17.5	26	29	82	53	29
25	33	49	45	145	93	47
32	79	116	93	310	200	100
40	120	180	128	440	290	135
50	250	370	230	760	550	250
76×3	580	875	550	1750	1220	580
89×3.5	870	1300	815	2620	1750	875
102×4	1280	2000	1220	3605	2320	1280
114×4	1630	2420	1570	4540	3000	1600

注：1. 第 5、6、7 栏计算管段的长度系指最远散热器到锅炉的长度。

　　2. 干式水平凝水管坡度 0.005。

室内高压蒸汽供暖系统管径计算表

（蒸汽表压力 $P_b=200\text{kPa}$，$K=0.2\text{mm}$）

附录 5-6

公称直径(mm)		15		20		25		32		40	
内径(mm)		15.75		21.25		27		35.75		41	
外径(mm)		21.25		26.75		32.50		42.25		48	
Q	G	R	v	R	v	R	v	R	v	R	v
4000	7	71	5.7								
6000	10	154	8.6	34	4.7	10	2.9				
8000	13	270	11.5	58	6.3	17	3.9				
10000	17	418	14.4	89	7.9	26	4.9				
12000	20	597	17.2	127	9.5	37	5.9	9	3.3		
14000	23	809	20.1	172	11.1	50	6.8	12	3.9		
16000	27	1052	23.0	223	12.6	65	7.8	16	4.5	8	3.4
18000	30			281	14.2	82	8.8	20	5.0	10	3.8
20000	33			345	15.8	100	9.8	24	5.6	12	4.2
24000	40			494	18.9	143	11.7	34	6.7	17	5.1
28000	47			670	22.1	194	13.7	46	7.8	23	5.9
32000	53			871	25.3	252	15.6	59	8.9	29	6.8
36000	60			1100	28.4	317	17.6	74	10.0	37	7.6
40000	67			1355	31.6	390	19.6	91	11.2	45	8.5
44000	73			1636	34.7	471	21.5	110	12.3	54	9.3
50000	83			2108	39.5	606	24.4	141	13.9	70	10.6
60000	100					868	29.3	202	16.7	100	12.7
70000	116					1178	34.2	274	19.5	135	14.8
80000	133					1535	39.1	356	22.3	175	17.0
90000	150							449	25.1	220	19.1
100000	166							553	27.9	271	21.2
140000	233							1077	39.0	527	29.7
180000	299							1774	50.2	868	38.2
220000	366									1292	46.6

公称直径(mm)		50		70		公称直径(mm)		50		70	
内径(mm)		53		68		内径(mm)		53		68	
外径(mm)		60		75.5		外径(mm)		60		75.5	
Q	G	R	v	R	v	Q	G	R	v	R	v
28000	47	6	3.6			100000	166	72	12.7	20	7.7
32000	53	8	4.1			140000	233	139	17.8	38	10.8
36000	60	10	4.6			180000	299	228	22.8	63	13.9
40000	67	12	5.1	3	3.1	220000	366	339	27.9	93	17.0
44000	73	15	5.6	4	3.4	260000	433	472	33.0	129	20.0
48000	80	17	6.1	5	3.7	300000	499	626	38.1	171	23.1
50000	83	19	6.3	5	3.9	340000	566	803	43.1	219	26.2
60000	100	27	7.6	7	4.6	380000	632	1001	48.2	273	29.3
70000	116	36	8.9	10	5.4	420000	699			333	32.4
80000	133	46	10.1	13	6.2	460000	765			398	35.5
90000	150	58	11.4	16	6.9	500000	832			470	38.5

注：1. 制表时假定蒸汽运动黏度 $\nu=8.21\times10^{-6}\text{m}^2/\text{s}$，
汽化潜热 $r=2164\text{kJ/kg}$，密度 $\rho=1.651\text{kg/m}^3$。

2. 按公式（4-12）确定摩擦阻力系数 λ 值。

3. 表中符号：Q—管段热负荷，W；G—管段蒸汽流量，kg/h；
R—比摩阻，Pa/m；v—流速，m/s。

室内高压蒸汽供暖管路局部阻力当量长度（$K=0.2$mm）（m）　　附录 5-7

局部阻力名称	公称直径(mm)												
	15	20	25	32	40	50	70	80	100	125	150	175	200
	1/2″	3/4″	1″	11/4″	11/2″	2″	21/2″	3″	4″	5″	6″		
双柱散热器	0.7	1.1	1.5	2.2	—	—	—	—	—	—	—	—	—
钢制锅炉	—	—	—	—	2.6	3.8	5.2	7.4	10.0	13.0	14.7	17.6	20.0
突然扩大	0.4	0.6	0.8	1.1	1.3	1.9	2.6	—	—	—	—	—	—
突然缩小	0.2	0.3	0.4	0.6	0.7	1.0	1.3	—	—	—	—	—	—
截止阀	6.0	6.4	6.8	9.9	10.4	13.3	18.2	25.9	35.0	45.5	51.3	61.6	70.7
斜杆截止阀	1.1	1.7	2.3	2.8	3.3	3.8	5.2	7.4	10.0	13.0	14.7	17.6	20.2
闸阀	—	0.3	0.4	0.6	0.7	1.0	1.3	1.9	2.5	3.3	3.7	4.4	5.1
旋塞阀	1.5	1.5	1.5	2.2	—	—	—	—	—	—	—	—	—
方形补偿器	—	—	1.7	2.2	2.6	3.8	5.2	7.4	10.0	13.0	14.7	17.6	20.2
套管补偿器	0.2	0.4	0.6	0.6	0.7	1.0	1.3	1.9	2.5	3.3	3.7	4.4	5.1
直流三通 ⊢→	0.4	0.6	0.8	1.1	1.3	1.9	2.6	3.7	5.0	6.5	7.3	8.8	10.0
旁流三通 ⊢↑	0.6	0.8	1.1	1.7	2.0	2.8	3.9	5.6	7.5	9.8	11.0	13.2	15.1
合流三通 ⊢↑	1.1	1.7	2.2	3.3	3.9	5.7	7.8	11.1	15.0	19.5	22.0	26.4	30.3
直流四通 ┼↓	0.7	1.1	1.5	2.2	2.6	3.8	5.2	7.4	10.0	13.0	14.7	17.6	20.2
分流四通 ┼→	1.1	1.7	2.2	3.3	3.9	5.7	7.8	11.1	15.0	19.5	22.0	26.4	30.3
弯头	0.7	1.1	1.1	1.7	1.3	1.9	2.6	—	—	—	—	—	—
90°煨弯及乙字弯	0.6	0.7	0.8	0.9	1.0	1.1	1.3	1.9	2.5	3.3	3.7	4.4	5.1
括弯	1.1	1.1	1.5	2.2	2.6	3.8	5.2	7.4	10.0	13.0	14.7	17.6	20.2
急弯双弯	0.7	1.1	1.5	2.2	2.6	3.8	5.2	7.4	10.0	13.0	14.7	17.6	20.2
缓弯双弯	0.4	0.6	0.8	1.1	1.3	1.9	2.6	3.7	5.0	6.5	7.3	8.8	10.1

供暖热指标推荐值（W/m²）　　附录 6-1

建筑物类型	热指标 q_f		
	未采取节能措施	采取二步节能措施	采取三步节能措施
居住	58～64	40～45	30～40
居住区综合	60～67	45～55	40～50
学校、办公	60～80	50～70	45～60
医院、幼托	65～80	55～70	50～60
旅馆	60～70	50～60	45～55
商店	65～80	55～70	50～65
影剧院、展览馆	95～115	80～105	70～100
体育馆	115～140	100～150	90～120

注：1. 本表摘自《城镇供热管网设计标准》CJJ34。

　　2. 表中数值适用于我国东北、华北、西北地区。

　　3. 热指标中已包括约 5% 的管网热损失在内。

热水用水定额　　　　　附录6-2

序号	建筑物名称		单位	用水定额（L）		使用时间（h）
				最高日	平均日	
1	普通住宅	有热水器和沐浴设备	每人每日	40～80	20～60	24
		有集中热水供应（或家用热水机组）和沐浴设备		60～100	25～70	
2	别墅		每人每日	70～110	30～80	24
3	酒店式公寓		每人每日	80～100	65～80	24
4	宿舍	居室内设卫生间	每人每日	70～100	40～55	24或定时供应
		设公用盥洗卫生间		40～80	35～45	
5	招待所、培训中心、普通旅馆	设公用盥洗室	每人每日	25～40	20～30	24或定时供应
		设公用盥洗室、淋浴室		40～60	35～45	
		设公用盥洗室、淋浴室、洗衣室		50～80	45～55	
		设单独卫生间、公用洗衣室		60～100	50～70	
6	宾馆客户	旅客	每床位每日	120～160	110～140	24
		员工	每人每日	40～50	35～40	8～10
7	医院住院部	设公用盥洗室	每床位每日	60～100	40～70	24
		设公用盥洗室、淋浴室		70～130	65～90	
		设单独卫生间		110～200	110～140	
		医务人员	每人每班	70～130	65～90	8
	门诊部、诊疗所	病人	每病人每次	7～13	3～5	8～12
		医务人员	每人每班	40～60	30～50	8
		疗养院、休养所住房部	每床每位每日	100～160	90～110	24
8	养老院、托老所	全托	每床位每日	50～70	45～55	24
		日托		25～40	15～20	10
9	幼儿园、托儿所	有住宿	每儿童每日	25～50	20～40	24
		无住宿		20～30	15～20	10
10	公共浴室	淋浴	每顾客每次	40～60	35～40	12
		淋浴、浴盆		60～80	55～70	
		桑拿浴（淋浴、按摩池）		70～100	60～70	
11	理发室、美容院		每顾客每次	20～45	20～35	12
12	洗衣房		每公斤干衣	15～30	15～30	8
13	餐饮业	中餐酒楼	每顾客每次	15～20	8～12	10～12
		快餐店、职工及学生食堂		10～12	7～10	12～16
		酒吧、咖啡厅、茶座、卡拉OK房		3～8	3～5	8～18
14	办公楼	坐班制办公	每人每班	5～10	4～8	8～10
		公寓式办公	每人每日	60～100	25～70	10～24
		酒店式办公		120～160	55～140	24
15	健身中心		每人每次	15～25	10～20	8～12
16	体育场（馆）	运动员淋浴	每人每次	17～26	15～20	4
17	会议厅		每座位每次	2～3	2	4

注：1. 本表摘自《建筑给水排水设计标准》GB 50015—2019。
　　2. 学生宿舍使用IC卡计费用热水时，可按每人每日最高日用水定额25～30L、平均日用水定额20～25L。
　　3. 表中平均日用水定额仅用于计算太阳能热水系统集热器面积和计算节水用水量。

居住区供暖期生活热水热指标 q_s（W/m²）　　　　附录 6-3

供生活热水情况	热指标（W/m²）
只对公共建筑供热水时	2～3
全部住宅和公共建筑均供给生活热水时	5～15

注：1. 本表摘自《热网标准》CJJ 34。
　　2. 冷水温度较高时用较小值，冷水温度较低时用较大值。
　　3. 热指标中已包括了约 10% 的管网热损失。

住宅、别墅、旅馆、医院的热水小时变化系数 k_r 值　　　　附录 6-4

（a）住宅、别墅的热水小时变化系数 k_r 值

居住人数 m	≤100	150	200	250	300	500	1000	3000	≥6000
小时变化系数 k_r	5.12	4.49	4.13	3.88	3.70	3.28	2.86	2.48	2.34

（b）旅馆的热水小时变化系数 k_r 值

床位数 m	≤150	300	450	600	900	≥1200
小时变化系数 k_r	6.84	5.61	4.97	4.58	4.19	3.90

（c）医院的热水小时变化系数 k_r 值

床位数 m	≤50	75	100	200	300	500	≥1000
小时变化系数 k_r	4.55	3.78	3.54	2.93	2.60	2.23	1.95

一些产品单位耗能概算指标　　　　附录 6-5

产品类型	单位	耗热指标	产品类型	单位	耗热指标
合成橡胶	GJ/t	115	硫酸	GJ/t	0.5
化学纤维	GJ/t	75	钢管和黑色金属轧材	GJ/t	0.35
酚	GJ/t	30	铸铁	GJ/t	0.23
塑料合成树脂	GJ/t	25	马丁钢	GJ/t	0.13
化学纸浆	GJ/t	15	胶合板	GJ/m²	6
苛性钠	GJ/t	13	刨花板	GJ/m²	5
纸和纸板	GJ/t	10	毛织品	GJ/m²	0.04
合成氨	GJ/t	5	丝织品	GJ/m²	0.02
焦炭	GJ/t	1	麻织品	GJ/m²	0.015
石油制品	GJ/t	0.9	棉织品	GJ/m²	0.01
粗制烧碱	GJ/t	7			

注：本表部分摘自《城市供热管理手册》，北京市热力公司编。

附录 6-6

我国北方一些城市等于或低于某一室外温度的平均延续小时数（1951—1980 年）

城市	等于或低于某一室外温度 t_w（℃）的延续小时数(h)																供暖期天数 N(天)	供暖室外计算温度 t'_w（℃）	供暖期日平均温度 t_{pj}（℃）	公式系数	
	+5	+3	0	-2	-4	-6	-8	-10	-12	-14	-16	-18	-20	-22	-24	-26				β_0	b
1	2	3	4	5	6	7	8	9	10	11	12	13	14	15	16	17	18	19	20	21	22
哈尔滨	4296	3935	3483	3198	2960	2727	2509	2268	1997	1689	1331	998	682	389	200	82	179	-26	-9.5	0.705	0.9110
佳木斯	4392	3983	3569	3299	3035	2823	2605	2361	2102	1790	1428	1034	694	409	202	85	183	-26	-10.2	0.705	0.998
牡丹江	4320	3938	3471	3204	2937	2682	2441	2198	1911	1590	1249	866	533	268	113		180	-24	-9.1	0.690	0.981
长春	4176	3732	3293	2997	2731	2471	2204	1923	1570	1216	871	583	327	162	108	(−23℃)	174	-23	-8.0	0.683	0.897
乌鲁木齐	3768	3492	3148	2910	2628	2328	2012	1666	1345	993	664	433	250	122			157	-22	-8.5	0.675	1.042
沈阳	3648	3229	2726	2431	2130	1815	1469	1123	794	528	310	148	106	(−19℃)			152	-19	-5.7	0.649	0.831
通辽	4008	3609	3156	2868	2574	2344	2050	1699	1297	860	517	267	121				167	-20	-7.3	0.658	1.004
呼和浩特	4104	3652	3071	2744	2428	2108	1732	1303	955	627	361	174	116	(−19℃)			171	-19	-5.9	0.649	0.857
银川	3576	3031	2510	2121	1719	1277	870	523	298	142	92	(−15℃)					149	-15	-3.4	0.606	0.742
西宁	3960	3383	2775	2360	1890	1326	792	383	136	86	(−13℃)						165	-13	-3.2	0.581	0.856
太原	3456	2941	2369	1916	1429	848	485	228	80	(−11℃)							144	-12	-2.1	0.567	0.730
兰州	3240	2827	2292	1877	1383	873	444	164	(−9℃)								135	-11	-2.5	0.552	0.904
北京	3096	2599	1989	1469	934	474	188	(−7℃)									129	-9	-1.6	0.519	0.909
天津	2928	2465	1833	1235	700	330	127	69	(−9℃)								122	-9	-0.9	0.519	0.737
石家庄	2808	2283	1560	1054	570	258	165	(−7℃)									117	-8	-0.2	0.500	0.669
济南	2544	1873	1141	706	393	165	91	(−7℃)									106	-7	0.9	0.480	0.510
西安	2424	1824	973	450	161	91	(−5℃)										101	-5	1.0	0.435	0.652
郑州	2448	1671	891	433	168	100	(−5℃)										102	-5	1.6	0.435	0.496

注：1. 本表保留了原始数据，详细资料见《区域供热》杂志，1990 年第 3 期。

2. 现行《民规》供暖室外计算温度和供暖期日平均温度较本表已经改变，β_0、b 都应按第六章公式重新计算。

附录 6-7

我国北方部分城市等于或低于某一室外温度的平均延续小时数

城市	等于或低于某一室外温度 t_w（℃）的延续小时数（h）																	供暖期天数 N（天）	供暖室外计算温度 t'_w（℃）	供暖期日平均温度 t_{pj}（℃）	公式系数	
	+5	+3	0	−2	−4	−6	−8	−10	−12	−14	−16	−18	−20	−22	−24	−26	−28				β_0	b
1	2	3	4	5	6	7	8	9	10	11	12	13	14	15	16	17	18	19	20	21	22	23
黑河	4632	4365	3964	3696	3429	3162	2895	2628	2362	2095	1829	1563	1297	1031	766	501	238	193	−28.9	−11.6	0.723	0.995
伊春	4512	4239	3830	3557	3284	3011	2738	2465	2192	1919	1647	1374	1101	828	556	283		188	−27.2	−10.8	0.712	0.999
齐齐哈尔	4248	3949	3502	3205	2908	2612	2316	2022	1728	1435	1144	855	567	284				177	−23.2	−8.7	0.684	0.979
四平	3888	3491	2917	2550	2195	1855	1530	1223	935	671	435	237						162	−19.8	−5.5	0.656	0.756
本溪	3768	3323	2691	2295	1921	1569	1243	945	677	445	258	133						164	−18.6	−5.7	0.644	0.684
延吉	3984	3639	3122	2779	2436	2094	1754	1414	1077	742	410							166	−17.8	−6.1	0.637	0.981
赤峰	3864	3445	2832	2436	2051	1678	1320	978	658	368	134							161	−16.2	−4.5	0.620	0.835
大同	3792	3350	2710	2300	1905	1527	1169	835	530	268								158	−15.6	−4	0.613	0.796
酒泉	3648	3190	2530	2111	1710	1330	975	650	364	145								152	−14.4	−3.4	0.599	0.782
榆林	3432	2971	2311	1896	1502	1134	795	493	243									143	−13.5	−2.9	0.587	0.763
张家口	3480	3005	2324	1893	1483	1098	743	428	176									145	−12.7	−2.7	0.577	0.787
丹东	3480	2967	2237	1780	1352	956	601	301										145	−11.8	−2.2	0.564	0.764
库车	2904	2543	2004	1648	1294	944	599	263										121	−10.9	−2.7	0.550	0.967
中宁	3288	2771	2031	1565	1127	724	368											137	−9.9	−1.6	0.534	0.808
大连	3000	2282	1386	914	544	284	141											125	−9	0.1	0.519	0.538
喀什	2616	2201	1599	1214	847	504	201											109	−8.7	−1.3	0.513	0.867
唐山	2880	2340	1584	1124	708	352												120	−7.9	−0.6	0.498	0.773
青岛	2376	1414	489	194														99	−3.8	2.1	0.404	0.464
运城	2016	1440	693	302														84	−3.5	1.3	0.395	0.741

注：表中数据按照书中公式（6-12）～式（6-17）和《民用建筑热工设计规范》GB 50176—2016 附录 A 室外气象参数统计计算得出。

附录 7-1

国产部分供热机组的主要技术资料

汽轮机型号及名称	C50-90/13（单抽）	C50-90/1.2（单抽）	CC50-90/13/1.2（双抽）	CB25-90/10/1.2（抽背）	B50-90/2（背压）	B25-90/1.75（背压）	B25-90/13（背压）	C250/N300-16.7/537/537（抽汽冷凝两用）	C280/N350-24.2/566/566（抽汽冷凝两用）	C330/N350-17.75/0.981/540/540（抽汽冷凝两用）	N300-16.67/537/537（冷凝式）
制造厂	上汽	上汽	哈汽	哈汽	北重	北重	北重	哈汽	哈汽	南汽	哈汽
额定功率（MW）	50	50	50	25	50	25	25	300	350	330/350	300
新汽压力（MPa）	8.82	8.82	8.82	8.82	8.82	8.82	8.82	16.7	24.2	17.75/3.386	16.67
新汽温度（℃）	535	535	535	535	535	535	535	537	566	540/540	537
回热级数	5	6	5	4	3	3	2	8	8		
给水温度（℃）	217	229.4	218.5	217.4	223	115.8	202.5	269.1	277.5	277	276
排汽压力（kPa）	4	2.85	5.5	118	118-248	172	1270-1570	4.9	4.9	5.1	
工业抽汽 压力（MPa）	1.27		1.27	0.98	0.496		1.27	0.245	2.06	0.25	
工业抽汽 温度（℃）	320		293	272			296.5	202.5	467.7	241.5	
工业抽汽 额定流量（t/h）	160	180	140	80	223		202.5	340	480	343	
工业抽汽 最大流量（t/h）	230	200	230	120	232		216	520	50	523	
供暖抽汽 压力（MPa）		0.07～0.248	0.118	0.118	0.496			0.245	0.4	0.25	
供暖抽汽 温度（℃）			104	104	x=0.994	115.8		202.5	255.8	241.5	
供暖抽汽 额定流量（t/h）		180	100	60	223	114.5		340	480	343	
供暖抽汽 最大流量（t/h）		200	160	110	232			520	550（双抽）/600（单抽）	523	
额定工况下进汽量（t/h）	310	266.6	311	171.8	285	145	240	882.77	997.27		775
备注	抽汽/冷凝	高背压					高背压	抽汽/冷凝	新汽/再热	新汽/再热	抽汽/冷凝

注：1. 上汽—上海汽轮机厂；哈汽—哈尔滨汽轮机厂；北重—北京重型电机厂；南汽—南京汽轮机厂。
2. C—抽汽式；B—背压式；N—冷凝式。

热力网路水力计算表

（$K=0.5$mm，$t=100℃$，$\rho=958.4$kg/m^3，$\gamma=0.295\times10^{-6}$m^2/s）

表中采用单位：水流量 G（t/h）；流速 v（m/s）；比摩阻 R（Pa/m）

公称直径(mm)	25		32		40		50		65		80	
外径×壁厚(mm)	32×2.5		38×2.5		45×2.5		57×3.5		76×3.5		89×3.5	
G	v	R	v	R	v	R	v	R	v	R	v	R
0.5	0.25	55.7	0.17	19.2								
0.6	0.3	79.7	0.2	27.5	0.14	9.99						
0.7	0.35	105.2	0.24	37.1	0.16	13.5						
0.8	0.41	137.4	0.27	48.4	0.18	17.5						
0.9	0.46	173.9	0.31	61	0.21	22.1						
1.0	0.51	214.6	0.34	73.1	0.23	27.1						
1.1	0.56	259.7	0.37	89.4	0.25	37.6	0.16	10.1				
1.2	0.61	309.1	0.41	105.3	0.28	38.8	0.18	12				
1.3	0.66	362.8	0.44	123.5	0.3	45.4	0.19	14				
1.4	0.71	420.7	0.47	143.2	0.32	52.6	0.21	16.2				
1.5	0.76	482.9	0.51	164.4	0.35	58.7	0.22	18.5				
1.6	0.81	549.5	0.54	187.1	0.37	66.7	0.24	21.1				
1.7	0.86	620.3	0.58	211.2	0.39	75.4	0.25	23.7				
1.8	0.91	695.5	0.61	236.8	0.42	84.5	0.27	26.5				
1.9	0.96	774.9	0.64	263.8	0.44	94.1	0.28	29.5				
2.0	1.01	858.7	0.68	292.2	0.46	104.3	0.30	32.6				
2.1	1.06	946.7	0.71	332.2	0.48	115	0.31	36				
2.2			0.75	353.7	0.51	126.2	0.32	38.3				
2.3			0.78	386.5	0.53	137.9	0.34	41.8				
2.4			0.81	420.9	0.55	150.1	0.35	45.6				
2.5			0.85	456.7	0.58	163	0.37	49.5	0.19	9.3		
2.6			0.88	493.9	0.60	176.2	0.38	53.5	0.20	10.1		
2.7			0.92	523.6	0.62	190	0.40	57.6	0.21	10.8		
2.8			0.95	572.8	0.65	204.4	0.41	62	0.22	11.6		
2.9			0.98	614.5	0.67	219.2	0.43	66.5	0.22	12.4		
3.0			1.02	657.6	0.69	234.6	0.44	71.1	0.23	13.3		
3.1			1.05	702.2	0.72	250.6	0.46	70.0	0.24	14.2		
3.2			1.08	748.2	0.74	267	0.47	81	0.25	15.1		
3.3			1.12	795.8	0.76	283.9	0.49	86.1	0.26	16.0		
3.4			1.15	844.7	0.78	301.4	0.5	91.4	0.26	17.1		
3.5					0.81	319.4	0.52	96.9	0.27	18.0	0.19	7.3
3.6					0.83	337.9	0.53	102.5	0.28	19.0	0.20	7.6
3.7					0.85	356.9	0.55	108.3	0.29	20.1	0.20	8.1
3.8					0.88	376.4	0.56	114.3	0.29	21.2	0.21	8.5
3.9					0.90	396.5	0.58	120.3	0.30	22.2	0.21	9.0
公称直径(mm)	40		50		65		80		100		125	
外径×壁厚(mm)	45×2.5		57×3.5		76×3.5		89×3.5		108×4		133×4	
G	v	R	v	R	v	R	v	R	v	R	v	R
4.0	0.92	417.1	0.59	126.6	0.31	23.4						
4.2	0.97	469.9	0.62	139.6	0.33	25.1						

公称直径(mm)	40		50		65		80		100		125	
外径×壁厚(mm)	45×2.5		57×3.5		76×3.5		89×3.5		108×4		133×4	
G	v	R	v	R	v	R	v	R	v	R	v	R
4.4	1.02	504.7	0.66	153.2	0.34	27.5						
4.6	1.06	551.6	0.68	167.4	0.36	30.2						
4.8	1.11	600.6	0.71	182.3	0.37	32.7						
5.0	1.15	651.8	0.74	197.8	0.39	35.6						
5.2	1.20	704.9	0.77	213.9	0.40	38.4						
5.4	1.25	760.2	0.80	230.7	0.42	41.5	0.30	17.1				
5.6	1.29	817.6	0.83	248.0	0.43	44.6	0.31	18.3				
5.8	1.34	877	0.86	266.1	0.45	47.8	0.32	19.7				
6.0	1.38	938	0.89	284.8	0.47	51.2	0.33	20.5				
6.2	1.43	1002.1	0.92	304.1	0.48	54.7	0.34	21.9				
6.4			0.95	324.0	0.50	58.2	0.35	23.2				
6.6			0.97	344.0	0.51	61.9	0.36	24.7				
6.8			1.00	365.8	0.53	65.8	0.37	26.3				
7.0			1.03	387.6	0.54	69.2	0.38	27.8				
7.5			1.11	418.4	0.58	80.0	0.41	31.9				
8.0			1.18	506.3	0.63	96.9	0.44	36.4	0.3	13.0		
8.5			1.26	571.5	0.66	102.7	0.47	41.1	0.31	14.1		
9.0			1.33	640.7	0.70	115.2	0.49	46.0	0.33	16.1		
9.5			1.40	713.9	0.74	128.3	0.52	51.3	0.35	17.8		
10.0			1.48	791.1	0.78	142.2	0.55	56.7	0.37	19.8		
10.5			1.55	872.2	0.81	156.7	0.58	62.6	0.39	21.9		
11.0			1.62	957.2	0.85	172.0	0.60	68.7	0.41	24.0		
11.5			1.70	1046	0.89	188.1	0.63	75.1	0.42	26.2		
12.0					0.93	204.7	0.66	81.7	0.44	28.5		
12.5					0.97	222.2	0.69	88.7	0.46	31.0	0.3	9.8
13.0					1.01	240.3	0.71	95.9	0.48	33.6	0.31	10.6
13.5					1.05	259.1	0.74	102.9	0.50	36.1	0.32	11.5
14.0					1.09	278.6	0.77	111.3	0.52	38.8	0.33	11.9
14.5					1.12	298.9	0.80	119.1	0.54	41.7	0.34	12.7
15.0					1.16	319.9	0.82	127.8	0.55	44.6	0.35	13.6
16.0					1.24	364.0	0.88	145.3	0.59	50.7	0.38	15.6
17.0					1.32	410.8	0.93	164.3	0.63	57.2	0.40	17.5
18.0					1.40	460.6	0.99	184.0	0.66	64.2	0.43	19.7

公称直径(mm)	65		80		100		125		150		200	
外径×壁厚(mm)	76×3.5		89×3.5		108×4		133×4		159×4.5		219×6	
G	v	R	v	R	v	R	v	R	v	R	v	R
19	1.47	513.2	1.04	205	0.70	71.5	0.45	22.0				
20	1.55	568.7	1.1	227.2	0.74	79.3	0.47	24.3				
21	1.68	626.9	1.15	250.5	0.78	87.3	0.50	26.8				
22	1.71	688.1	1.21	274.9	0.81	95.8	0.52	29.4				
23	1.78	752.1	1.26	300.4	0.85	104.8	0.54	32.1				
24	1.86	818.9	1.32	327.1	0.89	114.1	0.57	35.0				

公称直径(mm)	65		80		100		125		150		200	
外径×壁厚(mm)	76×3.5		89×3.5		108×4		133×4		159×4.5		219×6	
G	v	R	v	R	v	R	v	R	v	R	v	R
25	1.94	888.6	1.37	355.0	0.92	123.8	0.59	37.9				
26			1.43	383.9	0.96	133.9	0.61	41.1				
27			1.48	414.0	1.00	144.5	0.64	44.3				
28			1.54	445.2	1.03	155.3	0.66	47.6				
29			1.59	477.6	1.07	166.6	0.69	51.1				
30			1.65	511.1	1.11	178.3	0.71	54.7				
31			1.70	515.8	1.14	190.4	0.73	58.4				
32			1.76	581.5	1.18	202.9	0.76	62.2				
33			1.81	618.5	1.22	215.7	0.78	66.2				
34			1.87	656.3	1.26	229.0	0.80	70.3				
35			1.92	699.7	1.29	242.6	0.83	74.4				
36			1.98	736.0	1.33	255.8	0.85	78.7				
37					1.37	271.2	0.87	83.2	0.61	31.8		
38					1.40	286.1	0.90	87.7	0.62	33.4		
39					1.44	301.3	0.92	92.4	0.64	35.2		
40					1.48	316.9	0.95	97.2	0.66	37.0	0.35	6.8
41					1.51	333.0	0.97	102.1	0.67	38.9	0.35	7.1
42					1.65	349.5	0.99	107.1	0.68	40.9	0.36	7.4
43					1.59	366.2	1.02	112.3	0.71	42.8	0.37	7.8
44					1.62	383.5	1.04	117.5	0.72	44.9	0.38	8.1
45					1.66	401.1	1.06	123.0	0.74	46.9	0.39	8.5
46					1.70	419.1	1.09	128.6	0.75	49.0	0.40	8.9
47					1.74	437.6	1.11	134.2	0.77	51.2	0.41	9.3
48					1.77	456.4	1.13	140.0	0.79	53.3	0.41	9.7
49					1.81	475.6	1.16	145.8	0.80	55.6	0.42	10.2
50					1.85	495.2	1.18	151.9	0.82	57.9	0.43	10.6
52					1.92	535.7	1.23	164.2	0.85	62.6	0.45	11.5
54							1.28	177.1	0.89	67.5	0.47	12.3
56							1.32	190.5	0.92	72.6	0.48	13.2

公称直径(mm)	125		150		200		250		300		350	
外径×壁厚(mm)	133×4		159×4.5		219×6		273×6		325×7		377×7	
G	v	R	v	R	v	R	v	R	v	R	v	R
58	1.37	204.3	0.95	77.9								
60	1.42	218.6	0.98	83.4	0.52	15.2						
62	1.47	233.5	1.02	89.0	0.53	16.3						
64	1.51	248.8	1.05	94.9	0.55	17.4						
66	1.56	264.6	1.08	100.8	0.57	18.4						
68	1.61	280.9	1.12	107.1	0.59	19.6						
70	1.65	297.6	1.15	113.5	0.60	20.7						
72	1.70	314.9	1.18	120.1	0.62	22.0						
74	1.75	332.6	1.21	126.8	0.64	23.1						
76	1.80	350.8	1.25	133.3	0.65	24.4						

公称直径(mm)	1	25	1	50	2	00	2	50	3	00	3	50
外径×壁厚(mm)	133×4		159×4.5		219×6		273×6		325×7		377×7	
G	v	R	v	R	v	R	v	R	v	R	v	R
78	1.84	369.5	1.28	142.9	0.67	25.8						
80	1.89	388.4	1.31	148.2	0.69	27.0						
85			1.39	167.3	0.73	30.6						
90			1.48	187.6	0.78	34.3						
95			1.56	209.0	0.82	38.2						
100			1.64	231.6	0.86	42.3						
105			1.72	255.3	0.90	46.4						
110			1.81	280.2	0.95	51.2	0.60	15.1				
115			1.89	306.3	0.99	56.0	0.62	16.5				
120			1.97	333.5	1.03	61.0	0.65	17.9				
125			2.05	361.8	1.68	66.1	0.68	19.5				
130			2.13	391.4	1.12	71.4	0.70	21.1				
135			2.22	422.1	1.16	77.1	0.73	22.7				
140			2.30	453.9	1.21	80.9	0.76	24.4				
145			2.38	486.9	1.25	88.9	0.79	26.3				
150			2.46	521.1	1.29	95.2	0.81	28.0				
155					1.34	101.6	0.84	30.0				
160					1.38	108.3	0.87	31.9	0.61	12.7		
165					1.42	115.2	0.89	34.0	0.63	13.6		
170					1.46	122.2	0.92	36.1	0.65	14.3		
175					1.51	129.6	0.95	38.2	0.67	15.2		
180					1.55	137.0	0.98	40.4	0.69	16.1		
190					1.64	152.7	1.03	45.0	0.73	17.9		
200					1.72	169.2	1.08	49.9	0.76	19.8		
210					1.81	186.5	1.14	55.0	0.80	21.9	0.59	9.7

公称直径(mm)	2	00	2	50	3	00	3	50	4	00	4	50
外径×壁厚(mm)	219×6		273×6		325×7		377×7		426×7		478×7	
G	v	R	v	R	v	R	v	R	v	R	v	R
220	1.90	204.7	1.19	60.4								
230	1.98	223.7	1.25	66.0								
240	2.07	243.6	1.30	71.8								
250	2.15	264.4	1.36	77.9								
260	2.24	286.0	1.41	84.3								
270	2.33	308.4	1.46	90.9	1.03	36.2						
280	2.41	331.6	1.52	97.8	1.07	38.9						
290	2.50	355.7	1.57	104.9	1.11	41.7						
300			1.63	112.2	1.15	44.7						
310			1.68	119.9	1.18	47.6						
320			1.73	127.7	1.22	50.8						
330			1.79	135.8	1.26	54.0						
340			1.84	144.2	1.30	57.3						
350			1.90	152.8	1.34	60.8						

续表

公称直径(mm)	200		250		300		350		400		450	
外径×壁厚(mm)	219×6		273×6		325×7		377×7		426×7		478×7	
G	v	R	v	R	v	R	v	R	v	R	v	R
360			1.95	161.7	1.37	64.3	1.01	28.5				
370			2.01	170.7	1.41	67.9	1.04	30.1				
380			2.06	180.1	1.45	71.6	1.06	31.8				
390			2.11	189.7	1.49	75.5	1.09	33.5				
400			2.17	199.5	1.53	79.4	1.12	35.2				
410			2.22	209.7	1.57	83.4	1.15	37.0				
420			2.28	220.0	1.60	87.5	1.18	38.8				
430			2.33	230.0	1.64	91.7	1.20	40.7				
440			2.38	241.5	1.68	96.0	1.23	42.6				
450			2.44	252.5	1.72	100.5	1.26	44.6				
460			2.49	263.9	1.76	105.0	1.29	46.6				
470			2.55	275.6	1.79	109.6	1.32	48.6	1.02	25.0		
480			2.60	287.8	1.83	114.3	1.34	50.7	1.04	26.1		
490			2.66	299.5	1.87	119.1	1.37	52.8	1.07	27.1		
500			2.71	311.8	1.91	124.0	1.40	55.0	1.09	28.3		
520			2.82	337.3	1.90	134.2	1.46	59.5	1.13	30.6		
540			2.93	363.7	2.00	144.6	1.51	64.2	1.17	33.0		
560					2.14	155.5	1.57	69.0	1.22	35.5		
580					2.21	166.9	1.63	74.0	1.26	38.1		
600					2.29	178.6	1.68	79.2	1.31	40.8	1.03	21.9
620					2.37	190.7	1.74	84.6	1.35	43.5	1.06	23.3

公称直径(mm)	350		400		450		500		600		700	
外径×壁厚(mm)	377×7		426×7		478×7		529×7		630×7		720×8	
G	v	R	v	R	v	R	v	R	v	R	v	R
640	1.79	90.2	1.39	46.4	1.10	24.9						
660	1.85	95.8	1.44	49.3	1.13	26.5						
680	1.91	101.7	1.48	52.3	1.17	28.0						
700	1.96	107.8	1.52	55.5	1.20	29.7						
720	2.02	114.1	1.57	58.7	1.23	31.5	1.00	18.2				
740	2.07	120.5	1.61	62.0	1.27	33.2	1.03	19.2				
760	2.13	127.1	1.65	65.4	1.30	35.1	1.06	20.3				
780	2.19	133.9	1.70	68.9	1.34	36.9	1.09	21.4				
800	2.24	140.8	1.74	72.4	1.37	38.8	1.11	22.4				
820	2.30	148.0	1.78	76.1	1.41	40.8	1.14	23.6				
840	2.35	155.3	1.83	79.9	1.44	42.8	1.17	24.8				
860	2.41	162.8	1.87	83.7	1.47	44.9	1.20	26.0				
880	2.47	170.4	1.91	87.6	1.51	45.9	1.23	27.1				
900	2.52	178.3	1.96	91.7	1.54	49.1	1.25	28.4				
920	2.58	186.3	2.00	95.8	1.58	51.4	1.28	29.7				
940	2.63	194.4	2.04	100.1	1.61	53.6	1.31	31.1				
960	2.69	202.9	2.09	104.4	1.65	56.0	1.34	32.3				
980	2.75	211.4	2.13	108.7	1.68	58.3	1.36	33.7				

续表

公称直径(mm)	350		400		450		500		600		700	
外径×壁厚(mm)	377×7		426×7		478×7		529×7		630×7		720×8	
G	v	R	v	R	v	R	v	R	v	R	v	R
1000	2.80	220.1	2.18	113.2	1.71	60.7	1.39	35.1				
1020	2.86	229.0	2.22	117.8	1.75	63.1	1.42	36.6				
1040	2.91	238.0	2.26	122.4	1.78	65.7	1.45	38.0	1.01	14.9		
1060	2.97	247.3	2.31	127.2	1.82	68.2	1.48	39.5	1.03	15.5		
1080			2.35	132.0	1.85	70.8	1.50	41.0	1.05	16.1		
1100			2.39	137.0	1.89	73.4	1.53	42.5	1.07	16.7		
1150			2.50	149.7	1.97	80.3	1.60	46.5	1.12	18.1		
1200			2.61	163.0	2.06	87.3	1.67	50.6	1.17	19.8		
1250			2.72	176.9	2.14	94.8	1.74	54.9	1.22	21.5		
1300			2.83	191.3	2.23	102.5	1.81	59.4	1.26	23.2		
1350			2.94	206.3	2.32	110.5	1.88	64.0	1.31	25.1	1.01	12.4
1400					2.40	118.9	1.95	68.8	1.36	27.0	1.04	13.4
1450					2.49	127.6	2.02	73.8	1.41	28.9	1.08	14.4
1500					2.57	136.5	2.09	80.0	1.46	30.9	1.12	15.4
1550					2.66	145.7	2.16	84.4	1.51	33.0	1.15	16.4
1600					2.74	155.3	2.23	89.9	1.56	35.2	1.19	17.4
1650					2.83	165.1	2.30	95.6	1.61	37.6	1.23	18.6

公称直径(mm)	450		500		600		700		800		900	
外径×壁厚(mm)	478×7		529×7		630×7		720×8		820×8		920×8	
G	v	R	v	R	v	R	v	R	v	R	v	R
1700	2.92	175.3	2.37	101.4	1.65	39.7	1.27	19.7				
1750	3.00	185.8	2.44	107.5	1.70	42.0	1.30	20.9	1.00	10.5		
1800			2.51	113.8	1.75	44.5	1.34	22.1	1.03	11.1		
1850			2.58	120.1	1.80	47.0	1.38	23.3	1.06	11.7		
1900			2.64	126.7	1.85	49.6	1.42	24.7	1.09	12.3		
1950			2.71	133.5	1.90	52.2	1.45	26.9	1.11	12.9		
2000			2.78	140.4	1.95	55.0	1.49	27.3	1.14	13.6		
2100			2.92	154.8	2.04	60.6	1.56	30.1	1.20	15.0		
2200					2.14	66.5	1.64	33.0	1.26	16.5		
2300					2.24	72.7	1.71	36.2	1.31	18.0	1.04	9.8
2400					2.34	79.2	1.79	39.3	1.37	19.6	1.08	10.7
2500					2.43	85.8	1.86	42.7	1.43	21.3	1.13	11.3
2600					2.53	92.9	1.94	46.2	1.49	23.0	1.17	12.4
2700					2.63	100.2	2.01	50.0	1.54	24.9	1.22	13.4
2800					2.72	107.7	2.09	53.5	1.60	26.8	1.27	14.5
2900					2.82	115.5	2.16	57.4	1.66	28.6	1.31	15.5
3000					2.92	123.7	2.23	61.4	1.71	32.4	1.36	16.7
3100					3.02	132.0	2.31	65.7	1.77	32.7	1.40	17.7
3200					3.11	140.7	2.38	70.0	1.83	34.9	1.45	18.9
3300					3.21	149.6	2.46	74.4	1.88	36.3	1.49	20.1
3400					3.31	158.9	2.53	79.0	1.94	39.4	1.54	21.4
3500					3.41	168.3	2.61	83.7	2.00	41.7	1.58	22.6

续表

公称直径(mm)	450		500		600		700		800		900	
外径×壁厚(mm)	478×7		529×7		630×7		720×8		820×8		920×8	
G	v	R	v	R	v	R	v	R	v	R	v	R
3600					3.50	178.1	2.68	88.5	2.06	44.2	1.63	23.9
3700					3.60	188.1	2.76	93.5	2.11	46.6	1.67	25.3
3800					3.70	198.4	2.83	98.6	2.17	49.2	1.72	26.7
3900					3.79	208.9	2.91	103.9	2.23	51.8	1.76	28.1
4000					3.89	219.8	2.98	109.3	2.28	54.5	1.81	29.5
4200					4.09	243.4	3.13	120.4	2.40	60.2	1.90	32.5
4400					4.28	266.0	3.28	132.2	2.51	66.0	1.99	35.8
4600					4.48	290.7	3.43	144.5	2.63	72.1	2.08	39.1
4800					4.67	316.5	3.58	157.3	2.74	78.5	2.17	42.5
5000					4.87	343.5	3.72	170.7	2.86	85.2	2.26	46.2
5200					5.06	371.5	3.87	184.6	2.97	92.1	2.35	49.9
5400					5.25	400.6	4.02	199.1	3.08	99.4	2.44	53.8
5600							4.17	214.0	3.20	106.9	2.53	57.9

公称直径(mm)	600		700		800		900		1000		1200	
外径×壁厚(mm)	630×7		720×8		820×8		920×8		1020×10		1220×12	
G	v	R	v	R	v	R	v	R	v	R	v	R
5800			4.32	227.3	3.31	114.7	2.62	62.1	2.14	36.7	1.5	14.4
6000			4.47	245.9	3.43	122.7	2.71	66.4	2.22	39.2	1.55	15.4
6200			4.62	262.5	3.52	131.0	2.80	71.0	2.29	41.8	1.60	16.5
6400			4.77	280.0	3.66	139.7	2.89	75.7	2.36	44.6	1.65	17.5
6600			4.92	297.4	3.77	148.5	2.98	80.5	2.44	47.4	1.7	18.6
6800			5.07	315.8	3.88	157.6	3.07	85.4	2.51	50.4	1.76	19.8
7000			5.21	334.6	4.00	167.0	3.16	90.5	2.58	53.4	1.81	21.0
7200			5.36	354.0	4.11	176.7	3.25	95.7	2.66	56.4	1.86	22.1
7400			5.51	374.2	4.23	186.7	3.34	101.1	2.73	59.7	1.91	23.4
7600			5.66	394.5	4.34	196.9	3.43	106.6	2.81	62.9	1.95	24.7
7800			5.81	415.4	4.46	207.4	3.52	112.3	2.88	66.3	2.01	26.0
8000			5.96	437.1	4.57	218.1	3.61	118.2	2.95	69.8	2.07	27.3
8200					4.68	229.2	3.70	124.2	3.03	73.3	2.12	28.7
8400					4.80	240.5	3.80	130.3	3.10	76.9	2.17	30.2
8600					4.91	252.1	3.89	136.6	3.18	80.6	2.22	31.7
8800					5.03	263.9	3.98	146.5	3.25	84.3	2.27	33.1
9000					5.14	276.1	4.07	149.5	3.32	88.2	2.33	34.7
9200					5.25	288.5	4.16	156.3	3.40	92.1	2.38	36.2
9400					5.37	301.2	4.25	163.2	3.47	96.1	3.42	37.7
9600					5.48	314.1	4.34	170.2	3.55	100.0	2.48	39.4
9800					5.60	327.3	4.43	177.4	3.62	104.9	2.53	41.1
10000					5.71	340.8	4.52	184.6	3.69	108.8	2.58	42.7
10500									3.88	119.6	2.71	47.1
11000									4.06	131.3	2.84	51.7
11500									4.25	144.1	2.97	56.5

热水网路局部阻力当量长度表（K=0.5mm）（用于蒸汽网路 K=0.2mm，乘修正系数 β=1.26）

附录 9-2

局部阻力当量长度（m）

名称	局部阻力系数 ξ	32	40	50	70	80	100	125	150	200	250	300	350	400	450	500	600	700	800	900	1000	1200
截止阀	7	6	7.8	8.4	9.6	10.2	13.5	18.5	24.6	39.5												
闸阀	0.5	—	—	0.65	1	1.28	1.65	2.2	2.24	3.36	3.73	4.17	4.3	4.5	4.7	5.3	5.7	6	6.4	6.8	7.1	7.5
旋启式止回阀	3	0.98	1.26	1.7	2.8	3.6	4.95	7	9.52	16	22.2	29.2	33.9	46	56	66	89.5	112	133	158	180	226
升降式止回阀	7	5.25	6.8	9.16	14	17.9	23	30.8	39.2	58.8												
套筒补偿器（单向）	0.4						0.66	0.88	1.68	2.52	3.33	4.17	5	10	11.7	13.1	16.5	19.4	22.8	26.3	30.1	37.6
套筒补偿器（双向）	0.6						1.98	2.64	3.36	5.04	6.66	8.34	10.1	12	14	15.8	19.9	23.3	27.4	31.6	36.1	45.1
波纹管补偿器（无内套）	2						7.2	9.6	10.4	13.7	16.8	17.4	18.8	19.9	20.3	21.2	24.4	27.7	30.2	32.3	36.5	45.6
波纹管补偿器（有内套）	0.2						0.42	0.56	0.69	1.05	1.4	1.74	2.09	2.49	2.9	3.3	4.1	4.8	5.6	6.5	7.3	9.2
方形补偿器																						
三缝焊接弯 R=1.5d	2.5								17.6	24.8	33	40	47	55	67	76	94	110	128	145	164	200
锻压弯头 R=(1.5~2)d	3	3.5	4	5.2	6.8	7.9	9.8	12.5	15.4	23.4	28	34	40	47	60	68	83	95	110	124	140	170
焊弯 R≥4d	2.0	1.8	2	2.4	3.2	3.5	3.8	5.6	6.5	9.3	11.2	11.5	16	20								
弯头																						
45°单缝焊接弯头	0.3								1.68	2.52	3.33	4.17	5	6	7	7.9	9.9	11.7	13.7	15.8	18	22.6
60°单缝焊接弯头	0.7								3.92	5.9	7.8	9.7	11.8	14	16.3	18.4	23.2	27.2	32	36.8	42.1	52.6
锻压弯头 R=(1.5~2)d	0.5	0.38	0.48	0.65	1	1.28	1.65	2.2	2.8	4.2	5.55	6.95	8.4	10	11.7	13.1	16.5	19.4	22.8	26.3	30.1	37.6
煨弯 R=4d	0.3	0.22	0.29	0.4	0.6	0.76	0.98	1.32	1.68	2.52	3.3	4.17	5	6								
除污器	8								56	84	111	139	168	200	233	262	331	388	456	526	602	752
分流三通																						
直通管	1.0	0.75	0.97	1.3	2	2.55	3.3	4.4	5.6	8.4	11.1	13.9	16.8	20	23.3	26.3	33.1	38.8	45.7	52.6	60.2	75.2

续表

局部阻力当量长度（m）

名称	公称直径	局部阻力系数 ξ	32	40	50	70	80	100	125	150	200	250	300	350	400	450	500	600	700	800	900	1000	1200
分流三通　分支管		1.5	1.13	1.45	1.96	3	3.82	4.95	6.6	8.4	12.6	16.7	20.8	25.2	30	35	39.4	49.6	58.2	68.6	78.8	90.2	113
合流三通　直通管		1.5	1.13	1.45	1.96	3	3.82	4.95	6.6	8.4	12.6	16.7	20.8	25.2	30	35	39.4	49.6	58.2	68.6	78.8	90.2	113
分支管		2	1.5	1.94	2.62	4	5.1	6.6	8.8	11.2	16.8	22.2	27.8	33.6	40	46.6	52.5	66.2	77.6	91.5	105	120	150
三通汇流管		3	2.25	2.91	3.93	6	7.65	9.8	13.2	16.8	25.2	33.3	41.7	50.4	60	69.9	78.7	99.3	116	137	158	181	226
三通分流管		2	1.5	1.94	2.62	4	5.1	6.6	8.8	11.2	16.8	22.2	27.8	33.6	40	46.6	52.5	66.2	77.6	91.5	105	120	150
焊接异径接头（按小管径计算）	$F_1/F_0=2$	0.1	—	0.1	0.13	0.2	0.26	0.33	0.44	0.56	0.84	1.1	1.4	1.68	2	2.4	2.6	3.3	3.9	4.6	5.26	6	7.5
	$F_1/F_0=3$	0.3	—	0.14	0.2	0.3	0.38	0.98	1.32	1.68	2.52	3.3	4.17	5	6	4.7	53	6.6	7.8	9.2	10.5	12	15
	$F_1/F_0=4$	0.5	—	0.19	0.26	0.4	0.51	1.6	2.2	2.8	4.2	5.55	6.95	7.4	7.8	8	8.9	9.9	11.6	13.7	15.8	18	22.6

热网管道局部损失与沿程损失的估算比值 a_j 值　　附录9-3

补偿器类型	公称直径 (mm)	a_j 值		补偿器类型	公称直径 (mm)	a_j 值	
		蒸汽管道	热水和凝结水管道			蒸汽管道	热水和凝结水管道
输送干线套筒或波纹管补偿器（带内衬筒）	≤1200	0.2	0.2	输配干线套筒或波纹管补偿器（带内衬筒）	≤400	0.4	0.3
					450～1200	0.5	0.4
方型补偿器	200～350	0.7	0.5	方型补偿器	150～250	0.8	0.6
方型补偿器	400～500	0.9	0.7	方型补偿器	300～350	1.0	0.8
方型补偿器	600～1200	1.2	1.0	方型补偿器	400～500	1.0	0.9
				方型补偿器	600～1200	1.2	1.0

注：本表摘自《城镇供热管网设计标准》CJJ 34，其中：有分支管接出的干线称输配干线，长度超过 2km 无分支管的干线称输送干线。

室外高压蒸汽管径计算表（$K=0.2mm$，$\rho=1kg/m^3$）　　附录13-1

公称直径	50		65		80		100		125		150		200	
外径×壁厚	57×3.5		76×3.5		89×3.5		108×4		133×4		159×4.5		219×6	
G (t/h)	v (m/s)	R (Pa/m)	v (m/s)	R (Pa/m)	v (m/s)	R (Pa/m)	v (m/s)	R (Pa/m)	v (m/s)	R (Pa/m)	v (m/s)	R (Pa/m)	v (m/s)	R (Pa/m)
0.5	70.8	1421												
0.6	84.9	2048.2												
0.7	99.1	2783.2												
0.8	113	3635.8												
0.9	127	4596.2												
1.0	142	5674.2	74.3	1038.8										
1.1	156	6869.8	81.8	1254.4										
1.2	170	8173.2	89.2	1489.6										
1.3	184	9594.2	96.6	1744.4										
1.4			104	2028.6										
1.5			111	2332.4										
1.6			119	2646	84.2	1068.2								
1.7			126	2989	89.5	1205.4								
1.8			134	3351.6	94.7	1352.4								
1.9			141	3373.8	100	1499.4	67.2	528.2						
2.0			149	4135.6	105	1666.0	70.8	585.1						
2.1			156	4566.8	111	1832.6	74.3	644.8						
2.2			164	5007.8	116	2018.8	77.9	707.6						
2.3			171	5478.2	121	2205	81.4	774.2						
2.4			178	5958.4	126	2401	84.9	842.8						
2.5			186	6468.0	132	2597	88.5	914.3						
2.6			193	6997.2	137	2812.6	92	989.8	58.9	305.8				
2.7			201	7546	142	2949.8	95.5	1068.2	61.2	329.3				
2.8			208	8114.4	147	3263.4	99.1	1146.6	63.4	354.8				
2.9			216	8702.4	153	3498.6	103	1234.8	65.7	380.2				
3.0			223	9310.0	158	3743.6	106	1313.2	67.9	406.7	47.2	161.7		
3.1			230	9947.0	163	3998.4	110	1401.4	70.2	434.1	48.8	172.5		
3.2			238	10593.8	168	4263.0	113	1499.4	72.5	462.6	50.3	183.3		
3.3			245	11270	174	4527.6	117	1597.4	74.7	492.0	51.9	195.0		
3.4			253	11956	179	4811.8	120	1695.4	77.0	522.3	53.6	206.8		
3.5			260	12671.4	184	5096	124	1793.4	79.3	553.7	55.1	218.5		
3.6					189	5390	127	1891.4	81.5	586.0	56.5	224.4		
3.7					195	5693.8	131	1999.2	83.8	619.4	58.2	237.2		
3.8					200	6007.4	134	2116.8	86.1	652.7	59.8	250.9		
3.9					205	6330.8	138	2224.6	88.3	688	61.3	263.6	32.2	51.0

| 公称直径 | 100 | | 125 | | 150 | | 200 | | 250 | | 300 | | 350 | |
| 外径×壁厚 | 108×4 | | 133×4 | | 159×4.5 | | 219×6 | | 273×6 | | 325×7 | | 377×7 | |
G (t/h)	v (m/s)	R (Pa/m)	v (m/s)	R (Pa/m)	v (m/s)	R (Pa/m)	v (m/s)	R (Pa/m)	v (m/s)	R (Pa/m)	v (m/s)	R (Pa/m)	v (m/s)	R (Pa/m)
4.0	142	2342.2	90.6	723.2	62.9	277.3	33	53.9						
4.2	149	2577.4	95.1	979.7	66.1	305.8	34.7	58.8						
4.4	156	2832.2	100	875.1	69.2	336.1	36.4	64.7						
4.6	163	3096.8	104	956.5	72.3	366.5	38	70.6						
4.8	170	3371.2	109	1038.8	75.5	399.8	39.7	76.4						
5.0	177	3655.4	113	1127	78.6	433.2	41.3	83.3						
5.2	184	3959.2	118	1225	81.8	469.4	43	89.2						
5.4	191	4263	122	1323	84.9	505.7	44.6	97	28.5	29.4				
5.6	198	4586.4	127	1421	88.1	543.9	46.3	103.9	29.6	31.4				
5.8	205	4919.6	131	1519	91.2	583.1	47.9	110.7	30.6	33.3				
6.0	212	5262.6	136	1626.8	94.4	624.3	49.6	118.6	31.7	36.3				
6.2	219	5625.2	140	1734.6	97.5	666.4	51.2	126.4	32.7	38.2				
6.4	226	5987.8	145	1852.2	101	701.5	52.9	135.2	33.8	41.2				
6.6	234	6370	149	1969.8	104	755.6	54.5	143.1	34.8	43.1				
6.8	241	6762	154	2087.4	107	801.6	56.2	151.9	35.9	46.1				
7.0	248	7163.8	159	2214.8	110	849.7	57.8	156.8	36.9	49	26	19.6		
7.5	265	8310.4	170	2538.2	118	975.1	61.9	180.3	39.6	55.9	27.9	22.5		
8.0			181	2891	126	1107.4	66.1	204.8	42.2	62.7	29.7	25.5		
8.5			193	3263.4	134	1254.4	70.2	231.3	44.9	70.6	31.5	28.4		
9.0			204	3665.2	142	1401.2	74.3	259.7	47.5	79.4	33.4	32.3		
9.5			215	4076.8	149	1568	78.5	289.1	50.1	88.2	35.2	35.3		
10.0			226	4517.8	157	1734.6	82.6	320.5	52.8	98	37.1	39.2		
10.5			238	4988.2	165	1911	86.7	352.8	55.4	107.8	38.9	43.1	28.8	19.6
11.0			249	5468.4	173	2097.2	90.8	387.1	57.1	114.7	40.8	48	30.2	21.6
11.5			260	5978	181	2293.2	95	423.4	59.7	125.4	42.6	51.9	31.6	23.5
12.0			272	6507.2	189	2499	99.1	460.6	62.3	137.2	44.5	56.8	33	25.5
12.5			283	6869.8	197	2714.6	103	499.8	64.9	149	46.3	61.7	34.3	27.4
13.0			294	7844	204	2930.2	107	541	67.5	160.7	48.2	66.6	35.7	29.4
13.5			306	8241.8	212	3165.4	111	583.1	70.1	173.5	50.1	71.5	37.1	32.3
14.0			317	8859.2	220	3400.6	116	627.2	72.7	186.2	51.9	76.4	38.5	34.3
14.5			328	9506	228	3645.6	120	673.3	75.3	199.9	53.8	82.3	39.8	37.2
15.0			340	10123.4	236	3900.4	124	720.3	77.9	213.6	55.6	88.2	41.2	39.2
16			362	11573.8	252	4439.4	132	819.3	83.1	243	58.5	97	43.8	45.1
17			384	13063.4	267	5507.8	140	925.1	88.3	274.4	62.2	109.8	46.7	51
18			408	14651	283	5615.4	149	1038.8	93.5	307.7	65.9	123.5	49.4	56.8

附　录

续表

公称直径	200		250		300		350		400		450		500	
外径×壁厚	219×6		273×6		325×7		377×7		426×7		478×7		529×7	
G (t/h)	v (m/s)	R (Pa/m)	v (m/s)	R (Pa/m)	v (m/s)	R (Pa/m)	v (m/s)	R (Pa/m)	v (m/s)	R (Pa/m)	v (m/s)	R (Pa/m)	v (m/s)	R (Pa/m)
19	157	1156.4	98.7	343	69.5	137.2	52.2	62.7						
20	165	1283.8	104	380.2	73.2	151.9	54.9	69.6						
21	173	1411.2	109	419.4	76.8	167.6	56.4	74.5						
22	182	1548.4	114	459.6	80.5	184.2	59.1	82.3						
23	190	1695.4	119	502.7	84.2	200.9	61.8	89.2						
24	198	1842.4	125	546.8	87.8	218.5	64.5	97						
25	206	1999.2	130	590.9	91.8	237.2	67.1	105.8						
26	215	2165.8	135	641.9	95.1	256.8	69.8	114.7	54.2	60.8	42.8	33.3		
27	223	2332.4	140	692.9	98.8	276.4	72.5	123.5	56.3	65.7	44.4	35.3	36	20.6
28	231	2508.8	145	744.8	102	297.9	75.2	132.2	58.4	68.6	46	38.2	37.4	22.5
29	239	2695	151	798.7	106	319.5	77.9	142.1	60.5	73.5	47.7	41.2	38.7	23.5
30	248	2881.2	156	855.5	110	342	80.6	151.9	62.5	78.4	49.3	43.1	40	25.5
31	256	3077.2	161	973.4	113	364.6	83.3	162.9	64.6	84.3	51	46.1	41.4	27.4
32	264	3273.2	166	973.1	117	389.1	85.9	173.5	66.7	89.2	52.6	49	42.7	28.4
33	273	3488.8	171	1038.8	121	413.6	88.6	184.2	68.8	95.1	54.3	52.9	44	30.4
34	281	3694.6	177	1097.6	124	439	91.3	196	70.9	100.9	55.9	55.9	45.7	32.3
35	289	3920	182	1166.2	128	465.5	94	206.8	73	106.8	57.5	57.8	46.7	34.3
36	297	4145.4	187	1234.8	132	492	96.7	219.5	75.1	112.7	59.2	60.8	48	36.3
37	306	4380.6	192	1303.4	135	519.4	99.4	231.3	77.1	119.6	60.8	64.7	49.4	38.2
38	314	4625.6	197	1372	139	547.8	102	244	79.2	126.4	62.5	67.6	50.7	40.2
39	322	4870.6	203	1440.6	143	577.2	105	257.7	81.3	133.3	64.1	71.5	52.1	43.1
40	330	5115.6	208	1519	146	607.6	107	270.5	83.4	140.1	65.7	75.5	53.4	45.1
41	339	5380.2	213	1597.4	150	638	110	284.2	85.5	147	67.4	79.4	54.7	47
42	347	5644.8	218	1675.8	154	669.3	113	298.9	87.6	153.9	69	83.3	56.1	49
43	355	5919.2	223	1754.2	157	701.7	115	312.6	89.6	161.7	70.7	87.2	57.4	50
44	363	6193.6	229	1842.4	161	735	118	327.3	91.7	168.6	72.3	91.1	58.7	52.9
45	372	6477.8	234	1920.8	165	769.3	121	343	93.8	176.4	74	95.1	60	54.9
46	380	6771.8	239	2009	168	803.6	124	357.7	95.9	185.2	75.6	99	61.4	57.8
47	388	7065.8	244	2097.2	172	838.9	126	373.4	98	193.1	77.3	103.9	62.7	59.8
48	396	7369.6	249	2185.4	176	875.1	129	390	100	200.9	78.9	107.8	64	62.7
49	405	7683.2	255	2283.4	179	911.4	132	405.7	102	209.7	80.5	112.7	65.4	65.7
50	413	7996.8	260	2371.6	183	949.6	134	423.4	104	218.5	82.2	117.6	66.7	68.6
52			270	2567.6	190	1029	140	457.7	108	236.2	85.5	127.4	69.4	73.5
54			281	2773.4	198	1107.4	145	492.9	113	254.8	88.8	137.2	72.1	79.4
56			291	2979.2	205	1185.8	150	530.2	117	273.4	92	147	74.7	82.3

442

续表

公称直径	300		350		400		450		500		600		700	
外径×壁厚	325×7		377×7		426×7		478×7		529×7		630×7		720×8	
G	v	R	v	R	v	R	v	R	v	R	v	R	v	R
(t/h)	(m/s)	(Pa/m)	(m/s)	(Pa/m)	(m/s)	(Pa/m)	(m/s)	(Pa/m)	(m/s)	(Pa/m)	(m/s)	(Pa/m)	(m/s)	(Pa/m)
58	212	1274	156	569.4	121	294	95.3	99	77.4	92.1	54.1	37.2		
60	220	1362.2	161	608.6	125	314.6	98.6	168.6	80.1	98	56	39.2		
62	227	1460.2	167	650.7	129	335.2	102	180.3	82.7	104.9	57.8	41.2		
64	234	1558.2	172	692.9	133	357.7	105	192.1	85.4	111.7	59.7	44.1		
66	241	1656.2	177	737	138	380.2	108	204.8	88.1	118.6	61.6	47		
68	249	1754.2	183	782.0	142	403.8	112	216.6	90.7	126.4	63.4	50		
70	256	1862	188	829.1	146	427.3	115	230.3	93.4	133.3	65.3	53		
72	263	1969.8	193	877.1	150	452.8	118	243.0	96.1	141.1	67.1	55.9		
74	271	2077.6	199	926.1	154	478.2	122	266.8	98.7	149	69	58.8		
76	278	2195.2	204	977.1	158	504.7	125	271.5	101	157.8	70.9	61.7		
78	285	2312.8	209	1029	163	631.2	128	285.2	104	165.6	72.7	64.7		
80	293	2430.4	215	1078	167	558.6	131	300	107	174.4	74.6	68.6		
85	311	2744	228	1225	177	631.1	140	339.1	113	197	79.3	77.4		
90	329	3077.2	242	1372	188	706.6	148	380.2	120	220.5	83.9	86.2		
95	348	3430	255	1528.8	198	787.9	156	423.4	127	246	88.6	97		
100			269	1695.4	208	873.4	164	469.4	133	272.4	93.3	106.8		
105			282	1862	219	962.4	173	517.4	140	300	97.6	117.6		
110			295	2048.2	229	1058.4	181	567.4	147	324.4	103	129.4		
115			309	2234.4	240	1156.4	189	620.3	153	359.7	107	141.1	82.1	70.6
120			322	2440.2	250	1254.4	197	676.2	160	392	112	153.9	85.7	76.4
125			336	2646	261	1362.2	205	733	167	425.3	117	167.6	89.3	83.3
130			349	2861.6	271	1479.8	214	792.8	173	460.6	121	181.3	92.8	90.2
135			363	3087	281	1587.6	222	855.5	180	495.9	126	195	96.4	97
140			376	3312.4	292	1715	230	919.2	187	534.1	131	209.7	100	104.9
145			389	3557.4	302	1832.6	238	989.9	193	572.3	135	225.4	104	111.7
150			403	3802.4	313	1960	247	1058.4	200	612.5	140	241.1	107	120.5
155			416	4067	323	2097.2	255	1127	207	654.6	145	256.8	111	128.4
160			430	4331.6	334	2234.4	263	1205.4	213	696.8	149	274.4	114	139.2
165			443	4606	344	2371.6	271	1274	220	740.9	154	291.1	118	145
170			457	4890.2	354	2518.6	279	1352.4	227	786.9	159	309.7	121	153.9
175			470	5184.2	365	2675.4	288	144.6	233	834	163	327.3	125	163.7
180			483	5478.2	375	2832.2	296	1519	240	882	168	346.9	129	172.5
190			510	6595.4	396	3155.6	312	1695.4	253	980	177	386.1	136	193.1
200			537	6762	417	3488.8	329	1881.6	267	1087.8	187	428.3	143	213.6
210			564	6869.8	438	3851.4	345	2067.8	280	1205.4	196	471.4	150	235.2

公称直径	350		400		450		500		600		700		800	
外径×壁厚	377×7		426×7		478×7		529×7		630×7		720×8		820×8	
G (t/h)	v (m/s)	R (Pa/m)	v (m/s)	R (Pa/m)	v (m/s)	R (Pa/m)	v (m/s)	R (Pa/m)	v (m/s)	R (Pa/m)	v (m/s)	R (Pa/m)	v (m/s)	R (Pa/m)
220	591	8183	459	4223.8	362	2273.6	294	1313.2	205	517.4	157	257.1	120	129.4
230	618	8947.4	479	4615.8	378	2479.4	307	1440.6	214	566.4	164	282.2	126	141.1
240	645	9741.2	500	5027.4	394	2704.8	320	1568	224	616.4	171	307.7	131	153.9
250	671	10574.2	521	5458.6	411	2930.2	334	1705.4	233	668.4	178	333.2	137	166.6
260	698	11436.6	542	5899.6	427	3175.2	347	1842.4	242	723.2	186	360.6	142	180.3
270	725	12328.4	563	6360.2	444	3420.2	360	1989.4	252	780.1	193	389.1	148	195
280	752	13259.4	584	6840.4	460	3675	374	2136.4	261	838.9	200	418.5	153	209.7
290	779	14229.6	605	7340.2	477	3949.4	387	2293.4	270	899.6	207	448.8	159	224.4
300	805	15129.4	625	7859.6	493	4223.8	400	2450	280	963.3	214	480.2	164	240.1
310			646	8388.8	510	4508	414	2616.6	289	1029	221	512.5	170	256.8
320			667	8937.6	520	4802	421	2783.2	298	1097.6	228	545.9	175	273.4
330			688	9506	542	5105.8	440	2969.4	308	1166.2	236	581.1	181	291.1
340			709	10094	554	5419.4	454	3145.8	317	1234.8	243	616.4	186	308.7
350			730	10691.8	575	5752.6	467	3332	326	1313.2	250	653.7	192	327.3
360			750	10819.2	592	6085.8	480	3528	336	1381.8	257	690.9	197	345.9
370			771	11946.2	608	6419	494	3724	345	1460.2	264	703.1	203	365.5
380			792	12602.8	625	6771.8	507	3929.8	354	1548.4	271	770.3	208	385.1
390			813	13279	641	7134.4	520	4145.4	364	1626.8	278	811.4	213	405.7
400					657	7506.8	534	4361	373	1715	286	853.6	219	427.3
410					674	7889	547	4576.6	382	1803.2	293	896.7	224	448.8
420					692	8281	560	4802	392	1891.4	300	940.8	230	471.4
430					707	8673	574	5037.2	401	1979.6	307	989.8	235	493.9
440							587	5272.4	410	2067.8	314	1029	241	517.4
450							600	5517.4	420	2165.8	321	1078	246	541
460							614	5762.4	429	2263.8	328	1127	252	565.5
470							627	6017.2	438	2361.8	336	1176	257	590
480							640	6272	448	2469.6	343	1225	263	615.4
490							654	6536.6	457	2567.6	350	1283.8	268	640.9
500							667	6811	466	2675.4	357	1332.8	274	667.4
520							694	7359.8	485	2891	371	1440.6	285	722.3
540							720	7938	504	3116.4	386	1558.2	296	779.1
560							747	8535.8	522	3351.6	400	1675.8	307	836.9
580							774	9163	541	3596.6	414	1793.4	318	898.7
600							801	9800	560	3851.4	428	1920.8	328	861.4
620							827	10466.4	578	4116	443	2048.2	339	1029

续表

公称直径	450		500		600		700		800		900		1000	
外径×壁厚	478×7		529×7		630×7		720×8		820×8		920×8		1020×10	
G (t/h)	v (m/s)	R (Pa/m)	v (m/s)	R (Pa/m)	v (m/s)	R (Pa/m)	v (m/s)	R (Pa/m)	v (m/s)	R (Pa/m)	v (m/s)	R (Pa/m)	v (m/s)	R (Pa/m)
640			854	11152.4	597	4380.6	457	2185.4	350	1097.6	277	593.9	226	351.8
660					615	4664.8	471	2322.6	361	1166.2	286	632.1	234	373.4
680					634	4949	486	2469.9	372	1234.8	294	670.3	241	396.9
700					653	5243	500	2616.6	383	1313.2	303	710.5	248	420.4
720					671	5546.8	514	2763.6	394	1381.8	312	753.6	255	444.9
740					690	5860.4	528	2920.4	405	1460.2	320	793.8	262	469.4
760					709	6183.8	543	3077.2	416	1538.6	329	837.9	269	491.0
780					727	6507.2	557	3243.8	427	1626.8	338	882	276	522.0
800					746	6850.2	571	3410.4	438	1705.2	346	922.2	283	548.8
820					765	7193.2	585	3586.8	449	1793.4	355	975.1	290	577.3
840					783	7546	600	3763.2	460	1881.6	364	1019.2	297	605.6
860					802	7908.6	614	3949.4	471	1979.6	372	1068.2	304	634.1
880					821	8281	628	4125.8	482	2067.8	381	1127	311	664.4
900					839	8663.2	643	4321.8	493	2165.8	390	1176	318	694.8
920					858	9055.2	657	4517.8	504	2263.8	398	1225	326	726.2
940					877	9457	671	4713.8	515	2316.8	407	1283.8	333	757.5
960					895	9858.8	685	4919.6	520	2459.8	416	1332.8	340	790.9
980							700	5125.4	536	2567.6	424	1391.6	347	824.2
1000							714	5331.2	547	2665.6	433	1450.4	354	857.5
1020							728	5546.8	558	2773.4	442	1509.2	361	892.8
1040							743	5772.2	569	2891	450	1568	368	928.1
1060							757	5997.6	580	2998.8	459	1626.8	375	963.3
1080							771	6223	591	3116.4	468	1695.4	382	999.6
1100							785	6458.2	602	3234	476	1754.2	389	1038
1150									498	1920.8	407	1136.8
1200									520	2087.4	425	1234.8
1250									541	2263.8	442	1342.6
1300									563	2450	460	1450.4
1350									585	2646	478	1568
1400									606	2842	495	1685.6
1450									628	3047.8	513	1803.2
1500									650	3263.4	531	1930.6
1550									671	3488.4	548	2058
1600									693	3714.2	566	2195.2
1650									714	3949.4	584	2332.4

注：编制本表时，假定蒸汽动力站黏滞系数 $\mu=2.05\times10^{-6}$ kg·s/m，进行验算蒸汽流态，对阻力平方区，摩擦系数用式（4-9）计算；对紊流过渡区，查得数值有误差，但不大于 5%。

二次蒸发汽数量 x_2（kg/kg）　　　　　　附录 13-2

始端压力 P_1	末端压力 P_3（10^6Pa）（abs）										
（10^5Pa）(abs)	1	1.2	1.4	1.6	1.8	2.0	3.0	4.0	5.0	6.0	7.0
1.2	0.01										
1.5	0.022	0.012	0.004								
2	0.039	0.029	0.021	0.013	0.006						
2.5	0.052	0.043	0.034	0.027	0.02	0.014					
3	0.064	0.054	0.046	0.039	0.032	0.026					
3.5	0.074	0.064	0.056	0.049	0.042	0.036	0.01				
4	0.083	0.073	0.065	0.058	0.051	0.045	0.02				
5	0.098	0.089	0.081	0.074	0.067	0.061	0.036	0.017			
8	0.134	0.125	0.117	0.11	0.104	0.098	0.073	0.054	0.038	0.024	0.012
10	0.152	0.143	0.136	0.129	0.122	0.117	0.093	0.074	0.058	0.044	0.032
15	0.188	0.18	0.172	0.165	0.161	0.154	0.13	0.112	0.096	0.083	0.071

汽水混合物密度 ρ_r（kg/m³）　　　　　　附录 13-3

凝水管末端压力 P_3	汽水混合物中所含蒸汽的质量百分数 x						
（10^5Pa)(abs)	0.01	0.02	0.05	0.10	0.15	0.20	0.25
1.0	54.8	28.2	11.5	5.8	3.9	2.9	2.3
1.2	64	33.2	13.6	6.8	4.6	3.4	2.7
1.4	73.3	38.1	15.6	7.9	5.3	4.0	3.2
1.6	82.3	43.0	17.6	8.9	5.97	4.5	3.6
1.8	91	47.8	19.8	10	6.7	5	4.0
2.0	99.3	52.4	21.7	11	7.4	5.5	4.4
7.0	258	151	66.9	34.8	23.5	17.7	14.2

凝结水管管径计算表（$\rho_r=10.0$kg/m³，$K=0.5$mm）
上行：流速，m/s；下行：比摩阻，Pa/m　　　　　　附录 13-4

流量	管径(mm)								
(t/h)	25	32	40	57×3	76×3	89×3.5	108×4	133×4	159×4.5
0.2	9.711	5.539	4.21						
	626.0	182.1	87.5						
0.4	19.43	11.07	8.42	5.45	2.89				
	3288.9	732.6	350	109	20.2				
0.6	29.14	16.62	12.63	8.17	4.34	3.16			
	7397.0	1590.5	787.2	245.2	45.4	19.6			

续表

流量 (t/h)	管径(mm)								
	25	32	40	57×3	76×3	89×3.5	108×4	133×4	159×4.5
0.8	38.85 13151.6	22.16 2914.5	16.84 1400.4	10.88 436	5.78 80.7	4.21 34.8			
1.0	48.56 20540.8	27.69 4555	21.06 2186.4	13.61 681.3	7.33 126.1	5.26 54.4	3.54 18.96		
1.5		41.54 10250.8	31.58 4919.6	20.41 1532.7	10.84 283.7	7.9 122.4	5.31 42.7		
2.0			42.12 8747.5	27.22 2725.4	14.45 504.2	10.52 217.5	7.08 75.9	4.53 23.3	
2.5				34.02 4258.1	18.06 787.9	13.17 339.8	8.85 118.6	5.66 36.3	3.93 13.9
3.0				40.83 6132.8	21.67 1133.9	15.79 489.3	10.62 170.6	6.8 52.3	4.72 20.0
3.5				47.64 8345.7	25.29 1543.5	18.42 666.6	12.39 232.4	7.93 71.2	5.51 27.2
4.0					28.9 2016.8	21.06 869.8	14.16 303.4	9.06 93.0	6.3 35.5
4.5					32.51 2552	23.69 1100.5	15.93 384.0	10.19 117.7	7.08 44.9
5.0					36.12 3151.7	26.33 1359.3	17.7 474.0	11.33 145.3	7.87 55.4
6.0					43.35 4538.4	31.58 1958.0	21.24 682.8	13.6 209.3	9.44 79.8
7.0						36.85 2663.6	24.78 929.2	15.85 284.9	11.01 108.7
8.0						42.12 3479	28.32 1213.2	18.13 372.1	12.59 142
9.0							31.86 1536.6	20.39 471	14.16 179.6
10.0							35.4 1896.3	22.66 581.5	15.73 221.8
11.0							38.94 2295.2	24.93 703.6	17.31 268.2
12.0							42.48 2730.3	27.18 837.3	18.88 319.2
13.0							46.02 3205.6	29.46 982	20.45 374.8

凝结水管道水力计算表 （$K=1.0$mm，$\rho=958.4$kg/m^3） 附录 13-5

公称直径	25		32		40		50		65		80	
外径×壁厚	32×2.5		38×2.5		45×2.5		57×3.5		76×3.5		89×3.5	
G (t/h)	v (m/s)	R (Pa/m)	v (m/s)	R (Pa/m)	v (m/s)	R (Pa/m)	v (m/s)	R (Pa/m)	v (m/s)	R (Pa/m)	v (m/s)	R (Pa/m)
0.2	0.10	11.9										
0.3	0.15	26.4	0.1	9.0								
0.4	0.20	45.4	0.14	15.8	0.09	5.7						
0.5	0.25	71.0	0.17	23.9	0.12	8.8						
0.6	0.30	102.2	0.20	34.4	0.14	12.5						
0.7	0.35	139.1	0.24	46.8	0.16	17.1	0.1	5.2				
0.8	0.41	181.7	0.27	61.2	0.18	21.6	0.12	6.8				
0.9	0.46	229.9	0.31	77.4	0.21	27.3	0.13	8.5				
1.0	0.51	283.9	0.34	95.6	0.23	33.8	0.15	10.5				
1.1	0.56	343.5	0.37	115.6	0.25	40.4	0.16	12.6				
1.2	0.61	408.8	0.41	137.6	0.28	48.6	0.18	14.6				
1.3	0.66	479.8	0.44	158.2	0.30	55.9	0.19	17.2				
1.4	0.71	556.4	0.47	187.4	0.32	66.2	0.21	19.9				
1.5	0.76	638.8	0.51	215.0	0.35	76.0	0.22	22.8	0.12	4.2		
1.6	0.81	726.8	0.54	244.7	0.37	86.4	0.24	26.0	0.12	4.8		
1.7	0.86	820.5	0.58	276.3	0.39	97.6	0.25	29.3	0.13	5.4		
1.8	0.91	919.8	0.61	309.7	0.42	109.5	0.27	32.8	0.14	6.0		
1.9	0.96	1024.8	0.64	345.1	0.44	122.0	0.28	36.7	0.15	6.7		
2.0	1.01	1135.5	0.68	382.3	0.46	135.1	0.30	40.6	0.16	7.4	0.11	3.2
2.1	1.06	1252.0	0.71	421.5	0.48	149.0	0.31	44.1	0.16	8.1	0.12	3.4
2.2	1.11	1374.1	0.75	462.6	0.51	163.5	0.32	49.1	0.17	8.7	0.12	3.6
2.3			0.78	505.6	0.53	178.7	0.34	53.6	0.18	9.5	0.13	3.9
2.4			0.81	550.6	0.55	194.5	0.35	58.4	0.19	10.4	0.13	4.2
2.5			0.85	597.4	0.58	211.1	0.37	63.4	0.19	11.3	0.14	4.6
2.6			0.88	646.1	0.60	228.3	0.38	68.6	0.20	12.2	0.14	5.0
2.7			0.92	696.8	0.62	246.2	0.40	73.9	0.21	13.1	0.15	5.4
2.8			0.95	749.3	0.65	264.8	0.41	79.5	0.22	14.1	0.15	5.8
2.9			0.98	803.8	0.67	284.0	0.43	85.3	0.22	15.1	0.16	6.2
3.0			1.02	860.2	0.69	304.0	0.44	91.2	0.23	16.2	0.16	6.6
3.1			1.05	918.6	0.72	324.6	0.46	97.5	0.24	17.2	0.17	6.9
3.2			1.08	978.7	0.74	345.8	0.47	103.9	0.25	18.4	0.18	7.4
3.3			1.12	1047.7	0.76	367.8	0.49	110.4	0.26	19.6	0.18	7.7
3.4			1.15	1105.0	0.78	390.4	0.50	117.2	0.26	20.8	0.19	8.2
3.5					0.81	413.8	0.52	124.3	0.27	22.1	0.19	8.7
3.6					0.83	437.7	0.53	131.4	0.28	23.3	0.20	9.2

公称直径	40		50		65		80		100		125	
外径×壁厚	45×2.5		57×3.5		76×3.5		89×3.5		108×4		133×4	
G (t/h)	v (m/s)	R (Pa/m)	v (m/s)	R (Pa/m)	v (m/s)	R (Pa/m)	v (m/s)	R (Pa/m)	v (m/s)	R (Pa/m)	v (m/s)	R (Pa/m)
3.7	0.85	462.4	0.55	138.9	0.29	24.6	0.20	9.8	0.14	3.5		
3.8	0.88	487.6	0.56	146.4	0.29	26.0	0.21	10.3	0.14	3.7		
3.9	0.90	513.7	0.58	154.3	0.30	27.3	0.21	10.9	0.14	3.9		
4.0	0.92	540.4	0.59	162.3	0.31	28.8	0.22	11.4	0.15	4.1		
4.2	0.97	595.7	0.62	178.9	0.33	31.8	0.23	12.5	0.16	4.5	0.1	1.4
4.4	1.02	653.9	0.65	196.3	0.34	34.8	0.24	13.8	0.16	4.9	0.1	1.6
4.6	1.06	714.6	0.68	214.6	0.36	38.0	0.25	15.1	0.17	5.2	0.11	1.7
4.8	1.11	778.1	0.71	233.6	0.37	41.5	0.26	16.5	0.18	5.7	0.11	1.8
5.0	1.15	844.4	0.74	253.5	0.39	45.0	0.27	17.8	0.18	6.2	0.12	1.9
5.2	1.20	912.6	0.77	274.2	0.40	48.6	0.29	19.3	0.19	6.7	0.12	2.2
5.4	1.25	984.9	0.80	285.8	0.42	52.4	0.30	20.8	0.20	7.2	0.13	2.3
5.6			0.83	318.0	0.43	56.4	0.31	22.3	0.21	7.7	0.13	2.5
5.8			0.86	341.1	0.45	60.5	0.32	24.0	0.21	8.3	0.14	2.6
6.0			0.89	365.0	0.47	64.6	0.33	25.7	0.22	8.9	0.14	2.8
6.2			0.92	389.8	0.48	69.1	0.34	27.4	0.23	9.5	0.15	2.9
6.4			0.95	415.4	0.50	73.6	0.35	29.2	0.24	10.1	0.15	3.1
6.6			0.97	441.8	0.51	78.3	0.36	31.1	0.24	10.8	0.16	3.3
6.8			1.00	468.9	0.53	83.1	0.37	33.0	0.25	11.5	0.16	3.6
7.0			1.03	497.0	0.54	88.1	0.38	35.0	0.26	12.2	0.17	3.7
7.5			1.11	570.5	0.58	101.1	0.41	40.1	0.28	13.9	0.18	4.2
8.0			1.18	649.1	0.62	115.1	0.44	45.7	0.30	11.4	0.19	4.8
8.5			1.26	732.7	0.66	130.0	0.47	51.5	0.31	17.8	0.20	5.4
9.0			1.33	821.4	0.70	145.6	0.48	57.8	0.33	20.0	0.21	6.1
9.5			1.40	915.3	0.74	162.3	0.52	64.4	0.35	22.2	0.22	6.8
10.0			1.48	1014.2	0.78	179.8	0.55	71.3	0.37	24.7	0.24	7.5
10.5					0.81	198.3	0.58	78.7	0.39	27.2	0.25	8.3
11.0					0.85	217.6	0.60	86.3	0.41	29.9	0.26	9.1
11.5					0.89	237.7	0.63	94.4	0.42	32.6	0.27	9.9
12.0					0.93	258.9	0.66	102.7	0.44	35.6	0.28	10.8
12.5					0.97	280.9	0.69	115.0	0.46	38.6	0.30	11.8
13.0					1.01	303.8	0.71	120.5	0.48	41.7	0.31	12.7
13.5					1.05	327.6	0.74	130.0	0.50	45.0	0.32	13.7
14.0					1.09	352.4	0.77	139.8	0.52	48.4	0.33	14.7
14.5					1.12	378.0	0.80	149.9	0.54	51.9	0.34	15.8
15.0					1.16	404.5	0.82	160.5	0.55	55.6	0.35	17.0

公称直径	65		80		100		125		150		200	
外径×壁厚	76×3.5		89×3.5		108×4		133×4		159×4.5		219×6	
G (t/h)	v (m/s)	R (Pa/m)	v (m/s)	R (Pa/m)	v (m/s)	R (Pa/m)	v (m/s)	R (Pa/m)	v (m/s)	R (Pa/m)	v (m/s)	R (Pa/m)
16	1.24	460.2	0.88	182.6	0.59	63.2	0.38	19.2	0.26	7.3		
17	1.32	519.6	0.93	206.2	0.63	71.3	0.40	21.8	0.28	8.2		
18	1.40	582.5	0.99	231.1	0.66	80.1	0.43	24.4	0.30	9.2		
19	1.47	649.1	1.04	277.1	0.70	89.2	0.45	27.1	0.31	10.3		
20	1.55	719.1	1.10	285.4	0.74	98.8	0.47	30.1	0.33	11.4	0.17	2.1
21	1.63	792.8	1.15	314.6	0.78	109.0	0.50	33.1	0.34	12.5	0.18	2.3
22	1.71	870.1	1.21	345.3	0.81	119.6	0.52	36.4	0.36	13.8	0.19	2.5
23	1.78	951.1	1.26	377.4	0.85	130.6	0.54	39.8	0.38	15.1	0.20	2.7
24	1.86	1035.6	1.32	410.9	0.89	142.3	0.57	43.3	0.39	16.4	0.21	2.9
25			1.37	445.8	0.92	154.4	0.59	46.9	0.41	17.8	0.22	3.2
26			1.43	482.3	0.96	167.0	0.61	50.9	0.43	19.3	0.22	3.5
27			1.48	520.1	1.00	180.1	0.64	54.8	0.44	20.8	0.23	3.7
28			1.54	559.3	1.03	193.6	0.66	58.9	0.46	22.3	0.24	4.0
29			1.59	600.0	1.07	207.8	0.69	63.2	0.48	24.0	0.25	4.3
30			1.65	642.0	1.11	222.4	0.71	67.6	0.49	25.7	0.26	4.6
31			1.70	685.5	1.14	237.4	0.73	72.2	0.51	27.3	0.27	5.0
32			1.76	730.5	1.18	252.9	0.76	76.9	0.53	29.2	0.28	5.3
33			1.81	776.8	1.22	269.0	0.78	81.8	0.54	31.1	0.28	5.6
34			1.87	824.7	1.26	285.6	0.80	86.9	0.56	32.9	0.29	6.0
35			1.92	873.9	1.29	302.6	0.83	92.1	0.57	34.9	0.30	6.3
36			1.98	924.5	1.33	320.2	0.85	97.4	0.59	36.9	0.31	6.7
37			2.03	976.6	1.37	338.2	0.87	102.9	0.61	39.0	0.32	7.1
38			2.09	1030.1	1.40	356.7	0.90	108.6	0.62	41.2	0.33	7.4
39					1.44	375.7	0.92	114.4	0.64	43.3	0.34	7.8
40					1.48	395.2	0.95	120.2	0.66	45.6	0.34	8.2
41					1.51	415.2	0.97	126.3	0.67	47.9	0.35	8.6
42					1.55	435.8	0.99	132.6	0.69	50.3	0.36	9.1
43					1.59	456.8	1.02	139.0	0.71	52.7	0.37	9.5
44					1.62	478.2	1.04	145.5	0.72	55.2	0.38	10.0
45					1.66	500.2	1.06	152.2	0.74	57.7	0.39	10.5
46					1.70	522.7	1.09	159.1	0.75	60.3	0.40	10.9
47					1.74	545.7	1.11	166.0	0.77	62.9	0.40	11.4
48					1.77	569.2	1.13	173.2	0.79	65.7	0.41	11.8
49					1.81	593.1	1.16	180.5	0.80	68.4	0.42	12.3
50					1.85	617.6	1.18	188.0	0.82	71.2	0.43	12.8

公称直径	125		150		200		250		300		350	
外径×壁厚	133×4		159×4.5		219×6		273×6		325×7		377×7	
G (t/h)	v (m/s)	R (Pa/m)	v (m/s)	R (Pa/m)	v (m/s)	R (Pa/m)	v (m/s)	R (Pa/m)	v (m/s)	R (Pa/m)	v (m/s)	R (Pa/m)
52	1.23	203.3	0.85	77.0	0.45	13.9	0.28	4.1				
54	1.28	219.2	0.89	83.1	0.47	15.0	0.29	4.4				
56	1.32	235.7	0.92	89.4	0.48	16.2	0.30	4.7				
58	1.37	252.8	0.95	95.8	0.50	17.3	0.31	5.1				
60	1.42	270.6	0.98	102.6	0.52	18.5	0.33	5.4				
62	1.47	289.0	1.02	109.6	0.53	19.8	0.34	5.8				
64	1.51	307.9	1.05	116.7	0.55	21.1	0.35	6.2				
66	1.56	327.4	1.08	124.1	0.57	22.4	0.36	6.6				
68	1.61	347.6	1.12	131.7	0.59	23.8	0.37	7.0				
70	1.65	368.4	1.15	139.7	0.60	25.3	0.38	7.4				
72	1.70	389.6	1.18	147.7	0.62	26.8	0.39	7.8				
74	1.75	411.6	1.21	156.0	0.64	28.2	0.40	8.2				
76	1.80	434.1	1.25	164.5	0.65	29.8	0.41	8.7				
78	1.84	457.4	1.28	173.4	0.67	31.4	0.42	9.2				
80	1.89	481.1	1.31	182.4	0.69	33.0	0.43	9.7				
85	2.01	543.1	1.39	205.9	0.73	37.2	0.46	10.9				
90	2.13	608.9	1.48	230.8	0.78	41.7	0.49	12.3				
95	2.24	678.5	1.56	257.2	0.82	46.6	0.51	13.6				
100			1.64	284.9	0.86	51.5	0.54	15.1	0.38	6.0	0.28	2.6
105			1.72	314.1	0.90	56.8	0.57	16.7	0.40	6.6	0.29	2.9
110			1.81	344.7	0.95	62.3	0.60	18.2	0.42	7.3	0.31	3.2
115			1.89	376.8	0.99	68.2	0.62	20.0	0.44	7.9	0.32	3.5
120			1.97	410.3	1.03	74.2	0.65	21.8	0.46	8.6	0.34	3.8
125			2.05	445.2	1.08	80.6	0.68	23.6	0.48	9.3	0.35	4.1
130			2.13	481.5	1.12	87.1	0.70	25.5	0.50	10.1	0.36	4.5
135			2.22	519.3	1.16	94.0	0.73	27.5	0.52	10.9	0.38	4.8
140			2.30	558.4	1.21	101.0	0.76	29.6	0.53	11.8	0.39	5.2
145			2.38	599.1	1.25	108.4	0.79	31.8	0.55	12.5	0.41	5.6
150			2.46	641.1	1.29	115.9	0.81	34.0	0.57	13.4	0.42	6.0
155			2.54	684.5	1.34	123.9	0.84	36.3	0.59	14.4	0.43	6.4
160			2.63	729.4	1.38	132.0	0.87	38.7	0.61	15.3	0.45	6.8
165			2.71	775.7	1.42	142.3	0.89	41.2	0.63	16.3	0.46	7.1
170			2.79	823.4	1.46	149.0	0.92	43.6	0.65	17.2	0.48	7.6
175			2.87	872.6	1.51	157.9	0.95	46.3	0.67	18.3	0.49	8.1
180			2.95	923.2	1.55	167.0	0.98	48.9	0.69	19.4	0.50	8.5

公称直径	200		250		300		350		400		450	
外径×壁厚	219×6		273×6		325×7		377×7		426×7		478×7	
G (t/h)	v (m/s)	R (Pa/m)	v (m/s)	R (Pa/m)	v (m/s)	R (Pa/m)	v (m/s)	R (Pa/m)	v (m/s)	R (Pa/m)	v (m/s)	R (Pa/m)
190	1.64	186.1	1.03	54.5	0.73	21.6	0.53	9.5				
200	1.72	206.2	1.08	60.4	0.76	23.9	0.56	10.6				
210	1.81	227.3	1.14	66.6	0.80	26.4	0.59	11.7				
220	1.90	249.5	1.18	73.1	0.84	28.9	0.62	12.8				
230	1.98	272.6	1.25	79.9	0.88	31.7	0.64	14.0				
240	2.07	297.0	1.30	87.0	0.92	34.4	0.67	15.2				
250	2.15	322.1	1.36	94.4	0.95	37.3	0.70	16.6	0.54	8.4	0.43	4.3
260	2.24	348.4	1.41	102.1	0.99	40.4	0.73	17.8	0.57	9.1	0.45	4.9
270	2.33	375.7	1.46	110.1	1.03	43.6	0.76	19.3	0.59	9.9	0.46	5.3
280	2.41	404.2	1.52	118.4	1.07	46.8	0.78	20.7	0.61	10.6	0.48	5.7
290	2.50	433.5	1.57	127.0	1.11	50.3	0.81	22.2	0.63	11.4	0.50	6.1
300	2.59	463.9	1.63	135.9	1.15	53.8	0.84	23.8	0.65	12.2	0.51	6.5
310	2.67	495.3	1.68	145.1	1.18	57.4	0.87	25.4	0.67	13.0	0.53	7.0
320			1.73	154.6	1.22	61.3	0.90	27.0	0.70	13.9	0.55	7.4
330			1.79	164.4	1.26	65.1	0.92	28.8	0.72	14.8	0.57	7.8
340			1.84	174.5	1.30	69.1	0.95	30.6	0.74	15.7	0.58	8.3
350			1.90	185.0	1.34	73.2	0.98	32.3	0.76	16.6	0.60	8.9
360			1.95	195.7	1.37	77.5	1.01	34.2	0.78	17.5	0.62	9.4
370			2.01	206.8	1.41	81.8	1.04	36.2	0.80	18.5	0.63	9.9
380			2.06	218.1	1.45	86.3	1.06	38.1	0.83	19.6	0.65	10.5
390			2.11	229.7	1.49	90.9	1.09	40.2	0.85	20.6	0.67	11.0
400			2.17	241.7	1.53	95.6	1.12	42.2	0.87	21.7	0.69	11.6
410			2.22	253.9	1.57	100.5	1.15	44.4	0.89	22.7	0.70	12.2
420			2.28	266.4	1.60	105.4	1.18	46.6	0.91	23.9	0.72	12.7
430			2.33	279.2	1.64	110.5	1.20	48.9	0.94	25.1	0.74	13.4
440			2.39	292.3	1.68	115.7	1.23	51.2	0.96	26.3	0.75	14.0
450			2.44	305.9	1.72	121.0	1.26	53.5	0.98	27.4	0.77	14.7
460			2.49	319.6	1.76	126.5	1.29	56.0	1.00	28.7	0.79	15.3
470			2.55	333.6	1.79	132.1	1.32	58.4	1.02	29.9	0.81	16.0
480			2.60	348.0	1.83	137.8	1.34	60.9	1.04	31.3	0.82	16.7
490			2.66	362.6	1.87	143.6	1.37	63.4	1.07	32.5	0.84	17.3
500			2.71	377.6	1.91	149.5	1.40	66.1	1.09	33.9	0.86	18.1
520			2.82	408.4	1.99	161.7	1.46	71.4	1.13	36.7	0.89	19.6
540			2.93	440.4	2.06	174.3	1.51	77.0	1.17	39.5	0.93	21.1
560			3.04	473.6	2.14	187.5	1.57	82.9	1.22	42.5	0.96	22.7

管沟敷设有关尺寸　　　　　　　　　　　附录 14-1

地沟类型	有关尺寸名称					
	地沟净高（m）	人行通道宽（m）	管道保温表面与沟墙净距（m）	管道保温表面与沟顶净距（m）	管道保温表面与沟底净距（m）	管道保温表面间的净距（m）
通行地沟	≥1.8	≥0.6	≥0.2	≥0.2	≥0.2	≥0.2
半通行地沟	≥1.2	≥0.5	≥0.2	≥0.2	≥0.2	≥0.2
不通行地沟	—	—	≥0.1	≥0.05	≥0.15	≥0.2

注: 1. 本表摘自《城镇供热管网设计标准》CJJ 34。

2. 考虑在沟内更换钢管时, 人行通道宽度还应不小于管子外径加 0.1m。

塑料加热管的物理力学性能　　　　　　　附录 14-2

项　目	PE-X 管	PE-RT 管	PP-R 管	PB 管	PP-B 管
20℃、1h 液压试验环应力（MPa）	12.00	10.00	16.00	15.50	16.00
95℃、1h 液压试验环应力（MPa）	4.80	—	—	—	—
95℃、22h 液压试验环应力（MPa）	4.70	—	4.20	6.50	3.40
95℃、165h 液压试验环应力（MPa）	4.60	3.55	3.80	6.20	3.00
95℃、1000h 液压试验环应力（MPa）	4.40	3.50	3.50	6.00	2.60
110℃、8760h 液压试验环应力（MPa）	2.50	1.90	1.90	2.40	1.40
纵向尺寸收缩率（%）	≤3	≤3	≤2	≤2	≤2
交联度（%）	见注	—	—	—	—
0℃耐冲击	—	—	破损率＜试样的 10%	—	破损率＜试样的 10%
管材与混配料熔体流动速率之差	—	变化率≤原料的 30%（在 190℃、2.16kg 的条件下）	变化率≤原料的 30%（在 230℃、2.16kg 的条件下）	≤0.3g/10min（在 190℃、5kg 的条件下）	变化率≤原料的 30%（在 230℃、2.16kg 的条件下）

注: 交联度要求: 过氧化物交联大于或等于 70%, 硅烷交联大于或等于 65%, 辐照交联大于或等于 60%, 偶氮交联大于或等于 60%。

供热管道常用钢材的物理特性数据表　　　　附录 15-1

牌号	特性数据	单位	温度（℃）						
			＜20	100	150	200	250	300	350
10	$[\sigma]$	MPa	112	112	112	112	110	104 (99)	100 (95)
20			137	137	137	137	132 (129)	123 (119)	116 (114)
Q235B			125	125	122	119	113	105	100
Q355			163	163	161	158	151	140	133
10	E	10^4 MPa（10^{10} N/m²）	19.8	19.1	18.6	18.1	17.6	17.1	16.4
	α	10^{-10} /(m · ℃)		11.9	12.75	12.6	12.7	12.8	12.9

牌号	特性数据	单位	温度(℃)						
			<20	100	150	200	250	300	350
20	E		19.8	18.3	17.9	17.5	17.1	16.6	16.2
	α			11.16	11.64	12.12	12.45	12.78	13.31
Q235B	E		20.6	20	19.6	19.2	18.8	18.4	
	α			12.2	12.6	13	13.23	13.45	
Q355B	E		20.6	20		18.9	18.5	18.1	17.6
	α			8.31		10.99	11.6	12.31	12.77

注：1. 括弧内为厚度大于16mm的数值。

2. 本表许用应力 [σ] 摘自《城镇供热管网设计标准》CJJ 34。

3. 本表弹性模量 E、线膨胀系数 α 摘自《发电厂汽水管道应力计算技术规程》。

焊接钢管许用应力修正系数　　　　　　　附录 15-2

接头形式	检　　验	系数 η
单面焊(无填充金属)	按产品标准检查	0.85
	附加100%射线或超声检查	1.00
单面焊(有填充金属)	按产品标准检查	0.80
	附加100%射线或超声检查	1.00
双面焊(无填充金属)	按产品标准检查	0.90
	附加100%射线或超声检查	1.00
双面焊(有填充金属)	按产品标准检查	0.90
	附加100%射线或超声检查	1.00

管道应力计算常用辅助计算数据表　　　　　　　附录 15-3

公称直径 DN (mm)	管子外径 D_W (mm)	管子壁厚 S (mm)	管子内径 D_n (mm)	管子平均半径 R_p (mm)	按内径计算断面积 F_n (cm²)	管壁断面积 f (cm²)	管子单位重量 (N/m)	惯性矩 I (cm⁴)	抗弯矩 W (cm³)	弯曲半径 R (mm)	弯管尺寸系数 λ	弯管柔性系数 K_r	弯管应力加强系数 m
25	32	2.5	27	14.75	5.73	2.32	17.6	2.54	1.58	150	1.724	0.957	1.0
32	38	2.5	33	17.75	8.55	2.79	21.9	4.41	2.32	150	1.190	1.499	1.0
40	45	2.5	40	21.25	12.57	3.30	26.2	7.55	3.36	200	1.107	1.490	1.0
50	57	3.5	50	26.8	19.6	5.9	45.0	21.1	7.4	200	0.975	1.693	1.0
65	73	3.5	66	34.75	34.2	7.64	60.0	46.3	12.4	300	0.870	1.898	1.0
80	89	3.5	82	42.8	52.8	9.4	71.9	86.1	19.3	350	0.669	2.467	1.177
100	108	4	100	52	78.5	13.1	100	177	32.8	500	0.740	2.231	1.100
125	133	4	125	64.5	122.7	16.2	124	338	50.8	500	0.481	3.430	1.466
										600	0.577	2.860	1.299
150	159	4.5	150	77.3	176.7	21.8	167.1	652	82.0	600	0.452	3.650	1.528
										650	0.490	3.366	1.448
200	219	6	207	106.5	336.5	40.1	307.2	2279	208.1	850	0.450	3.667	1.533
										1000	0.529	3.119	1.376
250	273	7	259	133	526.9	58.5	447.6	5177	3793	1000	0.396	4.170	1.670
300	325	8	309	158.5	749.9	79.7	609.6	10014	616.2	1200	0.382	4.319	1.709
										1370	0.436	3.782	1.565
350	377	9	359	184	1012.2	104.0	796.2	17624	935	1500	0.399	4.135	1.661
400	426	9	408	208.5	1307.4	117.9	902.2	25640	1203.7	1700	0.352	4.688	1.805
										1965	0.407	4.056	1.639

地沟与架空敷设供热管道活动支座最大允许间距表

序号	外径×壁厚 $D_w \times S$ (mm)	项　目	管道单位长度计算重量的分类						
			1	2	3	4	5	6	7
1	32×3	A. 管子计算重量 (N/m)	30	35	39	65	74	84	94
		B. 按强度计算跨距 (m)	4.9	4.5	4.3	3.3	3.1	2.9	2.8
		C. 按刚度计算跨距 (m)	2.9	2.8	2.7	2.3	2.2	2.1	2.0
2	38×3	A项(N/m)	38	43	48	74	85	95	105
		B项(m)	5.3	5.0	4.7	3.8	3.5	3.3	3.2
		C项(m)	3.3	3.1	3.0	2.6	2.5	2.4	2.3
3	48×3	A项(N/m)	51	58	64	90	101	113	124
		B项(m)	5.5	5.2	4.9	4.1	3.9	3.7	3.5
		C项(m)	3.5	3.4	3.3	2.9	2.8	2.7	2.6
4	57×3.5	A项(N/m)	74	81	89	129	145	160	176
		B项(m)	6.3	6.0	5.8	4.8	4.5	4.3	4.1
		C项(m)	4.2	4.1	3.9	3.5	3.4	3.2	3.1
5	76×4	A项(N/m)	111	121	131	171	189	206	224
		B项(m)	7.4	7.1	6.8	6.0	5.7	5.5	5.2
		C项(m)	5.2	5.0	4.9	4.5	4.3	4.2	4.1
6	89×4	A项(N/m)	142	152	163	207	226	245	263
		B项(m)	7.8	7.5	7.3	6.5	6.2	5.9	5.7
		C项(m)	5.6	5.5	5.4	4.9	4.8	4.7	4.6
7	108×4	A项(N/m)	191	205	218	287	314	342	369
		B项(m)	8.3	8.0	7.7	6.7	6.4	6.2	5.9
		C项(m)	6.2	6.1	5.9	5.4	5.3	5.1	5.0
8	133×4	A项(N/m)	275	291	307	383	414	445	475
		B项(m)	8.6	8.3	8.1	7.3	7.0	6.7	6.5
		C项(m)	6.8	6.7	6.6	6.1	6.0	5.8	5.7
9	159×4.5	A项(N/m)	358	376	395	478	513	547	582
		B项(m)	9.5	9.3	9.1	8.3	8.0	7.7	7.5
		C项(m)	7.8	7.7	7.5	7.1	6.9	6.8	6.6
10	219×6	A项(N/m)	641	666	692	811	860	909	959
		B项(m)	11.4	11.1	10.9	10.1	9.8	9.5	9.3
		C项(m)	9.7	9.6	9.5	9.0	8.8	8.7	8.5
11	273×7	A项(N/m)	900	933	967	1095	1153	1210	1268
		B项(m)	12.9	12.7	12.5	11.7	11.4	11.2	10.9
		C项(m)	11.4	11.3	11.2	10.7	10.5	10.4	10.2

序号	外径×壁厚 $D_w \times S$ (mm)	项　目	管道单位长度计算重量的分类						
			1	2	3	4	5	6	7
12	325×7	A项(N/m)	1266	1305	1344	1489	1554	1620	1685
		B项(m)	13.1	12.9	12.7	12.0	11.8	11.5	11.3
		C项(m)	12.2	12.1	11.9	11.5	11.4	11.2	11.1
13	377×7	A项(N/m)	1609	1653	1698	1895	1977	2060	2142
		B项(m)	13.5	13.3	13.1	12.4	12.2	11.9	11.7
		C项(m)	13.1	13.0	12.9	12.4	12.2	12.1	11.9
14	426×7	A项(N/m)	1985	2034	2083	2299	2390	2480	2571
		B项(m)	13.8	13.6	13.5	12.8	12.6	12.3	12.1
		C项(m)	13.8	13.7	13.6	13.2	13.0	12.8	12.7
15	478×7	A项(N/m)	2409	2469	2528	2749	2848	2948	3047
		B项(m)	14.1	13.9	13.7	13.2	12.9	12.7	12.5
		C项(m)	14.6	14.4	14.3	13.9	13.8	13.6	13.5
16	529×8	A项(N/m)	2990	3054	3119	3358	3466	3574	3683
		B项(m)	14.9	14.8	14.6	14.1	13.9	13.7	13.5
		C项(m)	15.7	15.6	15.5	15.1	14.9	14.8	14.6
17	630×8	A项(N/m)	4041	4117	4192	4467	4592	4718	4843
		B项(m)	15.4	15.2	15.1	14.6	14.4	14.2	14.0
		C项(m)	16.9	16.8	16.7	16.4	16.2	16.1	15.9
18	720×9	A项(N/m)	5400	5492	5584	5928	6084	6239	6394
		B项(m)	16.1	16.0	15.8	15.4	15.2	15.0	14.8
		C项(m)	18.3	18.2	18.1	17.7	17.6	17.4	17.3
19	820×10	A项(N/m)	6975	7078	7181	7565	7739	7913	8087
		B项(m)	17.0	16.9	16.8	16.3	16.2	16.0	15.8
		C项(m)	19.8	19.7	19.6	19.3	19.1	19.0	18.8
20	920×12	A项(N/m)	8966	9081	9196	9620	9812	10004	10196
		B项(m)	18.4	18.3	18.2	17.8	17.6	17.4	17.3
		C项(m)	22.3	22.2	22.1	21.7	21.6	21.5	21.3
21	1020×13	A项(N/m)	10967	11094	11220	11683	11894	12104	12315
		B项(m)	19.2	19.1	19.0	18.6	18.5	18.3	18.2
		C项(m)	23.1	23.0	22.9	22.6	22.5	22.4	22.2
22	1220×14	A项(N/m)	15298	15458	15618	16128	16376	16623	16871
		B项(m)	20.3	20.1	20.0	19.7	19.6	19.4	19.3
		C项(m)	25.4	25.3	25.2	24.9	24.8	24.7	24.6

注：管子计算重量包括管子重量、容水重量和保温结构的重量。

地沟与架空敷设的直线管段固定支座（架）最大间距表　　附录 15-5

管道公称直径	方　形　补　偿　器				套　筒　补　偿　器	
	热　介　质					
DN	热　水		蒸　汽		热　水	蒸　汽
	敷　设　方　式					
（mm）	架　空	地　沟	架　空	地　沟	架　空	地　沟
≤32	50	50	50	50	—	—
≤50	60	50	60	60	—	—
≤100	80	60	80	70	90	50
125	90	65	90	80	90	50
150	100	75	100	90	90	50
200	120	80	120	100	100	60
250	120	85	120	100	100	60
≤350	140	95	120	100	120	70
≤450	160	100	130	110	140	80
500	180	100	140	120	140	80
≥600	200	120	140	120	140	80

弹塑性分析法计算控制最大温差　　附录 15-6

	北热弹塑性分析法计算控制最大温差（℃）			规程弹塑性分析法计算控制最大温差（℃）		
	2.5MPa	1.6MPa	1.0MPa	2.5MPa	1.6MPa	1.0MPa
*DN*40	136.8	139.1	140.7	145.1	147.5	149.2
*DN*50	137.1	139.3	140.8	145.5	147.8	149.3
*DN*65	136.6	139.0	140.6	144.9	147.4	149.1
*DN*80	135.3	138.2	140.1	143.5	146.5	148.5
*DN*100	132.9	136.6	139.1	141.0	144.9	147.5
*DN*125	132.1	136.1	138.8	140.2	144.4	147.2
*DN*150	130.5	135.1	138.1	138.5	143.3	146.5
*DN*200	130.2	134.9	138.0	138.2	143.1	146.4
*DN*250	126.8	132.7	136.7	134.6	140.8	145.0
*DN*300	126.7	132.7	136.6	134.6	140.8	144.9
*DN*350	124.0	130.9	135.5	131.7	138.9	143.8
*DN*400	121.4	129.2	134.5	129.0	137.2	142.7
*DN*450	118.6	127.5	133.4	126.1	135.4	141.5
*DN*500	119.0	127.7	133.6	126.5	135.6	141.7
*DN*600	114.3	124.7	131.7	121.6	132.5	139.7
*DN*700	117.4	126.7	132.9	124.8	134.6	141.0
*DN*800	113.7	124.3	131.4	121.0	132.1	139.5
*DN*900	116.1	125.9	132.4	123.5	133.7	140.5
*DN*1000	115.6	125.5	132.2	122.9	133.3	140.3

主要参考文献

[1]　温强为，贺平. 采暖工程. 哈尔滨：哈尔滨工业大学出版社，1985.

[2]　西安冶金学院供热与通风教研组，哈尔滨建筑工程学院供热与通风教研室. 采暖与通风上册（采暖工程）. 北京：中国工业出版社，1961.

[3]　西安冶金学院供热与通风教研组，哈尔滨建筑工程学院供热与通风教研室. 供热学. 北京：中国工业出版社，1961.

[4]　哈尔滨建筑工程学院，天津大学，西安冶金建筑学院，太原工业大学. 供热工程（第二版）. 北京：中国建筑工业出版社，1985.

[5]　盛昌源，潘名麟，白容春. 工厂高温水采暖. 北京：国防工业出版社，1982.

[6]　重庆大学热力发电厂教研组. 热力发电厂. 北京：电力工业出版社，1981.

[7]　武学素. 热电联产. 西安：西安交通大学出版社，1988.

[8]　徐寿波. 能源技术经济学. 长沙：湖南人民出版社，1981.

[9]　金行仁，姚锡荣，许鸿义. 技术经济分析的基本方法. 上海：上海人民出版社，1982.

[10]　中华人民共和国行业标准. JGJ 142—2012 辐射供暖供冷技术规程. 北京：中国建筑工业出版社，2013.

[11]　中华人民共和国国家标准. GB 50176—2016 民用建筑热工设计规范. 北京：中国建筑工业出版社，2017.

[12]　中华人民共和国国家标准. GB 50019—2015 工业建筑供暖通风与空气调节设计规范. 北京：中国建筑工业出版社，2015.

[13]　中华人民共和国行业标准. GJJ 34 城镇供热管网设计标准（报批稿）.

[14]　中华人民共和国国家标准. GB 50041—2020 锅炉房设计标准. 北京：中国计划出版社，2020.

[15]　中华人民共和国国家标准. GB 50736—2012 民用建筑供暖通风与空气调节设计规范. 北京：中国建筑工业出版社，2012.

[16]　中华人民共和国国家标准. GB 50189—2015 公共建筑节能设计标准. 北京：中国建筑工业出版社，2015.

[17]　陆耀庆. 实用供热空调设计手册（第二版）. 北京：中国建筑工业出版社，2008.

[18]　航天工业部第七设计研究院. 工业锅炉房设计手册（第二版）. 北京：中国建筑工业出版社，1986.

[19]　吴萱. 供暖通风与空气调节. 北京：清华大学出版社，北京交通大学出版社，2006.

[20]　李向东，于晓明. 分户热计量采暖系统设计与安装. 北京：中国建筑工业出版社，2004.

[21]　吴喜平. 蓄冷技术和蓄热电锅炉在空调中的应用. 上海：同济大学出版社，2000.

[22]　周本省. 工业水处理技术. 北京：化学工业出版社，2002.

[23]　官燕玲. 供暖工程. 北京：化学工业出版社，2005.

[24]　卜一德. 地板采暖与分户计量技术. 北京：中国建筑工业出版社，2003.

[25]　赵钦新，惠世恩. 燃油燃气锅炉. 西安：西安交通大学出版，1999.

[26]　赵钦新，等. 供热锅炉选型及招标投标指南. 北京：中国标准出版社，2004.

[27]　戴永庆. 溴化锂吸收式制冷技术及应用. 北京：机械工业出版社，2000.

[28]　刘梦真，王宇清. 高层建筑采暖技术. 北京：机械工业出版社，2004.

[29]　李善化，康慧，等. 实用集中供热手册（第二版）. 北京：中国电力出版社，2006.

[30]　周光华，李显. 热网运行调度检修规程与节能计量技术实用手册. 北京：北京科大电子出版社，2005.

［31］ 王荣光，沈天行. 可再生能源利用与建筑节能. 北京：机械工业出版社，2004.

［32］ 付祥钊. 流体输配管网（第二版）. 中国建筑工业出版社，2007.

［33］ 王飞，梁鹂，杨晋明. 典型供热工程案例与分析. 北京：中国建筑工业出版社，2020.

［34］ 中华人民电力行业标准. DL/T 5366—2014 火力发电厂汽水管道应力计算技术规程. 北京：中国计划出版社，2020.

［35］ 中华人民电力行业标准. DL/T 5054—2016 火力发电厂汽水管道设计规范. 北京：中国计划出版社，2016.

［36］ 王飞、张建伟、梁鹂，等. 直埋供热管道工程设计（第二版）. 北京：中国建筑工业出版社，2014.